高等学校教材

化学概论（第二版）

王永慧　彭军　陈维林　李阳光　编

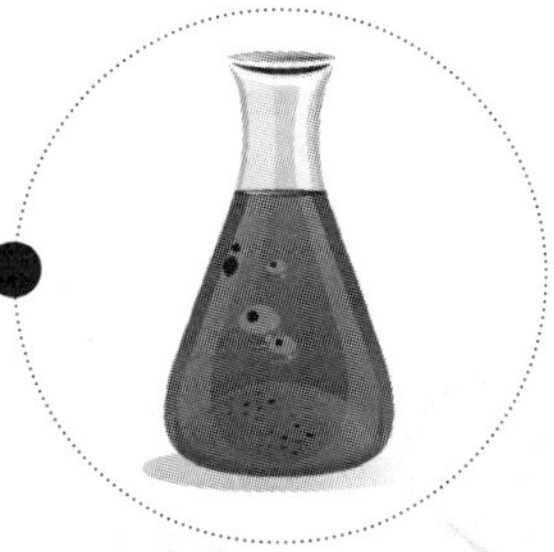

高等教育出版社·北京

内容提要

本书是本科生学习化学的入门教材。全书共分10章，涵盖化学基础知识、化学热力学、化学动力学，以及结构化学的初步知识等内容。

本书适于作为综合性大学和高等师范院校化学类及近化学类专业的“普通化学”或“化学概论”课程的通用教材，亦可作为其他相关专业的参考书，同时也可供其他感兴趣的学生自学使用。

图书在版编目(CIP)数据

化学概论 / 王永慧等编. --2版. --北京:高等教育出版社,2021.5（2022.5重印）

ISBN 978-7-04-055901-9

Ⅰ.①化…　Ⅱ.①王…　Ⅲ.①化学-高等学校-教材　Ⅳ.①O6

中国版本图书馆CIP数据核字(2021)第049733号

HUAXUE GAILUN

策划编辑　曹　瑛　　责任编辑　曹　瑛　　封面设计　李树龙　　版式设计　马　云
插图绘制　黄云燕　　责任校对　窦丽娜　　责任印制　朱　琦

出版发行	高等教育出版社	网　　址	http://www.hep.edu.cn
社　　址	北京市西城区德外大街4号		http://www.hep.com.cn
邮政编码	100120	网上订购	http://www.hepmall.com.cn
印　　刷	三河市华骏印务包装有限公司		http://www.hepmall.com
开　　本	787mm×1092mm　1/16		http://www.hepmall.cn
印　　张	21		
插　　页	1	版　　次	2017年7月第1版
字　　数	500千字		2021年5月第2版
购书热线	010-58581118	印　　次	2022年5月第2次印刷
咨询电话	400-810-0598	定　　价	39.80元

物 料 号　55901-00

第二版前言

本书第一版于2017年出版，为解决我国综合性大学及高等师范院校开展化学概论理科大类平台课程教学无相关配套教材的问题提供了可选方案。教材自问世以来很好地满足了化学概论课程的教学内容安排和实际教学需求，受到了广大师生的欢迎。

基于深入贯彻落实“全国教育大会”和“新时代全国高等学校本科教育工作会议”精神，积极响应教育部一流本科课程“双万计划”的战略部署，本书编者于2020年1月5日对教材修订进行了深入交流与研讨。编者结合几年来的一线教学经验与问题，认真研讨了专家与读者的反馈意见，达成修改共识，作为本书修订的主要依据，即保持第一版教材内容的主体架构与有限学时的高匹配度，继续保持教材内容的精练性和实用性，在此基础上对教材内容做出适当修正。

在“第2章　化学热力学基础”中补充了“相和相变”与“热力学平衡态”的概念，并对“吉布斯自由能”的由来进行了推导；在“第4章　酸碱解离平衡”中增加了“酸碱溶剂体系理论”的简介、充实了“强电解质溶液理论”的内容，补充了“两性物质溶液中氢离子浓度计算公式”的推导；在“第5章　沉淀溶解平衡”中对“分步沉淀的典型例题”进行了更新；在“第6章　氧化还原反应和电化学基础”中对“电池反应热力学”的讨论做了部分细化；在“第7章　化学反应速率”中增加了“稳态近似法”的介绍，更新了“催化剂”相关内容的讨论；在“第8章　原子结构与元素周期律”中修订了关于“不确定原理”的论述和对“元素周期律”的描述；在“第9章　化学键与分子结构”中对“价层电子对互斥理论”和“大π键”概念的讨论做了适当深入；在“第10章　晶体与晶体结构”中对“金属晶体”的讨论做了适当深入。此外，增减了部分课后习题，适当提高了题目难度。

依据“CRC Handbook of Chemistry and Physics(95th ed. 2014－2015)”和“Lange's Handbook of Chemistry(16th ed. 2005)”两本权威化学手册，重新核对了全书的数据，并将元素原子半径单独列出，便于学习使用。

参加第二版编写工作的人员有王永慧(第2、3、4和7章)、彭军(第8和9章)、陈维林(第1和5章)和李阳光(绪论、第6和10章)。全书由王永慧负责统稿。

本次修订工作得到东北师范大学的大力支持。东北师范大学的陈彬教授和孙文东教授审阅了本书，并提出许多宝贵的修改意见，使教材与后续化学课程的衔接程度得以提升。高等教育出版社曹瑛编辑对本书的再版给予了大力支持。使用本书第一版的教学团队其他成员(陈亚光、龚剑、臧宏瑛、景晓飞、陈维超、元野、谭华桥、郎中玲、吴兴隆)和几届学生对本书的修订工作提出了许多宝贵意见和建议，在此一并表示感谢。

在本书修订过程中，我们的“化学概论”课程非常荣幸地入选了国家级一流本科课程(线下)，这是对我们教学团队的极大鼓舞，在此对广大同仁的支持深表感谢！

本书的出版得到了我校化学学科的国家一流学科建设项目经费的资助，特此鸣谢！

由于编者水平有限，本书的错误之处在所难免，恳请广大读者和同行不吝赐教，以期再版时加以修正。

王永慧　李阳光
2020年12月5日
于东北师范大学化学学院

第一版前言

“化学概论”(又称“普通化学”,General Chemistry)是配合我国综合性大学及高等师范院校开展的理科大类平台课程教学改革而设置的一门课程。该课程主要面向高等学校大一上学期的化学类和近化学类专业(如化学、物理学、材料科学与工程、生命科学、环境科学及地理科学等)学生,是高等学校普遍开设的一门公共基础课,是化学类和近化学类专业学生的必修课。但由于“化学概论”课时相比原有的化学专业大一上学期“无机化学(上)”课时减少许多,并且其他专业对化学基础知识的学习需求参差不齐,而现有教材和教学内容安排尚不能很好地满足当前的实际教学需求。

为解决供需矛盾,编者着手编写本书。本书以东北师范大学无机化学教学团队的校内讲义为基础,经多年使用和反复锤炼,知识内容逐渐丰富准确,编排日趋合理,同时注意基础知识与现代化学进展相结合。本书结合课程设置要求介绍化学的基本概念、原理和方法,主要内容有气体和溶液的基本定律、化学热力学和化学反应方向、化学平衡、化学动力学和反应速率方程、酸碱平衡、沉淀溶解平衡、氧化还原反应和电化学、原子结构和元素周期律、分子结构和化学键理论,以及晶体结构。由于学时的限制,关于无机配位化学和元素化学的知识及有机化学的基础知识将在后续的专业基础课和骨干课中陆续设置并学习。

《化学概论》是化学学习的入门教材,本书希望在尽可能短的篇幅内力争使大一学生掌握化学的基本原理和规律,承上启下,做好中学化学与大学化学其他课程在知识内容上的衔接,并为其他后续课程的学习奠定基础。编者在教材编写中力求精练和实用,使内容不过于庞杂。希望学生们通过本课程的学习,能够运用所学化学原理独立思考并解决一些初步的化学问题,逐步掌握科学研究的思想和方法,从而逐渐培养自身的研究创新能力。

参加本书编写的人员有李阳光(绪论,第 7 章),陈维林(第 1 章),王永慧(第 2 章、第 4 章,附录),杨进(第 3 章),陈亚光(第 5 章、第 6 章),彭军(第 8 章、第 9 章),张志明(第 10 章)。全书由李阳光和王永慧进行定稿工作。

吉林大学宋天佑教授等人编写的《无机化学》(第三版),北京师范大学等校合编的《无机化学》(第四版),北京大学华彤文教授等人编写的《普通化学原理》(第四版)是编者在教学中经常使用的三部重要参考书。编者在本书编写过程中努力学习他们的宝贵经验,借本书出版之际衷心感谢这些前辈们的指教。

承蒙大连理工大学孟长功教授和上海交通大学马荔教授为本书审稿,两位审稿专家阅读全书并提出许多宝贵的修改意见。高等教育出版社曹瑛编辑从本书的策划、编写到出版自始至终给予高度重视和关心。在此全体编写人员对他们致以诚挚的谢意！此外,在本书编写过程中，东北师范大学化学学院的很多教师和学生都给予了无私的帮助，在此一并表示衷心感谢。

由于编者水平所限，本书错误之处在所难免，恳请广大读者和同行不吝赐教，以期再版时得以改正。

李阳光

2017 年 3 月 31 日

于东北师范大学化学学院

目录

第 0 章

绪论

0.1 化学的定义和研究范围

化学是研究**物质**(substance)及其转化的一门学科。具体地说,化学是研究物质的组成、结构、性质和变化规律的科学,是自然科学领域的基础学科之一。不过,化学所研究的物质范围并不是自然世界里存在的全部物质。从物质的尺度层次看,化学在**原子**(atom)和**分子**(molecule)水平上研究物质。原子是组成化学物质的最小微粒,原子间以强相互作用(化学键)结合形成分子。化学学科中广义的"分子"包含单原子分子(如稀有气体分子)、以共价键结合的多原子分子(如氮气、水、甲烷),还包含以**离子**(ion)形式存在的带电原子或原子基团(如 Na^+、SO_4^{2-}),以及有机官能团、分子片等。这些原子、分子或离子又进一步通过化学键(共价键、金属键、离子键)或分子间相互作用力聚集成宏观化学物质,例如离子晶体(如 NaCl、CsCl)、原子晶体(如石英、金刚石)、金属晶体(如金、银)、分子晶体(如干冰、白磷)等,以及各种混合型晶体(如石墨、云母等)。

比分子尺度更高的层次称为**超分子**(supramolecule),超分子是若干分子借助分子间相互作用力(如范德华力和氢键等),通过自组装构筑成的某种高级结构聚集体。自从 1978 年法国诺贝尔化学奖得主莱恩(J. M. Lehn)教授首次提出"超分子化学"这一概念以来,人们逐步认识到原来只有在生命体中才存在的自组装体,完全可以在分子水平上通过人工合成实现。近年来的大量研究发现许多人造的超分子自组装体也可以像生物体一样具备各种各样特殊的功能特性。超分子化学的提出极大拓展了化学的研究范围,并成为 21 世纪化学的又一重要研究对象。

化学的学科价值不仅在于从原子和分子水平上认识物质,更在于创造新物质。例如,化学在分子水平上揭示了疾病的发病机理,有助于理解疾病的本质,并针对性地设计新型药物分子;根据能源、信息、医学、建筑、服装等各个行业对材料的功能要求,化学可以定向设计与合成新物质或制备新材料;当生命、环境、材料和工程等领域的研究者们开始在分子水平上对研究对象进行深入认识时,化学就开始在这些领域发挥重要作用,甚至形成了新的交叉学科。正是化学使人类认识到地球上的自然资源可以转变成为改善人类生活的高级材料。因此,可以说化学为人类开启了科学理性的视角去认识和改善我们的世界,并提醒我们学会与自然世界和谐共生。

0.2 化学反应的基本特征

对物质的组成、结构、性质和变化开展研究的过程中，都大量地涉及物质的**化学反应**(chemical reaction)。人们在对化学反应进行整理归类的过程中，总结出化学反应的三大基本特征：

第一，**化学反应属于质变**，如氢气和氧气燃烧生成水这一化学反应。很显然氢气、氧气和水是完全不同的三种物质，所以化学反应是一种典型的质变过程。化学反应涉及化学物质的化学键的断裂和形成，以及反应过程中各个原子之间的重新组合，这些不仅导致相应分子结构的变化，还涉及电子的转移和化学基团的改变等。学习原子结构和化学键理论将帮助人们认识化学反应的本质。

第二，**化学反应是一种定量的变化过程**。化学反应是发生在原子水平上的，反应过程中既没有旧元素消失，也没有新元素诞生，只涉及原子核外电子在分子中的重新排布，并不使原子核产生变化(核化学除外)。因此，化学反应服从质量守恒定律，反应前后各物质有明确的计量关系，可以通过定量计算了解反应物之间及反应物和生成物之间的质量关系。这一定量关系为化学平衡研究提供了基础。

第三，**化学反应伴随着能量的变化**。化学键存在键能，且不同化学键的能量不同。化学反应的发生涉及原有化学键的断裂和新化学键的生成，必然伴随着能量变化，同时伴随着反应体系和环境之间的能量交换。在化学反应体系中，有的体系表现为向环境释放能量，有的则表现为从环境吸收能量。化学反应体系和环境之间的能量转换可以通过化学热力学开展研究。借助化学热力学知识，可分析化学反应的能量变化，进而预测化学反应的可能性、方向和限度。此外，化学反应的速率有快有慢，反应的机理多种多样。通过化学动力学研究可以对化学反应的速率、反应机理和反应路径等开展研究工作。

0.3 化学的分支

化学作为自然科学里的一门一级学科，主要包括五个二级学科，即无机化学、有机化学、分析化学、物理化学和高分子化学。

无机化学(inorganic chemistry)是研究无机物的性质、组成、结构和化学反应的化学分支。因为其研究内容几乎涵盖所有化学元素及其单质和化合物，所以常常与**元素化学**同义。除了探索元素化学，无机化学同新兴学科交叉，又衍生出多个分支学科，如生物无机化学、固体无机化学、物理无机化学和无机金属化学等，使得无机化学研究焕发出勃勃生机。

有机化学(organic chemistry)是专门研究碳氢化合物及其衍生物的化学分支学科，甚至可以说有机化学就是研究有关碳的化学。有机化学的发展得益于**有机合成化学**的进步，这为有机化学研究提供了坚实基础。随着有机化学研究的不断深入，该学科与其他新兴学科交叉融合，又逐步诞生出若干分支学科，如天然有机化学、物理有机化学、金属有机化学和合成有机化学等，使得有机化学学科愈发显现出强大的生命力。此外，随着化学的发展，有机化学和无机化学的研究界线变得不再泾渭分明。例如，无机化学领域的一个重要学科分支为**配位化学**，包含了数量庞大的配位化合物，这些化合物的组成单元既包含无机物（如金属离子），也包括有机化合物（如有机配体），成为联系无机化学和有机化学两门学科的重要桥梁。

分析化学（analytical chemistry）主要进行化学物质的分离和表征（包括物质的组成、结构、性质等）研究。分析化学是化学研究的重要支撑。无论是无机化学研究还是有机化学研究，都离不开对所研究的化学物质进行分离和表征（鉴定）。在化学研究中，每一次在分析技术上的重要革新，都推动化学研究迈向更高水平，并带来科学的巨大进步。分析化学根据研究方法和手段，又分成了**化学分析**和**仪器分析**两个分支。近年来，随着新方法和新技术的逐步引入，分析化学学科也逐步细分出多个分支学科，如光谱分析、热谱分析、电化学分析、色谱分析和质谱分析等。

物理化学（physical chemistry）用物理方法研究化学问题。人们从物理学的发展中不断获得灵感，并将其应用到更为复杂的化学领域，去揭示化学反应的原理和内在规律、化学物质的组成和结构，以及化学物质和化学反应与各种外界环境因素（力、声、热、电、光、磁等）的相互关系，为深入理解化学本质提供重要理论基础。物理化学发展到今天，也逐渐形成了多个分支，如**结构化学**、化学热力学、化学动力学、催化化学、胶体与界面化学、光化学、磁化学和结晶化学等。

自尼龙在 20 世纪 50 年代被合成以来，人们逐步发现越来越多的小分子可以通过聚合或缩合形成高分子聚合物，并最终从有机化学领域中诞生出一门新的二级学科——**高分子化学**（polymer chemistry）。合成橡胶、合成纤维、塑料等都是现在常见的高分子材料，通常由成千上万个小分子单体聚合成链并交织在一起。高分子化学虽然是个年轻的学科，但是从诞生以来高分子材料给人类生活带来了巨大变革，成为人类社会进步和经济发展的重要支柱。

在大学化学学习中还要学到**化学工程学**（chemical engineering）。化学工程学是研究化学实验室中的化学合成和化学过程被放大到生产规模后出现的各种物料的理化性质变化和规律的科学。这门学科已不属于纯粹的化学学科，通常归为工程学学科领域，但又与化学密切相关。

此外，学科交叉是 21 世纪科学研究的重要特征之一。化学与多个学科交叉产生出许多新兴学科，如生命化学、农业化学、环境化学、地球化学、药物化学、固体化学和核化学（放射化学）等，这些学科依然以化学研究为主体，可看作化学在某一学科中的拓展研究。但是**合成生物学**、**化学信息学**和**化学教育学**等交叉学科，则是借助化学手段或者以化学为主要研究对象的其他二级学科。

0.4 化学的学科特点

化学作为一门自然科学，不断经历着由局部事实出发，通过归纳、分类、提出概念和假设，进行从假设到验证、再由验证到假设的循环过程。人们所认识的客观世界总是随着人类的实践活动不断拓展，因此从任何局部事实所得到的规律、概念和原理都需要接受新事实的考验，当与新事实不符时，就会发展形成新的概念和原理。化学学科的发展正是依照上述过程进行的。

化学是一门以实验为基础的学科，人们通过化学实验不断深入认识物质的化学性质，揭示化学反应和化学变化的规律，检验化学理论。化学家们在实验室中模拟各种条件，开展系列实验研究，通过仔细观察和分析，得出有用的结论和发现。尤其是当人们面对复杂体系时，通过实验来深刻认识其内在本质在很多时候可能是唯一选择。在化学作为一门学科成立到发展至今的300多年历史中，有无数的实例印证了化学实验对化学发展的重要性。如门捷列夫建立的元素周期律，以及元素周期表中的绝大多数元素及其新化合物，都是化学家们通过艰苦卓绝的大量实验和耐心细致的观察与分析发现的。其中，居里夫人发现的化学元素镭就是一个经典范例。可以说，化学实验对化学学科发展的重要性不言而喻。

在强调化学实验重要性的同时，也应当重视理论研究对于化学探索的重要指导意义。在化学的发展历史中，每一次化学理论的突破总是给化学带来迅猛的发展。典型的例子就是化学键理论，这一理论使人们对分子有了更深刻的认识，极大地推动了化学的发展。尤其到了20世纪末，计算机技术的快速发展使得利用量子化学理论进行分子模拟和分子设计的研究崭露头角。以理论计算和定向设计为指导的化学合成降低了研究的盲目性，提高了化学研究的效率和精准性，理论与实验的结合在化学研究中的地位变得越来越重要。可以预见，21世纪的化学研究将是一门实验与理论相互依存、共同发展的科学。在学习化学理论的时候，应同时重视实验技能的训练和培养，才能为以后的化学研究工作打好基础，并具备从实验事实中总结和发现规律的能力。

0.5 化学学科的发展趋势

化学学科自诞生以来，为人类文明的发展和进步起到巨大的推动作用。进入21世纪，化学在最令人关切的能源、资源、环境、健康等研究领域面临全新的任务和挑战。未来的几十年里，化学有三个主要的研究趋势：第一，以解决重大实际问题为目标将成为研究趋势。化学是与社会生活最密不可分的学科之一，从国家和人民最为关切的能源、资源、环境、健康等重大问题出发开展研究，化学就会有广阔的发展空间和重要的研究突破。第二，化学与各个学科交叉融合拓展学科生长点将成为研究趋势。化学研究本身具有巨大的创新能力，而化学研究进一步地学习和借鉴其他相关学科理论和实验成果，并吸收其中新的概念和方法，会使化学学科具有持久的生命力。第三，全面深入开展超分子、介观领域、多尺度问题方面的化学研究将成为研究趋势。20世纪以来，化学家们在分子水平上对物质的组成和结构研究积累了大量实践经验，并具有深刻的认识和理解，但是在超分子、介观领域和多尺度问题等复杂体系的研究才刚刚开始。而对于这些体系的研究，有利于人们深入理解各种生命现象和材料性能。提炼出这些领域中的关键化学问题并加以解决将是化学研究的热点课题。

虽然不能预见未来，但是当前的化学研究将使人们有望看到更多的清洁能源逐步被开发，更高效的药物被设计合成，更多的化工产品将用更为绿色环保的方式生产，环境污染逐步得到治理，提高人民生活质量的新材料不断涌现。化学的发展将不断为人类创造奇迹。

0.6 化学概论的学习内容

化学概论作为化学的入门课程，通过介绍化学的基本概念、原理和方法使同学们深入认识和理解物质及化学反应的基本特征。同时也为同学们学习无机化学、有机化学、分析化学、物理化学、高分子化学等化学专业课程和其他一些学科（如物理学、生物、环境、地理、医学、化工等）专业课程奠定基础。**本书将分章介绍以下化学基础知识和基本原理：物质的聚集状态、化学热力学、化学平衡、化学反应速率、电化学、原子结构、分子结构和晶体结构等。**需要指出的是，化学概论作为化学学习的基础，并不代表一个二级学科。这门课程的内容是从上述五大基础化学中抽提出的基本化学原理。学习这些化学原理，有助于同学们今后学习其他化学二级学科和化学交叉学科。

第 1 章

气体和溶液

1.1 气体

1.1.1 理想气体

气体是物质的一种聚集状态，它的分子间作用力很小，没有固定的体积和形状，易流动，具有扩散性和可压缩性，这些物理特性为研究实际气体带来了困难，因此为了简化实际问题，人们提出了一种假想的气体模型——理想气体。理想气体要满足两个条件：① 气体分子之间没有相互作用力；② 气体分子本身不占体积，视为有质量的质点。对于实际气体，在较高温度（不低于 273 K），较低压强（不高于 101.3 kPa）的条件下可以近似视为理想气体，主要原因是在这种条件下，分子之间的距离大大增加，气体分子之间的相互作用力趋向于零，同时，气体分子本身所占的体积也可以忽略不计，因此这种假想的气体模型是有实际意义的。在实际气体中，难液化的气体通常可认为是理想气体，如 H_2、O_2 等。

压强（p）、体积（V）、温度（T）和物质的量（n）是描述气体状态的四个物理量。对于理想气体，这几个物理量之间存在如下关系：

$$pV=nRT \tag{1.1}$$

这个关系式称为理想气体状态方程。式中，R 是摩尔气体常数，常用数值是 $8.314\ J\cdot mol^{-1}\cdot K^{-1}$。其他物理量的单位，对 R 的取值和单位有重要影响，表 1.1 总结了理想气体状态方程中物理量的单位和摩尔气体常数的单位和取值。

表 1.1 理想气体状态方程中物理量的单位和摩尔气体常数的单位和取值

物理量	单位	单位	单位	单位
p	Pa	Pa	atm	mmHg
V	m^3	dm^3	dm^3	cm^3
n	mol	mol	mol	mol
T	K	K	K	K
R	$8.314\ J\cdot mol^{-1}\cdot K^{-1}$ 或 $Pa\cdot m^3\cdot mol^{-1}\cdot K^{-1}$	8 314 $Pa\cdot dm^3\cdot mol^{-1}\cdot K^{-1}$	0.082 06 $atm\cdot dm^3\cdot mol^{-1}\cdot K^{-1}$	62 363.8 $mmHg\cdot cm^3\cdot mol^{-1}\cdot K^{-1}$

例 1.1 一个高压钢瓶，盛装体积为 $30.0\ dm^3$ 的 CO_2，在 298 K 时，使用前压强为 1.67×10^7 Pa，试求当该钢瓶压强降为 1.10×10^7 Pa 时，用去的 CO_2 的质量是多少？

解:假定该高压钢瓶中的气体为理想气体,则根据理想气体状态方程可以求得使用前后高压钢瓶中 CO_2 的物质的量。由 $pV=nRT$ 可得

$$n=\frac{pV}{RT}$$

使用前,由题中的已知条件可知 $p_1=1.67\times10^7$ Pa, $V=3.0\times10^{-2}$ m^3, $T=298$ K, $R=8.314$ Pa·m^3·mol^{-1}·K^{-1},代入上式中,可得使用前 CO_2 的物质的量为

$$\begin{aligned}n_1&=\frac{p_1V}{RT}\\&=\frac{1.67\times10^7\ \text{Pa}\times3.0\times10^{-2}\ \text{m}^3}{8.314\ \text{Pa}\cdot\text{m}^3\cdot\text{mol}^{-1}\cdot\text{K}^{-1}\times298\ \text{K}}\\&=202.21\ \text{mol}\end{aligned}$$

使用后,由题中的已知条件可知 $p_2=1.10\times10^7$ Pa,其他物理量不变,代入上式中,可得使用后 CO_2 的物质的量为

$$\begin{aligned}n_2&=\frac{p_2V}{RT}\\&=\frac{1.10\times10^7\ \text{Pa}\times3.0\times10^{-2}\ \text{m}^3}{8.314\ \text{Pa}\cdot\text{m}^3\cdot\text{mol}^{-1}\cdot\text{K}^{-1}\times298\ \text{K}}\\&=133.19\ \text{mol}\end{aligned}$$

用去的 CO_2 的质量为

$$\begin{aligned}m&=nM=(n_1-n_2)M\\&=(202.21\ \text{mol}-133.19\ \text{mol})\times44\ \text{g}\cdot\text{mol}^{-1}\\&=3.04\times10^3\ \text{g}=3.04\ \text{kg}\end{aligned}$$

因此,当该钢瓶压强降为 1.10×10^7 Pa 时,用去的 CO_2 的质量是 3.04 kg。

例 1.2 常压下,某气体的体积为 5.0 dm^3,温度为 273 K,如果将温度升高到 546 K,试求该气体的体积将变为多少?

解:根据理想气体状态方程 $pV=nRT$ 可得 $V=\dfrac{nRT}{p}$

可知当 n 和 p 一定时,V 与 T 成正比,因此

$$\frac{V_1}{V_2}=\frac{T_1}{T_2}$$

由题可知,$V_1=5.0$ dm^3,$T_1=273$ K,$T_2=546$ K,代入上式

$$\frac{5.0\ \text{dm}^3}{V_2}=\frac{273\ \text{K}}{546\ \text{K}}$$

$$\begin{aligned}V_2&=\frac{5.0\ \text{dm}^3\times546\ \text{K}}{273\ \text{K}}\\&=10.0\ \text{dm}^3\end{aligned}$$

因此,如果将温度升高到 546 K,该气体的体积将变为 10.0 dm^3。

1.1.2 混合气体

在科学研究中,人们遇到的气体往往不是单一的组分,常常是由两种或两种以上的气体

混合在一起组成的体系，称之为混合气体，这样每种组分气体会对整个体系的压强、体积和物质的量均产生重要的影响。

为了研究混合气体，需要引入几个物理量，分别为总压、总体积、分压、分体积、体积分数和摩尔分数。总压是指混合气体所具有的压强，用 $p_{总}$ 表示；总体积是指混合气体所占有的体积，用 $V_{总}$ 表示；分压是指某组分气体单独占有总体积时所具有的压强，用 p_i 表示；分体积是指某组分气体单独具有总压时所占有的体积，用 V_i 表示；某组分气体的物质的量与混合气体的总物质的量之比为该组分气体的摩尔分数，用 x_i 表示；某组分气体的分体积与混合气体的总体积之比为该组分气体的体积分数，用 φ_i 表示。

混合气体的总物质的量等于各组分气体的物质的量之和，即

$$n_{总}=n_1+n_2+n_3+\cdots+n_i=\sum n_i \tag{1.2}$$

混合气体的摩尔分数为

$$x_i=\frac{n_i}{n_{总}} \tag{1.3}$$

混合气体的体积分数为

$$\varphi_i=\frac{V_i}{V_{总}} \tag{1.4}$$

在等温和等压下，混合气体的总体积等于各组分气体分体积之和，该结论被称为阿马加(Amagat)定律，即

$$V_{总}=V_1+V_2+V_3+\cdots+V_i=\sum V_i \tag{1.5}$$

在等温和等容下，混合气体的总压等于各组分气体的分压之和。这是1801年英国科学家道尔顿(J. Dalton)通过大量实验得出的结论，被称为混合气体的道尔顿分压定律，即

$$p_{总}=p_1+p_2+p_3+\cdots+p_i=\sum p_i \tag{1.6}$$

对于理想气体，根据 $pV=nRT$，可得

$$p_iV_{总}=n_iRT \tag{1.7}$$

$$p_{总}V_i=n_iRT \tag{1.8}$$

$$p_{总}V_{总}=n_{总}RT \tag{1.9}$$

进而可推导出混合气体的分压定律：

$$\begin{aligned}p_{总}&=\frac{n_{总}RT}{V_{总}}=\frac{(n_1+n_2+n_3+\cdots+n_i)RT}{V_{总}}\\&=\frac{n_1RT}{V_{总}}+\frac{n_2RT}{V_{总}}+\frac{n_3RT}{V_{总}}+\cdots+\frac{n_iRT}{V_{总}}\\&=p_1+p_2+p_3+\cdots+p_i=\sum p_i\end{aligned}$$

式(1.7)与式(1.9)相除，可得

$$\frac{p_i}{p_{总}}=\frac{n_i}{n_{总}}=x_i \tag{1.10}$$

式(1.8)与式(1.9)相除，可得

$$\frac{V_i}{V_{总}}=\frac{n_i}{n_{总}}=\varphi_i$$

由式(1.10)可得

$$p_i = p_{总} \times x_i \tag{1.11}$$

由此可以得到一个结论,如式(1.11)所示,在等温和等容条件下,混合气体的任一组分气体的分压等于混合气体的总压与该组分气体摩尔分数的乘积。混合气体的分压定律的实质是,混合气体中,各组分气体是各自独立的。因为对于理想气体混合物,各组分气体在容器中碰撞器壁产生压强时,由于分子间没有相互作用,与独立存在时是相同的。因此,道尔顿分压定律和阿玛格分体积定律只适用于理想气体混合物。

例 1.3 室温下,部分 NO_2 会聚合成 N_2O_4。假设在高温状态下,将 12.0 g NO_2 放在 10 dm^3 容器中,冷却至 293 K,此时容器内的压强达到 4.5×10^4 Pa,试求此时 NO_2 和 N_2O_4 的分压。

解:反应前 NO_2 的物质的量为

$$n_1 = \frac{m}{M} = \frac{12.0\ \text{g}}{46\ \text{g}\cdot\text{mol}^{-1}} = 0.26\ \text{mol}$$

反应后为 NO_2 和 N_2O_4 的混合气体,混合气体的总物质的量为

$$n_2 = \frac{pV}{RT} = \frac{4.5\times10^4\ \text{Pa}\times1.0\times10^{-2}\ \text{m}^3}{8.314\ \text{Pa}\cdot\text{m}^3\cdot\text{mol}^{-1}\cdot\text{K}^{-1}\times293\ \text{K}} = 0.18\ \text{mol}$$

设反应后生成 N_2O_4 的物质的量为 x,因此

	$2\,NO_2$ $\rightleftharpoons$	N_2O_4
反应前	0.26 mol	0
反应后	0.26 mol$-2x$	x

$n_2 = 0.26\ \text{mol} - 2x + x = 0.18\ \text{mol}$ 可得 $x = 0.08$ mol

反应后 NO_2 的物质的量为 0.10 mol;N_2O_4 的物质的量为 0.08 mol。

由混合气体分压定律可得 $p_i = p_{总} \times x_i$

反应后 NO_2 的分压为 $p_{NO_2} = \dfrac{0.10\ \text{mol}}{0.18\ \text{mol}} \times 4.5\times10^4\ \text{Pa} = 2.5\times10^4\ \text{Pa}$

反应后 N_2O_4 的分压为 $p_{N_2O_4} = \dfrac{0.08\ \text{mol}}{0.18\ \text{mol}} \times 4.5\times10^4\ \text{Pa} = 2.0\times10^4\ \text{Pa}$

因此,NO_2 和 N_2O_4 的分压分别为 2.5×10^4 Pa 和 2.0×10^4 Pa。

例 1.4 25 ℃时,有两个体积分别为 2 dm^3 的容器 A 与 4 dm^3 的容器 B,用旋塞连接,容器 A 中装有 6.0×10^5 Pa 的 O_2,容器 B 中装有 1.2×10^5 Pa 的 N_2,旋塞打开,待两气体混合后,试计算:

(1) O_2,N_2 的物质的量;

(2) O_2,N_2 的分压;

(3) 混合气体的总压。

解:(1) 根据理想气体状态方程,可以求得 O_2 和 N_2 的物质的量,而且混合前后 O_2 和 N_2 的物质的量没有发生变化。

$$n_{O_2} = \frac{pV}{RT} = \frac{6.0\times10^5\ \text{Pa}\times2\times10^{-3}\ \text{m}^3}{8.314\ \text{Pa}\cdot\text{m}^3\cdot\text{mol}^{-1}\cdot\text{K}^{-1}\times(25+273.15)\ \text{K}} = 0.48\ \text{mol}$$

$$n_{N_2} = \frac{pV}{RT} = \frac{1.2\times10^5\ \text{Pa}\times4\times10^{-3}\ \text{m}^3}{8.314\ \text{Pa}\cdot\text{m}^3\cdot\text{mol}^{-1}\cdot\text{K}^{-1}\times(25+273.15)\ \text{K}} = 0.19\ \text{mol}$$

因此，O_2 和 N_2 的物质的量分别为 0.48 mol 和 0.19 mol。

(2) 混合气体中 O_2 和 N_2 的分压是它们分别单独占有总体积 6 dm^3 时所产生的压强。

对于 O_2 来说，混合前：$p_{O_2}V_{O_2}=n_{O_2}RT$；混合后：$p'_{O_2}V_{总}=n_{O_2}RT$

因此 $p'_{O_2}V_{总}=p_{O_2}V_{O_2}$

$$p'_{O_2}=\frac{p_{O_2}V_{O_2}}{V_{总}}=\frac{6.0\times10^5\ \text{Pa}\times2\times10^{-3}\ \text{m}^3}{6\times10^{-3}\ \text{m}^3}=2.0\times10^5\ \text{Pa}$$

同理，可得

$$p'_{N_2}=\frac{p_{N_2}V_{N_2}}{V_{总}}=\frac{1.2\times10^5\ \text{Pa}\times4\times10^{-3}\ \text{m}^3}{6\times10^{-3}\ \text{m}^3}=8.0\times10^4\ \text{Pa}$$

因此，混合气体中 O_2 和 N_2 的分压分别为 2.0×10^5 Pa 和 8.0×10^4 Pa。

(3) 混合气体总压：

$$p_{总}=p'_{O_2}+p'_{N_2}=2.0\times10^5\ \text{Pa}+0.8\times10^5\ \text{Pa}=2.8\times10^5\ \text{Pa}$$

因此，混合气体的总压为 2.8×10^5 Pa。

1.1.3 气体运动基本原理

在混合气体体系中，各组分气体可以自发地混合、扩散，不断发生相互碰撞，运动速率也在不断地发生变化，那么，各组分气体分子的运动遵循怎样的基本原理呢？

1. 气体扩散定律

在混合气体中，各组分气体的扩散速率是不同的，扩散速率比较快的是那些质量比较小的气体分子，而扩散速率比较慢的是那些质量比较大的气体分子。1831 年，英国科学家格雷厄姆(T. Graham)通过大量实验得出各组分气体的扩散速率与其密度的关系，称之为气体扩散定律，即在等温等压下，不同组分气体 a 和 b 的扩散速率与其密度的平方根成反比，用 v 表示组分气体的扩散速率，ρ 表示气体的密度，气体扩散定律可以表示为

$$\frac{v_a}{v_b}=\sqrt{\frac{\rho_b}{\rho_a}} \tag{1.12}$$

由理想气体状态方程可以得出，在等温等压下，气体的密度与其相对分子质量 M_r 成正比，推导过程如下所示：

由 $pV=\frac{m}{M}RT, m=\rho V$ 可得

$$pV=\frac{\rho V}{M}RT$$

可以推得

$$M=\frac{\rho}{p}RT$$

因此，在等温等压下，气体的密度与其相对分子质量 M_r 成正比，可以得出气体的扩散速率与其相对分子质量的平方根成反比，即

$$\frac{v_a}{v_b}=\sqrt{\frac{M_r(b)}{M_r(a)}} \tag{1.13}$$

例 1.5 一个容器可以充满 0.56 g N_2，在等温等压下，相同体积的该容器可以充满 0.04 g 某气体，若 N_2 从容器中扩散出一半用时 100 s，试求该气体从容器中扩散出一半需要的时间？

解：由理想气体状态方程可得，等温等压下，同体积的气体，具有相同物质的量，可求得某气体的相对分子质量。已知 $M_r(N_2)=28$，$m_{N_2}=0.56\ g$，$m=0.04\ g$，可得

$$\frac{0.56\ g}{28}=\frac{0.04\ g}{M_r}$$

$$M_r=2$$

由气体扩散定律，$\frac{v}{v_{N_2}}=\sqrt{\frac{M_r(N_2)}{M_r}}$，可得

$$\frac{v}{v_{N_2}}=\sqrt{\frac{28}{2}}=3.74$$

由速率与时间成反比：$\frac{t_{N_2}}{t}=\frac{v}{v_{N_2}}$，已知 $t_{N_2}=100\ s$，则

$$t=\frac{100\ s}{3.74}=27\ s$$

因此，该气体从容器中扩散出一半用时 27 s。

2. 气体分子的速率分布和能量分布

混合气体中，气体分子除了发生扩散，还要不断地运动，频繁地与其他气体分子和器壁发生碰撞。气体分子的运动方向和速率不同，而且还要不断发生改变，那么气体分子的运动有什么样的规律可循呢？实验证明，这种运动遵循一定的统计规律。

1859 年，英国的著名物理学家麦克斯韦（J. C. Maxwell）推算出气体分子运动速率的分布规律，采用的方法是概率论和统计力学，后来被很多实验证明。研究表明，运动速率较大和运动速率较小的分子数量均比较少，为数较多的是运动速率居中的气体分子。麦克斯韦得到的结论可以作成速率分布图，横坐标为气体分子的运动速率，用 v 表示；纵坐标为单位速率间隔内分子的数目占分子总数的分数，用$\frac{1}{N}\frac{\Delta N}{\Delta v}$表示，这里 Δv 表示速率间隔，N 表示气体分子的总数，ΔN 表示 Δv 速率间隔内的气体分子数目，如图 1.1 所示。不同温度下，气体分子的速率分布会发生变化，当温度升高时，气体分子的速率增大，同时，具有最高速率的分子数必然会增大，如图 1.2 所示，速率分布曲线发生右移。

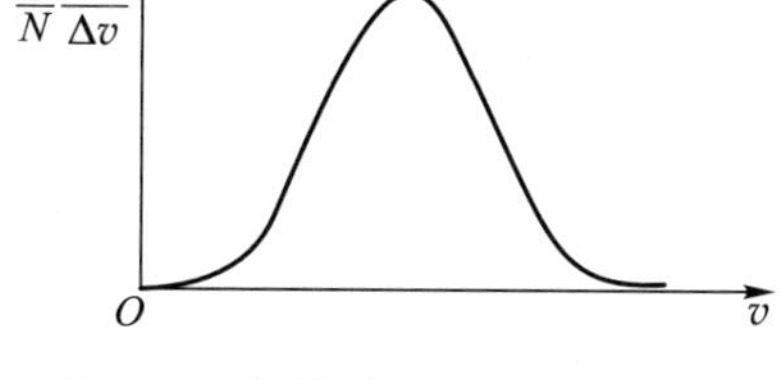

图 1.1 气体分子的速率分布图

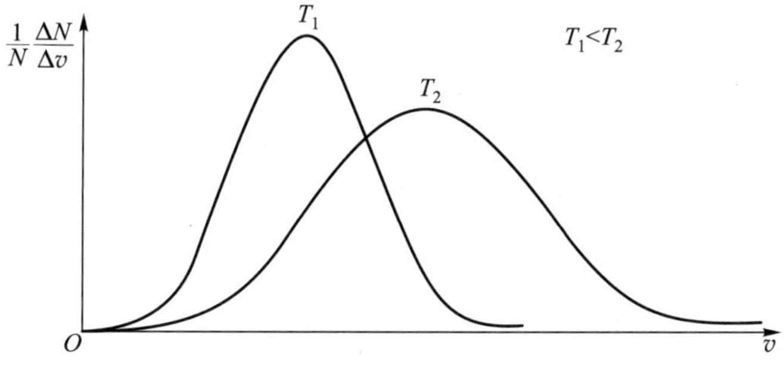

图 1.2 不同温度下的速率分布图

随着气体分子的速率发生变化，气体分子的能量也要发生变化，由于气体分子运动的动能与速率有关，即 $E=1/2mv^2$，因此气体分子的能量分布图也可以用类似的曲线表示，横坐标为能量，用 E 表示，纵坐标是单位能量间隔内分子的数目占分子总数的分数，用 $\frac{1}{N}\frac{\Delta N}{\Delta E}$ 表示，如图 1.3 所示。

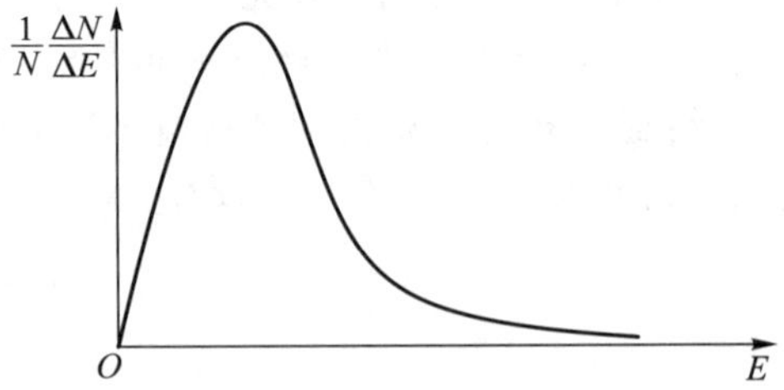

图 1.3 气体分子的能量分布图

1.1.4 实际气体

理想气体是为了科学研究而抽象出来的气体模型，它与实际气体之间仍然存在一定的偏差，实际气体的气体分子本身占有体积，分子与分子间存在相互作用力，同时气体分子与器壁之间也会发生相互碰撞产生压强，但这种压强会比理想气体产生的压强小。实际气体的实验值与理想值的偏差常用压缩系数 Z 来表示，即 $Z=\frac{pV}{nRT}$，式中的 p、V、T 为实际测得的值，当气体为理想气体时，无偏差，$Z=1$；若为实际气体，有偏差，则 $Z>1$ 或 $Z<1$。当气体分子的吸引力起主要作用时，$Z<1$；当气体分子的体积因素起主要作用时，$Z>1$。实际气体中，也有 $Z\approx1$ 的情况，即两种因素相互抵消的情况，如 52 MPa、40 ℃下的 CO_2 气体的 $Z\approx1$。

1873 年，荷兰科学家范德华(J. van der Waals)对实际气体进行了系统研究，对理想气体状态方程进行了修正，得到修正后的气体状态方程，称为范德华方程式，即

$$\left(p+\frac{an^2}{V^2}\right)(V-nb)=nRT \tag{1.14}$$

该气体状态方程式是半经验性的，方程式中的 a 和 b 为范德华常数，a 是与分子间引力有关的常数，用于校正压强；b 是与分子自身体积有关的常数，用于校正体积。该范德华方程式是最早提出的，对于压强很高的气体，误差是很大的，后来人们根据经验得出了很多其他气体状态方程，形式非常复杂，这些方程式主要应用在化学工业生产中，这里不再赘述。

1.2 溶液

与气体相比，液体没有固定形状，不可压缩，具有一定的体积，易流动，扩散较慢。溶液是由两种或两种以上的物质混合形成的均匀稳定的分散体系。溶液由溶剂(A)和溶质(B)两部分组成，溶剂是溶液中含量较多的组分，而其他组分称为溶质。但当溶液的一个组分为水时，溶剂通常是水。

1.2.1 浓度的表示方法

浓度是指在一定量的溶液或溶剂中溶解溶质的量。目前，浓度的表示方法有如下几种，包括质量分数、摩尔分数、物质的量浓度、质量摩尔浓度、体积分数和比例浓度。

1. 质量分数(w_B)

质量分数是溶质的质量与溶液的质量之比,用 w_B 来表示,量纲为 1,计算时溶质与溶液的质量单位要一致,其数学表达式为

$$w_B = \frac{m_B}{m_液} \quad 或 \quad w_B = \frac{m_B}{m_A + m_B} \tag{1.15}$$

2. 摩尔分数(x_B)

摩尔分数是溶质的物质的量与溶液的总物质的量之比,用 x_B 表示,量纲为 1,溶液中各组分的摩尔分数之和为 1。其数学表达式为

$$x_B = \frac{n_B}{n_液} \quad 或 \quad x_B = \frac{n_B}{n_A + n_B} \tag{1.16}$$

3. 物质的量浓度(c_B)

物质的量浓度是溶质的物质的量与溶液的体积之比,即单位体积(1 dm^3)溶液中所含溶质的物质的量,用 c_B 表示,单位是 $mol \cdot dm^{-3}$,物质的量浓度与温度有关,但影响不大。其数学表达式为

$$c_B = \frac{n_B}{V_液} \tag{1.17}$$

式中,n_B 的单位为 mol,$V_液$ 的单位为 dm^3。

4. 质量摩尔浓度(b)

质量摩尔浓度是溶质的物质的量与溶剂的质量之比,即单位质量(1 kg)溶剂中所含溶质的物质的量,用 b 表示,单位是 $mol \cdot kg^{-1}$,质量摩尔浓度不受温度影响。其数学表达式为

$$b = \frac{n_B}{m_A} \tag{1.18}$$

式中,n_B 的单位为 mol,m_A 的单位为 kg。

5. 体积分数(φ)

体积分数是溶液中某组分混合前的体积与混合前各组分的体积总和之比,用 φ 表示,量纲为 1,其数学表达式为

$$\varphi = \frac{V_1}{V_1 + V_2} \tag{1.19}$$

6. 比例浓度

比例浓度通常是指体积比,这种浓度表示法常用于盐酸、硝酸和硫酸的配制。例如,实验室常用的比例浓度为 1∶1 的硫酸是指市售浓硫酸(98%的浓硫酸)与水按照体积比 1∶1 来配制的。

例 1.6 室温时,将 20 g KOH 固体溶解在 100 cm^3 水中。假定 KOH 溶解后溶液体积不变,水的密度为 1 $g \cdot cm^{-3}$。计算所得溶液的质量分数、摩尔分数、物质的量浓度和质量摩尔浓度。

解:20 g KOH 的物质的量 $n = \frac{20\ g}{56\ g \cdot mol^{-1}} = 0.36\ mol$

$$\text{KOH 的质量分数 } w_B = \frac{20\ \text{g}}{20\ \text{g}+100\ \text{cm}^3 \times 1\ \text{g} \cdot \text{cm}^{-3}} = 16.7\%$$

$$\text{KOH 溶液的摩尔分数 } x_B = \frac{0.36\ \text{mol}}{0.36\ \text{mol} + \dfrac{1\ \text{g} \cdot \text{cm}^{-3} \times 100\ \text{cm}^3}{18\ \text{g} \cdot \text{mol}^{-1}}} = 0.061$$

$$\text{KOH 溶液的物质的量浓度 } c_B = \frac{0.36\ \text{mol}}{0.1\ \text{dm}^3} = 3.6\ \text{mol} \cdot \text{dm}^{-3}$$

$$\text{KOH 溶液的质量摩尔浓度 } b = \frac{0.36\ \text{mol}}{100\ \text{cm}^3 \times 1\ \text{g} \cdot \text{cm}^{-3} \times 10^{-3}\ \text{kg} \cdot \text{g}^{-1}} = 3.6\ \text{mol} \cdot \text{kg}^{-1}$$

1.2.2　纯溶剂和溶液的饱和蒸气压

一定温度下，在一个密闭容器中，放入一个盛有纯溶剂的敞口容器（见图 1.4），纯溶剂将发生如下两个过程，第一个过程是蒸发，即表面的溶剂分子运动到密闭空间中，开始时蒸发速率很快，使得大量溶剂分子跑到密闭空间中；第二个过程是凝聚，即部分气态溶剂分子之间发生相互碰撞后回到溶剂中；这样溶剂分子不断蒸发，又不断凝聚，当蒸发与凝聚速率相等时，体系达到了平衡状态，此时溶剂上方空间的蒸气所具有的压强称为饱和蒸气压。因此，纯溶剂的饱和蒸气压是指在一定温度下的密闭容器中，当一纯溶剂的蒸发与凝聚达到动态平衡时，蒸气所具有的压强，用 p^* 来表示。饱和蒸气压属于液体的性质，它与温度有关，对于同一种液体来说，温度升高，饱和蒸气压增大。例如，10 ℃时，H_2O 的 p^* 为 1.228 kPa；100 ℃时，H_2O 的 p^* 为 101.325 kPa；150 ℃时，H_2O 的 p^* 达到 476.2 kPa。

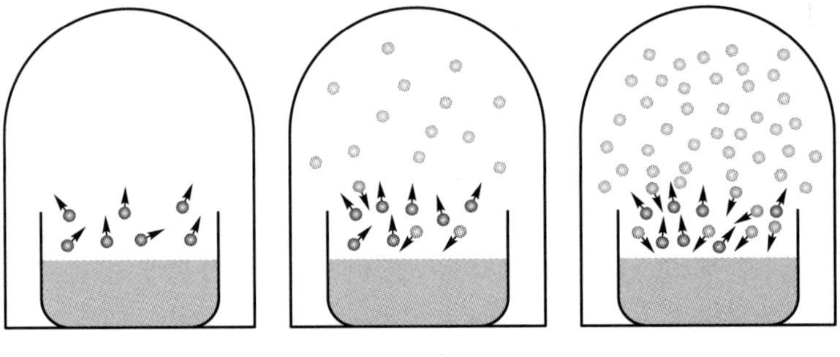

图 1.4　纯溶剂的饱和蒸气压原理示意图

对于含有溶质的溶液来说，同样存在饱和蒸气压。一定温度下，在一个密闭容器中，放入相同体积的一杯纯水和一杯糖水，一段时间以后会发现，纯水会自动转移到糖水中（见图 1.5）。这要经历两个过程，开始时，纯水和糖水均以蒸发为主，由于糖水表面部分被溶质占据，溶液中单位表面在单位时间内蒸发的溶剂分子数目小于纯水蒸发的分子数目；当糖水与上方蒸气达到平衡时，其饱和蒸气的密度和压强（p，即溶液的饱和蒸气压）要小于纯水的饱和蒸气的密度和压强（p^*）。因而纯水将继续蒸发，以致糖水上方蒸气压大于 p，故而水蒸气分子开始凝聚到糖水中，直到蒸发和凝聚达到平衡状态，因此最终的实验现象是水自动转移到糖水中。与纯溶剂相比，溶液上方的蒸气密度减小，体系达平衡时的饱和蒸气压减小，即 $p<p^*$。因此，这一现象的实质是溶液的蒸气压下降。

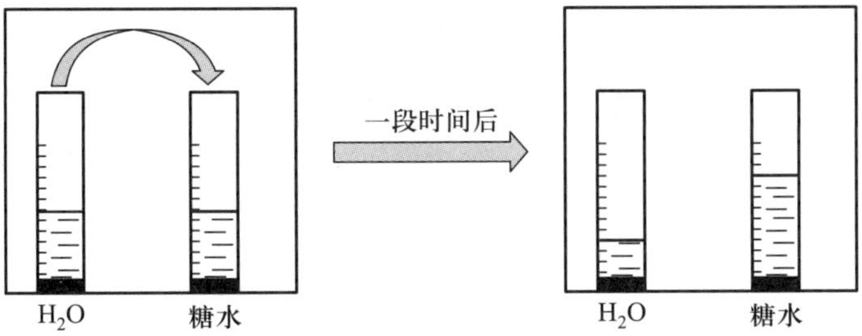

图 1.5 在密闭容器中的水分子转移示意图

1.2.3 难挥发性非电解质稀溶液的依数性

溶液的性质可分为两类:一类与溶质的本性有关,如溶液的颜色、密度、酸碱性和导电性等;另一类则与溶质的本性无关,仅与溶质的浓度(溶质的质点数)有关,这类性质称为依数性。难挥发性非电解质稀溶液具有依数性,表现在饱和蒸气压下降、沸点升高、凝固点降低和渗透压。这里要强调的是这些与依数性相关的定律和公式只适用于难挥发性非电解质稀溶液。因为溶质难挥发或不挥发,溶液表面的蒸气压才能是由溶剂产生的蒸气压,如果溶质是易挥发性的,对依数性会产生很复杂的影响。同时必须是稀溶液,因为对于浓溶液来说,溶质的质点浓度比较大,质点间的相互作用加强,会影响溶液的依数性进而出现偏差。如果是电解质溶液,偏差会更大。下面详细讨论难挥发性非电解质稀溶液的这些依数性。

1. 溶液的饱和蒸气压下降

在一定温度下,溶液体系的蒸发与凝聚达到平衡状态时,溶液的饱和蒸气压 p 低于纯溶剂的饱和蒸气压 p^*,这里的溶液是指难挥发性非电解质稀溶液,因此其蒸气压实际上是溶液中溶剂的蒸气压,这个性质是非电解质稀溶液的一个依数性,即溶液的饱和蒸气压下降(见图 1.6)。用 Δp 表示饱和蒸气压的下降值,p 表示非电解质稀溶液的饱和蒸气压,p^* 表示纯溶剂的饱和蒸气压,即

$$\Delta p = p^* - p \tag{1.20}$$

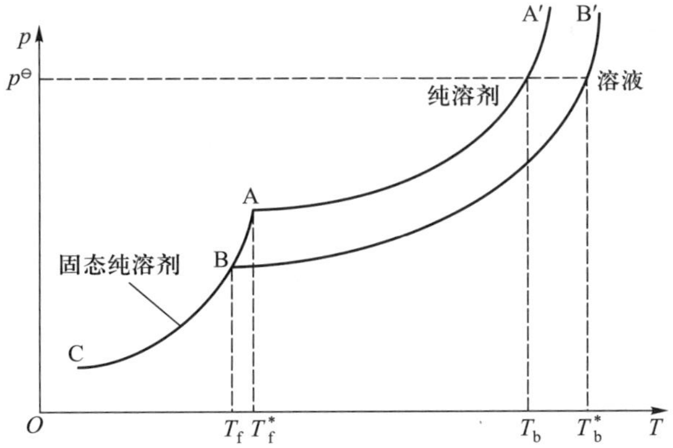

图 1.6 固态纯溶剂、纯溶剂和溶液的饱和蒸气压图

1887 年,法国物理学家拉乌尔(F. M. Roault)根据实验事实提出了拉乌尔定律:在一定温度下,难挥发性的非电解质稀溶液的饱和蒸气压等于纯溶剂的饱和蒸气压乘以溶剂的摩

尔分数,即

$$p=p^* x_A \tag{1.21}$$

将式(1.20)代入式(1.21),$x_A=1-x_B$,可得

$$p^*-\Delta p=p^*(1-x_B)$$

整理可得

$$\Delta p=p^* x_B \tag{1.22}$$

因此可以得出拉乌尔定律的另一种表示,即难挥发性非电解质稀溶液的饱和蒸气压下降值与溶质的摩尔分数成正比。

对于稀溶液,溶质的物质的量远小于溶剂的物质的量,所以 $n_{液}=n_A+n_B\approx n_A$,可得 $x_B\approx\frac{n_B}{n_A}$,代入式(1.22),得

$$\Delta p=p^*\frac{n_B}{n_A} \tag{1.23}$$

对于 1 dm^3 水溶液来说,n_B 在数值上等于 b,溶剂的物质的量为 $n_A=\frac{1\ 000\ g}{18\ g\cdot mol^{-1}}=$ 55.5 mol,代入式(1.23),故

$$\Delta p=p^*\frac{b}{55.5\ mol}=kb \tag{1.24}$$

式中,k 是比例常数,又称蒸气压降低常数。式(1.24)可称为拉乌尔定律的另一种表述:一定温度下,难挥发性非电解质稀溶液的饱和蒸气压下降值与溶质的质量摩尔浓度成正比。拉乌尔定律的适用范围:溶质是非电解质,而且是难挥发性的,溶液必须是稀溶液。

例 1.7 50 ℃时,将 5 g 甘油($C_3H_8O_3$)溶于 100 cm^3 水中,已知 50 ℃时水的饱和蒸气压是 12.33 kPa,水的密度为 1 $g\cdot cm^{-3}$,试求此时水溶液的饱和蒸气压下降了多少。

解:由题可得甘油的物质的量为 $n_B=\frac{5\ g}{92\ g\cdot mol^{-1}}=0.054\ mol$

水的物质的量为 $n_A=\frac{100\ cm^3\times 1\ g\cdot cm^{-3}}{18\ g\cdot mol^{-1}}=5.56\ mol$

所以,$x_B=\frac{n_B}{n_A+n_B}=\frac{0.054\ mol}{5.56\ mol+0.054\ mol}=9.6\times10^{-3}$

由拉乌尔定律可得:$\Delta p=p^* x_B$,已知 $p^*=12.33\ kPa$,$x_B=9.6\times10^{-3}$

$$\Delta p=p^* x_B=12.33\ kPa\times9.6\times10^{-3}=0.12\ kPa$$

因此,此时水溶液的饱和蒸气压下降 0.12 kPa。

2. 沸点升高

当液体的饱和蒸气压等于外界大气压时的温度称为沸点。图 1.6 是固态纯溶剂、纯溶剂和溶液的饱和蒸气压随温度变化的曲线,称为饱和蒸气压图。随着温度的升高,固态纯溶剂、纯溶剂和溶液的饱和蒸气压都升高,在同一温度下,溶液的饱和蒸气压低于纯溶剂的饱和蒸气压。当溶液的温度达到纯溶剂的沸点 T_b^* 时,溶液的饱和蒸气压仍低于外压,溶液不会沸腾,因而必须提高温度,直到溶液的饱和蒸气压等于外压,溶液才能沸腾(见图 1.6)。

可见，由于溶液的饱和蒸气压降低，导致其沸点升高，这是稀溶液的第二个依数性。研究表明：难挥发性非电解质稀溶液的沸点升高值与溶质的质量摩尔浓度成正比，即

$$\Delta T_b = T_b - T_b^* = k_b b \tag{1.25}$$

式中，ΔT_b 为难挥发性非电解质稀溶液的沸点升高值，T_b 为溶液的沸点，k_b 为溶剂的摩尔沸点升高常数，单位是 $K \cdot kg \cdot mol^{-1}$，$H_2O$ 的 $k_b = 0.513\ K \cdot kg \cdot mol^{-1}$。这个公式要求溶质为难挥发性的，因为如果溶质是挥发性的，当它们的饱和蒸气压之和与外压相等时，溶液就会沸腾，沸点不一定升高。

3. 凝固点降低

物质的液相与固相具有相同饱和蒸气压时的温度称为凝固点。在一定压强下，对于难挥发性非电解质稀溶液来说，当达到纯溶剂的凝固点 T_f^* 时，溶液的饱和蒸气压仍然低于纯溶剂的饱和蒸气压，溶液不会凝固，只有继续降低温度，达到 T_f 时，固体纯溶剂与溶液的饱和蒸气压相等，溶液才能凝固，T_f 为溶液的凝固点（见图 1.6）。由此可见，仍然是由于溶液的饱和蒸气压降低导致其凝固点降低。稀溶液的凝固点下降是难挥发性非电解质稀溶液的第三个依数性。类似地，难挥发性非电解质稀溶液的凝固点降低值与溶质的质量摩尔浓度成正比，即

$$\Delta T_f = T_f^* - T_f = k_f b \tag{1.26}$$

式中，ΔT_f 为难挥发性非电解质稀溶液的凝固点降低值，k_f 为溶剂的摩尔凝固点降低常数，单位是 $K \cdot kg \cdot mol^{-1}$，如 H_2O 的 $k_f = 1.86\ K \cdot kg \cdot mol^{-1}$。

例 1.8 5 g 葡萄糖（$C_6H_{12}O_6$，$M_r = 180$）溶于 100 cm^3 水中，试求该溶液的凝固点和沸点。已知水的 $k_f = 1.86\ K \cdot kg \cdot mol^{-1}$，$k_b = 0.513\ K \cdot kg \cdot mol^{-1}$。

解：葡萄糖的物质的量为 $n_B = \dfrac{5\ g}{180\ g \cdot mol^{-1}} = 0.028\ mol$

葡萄糖水溶液的质量摩尔浓度为

$$b = \frac{0.028\ mol}{100\ cm^3 \times 1\ g \cdot cm^{-3} \times 10^{-3}\ kg \cdot g^{-1}} = 0.28\ mol \cdot kg^{-1}$$

由 $\Delta T_f = T_f^* - T_f = k_f b$，$k_f = 1.86\ K \cdot kg \cdot mol^{-1}$，可得

$$\Delta T_f = 1.86\ K \cdot kg \cdot mol^{-1} \times 0.28\ mol \cdot kg^{-1} = 0.52\ K$$

$$T_f = T_f^* - \Delta T_f = 273.15\ K - 0.52\ K = 272.63\ K$$

由 $\Delta T_b = T_b - T_b^* = k_b b$，$k_b = 0.513\ K \cdot kg \cdot mol^{-1}$，可得

$$\Delta T_b = 0.513\ K \cdot kg \cdot mol^{-1} \times 0.28\ mol \cdot kg^{-1} = 0.14\ K$$

$$T_b = T_b^* + \Delta T_b = 373.15\ K + 0.14\ K = 373.29\ K$$

因此，该溶液的凝固点为 272.63 K，沸点为 373.29 K。

利用凝固点降低原理可作制冷剂。例如，汽车发动机冷却系统中一般都注入防冻液，常用的防冻液为乙二醇，60%的乙二醇水溶液凝固点为 −40 ℃。$CaCl_2$、冰和丙酮的混合物的凝固点可以达到 −70 ℃。

4. 渗透压

半透膜是一种只允许溶剂分子透过而不允许溶质分子透过的膜。渗透作用是指用半透膜把溶液与纯溶剂隔开时，溶剂分子通过半透膜向溶液中扩散的现象。渗透作用的条件是

要存在半透膜，同时在半透膜两侧要存在浓度差，即半透膜两侧单位体积内含有不同数量的溶剂分子。

为使渗透现象不发生，必须在液面上施加一个额外压强（见图 1.7），恰好能阻止纯溶剂渗透作用进行，而在溶液面上所施加的压强，称为渗透压，用 Π 表示，单位为 Pa 或 kPa。动植物体要通过细胞膜的渗透作用来吸收水分和养料，人体的体液与血液等都存在一定的渗透压，渗透压是难挥发性非电解质稀溶液的第四个依数性。

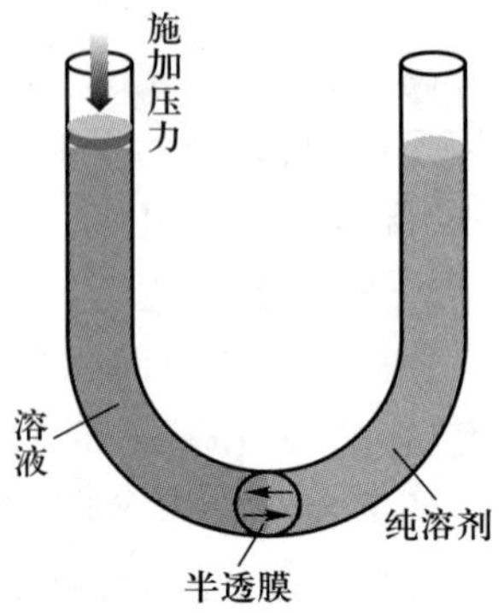

图 1.7 渗透压示意图

1887 年，荷兰物理化学家范托夫（J. H. van't Hoff）对当时的实验数据进行归纳总结，发现难挥发性非电解质稀溶液的渗透压和浓度、温度的关系与理想气体状态方程相似，即

$$\Pi V = nRT \quad 或 \quad \Pi = c_B RT \tag{1.27}$$

式中，Π 是溶液的渗透压，V 是溶液的体积，n 是溶质的物质的量，R 是摩尔气体常数，T 是热力学温度。要强调的是① 这个公式只适用于非电解质稀溶液；② 只有在半透膜存在下，才能表现出渗透压；③ 溶液的渗透压 Π 与理想气体状态方程中的气体压强 p 是截然不同的，它们产生的原因和测定方法完全不同。溶液的渗透压 Π 由溶剂分子在半透膜两侧运动所致，而气体压强 p 是由气体分子碰撞器壁产生的。

在稀水溶液中，溶液的体积与溶剂水的体积近似相等，所以溶液的物质的量浓度 c_B 与溶质的质量摩尔浓度 b 在数值上近似相等，因此式（1.27）可以写成：

$$\Pi = c_B RT \approx bRT \tag{1.28}$$

例 1.9 某蛋白质的摩尔质量在 14 000 $g \cdot mol^{-1}$ 左右，20 ℃ 下，取 1.00 g 该蛋白质样品溶于 50 g 水中，试问哪一种依数性是测定其摩尔质量的最佳方法？已知水的 $k_f = 1.86\ K \cdot kg \cdot mol^{-1}$，$k_b = 0.513\ K \cdot kg \cdot mol^{-1}$。

解：根据已知条件可以求出该蛋白质样品的 b，即

$$b = \frac{n_B}{m_A} = \frac{\dfrac{1\ g}{14\ 000\ g \cdot mol^{-1}}}{50 \times 10^{-3}\ kg} = 1.43 \times 10^{-3}\ mol \cdot kg^{-1}$$

则
$$\Delta T_b = k_b b = 0.513\ K \cdot kg \cdot mol^{-1} \times 1.43 \times 10^{-3}\ mol \cdot kg^{-1} = 7.34 \times 10^{-4}\ K$$

$$\Delta T_f = k_f b = 1.86\ K \cdot kg \cdot mol^{-1} \times 1.43 \times 10^{-3}\ mol \cdot kg^{-1} = 2.66 \times 10^{-3}\ K$$

$$\begin{aligned}\Pi &= c_B RT \approx bRT = 1.43 \times 10^{-3}\ mol \cdot dm^{-3} \times 8\ 314\ Pa \cdot dm^3 \cdot mol^{-1} \cdot K^{-1} \times 293\ K \\ &= 3.48\ kPa\end{aligned}$$

计算结果表明 ΔT_b、ΔT_f 值都很小，不易测量，所以用渗透压来测定其摩尔质量最合适。

正常人的血浆浓度约为 304 $mmol \cdot dm^{-3}$，血浆的渗透压约为 770 kPa。等渗溶液是指与血浆的渗透压近似相等的溶液，渗透浓度为 280～320 $mmol \cdot dm^{-3}$。常用的等渗溶液是 0.9% 的生理盐水，其渗透压为 799 kPa；渗透浓度高于 320 $mmol \cdot dm^{-3}$ 的溶液为高渗溶液，如 10% 的氯化钠溶液；渗透浓度低于 280 $mmol \cdot dm^{-3}$ 的溶液为低渗溶液。

如果用半透膜把溶液和纯溶剂隔开，在溶液一侧外加大于渗透压的压强，这样渗透方向就会发生改变，溶液一侧的溶剂分子会通过半透膜向纯溶剂一侧渗透，这种现象称为反渗

透。反渗透作用的结果是溶液中溶剂量减少，溶液浓度增大，而半透膜另一侧纯溶剂增加，这个原理可以用于分离纯溶剂，反渗透作用的一个重要应用是海水淡化，这种应用的关键技术是制备高强度的耐高压半透膜。

1.2.4 电解质溶液的依数性

电解质溶液与非电解质溶液中溶质的存在状态有着本质的区别，那么这种区别对它们的依数性会有怎样的影响呢？通过实验发现，难挥发性非电解质稀溶液的 Δp，ΔT_b，ΔT_f 和 Π 的实验值与计算值基本相符，而对于电解质溶液来说，这些依数性的实验值与计算值差别非常大。如质量摩尔浓度为 0.01 $mol \cdot kg^{-1}$ 的 NaCl 溶液，它的凝固点降低值的计算值为 0.018 6 K，而其实验值为 0.036 1 K，二者差别非常大。

强电解质溶液理论认为，强电解质在水溶液中是完全解离的，但由于离子间存在着相互作用，所以在测量电解质溶液的依数性时，离子不能发挥一个独立微粒的作用。

范托夫因子可用来衡量电解质的解离程度，用 i 来表示。i 是溶液的某一依数性的测量值与其计算值之间的比值。对于非电解质，i 等于 1；对于强电解质，i 的理论值是其化学式中离子的数目，但 i 的实测值要小于其理论值，如 NaCl 的理论 i 值为 2，K_2SO_4 的理论 i 值为 3，$MgSO_4$ 的理论 i 值为 2。计算时，在没有实测 i 值的情况下，可用理论 i 值进行近似计算。

因此，电解质溶液的依数性可以表示为

$$\Delta p = ikb$$

$$\Delta T_b = ik_b b$$

$$\Delta T_f = ik_f b$$

$$\Pi = ic_B RT \approx ibRT$$

例 1.10 试给出 1 $mol \cdot kg^{-1}$ 的 $Al_2(SO_4)_3$、NaCl、Na_2SO_4 水溶液沸点高低顺序。

解：题中所示的溶液均为强电解质溶液，则

$$\Delta T_b = ik_b b$$

根据上式可知，i 越大，ΔT_b 越大，则沸点越高，因此比较三种溶液的沸点，即比较其 i 值。$Al_2(SO_4)_3$ 的理论 i 值为 5，NaCl 的理论 i 值为 2，Na_2SO_4 的理论 i 值为 3。

因此，三种水溶液的沸点顺序是 $Al_2(SO_4)_3 > Na_2SO_4 > NaCl$。

思 考 题

1. 将两杯浓度不同的糖水放在一个密闭的容器中，长时间放置后会发生什么变化？

2. 把一小块冰放在 0 ℃水中，另一块放在 0 ℃的盐水中，会发生什么现象？

3. 在相同温度和压强下，相同质量摩尔浓度的葡萄糖和盐水溶液渗透压是否相同？

4. 对于一定量的混合气体，等温下，如果混合气体的体积发生变化，各组分气体的摩尔分数是否发生变化？

5. 盐碱地的农作物通常长势不好甚至枯萎，如果施肥太浓，植物也会被“烧死”，说明该现象产生的原因。

6. NaCl 和冰的混合物最低温度可降至 −22 ℃，$CaCl_2$ 和冰的混合物最低温度可达到 −55 ℃。试解释该现象的原理。

7. 当 T 不变，增加 $p_{外}$ 时，密闭容器中溶剂的饱和蒸气压如何变化？

8. 当水合盐（$CuSO_4 \cdot 5H_2O$）的饱和蒸气压大于空气中水的饱和蒸气压时，盐如何变化？反之，有何变化？

习　题

1.1　有一个 CO_2 气体钢瓶，体积为 40 dm^3，在 293 K 下，钢瓶内气体的压强为 20 MPa，试求钢瓶内 CO_2 气体的质量是多少？

（14.45 kg）

1.2　在 678 K 下，2.96 g 某物质在体积为 1.00 dm^3 的真空容器中蒸发，其压强为 6.15×10^4 Pa，计算该物质的摩尔质量。

（271 $g \cdot mol^{-1}$）

1.3　0.079 2 g Zn-Al 合金与过量的稀盐酸反应放出氢气，用排水集气法收集到氢气的体积为 54.2 cm^3（297.3 K，101 kPa）。已知该温度下水的饱和蒸气压为 3.04 kPa，求该合金中两种金属的质量分数。

（$w_{Zn}=0.706$，$w_{Al}=0.294$）

1.4　298 K 时，试求 6 $mol \cdot dm^{-3}$ 盐酸的质量摩尔浓度。已知 6 $mol \cdot dm^{-3}$ 盐酸的密度为 1.10 $g \cdot cm^{-3}$。

（6.81 $mol \cdot kg^{-1}$）

1.5　60 ℃时，将压强为 80 kPa 的 100 dm^3 饱和水蒸气和空气的混合气体压缩至 120 kPa，试求在压缩过程中有多少克水蒸气凝结成水。水在 60 ℃的饱和蒸气压为 19.92 kPa。

（5.18 g）

1.6　在一个密闭容器中，充入 3 体积 H_2 和 1 体积 N_2 的混合物，测得此时混合气体的总压为 1.60×10^6 Pa，使混合气体在该压强下发生反应，当 N_2 和 H_2 已有 40%反应时，混合气体的总压为多少？

（1.28×10^6 Pa）

1.7　在温度不变的条件下，有一密闭容器，盛有压强为 700 Pa 的气体，从该容器中抽出一定量气体，抽出的气体在 840 Pa 的压强下占 2.35 dm^3，容器中剩余气体的压强为 620 Pa，试求该容器的体积。

（24.7 dm^3）

1.8　气体的溶解度与气相中气体分压成正比。在 293 K 和 101 kPa 下，1 dm^3 水最多能溶解 H_2 0.001 6 g、O_2 0.043 4 g、N_2 0.019 0 g，设有一种混合气体，各组分气体的体积分数是 H_2 25%、O_2 40%、N_2 35%，总压强为 505 kPa，试求在该压强下，该混合气体中三种气体在 293 K 下的溶解度。

（H_2 0.001 996 $g \cdot dm^{-3}$；O_2 0.086 8 $g \cdot dm^{-3}$；N_2 0.033 30 $g \cdot dm^{-3}$）

1.9　3.24 g $Hg(NO_3)_2$ 和 10.84 g $HgCl_2$ 分别溶解在 1 000 g 水中，溶液的凝固点分别为 −0.055 8 ℃和 −0.074 4 ℃，问哪种物质在水中以离子状态存在。已知 $k_f=1.86\ K \cdot kg \cdot mol^{-1}$。

[$Hg(NO_3)_2$]

1.10　在 298 K、1 dm^3 苯中含 5.0 g 聚苯乙烯的溶液，其渗透压 $\Pi=1\ 013.08$ Pa，试求聚苯乙烯的相对分子质量。

（1.22×10^4）

1.11　将一种难挥发性非电解质溶于水中制备成稀溶液，已知该水溶液的沸点是 373.39 K，在 291.15 K、101 kPa 下，已知水的摩尔沸点升高常数 $k_b=0.513\ K \cdot kg \cdot mol^{-1}$，291.15 K 时水的饱和蒸气压 $p^*=2.06$ kPa，如果将 5.00 dm^3 空气缓慢地通过此溶液，试求将带走多少克水蒸气。

（0.077 4 g）

1.12　将 3.00 g 某有机物溶于 100 g 水时，此溶液的沸点升高了 0.155 ℃，而将 6.42 g 果糖（相对分子质量为 180）溶解在 100 g 水中，果糖溶液的沸点升高了 0.183 ℃，试求 298 K 时该有机物的水溶液的渗透压为多少。

（748.2 kPa）

1.13　已知纯苯的凝固点为 278.4 K，苯的 $k_f = 5.12\ K \cdot kg \cdot mol^{-1}$，将 P_4 溶于苯配制成饱和溶液，取 3.747 g 该饱和溶液与 15.401 g 苯混合，此混合溶液的凝固点是 278.155 K，试求 P_4 在苯中的溶解度（g/100 g 苯）。

（3.11 g/100 g 苯）

1.14　采用高氯酸钾分解法制备氧气，反应方程式为 $2KClO_3 = 2KCl + 3O_2\uparrow$，在 303 K、$8.64\times10^4$ Pa 时，通过排水集气法收集 O_2，体积为 2.0 dm^3。已知 303 K 时水的饱和蒸气压为 4.23×10^3 Pa，问需要消耗多少克 $KClO_3$。

（5.33 g）

1.15　用 2.7 g Al 与标准状况下 7.84 dm^3 干燥的 HCl 气体在加热的条件下反应制备无水氯化铝，在 1.013×10^5 Pa、546 K 下（此时氯化铝也为气体）测得气体总体积为 11.2 dm^3，通过计算写出气态氯化铝的分子式。

（Al_2Cl_6）

第 2 章

化学热力学基础

热力学(thermodynamics)是研究热和其他形式的能量(如机械能)在相互转化过程中所遵循的规律的一门科学,是从工业革命期间提高热机效率的研究实践中发展起来的。热力学的理论基础主要是建立于 19 世纪的热力学第一定律和热力学第二定律,这两个定律是人类在长期科学实践活动中的经验总结,是物理化学中最基本的定律,其正确性毋庸置疑。20 世纪初建立的热力学第三定律,使热力学的内容更加严密完整。

热力学研究方法的一个特点是讨论研究对象的宏观性质,即研究大量质点的平均行为,所得结论具有统计意义;而不涉及物质的微观结构,不考虑个别质点的行为。所以应用热力学方法研究问题时,只讨论研究对象的起始状态和最终状态及变化过程的一般规律,而不研究变化机理。另外,热力学方法也不考虑时间因素,不能告诉我们变化所需要的时间。

将热力学的基本原理和方法应用于研究化学现象及和化学有关的物理现象,就形成了化学热力学(chemical thermodynamics)。化学热力学的重要性在于其解决了化学工作者极其关注的三个问题:① 在一定条件下某化学反应能否发生,反应进行的方向;② 如果该化学反应能发生,伴随着该反应的能量变化将有多少;③ 如果该化学反应可以进行,则反应进行的最大限度如何。化学热力学不涉及反应速率的快慢问题,该问题属于化学动力学的研究范畴。

本章题为"化学热力学基础",是因为化学热力学内容博大精深,在化学概论课程中只需对其最基本的概念和原理做简单介绍,以使读者能够初步运用这些热力学原理来解释一些化学现象。

2.1 热力学第一定律

2.1.1 热力学的一些常用术语

1. 体系和环境

在热力学中,为了研究方便,常常人为地把研究的对象与周围的其他部分划分开来。这种被划定的研究对象称为体系或系统(system),而体系以外的其他部分称为环境(surrounding)。例如,当在实验室中观察某个化学反应时,反应物和生成物就构成了体系,而反应容器及其以外的一切都可以认为是环境。但通常所说的环境是指与体系密切联系且相互影响的部分。

根据体系与环境之间的物质交换与能量交换情况,可将体系分为以下三类:

(1) 敞开体系(open system) 体系与环境之间既有物质交换,又有能量交换;

(2) 封闭体系(closed system) 体系与环境之间没有物质交换,只有能量交换;

(3) 孤立体系(isolated system) 体系与环境之间既无物质交换,亦无能量交换。孤立体系也称为隔离体系。

例如,室温下,一个敞口试剂瓶中盛有一定量热水,以热水为体系,则试剂瓶及水面以上的空气等均是环境。在冷却过程中,表面水分子不断变为水蒸气蒸发逸出,热水将热量传递给试剂瓶及周围的空气,这样体系与环境之间既有物质交换,又有能量交换,因此热水是一个敞开体系。若将试剂瓶加上塞子,防止水蒸发逸出,则体系与环境之间不再有物质交换,但仍有能量交换,即得到一个封闭体系。如果将上述封闭体系中的带塞试剂瓶换成一个保温效果很好的杜瓦瓶,则可认为杜瓦瓶内外既无物质交换,又无能量交换,即得到一个孤立体系。绝对的孤立体系实际上是不存在的,因为没有绝对不导热的容器,也不存在能将声、光、电、磁、热等所有能量形式完全隔离在外的材料。但为了研究方便,在适当条件下,可将一个体系近似看成孤立体系,如上述杜瓦瓶中的热水。热力学中主要研究的是封闭体系。

2. 状态和状态函数

体系都具有一定的宏观可测性质(如质量、温度、压强、体积、密度和黏度等),体系所有宏观性质的总和称为体系的状态(state)。当这些性质都具有确定的数值时,体系就处于一定的状态;若任一性质发生改变,则体系的状态就随之变化。例如,通常用温度、压强、体积等物理量来表征气体的性质,如果温度或压强改变,气体的状态就随之改变。热力学中将用来描述体系状态的物理量称为状态函数(state function),如质量(m)、物质的量(n)、温度(T)、压强(p)、体积(V)、密度(ρ)和即将学到的热力学能(U)、焓(H)、熵(S)和吉布斯自由能(G)等。

状态函数的数值只与体系的状态有关,当体系的状态一定时,体系的各状态函数就有确定值,而与之过去的历史无关。例如,以一杯水为体系,其当前温度为 298 K,则 298 K 就是该体系的一个状态函数。无论这杯水是由 273 K 的水加热而来,还是由 373 K 的沸水冷却而来,反正其现在的温度是 298 K。状态函数是状态的单值函数,在数学上具有全微分的性质。

当体系的状态发生改变时,它的一系列性质随之而改变,状态函数也会发生改变,状态函数的改变量只取决于体系的始态(变化前的状态)和终态(变化后的状态),而与变化时所经历的具体步骤无关。状态函数的改变量常用希腊字母 Δ 写于状态函数符号之前来表示。例如,将一杯水由温度为 T_1 加热到 T_2,则温度改变量 $\Delta T = T_2 - T_1$。以此类推,体积改变量 $\Delta V = V_2 - V_1$,压强改变量 $\Delta p = p_2 - p_1$,物质的量改变量 $\Delta n = n_2 - n_1$。

体系的各个状态函数之间并非都相互独立,而是相互关联的。通常只需要确定其中几个状态函数,其余的也就随之而定了,体系的状态也就得以确定。例如,对于理想气体,若知道压强、体积、温度及物质的量这四个状态函数中的任意三个,就能通过理想气体状态方程($pV = nRT$)确定另一个状态函数的值,该理想气体的状态也就确定了。

体系的性质,根据其与体系中物质的数量的关系,可分为两类:

(1) 广度性质(extensive property) 如 V、m、n、U、H、S 和 G 等。这些状态函数所表示的体系性质具有加和性,即其数值与体系中物质的数量成正比,是体系中各部分的该性质的总和。例如,将两杯体积为 25 cm^3 的水混合后,体积增加至 50 cm^3,故体积是广度性质。

(2) 强度性质(intensive property) 如 T、p、ρ 等。这些状态函数所表示的体系性质不具有加和性,即其数值与体系中物质的数量无关,而仅由体系自身的特性所决定。整个体系的强度性质的数值与体系中各部分的该性质的数值相同。例如,有一杯水,水的密度为 $1.0\ g\cdot cm^{-3}$,则杯中各部分水的密度均为 $1.0\ g\cdot cm^{-3}$,故密度是体系的一种强度性质。又如,将两杯 25 ℃的水混合在一起,水的温度不会升至 50 ℃,而仍然是 25 ℃,故温度亦是强度性质。

有时两种广度性质之比会得到一种强度性质。例如,密度由质量与体积之比而得,摩尔体积由体积与物质的量之比而得。密度和摩尔体积都是强度性质,不具有加和性。

3. 过程和途径

当体系的状态发生变化时,从始态变到终态,称体系发生了一个热力学过程(process)。简而言之,状态的变化就是过程。热力学中常见的过程有以下几种:

(1) 等温过程(isothermal process) 体系的始态温度和终态温度相等,且等于环境温度的过程。

(2) 等压过程(isobaric process) 体系的始态压强和终态压强相等,且等于环境压强的过程。

(3) 等容过程(isochoric process) 体系的体积保持不变的过程。在刚性容器中发生的变化一般是等容过程。

(4) 绝热过程(adiabatic process) 体系与环境之间没有热交换的过程,即 $Q=0$。

(5) 循环过程(cyclic process) 体系从始态出发,经过一系列变化后又回到起始状态的过程。经此过程,所有状态函数的改变量均为零。

体系由始态变化到终态,完成一个过程所经历的具体步骤称为途径(path)。过程着重于始态和终态,而途径着重于采取的具体方式。一个过程可以通过不同的途径来完成。例如,欲将一杯温度为 298 K(T_1)的水加热至 348 K(T_2),可以通过持续加热完成这个变化;也可以先将其冷却至 273 K,再加热升温至 348 K。无论由哪种途径完成,过程都是从 298 K(T_1)至 348 K(T_2),状态函数 T 的改变量 $\Delta T(=T_2-T_1)$都是 50 K。由此可知,状态函数的改变量只取决于体系的始态和终态,而与变化时所采取的途径无关。

4. 热和功

热(heat)和功(work)是体系的状态发生变化时,体系与环境之间传递或交换能量(energy)的两种形式。热和功不是体系本身的能量,而是被传递的能量。热和功都具有能量的单位,SI(国际单位制)单位是 J(焦耳,$1\ J=1\ N\cdot m=1\ kg\cdot m^2\cdot s^{-2}$),也常用其倍数单位 kJ(千焦)。

体系与环境之间因温度存在差别而进行交换或传递的能量称为热(或热量),用符号 Q 表示。当两个温度不同的物体相接触时,热总是自动地从高温物体传递到低温物体,直至二者温度相等,达到热平衡为止。除了热的形式以外,其他各种被传递的能量全叫作功,用符号 W 表示。热力学是由体系的角度出发规定热和功的符号的,即凡是体系得到的,规定为"+";凡是体系释放出去的,规定为"-"。若体系自环境吸热,则 Q 为正值($Q>0$);若体系向环境放热,则 Q 为负值($Q<0$)。若体系对环境做功,则 $W<0$;若环境对体系做功,则 $W>0$。

功有多种形式,如体积功、电功、表面功和机械功等。在热力学中,功可分为两种。一种是体积功(符号 $W_{体}$),是当体系反抗外界压强发生体积变化时与环境交换的功,也称膨胀功

(expansion work)或无用功。除体积功以外的其他形式的功都称为非体积功(non-expansion work,符号 $W_{非}$),也称有用功或其他功(addition work)。本书涉及的非体积功主要是电功,如原电池放电,产生电流做功(见第六章)。

热和功是在体系的状态发生变化时,体系与环境之间传递的能量。体系处于某一状态而不发生变化,也就没有热和功。热和功的产生既离不开体系,也离不开环境。热和功的数值不仅与过程的始、终态有关,还与变化所经历的途径有关,途径不同时,热和功的数值也不同。所以热和功不是体系本身具有的宏观性质。也就是说,热和功不是状态函数。

从微观角度来看,热是大量质点通过无序运动(分子的碰撞)而传递的能量,是无序能;功则是大量质点通过有序运动而传递的能量,是有序能。

5. 体积功

热力学中经常讨论的功是体积功($W_{体}$),即体系反抗外压发生体积变化时与环境交换的功。现以气体的膨胀为例,用活塞将一定量气体密封于截面积为 S 的圆筒内(见图 2.1),且忽略活塞的质量及其与筒壁之间的摩擦力。设筒内气体压强为 p,恒定外压为 $p_{外}$,若 $p>p_{外}$,气体就会膨胀,反抗外压做体积功。设活塞从Ⅰ位移动到Ⅱ位,移动距离为 Δl。

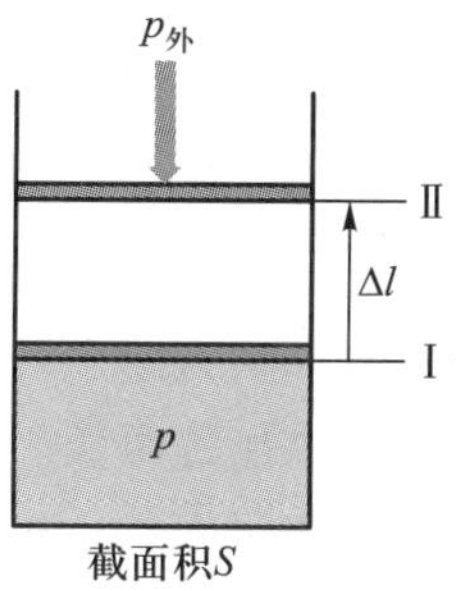

图 2.1　体积功示意图

按照传统的功的定义,功等于力 F 与在力方向上所发生位移 Δl 的乘积,即

$$W=F\Delta l \tag{2.1}$$

因为体系膨胀时要反抗外压做功,则体系与环境交换的体积功为

$$W_{体}=-F\Delta l=-\left(\frac{F}{S}\right)(S\Delta l)=-p_{外}\ \Delta V \tag{2.2}$$

式(2.2)可作为体积功的计算公式,式中的负号是为了遵守热力学规定,即体系体积膨胀($\Delta V>0$)时,体系对环境做功,$W_{体}<0$;反之,体系体积被压缩($\Delta V<0$)时,环境对体系做功,$W_{体}>0$。而当 $p_{外}=0$ 或 $\Delta V=0$ 时,则 $W_{体}=0$,即不产生体积功。

本章中研究的过程,若不加以特别说明,都可认为只做体积功,即 $W=W_{体}$。

6. 热力学能

体系的总能量通常包括以下三个部分:

(1) 体系整体运动的动能;

(2) 体系在外力场中的势能;

(3) 热力学能。

化学热力学中通常研究的是没有特殊外力场(如电磁场、离心力场等)存在的、并且无整体运动的宏观静止体系,因此,一般只需考虑热力学能。

热力学能(thermodynamic energy)旧称内能(internal energy),是指体系内部所有的能量的总和,包括体系内各种物质所含分子的平动能、转动能、振动能、分子之间相互作用的势能、电子的动能以及原子核能等,用符号 U 表示。热力学能是体系自身的性质,是一种状态函数。体系处于一定的状态,就具有一定的热力学能;体系的状态发生改变,热力学能也随之改变。由于体系内部质点的运动及相互作用很复杂,有待人们继续不断地深入探讨,所以热力学能的绝对数值现在尚无法确定。但当体系发生变化时，热力学能的改变值 ΔU 是可以确定的。ΔU 只取决于体系的始态和终态，即 $\Delta U = U_{终} - U_{始}$，而与变化的途径无关。

热力学能是体系的广度性质，具有加和性。

理想气体是最简单的热力学体系，热力学研究结果表明，对于一定量理想气体，其热力学能仅是温度的函数，而与体积、压强无关；只要温度不变，理想气体的热力学能不变。

7. 相和相变

体系中物理性质和化学性质完全均匀的部分称为相(phase)，均匀是指其分散程度达到分子或离子的尺度。热力学中所讨论的相通常指处于平衡状态的物质体系。相可以由纯物质或均匀混合物构成。体系具有的相的总数称为相数。只含有一个相的体系叫作均相体系(homogeneous system)或单相体系，如 KCl 水溶液、乙醇与水的混合溶液、空气和金刚石等；NaCl 和 KCl 的混合水溶液虽然含有三种物质，但它是一个均匀的体系，所以也是单相的。通常任何气体均能无限混合，故体系中无论含有多少种气体都只有一个气相。液体按其互溶程度通常可以出现一个、两个或三个液相共存。对于固相，只要没有形成固体溶液(又称固溶体)，体系中含有几种固体物质就有几个固相。含有两个或多个相的体系叫作非均相体系(heterogeneous system)或多相体系。例如，0 ℃下的冰水混合物为固、液两相共存，面粉与糖的混合物为两个固相，甲苯与水的混合物为两相(二者不互溶而分层)，不相溶的油和水的混合物也是两相。又如，在 273.16 K 和 610.62 Pa 时，纯水的气-液-固三相平衡共存，这个温度和压强条件称为水的三相点(triple point)。在多相体系中，相与相之间具有明确的界面，通过相界面时，一定有某些宏观性质(如密度、折射率等)发生突变。例如，通过纯水的气-液界面时密度将发生突变。为书写方便，通常以 g，l，s 分别表示气相、液相和固相，以 aq 表示水溶液。没有气相的体系称为凝聚体系(condensed system)。

物质由一相向另一相的迁移称为相变(phase transition)，如固体熔化、液体汽化、气体液化以及液体凝固等。相变时两相之间的动态平衡叫相平衡(phase equilibrium)。描述多相体系的状态如何随温度、压强、组成等因素的改变而变化的图像叫作相图(phase diagram)。

8. 热力学平衡态

热力学体系的状态包括平衡态和非平衡态。当体系的各种性质(如温度、压强、组成等)不随时间而改变时，体系就处于热力学平衡态(thermodynamic equilibrium state)。这时必须同时满足以下几个条件：

(1) 热平衡(thermal equilibrium) 体系的各个部分温度相同。

(2) 力学平衡(mechanical equilibrium) 体系各部分之间没有不平衡的力存在。在热力学中一般不考虑重力场的影响，即在体系中压强处处相等。

(3) 相平衡(phase equilibrium) 指体系中各相的组成和数量不随时间而改变，此时宏观上物质由一相向另一相的迁移停止，在相间没有物质的净转移。例如，在 1 个大气压、沸点温度下，水和水蒸气呈两相平衡共存。

(4) 化学平衡(chemical equilibrium) 当可逆反应在一定条件下进行到一定程度时，反应体系的组成不再随时间变化而改变，这种表面静止的状态即为化学平衡状态；只要外界条件不变，反应体系的状态就不随时间而变化。(有关化学平衡内容详见本书第三章。)

在以后讨论中所提到的体系，若无特殊说明，均指已达热力学平衡的体系。

2.1.2 热力学第一定律

众所周知的能量守恒与转化定律告诉人们:"自然界一切物质都具有能量,能量有各种不同的形式,能够从一种形式转化为另一种形式,从一个物体传递给另一个物体,而在转化和传递过程中能量的总数量不变。"

热力学第一定律(the first law of thermodynamics)是人类经验的总结,是能量守恒与转化定律应用于热现象领域内所具有的特殊形式。根据能量守恒定律,若某封闭体系由状态1变化到状态2(体系的热力学能由 U_1 变为 U_2),在这一过程中体系与环境的热交换为 Q,与环境的功交换为 W,则体系的热力学能的改变量是

$$\Delta U = U_2 - U_1 = Q + W \tag{2.3}$$

式(2.3)就是热力学第一定律的数学表达形式,该式不仅表明了热力学能、热和功之间可以相互转化,还说明了它们相互转化时的定量关系,即一过程中体系热力学能的改变量等于体系与环境所交换的热量与功的加和。

例2.1 某一封闭体系从始态变到终态,从环境吸热300 J,体系对环境做功200 J,则体系和环境的热力学能改变量各是多少?

解: 由热力学第一定律的数学表达式(2.3)可知,

$$\Delta U_{体系} = Q_{体系} + W_{体系} = (300-200)\ \mathrm{J} = 100\ \mathrm{J}$$

若将环境视为体系来考虑,则 $Q_{环境} = -300\ \mathrm{J}$,$W_{环境} = 200\ \mathrm{J}$。

$$\Delta U_{环境} = Q_{环境} + W_{环境} = (-300+200)\ \mathrm{J} = -100\ \mathrm{J}$$

由例2.1可知,体系的热力学能增加了100 J,环境的热力学能减少了100 J。因此对于任意过程,体系与环境的总能量保持不变。由此可以看出,热力学第一定律的实质就是能量守恒(the conservation of energy)。若将体系和环境加在一起视为一个大的孤立体系,称为热力学宇宙。因为 $Q=0$,$W=0$,则 $\Delta U_{宇宙}=0$,故热力学第一定律亦可表述为"孤立体系的热力学能永恒不变"(the thermodynamic energy of an isolated system is constant)。

2.2 热化学

化学反应过程中总会伴随着热量的吸收或释放,这种能量变化对化学反应来说是十分重要的。应用热力学规律研究化学反应中的热量变化的学科称为热化学。热化学实质上可以看作热力学第一定律在化学领域中的具体应用。

2.2.1 化学计量数与反应进度

对于任一化学反应:

$$a\mathrm{A} + d\mathrm{D} = g\mathrm{G} + h\mathrm{H}$$

其计量方程式的通式可表示为

$$0 = \sum_{\mathrm{B}} \nu_{\mathrm{B}} \mathrm{B} \tag{2.4}$$

式中,B表示所给化学反应式中物质的化学式,ν_{B} 代表反应式中各物质的化学计量数(stoichiometric number),是量纲一的量(旧称无量纲量)。对于反应物,ν_{B} 取负值;对于生成

物,ν_B 取正值。因此上述方程式中各物质的化学计量数分别为 $\nu_A=-a, \nu_D=-d, \nu_G=g, \nu_H=h$。

对于同一个化学反应,化学计量数与化学反应方程式的写法有关。例如,对于反应

$$H_2(g)+1/2O_2(g)=\!=\!=H_2O(g)$$

$$\nu(H_2)=-1,\quad \nu(O_2)=-1/2,\quad \nu(H_2O)=1$$

若将反应方程式写成

$$2H_2(g)+O_2(g)=\!=\!=2H_2O(g)$$

则

$$\nu(H_2)=-2,\quad \nu(O_2)=-1,\quad \nu(H_2O)=2$$

化学计量数只能给出按指定反应方程式反应时各物质转化的比例关系,并不能说明反应过程中各物质实际转化的量是多少。因此,为了描述化学反应实际进行的程度和更准确地计算化学反应伴随的热量变化,需要引入一个重要的物理量——反应进度(extent of reaction,符号 ξ)。这一物理量经国际纯粹与应用化学联合会(International Union of Pure and Applied Chemistry,IUPAC)推荐,已普遍用于反应热的计算、化学平衡和反应速率的表达式中。

对于任一化学反应 $a\mathrm{A}+d\mathrm{D}=\!=\!=g\mathrm{G}+h\mathrm{H}$,反应进度 ξ 定义为

$$\xi=\frac{\Delta n_B}{\nu_B}=\frac{n_B(\xi)-n_B(0)}{\nu_B} \tag{2.5}$$

式中,Δn_B 代表反应进度为 ξ 时物质 B 的物质的量的改变量,$n_B(0)$ 代表 $\xi=0$(即反应尚未开始)时 B 的物质的量,$n_B(\xi)$ 代表反应进度为 ξ 时 B 的物质的量。ξ 的 SI 单位是 mol,其值可以是正整数、正分数或零。

根据反应进度 ξ 的定义可知,当一化学反应进行到某一时刻时,无论是用任一反应物还是用任一生成物来表示反应进行的程度,所得值总是相等的,这是引入反应进度的最大优点。以合成氨反应为例,当反应进行到某时刻,刚好消耗 1.0 mol $N_2(g)$ 和 3.0 mol $H_2(g)$,同时生成了 2.0 mol $NH_3(g)$。若反应方程式写成

$$N_2(g)+3H_2(g)=\!=\!=2NH_3(g)$$

则反应进度为

$$\xi=\frac{\Delta n_{N_2}}{\nu_{N_2}}=\frac{-1.0\ \mathrm{mol}}{-1}=1.0\ \mathrm{mol}$$

$$\text{或}\ \xi=\frac{\Delta n_{H_2}}{\nu_{H_2}}=\frac{-3.0\ \mathrm{mol}}{-3}=1.0\ \mathrm{mol}$$

$$\text{或}\ \xi=\frac{\Delta n_{NH_3}}{\nu_{NH_3}}=\frac{2.0\ \mathrm{mol}}{2}=1.0\ \mathrm{mol}$$

可见,不论用反应体系中何种物质来表示,该反应的 ξ 均为 1.0 mol。

但若将合成氨反应方程式写成

$$1/2N_2(g)+3/2H_2(g)=\!=\!=NH_3(g)$$

根据上述各物质的物质的量的变化,可求得 $\xi=2.0$ mol。ξ 数值不同的原因在于,对于同一化学反应,当反应进行至某时刻,虽然 Δn_B 一定,但化学计量数 ν_B 却随反应方程式的写法而改变。由此可见,反应进度的数值与反应方程式的写法有关,所以应用反应进度这一概念时,必须指明化学反应方程式。

实际上,反应进度是以指定反应方程式整体作为一个特定的反应单元来表示反应进行

程度的。对于任一化学反应 $aA+dD \xlongequal{} gG+hH$，反应进度 $\xi=1$ mol，表示反应按照所给反应方程式的计量数比例进行了一个单位的化学反应，即进行了 1 mol 的反应，此时 $\Delta n_B=\nu_B$ mol。具体来说，有 a mol A 和 d mol D 完全反应，生成了 g mol G 和 h mol H。同理可理解前述的 $\xi=1$ mol 的合成氨反应。

2.2.2 化学反应的热效应

化学反应的热效应是指体系在不做非体积功的等温反应中吸收或放出的热量，简称反应热。此处的“等温”是指体系在反应前后的温度相等，即生成物和反应物的温度相同，这样可避免由于生成物温度变化所导致的热量变化混入反应热中去，从而保证反应热是真正由化学反应引起的热量变化。常见的反应热有生成热、燃烧热、中和热和分解热等。

根据化学反应采取的具体方式不同，可将反应热分为等容反应热（Q_V）和等压反应热（Q_p）两种。

1. 等容反应热

若将化学反应体系密闭在一刚性容器中进行，在等容、不做非体积功条件下，$\Delta V=0$，$W_{非}=0$，所以 $W=W_{体}=-p_{外}\Delta V=0$。根据热力学第一定律，有

$$\Delta_r U=Q+W=Q_V+0=Q_V \tag{2.6}$$

式中，$\Delta_r U$ 表示某一化学反应体系的热力学能改变量，下标 r 是英语单词 reaction 的首字母；Q_V 表示等容反应热，下标 V 表示等容过程。式(2.6)表明，等容且不做非体积功的反应热在数值上等于体系热力学能的改变量。换言之，在没有非体积功的条件下，体系在等容过程中所吸收的热量全部用以增加体系的热力学能。式(2.6)也说明，虽然体系的热力学能的绝对数值尚不可知，但在一定条件下，可以根据体系和环境间传递的热量来衡量体系的热力学能的变化值。

2. 等压反应热

因为一般的化学反应大多是在等压条件下进行的，且不做非体积功，因此等压反应热 Q_p（下标 p 表示等压过程）更具有重要意义。通常所说的反应热，如不特别注明，都是指等压反应热。

在等压、不做非体积功条件下，$p_1=p_2=p_{外}=p$（p_1 和 p_2 为体系的始态和终态的压强），$W_{非}=0$，所以 $W=W_{体}=-p\Delta V$。根据热力学第一定律，反应体系的热力学能改变量为

$$\Delta_r U=Q+W=Q_p-p\Delta V$$

所以

$$\begin{aligned}Q_p &= \Delta_r U+p\Delta V\\ &=(U_2-U_1)+p(V_2-V_1)\\ &=(U_2+pV_2)-(U_1+pV_1)\\ &=(U_2+p_2V_2)-(U_1+p_1V_1)\end{aligned} \tag{2.7}$$

由于 U、p、V 都是状态函数，所以它们的组合（$U+pV$）也是状态函数。热力学中将（$U+pV$）定义为一个新的状态函数——焓（enthalpy），用符号 H 表示，即

$$H=U+pV \tag{2.8}$$

故式(2.7)可表示为

$$Q_p=H_2-H_1=\Delta_r H \tag{2.9}$$

式中，$\Delta_r H$ 表示某一化学反应体系的焓变。式(2.9)表明，等压且不做非体积功的反应热在

数值上等于体系的焓变。换言之,在没有非体积功的条件下,体系在等压过程中所吸收的热量全部用于增加体系的焓。当 $\Delta_r H>0$ 时,$Q_p>0$,表示体系从环境吸收热量,称该反应为吸热反应;当 $\Delta_r H<0$ 时,$Q_p<0$,表示体系放热给环境,称该反应为放热反应。

3. 焓和焓变

焓(H)是状态函数,是体系的广度性质,具有加和性。焓具有能量的单位 J 或 kJ,但焓本身并无确切的物理意义,不能误认为“焓是体系中所含的热量”。引入焓这一新的热力学函数的原因在于,一般的化学反应和生命过程大都是在等压下进行的,故焓在实际应用中很重要,便于处理热化学问题。

由于热力学能的绝对数值现在尚无法确定,所以焓的绝对数值也就不能确定。但由于焓是状态函数,当体系状态发生改变时,只要体系的始、终态确定,焓的改变量(简称焓变)ΔH 即为定值,而与变化的途径无关。在任何情况下,焓变可由其定义式(2.8)出发求得,即

$$\Delta H=\Delta U+\Delta(pV) \tag{2.10}$$

注意,在焓的定义式 $H\equiv U+pV$ 中,p 是体系自身的压强而非外压($p_{外}$),所以在式(2.10)中的 $\Delta(pV)$ 并非体积功,$\Delta(pV)=p_{终}V_{终}-p_{始}V_{始}$。只有在等压条件下,即 $p_{始}=p_{终}=p_{外}=p$,则 $\Delta(pV)=p\Delta V=p_{外}\Delta V$(即体积功的相反数),此时有

$$\Delta H=\Delta U+p\Delta V=Q_p \tag{2.11}$$

对于一定量理想气体,由于其热力学能 U 和 $pV(=nRT)$ 均只是温度的函数,故由焓的定义可知,在物质的量不变时,理想气体的焓也只是温度的函数,而与体积和压强无关。对于一定量理想气体,温度不变,其焓也不变,故 $\Delta H=0$。

4. 等容反应热与等压反应热的关系

同一反应的等压反应热 Q_p 和等容反应热 Q_V 一般是不相同的,但二者之间存在一定的关系。在无非体积功条件下,假设某等温反应从同一始态出发,可经由等温等压(Ⅰ)和等温等容(Ⅱ)两个过程进行(见图 2.2)。这两个过程的生成物虽然相同,但所达到的终态却是不同的(生成物的 p、V 不同)。可经由等温过程(Ⅲ)使生成物的压强恢复到 p_1。

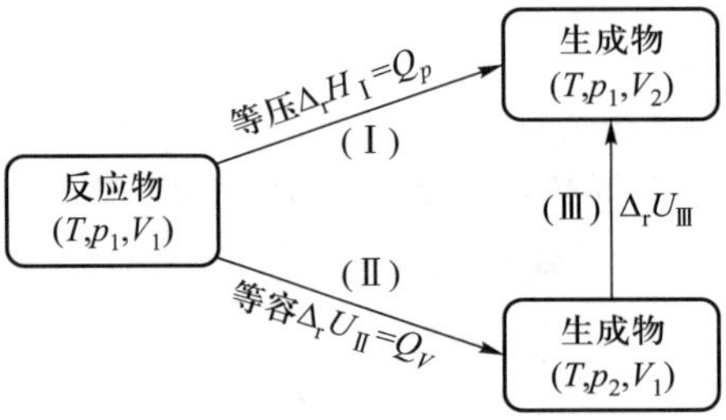

图 2.2 等压反应热与等容反应热的关系

对于等压过程(Ⅰ),由式(2.11)可得 $Q_p=\Delta_r H_{Ⅰ}=\Delta_r U_{Ⅰ}+p_1\Delta V$。对于等容过程(Ⅱ),有 $Q_V=\Delta_r U_{Ⅱ}$。由于 U 是状态函数,故 $\Delta_r U_{Ⅰ}=\Delta_r U_{Ⅱ}+\Delta_r U_{Ⅲ}$。综合以上三式,可得

$$Q_p=Q_V+p_1\Delta V+\Delta_r U_{Ⅲ}$$

式中,$\Delta_r U_{Ⅲ}$ 是生成物在等温过程(Ⅲ)中热力学能的改变量。若生成物是理想气体,其热力学能 U 只是温度的函数,则 $\Delta_r U_{Ⅲ}=0$。若生成物为固体或液体,当压强变化不太大时,$\Delta_r U_{Ⅲ}$ 远小于化学反应的 $\Delta_r U$,亦可忽略不计。故上述两种情况下均可得

$$Q_p = Q_V + p_1\Delta V = Q_V + p\Delta V \tag{2.12}$$

对于只有固体或液体的化学反应，反应前后体系的体积变化很小，$p\Delta V\approx 0$，故

$$Q_p = Q_V \quad 或 \quad \Delta_r H = \Delta_r U \tag{2.13}$$

对于理想气体的化学反应，根据理想气体状态方程有 $p\Delta V=\Delta nRT$，代入式(2.12)可得

$$Q_p = Q_V + \Delta nRT \quad 或 \quad \Delta_r H = \Delta_r U + \Delta nRT \tag{2.14}$$

式中，Δn 是反应前后气体物质的量的改变量，即反应后与反应前气体物质的量之差。若反应体系中既有理想气体，又有固体或液体，则式(2.14)同样适用，Δn 仍是反应后与反应前气体物质的量之差。当反应前后气体物质的量相等，即 $\Delta n=0$ 时，由式(2.14)亦可得到 $Q_p=Q_V$ 或 $\Delta_r H=\Delta_r U$[式(2.13)]，即体系的等压反应热与等容反应热相等。

在化学热力学中，对于状态函数改变量的表示方法与单位，有着严格的规定。当泛指一个过程时，其热力学能和焓的改变量可写成 ΔU、ΔH，单位为 J 或 kJ；若指明是某一反应，但没有指明反应进度时，其热力学能和焓的改变量可写成 $\Delta_r U$、$\Delta_r H$ 形式，其单位仍是 J 或 kJ。

一个化学反应的焓变的大小与反应进度密切相关，反应进度不同，$\Delta_r H$ 的值明显不同。因此有必要引入另一个术语——摩尔反应焓变 $\Delta_r H_m$（下标 m 是英文单词 mole 的首字母），它表示某反应按所给化学反应方程式进行 1 mol 反应，即反应进度 $\xi=1$ mol 时的焓变。

$\Delta_r H_m$ 与 $\Delta_r H$ 的关系为

$$\Delta_r H_m = \frac{\Delta_r H}{\xi} \tag{2.15}$$

显然，$\Delta_r H_m$ 的单位是 $J\cdot mol^{-1}$ 或 $kJ\cdot mol^{-1}$。这样，式(2.14)就可变化为

$$\Delta_r H_m = \Delta_r U_m + \Delta\nu RT \quad 或 \quad Q_{p,m} = Q_{V,m} + \Delta\nu RT \tag{2.16}$$

式中，$\Delta\nu$ 为反应前后气体物质的计量数的改变量，即生成物与反应物中气体物质的计量数之差，它等于$\dfrac{\Delta n}{\xi}$；$\Delta_r U_m$ 为摩尔热力学能变；$Q_{p,m}$ 为摩尔等压反应热；$Q_{V,m}$ 为摩尔等容反应热。式(2.16)两边的单位统一于 $J\cdot mol^{-1}$。

5. 反应热的测量

很多化学反应的热效应可通过量热实验直接测得，测量反应热所用的仪器称为热量计（calorimeter）。热量计一般由保温（绝热）和测温两部分构成。保温的目的是保证体系在反应过程中不与外界发生热交换。热效应的测量原理：使物质在热量计中做绝热变化，根据热量计的温度变化可以计算出应从热量计中取出或加入多少热才能恢复到始态的温度，所得结果就是等温变化中的热效应。

在实验室和工业上，常用"弹式热量计"（也称氧弹，见图 2.3）来测量一些固体或液体可燃物质（如有机物）燃烧反应的等容反应热。将已知精确质量的反应物置于钢弹中的样品盘内，密封钢弹后充入高压氧气，再将钢弹放入有绝热外筒的热量计中。热量计中装有温度计、搅拌器及可将钢弹淹没的已知质量的水。用电火花引发燃烧反应，体系（钢弹中的反应物）燃烧放出的热使环境（包括钢弹、水等）的温度升高，温度的变化可通过精密的温度计测得。在反应过程中，钢弹的体积可认为没有发生变化；这样即可根据始态、终态温度和热量计的仪器常数（如热容 C）计算出燃烧反应的等容反应热数值。

$$Q_V = -C\Delta T \tag{2.17}$$

热量计的热容（C）是指热量计整个装置温度升高 1 K 时所吸收的热量，可以用已知燃

烧热的标准物质如苯甲酸(C_6H_5COOH)进行标定,热容的 SI 单位是 $J \cdot K^{-1}$。比热容(c)的定义是热容 C 除以质量,即 $c=C/m$,SI 单位为 $J \cdot kg^{-1} \cdot K^{-1}$,常用单位为 $J \cdot g^{-1} \cdot K^{-1}$。

一些化学反应的等压反应热(如中和热)可以用如图 2.4 所示的杯式热量计来测定。这种热量计的使用方法与弹式热量计大体相似,但它不适于测量燃烧反应的等压反应热,而只适用于测量中和热、溶解热及其他溶液反应的热效应。测量数据的处理方法基本上与弹式热量计相同。

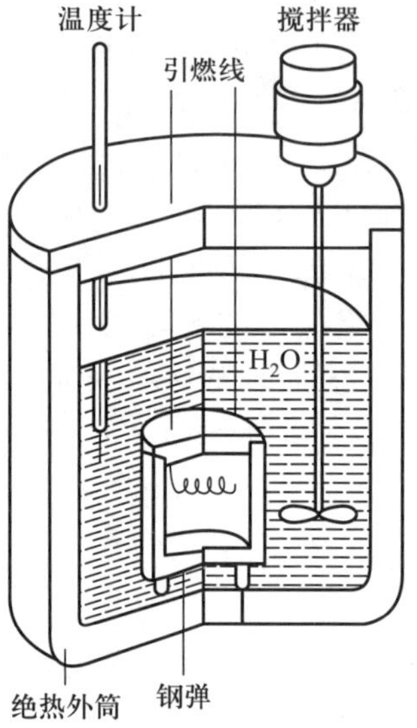

图 2.3 弹式热量计

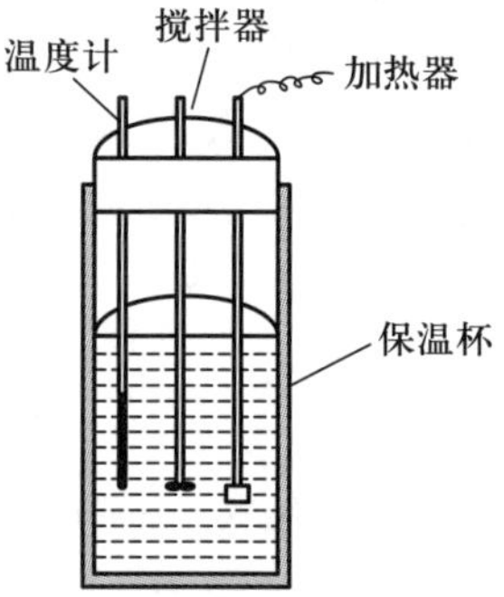

图 2.4 杯式热量计

例 2.2 已知某弹式热量计的热容 C 为 $1.80\ kJ \cdot K^{-1}$,水的比热容 c 为 $4.18\ J \cdot g^{-1} \cdot K^{-1}$。0.505 g 苯甲酸(s)(摩尔质量 $M=122\ g \cdot mol^{-1}$)在盛有 2.80 kg 水的上述弹式热量计中完全燃烧时,温度由 298.01 K 升高至 299.00 K,试计算苯甲酸燃烧反应的摩尔等容反应热 $Q_{V,m}$ 和摩尔等压反应热 $Q_{p,m}$。

解:苯甲酸在氧气中完全燃烧的反应为

$$C_7H_6O_2(s)+15/2O_2(g)=\!=\!=7CO_2(g)+3H_2O(l)$$

$$\Delta\nu=7-15/2=-0.5$$

$$\xi=\frac{\Delta n_B}{\nu_B}=\frac{n_B(\xi)-n_B(0)}{\nu_B}=\frac{0\ mol-\dfrac{0.505\ g}{122\ g \cdot mol^{-1}}}{-1}=4.14\times10^{-3}\ mol$$

0.505 g 苯甲酸的等容燃烧热为

$$\begin{aligned}Q_V&=-(Q_{水}+Q_{弹})=-(cm_{水}+C)\cdot\Delta T\\&=-(4.18\times10^{-3}\ kJ \cdot g^{-1} \cdot K^{-1}\times2.80\times10^3\ g+1.80\ kJ \cdot K^{-1})\times(299.00-298.01)K\\&=-13.37\ kJ\end{aligned}$$

$$Q_{V,m}=\frac{Q_V}{\xi}=\frac{-13.37\ kJ}{4.14\times10^{-3}\ mol}=-3\ 229.5\ kJ \cdot mol^{-1}$$

$$Q_{p,m}=Q_{V,m}+\Delta\nu RT$$

$=-3\ 229.5\ \text{kJ}\cdot\text{mol}^{-1}-0.5\times8.314\times10^{-3}\ \text{kJ}\cdot\text{mol}^{-1}\cdot\text{K}^{-1}\times298.01\ \text{K}$

$=-3\ 230.7\ \text{kJ}\cdot\text{mol}^{-1}$

苯甲酸燃烧是放热反应，所以其 $Q_{p,\text{m}}$ 和 $Q_{V,\text{m}}$ 均为负值；前者（$Q_{p,\text{m}}$）是苯甲酸燃烧反应的摩尔等压燃烧热，也就是通常所说的“燃烧热或燃烧焓”（将在本节后部讨论）；后者（$Q_{V,\text{m}}$）为苯甲酸燃烧反应的摩尔等容燃烧热。从计算结果可以看出，即使是有气体参与的化学反应，其 Q_p 和 Q_V 的数值也是非常接近的。这就更说明了只有凝聚态（固态或液态）物质参与的反应，其 Q_p 和 Q_V 近似相等。

2.2.3 热化学方程式

凡标明反应热效应的化学方程式叫作热化学方程式。例如，在 298.15 K、100 kPa 下，1 mol H_2 完全燃烧生成液态水放出 285.8 kJ 的热量，相应的热化学方程式为

$$H_2(\text{g})+1/2O_2(\text{g})\!=\!=\!=\!H_2O(\text{l})\quad \Delta_rH_m^\ominus=-285.8\ \text{kJ}\cdot\text{mol}^{-1}$$

书写热化学方程式时要注意以下几点：

（1）要注明反应的温度和压强。若温度和压强分别是 298.15 K 和标准压强 $p^\ominus$（以前规定为 1 atm，即 $1.013\ 25\times10^5$ Pa，现改为 100 kPa），则可以不注明。

（2）要注明反应物和产物的聚集状态，用 s、l 和 g 分别表示固态（solid）、液态（liquid）和气态（gas），用 aq 表示水溶液（aqueous solution）。固态物质有不同晶形时，要注明是哪种晶形。例如：

$$\text{C}(\text{石墨})+O_2(\text{g})\!=\!=\!=\!CO_2(\text{g})\quad \Delta_rH_m^\ominus=-393.5\ \text{kJ}\cdot\text{mol}^{-1}$$

$$\text{C}(\text{金刚石})+O_2(\text{g})\!=\!=\!=\!CO_2(\text{g})\quad \Delta_rH_m^\ominus=-395.4\ \text{kJ}\cdot\text{mol}^{-1}$$

（3）化学反应多在等压条件下完成，用 Δ_rH 表示等压反应热，负值表示放热，正值表示吸热。$\Delta_rH_m^\ominus$ 为标准摩尔焓变（也称标准摩尔反应热），表示在热力学标准状态下，反应进度 $\xi=1$ mol 时的化学反应焓变。下标 r 代表反应；下标 m 代表反应进度为 1 mol；上标$^\ominus$表示热力学标准状态（standard state），读作“标准”，简称为标准态或标态。IUPAC 及我国的国家标准规定：气体的热力学标准状态为分压等于 100 kPa（即标准压强 $p^\ominus$）的理想气体；液体和固体的标准状态是指处于标准压强下的纯物质；溶液中的溶质的标准状态严格来讲是指在标准压强下其质量摩尔浓度为 1 mol · kg^{-1}，也可近似为物质的量浓度等于 1.0 mol · dm^{-3}（标准浓度 $c^\ominus$）。热力学标准状态的规定中不包括温度，任何温度下都有热力学标准状态。但 IUPAC 推荐 298.15 K 作为参考温度，在化学手册和教科书中给出的数据大多数是 298.15 K 条件下的数据。严格来讲，化学反应的焓变值是随温度变化的，但在一定温度范围内变化不大，因此可认为 $\Delta_rH_m^\ominus(T)\approx\Delta_rH_m^\ominus(298.15\ \text{K})$。

（4）$\Delta_rH_m^\ominus$ 与 Δ_rH_m 均与反应进度 ξ 有关，所以它们的数值与计量方程的写法有关。即使是同一反应，当化学计量数不同时，其摩尔反应热的数值也不同。例如：

$$H_2(\text{g})+1/2O_2(\text{g})\!=\!=\!=\!H_2O(\text{g})\quad \Delta_rH_m^\ominus=-241.8\ \text{kJ}\cdot\text{mol}^{-1}$$

$$2H_2(\text{g})+O_2(\text{g})\!=\!=\!=\!2H_2O(\text{g})\quad \Delta_rH_m^\ominus=-483.6\ \text{kJ}\cdot\text{mol}^{-1}$$

（5）在相同条件下，正反应和逆反应的热效应绝对值相同而符号相反。

2.2.4 盖斯定律

虽然不少化学反应的热效应可以通过实验来直接测得，但仍有一些反应由于自身的特

点而无法准确测定其反应热,如反应速率太慢、测量时间过长,导致热量散失;或者反应条件难以控制,产物不纯;或者由于化学平衡的存在,反应不完全等。在这种情况下,只能根据已知的其他一些化学反应的热效应来间接求算难以测准或无法测量的反应热。

1840年左右,俄国化学家盖斯(G. H. Hess)根据大量热化学实验事实总结出一条规律:在等压或等容条件下,一个化学反应不论一步完成还是分几步完成,其热效应总是相同的。这就是热化学的基本定律——盖斯定律(Hess's law)。它虽然建立在热力学第一定律之前,却是热力学第一定律的必然结果,也是状态函数特点的具体体现。因为根据热力学第一定律得到 $Q_p=\Delta_r H$ 和 $Q_V=\Delta_r U$,而焓和热力学能均为状态函数,只要化学反应的始、终态一定,则 $\Delta_r H$ 和 $\Delta_r U$ 就是定值,与变化的途径无关。因此,等压反应热 Q_p 和等容反应热 Q_V 也就取决于始、终态,而与具体的途径无关。但请注意,热效应 Q_p 和 Q_V 并非状态函数,而仍是过程量,$Q_p=\Delta_r H$ 和 $Q_V=\Delta_r U$ 成立的条件是等压或等容且不做非体积功。

盖斯定律的提出为化学反应热的研究提供了极大的方便,它使热化学方程式可以相互加减,从而可通过间接计算的方法来得到一些不易测准或无法测定的反应热,具有很大的实用性。在应用盖斯定律时要注意:若某化学反应是在等压(或等容)条件下一步完成的,则设计成分步完成时,各分步反应也要在等压(或等容)下进行;在对热化学方程式进行加减时,若要消去同一物质,则要求该物质的聚集状态也相同。

例 2.3 已知 298.15 K,标准状态下:

① $C(石墨)+O_2(g)=\!=\!=CO_2(g)\quad \Delta_r H_m^\ominus(1)=-393.5\ kJ\cdot mol^{-1}$

② $CO(g)+1/2O_2(g)=\!=\!=CO_2(g)\quad \Delta_r H_m^\ominus(2)=-283.0\ kJ\cdot mol^{-1}$

求反应③ $C(石墨)+1/2O_2(g)=\!=\!=CO(g)$ 的 $\Delta_r H_m^\ominus(3)$。

解:三个反应的方程式有如下关系:式①=式②+式③,即反应②和反应③可以视为反应①的分步反应。因此根据盖斯定律,可以得到 $\Delta_r H_m^\ominus(1)=\Delta_r H_m^\ominus(2)+\Delta_r H_m^\ominus(3)$,故

$$\Delta_r H_m^\ominus(3)=\Delta_r H_m^\ominus(1)-\Delta_r H_m^\ominus(2)=[-393.5-(-283.0)]\ kJ\cdot mol^{-1}=-110.5\ kJ\cdot mol^{-1}$$

例 2.3 具有重要的实际意义。反应③的热效应 $\Delta_r H_m^\ominus(3)$ 不能直接通过实验测定,因为无法控制使 C(石墨)和 O_2 反应只生成 CO 而不混有 CO_2。然而根据盖斯定律,利用 C(石墨)和 CO 燃烧的反应热,可以计算出由 C(石墨)生成 CO 的反应焓变,即等压反应热。

2.2.5 生成焓

对于任一化学反应,如果能够知道反应物和生成物的焓的绝对数值,则该反应的焓变 $\Delta_r H_m$ 就等于生成物焓的总和与反应物焓的总和之差。原则上来说用这种方法计算化学反应焓变最为简便。但是由于焓的绝对数值尚不可知,所以人们采用一种相对的方法来定义物质的焓值,这些相对焓值称为物质的生成焓,利用这些值可以很方便地求出反应的 $\Delta_r H_m$。

1. 生成焓的定义

化学热力学规定,在标准状态和某温度 T(K)下,由各元素的指定单质(通常为最稳定单质)生成 1 mol 某物质 B(化合物或其他形式的单质)时的反应焓变,叫作物质 B 的标准摩尔生成焓(standard molar enthalpy of formation,简称生成焓),用 $\Delta_f H_m^\ominus(B,相态,T)$ 表示,单位为 $kJ\cdot mol^{-1}$。下标 f 是英语单词 formation 的首字母。例如,在 298.15 K 和标准状态下,

$$C(石墨)+O_2(g)=\!=\!=CO_2(g)\quad \Delta_r H_m^\ominus=-393.5\ kJ\cdot mol^{-1}$$

C(石墨)和 $O_2(g)$ 都是最稳定单质,二者化合生成 1 mol $CO_2(g)$ 的标准焓变 $\Delta_r H_m^\ominus$ 是

$-393.5\ \mathrm{kJ\cdot mol^{-1}}$，因此上述反应的 $\Delta_r H_m^{\ominus}$ 即为 $CO_2(g)$ 的标准摩尔生成焓，$\Delta_f H_m^{\ominus}(CO_2,g,298.15\ K)=-393.5\ \mathrm{kJ\cdot mol^{-1}}$。

虽然生成焓的定义并没有指定温度必须是 298.15 K，但通常的化学手册所给的各物质的生成焓数据都是 298.15 K 时的数值。当 $T=298.15$ K 时，生成焓表达式 $\Delta_f H_m^{\ominus}$(B，相态，T) 中的温度 T 可省略，如 $CO_2(g)$ 的生成焓可写作 $\Delta_f H_m^{\ominus}(CO_2,g)$。表 2.1 给出了一些物质的标准摩尔生成焓(298.15 K)，更详细的数据见附录 3。

表 2.1　一些物质的标准摩尔生成焓(298.15 K)

物质	$\Delta_f H_m^{\ominus}/(\mathrm{kJ\cdot mol^{-1}})$	物质	$\Delta_f H_m^{\ominus}/(\mathrm{kJ\cdot mol^{-1}})$
$AgCl(s)$	−127.0	$H_2O(g)$	−241.8
$AgNO_3(s)$	−124.4	$H_2S(g)$	−20.6
$Al_2O_3(s)$	−1 675.7	$KOH(s)$	−424.6
$BaCO_3(s)$	−1 213.0	$MgSO_4(s)$	−1 284.9
$BaO(s)$	−548.0	$NH_3(g)$	−45.9
$Br_2(g)$	30.9	$NO(g)$	91.3
C(s)(金刚石)	1.9	$NO_2(g)$	33.2
$C(g)$	716.7	$NaCl(s)$	−411.2
$CO(g)$	−110.5	$NaHCO_3(g)$	−950.8
$CO_2(g)$	−393.5	$NaOH(s)$	−425.8
$CaCO_3(s)$	−1 207.6	$Na_2CO_3(s)$	−1 130.7
$CaO(s)$	−634.9	$Na_2O_2(s)$	−510.9
$CuO(s)$	−157.3	$CH_4(g)$	−74.6
$CuSO_4(s)$	−771.4	$CH_3OH(l)$	−239.2
$FeSO_4(s)$	−928.4	$C_2H_2(g)$	227.4
$Fe_2O_3(s)$	−824.2	$C_2H_4(g)$	52.4
$HBr(g)$	−36.3	$C_2H_5OH(l)$	−277.6
$HCl(g)$	−92.3	$C_2H_6(g)$	−84.0
$HF(g)$	−273.3	$C_6H_6(l)$(苯)	49.1
$HI(g)$	26.5	$C_6H_{12}O_6(s)$(葡萄糖)	−1 273.3
$HNO_3(l)$	−174.1	$C_6H_{12}O_6(s)$(果糖)	−1 265.6
$H_2O(l)$	−285.8	$C_{12}H_{22}O_{11}(s)$(蔗糖)	−2 226.1

热力学规定，处于标准状态下的各元素的指定单质(通常为最稳定单质)的标准摩尔生成焓都等于零。这实际上就是将指定单质的标准摩尔生成焓作为比较的基准，而其他物质的生成焓则是相对于合成它们的指定单质的相对焓变。就此而言，生成焓的规定与海拔高度有些类似，二者均为相对值，亦都需要定义一个零点。请注意，有些元素可能具有几种结构性质不同的单质，即同素异形体，如石墨和金刚石是碳的两种单质，但石墨是最稳定单质，

金刚石则不是。又如，氧的最稳定单质是 $O_2(g)$，而非 $O_3(g)$。磷的情况比较特殊，其“指定单质”为白磷(s)，而非热力学上更稳定的红磷(s)。

生成焓是说明物质性质的重要数据之一。绝大多数化合物的生成焓为负值，生成焓的负值的绝对值越大，说明由单质形成该化合物时放热越多，因此该物质的热稳定性越强。只有少数化合物的生成焓为正值，如 HI(g)、NO(g)、$NO_2(g)$ 等，相对来说这些化合物都不太稳定。生成焓的数据有些是通过实验测定的，但由于很多化合物并不能由单质直接合成，它们的生成焓可通过盖斯定律间接求得。

2. 由生成焓计算化学反应焓变

应用各种物质的标准摩尔生成焓数据可以很容易地计算出许多化学反应的标准摩尔焓变，即 $\Delta_r H_m^\ominus$ 等于生成物生成焓的总和与反应物生成焓的总和之差。具体来说，对于某温度 T 和标准状态下的任一化学反应 $a\text{A}+d\text{D} = g\text{G}+h\text{H}$，根据盖斯定律，

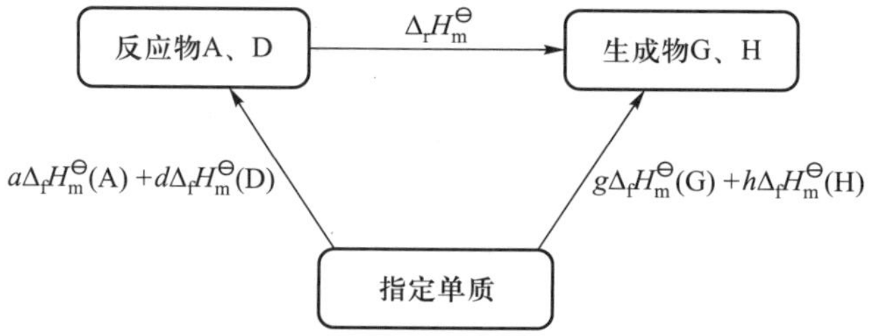

可推导出反应的标准摩尔焓变(省略温度)的计算公式为

$$\Delta_r H_m^\ominus = g\Delta_f H_m^\ominus(\text{G}) + h\Delta_f H_m^\ominus(\text{H}) - a\Delta_f H_m^\ominus(\text{A}) - d\Delta_f H_m^\ominus(\text{D}) \qquad (2.18)$$

若将上述化学反应方程式写成反应通式的形式，即 $0 = \sum_B \nu_B B$，则式(2.18)可改写成

$$\Delta_r H_m^\ominus = \sum_B \nu_B \Delta_f H_m^\ominus(\text{B}) \qquad (2.19)$$

式中，ν_B 代表反应物和产物的化学计量数，对反应物 ν_B 取负值，对生成物 ν_B 取正值。该式表明，一定温度下，标准摩尔焓变等于参加反应的各物质的标准摩尔生成焓与其化学计量数乘积的总和。

例 2.4 查 $\Delta_f H_m^\ominus$ 数据计算 298.15 K 时反应 $2H_3BO_3(s) = B_2O_3(s) + 3H_2O(l)$ 的 $\Delta_r H_m^\ominus$。

解：查热力学数据表得

	$2H_3BO_3(s)$	$B_2O_3(s)$	$3H_2O(l)$
$\Delta_f H_m^\ominus/(\text{kJ}\cdot\text{mol}^{-1})$	−1 094.3	−1 273.5	−285.8

根据式(2.18)可得

$$\begin{aligned}\Delta_r H_m^\ominus &= \Delta_f H_m^\ominus(B_2O_3, s) + 3\Delta_f H_m^\ominus(H_2O, l) - 2\Delta_f H_m^\ominus(H_3BO_3, s)\\ &= [-1\,273.5 + 3\times(-285.8) - 2\times(-1\,094.3)]\ \text{kJ}\cdot\text{mol}^{-1}\\ &= 57.7\ \text{kJ}\cdot\text{mol}^{-1}\end{aligned}$$

3. 离子的生成焓

对于有离子参加的水溶液中的反应，若能够知道离子的生成焓，则同样可以计算这类反应的焓变，计算方法与式(2.18)和式(2.19)相同，只是在式中应用离子生成焓而已。离子的生成焓也是一种相对值，是以人为规定的 H^+ 的 $\Delta_f H_m^\ominus(H^+, aq) = 0$ 为标准，并与之相比较而得到的。例如，$\Delta_f H_m^\ominus(OH^-, aq) = -230.0\ \text{kJ}\cdot\text{mol}^{-1}$，$\Delta_f H_m^\ominus(Cl^-, aq) = -167.2\ \text{kJ}\cdot\text{mol}^{-1}$。附录 3 中列出了

一些离子的标准摩尔生成焓数据。

2.2.6 燃烧焓

可燃物质 B 的标准摩尔燃烧焓(standard molar enthalpy of combustion,简称燃烧焓,也称燃烧热)是指在标准压强下,温度 T 时,1 mol 物质 B 完全燃烧时的标准摩尔焓变,用符号 $\Delta_c H_m^\ominus$(B,相态,T)表示,下标 c 为英语单词 combustion(燃烧)的首字母,单位为 $kJ \cdot mol^{-1}$。例如,$H_2(g)$ 的标准摩尔燃烧焓 $\Delta_c H_m^\ominus(H_2, g, 298.15\ K) = -285.83\ kJ \cdot mol^{-1}$。所谓完全燃烧,是指可燃物质中的 C 变为 $CO_2(g)$,H 变为 $H_2O(l)$,N 变为 $N_2(g)$,S 变为 $SO_2(g)$,卤素转化为 HX(aq)。这些燃烧产物及单质氧的燃烧焓均为零。注意,书写可燃物质 B 的燃烧反应方程式时,要使 B 的化学计量数为-1,这样该燃烧反应的标准摩尔焓变才能等于 B 的燃烧焓。例如,298.15 K 下,甲烷 $CH_4(g)$ 的燃烧反应为

$$CH_4(g) + 2O_2(g) = CO_2(g) + 2H_2O(l)$$

该反应的 $\Delta_r H_m^\ominus = \Delta_c H_m^\ominus(CH_4, g, 298.15\ K) = -890.8\ kJ \cdot mol^{-1}$。另外,由生成焓和燃烧焓的定义可知:

$$\Delta_f H_m^\ominus(CO_2, g, T) = \Delta_c H_m^\ominus(石墨, s, T)$$

$$\Delta_f H_m^\ominus(H_2O, l, T) = \Delta_c H_m^\ominus(H_2, g, T)$$

表 2.2 列出了一些物质的标准摩尔燃烧焓(298.15 K,100 kPa)。

表 2.2 一些物质的标准摩尔燃烧焓(298.15 K,100 kPa)

物质	$\Delta_c H_m^\ominus/(kJ \cdot mol^{-1})$	物质	$\Delta_c H_m^\ominus/(kJ \cdot mol^{-1})$
C(石墨)	-393.5	$C_2H_5OH(l)$	-1 366.8
CO(g)	-283.0	$C_3H_8O_3$(l,甘油)	-1 655.4
$H_2(g)$	-285.8	$CH_3OCH_3(g)$	-1 460.4
$NH_3(g)$	-382.8	$C_2H_5OC_2H_5(l)$	-2 723.9
$N_2H_4(g)$	-667.1	$C_6H_5OH(s)$	-3 053.5
$N_2O(g)$	-82.1	HCHO(g)	-570.7
$CH_4(g)$	-890.8	$CH_3CHO(l)$	-1 166.9
$C_2H_2(g)$	-1 301.1	C_3H_6O(l,丙酮)	-1 789.9
$C_2H_4(g)$	-1 411.2	HCOOH(l)	-254.6
$C_2H_6(g)$	-1 560.7	$CH_3COOH(l)$	-874.2
$C_3H_8(g)$	-2 219.2	$C_4H_8O_2$(l,乙酸乙酯)	-2 238.1
$C_4H_{10}(g)$	-2 877.6	$C_6H_5COOH(s)$	-3 228.2
C_6H_6(l,苯)	-3 267.6	HCN(g)	-671.5
C_6H_{12}(l,环己烷)	-3 919.6	$(NH_2)_2CO$(s,尿素)	-632.7
C_7H_8(l,甲苯)	-3 910.3	C_5H_5N(l,吡啶)	-2 782.3
$CH_3OH(l)$	-726.1	$C_6H_5NH_2(l)$	-3 392.8

利用物质的标准摩尔燃烧焓数据,也可以很方便地计算出化学反应的标准摩尔焓变,即 $\Delta_r H_m^\ominus$ 等于反应物燃烧焓的总和与生成物燃烧焓的总和之差。对于某温度 T 和标准状态下的任一化学反应 $a\mathrm{A}+d\mathrm{D}$ ══ $g\mathrm{G}+h\mathrm{H}$,根据盖斯定律,

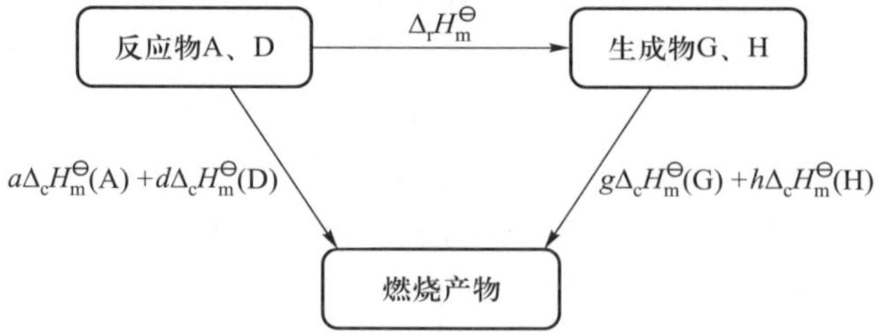

可推导出

$$\Delta_r H_m^\ominus = a\Delta_c H_m^\ominus(\mathrm{A})+d\Delta_c H_m^\ominus(\mathrm{D})-g\Delta_c H_m^\ominus(\mathrm{G})-h\Delta_c H_m^\ominus(\mathrm{H}) \tag{2.20}$$

注意式(2.20)与式(2.18)不同的相减次序。

对于化学反应通式 $0=\sum_B \nu_B \mathrm{B}$,则式(2.20)可改写成

$$\Delta_r H_m^\ominus = -\sum_B \nu_B \Delta_c H_m^\ominus(\mathrm{B}) \tag{2.21}$$

式中,ν_B 代表反应物和产物的化学计量数,对反应物 ν_B 取负值,对生成物 ν_B 取正值。

有机物很难由元素的单质直接合成,所以其生成焓难以测定,但它们大多可以燃烧,其燃烧焓容易通过实验准确测得,故常用燃烧焓数据来求算有机物的生成焓。

例 2.5 根据 $\Delta_c H_m^\ominus$ 数据计算 298.15 K、标准状态下,反应

$$2\mathrm{C}(石墨)+3\mathrm{H_2(g)}+1/2\mathrm{O_2(g)} ═══ \mathrm{C_2H_5OH(l)}$$

产物 $C_2H_5OH(l)$ 的标准摩尔生成焓。

解: 根据标准摩尔生成焓的定义,上述反应的标准摩尔焓变即为产物 $C_2H_5OH(l)$ 的标准摩尔生成焓。查表得

	2C(石墨)	+3H₂(g)	+1/2O₂(g)	══ $C_2H_5OH(l)$
$\Delta_c H_m^\ominus/(\mathrm{kJ\cdot mol^{-1}})$	−393.5	−285.8	0	−1 366.8

根据式(2.20)可得

$$\begin{aligned}\Delta_r H_m^\ominus &= 2\Delta_c H_m^\ominus(\mathrm{C},石墨)+3\Delta_c H_m^\ominus(\mathrm{H_2,g})-\Delta_c H_m^\ominus(\mathrm{C_2H_5OH,l})\\ &=[2\times(-393.5)+3\times(-285.8)-(-1\,366.8)]\ \mathrm{kJ\cdot mol^{-1}}\\ &=-277.6\ \mathrm{kJ\cdot mol^{-1}}\end{aligned}$$

故 $$\Delta_f H_m^\ominus(\mathrm{C_2H_5OH,l})=-277.6\ \mathrm{kJ\cdot mol^{-1}}$$

2.2.7 键焓

化学反应的实质是反应物中旧化学键的断裂和生成物中新化学键的形成,是原子或原子团重新排列组合的物质变化过程。由于断开旧键需要吸热,而形成新键则会放热,因此这就是出现反应热效应的根本原因。严格来讲,化学反应中发生的键的断裂或形成都涉及体系热力学能的变化。但考虑到一般化学反应中体积功很小,甚至可忽略,因此常用反应过程的焓变近似表示热力学能的变化。若已知各化学键的键焓,则通过分析反应过程中化学键

的变化情况，就能够求出反应焓变。热化学规定，键焓(bond enthalpy，符号 $\Delta_b H_m^\ominus$)是指在温度 T 和标准压强下，气态分子断开 1 mol 化学键分解成气态基态原子的焓变。键能(bond energy)是衡量化学键强度的物理量，是热力学能的一部分；键能通常是指在标准状态下将 1 mol 气态分子分解成气态基态原子时，每种键所需能量的平均值。键能与键焓近似相等，实验测定中常常得到的是键焓数据。表 2.3 给出了一些常见化学键的平均键焓(298.15 K，$p^\ominus$)。

表 2.3 一些常见化学键的平均键焓(298.15 K，$p^\ominus$) (单位：$kJ\cdot mol^{-1}$)

化学键	$\Delta_b H_m^\ominus$	化学键	$\Delta_b H_m^\ominus$	化学键	$\Delta_b H_m^\ominus$	化学键	$\Delta_b H_m^\ominus$
单键							
C—H	413	N—H	391	O—H	463	F—F	159
C—C	348	N—N	163	O—O	146		
C—N	293	N—O	201	O—F	190	Cl—F	253
C—O	358	N—F	272	O—Cl	203	Cl—Cl	243
C—F	485	N—Cl	200	O—I	234		
C—Cl	328	N—Br	243			Br—F	237
C—Br	276			S—H	339	Br—Cl	219
C—I	240	H—H	436	S—F	327	Br—Br	194
C—S	259	H—F	570	S—Cl	253		
		H—Cl	431	S—Br	218	I—Cl	208
Si—H	323	H—Br	366	S—S	266	I—Br	175
Si—Si	226	H—I	298			I—I	151
Si—C	301						
Si—O	368						
Si—Cl	464						
多重键							
C═C	614	N═N	418	O═O	495		
C≡C	839	N≡N	941				
C═N	615	N═O	607	S═O	523		
C≡N	891			S═S	418		
C═O	799						
C≡O	1 072						

对于双原子分子来说，键焓和键的分解能(等压)是相等的。键的分解能指在标准状态下断开气态物质中 1 mol 某种具体的化学键生成气态原子所需要的能量，由光谱数据所得，

符号为 D,也叫键的离解能或解离能。例如,

$$H_2(g) = 2H(g) \quad \Delta_b H_m^\ominus(H—H) = D(H—H) = 436\ kJ \cdot mol^{-1}$$

$$Cl_2(g) = 2Cl(g) \quad \Delta_b H_m^\ominus(Cl—Cl) = D(Cl—Cl) = 243\ kJ \cdot mol^{-1}$$

$$F_2(g) = 2F(g) \quad \Delta_b H_m^\ominus(F—F) = D(F—F) = 159\ kJ \cdot mol^{-1}$$

对于多原子分子来说,若某种键不止一个,则该键键焓为同种键逐级分解能的平均值。例如,在 $H_2O(g)$ 分子中断开第一个 O—H 键和断开第二个 O—H 键所需的能量是不同的,在 298.15 K 时,

$$H_2O(g) = H(g) + OH(g) \quad D(H—OH) = 497\ kJ \cdot mol^{-1}$$

$$OH(g) = H(g) + O(g) \quad D(O—H) = 430\ kJ \cdot mol^{-1}$$

则 $H_2O(g)$ 分子中 O—H 键的平均键焓为这两个 O—H 键的分解能的平均值:

$$\Delta_b H_m^\ominus(O—H) = \frac{(497+430)\ kJ \cdot mol^{-1}}{2} = 463.5\ kJ \cdot mol^{-1}$$

在多原子分子中,化学键的键焓虽然主要取决于成键原子本身的性质,但也受到分子中存在的其他原子的影响。显然,不同的多原子分子中的 O—H 键的键焓数值是略有差别的,但一般差别不大。因此,表 2.3 中 O—H 键的键焓数据($463\ kJ \cdot mol^{-1}$)实际上是不同分子中 O—H 键键焓的平均值。所以键焓只是一种用于计算的平均近似数据,而非直接的实验结果。

根据键焓的定义,键焓都是正值。键焓越大,表明要断裂这种键时需吸收的能量越多,即键越牢固,由该键构成的分子也就越稳定。例如,由上述键焓数据可知,在 $H_2(g)$、$Cl_2(g)$、$F_2(g)$ 三种分子中,H—H 键最强,而 F—F 键最弱。

利用一些已知的键焓数据可以估算化学反应的焓变,这种方法具有一定的实际意义。反应焓变等于反应物断键时所吸收的能量与生成物成键时所放出的能量的代数和,即

$$\Delta_r H_m^\ominus = \sum \Delta_b H_m^\ominus(\text{反应物}) - \sum \Delta_b H_m^\ominus(\text{生成物}) = -\sum_B \Delta_b H_m^\ominus(B) \qquad (2.22)$$

例 2.6 利用键焓数据估算下面反应的 $\Delta_r H_m^\ominus$(提示:CO_2 分子中可认为存在 2 个 C═O 键)。

$$C_2H_6(g) + 7/2O_2(g) = 2CO_2(g) + 3H_2O(g)$$

解:由反应方程式可知,反应过程中断裂的化学键有 6 个 C—H 键,1 个 C—C 键,7/2 个 O═O 键;形成的化学键有 4 个 C═O 键,6 个 O—H 键。

有关化学键的键焓数据为 $\Delta_b H_m^\ominus(C—H) = 413\ kJ \cdot mol^{-1}$,$\Delta_b H_m^\ominus(C—C) = 348\ kJ \cdot mol^{-1}$,$\Delta_b H_m^\ominus(O═O) = 495\ kJ \cdot mol^{-1}$,$\Delta_b H_m^\ominus(C═O) = 799\ kJ \cdot mol^{-1}$,$\Delta_b H_m^\ominus(O—H) = 463\ kJ \cdot mol^{-1}$。

由式(2.22)可得

$$\begin{aligned}\Delta_r H_m^\ominus &= [6\times\Delta_b H_m^\ominus(C—H) + \Delta_b H_m^\ominus(C—C) + 7/2\times\Delta_b H_m^\ominus(O═O)] - [4\times\Delta_b H_m^\ominus(C═O) + \\ &\quad 6\times\Delta_b H_m^\ominus(O—H)] \\ &= [(6\times413+348+7/2\times495) - (4\times799+6\times463)]\ kJ \cdot mol^{-1} \\ &= -1\ 416\ kJ \cdot mol^{-1}\end{aligned}$$

由于目前的键焓数据很不完善,且只限于气态物质,所以由键焓估算反应热存在一定的

局限性,不能代替精确的热力学计算和反应热的测量。

2.3 化学反应的方向

热力学第一定律指出了不同形式的能量可以相互转化且在转化过程中总能量是守恒的,但它却不能回答在一定条件下某化学反应能否自动进行、自动进行的方向,以及能进行到什么程度。解决反应的方向性和限度这两个问题依赖于热力学第二定律。本章所讨论的化学反应方向,是指各物质均处于标准状态下,化学反应自发进行的方向。非标准状态下的情况将在第三章中讨论。

2.3.1 可逆过程

1. 等温膨胀过程的体积功

热和功不是状态函数,而是过程量,其数值与变化的具体途径有关。途径不同时,热和功的数值也不同。现以理想气体的等温膨胀为例,讨论实施该过程所采用的各种途径中体系所做的体积功。设有一定量理想气体装在配有活塞(与筒壁无摩擦力且质量可忽略不计)的圆筒中,并保持温度恒定(可使圆筒与一个恒温大热源相接触来实现)。使气体在等温下由状态 1($p_1=16$ kPa,$V_1=1$ dm^3)膨胀到状态 2($p_2=1$ kPa,$V_2=16$ dm^3)。这一过程可经由不同的途径实现,体系所做的体积功当然也就不同。

途径Ⅰ:真空膨胀,即气体向真空扩散($p_{外}=0$),在由状态 1 变到状态 2 的过程中不对抗等外压,也叫自由膨胀。因为 $p_{外}=0$,所以体积功 $W_{体,\mathrm{I}}=-p_{外}\,\Delta V=0$,即体系对外不做功。

途径Ⅱ:1 次恒外压膨胀,即外压保持不变,且等于 p_2。气体在 $p_{外}=p_2=1$ kPa 下 1 次膨胀到终态(即平衡状态)。体积功为

$$W_{体,\mathrm{II}}=-p_{外}\,\Delta V=-1\ \mathrm{kPa}\times(16-1)\,\mathrm{dm}^3=-15\ \mathrm{J}$$

$W_{体,\mathrm{II}}$ 的绝对值即为体系对环境所做的体积功,相当于图 2.5(a)中阴影部分的面积。这里需要说明的是,对一定量理想气体来说,当温度一定时,其 pV 之积是一个常数,图 2.5 中的曲线就是该理想气体的 $p-V$ 曲线,曲线的方程是 $pV=nRT$。曲线上的每一个点都表示体系的平衡状态。

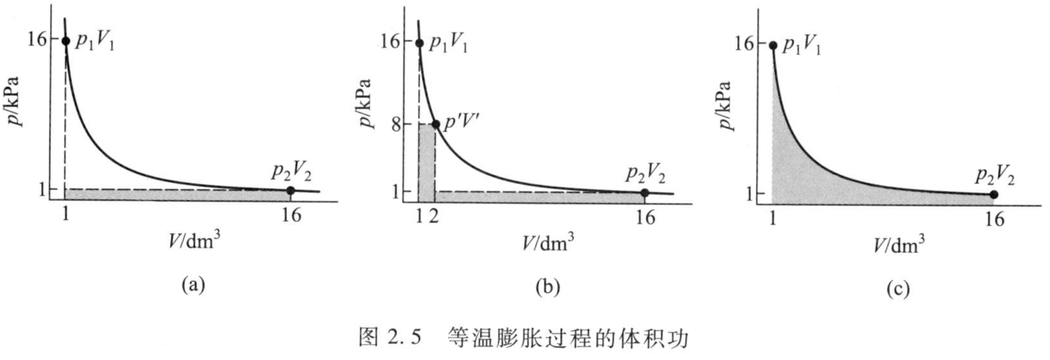

图 2.5 等温膨胀过程的体积功

途径Ⅲ:2 次恒外压膨胀,即整个过程由 2 次恒外压膨胀构成。第一步保持外压 $p'_{外}=8$ kPa,体系由 V_1 膨胀到 V'(=2 dm^3),体积变化为 ΔV_1;第二步降低外压至 p_2,在 $p_{外}=p_2=1$ kPa 下,

体系又从 V' 膨胀到 V_2，体积变化为 ΔV_2。该途径中体系共平衡 2 次。整个过程所做的体积功为

$$\begin{aligned} W_{体,\mathrm{III}} &= -p'_{外}\Delta V_1 - p_{外}\ \Delta V_2 = -p'_{外}(V'-V_1) - p_{外}(V_2-V') \\ &= -8\ \mathrm{kPa}\times(2-1)\ \mathrm{dm}^3 - 1\ \mathrm{kPa}\times(16-2)\ \mathrm{dm}^3 = -22\ \mathrm{J} \end{aligned}$$

$W_{体,\mathrm{III}}$ 的绝对值相当于图 2.5(b) 中阴影部分的面积。可见，分 2 次膨胀与 1 次膨胀相比，体系对环境做了较多的体积功。以此类推，膨胀的次数越多，体系对环境所做的体积功也就越大。

途径Ⅳ：无限次恒外压膨胀——外压总是比内压小一个无限小的量的膨胀。即在膨胀过程中不断地调整外压，膨胀次数增加至无数次，体系经过无数次平衡状态直至终态。每次恒外压膨胀中的外压 $p_{外}$ 总是比体系的内压 p_{i} 小一个无限小的量 $\mathrm{d}p$，即 $p_{\mathrm{i}} - p_{外} = \mathrm{d}p$，每次膨胀后体系的体积也只是增加一个无限小的量 $\mathrm{d}V$。体积功为

$$W_{体,\mathrm{IV}} = -\sum p_{外}\mathrm{d}V = -\sum (p_{\mathrm{i}} - \mathrm{d}p)\mathrm{d}V$$

忽略二级无限小值 $\mathrm{d}p\mathrm{d}V$，即可用 p_{i} 近似代替 $p_{外}$，而气体为理想气体且温度恒定，则

$$W_{体,\mathrm{IV}} = -\int_{V_1}^{V_2} p_{\mathrm{i}}\mathrm{d}V = -\int_{V_1}^{V_2} \frac{nRT}{V}\mathrm{d}V = -nRT\ln\frac{V_2}{V_1} = -p_1V_1\ln\frac{V_2}{V_1} = -p_2V_2\ln\frac{V_2}{V_1} = -44\ \mathrm{J}$$

$W_{体,\mathrm{IV}}$ 的绝对值相当于图 2.5(c) 中阴影部分的面积，即 $pV = nRT$ 曲线下面覆盖的面积。显然，$W_{体,\mathrm{IV}}$ 的绝对值比任何有限次膨胀中的体积功的绝对值都大。

由上可知，体系经由不同的途径从 V_1 等温膨胀至 V_2，体系对环境所做的功也就不同，其中无限次膨胀所做的功最大。

2. 可逆过程

在上述四种膨胀方式中，第四种膨胀方式在热力学中极为重要。途径Ⅳ包含无数次恒外压膨胀，每次膨胀时体系内外的压强均相差无限小，即发生膨胀的驱动力无限小，故活塞移动得非常慢，这就使得膨胀速度无限缓慢，整个膨胀过程所需时间无限长。此外，在途径Ⅳ进行的每一瞬间，气体的压强由微小的不均匀变为均匀，体系由不平衡回到平衡，故膨胀过程中体系每时每刻都无限接近平衡状态，整个过程可看成由一系列无限接近平衡的状态所构成，这种过程称为“准静态过程”。前文中经由途径Ⅳ进行的内外压强相差无限小的无限次恒外压膨胀过程，是没有摩擦（不引起能量散失）的准静态膨胀，是一种可逆过程。

可逆过程是热力学中一种极其重要的过程。如果某一体系发生某一过程后，若能通过原来过程的反方向变化（即原路返回）而使体系和环境同时完全复原，不留下任何影响，则这样的过程就称为可逆过程（reversible process）。反之，如果用任何方法都不可能使体系和环境恢复到原来的状态，或者恢复原状后会留下其他变化，则相应的过程为不可逆过程（irreversible process）。前文中的自由膨胀、一次或多次恒外压膨胀均是不可逆过程。

在热力学中引入可逆过程具有重大意义。在等温可逆膨胀过程中体系对环境做最大功，吸热最多；在等温可逆压缩过程中环境对体系做最小功，吸热最少。最大功与最小功的数值相等，符号相反。从能量的观点来看，可逆过程的效率最高，是提高实际过程效率的最大限度。

可逆过程是实际上并不存在的一种理想的过程，是一种科学的抽象。自然界发生的一切宏观过程都是不可逆的，实际过程只能无限地趋近可逆过程，但有些实际过程可近似认为是可逆过程。例如，在相变点温度和外压下，物质的相变（如液体在沸点时的蒸发或固体在熔点时的熔化）以及原电池在外电压等于电池电压时的充电或放电过程等可近似视为可逆过程。可逆过程是由一系列非常接近平衡态的状态构成的，所以其与平衡态关系密切。在很多情况下，可通过设计可逆过程来求得一些重要的热力学函数的改变量（如后面要学习的熵变）。

2.3.2 自发变化

自发变化是指在一定条件下，不借助任何外力（即不需环境对体系做功）即可自动发生的变化。例如，水从高处往低处流、热从高温物体传向低温物体、气体向真空膨胀、铁在潮湿空气中生锈和锌片投入硫酸铜溶液引起置换反应等，都属于自发变化。而这些自发变化的逆向变化均不会自动发生，称为非自发变化，如生锈的铁钉从不会自动变成无锈的。

自发变化具有如下基本特征：

（1）自发变化具有方向性，是不可逆的　在一定条件下，自发变化只能自动地单向进行，其逆向变化不会自动进行，即“非自发”。但是，“非自发”不等于“不可能发生”，借助外力（即环境对体系做功）可使非自发变化得以进行。例如，水从高处往低处流是一个自发变化，但要使水从低处往高处流，则必须使用抽水机做机械功，即体系必须消耗环境做的功。又如，氢气和氧气化合生成水也是自发变化，但其逆反应——水的分解在常温常压下是非自发的，需要环境对体系做电功（即电解）才能够进行。

（2）自发变化有一定的限度　自发变化的最大限度就是体系达到平衡状态。例如，热由高温物体传递给低温物体，直至两物体温度相等，即达到“热平衡”；化学反应达到一定程度（正、逆反应速率相等）时，从宏观上看似乎停止了，即达到“化学平衡”。

（3）自发变化可以被用来做有用功　例如，高处流下来的水可以推动水轮机做功；锌与硫酸铜的置换反应是自发的，可以将其组装成原电池做电功。

需要注意的是，自发变化不涉及时间和速率问题。一个自发变化，不一定是迅速的。例如，氢气和氧气化合生成水在室温下是自发变化，但该混合气体在室温下的反应速率极慢，无明显反应；但若将一块铂片（铂为催化剂）投入混合气体中，就会立即发生剧烈反应。

2.3.3 影响化学反应方向的因素

与自发变化的定义类似，自发反应是指在给定的一组条件下，能够自发地正向进行到显著程度的化学反应。例如，将锌片投入到硫酸铜溶液中所发生的置换反应即为自发反应，能观察到铜自动地沉积在锌片上。水从高处流向低处是由势能差决定的，热量的传递是由温度差决定的，化学反应自发进行的方向是由什么因素决定的？

人们首先注意到的是反应的热效应。早在一百多年前，人们就发现在常温常压下许多放热反应能够自发进行。因此有些化学家就提出用反应焓变作为化学反应自发性的判据，认为放热反应可以自发进行，而吸热反应则不能自发进行。例如，下列自发反应都是放热的：

$$Zn(s)+Cu^{2+}(aq)\xlongequal{\quad}Cu(s)+Zn^{2+}(aq) \quad \Delta_r H_m^{\ominus}=-111.44\ kJ\cdot mol^{-1}$$

$$C(石墨)+O_2(g)\xlongequal{\quad}CO_2(g) \quad \Delta_r H_m^{\ominus}=-393.5\ kJ\cdot mol^{-1}$$

$$H_2(g)+1/2O_2(g)\xlongequal{\quad}H_2O(g) \quad \Delta_r H_m^{\ominus}=-241.8\ kJ\cdot mol^{-1}$$

上述反应的逆过程是非自发的，亦是吸热的。但是，有些吸热反应也可以自发进行。例如：

$$CuSO_4\cdot 5H_2O(s)\xlongequal{\quad}CuSO_4(s)+5H_2O(g) \quad \Delta_r H_m^{\ominus}=78.96\ kJ\cdot mol^{-1}$$

$$CaCO_3(s)\xlongequal{\quad}CaO(s)+CO_2(g) \quad \Delta_r H_m^{\ominus}=179.2\ kJ\cdot mol^{-1}$$

这两个吸热反应虽然在常温下均不能自发进行，但分别加热至温度高于 510 K 和 1 119 K 时，却能够自发进行。综上所述，反应的焓变虽然对反应进行的方向有一定影响，但不能作为反应自发性的唯一判据；改变反应温度有时可使反应方向逆转。

人们对于吸热的自发反应研究发现，这类反应都有一个共同特点：反应体系从始态变化到终态，体系的混乱度增大。例如，对于胆矾和碳酸钙的分解反应，反应前后对比，不但物质的种类增多，而且生成物分子的活动范围变大（因为有气体产物生成），整个反应体系的混乱度增大。可见体系的混乱度是影响化学反应自发性的又一重要因素。

2.3.4 熵

1. 微观状态数和玻耳兹曼公式

混乱度也称为无序度，是对体系状态的一种定性的描述。例如，① 在一个容器内装有用隔板隔开的两种惰性气体，将隔板抽去后，两种气体迅速自动混合，最终达到均匀的平衡状态，无论再过多久，已经混合的气体也不会自动分开恢复原状。这种气体混合的过程是由比较有序的状态变到比较混乱的状态，即体系的混乱度增加，该过程是自发的。② 在常温下冰融化为水也是一个自发变化。冰中的水分子有序地排列在晶格中，只能在其晶格位置附近进行振动，故混乱度很小。当冰变为水时，液态水分子可在液体体积范围内自由运动，其运动范围增大；体系由有序状态变为无序状态，混乱度增大。如果液态水汽化为水蒸气，则气态水分子能在更大的空间自由运动，混乱度在三者中最大。

若要定量地描述体系的混乱度，需首先引入微观状态数 Ω 的概念。体系中粒子的每一种可能的排列方式称为一种微观状态，微观状态的数目即微观状态数。以 3 个微观粒子构成的体系为例，若不考虑能级和运动状态等因素，则

（1）3 个粒子在一个体积中运动。凡在一个体积内，不再考虑粒子的相对位置变化，此时只有一种微观状态，即 $\Omega=1$，如图 2.6(a)所示。

（2）3 个粒子在两个体积中运动，此时微观状态数 $\Omega=8$，如图 2.6(b)所示。

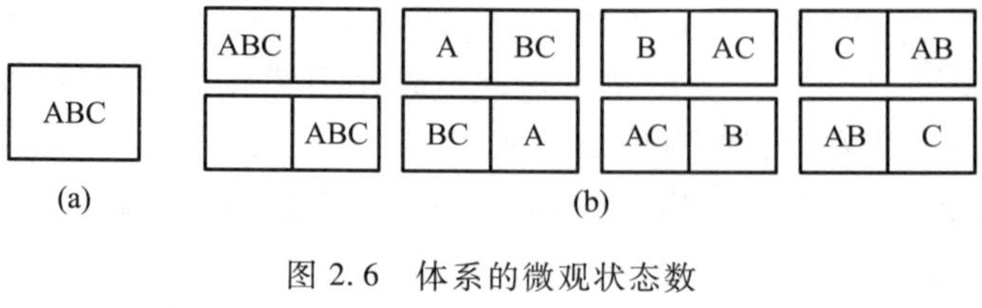

图 2.6 体系的微观状态数

可见，粒子的活动范围越大，体系的微观状态数 Ω 越多，表明体系的混乱度越大。当然，若微观粒子的数目越多，Ω 也越多，体系的混乱度也越大。

当体系处于一定的状态时，其内部粒子的微观状态数一定，即体系的混乱度确定。为了定量地描述体系的混乱度的大小，热力学中定义了另一个状态函数——熵（entropy），用符号 S 表示，单位为 $J \cdot K^{-1}$。一定条件下，处于一定状态的体系具有确定的熵值。体系的混乱度越大，熵就越大。

体系的宏观状态实际上是各种微观状态的平均，所以描述体系宏观性质的状态函数 S 和微观状态数 Ω 之间必有一定的联系，这就是统计热力学中的玻耳兹曼公式（Boltzmann's equation）：

$$S = k\ln \Omega \tag{2.23}$$

式中，k 为玻耳兹曼常数，$k = R/N_A = 8.314\ J \cdot mol^{-1} \cdot K^{-1}/(6.02\times10^{23}\ mol^{-1}) = 1.38\times10^{-23}\ J \cdot K^{-1}$。由此式可以看出，体系的微观状态数越多，混乱度越大，则熵值越大。因此可以说，熵是体系混乱度的一种量度。熵值小，表明体系处于比较有序的状态（如冰）；熵值大，表明体系处于比较无序的状态（如水和水蒸气）。就混乱度而言，水蒸气>水>冰，所以 $S_{水蒸气} > S_{水} > S_{冰}$。

2. 熵的性质和热温商

熵（S）是体系的广度性质，具有加和性，整个体系的熵是各个部分的熵的总和。

熵是状态函数，体系处于一定的状态时，熵有确定值；当状态发生改变时，熵的变化量（熵变）ΔS 只与体系的始、终态有关，而与途径无关。当始、终态一定时，ΔS 有定值，其数值可由可逆过程的热温商求得，熵即因此而得名。热力学指出，在等温可逆过程中，体系的熵变 ΔS 等于体系所吸收的热量（Q_{rev}）除以温度（T），即

$$\Delta S = \frac{Q_{rev}}{T} \tag{2.24}$$

式中，Q_{rev} 的下标 rev 代表英语单词 reversible“可逆”。由上式也可得出，T 和 ΔS 的乘积等于可逆过程所吸收的热，即 $Q_{rev} = T\Delta S$。该式也说明了熵名称的来源——等温可逆过程的热温商。

例 2.7 已知在 373.15 K 和 101.325 kPa 下，18 g $H_2O(l)$ 汽化变成 $H_2O(g)$，需要吸热 40.66 kJ，求该相变过程的熵变。

解：由于在相变点的温度和外压下，物质的相变可视为可逆过程，所以

$$\Delta S = \frac{Q_{rev}}{T} = \frac{40.66\times1\ 000\ J}{373.15\ K} = 109.0\ J \cdot K^{-1}$$

3. 热力学第三定律和标准熵

与热力学能、焓类似，体系的熵的绝对数值也是不可知的。因此，只能人为规定某个零点标准，来求熵的相对值，这些相对值称为规定熵（conventional entropy），而零点的标准则由热力学第三定律规定。

熵是体系混乱度的一种量度，而体系的混乱度与物质的聚集状态、温度及微观粒子的运动状态等有关。以水为例，随着温度降低，水蒸气可液化成水，水再凝固为冰。在此过程中，水分子的运动速率越来越慢，体系的混乱度越来越小，熵值也越来越小。当温度降低到绝对零度（0 K）时，可认为微观粒子的热运动将停止，所有微观粒子都处于理想的有序状态。此时任何完美晶体中的原子或分子只有一种微观状态（$\Omega = 1$），由此规定完美晶体的熵值为

零。这就是热力学第三定律(the third law of thermodynamics):在0 K时,任何纯物质的完美晶体的熵值都等于零,即

$$S_{0\ \mathrm{K}}=0$$

这个定律是在一些低温现象的实验事实基础上提出来的,与玻耳兹曼公式相符,因为 $S_{0\ \mathrm{K}}=k\ln\Omega=k\ln 1=0$。

以热力学第三定律规定的熵值零点为基准,利用物质的一些热力学数据(如比热容、摩尔质量、相变焓等),可以计算出各种物质在一定的 T、p 状态下的熵值,称为该物质在该状态下的规定熵。规定熵是一相对值。1 mol 某纯物质在标准状态下的规定熵称为该物质的标准摩尔熵(standard molar entropy),简称标准熵,用符号 $S_m^\ominus$ 表示,单位是 $\mathrm{J\cdot mol^{-1}\cdot K^{-1}}$。表2.4列举了一些常见物质的标准熵(298.15 K),更多的数据见附录3。注意:与标准摩尔生成焓的规定不同,元素指定单质的标准熵值在 $T>0$ K 时并不为零。对于水溶液中的离子,热力学规定,处于标准状态下的 H^+ 的标准熵值为零,即 $S_m^\ominus(H^+,aq)=0$。水溶液中其他离子的标准熵值都是与 H^+ 相比较得出的。

表2.4 一些常见物质的标准熵(298.15 K)

物质	$S_m^\ominus/(\mathrm{J\cdot mol^{-1}\cdot K^{-1}})$	物质	$S_m^\ominus/(\mathrm{J\cdot mol^{-1}\cdot K^{-1}})$
Ag(s)	42.6	HCl(g)	186.9
AgCl(s)	96.3	HF(g)	173.8
Al(s)	28.3	HI(g)	206.6
Br_2(l)	152.2	H_2O(g)	188.8
C(石墨)	5.7	H_2O(l)	70.0
CO(g)	197.7	I_2(s)	116.1
CO_2(g)	213.8	N_2(g)	191.6
$CaCO_3$(s)	91.7	NaCl(s)	72.1
CaO(s)	38.1	O_2(g)	205.2
$Ca(OH)_2$(s)	83.4	Zn(s)	41.6
Cl_2(g)	223.1	CH_4(g)	186.3
$CuSO_4$(s)	109.2	C_2H_4(g)	219.3
Fe(s)	27.3	C_2H_6(g)	229.2

根据熵的定义并比较物质的标准熵数据,可以得到熵的一些规律:

(1) 同一物质,在相同温度下,若聚集状态不同则熵值不同,即 $S_m^\ominus(g)>S_m^\ominus(l)>S_m^\ominus(s)$,这与微观粒子运动的自由程度(或运动范围)大小顺序相符。例如,298.15 K时,$S_m^\ominus(H_2O,g)=188.8\ \mathrm{J\cdot mol^{-1}\cdot K^{-1}}$,$S_m^\ominus(H_2O,l)=70.0\ \mathrm{J\cdot mol^{-1}\cdot K^{-1}}$。

(2) 同一物质,处于相同聚集状态时,其熵值随温度升高而增大。这是因为温度升高,微观粒子的动能增加,其运动的自由程度增大。例如,$S_m^\ominus(Fe,s,298.15\ \mathrm{K})=27.3\ \mathrm{J\cdot mol^{-1}\cdot K^{-1}}$,

$S_m^\ominus$(Fe,s,500 K) = 41.2 J·mol^{-1}·K^{-1}。

(3) 分子结构相似的同类物质,摩尔质量 M 越大,熵值越大,这是因为物质中所含的原子数、电子数越多,微观状态数就越多。例如,$S_m^\ominus(F_2,g)<S_m^\ominus(Cl_2,g)<S_m^\ominus(Br_2,g)<S_m^\ominus(I_2,g)$。

(4) 一般来说,当温度和聚集状态相同时,结构越复杂(内部微观粒子越多)的物质,熵值越大。例如,$S_m^\ominus(CH_4,g)$ = 186.3 J·mol^{-1}·K^{-1},$S_m^\ominus(C_2H_6,g)$ = 229.2 J·mol^{-1}·K^{-1};又如,$S_m^\ominus(O_2,g)$ = 205.2 J·mol^{-1}·K^{-1},$S_m^\ominus(O_3,g)$ = 238.9 J·mol^{-1}·K^{-1}。

(5) 由上可知,摩尔质量相同的不同物质,结构越复杂,熵值越大。例如,乙醇(CH_3CH_2OH)和二甲醚(CH_3OCH_3)是同分异构体,前者的结构对称性低于后者,在 298.15 K 时,$S_m^\ominus$(乙醇,g) = 281.6 J·mol^{-1}·K^{-1},$S_m^\ominus$(二甲醚,g) = 266.4 J·mol^{-1}·K^{-1}。

(6) 压强对固态、液态物质的熵值影响较小,而对气态物质的熵值影响较大。压强越大,气态物质的微观粒子运动的自由程度越小,熵值越小。例如,$S_m(O_2$,g,101 kPa) = 205 J·mol^{-1}·K^{-1},$S_m(O_2$,g,606 kPa) = 190 J·mol^{-1}·K^{-1}。

4. 由标准熵计算化学反应的熵变

与化学反应的焓变计算相似,一个化学反应的标准摩尔熵变 $\Delta_r S_m^\ominus$ 可根据物质的标准熵 $S_m^\ominus$ 求得,即 $\Delta_r S_m^\ominus$ 等于生成物标准熵的总和与反应物标准熵的总和之差。对于某温度 T 和标准状态下的任一化学反应 $a\text{A}+d\text{D} = g\text{G}+h\text{H}$,有

$$\Delta_r S_m^\ominus = gS_m^\ominus(\text{G})+hS_m^\ominus(\text{H})-aS_m^\ominus(\text{A})-dS_m^\ominus(\text{D}) \tag{2.25}$$

对于化学反应通式 $0=\sum_B \nu_B B$,有

$$\Delta_r S_m^\ominus = \sum_B \nu_B S_m^\ominus(\text{B}) \tag{2.26}$$

式中,ν_B 代表反应物和产物的化学计量数,对反应物 ν_B 取负值,对生成物 ν_B 取正值。另外,虽然物质的 $S_m^\ominus$ 随温度升高而增大,但若其聚集状态不发生改变,$S_m^\ominus$ 增加的幅度不是很大;而且当温度升高时,生成物和反应物的 $S_m^\ominus$ 都随之增大,因此反应的 $\Delta_r S_m^\ominus$ 随温度的变化不大。故在实际应用时,在一定温度范围内,可忽略温度对反应熵变的影响,即 $\Delta_r S_m^\ominus(T) \approx \Delta_r S_m^\ominus$(298.15 K)。同理,化学反应的焓变随温度的变化也较小,在一定温度范围内,亦可忽略温度对焓变的影响,$\Delta_r H_m^\ominus(T) \approx \Delta_r H_m^\ominus$(298.15 K)。

例 2.8 查表计算在 298.15 K,100 kPa 条件下,反应

$$2H_3BO_3(s) = B_2O_3(s)+3H_2O(l)$$

的 $\Delta_r S_m^\ominus$,并结合例 2.4 的计算结果初步分析该反应的自发性。

解: 查表得各物质的标准熵为

	$2H_3BO_3(s)$ =	$B_2O_3(s)$ +	$3H_2O(l)$
$S_m^\ominus$/(J·mol^{-1}·K^{-1})	90.0	54.0	70.0

根据式(2.25)可得

$$\begin{aligned}\Delta_r S_m^\ominus &= S_m^\ominus(B_2O_3,s)+3S_m^\ominus(H_2O,l)-2S_m^\ominus(H_3BO_3,s)\\ &=(54.0+3\times70.0-2\times90.0)\text{ J}\cdot\text{mol}^{-1}\cdot\text{K}^{-1}\\ &=84.0\text{ J}\cdot\text{mol}^{-1}\cdot\text{K}^{-1}(>0)\end{aligned}$$

由例 2.4 可知 $\Delta_r H_m^\ominus$ = 57.7 kJ·mol^{-1}(>0)。因此,上述反应为吸热、熵增反应。从前面讨论的焓变对反应自发性的影响来看,吸热不利于反应自发进行。但反应体系的熵值增大

($\Delta_r S_m^\ominus>0$),即体系的混乱度增大,又有利于反应自发进行。因此,该反应的自发性到底如何,还需要进一步探讨。

根据前文所述的熵值的一些规律,可以估计化学反应的标准摩尔熵变 $\Delta_r S_m^\ominus$ 的正、负号。若化学反应的气体计量系数增加($\Delta\nu_g>0$),则 $\Delta_r S_m^\ominus$ 都是正值(熵增);若反应的气体计量系数减少($\Delta\nu_g<0$),则 $\Delta_r S_m^\ominus$ 都是负值(熵减)。如果反应前后气体计量系数相等($\Delta\nu_g=0$),则 $\Delta_r S_m^\ominus$ 总是比较小。对于没有气体参与的反应,若反应后总的计量系数增加($\Delta\nu_{总}>0$),则 $\Delta_r S_m^\ominus$ 一般为正值。表 2.5 列举的一些化学反应说明了以上这些规律。

表 2.5 一些化学反应的标准摩尔熵变(298.15 K)

化学反应	$\Delta_r S_m^\ominus/(J\cdot mol^{-1}\cdot K^{-1})$	$\Delta\nu_g$	$\Delta\nu_{总}$
$2AgNO_3(s)=2Ag(s)+2NO_2(g)+O_2(g)$	+488.2	+3	
$CaCO_3(s)=CaO(s)+CO_2(g)$	+160.2	+1	
$2Na(s)+Cl_2(g)=2NaCl(s)$	−181.2	−1	
$N_2(g)+3H_2(g)=2NH_3(g)$	−198.1	−2	
$N_2(g)+O_2(g)=2NO(g)$	+24.8	0	
C(石墨)$+O_2(g)=CO_2(g)$	+2.9	0	
$CuSO_4\cdot 5H_2O(s)=CuSO_4(s)+5H_2O(l)$	+158.4		+5
$2H_3BO_3(s)=B_2O_3(s)+3H_2O(l)$	+84.0		+2

5. 热力学第二定律

如前所述,热力学第二定律(the second law of thermodynamics)能够解决化学反应发生的方向和进行的限度这两个问题。19 世纪蒸汽机发明后,科学家们在研究如何最大限度地提高热机效率(使热更多地转变为功)的基础上,提出了热力学第二定律。它同热力学第一定律一样,也是通过大量实践经验总结出来的普遍规律,并已得到了广泛应用。热力学第二定律有多种表述方法,熵增加原理是其中一种表述。

对于孤立体系,由于体系与环境之间既没有能量交换(绝热),也没有物质交换,因此环境对其毫无影响。如果孤立体系进行了不可逆过程,则必定是自发的。热力学第二定律:"一个孤立体系的熵永不减少",这就是熵增加原理(principle of entropy increasing),即

$$\Delta S_{孤立}\geqslant 0 \tag{2.27}$$

上式表明:在任何一个孤立体系中,若发生了自发变化,熵一定增加,$\Delta S_{孤立}>0$;当体系达到平衡状态时,熵达到最大值且保持不变,$\Delta S_{孤立}=0$,此时其中的任何过程都一定是可逆的。也就是说,孤立体系所发生的自发变化总是朝着熵增加的方向进行,自发变化的最大限度是体系达到平衡状态。因此,熵增加原理就是孤立体系反应自发性的熵判据。

熵增加原理只适用于判断孤立体系的自发反应方向,而平时所讨论的化学反应基本上是封闭体系而并非孤立体系,因此熵增加原理对于平时所讨论的化学反应并不适用。

综上所述,化学反应的焓变 ΔH 和熵变 ΔS 都是影响反应自发性的因素,但均不能单独作为反应自发性的判据。要想正确判断化学反应进行的方向,就必须综合考虑焓变和熵变

及温度的影响，即寻找出更好的判据，这就是吉布斯自由能判据。

2.3.5 吉布斯自由能

1. 吉布斯自由能判据

1876 年，美国物理化学家吉布斯（J. W. Gibbs）将焓、熵和温度综合在一起，定义了一个新的热力学函数——吉布斯自由能（Gibbs free energy），也称吉布斯函数，用符号 G 表示，其定义为

$$G=H-TS$$

式中，H、T、S 都是状态函数，所以 G 也必定是状态函数。G 是体系的广度性质，具有能量量纲，单位为 J 或 kJ。体系的自由能 G 与热力学能 U、焓 H 一样，不可能知道其绝对数值。但若体系的状态发生了变化，其吉布斯自由能的改变量（简称自由能变）ΔG 是可求的，只取决于体系的始态和终态。

由热力学第一定律和第二定律可推导出状态函数 G 的物理意义——吉布斯自由能 G 表示化学反应体系在等温等压下做非体积功的能力。对于一封闭反应体系，由热力学第一定律可知：

$$\Delta U=Q+W=Q+W_{体}+W_{非}$$

所以

$$Q=\Delta U-W_{体}-W_{非}$$

等温等压下，

$$\begin{aligned}Q&=\Delta U-(-p\Delta V)-W_{非}=\Delta U+p\Delta V-W_{非}\\&=\Delta H-W_{非}\end{aligned}$$

正如理想气体体系在等温可逆膨胀过程中做功最大、吸热最多一样，等温等压下化学反应体系在可逆过程中亦做功最大、吸热最多，且由热力学第二定律可知等温可逆热效应 $Q_{rev}=T\Delta S$，代入上式得

$$Q_{rev}\geqslant\Delta H-W_{非}$$

$$T\Delta S\geqslant\Delta H-W_{非}$$

移项得

$$T\Delta S-\Delta H\geqslant-W_{非}$$

即

$$-(\Delta H-T\Delta S)\geqslant-W_{非}$$

$$-[(H_2-H_1)-T(S_2-S_1)]\geqslant-W_{非}$$

$$-[(H_2-TS_2)-(H_1-TS_1)]\geqslant-W_{非}$$

由 G 的定义式可得

$$-(G_2-G_1)\geqslant-W_{非}$$

即

$$-\Delta G\geqslant-W_{非} \tag{2.28a}$$

或

$$\Delta G\leqslant W_{非} \tag{2.28b}$$

不等式（2.28）给出了一个重要的热力学结论——对于等温等压下的化学反应体系，其吉布斯自由能的减少量 $-\Delta G$ 是体系所做的非体积功 $-W_{非}$ 的最大限度。具体来说，在等温等压条件下，一个封闭反应体系所能做的最大非体积功（$-W_{非}$）等于其吉布斯自由能的减少（$-\Delta G$），此最大值只有在可逆过程中才能得以实现，即 $-\Delta G=-W_{非,rev}$。也就是说，在等温等压的可逆过程中体系做最大的非体积功。而在等温等压的不可逆过程中，体系所做的非体积功小于体系吉布斯自由能的减少，即 $-\Delta G>-W_{非,ir}$（下角标 ir 表示 irreversible，不可逆）。故

可用式(2.28)判断过程的可逆性。若在等温等压过程中体系与环境之间不存在非体积功的交换(即 $W_{非}=0$),则

$$-\Delta G \geqslant 0 \quad 或 \quad \Delta G \leqslant 0$$

此不等式表示:在上述条件下,若 $\Delta G=0$,过程可逆;若 $\Delta G<0$,则过程不可逆。

那么如何判断在等温等压条件下一个变化或一个化学反应的方向性?回顾前文我们知道,自发变化在进行时体系对环境可以不做功,也可以做功,甚至做最大功,问题在于对过程进行的方式如何安排。但是,非自发变化则必须通过环境对体系做功才能实现,即

$$自发变化 \quad W \leqslant 0 \quad (或 -W \geqslant 0)$$

$$非自发变化 \quad W>0 \quad (或 -W<0)$$

等温等压下,只要体系始、终态的自由能不相等($\Delta G \neq 0$),则必满足关系式:

$$-\Delta G=-W_{非,rev}>-W_{非,ir}$$

若 $\Delta G<0$,则 $-\Delta G>0$,因此有

$$-W_{非,rev}>-W_{非,ir} \geqslant 0$$

说明体系能做出非体积功,最大值为 $-W_{非,rev}$。即自发变化中体系的自由能减少。

若 $\Delta G>0$,则 $-\Delta G<0$,

$$-W_{非,ir}<-W_{非,rev}<0$$

说明环境对体系做出非体积功,其值至少等于 $|-W_{非,rev}|$。即非自发变化中体系自由能增大。

由此可见,在等温等压下,只需根据 ΔG 的正、负,就能判断变化或反应的方向。在等温等压下,不论体系是否做出非体积功,自发变化总是向吉布斯自由能减少($\Delta G<0$)的方向进行;达到平衡时,吉布斯自由能降到最小值,不再改变。这是热力学第二定律的又一种表述形式。因此,等温等压下化学反应自发性的判据(吉布斯自由能判据)为

$$\Delta G \leqslant 0 \tag{2.29}$$

即 $\Delta G<0$,反应自发进行;$\Delta G=0$,反应达到平衡态;$\Delta G>0$,反应不能自发进行(逆反应自发)。

在等温下,由 G 的定义式 $G=H-TS$ 可得

$$\Delta G=\Delta H-T\Delta S \tag{2.30}$$

式(2.30)叫作吉布斯-亥姆霍兹(Gibbs-Helmholtz)方程,是一个非常重要且实用的方程,后文会加以详细讨论。从上式可以看出,自由能判据(ΔG)实际上综合了焓变 ΔH 和熵变 ΔS 这两个因素的影响,因此 ΔG 可作为自发变化或自发反应的统一判据。

2. 标准摩尔生成吉布斯自由能

由于无法知道吉布斯自由能的绝对数值,所以需要选定某种标准作为参考来取其相对值,因此仿照标准摩尔生成焓的定义,热力学中引入了标准摩尔生成吉布斯自由能的概念。在标准状态和某温度 T(K)下,由各元素的指定单质(通常为最稳定单质)生成 1 mol 某物质B(化合物或其他形式的单质)时反应的吉布斯自由能变,叫作物质 B 的标准摩尔生成吉布斯自由能(standard molar Gibbs free energy of formation),简称标准生成自由能,用 $\Delta_f G_m^{\ominus}$(B,相态,T)表示,单位为 $kJ \cdot mol^{-1}$。当 $T=298.15$ K 时,$\Delta_f G_m^{\ominus}$(B,相态,T)中的温度 T 可省略。根据此定义,标准状态下任何指定单质的标准摩尔生成吉布斯自由能为零。对于水溶液中的离子,规定 H^+ 的标准生成自由能为零。表 2.6 给出了一些物质的标准摩尔生成吉布斯自由能(298.15 K),更详细的数据见附录 3。

表 2.6 一些物质的标准摩尔生成吉布斯自由能(298.15 K)

物质	$\Delta_f G_m^\ominus/(kJ \cdot mol^{-1})$	物质	$\Delta_f G_m^\ominus/(kJ \cdot mol^{-1})$
$AgNO_3(s)$	-33.4	$H_2O(g)$	-228.6
$B_2O_3(s)$	-1 194.3	$H_2O(l)$	-237.1
$BaCO_3(s)$	-1 134.4	$H_2O_2(l)$	-120.4
$CO(g)$	-137.2	$H_2S(g)$	-33.4
$CO_2(g)$	-394.4	$KCl(s)$	-408.5
$CaCO_3(s)$	-1 129.1	$MgCO_3(s)$	-1 012.1
$CaO(s)$	-603.3	$NH_3(g)$	-16.4
$Ca(OH)_2(s)$	-897.5	$NO(g)$	87.6
$CuO(s)$	-129.7	$NO_2(g)$	51.3
$HBr(g)$	-53.4	$NaCl(s)$	-384.1
$HCl(g)$	-95.3	$SO_2(g)$	-300.1
$HI(g)$	1.7	$ZnO(s)$	-320.5
$HNO_3(l)$	-80.7	$CH_4(g)$	-50.5

3. 化学反应的吉布斯自由能变

与用标准摩尔生成焓($\Delta_f H_m^\ominus$)计算反应的标准摩尔焓变($\Delta_r H_m^\ominus$)类似,化学反应的标准摩尔吉布斯自由能变($\Delta_r G_m^\ominus$)可由反应物和生成物的标准摩尔生成吉布斯自由能($\Delta_f G_m^\ominus$)来计算,即 $\Delta_r G_m^\ominus$ 等于生成物标准生成吉布斯自由能的总和与反应物标准生成吉布斯自由能的总和之差。对于某温度 T 和标准状态下的任一化学反应 $aA+dD =\!=\!= gG+hH$,有

$$\Delta_r G_m^\ominus = g\Delta_f G_m^\ominus(G) + h\Delta_f G_m^\ominus(H) - a\Delta_f G_m^\ominus(A) - d\Delta_f G_m^\ominus(D) \tag{2.31}$$

对于化学反应通式 $0 = \sum_B \nu_B B$,有

$$\Delta_r G_m^\ominus = \sum_B \nu_B \Delta_f G_m^\ominus(B) \tag{2.32}$$

式中,ν_B 代表反应物和产物的化学计量数,对反应物 ν_B 取负值,对生成物 ν_B 取正值。$\Delta_r G_m^\ominus$ 是化学反应在标准状态下自发进行方向的判据。

例 2.9 查表计算在 298.15 K、标准状态下,反应

$$2H_3BO_3(s) =\!=\!= B_2O_3(s) + 3H_2O(l)$$

的 $\Delta_r G_m^\ominus$,并根据计算结果分析该反应在上述条件下的自发性。

解:查表得各物质的标准摩尔生成吉布斯自由能为

$$2H_3BO_3(s) =\!=\!= B_2O_3(s) + 3H_2O(l)$$

$\Delta_f G_m^\ominus/(kJ \cdot mol^{-1})$ -968.9 -1 194.3 -237.1

根据式(2.31)可得

$$\Delta_r G_m^\ominus = \Delta_f G_m^\ominus(B_2O_3,s) + 3\Delta_f G_m^\ominus(H_2O,l) - 2\Delta_f G_m^\ominus(H_3BO_3,s)$$

$$=[(-1\ 194.3)+3\times(-237.1)-2\times(-968.9)]\ \mathrm{kJ\cdot mol^{-1}}$$
$$=32.2\ \mathrm{kJ\cdot mol^{-1}}$$

因为 $\Delta_r G_m^{\ominus}>0$，所以该反应在 298.15 K、标准状态下不能自发进行。

如果升高温度，该反应能否自发进行？这个问题将通过吉布斯-亥姆霍兹方程得以解答。

4. 吉布斯-亥姆霍兹方程

前文已述，吉布斯-亥姆霍兹方程的表达式为

$$\Delta G=\Delta H-T\Delta S$$

对于等温等压下的化学反应，有

$$\Delta_r G_m=\Delta_r H_m-T\Delta_r S_m \tag{2.33}$$

对于等温、标准状态下的化学反应，有

$$\Delta_r G_m^{\ominus}(T)=\Delta_r H_m^{\ominus}(T)-T\Delta_r S_m^{\ominus}(T) \tag{2.34}$$

吉布斯-亥姆霍兹方程是一个非常重要且实用的方程，因为它给出了自由能变 ΔG 与焓变 ΔH、熵变 ΔS 及温度 T 之间的关系。由于化学反应的焓变和熵变可近似认为在一定温度范围内基本不随温度改变，所以由式(2.30)可看出自由能变随温度变化明显，因此吉布斯-亥姆霍兹方程实际上表明，在一定温度范围内，自由能变近似地随温度发生线性变化。当用 298.15 K 时的 $\Delta_r H_m^{\ominus}$ 和 $\Delta_r S_m^{\ominus}$ 数据近似代替 $\Delta_r H_m^{\ominus}(T)$ 和 $\Delta_r S_m^{\ominus}(T)$，则由式(2.34)可得

$$\Delta_r G_m^{\ominus}(T)\approx\Delta_r H_m^{\ominus}(298.15\ \mathrm{K})-T\Delta_r S_m^{\ominus}(298.15\ \mathrm{K}) \tag{2.35}$$

利用式(2.35)可以估算不同温度下反应的 $\Delta_r G_m^{\ominus}$ 值，从而可判断反应的自发性；并可以估算标准状态下反应的转变温度($T_{转}$)，即反应自发进行的最低温度或最高温度。当 $\Delta_r G_m^{\ominus}(T)=0$ 时，由式(2.35)可得

$$\Delta_r H_m^{\ominus}(298.15\ \mathrm{K})-T\Delta_r S_m^{\ominus}(298.15\ \mathrm{K})\approx 0$$

故

$$T_{转}\approx\frac{\Delta_r H_m^{\ominus}(298.15\ \mathrm{K})}{\Delta_r S_m^{\ominus}(298.15\ \mathrm{K})} \tag{2.36}$$

例 2.10 由例 2.4、2.8 和 2.9 可知，在 298.15 K、标准状态下，反应

$$2H_3BO_3(s)=\!=\!=B_2O_3(s)+3H_2O(l)$$

的 $\Delta_r H_m^{\ominus}=57.7\ \mathrm{kJ\cdot mol^{-1}}$，$\Delta_r S_m^{\ominus}=84.0\ \mathrm{J\cdot mol^{-1}\cdot K^{-1}}$，$\Delta_r G_m^{\ominus}=32.2\ \mathrm{kJ\cdot mol^{-1}}$，试估算标准状态下该反应能够自发进行的最低温度。

解：该反应的 $\Delta_r H_m^{\ominus}$ 和 $\Delta_r S_m^{\ominus}$ 均为正值，说明该反应是吸热、熵增反应。故由式(2.35)可知，该反应的 $\Delta_r G_m^{\ominus}$ 将随温度升高而减小；当温度升高到一定数值时，$\Delta_r G_m^{\ominus}$ 可以变为负值。

根据式(2.36)可得

$$T_{转}\approx\frac{\Delta_r H_m^{\ominus}(298.15\ \mathrm{K})}{\Delta_r S_m^{\ominus}(298.15\ \mathrm{K})}=\frac{57.7\times 1\ 000\ \mathrm{J\cdot mol^{-1}}}{84.0\ \mathrm{J\cdot mol^{-1}\cdot K^{-1}}}=686.9\ \mathrm{K}$$

计算结果表明，当温度高于 686.9 K 时，反应的 $\Delta_r G_m^{\ominus}<0$，这时反应可以自发进行，即 $H_3BO_3(s)$ 在 $T>686.9$ K(413.8 ℃)时将发生分解反应。该反应在常温下不能自发进行($\Delta_r G_m^{\ominus}=32.2\ \mathrm{kJ\cdot mol^{-1}}>0$)，而当 $T>686.9$ K 时，$\Delta_r G_m^{\ominus}$ 降低为负值，这也说明了温度变化对 $\Delta_r G_m^{\ominus}$ 具有相当显著的影响。

另外,对于有气体参与的化学反应,压强对反应的自由能变也有较明显的影响。

例 2.11 利用以下热力学数据计算标准状态下合成氨反应在 25 ℃和 500 ℃时的 $\Delta_r G_m^\ominus$,并判断该反应在这两个温度时的自发性。

	$N_2(g)+$	$3H_2(g)$ ══	$2NH_3(g)$
$\Delta_f H_m^\ominus/(kJ\cdot mol^{-1})$	0	0	-45.9
$S_m^\ominus/(J\cdot mol^{-1}\cdot K^{-1})$	191.6	130.7	192.8

解:

$$\begin{aligned}\Delta_r H_m^\ominus &= \sum_B \nu_B \Delta_f H_m^\ominus(B)\\ &=2\Delta_f H_m^\ominus(NH_3,g)-\Delta_f H_m^\ominus(N_2,g)-3\Delta_f H_m^\ominus(H_2,g)\\ &=[2\times(-45.9)-0-0]\ kJ\cdot mol^{-1}\\ &=-91.8\ kJ\cdot mol^{-1}\end{aligned}$$

$$\begin{aligned}\Delta_r S_m^\ominus &= \sum_B \nu_B S_m^\ominus(B)\\ &=2S_m^\ominus(NH_3,g)-S_m^\ominus(N_2,g)-3S_m^\ominus(H_2,g)\\ &=(2\times192.8-191.6-3\times130.7)\ J\cdot mol^{-1}\cdot K^{-1}\\ &=-198.1\ J\cdot mol^{-1}\cdot K^{-1}\end{aligned}$$

25 ℃即 298.15 K,故

$$\begin{aligned}\Delta_r G_m^\ominus(298.15\ K) &= \Delta_r H_m^\ominus(298.15\ K)-T\Delta_r S_m^\ominus(298.15\ K)\\ &=(-91.8\ kJ\cdot mol^{-1})-298.15\ K\times(-198.1\times10^{-3})\ kJ\cdot mol^{-1}\cdot K^{-1}\\ &=-32.7\ kJ\cdot mol^{-1}\end{aligned}$$

500 ℃即 773.15 K,故

$$\begin{aligned}\Delta_r G_m^\ominus(773.15\ K) &\approx \Delta_r H_m^\ominus(298.15\ K)-T\Delta_r S_m^\ominus(298.15\ K)\\ &=(-91.8\ kJ\cdot mol^{-1})-773.15\ K\times(-198.1\times10^{-3})\ kJ\cdot mol^{-1}\cdot K^{-1}\\ &=61.4\ kJ\cdot mol^{-1}\end{aligned}$$

由计算结果可知,标准状态下、25 ℃(298.15 K)时,$\Delta_r G_m^\ominus(298.15\ K)<0$,所以反应可以自发进行;标准状态下、500 ℃(773.15 K)时,$\Delta_r G_m^\ominus(773.15\ K)>0$,所以反应不能自发进行,而逆反应(氨的分解)则能自发进行。

所以从热力学角度看,合成氨反应不宜在高温下进行;但温度若低了,反应速率又太慢。实际上合成氨反应常在 500 ℃下进行,这是根据大量实验数据确定的,而此时合成塔内的压强远远高于标准压强 $p^\ominus$。

根据吉布斯-亥姆霍兹方程($\Delta G=\Delta H-T\Delta S$)并结合例 2.10 和 2.11 可知,$\Delta H$ 和 ΔS 数值的正、负号及温度 T 的高低会影响 ΔG 的正、负,从而影响反应的自发性。按照 ΔH 和 ΔS 的符号可将常见的化学反应分成以下四类,见表 2.7。表中的“高温”或“低温”是相对于转变温度 $T_{转}$ 而言的,即温度高于或低于 $T_{转}$。

5. 几种热力学数据之间的关系

现将几种热力学数据之间的关系总结如下:

(1) $\Delta_f H_m^\ominus$ 是物质的标准摩尔生成焓,可通过查表得到;$\Delta_r H_m^\ominus$ 是化学反应的标准摩尔焓变,二者之间的关系为

$$\Delta_r H_m^\ominus = \sum_B \nu_B \Delta_f H_m^\ominus(B) \tag{2.19}$$

表 2.7 ΔH、ΔS 及 T 对反应自发性的影响

ΔH	ΔS	$\Delta G=\Delta H-T\Delta S$	反应自发性	举例
-	+	-	任意温度下均自发	$2O_3(g)=3O_2(g)$ $H_2O_2(l)=H_2O(l)+1/2O_2(g)$
+	-	+	任意温度下非自发	$3O_2(g)=2O_3(g)$ $CO(g)=C(s)+1/2O_2(g)$
+	+	高温- 低温+	高温自发 低温非自发	$CaCO_3(s)=CaO(s)+CO_2(g)$ $N_2(g)+O_2(g)=2NO(g)$
-	-	高温+ 低温-	高温非自发 低温自发	$N_2(g)+3H_2(g)=2NH_3(g)$ $HCl(g)+NH_3(g)=NH_4Cl(s)$

式中，ν_B 代表反应物和产物的化学计量数，对反应物 ν_B 取负值，对生成物 ν_B 取正值。

（2）$S_m^\ominus$ 是物质的标准熵，可通过查表得到；$\Delta_r S_m^\ominus$ 是化学反应的标准摩尔熵变，二者之间的关系为

$$\Delta_r S_m^\ominus = \sum_B \nu_B S_m^\ominus(B) \tag{2.26}$$

（3）$\Delta_f G_m^\ominus$ 是物质的标准摩尔生成吉布斯自由能，可通过查表得到；$\Delta_r G_m^\ominus$ 是化学反应的标准摩尔吉布斯自由能变，二者之间的关系为

$$\Delta_r G_m^\ominus = \sum_B \nu_B \Delta_f G_m^\ominus(B) \tag{2.32}$$

$\Delta_r G_m^\ominus$ 是化学反应在标准状态下自发进行方向的判据。

对于同一个化学反应，其 $\Delta_r G_m^\ominus$、$\Delta_r H_m^\ominus$ 和 $\Delta_r S_m^\ominus$ 之间的关系为

$$\Delta_r G_m^\ominus(T) = \Delta_r H_m^\ominus(T) - T\Delta_r S_m^\ominus(T) \tag{2.34}$$

由于 $\Delta_r H_m^\ominus$ 和 $\Delta_r S_m^\ominus$ 可近似认为在一定温度范围内基本不变，故

$$\Delta_r G_m^\ominus(T) \approx \Delta_r H_m^\ominus(298.15\ \mathrm{K}) - T\Delta_r S_m^\ominus(298.15\ \mathrm{K}) \tag{2.35}$$

注意：由热力学数据表查得的同一物质的 $\Delta_f G_m^\ominus$、$\Delta_f H_m^\ominus$ 和 $S_m^\ominus$ 之间，不存在类似式（2.34）所示的关系，即 $\Delta_f G_m^\ominus(B,T) \neq \Delta_f H_m^\ominus(B,T) - TS_m^\ominus(B,T)$。

思 考 题

1. 正确理解与区分下面的热力学概念：

（1）体系与环境；

（2）状态与状态函数；

（3）广度性质与强度性质；

（4）过程与途径；

（5）热和功；

（6）化学计量数与计量系数；

（7）反应热与焓变；

（8）等容反应热与等压反应热；

（9）标准摩尔生成焓与标准摩尔焓变；

（10）可逆过程与自发变化。

2. 热力学中，对于热和功的符号是怎样规定的？热和功是不是状态函数？为什么？

3. 同一反应的 Q_p 与 Q_V 之间有何关系？什么类型的化学反应 $Q_p=Q_V$？什么类型的化学反应 $Q_p>Q_V$？

4. 如何理解盖斯定律是热力学第一定律的必然结果？举例说明盖斯定律的应用。

5. 热力学标准状态是如何规定的？在热力学上，对于指定单质与水合 H^+ 所规定的 $\Delta_f G_m^\ominus$、$\Delta_f H_m^\ominus$ 和 $S_m^\ominus$ 有何区别？

6. 用生成焓、燃烧焓或键焓都能求算 $\Delta_r H_m^\ominus$，试比较这三种方法的异同。

7. 举例说明熵值大小的一些规律。

8. 如何用 ΔG 来判断化学反应自发进行的方向？

9. 判断下列说法是否正确并分析原因：

（1）放热反应都能自发进行；

（2）$\Delta_r S$ 为正值的反应均是自发反应；

（3）$\Delta_r G_m^\ominus<0$ 的反应都能自发进行。

习　题

2.1　体系由状态 A 变化到状态 B，沿途径 Ⅰ 时放热 100 kJ，得到 50 kJ 的功；沿途径 Ⅱ 时体系对环境做功 80 kJ，求此过程的 ΔU 和途径 Ⅱ 的 Q。

（−50 kJ；30 kJ）

2.2　已知 Mg 的相对原子质量为 24.31，MgO 的摩尔质量为 40.31 $g\cdot mol^{-1}$；298.15 K、标准状态下，反应

$$2Mg(s)+O_2(g)=\!=\!=2MgO(s)\quad \Delta_r H_m^\ominus=-1\ 204\ kJ\cdot mol^{-1}$$

试计算：（1）消耗 2.40 g Mg(s)时的反应焓变 $\Delta_r H^\ominus$；

（2）当反应焓变为−96.0 kJ 时，生成的 MgO(s)的质量；

（3）7.50 g MgO(s)分解成 Mg(s)和 $O_2(g)$需要吸收多少热量？

（−59.0 kJ；6.45 g；112.0 kJ）

2.3　已知

$C(石墨)+1/2O_2(g)=\!=\!=CO(g)\quad \Delta_r H_m^\ominus(1)=-110.5\ kJ\cdot mol^{-1},\quad \Delta_r G_m^\ominus(1)=-137.2\ kJ\cdot mol^{-1}$

$H_2O(g)=\!=\!=H_2(g)+1/2O_2(g)\quad \Delta_r H_m^\ominus(2)=241.8\ kJ\cdot mol^{-1},\quad \Delta_r G_m^\ominus(2)=228.6\ kJ\cdot mol^{-1}$

$CO(g)+H_2O(g)=\!=\!=CO_2(g)+H_2(g)\quad \Delta_r H_m^\ominus(3)=-41.2\ kJ\cdot mol^{-1},\quad \Delta_r G_m^\ominus(3)=-28.6\ kJ\cdot mol^{-1}$

求反应 $CO_2(g)=\!=\!=C(石墨)+O_2(g)$的 $\Delta_r H_m^\ominus$ 和 $\Delta_r G_m^\ominus$ 及 $CO_2(g)$的 $\Delta_f H_m^\ominus$ 和 $\Delta_f G_m^\ominus$。

（393.5 $kJ\cdot mol^{-1}$；394.4 $kJ\cdot mol^{-1}$；−393.5 $kJ\cdot mol^{-1}$；−394.4 $kJ\cdot mol^{-1}$）

2.4　已知

$N_2(g)+O_2(g)=\!=\!=2NO(g)\quad \Delta_r S_m^\ominus(1)=24.8\ J\cdot mol^{-1}\cdot K^{-1}$

$2NO(g)+O_2(g)=\!=\!=2NO_2(g)\quad \Delta_r S_m^\ominus(2)=-146.6\ J\cdot mol^{-1}\cdot K^{-1}$

$N_2O_4(g)=\!=\!=2NO_2(g)\quad \Delta_r S_m^\ominus(3)=175.8\ J\cdot mol^{-1}\cdot K^{-1}$

求反应 $N_2(g)+2O_2(g)=\!=\!=N_2O_4(g)$的 $\Delta_r S_m^\ominus$。

（−297.6 $J\cdot mol^{-1}\cdot K^{-1}$）

2.5　联氨（N_2H_4，又称肼）是一种火箭液体燃料。将 1.000 g N_2H_4(l)置于盛有 1 210 g H_2O 的弹式热量计的钢弹内，通入氧气使之完全燃烧，吸热介质水的温度由 293.18 K 升至 296.46 K。已知热量计的热容 C_b 为 848 $J\cdot K^{-1}$，水的比热容 c 为 4.18 $J\cdot g^{-1}\cdot K^{-1}$。试计算在此条件下联氨完全燃烧所放出的热量及燃烧反应的 $Q_{V,m}$ 和 $Q_{p,m}$。

（−19.37 kJ；−618.8 $kJ\cdot mol^{-1}$；−618.8 $kJ\cdot mol^{-1}$）

2.6　已知 298.15 K 时，H_2(g)、C(石墨)和乙烷(C_2H_6,g)的标准摩尔燃烧焓分别是 $-285.8\ kJ\cdot mol^{-1}$、$-393.5\ kJ\cdot mol^{-1}$ 和 $-1\ 560.7\ kJ\cdot mol^{-1}$，求该温度下 C_2H_6(g)的摩尔等容燃烧热 $Q_{V,m}$ 和标准摩尔生成焓 $\Delta_f H_m^\ominus$。

(−1 554.5 $kJ\cdot mol^{-1}$；−83.7 $kJ\cdot mol^{-1}$)

2.7　已知 $\Delta_b H_m^\ominus$(C—H) = 413 $kJ\cdot mol^{-1}$，$\Delta_b H_m^\ominus$(C—Cl) = 328 $kJ\cdot mol^{-1}$，$\Delta_b H_m^\ominus$(Cl—Cl) = 243 $kJ\cdot mol^{-1}$，$\Delta_b H_m^\ominus$(H—Cl) = 431 $kJ\cdot mol^{-1}$，试估算下列反应的 $\Delta_r H_m^\ominus$。

$$CH_4(g)+Cl_2(g)=\!=\!=CH_3Cl(g)+HCl(g)$$

(−103 $kJ\cdot mol^{-1}$)

2.8　已知在 101.325 kPa、373.15 K 下，水的汽化热是 40.66 $kJ\cdot mol^{-1}$。试计算 1 mol H_2O(l)在该蒸发过程中的 $W_体$、ΔH、ΔU、ΔS 和 ΔG。

(−3.1 kJ；40.66 kJ；37.56 kJ；109.0 $J\cdot K^{-1}$；0)

2.9　不用查表，将下列物质按其标准熵值(298.15 K)由小到大的顺序排列，并简单说明理由。

$$Li(s),\quad NaCl(s),\quad Br_2(g),\quad Br_2(l),\quad Na(s),\quad I_2(g)$$

[$Li(s)<Na(s)<NaCl(s)<Br_2(l)<Br_2(g)<I_2(g)$]

2.10　无须查表，定性判断下列反应或过程是熵增还是熵减？

(1) 少量食盐溶于水中；

(2) 活性炭表面吸附氧气；

(3) 由氧气生成臭氧；

(4) NH_4NO_3 爆炸：$2NH_4NO_3(s)=\!=\!=2N_2(g)+4H_2O(g)+O_2(g)$；

(5) $MgSO_4$ 分解：$MgSO_4(s)=\!=\!=MgO(s)+SO_3(g)$；

(6) $CO(g)+Cl_2(g)=\!=\!=COCl_2(g)$。

(熵增；熵减；熵减；熵增；熵增；熵减)

2.11　根据下列热力学数据，估算常压下甲醇(CH_3OH)的沸点。

	$CH_3OH(l)$	$\rightleftharpoons CH_3OH(g)$
$\Delta_f H_m^\ominus/(kJ\cdot mol^{-1})$	−239.2	−201.0
$S_m^\ominus/(J\cdot mol^{-1}\cdot K^{-1})$	126.8	239.9

(337.8 K)

2.12　用锡石(SnO_2)制取金属锡(白锡)可以用以下 3 种方法：

(1) 单独加热锡石使之分解：$SnO_2(s)=\!=\!=Sn(s)+O_2(g)$；

(2) 用碳(以石墨计)还原矿石：$SnO_2(s)+C(s)=\!=\!=Sn(s)+CO_2(g)$；

(3) 用 H_2(g)还原矿石：$SnO_2(s)+2H_2(g)=\!=\!=Sn(s)+2H_2O(g)$。

请根据标准摩尔生成焓和标准熵数据计算说明采用哪种方法为宜，选择标准是反应温度尽可能低一些。

[反应(3)]

2.13　根据热力学数据计算说明在标准状态下，利用反应

$$CO(g)+NO(g)=\!=\!=CO_2(g)+1/2N_2(g)$$

净化汽车尾气中 CO 和 NO 的可能性。

2.14　已知反应

$$A(g)+B(s)=\!=\!=G(g)+H(s)$$

$\Delta_r H=-44.85$ kJ，在 300.15 K、100 kPa 下发生反应，体系做了最大功并放热 2.35 kJ。试求反应过程的 Q、W、$\Delta_r U$、$\Delta_r S$ 和 $\Delta_r G$。

(−2.35 kJ；−42.50 kJ；−44.85 kJ；−7.83 $J\cdot K^{-1}$；−42.50 kJ)

2.15 糖在新陈代谢过程中所发生的总反应及相关热力学数据如下：

	$C_{12}H_{22}O_{11}(s)$ +	$12O_2(g)$ ═══	$12CO_2(g)$ +	$11H_2O(l)$
$\Delta_f H_m^\ominus/(kJ \cdot mol^{-1})$	-2 225.5	0	-393.5	-285.8
$S_m^\ominus/(J \cdot mol^{-1} \cdot K^{-1})$	360.2	205.2	213.8	70.0

若实际上在人体内上述总反应的标准吉布斯自由能变只有 30%可转变为功(非体积功)，则一食匙(3.8 g)糖在体温 37 ℃时进行新陈代谢，可以做多少功？

($W_{非}=-19.3$ kJ)

2.16 已知反应 $2CuO(s) = Cu_2O(s) + 1/2O_2(g)$ 的 $\Delta_r G_m^\ominus(400\ K) = 102\ kJ \cdot mol^{-1}$，$\Delta_r G_m^\ominus(300\ K) = 113\ kJ \cdot mol^{-1}$，求该反应的 $\Delta_r H_m^\ominus$ 和 $\Delta_r S_m^\ominus$。

($146\ kJ \cdot mol^{-1}$，$110\ J \cdot mol^{-1} \cdot K^{-1}$)

2.17 下图表示几种氯化物生成反应的 $\Delta_r G_m^\ominus$ 随温度变化情况，试回答：

(1) 反应①是吸热反应还是放热反应？为什么？

(2) 反应③是熵增反应还是熵减反应？为什么？

(3) 在标准状态、温度 a 时，Ti 能否从 $SiCl_4$ 中置换出 Si？为什么？

(4) 在标准状态、温度 c 时，能否用 H_2 还原 $SiCl_4$ 制备 Si？温度低于 b 时，又怎么样？

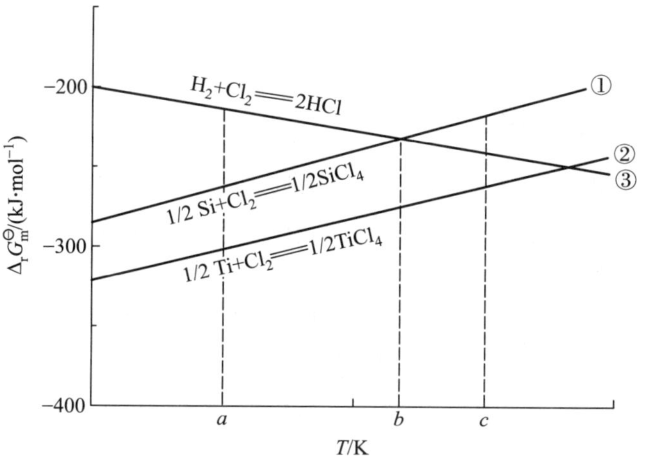

(放热；熵增；能；能，不能)

第 3 章

化学平衡

3.1　化学平衡状态

通过“化学热力学基础”一章的学习可知，对于一个给定的化学反应，如 $2HCl(g) \rightleftharpoons H_2(g)+Cl_2(g)$，当反应的 $\Delta_r G_m<0$ 时，反应向正反应方向自发进行；当 $\Delta_r G_m=0$ 时，反应进行到了最大限度，体系处于平衡状态。此时，产物的收率是多少、反应物的转化率是多少、如何提高反应物的转化率，以及各种因素对反应进行的限度的影响等问题需要应用化学平衡原理来解决。

3.1.1　可逆反应与化学平衡

在同一条件下，既能向正反应方向进行又能向逆反应方向进行的反应称**可逆反应**。一般用符号“$\rightleftharpoons$”表示。习惯上将从左到右的反应称为**正反应**，从右到左的反应叫作**逆反应**。例如，$N_2O_4(g)$ 的分解反应是一个典型的可逆反应。在恒温密闭容器中，由于正、逆反应共存于同一体系内，可逆反应不能进行到底，即反应物不能全部转化为生成物。

$$\underset{\text{无色}}{N_2O_4(g)} \rightleftharpoons \underset{\text{红棕色}}{2NO_2(g)}$$

根据反应可逆性的定义，几乎所有化学反应都具有可逆性，只不过是可逆程度不同而已。值得注意的是有些化学反应的逆反应倾向比较弱，几乎可以忽略，从整体上看反应实际上是朝着一个方向进行到底的，这种反应习惯上称为**不可逆反应**。例如，以二氧化锰为催化剂的氯酸钾热分解反应：

$$2KClO_3(s) \xrightarrow[\triangle]{MnO_2} 2KCl(s)+3O_2(g)$$

对于这样的不可逆反应，当反应物消耗完时，反应也就达到了终点。

可逆反应与化学平衡有直接的关系。通过中学阶段的学习可知，在一定温度下，对于一个给定的可逆反应，如

$$CO(g)+H_2O(g) \rightleftharpoons H_2(g)+CO_2(g)$$

当反应物和生成物的浓度不再随时间而改变时，即正、逆反应速率相等时，体系所处的这种表面静止的状态称为**化学平衡状态**(chemical equilibrium state)。一个化学反应达到平衡状态，外表看来，反应好像已经停止，实际上，反应仍然在继续进行，只是在反应过程中，正反应消耗反应物的速率和逆反应消耗生成物的速率相等，因此，整个体系处于动态平衡。

化学平衡状态有如下几个特征：

① 只有在恒温条件下,封闭体系中进行的可逆反应,才能建立化学平衡,这是建立平衡的前提;

② 正、逆反应速率相等是化学平衡建立的条件;

③ 平衡状态是封闭体系中可逆反应进行的最大限度,各物质浓度都不再随时间改变,这是建立化学平衡的标志;

④ 化学平衡是有条件的平衡,当外界因素改变时,正、逆反应速率发生变化,原有平衡将受到破坏,直到建立新的动态平衡。

3.1.2 经验平衡常数

当可逆反应达平衡时,各物质的浓度称为平衡浓度(equilibrium concentration),用[B]来表示(B 代表参加反应的任一物质),平衡浓度单位一般用 $mol \cdot dm^{-3}$。

对可逆反应做进一步研究,将得出可逆反应的另一个特征:在一定条件下进行的可逆反应,其反应物和生成物的平衡浓度间存在某种定量关系。例如,恒温下可逆反应 $CO_2(g)+H_2(g) \rightleftharpoons CO(g)+H_2O(g)$ 达到化学平衡时,体系中各个物质的浓度不再随时间而改变。无论可逆反应是从正反应开始,还是从逆反应开始,最终达到平衡时,虽然体系中每种物质的平衡浓度并不一定一致,但生成物平衡浓度的乘积与反应物平衡浓度乘积之比,即 $\frac{[CO][H_2O]}{[CO_2][H_2]}$ 为恒定值。

对于反应方程式中各物质的计量系数不全为 1 或全不为 1 的化学反应,如

$$2HCl(g) \rightleftharpoons H_2(g)+Cl_2(g)$$

当反应达到平衡状态时,$\frac{[H_2][Cl_2]}{[HCl]^2}$ 也为恒定值。

研究表明,对于任意一个可逆反应

$$aA+dD \rightleftharpoons gG+hH$$

在给定温度下,达到平衡状态时,体系中各物质的浓度之间存在如下关系:

$$\frac{[G]^g[H]^h}{[A]^a[D]^d}=K \tag{3.1}$$

式中,K 称为**化学反应的平衡常数**(equilibrium constant),这个常数可以由实验直接测定各物质的平衡浓度而求得,也称为**实验平衡常数**或**经验平衡常数**。

以上的结论可以归纳为,在一定温度下,可逆反应达平衡时,生成物的浓度以反应方程式中计量系数为指数的幂的乘积与反应物的浓度以反应方程式中计量系数为指数的幂的乘积之比是一个常数。平衡常数 K 一般量纲不为 1,只有当平衡常数的表达式中生成物的计量系数之和与反应物的计量系数之和相等时,K 才是量纲为 1 的量。

在平衡常数表达式(3.1)中,用浓度表示平衡状态各物质的定量关系,这类经验平衡常数 K 称作**浓度平衡常数**,用 K_c 表示,单位为 $(mol \cdot dm^{-3})^{\Delta\nu}$,其中 $\Delta\nu=(g+h)-(a+d)$。

对于气相反应,平衡常数除可用如上所述的各物质平衡浓度表示外,也可用平衡时各物质的分压表示。

对于气相反应:

$$aA(g)+dD(g) \rightleftharpoons gG(g)+hH(g)$$

当该气相化学反应达到平衡时，各物质的浓度不再随时间改变，其分压也不再随时间改变，因此有

$$K_p=\frac{(p_{\mathrm{G}})^g(p_{\mathrm{H}})^h}{(p_{\mathrm{A}})^a(p_{\mathrm{D}})^d} \tag{3.2}$$

式中的经验平衡常数称为**分压平衡常数**，用 K_p 来表示。对于达到平衡的气相反应，既可以用平衡浓度计算出 K_c，也可以用平衡分压计算出 K_p，一般来说 K_c 和 K_p 是不相等的，但同一气相反应的 K_p 与 K_c 有固定关系。若将各气体视为理想气体，联系二者的最重要的关系是理想气体状态方程 $pV=nRT$，由此方程可得到 $p=\frac{n}{V}RT=cRT$，故各物质的平衡分压可表示为 $p_{\mathrm{A}}=[\mathrm{A}]RT, p_{\mathrm{D}}=[\mathrm{D}]RT, p_{\mathrm{G}}=[\mathrm{G}]RT, p_{\mathrm{H}}=[\mathrm{H}]RT$，将这些平衡分压表达式代入式(3.2)，有

$$K_p=\frac{[\mathrm{G}]^g[\mathrm{H}]^h}{[\mathrm{A}]^a[\mathrm{D}]^d}(RT)^{(g+h)-(a+d)} \tag{3.3}$$

$$K_p=K_c(RT)^{\Delta\nu} \tag{3.4}$$

在式(3.4)中，一般情况下 R 取 $8.314\ \mathrm{kPa\cdot dm^3\cdot mol^{-1}\cdot K^{-1}}$；$\Delta\nu=(g+h)-(a+d)$，为气态生成物的计量系数之和与气态反应物的计量系数之和的差。当 $\Delta\nu=0$ 时，即反应前后气态物质的计量系数之和不变，则有 $K_p=K_c$。

总之，对于任何可逆反应，在某温度下达平衡时，都可根据化学反应方程式列出该反应的平衡常数表达式，平衡常数表达式要与化学反应方程式相对应。平衡常数 K 表示了一定温度下可逆反应能够进行的最大限度。K 值越大，表明反应进行得越完全。平衡常数与物质的初始浓度或初始压强无关，并与反应是从正向开始进行还是从逆向开始进行无关。在一定温度下，不论初始浓度或初始压强如何，也不管反应从哪个方向开始进行，最后所达到的平衡状态都存在式(3.1)或式(3.2)所示的关系。平衡常数与反应的温度有关，K 值随温度变化而改变。

例 3.1 在 $1.00\ \mathrm{dm^3}$ 密闭容器中，装有 $1.00\ \mathrm{mol}\ H_2$ 和 $2.00\ \mathrm{mol}\ Cl_2$，在某温度时，反应 $H_2(g)+Cl_2(g)\rightleftharpoons 2HCl(g)$ 达到平衡，其 K_c 为 50.5，求 H_2、Cl_2 和 HCl 的平衡浓度。

解：设平衡时 H_2 反应了 $x\ \mathrm{mol\cdot dm^{-3}}$，$c_0(Cl_2)=2.00\ \mathrm{mol\cdot dm^{-3}}$，$c_0(H_2)=1.00\ \mathrm{mol\cdot dm^{-3}}$，

	$H_2(g)$	$+Cl_2(g)$	$\rightleftharpoons 2HCl(g)$
$c_0/(\mathrm{mol\cdot dm^{-3}})$	1.00	2.00	0
$c_{平}/(\mathrm{mol\cdot dm^{-3}})$	$1.00-x$	$2.00-x$	$2x$

$K_c=\frac{(2x\ \mathrm{mol\cdot dm^{-3}})^2}{(1.00\ \mathrm{mol\cdot dm^{-3}}-x\ \mathrm{mol\cdot dm^{-3}})(2.00\ \mathrm{mol\cdot dm^{-3}}-x\ \mathrm{mol\cdot dm^{-3}})}=50.5$，解得 $x=0.935$ 或 2.323(不合理，舍去)

所以 $[H_2]=0.065\ \mathrm{mol\cdot dm^{-3}}$，$[Cl_2]=1.065\ \mathrm{mol\cdot dm^{-3}}$，$[HCl]=1.87\ \mathrm{mol\cdot dm^{-3}}$

例 3.2 已知反应 $N_2(g)+3H_2(g)\rightleftharpoons 2NH_3(g)$ 在 400 K 时的 $K_p=74.64\ \mathrm{kPa^{-2}}$，请把 K_p 换算成 K_c。

解：$K_p=K_c(RT)^{\Delta\nu}$，　$\Delta\nu=(g+h)-(a+d)=-2$

$K_c=K_p(RT)^{-\Delta\nu}=74.64\ \mathrm{kPa^{-2}}\times(8.314\ \mathrm{kPa\cdot dm^3\cdot mol^{-1}\cdot K^{-1}}\times 400\ \mathrm{K})^2=8.25\times10^8\ \mathrm{mol^{-2}\cdot dm^6}$

平衡常数关系式书写规则：

（1）化学反应方程式中各物质前面的计量系数作为平衡常数表达式中浓度项或压强项的指数。

（2）如果有纯固体或纯液体参加的反应（不形成固溶体或溶液），其浓度不必写在平衡关系式中（实质是把该浓度项归并入常数项），化学平衡关系式中只包括气态物质和溶液中各溶质的浓度。例如，化学反应$CaCO_3(s) \rightleftharpoons CaO(s)+CO_2(g)$是一个气体和固体共存的多相反应，其平衡常数可以表示为$K_c=[CO_2]$，$K_p=p_{CO_2}$，固态$CaCO_3(s)$和$CaO(s)$的浓度不必写在平衡关系式中。

对于有液态水生成的反应$H_2(g)+CO_2(g) \rightleftharpoons CO(g)+H_2O(l)$，其平衡常数可以表示为$K_c=\frac{[CO]}{[H_2][CO_2]}$，水则不必出现在平衡表达式中。稀水溶液中进行的反应，如有水参加，水的浓度也不必写在平衡关系式中，因为水作为溶剂大量存在，其浓度几乎恒定不变。例如，反应$Cr_2O_7^{2-}(aq)+H_2O(l) \rightleftharpoons 2CrO_4^{2-}(aq)+2H^+(aq)$的平衡常数为

$$K_c=\frac{[CrO_4^{2-}]^2[H^+]^2}{[Cr_2O_7^{2-}]}$$

但对于非水溶液中的反应，如果有水参加或者生成，若能形成溶液，则水的浓度不能看作常数，而要写进平衡常数的表达式中。如酯化反应

$$C_3H_7OH+CH_3COOH \rightleftharpoons CH_3COOC_3H_7+H_2O$$

其平衡常数可以表示为$K_c=\frac{[CH_3COOC_3H_7][H_2O]}{[C_3H_7OH][CH_3COOH]}$。

（3）化学平衡常数表达式只取决于所给化学反应方程式的形式，同一化学反应，可以用不同的化学反应方程式来表示，其平衡常数表达式及数值亦不同。例如：

$$N_2O_4(g) \rightleftharpoons 2NO_2(g) \qquad K_c=\frac{[NO_2]^2}{[N_2O_4]}$$

$$\frac{1}{2}N_2O_4(g) \rightleftharpoons NO_2(g) \qquad K_c'=\frac{[NO_2]}{[N_2O_4]^{1/2}}$$

显然$K_c=(K_c')^2$，这说明当方程式中计量系数扩大n倍时，反应的平衡常数K_c将变为K_c^n。又如，

$$2NO_2(g) \rightleftharpoons N_2O_4(g) \qquad K_c''=\frac{[N_2O_4]}{[NO_2]^2}$$

则$K_c=\frac{1}{K_c''}$，该表达式说明化学反应的平衡常数与其逆反应的平衡常数互为倒数。

因此，在书写平衡常数表达式及数值时，要与化学反应方程式相对应，否则意义就不明确。

如果某个反应可以表示为两个或多个反应的总和，则总反应的平衡常数等于各分步反应平衡常数之积，称为**多重平衡规则**。两个反应方程式相加（相减）时所得反应方程式的平衡常数，可由原来的两个反应方程式的平衡常数相乘（相除）得到。对于同一个化学反应，若方程式中计量系数扩大n倍，则平衡常数K将变成K^n。

根据多重平衡规则，对于下列化学反应方程式①、②和③，可得出如下结论：

① $2NO(g)+O_2(g) \rightleftharpoons 2NO_2(g)$ K_c

② $2NO_2(g) \rightleftharpoons N_2O_4(g)$ K_c'

③ $2NO(g)+O_2(g) \rightleftharpoons N_2O_4(g)$ K_c''

因为化学反应方程式③=①+② 则 $K_c''=K_cK_c'$

例 3.3 已知反应(1) $2HCl(g) \rightleftharpoons H_2(g)+Cl_2(g)$,在 298.15 K 时 $K_1=4.2\times10^{-34}$;反应(2) $2HCl(g)+I_2(g) \rightleftharpoons 2ICl(g)+H_2(g)$,$K_2=8.8\times10^{-29}$。求同温度下反应(3) $I_2(g)+Cl_2(g) \rightleftharpoons 2ICl(g)$ 的平衡常数 K_3。

解:反应(2)与反应(1)相减得到反应(3),因此 $K_3=K_2/K_1=8.8\times10^{-29}/4.2\times10^{-34}=2.1\times10^5$。

3.1.3 平衡转化率的计算

平衡转化率(亦称最高转化率或理论转化率)指平衡时已转化了的某反应物的量与转化前该反应物的量之比(常用百分数表示)。当化学反应达到平衡时,体系中各物质的浓度不再随时间而改变,即反应物最大限度地变为生成物,因此,平衡常数能够表示出某温度下可逆反应进行的最大限度,而平衡转化率只能表示在一定温度下和一定起始浓度下,反应进行的限度。平衡转化率与平衡常数之间存在着一定的联系与区别。通过实验测定出反应物的转化率,可求得平衡常数;知道了平衡常数,又可以计算出其他起始浓度时反应物的转化率。在一定温度下,一个反应的平衡常数是个定值,不受浓度或压强的影响;但反应物的转化率可以随起始浓度或压强的不同而改变。

$$\text{平衡转化率}=\frac{\text{达平衡后某反应物已转化的量}}{\text{反应开始时该反应物的总量}}\times100\%$$

平衡转化率是以反应物的消耗来衡量反应进行的限度。在实际生产中的转化率常常是未达到平衡时的转化率,称之为**实际转化率**,其数值要小于平衡转化率。

若反应前后体积不变,平衡转化率为

$$\text{平衡转化率}=\frac{\text{反应物起始浓度}-\text{反应物平衡浓度}}{\text{反应物起始浓度}}\times100\%$$

例 3.4 CO_2 在高温下被炽热的碳还原成 CO,其化学反应方程式为 $C(s)+CO_2(g) \rightleftharpoons 2CO(g)$,该反应的平衡常数为 $K_p=192.47$ kPa。试求在 286.5 kPa 下,该反应达平衡时,CO_2 和 CO 的分压各为多少?

分析:要想求出两个未知量:CO_2 和 CO 的平衡分压,则需要两个独立方程才能求解。第一个方程则是平衡常数表达式。另外,由于该反应在 286.5 kPa 下达到平衡状态,也就是平衡体系的总压等于 286.5 kPa。因此,有方程式 $p_{CO}+p_{CO_2}=286.5$ kPa。

解:设 CO 和 CO_2 的平衡分压分别为 p_{CO} 和 p_{CO_2},则

$$K_p=\frac{(p_{CO})^2}{p_{CO_2}}=192.47\ \text{kPa}$$

$$p_{CO}+p_{CO_2}=286.5\ \text{kPa}$$

$$\frac{(p_{CO})^2}{286.5-p_{CO}}=192.47\ \text{kPa}$$

所以 $$p_{CO}=157.5\ kPa$$
$$p_{CO_2}=129.0\ kPa$$

例 3.5 在某温度下,反应 $SO_2(g)+NO_2(g) \rightleftharpoons SO_3(g)+NO(g)$,$K_c=9$。若 SO_2 和 NO_2 的起始浓度皆为 $0.02\ mol \cdot dm^{-3}$,求 SO_2 的平衡转化率。

解:根据题意,设反应达到平衡时体系中 SO_3 和 NO 的浓度均为 $x\ mol \cdot dm^{-3}$,则

	$SO_2(g)$	$+NO_2(g) \rightleftharpoons$	$SO_3(g)$	$+NO(g)$
起始浓度/$(mol \cdot dm^{-3})$	0.02	0.02	0	0
平衡浓度/$(mol \cdot dm^{-3})$	$0.02-x$	$0.02-x$	x	x

$$K_c=\frac{[SO_3][NO]}{[SO_2][NO_2]}=\frac{(x\ mol \cdot dm^{-3})^2}{(0.02\ mol \cdot dm^{-3}-x\ mol \cdot dm^{-3})^2}=9$$

解得 $x=0.015\ mol \cdot dm^{-3}$,即平衡时 $[SO_2]=[NO_2]=0.005\ mol \cdot dm^{-3}$。由反应方程式可知,平衡时转化的 $[SO_2]=0.015\ mol \cdot dm^{-3}$,所以 SO_2 的平衡转化率为

$$\frac{0.015\ mol \cdot dm^{-3}}{0.020\ mol \cdot dm^{-3}} \times 100\%=75\%$$

另外,当 $K_c=4$,SO_2 平衡转化率 = 67%;$K_c=1$,SO_2 平衡转化率 = 50%。由此可见,其他条件相同时,K_c 越大,平衡转化率越大,反应进行程度越高。

解有关化学平衡的计算题的一般思路:

(1) 写出化学反应方程式;

(2) 写出反应物的起始浓度;

(3) 写出各物质的平衡浓度;

(4) 列出平衡常数表达式;

(5) 将各物质的浓度代入平衡常数表达式中;

(6) 解方程。

3.2 标准平衡常数

3.2.1 标准平衡常数

一般情况下浓度以 $mol \cdot dm^{-3}$ 为单位,若把浓度除以标准浓度 $c^{\ominus}$ 则得到相对浓度。所以相对浓度就是浓度相对于标准浓度的倍数。

对于气相物质,若将其分压除以标准压强 $p^{\ominus}$,则得到相对分压。相对压强和相对浓度显然都是量纲为 1 的量。

当化学反应达到平衡时,体系中各物质的分压和浓度不再随时间而变化,当然各物质的相对分压和相对浓度也不再发生变化。

对于可逆反应

$$aA(aq)+dD(aq) \rightleftharpoons gG(aq)+hH(aq)$$

在一定温度下达平衡时,各物质的相对浓度可以分别表示为

$$\frac{[A]}{c^{\ominus}},\quad \frac{[D]}{c^{\ominus}},\quad \frac{[G]}{c^{\ominus}} \quad 和 \quad \frac{[H]}{c^{\ominus}}$$

其标准平衡常数 $K^{\ominus}$则可以由下式定义

$$K^{\ominus}=\frac{\left(\frac{[\mathrm{G}]}{c^{\ominus}}\right)^{g}\cdot\left(\frac{[\mathrm{H}]}{c^{\ominus}}\right)^{h}}{\left(\frac{[\mathrm{A}]}{c^{\ominus}}\right)^{a}\cdot\left(\frac{[\mathrm{D}]}{c^{\ominus}}\right)^{d}} \tag{3.5}$$

一定温度下，对于理想气体反应 $a\mathrm{A(g)}+d\mathrm{D(g)}\rightleftharpoons g\mathrm{G(g)}+h\mathrm{H(g)}$，平衡时各物质的相对分压分别为$\frac{p_\mathrm{A}}{p^{\ominus}}$，$\frac{p_\mathrm{D}}{p^{\ominus}}$，$\frac{p_\mathrm{G}}{p^{\ominus}}$和$\frac{p_\mathrm{H}}{p^{\ominus}}$，则有

$$K^{\ominus}=\frac{\left(\frac{p_\mathrm{G}}{p^{\ominus}}\right)^{g}\cdot\left(\frac{p_\mathrm{H}}{p^{\ominus}}\right)^{h}}{\left(\frac{p_\mathrm{A}}{p^{\ominus}}\right)^{a}\cdot\left(\frac{p_\mathrm{D}}{p^{\ominus}}\right)^{d}} \tag{3.6}$$

式(3.5)和式(3.6)中的 $K^{\ominus}$均称为**标准平衡常数**，又称为**热力学平衡常数**，量纲为1。可见，无论是液相反应、气相反应还是多相反应，在其 $K^{\ominus}$的表达式中，各物质均以各自的标准状态为参考态。气体要用平衡相对分压表示，即平衡分压除以标准压强 $p^{\ominus}$(=100 kPa)；溶液中的溶质要用平衡相对浓度表示，即平衡浓度除以标准浓度 $c^{\ominus}$(=1.0 mol·dm^{-3})；对于纯固体、纯液体和水溶液中大量存在的溶剂水，其相对物理量不出现在 $K^{\ominus}$的表达式中。另外，标准平衡常数 $K^{\ominus}$可通过有关热力学数据计算出来(见本章第三节内容)。在进行热力学讨论和计算时，应用 $K^{\ominus}$的机会很多。

对于溶液相反应，因为标准浓度 $c^{\ominus}=1.0$ mol·dm^{-3}，所以在数值上 $K_c=K^{\ominus}$；而对于气相反应，一般情况下 $K_p\neq K^{\ominus}$，这是因为标准压强 $p^{\ominus}$的数值并不等于1，而是100 kPa。对于气相反应

$$a\mathrm{A(g)}+d\mathrm{D(g)}\rightleftharpoons g\mathrm{G(g)}+h\mathrm{H(g)}$$

$$K^{\ominus}=\frac{\left(\frac{p_\mathrm{G}}{p^{\ominus}}\right)^{g}\cdot\left(\frac{p_\mathrm{H}}{p^{\ominus}}\right)^{h}}{\left(\frac{p_\mathrm{A}}{p^{\ominus}}\right)^{a}\cdot\left(\frac{p_\mathrm{D}}{p^{\ominus}}\right)^{d}}=\frac{(p_\mathrm{G})^{g}(p_\mathrm{H})^{h}}{(p_\mathrm{A})^{a}(p_\mathrm{D})^{d}}(p^{\ominus})^{(a+d)-(g+h)}=K_p(p^{\ominus})^{-\Delta\nu} \tag{3.7}$$

因此，对于气相反应，则有

$$K^{\ominus}=K_p(p^{\ominus})^{-\Delta\nu} \tag{3.8}$$

$$K_p=K_c(RT)^{\Delta\nu} \tag{3.9}$$

$$K^{\ominus}=K_c\left(\frac{RT}{p^{\ominus}}\right)^{\Delta\nu} \tag{3.10}$$

若 $\Delta\nu=0$，则

$$K^{\ominus}=K_p=K_c \tag{3.11}$$

3.2.2 标准平衡常数的应用

1. 判断反应进行的程度

标准平衡常数 $K^{\ominus}$数值的大小可以判断反应进行的程度及估计反应发生的可能性。由于平衡状态是可逆反应进行的最大限度，因此 $K^{\ominus}$值越大，说明正反应进行得越彻底。通常

情况下 $K^{\ominus}>10^{7}(\Delta_r G_m^{\ominus}<-40\ \mathrm{kJ\cdot mol^{-1}})$时认为正反应单向进行。例如,酸碱中和反应

$$H^{+}(aq)+OH^{-}(aq)\rightleftharpoons H_2O(l)\quad K^{\ominus}(298.15\ K)=1.0\times10^{14}$$

$K^{\ominus}$很大,该反应进行得很彻底,在宏观上难以观察到反应的可逆性。

对于$K^{\ominus}$很小的反应,说明正反应在该条件下几乎不可能进行,反应基本不能发生。通常情况下 $K^{\ominus}<10^{-7}(\Delta_r G_m^{\ominus}>40\ \mathrm{kJ\cdot mol^{-1}})$,逆反应单向进行。例如,下列化学反应

$$N_2(g)+O_2(g)\rightleftharpoons 2NO(g)\quad K^{\ominus}(298.15\ K)=1.95\times10^{-31}$$

在常温下基本不能进行;而逆反应——NO(g)的分解反应在该温度下进行得很彻底,平衡时 NO 实际上全部分解为 N_2 和 O_2。

对于$K^{\ominus}$不太大也不太小的反应,即 $K^{\ominus}=10^{-7}\sim10^{7}(-40\ \mathrm{kJ\cdot mol^{-1}}<\Delta_r G_m^{\ominus}<40\ \mathrm{kJ\cdot mol^{-1}})$的平衡体系中,反应物和生成物的浓度相差不会太悬殊,不论反应从哪边开始,正向反应和逆向反应都进行不彻底。例如,反应

$$N_2O_4(g)\rightleftharpoons 2NO_2(g)\quad K^{\ominus}(298.15\ K)=3.10$$

是典型的可逆反应。

这里需要注意,$K^{\ominus}$数值的大小,只能大致表明一个可逆反应的正向反应所能进行的最大程度,并不能预示反应达到平衡所需要的时间。例如,反应

$$2SO_2(g)+O_2(g)\rightleftharpoons 2SO_3(g)\quad K^{\ominus}(298.15\ K)=7.8\times10^{24}$$

该反应的$K^{\ominus}$虽然很大,但由于反应速率太慢,常温时,几乎不发生反应。

2. 判断反应的方向

对于化学反应

$$aA\rightleftharpoons gG$$

某时刻的反应商(reaction quotient)Q 可以从下式定义为

$$Q=\frac{\left[\dfrac{c(G)}{c^{\ominus}}\right]^{g}}{\left[\dfrac{c(A)}{c^{\ominus}}\right]^{a}}\tag{3.12}$$

式中,$c(A)$和 $c(G)$分别表示反应进行到某时刻时反应物和生成物的浓度,即非平衡浓度。反应商 Q 与标准平衡常数 $K^{\ominus}$的数学表达形式是相同的,但两者的概念是不同的。Q 表达式中各物质的浓度是任意状态下的浓度,Q 值是任意的;而 $K^{\ominus}$表达式中的浓度是平衡浓度,$K^{\ominus}$值在一定温度下为一常数。另外,对于气相反应,反应商也可用相对分压来表示,此处不再赘述。

当可逆反应达到平衡时,反应商 Q 和标准平衡常数 $K^{\ominus}$相等,即

$$Q_{平}=\frac{\left(\dfrac{[G]}{c^{\ominus}}\right)^{g}}{\left(\dfrac{[A]}{c^{\ominus}}\right)^{a}}=K^{\ominus}\tag{3.13}$$

因此,可以通过比较平衡常数 $K^{\ominus}$和某一时刻的反应商 Q 的大小来判断该时刻反应进行的方向。如果在某一非平衡时刻,对上述反应来说有 $Q<K^{\ominus}$,即

$$Q=\frac{\left[\dfrac{c(G)}{c^{\ominus}}\right]^{g}}{\left[\dfrac{c(A)}{c^{\ominus}}\right]^{a}}<\frac{\left(\dfrac{[G]}{c^{\ominus}}\right)^{g}}{\left(\dfrac{[A]}{c^{\ominus}}\right)^{a}}=K^{\ominus}\tag{3.14}$$

此时，$\Delta_r G_m<0$，体系未达到平衡状态。只有反应商 Q 的分子即生成物的浓度 $c(\mathrm{G})$ 增大，或者分母即反应物的浓度 $c(\mathrm{A})$ 减小，才会实现上式左右两侧的相等，反应才会达到平衡，因此反应正向进行。

同理，若在某一时刻有 $Q>K^\ominus$，即

$$Q=\frac{\left[\frac{c(\mathrm{G})}{c^\ominus}\right]^g}{\left[\frac{c(\mathrm{A})}{c^\ominus}\right]^a}>\frac{\left(\frac{[\mathrm{G}]}{c^\ominus}\right)^g}{\left(\frac{[\mathrm{A}]}{c^\ominus}\right)^a}=K^\ominus \tag{3.15}$$

此时，$\Delta_r G_m>0$，反应逆向进行。

而当 $Q=K^\ominus$ 时，$\Delta_r G_m=0$，体系处于平衡状态。

此外，利用 K_c 和 K_p 与相应的反应商 Q 相比较，也可以判断反应方向，但必须注意 Q 和 K 的一致性。

例 3.6 在 298.15 K 时，化学反应 $N_2O_4(g) \rightleftharpoons 2NO_2(g)$ 的平衡常数 $K^\ominus=0.14$。试判断总压为 200 kPa 时，下列体系中反应进行的方向。

(1) N_2O_4 与 NO_2 含量为 1 : 1(物质的量之比)的气体混合物；

(2) N_2O_4 与 NO_2 含量为 5 : 1 的气体混合物。

解：(1) 该体系内 N_2O_4 与 NO_2 的分压分别为 $\frac{1}{2}\times200$ kPa 和 $\frac{1}{2}\times200$ kPa 时，有

$$Q_p=\frac{\left(\frac{p_{NO_2}}{p^\ominus}\right)^2}{\left(\frac{p_{N_2O_4}}{p^\ominus}\right)}=\frac{\left(\frac{\frac{1}{2}\times200\ \mathrm{kPa}}{100\ \mathrm{kPa}}\right)^2}{\left(\frac{\frac{1}{2}\times200\ \mathrm{kPa}}{100\ \mathrm{kPa}}\right)}=1.0$$

$Q_p>K^\ominus$，反应逆向进行。

(2) 当体系内 N_2O_4 与 NO_2 的分压分别为 $\frac{5}{6}\times200$ kPa 和 $\frac{1}{6}\times200$ kPa 时，有

$$Q_p=\frac{\left(\frac{p_{NO_2}}{p^\ominus}\right)^2}{\left(\frac{p_{N_2O_4}}{p^\ominus}\right)}=\frac{\left(\frac{\frac{1}{6}\times200\ \mathrm{kPa}}{100\ \mathrm{kPa}}\right)^2}{\left(\frac{\frac{5}{6}\times200\ \mathrm{kPa}}{100\ \mathrm{kPa}}\right)}=0.07$$

则 $Q_p<K^\ominus$，反应正向进行。

3.3 标准平衡常数 $K^\ominus$ 与 $\Delta_r G_m^\ominus$ 的关系

在“化学热力学基础”一章中学习过用 $\Delta_r G_m^\ominus$ 为判据来判断等温等压下，当各种物质均处于标准状态时的化学反应进行的方向。在本节中，将把判断的对象由“各物质均处于标准状态”拓展到“各物质不均处于标准状态和均不处于标准状态”，讨论反应进行的方向，并

揭示 $K^{\ominus}$与 Q 之间的内在联系。

对于某时刻化学反应

$$aA(aq)+dD(aq) \rightleftharpoons gG(aq)+hH(aq)$$

中各物质不处于标准状态,Q 为该时刻的反应商。化学热力学中有如下关系式

$$\Delta_r G_m = \Delta_r G_m^{\ominus} + RT\ln Q \tag{3.16}$$

可以表明 Q 和 $\Delta_r G_m$ 及 $\Delta_r G_m^{\ominus}$ 之间的关系,该式称为**化学反应等温式**。这个公式的实质是通过反应商对反应的标准摩尔吉布斯自由能改变量 $\Delta_r G_m^{\ominus}$ 加以修正,而得到与反应商相对应的摩尔自由能改变量 $\Delta_r G_m$。若各物质不处于标准状态,反应的摩尔自由能改变量 $\Delta_r G_m$ 正是反应进行方向的判据。式中,R 为摩尔气体常数($8.314\ J \cdot mol^{-1} \cdot K^{-1}$),$T$ 为热力学温度,Q 为反应商,在 Q 的表达式中溶质使用相对浓度,气体使用相对分压。

当化学反应处于平衡状态时,$\Delta_r G_m = 0$,同时 $Q = K^{\ominus}$,则有

$$0 = \Delta_r G_m^{\ominus} + RT\ln K^{\ominus} \tag{3.17}$$

因此有

$$\Delta_r G_m^{\ominus} = -RT\ln K^{\ominus} \tag{3.18}$$

式(3.18)是一个非常重要的公式,根据此式可计算出化学反应的标准平衡常数 $K^{\ominus}$,而非经验平衡常数 K_p 或 K_c。例如,应用此式可计算出酸碱解离常数或沉淀的溶度积常数(详见第四章和第五章)。将式(3.18)代入式(3.16)中,得

$$\Delta_r G_m = -RT\ln K^{\ominus} + RT\ln Q \tag{3.19}$$

上式可以变为

$$\Delta_r G_m = RT\ln \frac{Q}{K^{\ominus}} \tag{3.20}$$

式(3.20)将化学反应方向的 $\Delta_r G_m$ 判据和前面提到的比较 $K^{\ominus}$与 Q 的判断方法之间的联系清楚地表示出来:

当 $Q = K^{\ominus}$时,$\Delta_r G_m = 0$,反应达平衡;

当 $Q > K^{\ominus}$时,$\Delta_r G_m > 0$,逆反应自发进行;

当 $Q < K^{\ominus}$时,$\Delta_r G_m < 0$,正反应自发进行。

必须注意,$\Delta_r G_m$ 是判断等温等压下处于任意状态下反应进行方向的判据,而 $\Delta_r G_m^{\ominus}$ 则是标准状态下反应进行方向的判据。由热力学数据表中查到的数据只能直接计算出 $\Delta_r G_m^{\ominus}$。在化学反应等温式中,$\ln Q$ 的值往往比较小,反应商 Q 和温度 T 的变化对 $\Delta_r G_m$ 的影响不太显著;若 $\Delta_r G_m^{\ominus}$ 的绝对值很大,则 $\Delta_r G_m^{\ominus}$ 的正负号基本上就决定了 $\Delta_r G_m$ 的正负号。例如,如果 $\Delta_r G_m^{\ominus}$ 为绝对值很大的负值,则 $\Delta_r G_m$ 往往也是负值。因此,人们总结出一个经验的 $\Delta_r G_m^{\ominus}$ 判据来大致判断反应的方向。例如,当 $\Delta_r G_m^{\ominus} < -40\ kJ \cdot mol^{-1}$ 时,可认为正反应单向进行(见 3.2.2)。

3.4 化学平衡的移动

前文已经指出,任何化学平衡都是在一定温度、压强和浓度条件下建立的动态平衡。平衡只是相对的、暂时的,一旦反应条件发生变化,原有的平衡状态就被破坏,可逆反应从平衡变为不平衡,而向另一个新的平衡状态转化。经过一定时间,当新的平衡形成后,反应体系

中各物质的浓度已不同于原来的平衡浓度。外界条件改变使可逆反应从一种平衡状态向另一种平衡状态转变的过程叫作**化学平衡的移动**。化学平衡移动的方向，也就是反应自发进行的方向，取决于体系的 $\Delta_r G_m$，而 $\Delta_r G_m$ 又与 Q 和 $K^{\ominus}$（或 $\Delta_r G_m^{\ominus}$）有关。本节将从改变 Q 和 $K^{\ominus}$ 这两个方面分别讨论浓度、压强、温度对化学平衡的影响。由于体积的变化经常被归结为浓度或压强的变化，此处不再单独讨论。

3.4.1 浓度对化学平衡的影响

对于已达平衡的化学反应，如制备水煤气反应 $C(s)+H_2O(g) \rightleftharpoons CO(g)+H_2(g)$，恒温下，如果减少生成物 $CO(g)$ 的浓度或 $H_2(g)$ 的浓度，则使反应商 Q_c（浓度商）

$$Q_c=\frac{c(CO)c(H_2)}{c(H_2O)} \tag{3.21}$$

的分子减小而 Q_c 值减小，或者增加反应物 $H_2O(g)$ 的浓度，使 Q_c 的分母增大而 Q_c 值减小，但浓度平衡常数 K_c 却不随浓度变化，所以 $Q_c<K_c$，使原平衡破坏，反应正向进行。随着反应的不断进行，生成物浓度增大，反应物浓度减小，当 Q_c 增大到与 K_c 再次相等时，体系又达到一个新的平衡，此时 $CO(g)$、$H_2(g)$、$H_2O(g)$ 的浓度已和从前完全不同。对于改变浓度的其他情况，亦可做类似分析。

结论：在其他条件不变的情况下，减小生成物浓度或增加反应物浓度，化学平衡向正反应方向移动；如果增加生成物浓度或减小反应物浓度，则化学平衡向着逆反应方向移动。

例 3.7 在某温度下，反应 $CO(g)+H_2O(g) \rightleftharpoons H_2(g)+CO_2(g)$ 的 $K_c=9$。

(1) 若 CO 和 H_2O 的起始浓度皆为 0.02 $mol \cdot dm^{-3}$，求 CO 的平衡转化率。

(2) 若开始时 H_2O 的浓度增大为原来的四倍，即增大为 0.08 $mol \cdot dm^{-3}$，CO 起始浓度不变，仍为 0.02 $mol \cdot dm^{-3}$，则达平衡时 CO 的转化率是多少？

解：(1) 设反应达到平衡时体系中 H_2 和 CO_2 的浓度均为 x $mol \cdot dm^{-3}$。

	$CO(g)$	+ $H_2O(g) \rightleftharpoons$	$H_2(g)$	+ $CO_2(g)$
起始浓度/($mol \cdot dm^{-3}$)	0.02	0.02	0	0
平衡浓度/($mol \cdot dm^{-3}$)	$0.02-x$	$0.02-x$	x	x

$$K_c=\frac{[H_2][CO_2]}{[CO][H_2O]}=\frac{x^2}{(0.02-x)^2}=9$$

解得　$x=0.015$，即平衡时 $[H_2]=[CO_2]=0.015\ mol \cdot dm^{-3}$。

由反应方程式可知，平衡时转化的 $[CO]=0.015\ mol \cdot dm^{-3}$。

所以 CO 的平衡转化率为

$$\frac{0.015\ mol \cdot dm^{-3}}{0.020\ mol \cdot dm^{-3}}\times 100\%=75\%$$

(2) 设反应达到平衡时体系中 H_2 和 CO_2 的浓度均为 y $mol \cdot dm^{-3}$。由题意得

	$CO(g)$	+ $H_2O(g) \rightleftharpoons$	$H_2(g)$	+ $CO_2(g)$
起始浓度/($mol \cdot dm^{-3}$)	0.02	0.08	0	0
平衡浓度/($mol \cdot dm^{-3}$)	$0.02-y$	$0.08-y$	y	y

因为反应温度没变，所以 K_c 仍为 9。

$$K_c=\frac{[H_2][CO_2]}{[CO][H_2O]}=\frac{y^2}{(0.02-y)(0.08-y)}=9$$

解得 $y=0.019\ 3$，即平衡时 $[H_2]=[CO_2]=0.019\ 3\ mol\cdot dm^{-3}$。

由反应方程式可知，平衡时转化的 $[CO]=0.019\ 3\ mol\cdot dm^{-3}$。

所以 CO 的平衡转化率为

$$\frac{0.019\ 3\ mol\cdot dm^{-3}}{0.020\ mol\cdot dm^{-3}}\times 100\%=96.5\%$$

通过浓度对化学平衡影响的讨论以及例 3.7，可知

(1) 在可逆化学反应中，为了使反应进行得更彻底，常采用不断将生成物从反应体系中分离出来的方法，使化学平衡不断地向生成产物的方向移动。例如，对于反应

$$FeO(s)+CO(g)\rightleftharpoons Fe(s)+CO_2(g)$$

如果不断将 $CO_2(g)$ 移去，FeO(s) 就可完全转化为 Fe(s)。

(2) 在可逆化学反应中，经常为了尽可能利用某一反应物，用过量的另一反应物和它作用。例如，在合成氨工业的原料气生产中，为了减少 CO 对环境污染，通常采用加入过量 $H_2O(g)$ 的办法来提高 CO 的转化率，使反应

$$CO(g)+H_2O(g)\rightleftharpoons H_2(g)+CO_2(g)$$

向右进行，CO 尽可能完全转化。

3.4.2 压强对化学平衡的影响

对于一定温度下有气体（视为理想气体）参与的化学反应而言，与浓度的变化类似，压强的变化也不改变平衡常数的数值，只可能使反应商的数值发生变化。只有 $Q\neq K$，平衡才有可能发生移动。

压强对化学平衡的影响较为复杂，只讨论以下几种情况。

(1) 有气体参加，但反应前后气体分子数不等的反应。例如，反应

$$2Cl_2(g)+2H_2O(g)\rightleftharpoons 4HCl(g)+O_2(g)$$

在一定温度下，其分压平衡常数为

$$K_p=\frac{(p_{HCl})^4\cdot(p_{O_2})}{(p_{Cl_2})^2\cdot(p_{H_2O})^2} \tag{3.22}$$

如果将平衡体系的体积减小一半，使体系的总压强增加至原来的 2 倍，此时各组分的分压分别为原来的 2 倍，则反应商 Q_p（压力商）为

$$Q_p=\frac{(2p_{HCl})^4\cdot(2p_{O_2})}{(2p_{Cl_2})^2\cdot(2p_{H_2O})^2}=2K_p \tag{3.23}$$

即

$$Q_p>K_p$$

原平衡被破坏，反应逆向进行。随着反应进行，p_{HCl} 和 p_{O_2} 不断下降，p_{Cl_2} 和 p_{H_2O} 不断增大，使 Q_p 值减小，直到 Q_p 再次与 K_p 相等，达到新的平衡为止。可见，对于反应前后气体分子数不等的反应，增大体系总压强，平衡向着气体分子数目减小的方向移动。反之，减小总压强，平衡向气体分子数目增加的方向移动。

若反应在恒温恒压条件下进行，当反应已达平衡时，如果引入不参加反应的惰性气体

(如 N_2 或 Ar),为了保持总压不变,只能增大反应体系的体积,造成各组分气体分压相应减小,$Q_p \neq K_p$,则化学平衡向气体分子数目增加的方向移动。

若反应在恒温恒容条件下进行,当反应已达平衡时,如果引入不参加反应的惰性气体,尽管体系的总压会增大,但各反应物和产物的分压保持不变,Q_p 仍然等于 K_p,则化学平衡不移动。

(2) 有气体参加,但反应前后气体分子数目相等的反应。例如,反应

$$Cl_2(g)+H_2(g) \rightleftharpoons 2HCl(g)$$

在一定温度下达平衡时,无论增加总压强或减小总压强,其 Q_p 不变,即对反应前后气体分子数目相等的平衡体系,总压强的变化不会使平衡发生移动。

(3) 对于固相或溶液中进行的反应,改变压强对平衡几乎没有影响。

总之,压强对平衡移动的影响,关键在于各反应物和产物的分压是否改变,同时需考虑反应前后气体分子数目是否改变。要具体情况具体分析,但基本判据仍然是 Q 与 K 的关系。

例 3.8 在 100 kPa 和某温度下,反应 $N_2O_4(g) \rightleftharpoons 2NO_2(g)$ 达到平衡状态,此时 N_2O_4 的解离度为 30%,试问当压强增加到 200 kPa 时,体系中 $N_2O_4(g)$ 的解离度为多少?

解: 设 $N_2O_4(g)$ 为 x mol,其解离度为 α。

	$N_2O_4(g) \rightleftharpoons$	$2NO_2(g)$
起始物质的量/mol	x	0
平衡时物质的量/mol	$x(1-\alpha)$	$2x\alpha$

$$K_p=\frac{(p_{NO_2})^2}{(p_{N_2O_4})}=\frac{\left(\frac{2\alpha}{1+\alpha}p_{总}\right)^2}{\left(\frac{1-\alpha}{1+\alpha}p_{总}\right)}=\left(\frac{4\alpha^2}{1-\alpha^2}\right)\cdot p_{总}$$

当 $p_{总1}=100\ \text{kPa}$,$p_{总2}=200\ \text{kPa}$,$\alpha_1=0.3$ 时,

$$\left(\frac{4\alpha_1^2}{1-\alpha_1^2}\right)\cdot p_{总1}=\left(\frac{4\alpha_2^2}{1-\alpha_2^2}\right)\cdot p_{总2}$$

$$\left(\frac{0.09}{0.91}\right)=\frac{\alpha_2^2}{1-\alpha_2^2}\times 2$$

解得 $\alpha_2=0.217=21.7\%$。

通过例 3.8 可以看出,在一定温度下,有气体参加的反应,且反应前后气体分子数目不等时,增加压强平衡会向气体分子数目减小(体积减小)的方向进行。

3.4.3 温度对化学平衡的影响

无论压强变化还是浓度变化,它们对化学平衡的影响都是改变平衡点,即改变 Q 得以实现的,但是平衡常数不变。而温度对化学平衡的影响与前两种情况有本质的区别,温度的改变导致平衡常数 K 的改变。

由 $\Delta_r G_m^\ominus=-RT\ln K^\ominus$ 和 $\Delta_r G_m^\ominus=\Delta_r H_m^\ominus-T\Delta_r S_m^\ominus$,两式联立得 $-RT\ln K^\ominus=\Delta_r H_m^\ominus-T\Delta_r S_m^\ominus$,即

$$\ln K^\ominus=\frac{\Delta_r S_m^\ominus}{R}-\frac{\Delta_r H_m^\ominus}{RT} \tag{3.24}$$

由式(3.24)可知,以 $\ln K^{\ominus}$ 对 $1/T$ 作图,得到一条直线,其斜率为 $-\dfrac{\Delta_r H_m^{\ominus}}{R}$。设 T_1 时,标准平衡常数为 $K_1^{\ominus}$,T_2 时,标准平衡常数为 $K_2^{\ominus}$,且 $T_2>T_1$,则有

$$\ln K_1^{\ominus}=-\frac{\Delta_r H_{m1}^{\ominus}}{RT_1}+\frac{\Delta_r S_{m1}^{\ominus}}{R}$$

$$\ln K_2^{\ominus}=-\frac{\Delta_r H_{m2}^{\ominus}}{RT_2}+\frac{\Delta_r S_{m2}^{\ominus}}{R}$$

严格来讲,$\Delta_r H_m^{\ominus}$ 和 $\Delta_r S_m^{\ominus}$ 与温度有关,但是当温度变化范围不大时,可近似认为 $\Delta_r H_m^{\ominus}$ 和 $\Delta_r S_m^{\ominus}$ 不随温度而改变,即 $\Delta_r H_m^{\ominus}(T)\approx\Delta_r H_m^{\ominus}(298.15\ \mathrm{K})$,$\Delta_r S_m^{\ominus}(T)\approx\Delta_r S_m^{\ominus}(298.15\ \mathrm{K})$。上两式相减,有

$$\ln K_2^{\ominus}-\ln K_1^{\ominus}=\frac{\Delta_r H_{m1}^{\ominus}}{RT_1}-\frac{\Delta_r H_{m2}^{\ominus}}{RT_2}$$

整理得

$$\ln\frac{K_2^{\ominus}}{K_1^{\ominus}}=\frac{\Delta_r H_m^{\ominus}}{R}\cdot\left(\frac{T_2-T_1}{T_1T_2}\right)\tag{3.25}$$

式(3.25)称为范托夫(J. H. van't Hoff)方程,式中的 $\Delta_r H_m^{\ominus}$ 即为 $\Delta_r H_m^{\ominus}(298.15\ \mathrm{K})$,该式可以说明温度对平衡的影响。对于吸热反应,$\Delta_r H_m^{\ominus}>0$,当 $T_2>T_1$ 时,则 $K_2^{\ominus}>K_1^{\ominus}$,即反应平衡常数随温度升高而增大,反应物的平衡转化率增加,所以平衡向正反应方向移动。反之,若该反应为放热反应,$\Delta_r H_m^{\ominus}<0$,当 $T_2>T_1$ 时,则 $K_2^{\ominus}<K_1^{\ominus}$,相当于 $K^{\ominus}<Q$,即反应平衡常数随温度升高而减小,升高温度平衡向逆反应方向移动;而当 $T_2<T_1$ 时,则 $K_2^{\ominus}>K_1^{\ominus}$,相当于 $K^{\ominus}>Q$,所以平衡向正反应方向移动。

结论:降低温度使平衡向放热方向移动,升高温度使平衡向吸热方向移动。

利用范托夫方程主要可以解决以下两方面问题:

(1) 若已知某化学反应的 $\Delta_r H_m^{\ominus}$ 和在某一温度下的标准平衡常数 $K_1^{\ominus}$,可求得另一个温度下的标准平衡常数 $K_2^{\ominus}$(见例 3.9);

(2) 若已知某化学反应在两个不同温度下的标准平衡常数 $K_1^{\ominus}$ 和 $K_2^{\ominus}$,可求得该反应的 $\Delta_r H_m^{\ominus}$。

例 3.9 在 298 K 时,反应 $2SO_2(g)+O_2(g)\rightleftharpoons 2SO_3(g)$ 的标准平衡常数 $K^{\ominus}(298\ \mathrm{K})=6.8\times10^{24}$,$\Delta_r H_m^{\ominus}(298\ \mathrm{K})=-197.78\ \mathrm{kJ\cdot mol^{-1}}$,求 798 K 时 $K^{\ominus}(798\ \mathrm{K})$(近似计算即可),并说明此反应是放热反应还是吸热反应。

解:由题设条件可知正反应为放热反应。根据公式 $\ln\dfrac{K_2^{\ominus}}{K_1^{\ominus}}=\dfrac{\Delta_r H_m^{\ominus}}{R}\cdot\left(\dfrac{T_2-T_1}{T_1T_2}\right)$,已知 $T_1=298\ \mathrm{K}$,$K^{\ominus}(298\ \mathrm{K})=6.8\times10^{24}$,$\Delta_r H_m^{\ominus}(298\ \mathrm{K})=-197.78\ \mathrm{kJ\cdot mol^{-1}}$,$T_2=798\ \mathrm{K}$,$R=8.314\ \mathrm{J\cdot mol^{-1}\cdot K^{-1}}$,则

$$\ln\frac{K_2^{\ominus}}{6.8\times10^{24}}=\frac{-197.78\times10^3\ \mathrm{J\cdot mol^{-1}}}{8.314\ \mathrm{J\cdot mol^{-1}\cdot K^{-1}}}\times\left(\frac{798\ \mathrm{K}-298\ \mathrm{K}}{298\ \mathrm{K}\times798\ \mathrm{K}}\right)$$
$$=-50.02$$

解得 $K_2^{\ominus}=1.3\times10^3$。

所以 $K_2^{\ominus}=1.3\times10^3<6.8\times10^{24}=K_1^{\ominus}(298\ \mathrm{K})$，表明升高温度平衡向左(吸热)移动，也说明正反应为放热反应。

3.4.4 勒夏特列原理

假如改变平衡系统的条件之一，如浓度、温度或压强，平衡就向减弱这个改变的方向移动，称为**勒夏特列原理**(L. Chatelier′s principle)，也称**平衡移动原理**。

根据这条原理，就不难理解下述三条性质：

(1) 当增加反应物浓度时，平衡就向能减少反应物浓度的方向(即向右)移动；同理，在增加生成物的浓度时，平衡就向能减少生成物浓度的方向(即向左)移动。

(2) 当升高温度时，平衡就向能降低温度(即吸热)的方向移动；当降低温度时，平衡就向能升高温度(即放热)的方向移动。

(3) 当增加压强时，平衡就向能减少压强(即气体分子数目减少)的方向移动，当降低压强时，平衡就向能增加压强(即气体分子数目增加)的方向移动。

注意：平衡移动原理只适用于已达平衡的体系，而不适用于非平衡体系。另外，催化剂能加快反应速率，可缩短到达平衡的时间，有利于生产效率的提高，而不影响化学平衡状态。

思 考 题

1. 什么是勒夏特列原理？如何正确理解勒夏特列原理。举例说明。

2. 化学反应的经验平衡常数和标准平衡常数在意义和用途上有何异同？对于气相反应二者如何进行换算？

3. 如何推导范托夫方程 $\ln\dfrac{K_2^{\ominus}}{K_1^{\ominus}}=\dfrac{\Delta_r H_m^{\ominus}}{R}\cdot\left(\dfrac{T_2-T_1}{T_1T_2}\right)$？用该方程式讨论温度对化学平衡的影响。

4. 平衡浓度是否随温度而变化？是否随时间而变化？是否随起始浓度而变化？

习 题

3.1 反应 $I_2(g)\rightleftharpoons 2I(g)$ 气体混合物处于平衡时，

(1) 升温时，平衡常数加大还是减小？为什么？

(2) 压缩气体时，$I_2(g)$的解离度是增大还是减小？

(3) 等容时充入 N_2 气时，$I_2(g)$的解离度是增大还是减小？

(4) 等压时充入 N_2 气时，$I_2(g)$的解离度是增大还是减小？

(加大；减小；不变；加大)

3.2 在一个密闭容器中含 $0.075\ \mathrm{mol\cdot dm^{-3}}$ $HCl(g)$ 和 $0.033\ \mathrm{mol\cdot dm^{-3}}$ $O_2(g)$，在 48 ℃时发生下列可逆反应：$4HCl(g)+O_2(g)\rightleftharpoons 2Cl_2(g)+2H_2O(g)$，平衡后产生 $0.030\ \mathrm{mol\cdot dm^{-3}}$ $Cl_2(g)$，求算：

(1) $HCl(g)$、$O_2(g)$和 $H_2O(g)$的平衡浓度；

(2) 该浓度下此反应的 K_c。

($0.015\ \mathrm{mol\cdot dm^{-3}}$；$0.018\ \mathrm{mol\cdot dm^{-3}}$；$0.030\ \mathrm{mol\cdot dm^{-3}}$；$8.9\times10^2\ \mathrm{dm^3\cdot mol^{-1}}$)

3.3 平衡常数 K_c 的数值大小，是衡量化学反应进行程度的标志。在 25 ℃时，下列反应的平衡常数的数值如下：

$$N_2(g)+O_2(g)\rightleftharpoons 2NO(g) \qquad K_1=1\times10^{-30}$$

$$2H_2(g)+O_2(g)\rightleftharpoons 2H_2O(g) \qquad K_2=2\times10^{81}$$

$$2CO_2(g)\rightleftharpoons 2CO(g)+O_2(g) \qquad K_3=4\times10^{-92}$$

（1）常温下，水分解产生 O_2，此时平衡常数值为 $K=$________。

（2）常温下，NO 分解产生 O_2 反应的平衡常数的表达式为 $K=$________。

（3）常温下，NO、H_2O、CO_2 三种化合物分解放出氧气的倾向大小顺序为________。

（4）某市要求全市对所有汽车尾气处理装置完成改装，以求基本上除去氮氧化物、一氧化碳污染气体的排放，而改装后的尾气处理装置主要是加入有效催化剂，请你根据以上有关数据分析，说明仅使用催化剂除污染气体的可能性。

$$\left(5\times10^{-82};K=\frac{[N_2][O_2]}{[NO]^2};NO>H_2O>CO_2;2CO+2NO=\!=\!=2CO_2+N_2 \text{ 的 } K=1/K_1K_2=2.5\times10^{121}\right)$$

3.4　1 000 ℃时，反应 $FeO(s)+CO(g)\rightleftharpoons Fe(s)+CO_2(g)$ 的 $K^\ominus=0.40$，在装有 2.0 mol FeO(s) 的密闭容器中通入 CO(g)，反应平衡时欲得到 0.5 mol Fe(s)，问：

（1）开始时应通入多少摩尔的 CO(g)？

（2）增加 FeO 的量，对平衡有何影响？

（1.75 mol；无影响）

3.5　100 ℃时，光气分解反应 $COCl_2(g)\rightleftharpoons CO(g)+Cl_2(g)$，$K^\ominus=8.00\times10^{-9}$，$\Delta_r S_m^\ominus=125.5\ J\cdot mol^{-1}\cdot K^{-1}$，计算：

（1）100 ℃，$COCl_2$ 的起始压强为 200 kPa 时，$COCl_2$ 的解离度；

（2）100 ℃时，上述反应的 $\Delta_r H_m^\ominus$。

（6.32×10^{-5}；104.6 $kJ\cdot mol^{-1}$）

3.6　在 298 K、100 kPa 下，N_2O_4 和 NO_2 平衡混合物的密度为 3.18 $g\cdot dm^{-3}$。求：

（1）混合气体的平均摩尔质量；

（2）在该条件下，N_2O_4 的分解百分数；

（3）NO_2 和 N_2O_4 的分压；

（4）反应 $N_2O_4\rightleftharpoons 2NO_2$ 的 $K^\ominus$。

（78.79 $g\cdot mol^{-1}$；16.8%；$p(NO_2)=28.8$ kPa，$p(N_2O_4)=71.2$ kPa；0.116）

3.7　800 ℃时，分解反应 $CaCO_3(s)\rightleftharpoons CaO(s)+CO_2(g)$ 的 $K^\ominus=1.16$。若 20 g $CaCO_3$ 完全分解，活塞反应容器应膨胀至多大容积？

（15 dm^3）

3.8　由二氧化硫制备三氧化硫的反应是工业上制备 H_2SO_4 的重要反应，已知

	$2SO_2(g)$	$+O_2(g)$	$\rightleftharpoons 2SO_3(g)$
$\Delta_f H_m^\ominus/(kJ\cdot mol^{-1})$	−296.8	0	−395.7
$\Delta_f G_m^\ominus/(kJ\cdot mol^{-1})$	−300.1	0	−371.1

求反应在 25 ℃时的 $\Delta_r G_m^\ominus$ 及 $\Delta_r H_m^\ominus$，并计算反应在 25 ℃时的标准平衡常数 $K^\ominus$ 及 400 ℃时的标准平衡常数 $K^\ominus$。

（−142.0 $kJ\cdot mol^{-1}$；−197.8 $kJ\cdot mol^{-1}$；7.75×10^{24}；3.70×10^{5}）

3.9　为了获得高纯氢气，需要将 H_2 中含有的少量 O_2 与 H_2 发生反应而消除。半导体工业为了获得氧含量小于 1×10^{-6} 的高纯氢，在 298.15 K、100 kPa 下，让电解水制得的氢气（99.5% H_2，0.5% O_2）通过催化剂，发生 $2H_2(g)+O_2(g)=\!=\!=2H_2O(g)$ 反应而消除氧。问反应后氢气的纯度是否达到要求？

（$K^\ominus=1.26\times10^{80}$，达到要求）

3.10 高纯锡可在 600 K 铸造成型，熔炼时用氩（1 000 kPa）作保护气氛，该温度时，反应：$Sn(l)+O_2(g)$ ══ $SnO_2(s)$ 的 $\Delta_r G_m^\ominus=-418.4\ kJ\cdot mol^{-1}$，问氩气中含有 1.0×10^{-4} kPa 的氧时，锡会不会被氧化？

（$\Delta_r G_m=-349.5\ kJ\cdot mol^{-1}$，锡会被氧化）

3.11 298.15 K 密闭容器中液态氯的蒸气压为 704 kPa，计算反应 $Cl_2(l) \rightleftharpoons Cl_2(g)$ 的 $K^\ominus$ 和 $\Delta_f G_m^\ominus(Cl_2,l)$。

（7.04；4.84 kJ · mol^{-1}）

3.12 已知五氯化磷蒸气按下式进行分解：

$$PCl_5(g) \rightleftharpoons PCl_3(g)+Cl_2(g)$$

当温度为 523 K 和平衡总压强为 202.65 kPa 时，有 69% 的 PCl_5 发生了分解，求该温度下反应的平衡常数 $K^\ominus$ 和 $\Delta_r G_m^\ominus$。

（1.84；-2.65 kJ · mol^{-1}）

3.13 1 273 K 时 $H_2O(g)$ 通过红热的铁生产 H_2，发生如下反应：$Fe(s)+H_2O(g) \rightleftharpoons FeO(s)+H_2(g)$，反应的平衡常数 $K_p=1.49$。

（1）计算每生产 1.00 mol 氢气需通入水蒸气的物质的量为多少？

（2）1 273 K 时，若反应体系中只有 0.30 mol 的铁并通入 1.00 mol 水蒸气与其反应，试计算反应后各组分的物质的量。反应后体系是否处于平衡状态，为什么？

（3）1 273 K 时，当 1.00 mol 水蒸气与 0.80 mol 铁接触时，最后各组分的物质的量是多少？

（1.67 mol；$H_2(g)$：0.30 mol，$H_2O(g)$：0.70 mol，$FeO(s)$：0.30 mol，Fe：已不存在；$H_2(g)$：0.60 mol，$H_2O(s)$：0.40 mol，$FeO(s)$：0.60 mol，Fe：0.20 mol）

3.14 根据书后附表热力学数据计算 BCl_3 在 298 K 时的饱和蒸气压及正常沸点。在 298 K 和 100 kPa 条件下，BCl_3 呈液态还是气态？

（169 kPa；279 K；气态）

3.15 已知反应 $CO_2(g)+H_2(g) \rightleftharpoons CO(g)+H_2O(g)$ 的 $\Delta_r H_m^\ominus(298\ K)=41.2\ kJ\cdot mol^{-1}$，$\Delta_r S_m^\ominus(298\ K)=42.1\ J\cdot mol^{-1}\cdot K^{-1}$，

（1）估算该反应在 873 K 时的 $\Delta_r G_m^\ominus$ 和 $K^\ominus$；

（2）若此时反应体系中各组分气体的分压为 $p(CO_2)=p(H_2)=127$ kPa，$p(CO)=p(H_2O)=76$ kPa，计算此条件下反应的 $\Delta_r G_m$，并判断反应进行的方向。

（4.45 kJ · mol^{-1}，0.54；-3.0 kJ · mol^{-1}，正向）

3.16 在合成氨的原料气中，N_2 和 H_2 的摩尔比为 1 : 3。在 400 ℃ 和 1 000 kPa 下反应达平衡时，可产生 3.85%（体积分数）的 NH_3。求：

（1）合成氨反应 $N_2(g)+3H_2(g) \rightleftharpoons 2NH_3(g)$ 的 K_p；

（2）若要得到 5%（体积分数）的 NH_3，总压需要多大？

（3）若将混合物的总压增加到 5 000 kPa，平衡时 NH_3 的体积分数是多少？

（$1.64\times10^{-8}(kPa)^{-2}$；1 332 kPa；15.04%）

3.17 以含硫化镍的矿物为原料，经高炉熔炼得到含一定杂质的粗镍。粗镍经过 Mond 过程再转化为纯度可达 99.90%～99.99%的高纯镍，相应反应和热力学数据为

	$Ni(s)$ +	$4CO(g)$ ⇌	$Ni(CO)_4(g)$
$\Delta_f H_m^\ominus/(kJ\cdot mol^{-1})$	0	-110.5	-602.9
$S_m^\ominus/(J\cdot mol^{-1}\cdot K^{-1})$	29.9	197.7	410.6

（1）利用所给的热力学数据，计算 25 ℃ 下该反应的 $\Delta_r H_m^\ominus$ 和 $\Delta_r S_m^\ominus$。

（2）提纯镍的 Mond 过程的第一步是上述反应在 50 ℃ 左右达平衡，这步反应的标准平衡常数 $K^\ominus$ 应尽可能地大，以使镍充分地变成气相化合物 $Ni(CO)_4$（四羰基合镍）。计算该反应在 50 ℃ 时的 $K^\ominus$。

（3）Mond 过程的第二步是将气体混合物从反应器中除去，并将其加热至 230 ℃ 左右。在足够高的温

度下，$\Delta_r G_m^\ominus$ 的正、负号可以转换，反应逆向进行，沉积出纯镍。在这一步，前述反应的标准平衡常数应尽可能地小。计算该反应在 230 ℃时的 $K^\ominus$。

（4）Mond 过程的成功依赖于 $Ni(CO)_4$ 的挥发性。在室温条件下，$Ni(CO)_4$ 是液体，42.2 ℃时沸腾，其汽化焓 $\Delta_{vap}H_m^\ominus = 30.1\ kJ \cdot mol^{-1}$。计算该化合物的汽化熵 $\Delta_{vap}S_m^\ominus$。

（5）近来改进了的 Mond 过程是在较高压强和 150 ℃下进行第一步反应的。估算 150 ℃下，$Ni(CO)_4$ 将要液化之前所能达到的最大压强（即估算此温度下 $Ni(CO)_4(l)$ 的蒸气压）。

（$-160.9\ kJ \cdot mol^{-1}$，$-410.1\ J \cdot mol^{-1} \cdot K^{-1}$；$3.93 \times 10^4$；$1.92 \times 10^{-5}$；

$95.5\ J \cdot mol^{-1} \cdot K^{-1}$；$1.87 \times 10^3\ kPa$）

第 4 章

酸碱解离平衡

大量的化学反应是在水溶液中进行的。参与这些反应的物质主要是酸(acid)、碱(base)和盐(salt),它们都是电解质(electrolyte),即在水溶液中或在熔融状态下能够导电的化合物。根据在水溶液中解离程度的不同,电解质可分为强电解质(strong electrolyte)和弱电解质(weak electrolyte)。强电解质是指在水溶液中完全解离成离子的化合物,包括强酸、强碱和大部分盐类,如 H_2SO_4、HCl、HNO_3、NaOH 和 NaCl 等。以强电解质 HCl 为例,其解离反应可写作

$$HCl \xlongequal{} H^+ + Cl^-$$

弱电解质则是指在水溶液中仅发生部分解离的化合物,其解离过程是可逆的,存在着中性分子与离子间的解离平衡(dissociation equilibrium)。弱电解质包括弱酸、弱碱和某些盐类,如 CH_3COOH(HAc)、H_2S、NH_3、$HgCl_2$、Hg_2Cl_2 和 $Pb(Ac)_2$ 等。以弱电解质 NH_3 为例,其解离反应可写作

$$NH_3 + H_2O \rightleftharpoons NH_4^+ + OH^-$$

本章首先简要介绍几种酸碱理论的发展概况,其中重点介绍酸碱质子理论(proton theory of acids and bases),然后运用化学平衡原理讨论弱电解质(水、弱酸、弱碱)的解离平衡及平衡移动规律,要求掌握有关离子浓度和溶液酸度的计算。

4.1 酸碱理论的发展

很多化学反应都涉及酸和碱,因此,掌握酸碱反应的本质和规律、建立和发展酸碱理论是化学理论研究的重要内容。

人类对酸碱的认识经历了很长一段历史。17 世纪以前的炼金术士就发现并使用了酸(如盐酸、硫酸、硝酸等强酸)和碱,但并不清楚其组成。最初,人们只凭感观和物质的性质来区分酸和碱,认为有酸味、能使石蕊变成红色的是酸;而有涩味和滑腻感,能使石蕊变成蓝色的是碱;当酸和碱按一定比例混合后,它们的特性就消失了。这些只是认识到了酸碱的表面现象,并没有说明酸碱的本质。18 世纪后期,法国化学家拉瓦锡(A. L. Lavoisier)提出,酸的组成中都含有氧元素。19 世纪初,随着氢卤酸等无氧酸的发现,人们又认为酸的组成中都含有氢元素,它们共同的酸性便是由氢元素产生的。直到 19 世纪后期,瑞典科学家阿伦尼乌斯(S. A. Arrhenius)提出电离理论后,人们对于酸碱的认识才上升到理性阶段,近代的酸碱理论逐渐发展起来,并科学地揭示出了酸碱的本质。近代的酸碱理论主要包括阿伦尼乌斯电离理论(又称酸碱电离理论)、酸碱质子理论、酸碱溶剂体系理论、酸碱电子理论和软

硬酸碱理论,本章主要介绍前四种酸碱理论。

4.1.1 阿伦尼乌斯电离理论

1887 年,瑞典化学家阿伦尼乌斯根据电解质溶液与非电解质稀溶液依数性的偏差及电解质溶液的导电性这两方面的实验事实提出了酸碱的电离理论(ionization theory of acid and base)。他认为,电解质溶于水中时,由于受到溶剂的作用而部分自发地解离为带电的离子(即电离 ionization),未解离的分子和离子之间存在电离平衡(ionization equilibrium),电离的百分率叫作电离度(degree of ionization 或 percent ionization,用 α 表示)。$\alpha = \dfrac{\text{已解离的电解质分子数}}{\text{溶液中原有的电解质分子数}} \times 100\%$。阿伦尼乌斯将水溶液中存在的 H^+ 和 OH^- 分别与酸性和碱性相联系。他提出,凡是在水溶液中解离时产生的阳离子全部是 H^+ 的化合物叫作酸,如 HCl、HNO_3、H_2SO_4、CH_3COOH 等;凡是在水溶液中解离时产生的阴离子全部是 OH^- 的化合物叫作碱,如 $NaOH$、$Ca(OH)_2$ 等。酸碱中和反应生成盐和水,其实质是 H^+ 和 OH^- 结合生成 H_2O。例如

$$HCl+NaOH \xlongequal{} NaCl+H_2O$$

$$H^++OH^- \xlongequal{} H_2O$$

阿伦尼乌斯电离理论明确指出 H^+ 是酸的特征,OH^- 是碱的特征,从物质的化学组成上揭示了酸碱的本质,从而揭示出酸碱中和反应的实质,使人们对酸碱认识产生了由现象到本质的一次飞跃,对化学科学的发展起到了积极的作用,直到现在仍然普遍应用。该理论的核心内容虽然是正确的,但仍存在明显的局限性,如阿伦尼乌斯认为强电解质在水中也是部分解离的,但实际上强电解质在水中是完全解离的;又如,电离理论把酸碱只限于水溶液中,认为离开水溶液就没有酸、碱及酸碱反应,因此无法解释非水溶液或气相反应中物质的酸碱性问题;电离理论也不能解释那些不含 H^+ 或 OH^- 的物质的酸碱性,如氨水的弱碱性,过去曾错误地认为氨与水反应生成 NH_4OH,NH_4OH 能解离出 OH^-,但长久以来的实验研究从未分离出 NH_4OH 这种物质。这些都说明酸碱电离理论尚需进一步完善和发展。

4.1.2 酸碱质子理论

1923 年,丹麦化学家布朗斯特(J. Brønsted)和英国化学家劳里(T. Lowry)分别提出了酸碱质子理论(proton theory of acid and base 或 Brønsted-Lowry acid-base theory),扩大了酸碱的范围,给出了酸碱的更广泛的定义。

1. 酸碱的定义和共轭酸碱对的概念

酸碱质子理论以质子(proton,H^+)的授受来判断酸碱的属性。该理论认为,凡是能给出质子的物质都是酸,如 NH_4^+、HCl、H_2CO_3、H_3PO_4 和 $H_2PO_4^-$ 等;凡是能接受质子的物质都是碱,如 NH_3、Cl^-、CO_3^{2-}、PO_4^{3-} 和 OH^- 等。可见,酸碱质子理论中的酸碱概念适用于所有质子体系,它们可以是中性分子,也可以是阴、阳离子,因此酸碱质子理论大大地扩充了酸碱的物种范围。若某物质既能给出质子,又能接受质子,就既是酸又是碱,这样的物质称为两性物质(amphiprotic substance),如 H_2O、HS^-、HCO_3^- 和 HPO_4^{2-} 等。

根据酸碱质子理论,酸和碱不是孤立的,它们通过质子相互联系。酸失去一个质子后形成的物种叫作该酸的共轭碱(conjugate base),碱结合一个质子后形成的物种称为该碱的共

轭酸(conjugate acid),即

$$酸 \rightleftharpoons 碱 + H^+$$

上式表示的酸碱相互依存、相互转化的关系称为酸碱共轭关系,因一个质子的得失而相互转变的一对酸碱称为共轭酸碱对(conjugate acid-base pair)。例如:

$$HCl \longrightarrow Cl^- + H^+$$

$$H_2SO_4 \longrightarrow HSO_4^- + H^+$$

$$HSO_4^- \rightleftharpoons SO_4^{2-} + H^+$$

$$H_2PO_4^- \rightleftharpoons HPO_4^{2-} + H^+$$

$$HAc \rightleftharpoons Ac^- + H^+$$

$$NH_4^+ \rightleftharpoons NH_3 + H^+$$

$$[Al(H_2O)_6]^{3+} \rightleftharpoons [Al(H_2O)_5(OH)]^{2+} + H^+$$

在上述反应式中,左边的酸是右边碱的共轭酸,右边的碱是左边酸的共轭碱。例如,HCl 是 Cl^- 的共轭酸,Cl^- 是 HCl 的共轭碱;NH_4^+ 是 NH_3 的共轭酸,NH_3 是 NH_4^+ 的共轭碱。

根据酸碱质子理论中的酸碱定义,任何含氢的化合物都可以视为酸,但实际上很多含氢的化合物如烃类给出质子的倾向极小,所以通常不把它们称作酸。同时,任何酸的阴离子都可以视为碱,但非常强的酸的阴离子如 ClO_4^- 和 Cl^-,获得质子的倾向极小,碱性极弱,故通常不把它们看作碱。

酸碱质子理论中没有盐的概念。根据质子理论,酸碱电离理论中的盐是由质子酸和/或质子碱组成的化合物。例如,NH_4Cl 由质子酸 NH_4^+ 和质子碱 Cl^- 组成,Na_2CO_3 中的阴离子 CO_3^{2-} 是一种质子碱。

2. 酸碱反应的实质

在酸碱质子理论中,酸碱反应的实质就是两个共轭酸碱对之间的质子传递反应(proton-transfer reaction)。反应通式为

$$\overset{H^+}{\curvearrowright}$$
$$酸_1 + 碱_2 \rightleftharpoons 酸_2 + 碱_1$$

式中的下标数字表示共轭酸碱对 1 和 2。在酸碱反应过程中,$酸_1$ 将质子传递给$碱_2$,自身转化为共轭碱($碱_1$);而$碱_2$ 在接受质子后转化为它的共轭酸($酸_2$),故反应实质是共轭酸碱对 1 将质子传递给共轭酸碱对 2。就此而言,电离理论中的酸碱解离反应、酸碱中和反应及盐的水解反应都可包括在酸碱反应的范围之内,都可视为发生质子传递的酸碱反应。

酸或碱在水中的解离反应就是水与质子酸或质子碱之间的质子传递反应,可表示为

$$\overset{H^+}{\curvearrowright}$$
$$酸_1 + H_2O(碱_2) \rightleftharpoons H_3O^+(酸_2) + 碱_1$$

$$\overset{H^+}{\curvearrowright}$$
$$H_2O(酸_1) + 碱_2 \rightleftharpoons 酸_2 + OH^-(碱_1)$$

因此,前面提到的共轭酸碱对的关系

$$酸 \rightleftharpoons 碱 + H^+$$

实际上是不能单独存在的,只能称为酸碱半反应,因为一对共轭酸碱对本身并不能发生酸碱

反应。例如,在酸的解离反应中,酸$_1$ 在发生解离、给出质子的同时,必须由另一种碱 H_2O(碱$_2$)来接受该质子,这样酸$_1$ 才能转化为它自身的共轭碱(碱$_1$),而另一种碱 H_2O(碱$_2$)则在接受质子后转化为它的共轭酸 H_3O^+(酸$_2$)。所以,前面给出的一些酸的解离反应式实际上是这些酸与水发生的酸碱反应的简式,完整的反应式应为

$$HCl+H_2O = Cl^-+H_3O^+$$

$$H_2SO_4+H_2O = HSO_4^-+H_3O^+$$

$$HSO_4^-+H_2O \rightleftharpoons SO_4^{2-}+H_3O^+$$

$$H_2PO_4^-+H_2O \rightleftharpoons HPO_4^{2-}+H_3O^+$$

$$HAc+H_2O \rightleftharpoons Ac^-+H_3O^+$$

$$NH_4^++H_2O \rightleftharpoons NH_3+H_3O^+$$

$$[Al(H_2O)_6]^{3+}+H_2O \rightleftharpoons [Al(H_2O)_5(OH)]^{2+}+H_3O^+$$

化学热力学和晶体结构测定已经证明,在水溶液中 H^+(质子)是不能单独存在的,它总是以水合质子 H_3O^+的形式存在,H_3O^+还能进一步水合,但一般写作 H_3O^+即可。为了简便起见,H_3O^+通常写作 H^+,因此上述解离反应式常使用简式。

对于 HCl、HNO_3 和 H_2SO_4(第一步解离)这样的强酸,因其给质子的能力极强,而它们的共轭碱极弱,几乎不能结合质子,因此它们与 H_2O 发生的酸碱反应进行得很完全,相当于电离理论中的全部解离。而对于 HAc、H_2CO_3 这样的弱酸,因其给质子的能力较弱,它们的共轭碱较强,因此它们与 H_2O 的酸碱反应进行的程度很小,不能反应完全,为可逆反应,相当于电离理论中的部分解离,溶液中存在着解离平衡。同理,弱碱(如氨)的解离及水的自耦解离均反应不完全,为可逆反应。

$$\overset{H^+}{\curvearrowright}$$
$$H_2O+NH_3 \rightleftharpoons NH_4^++OH^-$$

$$\overset{H^+}{\curvearrowright}$$
$$H_2O+H_2O \rightleftharpoons H_3O^++OH^-$$

阿伦尼乌斯电离理论中的酸碱中和反应也是质子酸与质子碱之间的质子传递反应。例如:

$$\overset{H^+}{\curvearrowright}$$
$$H_3O^++OH^- \rightleftharpoons H_2O+H_2O$$

$$\overset{H^+}{\curvearrowright}$$
$$HAc+NH_3 \rightleftharpoons NH_4^++Ac^-$$

酸碱质子理论中没有盐的概念,因此也就没有盐的水解反应。电离理论中的盐的水解实际是酸碱质子理论中组成盐的以离子形式存在的质子酸或质子碱与溶剂水分子之间的质子传递反应。例如:

$$\overset{H^+}{\curvearrowright}$$
$$H_2O+Ac^- \rightleftharpoons HAc+OH^-$$

$$NH_4^+ + H_2O \overset{H^+}{\rightleftharpoons} H_3O^+ + NH_3$$

总之，酸碱反应主要是由强酸将质子转移给强碱，生成相应的弱碱和弱酸；相互作用的酸碱越强，反应进行得越完全。

根据酸碱质子理论，含质子的物质参与的一些气相反应和非水溶剂体系中的反应也可以理解为质子传递的酸碱反应。例如：

$$HCl(g) + NH_3(g) \overset{H^+}{=\!=\!=} NH_4^+Cl^-(s)$$（用氨检验 HCl 气体）

$$NH_3 + NH_3 \overset{H^+}{\rightleftharpoons} NH_4^+ + NH_2^-$$（液氨的自耦解离）

3. 酸碱的强弱

酸碱的强弱不仅取决于其自身给出质子和接受质子的能力，也与溶剂接受和给出质子的能力有关。

（1）在同一溶剂中，酸碱的强弱由其本质决定，即取决于酸碱自身给出质子和接受质子的能力。具体说来，凡是容易给出或接受质子的物质就是强酸或强碱；反之，即为弱酸或弱碱。

水是最常见的溶剂。相对于酸性溶剂（如 HAc 和 HF）而言，水具有较强的碱性，对质子具有较强的亲和力。当 HCl、HI、$HClO_4$、HNO_3 和 H_2SO_4 溶于水时，只要其浓度不是太大，这些酸中的质子将完全转移给水分子，即这些酸都完全解离（H_2SO_4 仅限一级解离），逆反应几乎不能进行。例如：

$$HCl + H_2O = H_3O^+ + Cl^-$$

因此它们都是强酸。这些强酸的相对强弱在水中表现不出来。这种将酸（或碱）的强度拉平的作用称为溶剂的拉平效应（leveling effect），具有拉平效应的溶剂称为拉平试剂（leveling reagent）。而对于 HAc、H_2S 和 H_2CO_3 来说，它们在水中仅部分解离，与水之间的酸碱反应是可逆的，存在着中性分子与离子间的解离平衡。例如：

$$HAc + H_2O \rightleftharpoons H_3O^+ + Ac^-$$

因此这些酸为弱酸。可见，水能将 HCl 等强酸和 HAc 等弱酸的酸性强弱区分开来。这种能够区分酸（或碱）强弱的作用称为溶剂的区分效应（differentiating effect），具有区分效应的溶剂称为区分试剂（differentiating reagent）。又如，在水中，NaOH 是强碱，NH_3 是弱碱，因此水是二者的区分试剂。

就共轭酸碱对而言，其中的酸给出质子的能力越强，它的共轭碱接受质子的能力就越弱，即质子酸的酸性越强，它的共轭碱的碱性就越弱；反之亦然。例如，在水中，HCl、HI、$HClO_4$、HNO_3 和 H_2SO_4 是强酸，而它们的共轭碱 Cl^-、I^-、ClO_4^-、NO_3^- 和 HSO_4^- 就是非常弱的碱，几乎不能获得质子；HAc、H_2S 和 H_2CO_3 是弱酸，其共轭碱 Ac^-、HS^- 和 HCO_3^- 的碱性则较强。

质子酸释放质子（给水分子）的能力可用其解离反应的平衡常数 $K_a^\ominus$（酸的解离常数，简称酸常数）来衡量，质子碱（从水分子）接受质子的能力可用其解离反应的平衡常数 $K_b^\ominus$（碱的解离常数，简称碱常数）来衡量。$K_a^\ominus$ 或 $K_b^\ominus$ 越大，表示质子酸给出质子或质子碱接受质子的能力越强，解离反应进行的程度越大。与其他平衡常数类似，$K_a^\ominus$ 或 $K_b^\ominus$ 随温度而变化，但由于温度对其影响不大，故通常使用常温下的数据。当温度一定时，$K_a^\ominus$ 和 $K_b^\ominus$ 为常数，不随溶液的浓度变化。解离常数可通过热力学数据计算而得（利用公式 $\Delta_r G_m^\ominus = -RT\ln K^\ominus$），也可由实验测定。

下面以共轭酸碱对 $HAc-Ac^-$ 为例说明共轭酸碱对的解离常数 $K_a^\ominus$ 和 $K_b^\ominus$ 的关系。HAc 的解离反应为

$$HAc + H_2O \rightleftharpoons H_3O^+ + Ac^-$$

简写为

$$HAc \rightleftharpoons H^+ + Ac^-$$

在一定温度下，该反应很快达到平衡状态，其平衡常数关系式为

$$K_a^\ominus(HAc) = \frac{\dfrac{[H^+]}{c^\ominus} \cdot \dfrac{[Ac^-]}{c^\ominus}}{\dfrac{[HAc]}{c^\ominus}} \tag{4.1}$$

因为 $c^\ominus = 1\ mol \cdot dm^{-3}$，相对浓度 $c/c^\ominus$ 在数值上等于浓度 c，为书写简便，用浓度代替相对浓度（后面相关章节也有类似处理方法，请注意），故上式可简化为

$$K_a^\ominus(HAc) = \frac{[H^+][Ac^-]}{[HAc]} \tag{4.2}$$

同样，HAc 的共轭碱 Ac^- 的解离反应为

$$Ac^- + H_2O \rightleftharpoons HAc + OH^-$$

其平衡常数关系式为

$$K_b^\ominus(Ac^-) = \frac{[HAc][OH^-]}{[Ac^-]} \tag{4.3}$$

将式(4.2)与式(4.3)相乘，得

$$K_a^\ominus(HAc)K_b^\ominus(Ac^-) = \frac{[H^+][Ac^-]}{[HAc]} \cdot \frac{[HAc][OH^-]}{[Ac^-]} = [H^+][OH^-] = K_w^\ominus$$

即

$$K_a^\ominus K_b^\ominus = [H^+][OH^-] = K_w^\ominus \tag{4.4}$$

式中，$K_w^\ominus$ 为水的离子积常数，在常温下 $K_w^\ominus = 1.00 \times 10^{-14}$，其意义见下节。由此可见，共轭酸碱对的解离常数 $K_a^\ominus$ 与 $K_b^\ominus$ 之积等于常数 $K_w^\ominus$，即二者成反比关系。因此，共轭酸碱对中的酸越强，$K_a^\ominus$ 越大，则其共轭碱越弱，$K_b^\ominus$ 越小。由式(4.4)可知，若已知某酸的酸常数 $K_a^\ominus$，即可求出其共轭碱的碱常数 $K_b^\ominus$，反之亦然。例如，常温下，HAc 的 $K_a^\ominus = 1.75 \times 10^{-5}$，则其共轭碱 Ac^- 的碱常数

$$K_b^\ominus = \frac{K_w^\ominus}{K_a^\ominus} = \frac{1.00 \times 10^{-14}}{1.75 \times 10^{-5}} = 5.71 \times 10^{-10}$$

表 4.1 和附录 9 给出了水溶液中常见的共轭酸碱对及其 $K_a^\ominus$(298.15 K)。利用酸常数或碱常数的数量级可以半定量地描述酸碱的强度，通常认为 $K_a^\ominus$ 在 10^{-2} 左右的酸为中强酸，$10^{-7} \leqslant K_a^\ominus < 10^{-2}$ 的酸为弱酸，$K_a^\ominus < 10^{-7}$ 的酸为极弱酸。根据表 4.1 中的排列顺序，可以定性地判断出水溶液中相同浓度时各种酸（碱）的相对强度，如 $H_2C_2O_4 > H_2SO_3 > HSO_4^- > H_3PO_4 > HF > HAc > H_2S$。由表 4.1 可知，在水中能大量存在的最强的质子酸是 H_3O^+，因为 $HClO_4$、H_2SO_4、HCl、HNO_3 等强酸在水中完全解离，它们几乎不能以分子形式存在于水溶液中；同理，在水中能大量存在的最强的质子碱是 OH^-，因为其他强碱如 O^{2-}（Na_2O）、H^-（NaH）、

NH_2^-($NaNH_2$)等在水中完全质子化,也不能存在于水溶液中。因此,分别与 H_3O^+ 和 OH^- 构成共轭酸碱对的 H_2O 就既是最弱的碱,也是最弱的酸了。

表 4.1　水溶液中常见的共轭酸碱对及其 $K_a^\ominus$(298.15 K)

共轭酸		共轭碱		$K_a^\ominus$
$HClO_4$		ClO_4^-		
HI		I^-		
HBr		Br^-		
HCl		Cl^-		
H_2SO_4		HSO_4^-		
HNO_3		NO_3^-		
H_3O^+(最强酸)	酸性减弱 ↓	H_2O(最弱碱)	碱性减弱 ↑	
$H_2C_2O_4$		$HC_2O_4^-$		5.36×10^{-2}($K_{a1}^\ominus$)
H_2SO_3		HSO_3^-		1.29×10^{-2}($K_{a1}^\ominus$)
HSO_4^-		SO_4^{2-}		1.02×10^{-2}($K_{a2}^\ominus$)
H_3PO_4		$H_2PO_4^-$		7.11×10^{-3}($K_{a1}^\ominus$)
HNO_2		NO_2^-		7.24×10^{-4}
HF		F^-		6.31×10^{-4}
HCOOH		$COOH^-$		1.77×10^{-4}
$HC_2O_4^-$		$C_2O_4^{2-}$		5.35×10^{-5}($K_{a2}^\ominus$)
HAc		Ac^-		1.75×10^{-5}
H_2CO_3		HCO_3^-		4.45×10^{-7}($K_{a1}^\ominus$)
H_2S		HS^-		1.07×10^{-7}($K_{a1}^\ominus$)
$H_2PO_4^-$		HPO_4^{2-}		6.34×10^{-8}($K_{a2}^\ominus$)
HSO_3^-		SO_3^{2-}		6.24×10^{-8}($K_{a2}^\ominus$)
HClO		ClO^-		2.90×10^{-8}
HCN		CN^-		6.17×10^{-10}
NH_4^+		NH_3		5.68×10^{-10}
H_4SiO_4		$H_3SiO_4^-$		2.51×10^{-10}($K_{a1}^\ominus$)
HCO_3^-		CO_3^{2-}		4.69×10^{-11}($K_{a2}^\ominus$)
$H_3SiO_4^-$		$H_2SiO_4^{2-}$		1.58×10^{-12}($K_{a2}^\ominus$)
HPO_4^{2-}		PO_4^{3-}		4.79×10^{-13}($K_{a3}^\ominus$)
HS^-		S^{2-}		1.26×10^{-13}($K_{a2}^\ominus$)
H_2O(最弱酸)		OH^-(最强碱)		1.00×10^{-14}
		O^{2-}	($O^{2-}+H_2O = OH^-+OH^-$)	
		H^-	($H^-+H_2O = H_2+OH^-$)	
		NH_2^-	($NH_2^-+H_2O = NH_3+OH^-$)	

有时也使用 $pK_a^\ominus$(p 代表取负对数的运算,$pK_a^\ominus=-\lg K_a^\ominus$)或 $pK_b^\ominus$(即$-\lg K_b^\ominus$)来描述酸碱的强度。例如,$pK_a^\ominus(HAc)=4.76$,$pK_b^\ominus(Ac^-)=9.24$。显然,对于一对共轭酸碱对来说,常温下,$pK_a^\ominus+pK_b^\ominus=pK_w^\ominus=14.00$。可见,共轭酸的 $pK_a^\ominus$ 值越小,本身的酸性越强;而其共轭碱的 $pK_b^\ominus$ 值越大,共轭碱的碱性就越弱。

(2) 同一种酸(碱)在不同溶剂中可表现出不同的酸(碱)性,即同一种酸(碱)在不同溶剂中的相对强弱由溶剂的酸碱性决定。例如,HAc 在水中为弱酸,但在液氨中却为强酸,这是因为液氨夺取质子的能力(即碱性)比水强得多,使 HAc 的解离进行得较完全,其解离反应式为

$$HAc+NH_3(l)=\!=\!=Ac^-+NH_4^+$$

HCl 在液氨中当然也是强酸,其解离反应式为

$$HCl+NH_3(l)=\!=\!=Cl^-+NH_4^+$$

因此,液氨将 HCl 和 HAc 的酸强度拉平,故液氨是二者的拉平溶剂。然而,当 HAc 溶于液态 HF 中时,由于液态 HF 酸性更强,HAc 获得质子生成 H_2Ac^+,因而 HAc 在液态 HF 中表现为弱碱,其解离反应式为

$$HAc+HF(l)\rightleftharpoons H_2Ac^++F^-$$

又如,水是 $HClO_4$、H_2SO_4、HCl 的拉平溶剂,而冰醋酸(HAc)则是这三种强酸的区分溶剂。这是由于 HAc 是酸性溶剂,其碱性比水弱的缘故。这三种酸不能将其质子全部转移给 HAc 分子,从而显示出解离程度上的差别:

$$HClO_4+HAc\rightleftharpoons ClO_4^-+H_2Ac^+ \qquad pK_a^\ominus=4.87$$

$$H_2SO_4+HAc\rightleftharpoons HSO_4^-+H_2Ac^+ \qquad pK_a^\ominus=7.24$$

$$HCl+HAc\rightleftharpoons Cl^-+H_2Ac^+ \qquad pK_a^\ominus=8.9$$

因此可知上述三种酸在 HAc 中的酸性强弱顺序为 $HClO_4>H_2SO_4>HCl$。

总的来说,碱性溶剂对于酸具有拉平效应,溶剂的碱性越强,溶质表现出的酸性就越强,所以区分强酸要选用弱碱性溶剂(如用 HAc 而非 H_2O)。同理,酸性溶剂对碱具有拉平效应,要区分 CH_3^-(甲基阴离子)、H^-、NH_2^-这些比 OH^-更强的碱,应选取比 H_2O 酸性更弱的酸作为溶剂。

酸碱质子理论的优点在于它扩大了酸碱的含义和酸碱反应的范围,不仅适用于水溶液中的质子体系,也适用于所有含质子的非水溶剂所形成的溶液体系甚至气相反应体系。但该理论只限于质子的释放和接受,不适用于不含质子的物质或无质子转移的反应,这是酸碱质子理论的局限性。

例 4.1 已知以水为溶剂时,H_3PO_4 的 $K_{a1}^\ominus=7.11\times10^{-3}$,$K_{a2}^\ominus=6.34\times10^{-8}$,$K_{a3}^\ominus=4.79\times10^{-13}$,求:(1) $H_2PO_4^-$ 的 $K_a^\ominus$ 和 $K_b^\ominus$;(2) HPO_4^{2-} 的 $K_a^\ominus$ 和 $K_b^\ominus$。

解:(1) $H_2PO_4^-+H_2O\rightleftharpoons HPO_4^{2-}+H_3O^+$

共轭酸碱对为 $H_2PO_4^-/HPO_4^{2-}$,故 $H_2PO_4^-$ 的 $K_a^\ominus$ 即为 H_3PO_4 的 $K_{a2}^\ominus$,所以

$$K_a^\ominus(H_2PO_4^-)=6.34\times10^{-8}$$

$$H_2PO_4^-+H_2O\rightleftharpoons H_3PO_4+OH^-$$

共轭酸碱对为 $H_3PO_4/H_2PO_4^-$,故

$$K_b^\ominus(H_2PO_4^-)=\frac{K_w^\ominus}{K_{a1}^\ominus}=\frac{1.00\times10^{-14}}{7.11\times10^{-3}}=1.41\times10^{-12}$$

(2) $HPO_4^{2-}+H_2O \rightleftharpoons PO_4^{3-}+H_3O^+$

共轭酸碱对为 HPO_4^{2-}/PO_4^{3-}，故 HPO_4^{2-} 的 $K_a^\ominus$ 即为 H_3PO_4 的 $K_{a3}^\ominus$，所以

$$K_a^\ominus(HPO_4^{2-})=4.79\times10^{-13}$$

$$HPO_4^{2-}+H_2O \rightleftharpoons H_2PO_4^-+OH^-$$

共轭酸碱对为 $H_2PO_4^-/HPO_4^{2-}$，故

$$K_b^\ominus(HPO_4^{2-})=\frac{K_w^\ominus}{K_{a2}^\ominus}=\frac{1.00\times10^{-14}}{6.34\times10^{-8}}=1.58\times10^{-7}$$

4.1.3 酸碱溶剂体系理论

根据酸碱质子理论可知，水是一种两性物质，当有酸存在时，水接受质子成为质子碱；当有碱存在时，水则给出质子，从而充当了质子酸。实际上，一个水分子也能够将质子传递给另一个水分子：

$$H_2O+H_2O \overset{H^+}{\rightleftharpoons} H_3O^++OH^-$$

此过程称为水的自耦解离（auto-dissociation）或自耦电离（autoionization），也称为水的质子自递反应。液氨和冰醋酸也可发生这样的自耦解离。

酸碱溶剂体系理论（solvent-system theory）讨论的是能够发生自耦解离、产生特征阳离子和特征阴离子的溶剂。该理论认为：凡是在溶剂中能解离出该溶剂的特征阳离子或能增大特征阳离子浓度的物质称为酸；凡是在溶剂中能解离出该溶剂的特征阴离子或能增大特征阴离子浓度的物质称为碱。

按照纯溶剂是否自耦解离出溶剂合质子来区分，溶剂可分为两类：

(1) 质子型溶剂（protic solvent），如 $H_2O(l)$、$NH_3(l)$、$HF(l)$、$HAc(l)$ 和 $H_2SO_4(l)$ 等。

$$H_2O+H_2O \rightleftharpoons H_3O^+(\text{特征阳离子})+OH^-(\text{特征阴离子})$$

$$NH_3+NH_3 \rightleftharpoons NH_4^+(\text{特征阳离子})+NH_2^-(\text{特征阴离子})$$

$$3HF \rightleftharpoons H_2F^+(\text{特征阳离子})+HF_2^-(\text{特征阴离子})$$

在水中，HAc 是酸，而 NH_3 是碱，因为它们溶于水时分别产生了溶剂 H_2O 的特征阳离子 H_3O^+ 和特征阴离子 OH^-。在液氨中，所有的铵盐（如 NH_4Cl）都是酸，因为它们能提供溶剂 NH_3 的特征阳离子 NH_4^+；而所有的氨基盐（如氨基钠 $NaNH_2$）都是碱，因为它们都能提供溶剂 NH_3 的特征阴离子 NH_2^-。

(2) 非质子型溶剂（aprotic solvent），如 $N_2O_4(l)$、$SO_2(l)$、$SO_3(l)$ 和 $BrF_3(l)$ 等。

$$N_2O_4 \rightleftharpoons NO^+(\text{特征阳离子})+NO_3^-(\text{特征阴离子})$$

$$SO_2+SO_2 \rightleftharpoons SO^{2+}(\text{特征阳离子})+SO_3^{2-}(\text{特征阴离子})$$

$$SO_3+SO_3 \rightleftharpoons SO_2^{2+}(\text{特征阳离子})+SO_4^{2-}(\text{特征阴离子})$$

$$BrF_3+BrF_3 \rightleftharpoons BrF_2^+(\text{特征阳离子})+BrF_4^-(\text{特征阴离子})$$

在 $BrF_3(l)$ 溶剂中，能够增加溶剂的特征阳离子 BrF_2^+ 浓度的物质是酸，如 SbF_5；能够增加溶剂的特征阴离子 BrF_4^- 浓度的物质是碱，如 KF。

$$SbF_5+BrF_3 = BrF_2^++SbF_6^-$$

$$F^- + BrF_3 \longrightarrow BrF_4^-$$

根据酸碱溶剂体系理论,酸碱中和反应的实质是溶剂的特征阳离子和溶剂的特征阴离子结合生成溶剂分子。例如:

在水中 $H_3O^+ + OH^- \longrightarrow 2H_2O$

在液氨中 $NH_4NO_3 + NaNH_2 \longrightarrow NaNO_3 + 2NH_3$

在液态 SO_2 中 $SOCl_2 + Cs_2SO_3 \longrightarrow 2CsCl + 2SO_2$

酸碱溶剂体系理论是对阿伦尼乌斯电离理论及酸碱质子理论的进一步发展,在解释许多非水溶剂中的酸碱反应方面是非常有用的。但该理论的局限性在于它只适用于能够发生自耦解离的溶剂体系,而不能解释在烃类、醚类及酯类等难以自耦解离的溶剂中的酸碱行为。

4.1.4 酸碱电子理论

1923 年,美国物理化学家路易斯(G. N. Lewis)提出了酸碱电子理论(electron theory of acid and base),也称路易斯酸碱理论(Lewis acid-base theory)。该理论以电子对的接受来判断酸碱性,因此给出了更为广泛的酸碱定义:凡是可以接受电子对的物质称为酸,即酸是电子对的接受体;凡是可以给出电子对的物质称为碱,即碱是电子对的给予体。酸碱电子理论中的酸碱也称为路易斯酸(Lewis acid)、路易斯碱(Lewis base),可以是分子、离子或原子团。

具体来说,路易斯酸必须具有可以接受电子对的空轨道,可以是含有可用于成键的未被占据的价轨道的阳离子(如 Ni^{2+}、Cu^{2+}、Fe^{3+}、Al^{3+}、Ag^+ 等)、含有价层未充满的原子的缺电子化合物(如 BF_3、$AlCl_3$、H_3BO_3 等),以及含有价层可扩展的原子的化合物(如 $SnCl_4$ 可利用外层空 d 轨道)。路易斯碱必须能够提供电子对,可以是具有孤对电子的分子或离子(如 CO、NH_3、H_2O、OH^- 等),也可以是含有 π 键的分子(如乙烯、乙炔等)。

值得一提的是硼酸 H_3BO_3,它并不是质子酸,而是一种典型的路易斯酸。H_3BO_3 是缺电子化合物,当它溶于水时,并非解离出自身的质子,而是通过中心 B 原子(有空轨道)接受 H_2O 解离出的 OH^- 的孤电子对,形成以 B 为中心的配位单元 $[B(OH)_4]^-$。于是水的解离平衡被破坏,溶液中 $[H^+] > [OH^-]$,使得 H_3BO_3 水溶液显弱酸性。

$$H_3BO_3 + H_2O \rightleftharpoons [B(OH)_4]^- + H^+ \qquad K_a^\ominus(H_3BO_3) = 5.81 \times 10^{-10}$$

由解离常数可知 H_3BO_3 为一元弱酸。

在酸碱电子理论中,酸碱反应的实质是形成配位共价键(即酸的空轨道与碱的未共用电子对所在的轨道发生重叠而形成的共价键)并生成酸碱配合物(也称酸碱加合物)。酸碱反应的通式为

$$A + :B \longrightarrow A:B\ (A \leftarrow B)$$

其中,A 为路易斯酸,:B 为路易斯碱,A:B (A←B)为酸碱反应产物——酸碱配合物。

根据酸碱电子理论定义的反应类型如下:

① 酸碱加合反应

$$H^+ + :OH^- \longrightarrow H:OH$$

$$AlCl_3 + :Cl^- \longrightarrow [Cl:AlCl_3]^-$$

$$BF_3 + :F^- \longrightarrow [F:BF_3]^-$$

$$Ag^+ + :Cl^- \longrightarrow Ag:Cl$$

$$Ni+4(:CO) = [Ni(:CO)_4]$$

$$Ag^+ + 2(:NH_3) = [Ag(:NH_3)_2]^+$$

上述这些反应的本质是路易斯酸接受了路易斯碱的电子对,生成酸碱配合物。

② 酸取代反应

$$[Cu(NH_3)_4]^{2+} + 4H^+ = Cu^{2+} + 4NH_4^+$$

$$Fe(OH)_3 + 3H^+ = Fe^{3+} + 3H_2O$$

在上述两个反应中,原来的酸碱配合物中的路易斯酸被另一种路易斯酸取代,生成新的酸碱配合物。

③ 碱取代反应

$$[Al(H_2O)_6]^{3+} + 6F^- = [AlF_6]^{3-} + 6H_2O$$

$$CH_3COOH + NH_3 = NH_4^+ + CH_3COO^-$$

$$H_2O + CH_3COO^- = CH_3COOH + OH^-$$

$$[Cu(NH_3)_4]^{2+} + 2OH^- = Cu(OH)_2 + 4NH_3$$

在上述反应中,原来的酸碱配合物中的路易斯碱被另一种路易斯碱取代,生成新的酸碱配合物。

④ 双取代反应

$$NaOH + HCl = NaCl + H_2O$$

$$Ba(OH)_2 + H_2SO_4 = BaSO_4 + 2H_2O$$

在上述两个反应中,两种酸碱配合物中的酸碱相互交叉取代,生成两种新的酸碱配合物。

路易斯酸碱的定义摆脱了体系必须含有某种离子或元素的制约,也不受溶剂限制,因此涵盖范围极其广泛,绝大多数的物质都能归为路易斯酸、路易斯碱或酸碱配合物。而且酸碱电子理论以路易斯酸接受了路易斯碱的电子对从而生成酸碱配合物来说明酸碱反应的实质,使得大多数反应都可以归为路易斯酸、碱之间的反应或酸、碱与酸碱配合物之间的反应。因此,酸碱电子理论比前三种酸碱理论更全面和更广泛,这是该理论的优点。但该理论对酸碱的认识过于笼统,因而酸碱的特征不明显,另外目前也没有定量的方法来衡量路易斯酸碱的强度。

综上所述,几种酸碱理论各有其优缺点和适用范围。在涉及水溶液体系中的酸碱问题时,常常应用阿伦尼乌斯电离理论或酸碱质子理论;在解释非水溶剂体系中的酸碱行为时经常使用酸碱溶剂体系理论;在讨论有机化学和配位化学中的酸碱问题时,常需要借助酸碱电子理论。本章介绍的重点是酸碱质子理论。

4.2 水的自耦解离平衡

4.2.1 水的离子积常数

前文已述,水能发生自耦解离:

$$H_2O + H_2O \overset{H^+}{\rightleftharpoons} H_3O^+ + OH^-$$

上式可简写为

$$H_2O \rightleftharpoons H^+ + OH^-$$

纯水具有微弱的导电能力，证明了水确实发生了自耦解离，但解离程度很小，存在着解离平衡，平衡常数为

$$K_w^\ominus = \frac{[H^+]}{c^\ominus} \cdot \frac{[OH^-]}{c^\ominus} = [H^+][OH^-] \tag{4.5}$$

式中，$K_w^\ominus$ 称为水的离子积常数，简称水的离子积（ion-product for water）。25 ℃时，实验测得纯水中的$[H^+]=[OH^-]=1.00\times10^{-7}$ mol·dm^{-3}，所以

$$K_w^\ominus(298.15\ K) = [H^+][OH^-] = 1.00\times10^{-14} \tag{4.6}$$

上式表明，在一定温度下，水溶液中$[H^+]$和$[OH^-]$之积为一常数；若其中一个离子相对浓度增大，则另一离子相对浓度必然减小，但二者相对浓度的乘积（$K_w^\ominus$）不变。水的离子积不仅适用于纯水，也适用于所有水溶液体系。在水溶液中，当$[H^+]=[OH^-]$时，称为中性溶液（neutral solution）；当$[H^+]>[OH^-]$时，称为酸性溶液（acidic solution）；当$[H^+]<[OH^-]$时，称为碱性溶液（basic solution）。但无论是中性、酸性还是碱性水溶液中，

$$[H^+][OH^-] = K_w^\ominus$$

这一等式均成立。

和所有的标准平衡常数一样，水的离子积不随浓度变化，而随温度的改变而变化。因为水的自耦解离是强酸强碱中和反应的逆反应，而中和反应是放热反应，所以水的自耦解离是吸热反应，故水的离子积随温度升高而增大（见表 4.2）。相比之下，一般酸碱解离常数随温度的变化并不像水的离子积这样显著。在不做精密计算时，通常采用常温下的水的离子积数据（$K_w^\ominus=1.00\times10^{-14}$）。水的离子积除了可用实验方法测定以外，还可以通过热力学数据计算得到。

表 4.2 水的离子积常数与温度的关系

t/℃	0	10	20	25	40	50	100
$K_w^\ominus/10^{-14}$	0.115	0.296	0.687	1.00	2.87	5.31	54.45

4.2.2 溶液的 pH

水溶液中的 H^+浓度（即溶液的酸度）或 OH^-浓度的大小可以反映溶液的酸碱性。但由于很多化学反应和绝大多数生理现象都是在$[H^+]$很小的溶液中进行的，这时直接使用$[H^+]$的数值很不方便。1909 年，丹麦化学家索伦森（S. P. L. Sorensen）提出了一种表示溶液酸碱性的简便方法，即对溶液中的氢离子浓度取负对数，称为 pH：

$$pH = -\lg[H^+] \tag{4.7}$$

同理，可定义 pOH 和 p$K_w^\ominus$：

$$pOH = -\lg[OH^-] \tag{4.8}$$

$$pK_w^\ominus = -\lg K_w^\ominus \tag{4.9}$$

因为$[H^+][OH^-]=K_w^\ominus$，所以有

$$pH + pOH = pK_w^\ominus \tag{4.10}$$

常温下,有

$$pH+pOH=14.00 \tag{4.11}$$

pH 和 pOH 的使用范围一般在 0~14。超出这个范围,用 H^+或 OH^-的浓度表示溶液的酸碱度反而更方便。

常温下,pH=7 为中性溶液,pH>7 为碱性溶液,pH<7 为酸性溶液。由于水的离子积随温度的变化而变化,因此在温度不为常温时,pH=7 不能表示溶液为中性,而此时只有当溶液中的$[H^+]=[OH^-]$,才能称此溶液为中性。现在通常使用酸度计(或称 pH 计)来准确测定溶液的 pH,若只需知道溶液大概的 pH,可使用酸碱指示剂(如酚酞、石蕊)或 pH 试纸进行粗略测量。

了解溶液中的氢离子浓度和 pH 的概念,在化学、生物学、医学及农业生产等领域都具有实际意义。例如,人体血液的正常 pH 范围是 7.35~7.45,超出此范围会导致人生病甚至死亡。表 4.3 列出了一些常见水溶液的 pH(298.15 K)。

表 4.3 一些常见水溶液的 pH(298.15 K)

水溶液	pH	水溶液	pH
胃液	1.0~3.0	牛奶	6.3~6.5
柠檬汁	2.2~2.4	海水	7.0~8.3
醋	2.4~3.4	血液	7.35~7.45
汽水	3.9	眼泪	7.4
啤酒	4.0~4.5	小苏打	8.4
尿液	4.8~8.4	氢氧化镁悬浊液	10.5
唾液	6.5~7.5	家用氨水	11.9

4.2.3 酸碱指示剂

前文已提及,使用酸碱指示剂或 pH 试纸可粗略测量溶液的 pH。酸碱指示剂(acid-base indicator)是能通过颜色变化来指示溶液 pH 的物质,其种类很多,一般是结构比较复杂的有机弱酸或有机弱碱及一些有机酸碱两性物质。酸碱指示剂在溶液中发生部分解离,当溶液的 pH 改变时,由于质子传递引起指示剂自身的分子或离子结构发生变化,因而呈现不同的颜色。这些结构变化和变色反应都是可逆的。pH 试纸则是由多种酸碱指示剂的混合溶液浸制而成。

下面以弱酸指示剂为例来说明指示剂的变色机理。弱酸指示剂的解离平衡和平衡常数表达式可用如下通式表示:

$$HIn+H_2O \rightleftharpoons H_3O^+ + In^-$$

$$K_a^{\ominus}(HIn)=\frac{[In^-][H^+]}{[HIn]} \tag{4.12}$$

上式中的 HIn 表示指示剂的共轭酸,称为“酸色型”;In^-表示指示剂的共轭碱,称为“碱色型”。HIn 和 In^-具有不同的颜色,如甲基橙的酸色型为红色,碱色型为黄色。上式中的

$K_a^\ominus(\mathrm{HIn})$为指示剂的解离常数。由式(4.12)可得

$$\frac{K_a^\ominus(\mathrm{HIn})}{[\mathrm{H^+}]}=\frac{[\mathrm{In^-}]}{[\mathrm{HIn}]} \tag{4.13}$$

从上式可以看出，当温度一定时，由于$K_a^\ominus(\mathrm{HIn})$为常数，因此溶液的颜色$\left(即\frac{[\mathrm{In^-}]}{[\mathrm{HIn}]}的比值\right)$只由$[\mathrm{H^+}]$决定，即在一定 pH 条件下，溶液具有一定的颜色；当 pH 改变时，溶液的颜色就相应地改变。由式(4.13)可知，当$[\mathrm{H^+}]=K_a^\ominus(\mathrm{HIn})$，即$\mathrm{pH}=\mathrm{p}K_a^\ominus(\mathrm{HIn})$时，溶液中$[\mathrm{In^-}]=[\mathrm{HIn}]$，即$\frac{[\mathrm{In^-}]}{[\mathrm{HIn}]}=1$，这时溶液显示出 HIn 和 $\mathrm{In^-}$ 等浓度的混合色，如甲基橙的橙色。因此将$\mathrm{pH}=\mathrm{p}K_a^\ominus(\mathrm{HIn})$称为指示剂的理论变色点。此时如果向溶液中加酸，使$[\mathrm{H^+}]$增大，pH 减小，则解离平衡左移，$[\mathrm{HIn}]$随之增大，指示剂的颜色就逐渐向酸色型颜色过渡，如甲基橙由橙色向红色过渡。反之，此时若向溶液中加碱，使$[\mathrm{H^+}]$减小，pH 增大，则解离平衡右移，$[\mathrm{In^-}]$随之增大，指示剂的颜色就逐渐向碱色型颜色过渡，如甲基橙由橙色向黄色过渡。

由于人眼对颜色过渡变化的分辨能力有限，当酸色型和碱色型的两种颜色能互相掩盖时，由溶液 pH 的较小变化引起的指示剂颜色的微小变化人眼通常观察不出来。一般来说，当酸色型和碱色型的浓度比超过 10 倍时，人们就只能看出浓度较大的那种颜色，而另一种颜色则分辨不出来。因此，

当$\frac{[\mathrm{HIn}]}{[\mathrm{In^-}]}\geqslant 10$时，$\mathrm{pH}\leqslant \mathrm{p}K_a^\ominus(\mathrm{HIn})-1$（只能看出酸色型颜色）；

当$\frac{[\mathrm{HIn}]}{[\mathrm{In^-}]}\leqslant\frac{1}{10}$时，$\mathrm{pH}\geqslant \mathrm{p}K_a^\ominus(\mathrm{HIn})+1$（只能看出碱色型颜色）。

即只有在$\mathrm{pH}=\mathrm{p}K_a^\ominus(\mathrm{HIn})\pm 1$的范围内，人们才能觉察到由 pH 改变所引起的指示剂颜色的变化，此 pH 范围称为指示剂的变色范围。由于人眼对不同颜色的敏感程度有差别，所以实际观察到的指示剂的变色范围与理论推算的结果略有出入，如甲基橙的$\mathrm{p}K_a^\ominus(\mathrm{HIn})=3.46$，推算出的变色范围应为 pH 2.46～4.46，但实际观察结果是 pH 3.1～4.4。表 4.4 给出了一些常见酸碱指示剂的变色范围。指示剂对酸碱越敏感越好，即指示剂的变色范围越窄越好，这样在化学计量点附近，pH 稍有变化，指示剂即显示出明显的颜色变化，从而减小酸碱滴定中的终点观测误差。

表 4.4 一些常见酸碱指示剂的变色范围

指示剂	变色范围（pH）	颜色变化（酸～碱）	$\mathrm{p}K_a^\ominus(\mathrm{HIn})$
百里酚蓝	1.2～2.8	红～黄	1.65
甲基橙	3.1～4.4	红～黄	3.46
溴酚蓝	3.0～4.6	黄～蓝紫	4.10
甲基红	4.4～6.2	红～黄	5.00
溴百里酚蓝	6.0～7.6	黄～蓝	7.30
酚酞	8.2～10.0	无色～红	9.10

4.3 弱酸和弱碱的解离平衡

根据酸碱质子理论,弱酸和弱碱的基本存在形式可以是中性分子和离子,如 HAc 和 NH_4^+ 为弱酸,NH_3 和 CO_3^{2-} 为弱碱。它们在水中仅发生部分解离,其解离过程(与水发生质子传递反应)是可逆的,一般很快就能达到解离平衡。弱酸和弱碱的解离平衡完全服从化学平衡原理及平衡移动的一般规律。

另外,根据每个酸(或碱)分子或离子能够给出(或接受)的质子个数可将其分类如下:只能给出一个质子的酸称为一元酸,如 HF、HAc 和 NH_4^+;能够给出多个质子的酸称为多元酸,如 H_2CO_3、H_2S 和 H_3PO_4;只能接受一个质子的碱称为一元碱,如 NH_3 和 Ac^-;能够接受多个质子的碱称为多元碱,如 CO_3^{2-}、S^{2-} 和 PO_4^{3-}。

4.3.1 一元弱酸、一元弱碱的解离平衡

1. 一元弱酸的解离平衡

以醋酸 HAc 为例,其在水中的解离反应式为

$$HAc+H_2O \rightleftharpoons H_3O^+ + Ac^-$$

简写为

$$HAc \rightleftharpoons H^+ + Ac^-$$

解离平衡常数

$$K_a^{\ominus}=\frac{[H^+][Ac^-]}{[HAc]}=1.75\times10^{-5}$$

当然 HAc 水溶液中也存在着水的解离平衡:

$$H_2O+H_2O \rightleftharpoons H_3O^+ + OH^-$$

简写为

$$H_2O \rightleftharpoons H^+ + OH^- \qquad K_w^{\ominus}=1.00\times10^{-14}$$

弱酸和水的解离相互联系,相互影响。一般来说,当 $c_{酸} K_a^{\ominus} \gg 20K_w^{\ominus}$,即弱酸的起始浓度不是非常稀,酸强度不是极弱时,$H^+$ 主要是由弱酸的解离产生的,而由水解离出的 H^+ 可以忽略不计。设 HAc 的起始浓度为 $c_{酸}$,达到解离平衡时,HAc、H^+ 和 Ac^- 的平衡浓度分别为 [HAc]、$[H^+]$ 和 $[Ac^-]$,则有 $[HAc]=c_{酸}-[H^+]$,$[H^+]=[Ac^-]$。故

	$HAc \rightleftharpoons$	H^+	+	Ac^-
起始浓度	$c_{酸}$	0		0
平衡浓度	$c_{酸}-[H^+]$	$[H^+]$		$[Ac^-]$

将各物质的平衡浓度代入 $K_a^{\ominus}$ 表达式,得

$$K_a^{\ominus}=\frac{[H^+][Ac^-]}{[HAc]}=\frac{[H^+]^2}{c_{酸}-[H^+]} \tag{4.14a}$$

根据式(4.14a),解一元二次方程,可以在已知弱酸的起始浓度和解离常数的前提下,求出溶液的 $[H^+]$,即式(4.14b),该式是计算一元弱酸溶液中 $[H^+]$ 的近似公式。

$$[H^+]=\frac{-K_a^{\ominus}+\sqrt{(K_a^{\ominus})^2+4K_a^{\ominus}c_{酸}}}{2} \tag{4.14b}$$

根据化学平衡知识可知，如果弱酸的解离常数很小，如 HAc 的 $K_a^\ominus=1.75\times10^{-5}$，表明弱酸的解离反应进行的程度较小，即弱酸的解离程度较小；若同时弱酸的起始浓度 $c_{酸}$ 又较大，即符合 $c_{酸}/K_a^\ominus>400$，则在已经忽略水的解离的同时，又可忽略弱酸因解离所减少的那部分浓度，因此可认为弱酸的平衡浓度近似等于其起始浓度，即 $c_{酸}-[H^+]\approx c_{酸}$。于是，式(4.14a)可进一步简化为

$$K_a^\ominus=\frac{[H^+]^2}{c_{酸}} \tag{4.15}$$

故

$$[H^+]=\sqrt{K_a^\ominus c_{酸}} \tag{4.16}$$

式(4.15)和式(4.16)称为计算一元弱酸溶液中氢离子浓度的最简式，因为同时忽略了水的解离和弱酸已解离的部分。

对于极稀的弱酸溶液($c_{酸}\,K_a^\ominus<20K_w^\ominus$)，水本身的解离相对于弱酸(HB)的解离已不可忽略，这就导致溶液中的 $[H^+]$ 与 $[B^-]$ 不能再近似相等，如在极稀的 HAc 溶液中，$[H^+]\neq[Ac^-]$，而是 $[H^+]=[Ac^-]+[OH^-]$。这时上述近似式和最简式均已不适用，需要用更精确的计算式来计算 $[H^+]$，这方面内容将在分析化学课程中讨论。

根据酸碱质子理论，NH_4^+ 也是一元弱酸，其解离反应为

$$NH_4^++H_2O\rightleftharpoons H_3O^++NH_3$$

解离常数为

$$K_a^\ominus(NH_4^+)=\frac{K_w^\ominus}{K_b^\ominus(NH_3)}=\frac{1.00\times10^{-14}}{1.76\times10^{-5}}=5.68\times10^{-10}$$

NH_4^+ 的解离反应在阿伦尼乌斯电离理论中被称为盐的水解(hydrolysis)反应，相应地，NH_4^+ 的解离常数 $K_a^\ominus$ 被称为水解常数 $K_h^\ominus$。以强酸弱碱盐 NH_4Cl 为例，它在水中完全解离：

$$NH_4Cl=NH_4^++Cl^-$$

Cl^- 几乎不与水作用，而 NH_4^+ 与水发生质子传递反应(即解离或水解)，使得 NH_4Cl 水溶液显弱酸性。设 NH_4Cl 的浓度为 $c_{酸}$，则 NH_4^+ 的起始浓度亦为 $c_{酸}$，若 $c_{酸}/K_a^\ominus(NH_4^+)>400$，则溶液中的 H^+ 浓度可用下列最简式计算：

$$[H^+]=\sqrt{K_a^\ominus(NH_4^+)c_{酸}}=\sqrt{K_h^\ominus(NH_4^+)c_{酸}} \tag{4.17}$$

2. 一元弱碱的解离平衡

一元弱碱的解离平衡组成的计算与一元弱酸的计算在原理上完全相同，以氨水(起始浓度 $c_{碱}$)为例，当 $c_{碱}\,K_b^\ominus\gg20\,K_w^\ominus$ 时，可忽略水的解离，则

$$NH_3+H_2O\rightleftharpoons NH_4^++OH^-$$

$$K_b^\ominus(NH_3)=\frac{[NH_4^+][OH^-]}{[NH_3]}=\frac{[OH^-]^2}{c_{碱}-[OH^-]} \tag{4.18a}$$

$$[OH^-]=\frac{-K_b^\ominus+\sqrt{(K_b^\ominus)^2+4K_b^\ominus c_{碱}}}{2} \tag{4.18b}$$

式(4.18b)是计算一元弱碱溶液中 $[OH^-]$ 的近似公式。

当 $c_{碱}/K_b^\ominus>400$ 时，$c_{碱}-[OH^-]\approx c_{碱}$，则计算一元弱碱溶液中 $[OH^-]$ 的最简式为

$$[OH^-]=\sqrt{K_b^\ominus c_{碱}} \tag{4.19}$$

根据酸碱质子理论，Ac^-也是一元弱碱，其解离反应为

$$Ac^- + H_2O \rightleftharpoons OH^- + HAc$$

Ac^-的解离常数为

$$K_b^\ominus(Ac^-) = \frac{K_w^\ominus}{K_a^\ominus(HAc)} = \frac{1.00\times10^{-14}}{1.75\times10^{-5}} = 5.71\times10^{-10}$$

Ac^-的解离反应在阿伦尼乌斯电离理论中也被称为盐的水解反应，相应地，Ac^-的解离常数 $K_b^\ominus$ 被称为水解常数 $K_h^\ominus$。以强碱弱酸盐 NaAc 为例，它在水中完全解离：

$$NaAc \longrightarrow Na^+ + Ac^-$$

Na^+几乎不与水作用，而Ac^-与水发生质子传递反应（即解离或水解）反应，使得 NaAc 水溶液显弱碱性。设 NaAc 的浓度为 $c_{碱}$，则 Ac^-的起始浓度亦为 $c_{碱}$，若 $c_{碱}/K_b^\ominus(Ac^-)>400$，则溶液中的 OH^-浓度可用下列最简式计算：

$$[OH^-] = \sqrt{K_b^\ominus(Ac^-)c_{碱}} = \sqrt{K_h^\ominus(Ac^-)c_{碱}} \tag{4.20}$$

3. 解离度

解离度（degree of dissociation，电离理论中称为电离度）是弱酸、弱碱在溶液中解离程度的标志，其定义为当弱酸或弱碱在水溶液中达到解离平衡时，已经解离的分子数与分子总数之比，用符号 α 表示，α 常采用百分数的形式。

$$解离度\ \alpha = \frac{已解离分子数}{分子总数}\times100\%$$

弱酸、弱碱的解离度也可表示为

$$\alpha = \frac{已解离的浓度}{起始浓度}\times100\% \tag{4.21}$$

可见，解离度越大，弱酸、弱碱解离的程度越高。

解离常数和解离度都能反映弱酸和弱碱的解离程度，二者之间存在着一定的区别和联系。解离常数是平衡常数的一种形式，其大小由电解质的本性决定，受温度影响，但与电解质的浓度无关。解离度则是转化率的一种形式，其大小也是由电解质的本性决定的（见表 4.5），同时也随起始浓度的变化而变化。一般来说，弱电解质的起始浓度越低，解离度越大（见表 4.6）。

表 4.5　几种常见弱电解质在水中的解离常数和解离度（0.100 mol·dm^{-3}，298.15 K）

弱电解质	HF	HCOOH	HAc	HClO	HCN	NH_3
解离常数	6.31×10^{-4}	1.77×10^{-4}	1.75×10^{-5}	2.90×10^{-8}	6.17×10^{-10}	1.76×10^{-5}
解离度 α/%	7.63	4.12	1.31	5.38×10^{-2}	7.85×10^{-3}	1.32

表 4.6　不同浓度的醋酸溶液的解离度和解离常数（298.15 K）

c_{HAc}/(mol·dm^{-3})	0.200	0.100	0.010 0	0.001 00
解离度 α/%	0.931	1.31	4.10	12.38
解离常数 $K_a^\ominus$	1.75×10^{-5}			

以 HAc 的解离平衡为例，可推导出解离常数和解离度的关系式。设 HAc 的起始浓度为 $c_{酸}$，解离度为 α，则平衡时氢离子浓度$[H^+]=c_{酸}\alpha$，故

$$\begin{array}{lccc} & HAc \rightleftharpoons & H^+ & + \quad Ac^- \\ \text{平衡浓度} & c_{酸}-c_{酸}\alpha & c_{酸}\alpha & c_{酸}\alpha \end{array}$$

$$K_a^{\ominus}=\frac{[H^+][Ac^-]}{[HAc]}=\frac{(c_{酸}\alpha)^2}{c_{酸}(1-\alpha)}=\frac{c_{酸}\alpha^2}{1-\alpha}$$

当 HAc 的解离度 $\alpha<5\%$时（相当于 $c_{酸}/K_a^{\ominus}>400$），$1-\alpha\approx1$，则

$$K_a^{\ominus}=c_{酸}\alpha^2 \qquad \alpha=\sqrt{\frac{K_a^{\ominus}}{c_{酸}}} \tag{4.22}$$

上式表明，当温度一定时，由于 $K_a^{\ominus}$ 是常数，故弱酸的解离度 α 与其起始浓度的平方根成反比，溶液越稀，解离度越大（见表 4.6），此式称为稀释定律（dilution law）。对于一元弱碱溶液，同理可得

$$K_b^{\ominus}=c_{碱}\alpha^2 \qquad \alpha=\sqrt{\frac{K_b^{\ominus}}{c_{碱}}} \tag{4.23}$$

弱酸、弱碱的解离度的大小也可以表示酸、碱的相对强弱。例如，当温度、浓度都相同时，弱酸的解离度越大，表明其解离常数越大，则酸越强。弱碱也是如此。

对于 NH_4^+ 或 Ac^-这些以离子形式存在的一元弱酸或一元弱碱，其解离度 α（电离理论中称为水解度 h）也可按类似式（4.22）和式（4.23）的方法计算：

$$\alpha=h=\sqrt{\frac{K_a^{\ominus}(NH_4^+)}{c_{酸}}}=\sqrt{\frac{K_w^{\ominus}}{K_b^{\ominus}(NH_3)c_{酸}}} \tag{4.24}$$

$$\alpha=h=\sqrt{\frac{K_b^{\ominus}(Ac^-)}{c_{碱}}}=\sqrt{\frac{K_w^{\ominus}}{K_a^{\ominus}(HAc)c_{碱}}} \tag{4.25}$$

由上式可见，离子酸或离子碱的溶液越稀，其解离度（水解度）越大。

例 4.2 计算 25 ℃ 时，0.10 mol·dm^{-3} HAc 溶液中的 H^+、Ac^-、HAc、OH^-浓度，HAc 的解离度 α 及溶液的 pH。已知 HAc 的 $K_a^{\ominus}=1.75\times10^{-5}$。

解：因为 $c_{酸}K_a^{\ominus}=0.10\times1.75\times10^{-5}\gg20K_w^{\ominus}$，且 $c_{酸}/K_a^{\ominus}=0.10/(1.75\times10^{-5})\gg400$，故可采用最简式（4.16）来计算$[H^+]$。

$$[H^+]=[Ac^-]=\sqrt{K_a^{\ominus}c_{酸}}=\sqrt{1.75\times10^{-5}\times0.10}=1.3\times10^{-3}\ \text{mol}\cdot\text{dm}^{-3}$$

$$\text{pH}=-\lg[H^+]=-\lg(1.3\times10^{-3})=2.89$$

因为平衡时已解离的 HAc 的浓度等于$[H^+]$，所以解离度

$$\alpha=\frac{[H^+]}{c_{酸}}\times100\%=\frac{1.3\times10^{-3}}{0.10}\times100\%=1.3\%$$

$$[HAc]=c_{酸}-[H^+]=0.10\ \text{mol}\cdot\text{dm}^{-3}-1.3\times10^{-3}\ \text{mol}\cdot\text{dm}^{-3}=0.099\ \text{mol}\cdot\text{dm}^{-3}\approx0.10\ \text{mol}\cdot\text{dm}^{-3}$$

上述结果说明$[HAc]\approx c_{酸}$这一近似是合理的，误差较小，不影响结果的准确性。

溶液中的 OH^-来自水的解离，其浓度为

$$[\mathrm{OH^-}]=\frac{K_w^\ominus}{[\mathrm{H^+}]}=\frac{1.0\times10^{-14}}{1.3\times10^{-3}}=7.7\times10^{-12}\ \mathrm{mol\cdot dm^{-3}}$$

此结果说明，由水解离出的 H^+ 的浓度（$7.7\times10^{-12}\ \mathrm{mol\cdot dm^{-3}}$）与由 HAc 解离出的 H^+ 的浓度（$1.3\times10^{-3}\ \mathrm{mol\cdot dm^{-3}}$）相比，完全可以忽略不计，即忽略水解离产生的 H^+ 也是完全合理的。

例 4.3 已知 NH_4^+ 的 $K_a^\ominus=5.68\times10^{-10}$，计算 $0.20\ \mathrm{mol\cdot dm^{-3}}$ NH_4Cl 溶液的 pH 和 NH_4^+ 的水解度 h。

解：因为 $c(\mathrm{NH_4^+})K_a^\ominus=0.20\times5.68\times10^{-10}\gg20K_w^\ominus$，且 $c(\mathrm{NH_4^+})/K_a^\ominus=0.20/(5.68\times10^{-10})\gg400$，故可采用最简式（4.17）来计算 $[\mathrm{H^+}]$。

$$[\mathrm{H^+}]=\sqrt{K_a^\ominus(\mathrm{NH_4^+})c_{酸}}=\sqrt{5.68\times10^{-10}\times0.20}=1.1\times10^{-5}\ \mathrm{mol\cdot dm^{-3}}$$

$$\mathrm{pH}=-\lg[\mathrm{H^+}]=-\lg(1.1\times10^{-5})=4.96$$

NH_4^+ 的水解度即为解离度，因为平衡时已解离的 NH_4^+ 的浓度等于 $[\mathrm{H^+}]$，所以

$$h=\alpha=\frac{[\mathrm{H^+}]}{c_{酸}}\times100\%=\frac{1.1\times10^{-5}\ \mathrm{mol\cdot dm^{-3}}}{0.20\ \mathrm{mol\cdot dm^{-3}}}\times100\%=5.5\times10^{-3}\%$$

例 4.4 计算 $2.0\times10^{-3}\ \mathrm{mol\cdot dm^{-3}}$ 氨水溶液的 pH。已知 NH_3 的 $K_b^\ominus=1.76\times10^{-5}$。

解：因为 $c_{碱}K_b^\ominus=2.0\times10^{-3}\times1.76\times10^{-5}\gg20K_w^\ominus$，但 $c_{碱}/K_b^\ominus=2.0\times10^{-3}/(1.76\times10^{-5})=114<400$，故需采用近似式（4.18b）来计算 $[\mathrm{OH^-}]$。

$$[\mathrm{OH^-}]=\frac{-K_b^\ominus+\sqrt{(K_b^\ominus)^2+4K_b^\ominus c_{碱}}}{2}$$

$$=\frac{-1.76\times10^{-5}+\sqrt{(1.76\times10^{-5})^2+4\times1.76\times10^{-5}\times2.0\times10^{-3}}}{2}$$

$$=1.8\times10^{-4}$$

$$\mathrm{pOH}=-\lg[\mathrm{OH^-}]=-\lg(1.8\times10^{-4})=3.74$$

$$\mathrm{pH}=14.00-\mathrm{pOH}=14.00-3.74=10.26$$

若采用最简式（4.19）来计算 $[\mathrm{OH^-}]$，则

$$[\mathrm{OH^-}]=\sqrt{K_b^\ominus(\mathrm{NH_3})c_{碱}}=\sqrt{1.76\times10^{-5}\times2.0\times10^{-3}}=1.9\times10^{-4}$$

$$相对误差=\frac{1.9\times10^{-4}-1.8\times10^{-4}}{1.8\times10^{-4}}\times100\%=5.6\%，计算误差较大。$$

例 4.5 4.1 g 固体 NaAc 溶于水配成 500 mL 水溶液，计算该溶液的 pH。已知 $M(\mathrm{NaAc})=82.03\ \mathrm{g\cdot mol^{-1}}$，HAc 的 $K_a^\ominus=1.75\times10^{-5}$。

解：因为 NaAc 为强电解质，在水中完全解离，又 $500\ \mathrm{mL}=0.50\ \mathrm{dm^3}$，故

$$c(\mathrm{Ac^-})=\frac{n}{V}=\frac{m}{MV}=\frac{4.1\ \mathrm{g}}{82.03\ \mathrm{g\cdot mol^{-1}}\times0.50\ \mathrm{dm^3}}=0.10\ \mathrm{mol\cdot dm^{-3}}$$

Ac^- 的解离反应为

$$\mathrm{Ac^-+H_2O\rightleftharpoons HAc+OH^-}$$

$$K_b^\ominus(\mathrm{Ac^-})=\frac{K_w^\ominus}{K_a^\ominus(\mathrm{HAc})}=\frac{1.0\times10^{-14}}{1.75\times10^{-5}}=5.71\times10^{-10}$$

因为 $c_{碱}K_b^\ominus=0.10\times5.71\times10^{-10}>20K_w^\ominus$，且 $c(\mathrm{Ac^-})/K_b^\ominus=0.10/(5.71\times10^{-10})\gg400$，故可用

最简式(4.20)来计算溶液中的[OH^-]。

$$[OH^-]=\sqrt{K_b^{\ominus}(Ac^-)c_{碱}}=\sqrt{5.71\times10^{-10}\times0.10}=7.6\times10^{-6}$$

$$pOH=-\lg[OH^-]=-\lg(7.6\times10^{-6})=5.12$$

$$pH=14.00-pOH=14.00-5.12=8.88$$

4. 同离子效应

作为化学平衡的一种,酸碱解离平衡也是一个暂时的、相对的动态平衡,当外界条件改变时,如改变平衡体系中某一物质的浓度,旧的平衡就会被破坏,解离平衡会发生移动,直至建立起新的平衡。例如,向 HAc 溶液中加入少量 NaAc 固体,

$$HAc \rightleftharpoons H^+ + Ac^-$$

$$NaAc = Na^+ + Ac^-$$

由于溶液中 Ac^-浓度增大,根据勒夏特列原理,这将导致 HAc 的解离平衡向左移动,从而降低了 HAc 的解离度。同理,若向 HAc 溶液中加入少量盐酸,会使溶液中 H^+浓度增大,HAc 的解离平衡也将左移,HAc 的解离度也会降低。在弱电解质溶液中,加入与其含有相同离子的强电解质,使弱电解质的解离平衡左移,从而降低弱电解质的解离度的现象称为同离子效应(common-ion effect)。同离子效应体现了浓度对弱电解质解离平衡的影响。

例 4.6 在 0.200 mol · dm^{-3} HAc 溶液中,加入 NaAc 固体,使 NaAc 的浓度达到 0.200 mol · dm^{-3},求该混合溶液的[H^+]、pH 和 HAc 的解离度(忽略加入固体后溶液的体积变化,HAc 的 $K_a^{\ominus}=1.75\times10^{-5}$)。

解:因为 $c_{酸}K_a^{\ominus}\gg 20K_w^{\ominus}$,故可忽略水的解离。设 HAc 解离产生的[$H^+$]为 x mol · dm^{-3},则

$$HAc \rightleftharpoons H^+ \quad + \quad Ac^-$$

平衡浓度/(mol · dm^{-3})　　0.200−x　　x　　0.200+x

因为 HAc 溶液中存在大量 Ac^-,由于同离子效应,HAc 的解离度更小,所以可对 HAc 和 Ac^- 的平衡浓度做近似处理,即二者平衡浓度均近似等于其起始浓度:

$$[HAc]=0.200\ \text{mol}\cdot\text{dm}^{-3}-x\ \text{mol}\cdot\text{dm}^{-3}\approx0.200\ \text{mol}\cdot\text{dm}^{-3},$$

$$[Ac^-]=0.200\ \text{mol}\cdot\text{dm}^{-3}+x\ \text{mol}\cdot\text{dm}^{-3}\approx0.200\ \text{mol}\cdot\text{dm}^{-3}$$

将以上平衡浓度带入 HAc 的 $K_a^{\ominus}$ 表达式,得

$$K_a^{\ominus}=\frac{[H^+][Ac^-]}{[HAc]}=\frac{x(0.200+x)}{0.200-x}\approx\frac{0.200x}{0.200}=x=1.75\times10^{-5}$$

故
$$[H^+]=x=1.75\times10^{-5}$$

$$pH=-\lg[H^+]=-\lg(1.75\times10^{-5})=4.76$$

$$\alpha=\frac{[H^+]}{c_{酸}}\times100\%=\frac{1.75\times10^{-5}\ \text{mol}\cdot\text{dm}^{-3}}{0.20\ \text{mol}\cdot\text{dm}^{-3}}\times100\%=8.75\times10^{-3}\%$$

由表 4.6 可知,0.200 mol · dm^{-3} HAc 溶液中,HAc 的解离度为 0.931%;与本题结果相比较可知,加入 NaAc 后,HAc 的解离度减小为原来的 1/106。

例 4.7 已知 HSO_4^- 的 $K_a^{\ominus}=1.02\times10^{-2}$,计算 0.10 mol · dm^{-3} H_2SO_4 溶液的 pH。

解:H_2SO_4 的第一步解离为完全解离,故有 0.10 mol · dm^{-3} H^+和 HSO_4^-存在于第二步解

离之前。设第二步解离产生的[H^+]为 x mol · dm^{-3},则

$$\begin{array}{lccc} & HSO_4^- & \rightleftharpoons & H^+ & + & SO_4^{2-} \\ \text{平衡浓度}/(mol\cdot dm^{-3}) & 0.10-x & & 0.10+x & & x \end{array}$$

$$K_a^{\ominus}=\frac{[H^+][SO_4^{2-}]}{[HSO_4^-]}=\frac{(0.10+x)x}{0.10-x}=1.02\times10^{-2}$$

解得

$$x=8.6\times10^{-3}$$

故

$$[H^+]=0.10+x=0.10+8.6\times10^{-3}=0.11\ mol\cdot dm^{-3}$$

$$pH=-lg[H^+]=-lg\ 0.11=0.96$$

由于强酸或强碱在水溶液中完全解离,所以一般情况下溶液酸度的计算比较简单。只要强酸强碱的浓度不是很低,$c\geqslant10^{-6}$ mol · dm^{-3},就可以忽略水的解离,[H^+] = $c_{酸}$(强酸溶液)或[OH^-] = $c_{碱}$(强碱溶液)。例如,0.50 mol · dm^{-3} HCl 溶液,其酸度([H^+])也是 0.50 mol · dm^{-3}, pH = −lg0.50 = 0.30。作为二元酸的 H_2SO_4 情况比较特殊,虽然它是强酸,但是它的第二步解离为不完全解离,因此计算 H_2SO_4 溶液酸度时,需考虑第一步完全解离出的 H^+对第二步解离产生的同离子效应。当然,无论是强酸或强碱水溶液还是弱酸或弱碱水溶液,若将其无限稀释,则溶质的解离可忽略不计,这时仅需考虑溶剂水的解离,即溶液的酸度近似于纯溶剂的酸度,也就是说无限稀释后的酸溶液或碱溶液成为中性溶液。

5. 盐效应

在弱电解质溶液中,加入不含相同离子的强电解质,将使弱电解质的解离平衡右移,导致弱电解质的解离度增大,这种现象称为盐效应(salt effect)。例如,向 0.10 mol · dm^{-3} HAc 溶液中加入 NaCl 固体,使其浓度达到 0.20 mol · dm^{-3},则此混合溶液中 HAc 的解离度为 1.92%,而纯的 0.10 mol · dm^{-3} HAc 溶液的解离度为 1.31%,可见盐效应使 HAc 的解离度略微增大。对于盐效应,可应用强电解质溶液理论进行定性解释。

1923 年,德拜(P. J. W. Debye)和休克尔(E. Hückel)为了解释由溶液导电性实验所测得的强电解质的解离度(即表观解离度)都小于理论解离度 100%这一现象,提出了强电解质溶液理论,也称离子相互作用理论(ion-ion interaction theory)。该理论认为,强电解质在低浓度水溶液中是完全解离的,在离子间起作用的力主要是库仑力。但是,在强电解质溶液中,由于带电离子间的相互作用(同号排斥,异号吸引),每个离子都被带相反电荷的离子所包围,形成一个球形对称的"离子氛"(ionic atmosphere),见图 4.1。每个正离子之外有一个带负电荷的离子氛,每个负离子之外又有一个带正电荷的离子氛。每一个中心离子(被包围的离子)同时又是其他多个反荷离子的离子氛中的一员。因此,强电解质溶液可视为由处在溶剂水中的很多个离子氛交错在一起构成的错综复杂的体系,离子之间存在着静电吸引和排斥作用。另一方面,由于离子和溶剂分子进行着持续不断的热运动,旧的离子氛不断解体,新的离子氛不断形成,所以离子氛不是固定不变的,而是在不停地运动和变换。因而离子氛的存在只能看作一个统计平均的结果。离子氛的性质取决于离子的电荷数、溶液的浓度及温度等。在无限稀释时,离子间的距离很大,离子间的引力可忽略不计,因此离子氛的影响亦可忽略,即离子的行动不再受其他离子的影响。但在常见的低浓度溶液中,离子氛的存在就会影响离子的行动。

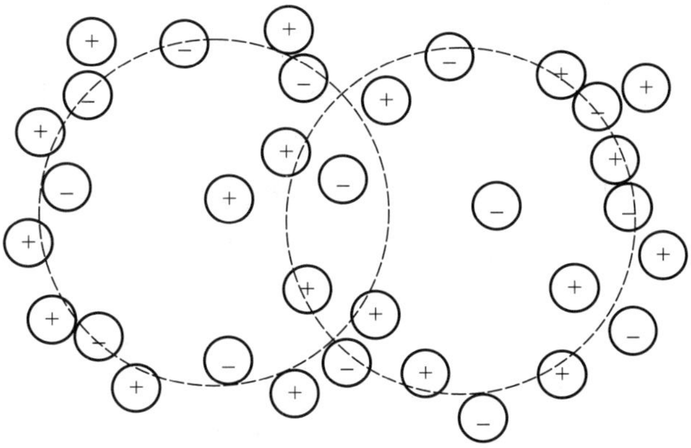

图 4.1 离子氛示意图

由于离子氛的存在，强电解质溶液中的离子并非完全独立的自由离子，它们在溶液中的运动也非完全自由，单个离子并不能百分之百地发挥一个独立微粒的作用，因而实验测得的强电解质在溶液中的解离度小于理论解离度 100%，即离子的有效浓度小于理论浓度，故电解质溶液的依数性数值会比全以自由离子计算的理论值要小一些。该理论的更多详细内容请参见物理化学教材。

离子的有效浓度是指电解质溶液中实际上起作用的离子的浓度，也称活度（activity），通常用 a 表示。对于溶质 B，其活度 a_B 与浓度的关系为

$$a_B = \gamma_B b_B \tag{4.26}$$

γ_B 称为溶质 B 的活度因子（activity factor），也称活度系数（activity coefficient），是量纲一的量；b_B 是质量摩尔浓度。当溶质的浓度采用物质的量浓度 c_B 或摩尔分数 x_B 表示时，则有与之对应的活度和活度因子。通常情况下，溶质的活度数值比其浓度要小些，即 $a_B<b_B$，$\gamma_B<1$。当溶液极稀，即 $b_B \to 0$ 时，$\gamma_B \to 1$，此时有 $a_B \approx b_B$。在电解质溶液中，影响离子活度因子的主要因素是离子的浓度和电荷数，后者的影响比浓度的影响更大，而且电荷数越高，影响就越大。当溶液中的离子浓度极小时，且离子所带的电荷数也小时，离子间相互作用越弱，活度与浓度就越接近，γ_B 越接近 1。由此可见，活度因子反映了溶液中离子之间相互作用的大小。值得注意的是，由于在电解质溶液中正、负离子总是同时存在的，因此至今尚无严格的实验方法来测定单个离子的活度和活度因子，而是可以通过实验求出离子的平均活度 $a_\pm$ 和平均活度因子 $\gamma_\pm$（详见物理化学教材）。

离子的活度因子，除了受其本身的浓度和电荷数影响以外，还受溶液中存在的其他离子的浓度和电荷数的影响。为了表征这些影响，1921 年路易斯（G. N. Lewis）提出了离子强度（ionic strength，符号 I）的概念，其定义式为

$$I = \frac{1}{2} \sum_B b_B z_B^2 \tag{4.27}$$

式中，b_B 是溶液中某离子 B 的质量摩尔浓度，z_B 是该离子的电荷数。由此式可知，离子强度 I 是溶液中每种离子的质量摩尔浓度乘以该离子所带的电荷数的平方所得的诸项之和的一半。显然离子强度的单位与质量摩尔浓度的单位相同，也是 $mol \cdot kg^{-1}$。离子强度是溶液中的带电离子所产生的静电场的强度的量度，它与离子的浓度和电荷数有关，而与离子的种类

无关。离子的浓度越大,电荷数越高,则溶液的离子强度就越大,离子间的相互作用就越强,离子的活度因子就越小,离子的活度与浓度之间的差值就越大。

严格来讲,在涉及化学平衡的计算(包括平衡常数的表达式)中,应当使用组分的活度而非浓度。但是,由于本书中涉及的电解质(无论强弱)溶液浓度一般较低,离子强度亦较小,故可以近似认为离子的活度因子 $\gamma_B \approx 1$;中性分子(如非电解质、弱电解质)的活度因子受离子强度增大的影响一般很小,其 γ_B 也可粗略地视为 1。为了简化问题,均采用溶质的浓度代替活度进行计算。

就盐效应而言,当弱电解质溶液中加入不含相同离子的强电解质时,由于溶液中的离子数目增多,同时溶液的离子强度增大,离子间的相互作用增强,正、负离子的周围都吸引了大量的异号离子而形成离子氛,使得离子不能完全自由地运动。这就导致离子的活度因子更加偏离 1,因而原来解离出的离子的有效浓度(即活度)减小,不能维持原来的解离平衡。只有平衡向解离方向移动(即右移),再解离出部分离子,才能建立新的平衡,因此弱电解质的解离度增大。

盐效应和同离子效应对弱电解质的解离度的影响效果相反,而且在产生同离子效应的同时,必然伴随着盐效应的发生,但同离子效应的影响要大得多。因此在计算时经常忽略由盐效应引起的解离度的变化。

4.3.2 二元弱酸、二元弱碱的解离平衡

1. 二元弱酸的解离平衡

多元弱酸或多元弱碱在水溶液中的解离是分步进行的,每一步解离都有相应的解离平衡和解离平衡常数。现以氢硫酸(H_2S)为例讨论二元弱酸的解离平衡。H_2S 在水溶液中的解离分两步进行:

$$H_2S \rightleftharpoons H^+ + HS^- \qquad K_{a1}^{\ominus} = \frac{[H^+][HS^-]}{[H_2S]} = 1.07\times10^{-7}$$

$$HS^- \rightleftharpoons H^+ + S^{2-} \qquad K_{a2}^{\ominus} = \frac{[H^+][S^{2-}]}{[HS^-]} = 1.26\times10^{-13}$$

在 H_2S 水溶液中,同时存在 H_2O 的解离平衡及 H_2S 的一级和二级解离平衡,因此溶液中的 H^+ 有三个来源,$[H^+]=[H^+]_w+[H^+]_1+[H^+]_2$,且同时存在未解离的 H_2S 分子及 HS^-、S^{2-} 和 OH^-。对于氢硫酸来说,当 $c_{酸}\ K_{a1}^{\ominus} \gg 20K_w^{\ominus}$,即酸的浓度不是非常稀时,$H^+$ 主要是由酸的解离产生的,而由水解离出的 H^+(即 $[H^+]_w$)可以忽略不计。比较 H_2S 的两级解离常数可知,$K_{a1}^{\ominus} \gg K_{a2}^{\ominus}$($K_{a1}^{\ominus}/K_{a2}^{\ominus}=8.5\times10^5$),这是多步解离的一个规律,说明第二步解离比第一步解离困难得多。造成此现象的原因主要是第一步解离产生的 H^+ 的同离子效应充分抑制了第二步解离;另外从离子间的静电作用考虑,从带负电荷的 HS^- 中再解离出一个正离子 H^+,要比从中性 H_2S 分子中解离出一个正离子 H^+ 困难得多。因此,第二步解离出的 H^+ 的数量远远少于第一步解离出的 H^+ 的数量,即 $[H^+]_1 \gg [H^+]_2$。综上所述,H_2S 溶液中的 H^+ 主要是由第一级解离提供,即 $[H^+]=[H^+]_w+[H^+]_1+[H^+]_2 \approx [H^+]_1$,因此计算 $[H^+]$ 时可按一元弱酸近似处理[当 $K_{a1}^{\ominus}/K_{a2}^{\ominus} \geqslant 10^3$,且 $c_{酸}/K_{a2}^{\ominus} \geqslant 10^{1.7}$(=50)时,可忽略多元弱酸的第二步解离,此时允许误差 ≤2%,详见分析化学教材]。

根据多重平衡原则，将 H_2S 的上述两级解离反应式相加，可得到 H_2S 的解离总反应式

$$H_2S \rightleftharpoons 2H^+ + S^{2-}$$

总的解离平衡常数为

$$K_a^\ominus = \frac{[H^+]^2[S^{2-}]}{[H_2S]} = K_{a1}^\ominus K_{a2}^\ominus = 1.07\times10^{-7}\times1.26\times10^{-13} = 1.35\times10^{-20}$$

应注意以下几点：

(1) 总的解离常数关系式仅表示平衡时 $[H^+]$、$[H_2S]$ 和 $[S^{2-}]$ 之间的关系，并不说明解离过程按 $H_2S \rightleftharpoons 2H^+ + S^{2-}$ 的方式进行。

(2) $[H^+] \neq 2[S^{2-}]$，这是因为第二步解离程度很小。

(3) 在多元弱酸溶液中，同时存在多个解离平衡，若某离子涉及多个平衡，则其浓度必须同时满足所有平衡的平衡常数表达式的数量关系，这是求解多个平衡共存问题的一条重要原则。例如，对于 H_2S 溶液，其 $[H^+]$ 同时满足 H_2S 的两级解离常数 $K_{a1}^\ominus$ 和 $K_{a2}^\ominus$、总的解离常数 $K_a^\ominus$ 及水的离子积 $K_w^\ominus$ 的表达式的数量关系。

例 4.8 常温常压下，饱和 H_2S 水溶液中，$[H_2S] = 0.10\ mol \cdot dm^{-3}$，求该溶液中各物种的浓度、溶液的 pH 及 H_2S 的解离度。已知 H_2S 的 $K_{a1}^\ominus = 1.07\times10^{-7}$，$K_{a2}^\ominus = 1.26\times10^{-13}$。

解：(1) 求 $[H^+]$、$[OH^-]$、$[HS^-]$ 和 $[H_2S]$

因为 $c_{酸} K_{a1}^\ominus = 0.10\times1.07\times10^{-7} \gg 20K_w^\ominus$，且 $K_{a1}^\ominus/K_{a2}^\ominus \gg 10^3$、$c_{酸}/K_{a2}^\ominus \gg 50$，因此可以忽略水的解离和 H_2S 的二级解离，可按一元弱酸处理。又因为 $c_{酸}/K_{a1}^\ominus = 0.10/(1.07\times10^{-7}) \gg 400$，所以可采用最简式计算 $[H^+]$。H_2S 的一级解离反应为

$$H_2S \rightleftharpoons H^+ + HS^-$$

平衡浓度/$(mol \cdot dm^{-3})$　$0.10-[H^+]$　$[H^+]$　$[HS^-]$

$$[H^+] = \sqrt{c_{酸} K_{a1}^\ominus} = \sqrt{0.10\times1.07\times10^{-7}} = 1.0\times10^{-4}\ mol \cdot dm^{-3}$$

$$[OH^-] = \frac{K_w^\ominus}{[H^+]} = \frac{1.0\times10^{-14}}{1.0\times10^{-4}} = 1.0\times10^{-10}\ mol \cdot dm^{-3}$$

因为第二步解离程度很小，所以 $[HS^-] \approx [H^+] = 1.0\times10^{-4}\ mol \cdot dm^{-3}$

$$[H_2S] = 0.10\ mol \cdot dm^{-3} - [H^+] = 0.10\ mol \cdot dm^{-3} - 1.0\times10^{-4}\ mol \cdot dm^{-3} \approx 0.10\ mol \cdot dm^{-3}$$

(2) 求 $[S^{2-}]$

H_2S 的第二步解离反应为

$$HS^- \rightleftharpoons H^+ + S^{2-}$$

$$K_{a2}^\ominus = \frac{[H^+][S^{2-}]}{[HS^-]} = 1.26\times10^{-13}$$

因为第二步解离程度很小，$[HS^-] \approx [H^+]$，故

$$[S^{2-}] = K_{a2}^\ominus = 1.26\times10^{-13}\ mol \cdot dm^{-3}$$

(3) 求 pH 和解离度 α

$$pH = -\lg[H^+] = -\lg(1.0\times10^{-4}) = 4.00$$

$$\alpha = \frac{[H^+]}{c_{酸}}\times100\% = \frac{1.0\times10^{-4}\ mol \cdot dm^{-3}}{0.10\ mol \cdot dm^{-3}}\times100\% = 0.10\%$$

可见，在 $0.10\ mol \cdot dm^{-3}\ H_2S$ 溶液中，H_2S 的解离度约为 0.10%，溶液中绝大部分是未解离

的 H_2S 分子。

根据上述计算结果,可得出如下结论:

(1)若多元弱酸的 $K_{a1}^\ominus \gg K_{a2}^\ominus \gg K_{a3}^\ominus$,且符合 $K_{a1}^\ominus/K_{a2}^\ominus \geq 10^3$、$c_{酸}/K_{a2}^\ominus \geq 10^{1.7}(=50)$,则其溶液中的[$H^+$]主要取决于第一步解离,因此在求算溶液中的[$H^+$]时,可将多元弱酸视为一元弱酸处理,并且 $K_{a1}^\ominus$ 可以作为衡量多元弱酸酸强度的标志。

(2)一般来说,在二元弱酸 H_2A 溶液中,-1 价酸根离子的浓度近似等于[H^+],即[HA^-]≈[H^+];而-2 价酸根离子的浓度则近似等于 $K_{a2}^\ominus$,即[A^{2-}]≈$K_{a2}^\ominus$,[A^{2-}]与二元弱酸的起始浓度无关(符合 $c_{酸} \geq 25K_{a2}^\ominus$),$K_{a2}^\ominus$ 越小,则[A^{2-}]越低。此结论适用于纯的二元弱酸溶液,而不适用于二元弱酸与其他物质的混合溶液。

例 4.9 已知 H_2S 的总的解离常数 $K_a^\ominus = 1.35\times10^{-20}$,计算含 0.20 $mol\cdot dm^{-3}$ HCl 和 0.10 $mol\cdot dm^{-3}$ H_2S 的混合溶液中的[S^{2-}]。

解:由于 HCl 是强酸,其完全解离产生的 H^+ 的同离子效应充分抑制了 H_2S 的解离,因此该混合溶液中的[H^+]就相当于 HCl 的浓度,即

$$[H^+] = 0.20\ mol\cdot dm^{-3}$$

而 H_2S 则几乎不发生解离,其平衡浓度

$$[H_2S] \approx 0.10\ mol\cdot dm^{-3}$$

由 H_2S 的解离总反应式 $H_2S \rightleftharpoons 2H^+ + S^{2-}$,可知

$$K_a^\ominus = \frac{[H^+]^2[S^{2-}]}{[H_2S]} = 1.35\times10^{-20}$$

故

$$[S^{2-}] = \frac{K_a^\ominus[H_2S]}{[H^+]^2} = \frac{1.35\times10^{-20}\times0.10}{0.20^2} = 3.4\times10^{-20}\ mol\cdot dm^{-3}$$

由此可见,在 0.20 $mol\cdot dm^{-3}$ HCl 和 0.10 $mol\cdot dm^{-3}$ H_2S 的混合溶液中,由于强酸的同离子效应,[S^{2-}]约降低为纯的 0.10 $mol\cdot dm^{-3}$ H_2S 溶液中的[S^{2-}]($\approx K_{a2}^\ominus = 1.26\times10^{-13}\ mol\cdot dm^{-3}$)的 $1/10^7$。实际上,由于饱和 H_2S 水溶液的浓度为 0.10 $mol\cdot dm^{-3}$,所以通常情况下,溶液中的[S^{2-}]只与其 pH 有关,要使溶液中的[S^{2-}]达到某一数值,只需调节溶液的 pH 即可。

许多水合金属离子$[M(H_2O)_m]^{n+}$有将水合的水分子的质子传递给溶剂水而发生酸式解离的趋势。例如:

$$[Fe(H_2O)_6]^{3+} + H_2O \rightleftharpoons H_3O^+ + [Fe(OH)(H_2O)_5]^{2+} \qquad K_{a1}^\ominus = 6.03\times10^{-3}$$

$$[Al(H_2O)_6]^{3+} + H_2O \rightleftharpoons H_3O^+ + [Al(OH)(H_2O)_5]^{2+} \qquad K_{a1}^\ominus = 1.26\times10^{-5}$$

上述反应与 NH_4^+ 在水中的解离反应类似,均为与水发生的质子传递反应,因此也属于阿伦尼乌斯电离理论中的"盐的水解"反应。水合金属离子给出质子的过程也是分步进行的,最后一步解离(水解)将得到金属氢氧化物沉淀(或形成溶胶),所以水合金属离子也是多元酸,它们的水溶液显酸性。由于第一步解离产生的 H_3O^+ 的同离子效应,一般情况下一级解离是主要的。鉴于水合金属离子的酸常数很难测准,这类多元酸的化学平衡一般不做定量讨论。需要注意的是,在配制这些盐的水溶液时,为了防止其"水解"产生金属氢氧化物沉淀,通常先将它们溶于较浓的相应的酸中,然后再按需稀释。另外,对于"水解"倾向极强的一些金属卤化物和硝酸盐,如 $SnCl_2$、$SbCl_3$、$BiCl_3$ 和 $Bi(NO_3)_3$,

$$SnCl_2 + H_2O \rightleftharpoons Sn(OH)Cl\downarrow(白) + HCl$$

$$SbCl_3+H_2O \rightleftharpoons SbOCl\downarrow(白)+2HCl$$

$$BiCl_3+H_2O \rightleftharpoons BiOCl\downarrow(白)+2HCl$$

$$Bi(NO_3)_3+H_2O \rightleftharpoons BiONO_3\downarrow(白)+2HNO_3$$

配制溶液时也需将化合物直接溶于相应的酸中，否则很难得到清亮溶液。此外，由于水解反应是吸热反应，故加热会促进水解，因此配制易水解的金属盐溶液时一般应避免加热。然而，有时也需要利用盐的水解反应以提纯和除杂，如大量的 $FeCl_3$ 可用于污水处理，Fe^{3+} 水解产生的胶状物 FeOOH 吸附聚合物等悬浮物的能力较强，同时也能沉淀重金属离子、降低磷酸盐的浓度。

2. 二元弱碱的解离平衡

根据酸碱质子理论，阿伦尼乌斯电离理论中的多元弱酸的正盐所含的酸根离子，如 Na_2S 中的 S^{2-}、Na_2CO_3 中的 CO_3^{2-}、Na_3PO_4 中的 PO_4^{3-} 等，在水溶液中能够夺取溶剂水分子中的质子而发生碱式解离，因而是多元弱碱。多元弱碱在水中的解离也是分级(分步)进行的。例如，S^{2-} 在水中的解离分两步进行：

$$S^{2-}+H_2O \rightleftharpoons OH^-+HS^- \quad K_{b1}^{\ominus}$$

$$HS^-+H_2O \rightleftharpoons OH^-+H_2S \quad K_{b2}^{\ominus}$$

在第一步解离反应中，HS^- 是 S^{2-} 的共轭酸，HS^- 的解离常数是 $K_{a2}^{\ominus}(H_2S)$，因此

$$K_{b1}^{\ominus}=\frac{K_w^{\ominus}}{K_{a2}^{\ominus}(H_2S)}=\frac{1.00\times10^{-14}}{1.26\times10^{-13}}=7.94\times10^{-2}$$

同理，

$$K_{b2}^{\ominus}=\frac{K_w^{\ominus}}{K_{a1}^{\ominus}(H_2S)}=\frac{1.0\times10^{-14}}{1.07\times10^{-7}}=9.35\times10^{-8}$$

可见，S^{2-} 的 $K_{b1}^{\ominus}\gg K_{b2}^{\ominus}$，说明一级解离比二级解离的程度大得多，即一级解离反应是主要的，所以多元弱碱的解离一般只考虑一级解离，二级解离可忽略不计。

当然，根据阿伦尼乌斯电离理论，上述多元弱碱的解离反应同样属于水解反应，而且是多级水解，因此多元弱酸强碱盐(如 Na_2S、Na_2CO_3 和 Na_3PO_4)的水溶液显碱性。

例 4.10 已知 S^{2-} 的解离常数 $K_{b1}^{\ominus}=7.94\times10^{-2}$，$K_{b2}^{\ominus}=9.35\times10^{-8}$，计算 0.20 $mol\cdot dm^{-3}$ Na_2S 溶液中各物种的浓度、溶液的 pH 和 S^{2-} 的解离度。

解：(1) 计算溶液中各物种(Na^+、S^{2-}、OH^-、H^+、HS^- 和 H_2S)的浓度

Na_2S 在水中完全解离：

$$Na_2S = 2Na^++S^{2-}$$

所以

$$[Na^+]=c(Na^+)=0.40\ mol\cdot dm^{-3}$$

$$c(S^{2-})=0.20\ mol\cdot dm^{-3}$$

因为 S^{2-} 的 $K_{b1}^{\ominus}/K_{b2}^{\ominus}=7.94\times10^{-2}/9.35\times10^{-8}\gg10^3$，且 $c_{碱}/K_{b2}^{\ominus}=0.20/9.35\times10^{-8}\gg50$，故可按一级解离计算溶液的$[OH^-]$。但由于 $c(S^{2-})/K_{b1}^{\ominus}=0.20/7.94\times10^{-2}=2.5<400$，所以需采用近似式(4.18b)来计算$[OH^-]$。

S^{2-} 的一级解离反应为

$$S^{2-}+H_2O \rightleftharpoons OH^-+\quad HS^- \quad K_{b1}^{\ominus}=0.079\,4$$

$$[\mathrm{OH^-}]=\frac{-K_{b1}^{\ominus}+\sqrt{(K_{b1}^{\ominus})^2+4K_{b1}^{\ominus}c(\mathrm{S^{2-}})}}{2}$$

$$=\frac{-7.94\times10^{-2}+\sqrt{(7.94\times10^{-2})^2+4\times7.94\times10^{-2}\times0.20}}{2}$$

$$=0.092\ \mathrm{mol\cdot dm^{-3}}$$

$$[\mathrm{H^+}]=\frac{K_w^{\ominus}}{[\mathrm{OH^-}]}=\frac{1.0\times10^{-14}}{0.092}=1.1\times10^{-13}\ \mathrm{mol\cdot dm^{-3}}$$

$$[\mathrm{S^{2-}}]=c(\mathrm{S^{2-}})-[\mathrm{OH^-}]=0.20\ \mathrm{mol\cdot dm^{-3}}-0.092\ \mathrm{mol\cdot dm^{-3}}=0.11\ \mathrm{mol\cdot dm^{-3}}$$

因为 S^{2-} 的第二步解离程度很小，故

$$[\mathrm{HS^-}]\approx[\mathrm{OH^-}]=0.092\ \mathrm{mol\cdot dm^{-3}}$$

S^{2-} 的二级解离反应为

$$\mathrm{HS^-+H_2O \rightleftharpoons OH^-+H_2S} \qquad K_{b2}^{\ominus}=9.35\times10^{-8}$$

平衡浓度/($\mathrm{mol\cdot dm^{-3}}$)　0.092　　　0.092　$[\mathrm{H_2S}]$

由 $K_{b2}^{\ominus}=\dfrac{[\mathrm{H_2S}][\mathrm{OH^-}]}{[\mathrm{HS^-}]}$ 可得

$$[\mathrm{H_2S}]=\frac{K_{b2}^{\ominus}[\mathrm{HS^-}]}{[\mathrm{OH^-}]}=\frac{9.35\times10^{-8}\times0.092}{0.092}=9.35\times10^{-8}\ \mathrm{mol\cdot dm^{-3}}$$

(2) 计算溶液的 pH

$$\mathrm{pH}=-\lg[\mathrm{H^+}]=-\lg(1.1\times10^{-13})=12.96$$

(3) 计算 S^{2-} 的解离度

$$\alpha=\frac{[\mathrm{OH^-}]}{c(\mathrm{S^{2-}})}\times100\%=\frac{0.092\ \mathrm{mol\cdot dm^{-3}}}{0.20\ \mathrm{mol\cdot dm^{-3}}}\times100\%=46\%$$

4.3.3 两性物质的解离平衡

1. 多元弱酸酸式盐的解离平衡

阿伦尼乌斯电离理论中的多元酸的酸式盐所含的酸式酸根离子，如 $NaHCO_3$ 中的 HCO_3^-、NaH_2PO_4 中的 $H_2PO_4^-$、Na_2HPO_4 中的 HPO_4^{2-} 等，在酸碱质子理论中称为两性物质，因为这些阴离子既能给出质子（酸式解离），又能接受质子（碱式解离）。例如，$H_2PO_4^-$ 的碱式解离为

$$\mathrm{H_2PO_4^-+H_2O \rightleftharpoons H_3PO_4+OH^-} \qquad K_{b3}^{\ominus}(\mathrm{PO_4^{3-}})=1.41\times10^{-12}$$

$H_2PO_4^-$ 的酸式解离为

$$\mathrm{H_2PO_4^-+H_2O \rightleftharpoons HPO_4^{2-}+H_3O^+} \qquad K_{a2}^{\ominus}(\mathrm{H_3PO_4})=6.34\times10^{-8}$$

又如，HCO_3^- 的碱式解离为

$$\mathrm{HCO_3^-+H_2O \rightleftharpoons H_2CO_3+OH^-} \qquad K_{b2}^{\ominus}(\mathrm{CO_3^{2-}})=2.25\times10^{-8}$$

HCO_3^- 的酸式解离为

$$\mathrm{HCO_3^-+H_2O \rightleftharpoons CO_3^{2-}+H_3O^+} \qquad K_{a2}^{\ominus}(\mathrm{H_2CO_3})=4.69\times10^{-11}$$

上述两性物质的水溶液有酸性的，也有碱性的，可以通过对比离子的酸常数和碱常数的

相对大小来定性判断：若 $K_a^\ominus > K_b^\ominus$，则溶液为酸性；反之则为碱性。例如，$H_2PO_4^-$ 的 $K_a^\ominus > K_b^\ominus$，说明该离子释放 H^+的能力强于其接受 H^+的能力，因此其溶液显酸性；HCO_3^- 的 $K_a^\ominus < K_b^\ominus$，说明该离子接受 H^+的能力强于其释放 H^+的能力，因此其溶液显碱性。

下面推导二元弱酸的酸式盐 NaHA 水溶液酸度的计算公式。令 NaHA 浓度为 c mol · dm^{-3}，此浓度称为分析浓度——溶液中溶质的总浓度。在推导上述公式之前，需要了解处理溶液中酸碱平衡问题时经常用到的几种关系式。

（1）物料平衡式　在平衡状态时，与某溶质有关的各种型体平衡浓度之和必等于它的分析浓度，这种关系的表达式称为物料平衡式（mass balance equation），简写为 MBE。对于 NaHA 溶液，其 MBE 为

$$[Na^+]=c$$

$$[H_2A]+[HA^-]+[A^{2-}]=c$$

（2）电荷平衡式　电荷平衡即电中性规则。在电解质溶液中，处于平衡状态时，各种阳离子所带正电荷的总浓度必等于所有阴离子所带负电荷的总浓度，即溶液是电中性的，这种正负电荷平衡的数学表达式称为电荷平衡式（charge balance equation），简写为 CBE。对于 NaHA 溶液，其 CBE 为

$$[H^+]+[Na^+]=[OH^-]+[HA^-]+2[A^{2-}]$$

（3）质子平衡式　当酸碱反应达到平衡时，酸给出质子的物质的量（mol）应等于碱所接受的质子的物质的量，即酸失去质子后的产物的浓度与碱得到质子后的产物在浓度上必然有一定的关系，此关系式称为质子平衡式（proton balance equation），又称质子条件式，简写为 PBE。根据 PBE 可得到溶液中$[H^+]$与有关组分浓度的关系式，它是处理酸碱平衡问题的基本关系式。对于某一种溶液体系，可先列出其 MBE 和 CBE，然后消去与质子转移无关的反应产物的浓度项，即可得出 PBE。例如，对于 NaHA 溶液，将其 MBE 代入 CBE，得

$$[H^+]+[H_2A]+[HA^-]+[A^{2-}]=[OH^-]+[HA^-]+2[A^{2-}]$$

整理得 PBE 为

$$[H^+]+[H_2A]=[OH^-]+[A^{2-}]$$

或

$$[H^+]=[OH^-]+[A^{2-}]-[H_2A] \qquad ①$$

根据 H_2A 的两级解离常数的表达式和水的 $K_w^\ominus$：

$$K_{a1}^\ominus=\frac{[H^+][HA^-]}{[H_2A]} \quad K_{a2}^\ominus=\frac{[H^+][A^{2-}]}{[HA^-]} \quad K_w^\ominus=[H^+][OH^-]$$

代入式①，得到

$$[H^+]=\frac{K_w^\ominus}{[H^+]}+\frac{K_{a2}^\ominus[HA^-]}{[H^+]}-\frac{[H^+][HA^-]}{K_{a1}^\ominus} \qquad ②$$

$$[H^+]^2=K_w^\ominus+K_{a2}^\ominus[HA^-]-\frac{[H^+]^2[HA^-]}{K_{a1}^\ominus} \qquad ③$$

整理后，得

$$[H^+]^2(K_{a1}^\ominus+[HA^-])=K_{a1}^\ominus K_w^\ominus+K_{a1}^\ominus K_{a2}^\ominus[HA^-] \qquad ④$$

故

$$[H^+]=\sqrt{\frac{K_{a1}^\ominus(K_{a2}^\ominus[HA^-]+K_w^\ominus)}{K_{a1}^\ominus+[HA^-]}} \qquad ⑤$$

若 HA^-的酸式解离和碱式解离的倾向都很小（即 $K_{a2}^\ominus$ 和 $K_{b2}^\ominus$ 都很小），则溶液中 HA^-消

耗较小，$[HA^-]$近似等于其起始浓度，即$[HA^-] \approx c$，代入式⑤，得

$$[H^+]=\sqrt{\frac{K_{a1}^{\ominus}(K_{a2}^{\ominus}c+K_w^{\ominus})}{K_{a1}^{\ominus}+c}} \tag{4.28}$$

若同时有 $cK_{a2}^{\ominus}>20K_w^{\ominus}$，即可忽略式(4.28)中的 $K_w^{\ominus}$，则可得到

$$[H^+]=\sqrt{\frac{K_{a1}^{\ominus}K_{a2}^{\ominus}c}{K_{a1}^{\ominus}+c}} \tag{4.29}$$

又假如 $c>20K_{a1}^{\ominus}$（因 $K_{a1}^{\ominus}=K_w^{\ominus}/K_{b2}^{\ominus}$，$c>20K_{a1}^{\ominus}=20\ K_w^{\ominus}/K_{b2}^{\ominus}$ 可整理为 $cK_{b2}^{\ominus}>20K_w^{\ominus}$），则式(4.29)中 $K_{a1}^{\ominus}+c \approx c$，故而得到最简式：

$$[H^+]=\sqrt{K_{a1}^{\ominus}K_{a2}^{\ominus}} \tag{4.30}$$

式(4.28)和式(4.29)是计算二元弱酸酸式盐溶液中 H^+浓度的近似公式，式(4.30)则是最简式。应用此最简式的主要条件是两性物质的起始浓度不是很小，且水的解离可以忽略，此时溶液的$[H^+]$与两性物质的起始浓度无关。式(4.30)中的 $K_{a2}^{\ominus}$ 和 $K_{a1}^{\ominus}$ 分别为两性离子自身及其前一级酸（共轭酸）的解离常数。例如，对于 HCO_3^-，最简公式中的 $K_{a2}^{\ominus}$ 是其本身作为质子酸的解离常数，即 $K_{a2}^{\ominus}(H_2CO_3)$；而 $K_{a1}^{\ominus}$ 则是 HCO_3^- 的共轭酸（前一级酸）H_2CO_3 的一级解离常数，即 $K_{a1}^{\ominus}(H_2CO_3)$。对于 HPO_4^{2-} 来说，上述公式中的 $K_{a2}^{\ominus}$ 应为其本身作为质子酸的解离常数，即 $K_{a3}^{\ominus}(H_3PO_4)$；而 $K_{a1}^{\ominus}$ 则是其共轭酸 $H_2PO_4^-$ 的解离常数，即 $K_{a2}^{\ominus}(H_3PO_4)$。因此，$Na_2HPO_4$ 水溶液中的$[H^+]$为

$$[H^+]=\sqrt{K_{a2}^{\ominus}K_{a3}^{\ominus}} \tag{4.31}$$

例 4.11　已知 H_3PO_4 的 $K_{a1}^{\ominus}=7.11\times10^{-3}$，$K_{a2}^{\ominus}=6.34\times10^{-8}$，$K_{a3}^{\ominus}=4.79\times10^{-13}$，分别计算（1）$0.50\ mol\cdot dm^{-3}\ NaH_2PO_4$和（2）$5.0\times10^{-3}\ mol\cdot dm^{-3}\ Na_2HPO_4$ 溶液的 pH。

解：(1) 对于 $c=0.50\ mol\cdot dm^{-3}$的 NaH_2PO_4 溶液，由于 $c>20K_{a1}^{\ominus}$，$cK_{a2}^{\ominus}>20K_w^{\ominus}$，所以可采用最简式(4.30)计算$[H^+]$，故

$$[H^+]=\sqrt{K_{a1}^{\ominus}K_{a2}^{\ominus}}=\sqrt{7.11\times10^{-3}\times6.34\times10^{-8}}=2.1\times10^{-5}\ mol\cdot dm^{-3}$$

$$pH=4.68$$

(2) 对于 $c'=5.0\times10^{-3}\ mol\cdot dm^{-3}$ 的 Na_2HPO_4 溶液，由于 $K_{a3}^{\ominus}$ 很小，$c'K_{a3}^{\ominus}<20K_w^{\ominus}$，$K_w^{\ominus}$ 不可忽略，但 $c'\gg K_{a2}^{\ominus}$，即 $K_{a2}^{\ominus}+c'\approx c'$，故应用近似式(4.28)计算$[H^+]$，于是

$$[H^+]=\sqrt{\frac{K_{a2}^{\ominus}(K_{a3}^{\ominus}c'+K_w^{\ominus})}{K_{a2}^{\ominus}+c'}}\approx\sqrt{\frac{K_{a2}^{\ominus}(K_{a3}^{\ominus}c'+K_w^{\ominus})}{c'}}$$

$$=\sqrt{\frac{6.34\times10^{-8}\times(4.79\times10^{-13}\times5.0\times10^{-3}+1.0\times10^{-14})}{5.0\times10^{-3}}}$$

$$=4.0\times10^{-10}\ mol\cdot dm^{-3}$$

$$pH=9.40$$

2. 弱酸弱碱盐的解离平衡

阿伦尼乌斯电离理论中的弱酸弱碱盐，如 NH_4Ac、NH_4CN、$(NH_4)_2S$ 等，在水溶液中解离为两种离子，一种是质子酸（如 NH_4Ac 中的 NH_4^+），另一种为质子碱（如 NH_4Ac 中的

Ac^-)。这些弱酸弱碱盐溶液的酸碱性的判断方法,与上述酸式盐溶液的情况类似。弱酸弱碱盐的水溶液中也同时存在多个解离平衡。例如,NH_4Ac 的水溶液中同时存在 NH_4^+、Ac^-、H_2O 的解离平衡:

$$NH_4^+ + H_2O \rightleftharpoons NH_3 + H_3O^+ \qquad K_a^\ominus(NH_4^+) = 5.68\times10^{-10} \qquad ①$$

$$Ac^- + H_2O \rightleftharpoons HAc + OH^- \qquad K_b^\ominus(Ac^-) = 5.71\times10^{-10} \qquad ②$$

$$H_2O + H_2O \rightleftharpoons H_3O^+ + OH^- \qquad K_w^\ominus = 1.00\times10^{-14} \qquad ③$$

根据解离常数进行定性判断,由于 $K_a^\ominus(NH_4^+) \approx K_b^\ominus(Ac^-)$,说明在 NH_4Ac 溶液中,NH_4^+ 进行酸式解离和 Ac^- 进行碱式解离的程度相近,故 NH_4Ac 溶液呈中性。式①+式②-式③,得

$$NH_4^+ + Ac^- \rightleftharpoons NH_3 + HAc \qquad K_h^\ominus \qquad ④$$

式④为弱酸弱碱盐在水溶液中的解离反应式,在电离理论中称为双水解反应。根据多重平衡规则,式④的平衡常数为

$$K_h^\ominus = \frac{K_a^\ominus(NH_4^+)K_b^\ominus(Ac^-)}{K_w^\ominus} = \frac{5.68\times10^{-10}\times5.71\times10^{-10}}{1.00\times10^{-14}} = 3.24\times10^{-5}$$

$$= \frac{\dfrac{K_w^\ominus}{K_b^\ominus(NH_3)}\,\dfrac{K_w^\ominus}{K_a^\ominus(HAc)}}{K_w^\ominus} = \frac{K_w^\ominus}{K_a^\ominus(HAc)K_b^\ominus(NH_3)}$$

可见,上述双水解反应的平衡常数比 NH_4Cl 中的 NH_4^+ 或 NaAc 中的 Ac^- 的单水解反应的平衡常数大得多,因此 NH_4Ac 溶液中 NH_4^+ 的解离度要比相同浓度的 NH_4Cl 溶液中的 NH_4^+ 的解离度大得多。这是由于 NH_4Ac 溶液中正、负离子同时发生解离反应(双水解反应),生成的 H_3O^+ 和 OH^- 进一步结合生成 H_2O,两个水解反应相互促进,从而使得平衡向正反应方向移动,故使解离度增大。

下面以浓度为 $c(mol\cdot dm^{-3})$ 的 NH_4Ac 溶液为例,推导正、负离子比为 1∶1 的弱酸弱碱盐水溶液酸度的计算公式。结合前文所述,读者可自行推导出 NH_4Ac 的 PBE:

$$[H^+] + [HAc] = [OH^-] + [NH_3]$$

或

$$[H^+] = [OH^-] + [NH_3] - [HAc]$$

再利用 $K_w^\ominus$、$K_b^\ominus(NH_3)$ 和 $K_a^\ominus(HAc)$ 可得

$$[H^+] = \frac{K_w^\ominus}{[H^+]} + \frac{[NH_4^+][OH^-]}{K_b^\ominus(NH_3)} - \frac{[H^+][Ac^-]}{K_a^\ominus(HAc)}$$

$$[H^+]^2 = K_w^\ominus + \frac{K_w^\ominus[NH_4^+]}{K_b^\ominus(NH_3)} - \frac{[H^+]^2[Ac^-]}{K_a^\ominus(HAc)}$$

整理后,得

$$[H^+] = \sqrt{\frac{K_a^\ominus(HAc)\{[NH_4^+]K_a^\ominus(NH_4^+) + K_w^\ominus\}}{[Ac^-] + K_a^\ominus(HAc)}}$$

只要起始浓度 c 不是太小,可忽略 NH_4^+ 和 Ac^- 的解离对其浓度的影响,则 $[NH_4^+] \approx c$,$[Ac^-] \approx c$,代入上式,得

$$[H^+] = \sqrt{\frac{K_a^\ominus(HAc)[cK_a^\ominus(NH_4^+) + K_w^\ominus]}{c + K_a^\ominus(HAc)}}$$

仿照式(4. 30)的近似条件,即 $cK_a^\ominus(NH_4^+) > 20K_w^\ominus$ 且 $c > 20K_a^\ominus(HAc)$,可得出最简式:

$$[H^+] = \sqrt{K_a^\ominus(HAc)K_a^\ominus(NH_4^+)} = \sqrt{\frac{K_w^\ominus K_a^\ominus(HAc)}{K_b^\ominus(NH_3)}} \tag{4.32}$$

式(4. 32)与式(4. 30)类似,其中的两个解离常数分别为弱酸弱碱盐中的质子酸(如 NH_4^+)的 $K_a^\ominus$ 和质子碱(如 Ac^-)的共轭酸的 $K_a^\ominus$。可见,起始浓度不是过小的弱酸弱碱盐溶液的 pH 与盐的浓度无关,仅取决于弱酸和弱碱解离常数的相对大小。常温下:

当 $K_a^\ominus = K_b^\ominus$ 时,$[H^+] = 1.0\times10^{-7}\ mol \cdot dm^{-3}$,pH = 7,溶液为中性;

当 $K_a^\ominus > K_b^\ominus$ 时,$[H^+] > 1.0\times10^{-7}\ mol \cdot dm^{-3}$,pH<7,溶液为酸性;

当 $K_a^\ominus < K_b^\ominus$ 时,$[H^+] < 1.0\times10^{-7}\ mol \cdot dm^{-3}$,pH>7,溶液为碱性。

例如,因为 HAc 和 NH_3 的解离常数几乎相等,故 NH_4Ac 溶液几乎为中性;NH_4CN 溶液则显碱性,是因为 HCN 的酸常数远小于 NH_3 的碱常数;而 NH_4F 溶液则呈弱酸性,这是由于 HF 的酸常数大于 NH_3 的碱常数。

4.4 缓冲溶液

4.4.1 缓冲溶液的组成和应用

在水溶液中发生的许多化学反应需要在一定的 pH 条件下进行。如何控制反应体系的 pH,从而保证反应的正常进行?人们为了解决这一问题,研究出一种能抵抗少量强酸、强碱和适度稀释而保持体系的 pH 基本不变的溶液,称为缓冲溶液(buffer solution)。缓冲溶液保持 pH 基本不变的作用称为缓冲作用。

缓冲溶液一般是具有一定浓度的共轭酸碱对的溶液,可由弱酸及其共轭碱(如 HAc-NaAc)、弱碱及其共轭酸(如 NH_3-NH_4Cl)或多元弱酸的酸式盐及其次级盐(如 NaH_2PO_4-Na_2HPO_4)分别配制而成。组成缓冲溶液的共轭酸碱对称为缓冲对(buffer pair)。表 4. 7 给出了一些常见的缓冲溶液。

表 4.7 一些常见的缓冲溶液

缓冲体系	共轭酸碱对	$K_a^\ominus$	$pK_a^\ominus$	pH 范围
HCOOH-HCOONa	$HCOOH$-$HCOO^-$	1.77×10^{-4}	3.75	2.75~4.75
HAc-NaAc	HAc-Ac^-	1.75×10^{-5}	4.76	3.76~5.76
NaH_2PO_4-Na_2HPO_4	$H_2PO_4^-$-HPO_4^{2-}	6.34×10^{-8}	7.20	6.20~8.20
NH_4Cl-NH_3	NH_4^+-NH_3	5.68×10^{-10}	9.25	8.25~10.25
$NaHCO_3$-Na_2CO_3	HCO_3^--CO_3^{2-}	4.69×10^{-11}	10.33	9.33~11.33
Na_2HPO_4-Na_3PO_4	HPO_4^{2-}-PO_4^{3-}	4.79×10^{-13}	12.32	11.32~13.32

表 4.7 中的缓冲溶液多用来控制化学反应条件,还有一类缓冲溶液用作测定 pH 的标准或用于标定 pH 计,这类缓冲溶液称为标准缓冲溶液(standard buffer solution),见表 4. 8。标准缓冲溶液的 pH 稳定性很高,但随温度略有变化,因此具有温度校正值。

表 4.8 标准缓冲溶液的 pH(25 ℃)

标准缓冲溶液	pH
饱和酒石酸氢钾(KHT,0.034 $mol \cdot dm^{-3}$)	3.56
0.050 $mol \cdot dm^{-3}$ 邻苯二甲酸氢钾(KHP)	4.01
0.025 $mol \cdot dm^{-3}$ KH_2PO_4-0.025 $mol \cdot dm^{-3}$ Na_2HPO_4	6.86
0.01 $mol \cdot dm^{-3}$ 硼砂($Na_2B_4O_7 \cdot 10H_2O$)	9.18

缓冲溶液在化学化工、生物医学及工农业生产中有着广泛应用。例如,人体的血液由于含有多种缓冲体系才能维持 pH 在 7.35~7.45 这一狭小范围内,使得血液自身和机体均能保持酸碱平衡,从而保证了细胞代谢的正常进行和整个机体的生存。若 pH<7.35,会发生酸中毒(acidosis);若 pH>7.45,会发生碱中毒(alkalosis);pH 严重偏离该范围时(pH<6.8 或 pH>7.8),甚至会危及生命。人体血液中存在的缓冲对主要有 $H_2CO_3-HCO_3^-$、$H_2PO_4^--HPO_4^{2-}$、血红蛋白-血红蛋白共轭碱等,其中 $H_2CO_3-HCO_3^-$ 在血液中浓度最大,对维持血液的正常 pH 起主要作用。又如,土壤中含有 $H_2CO_3-NaHCO_3$ 和 $NaH_2PO_4-Na_2HPO_4$ 及其他有机酸及其共轭碱组成的复杂的缓冲体系,所以能维持一定的 pH,从而保证了植物的正常生长。

4.4.2 缓冲作用原理

缓冲作用的原理可以理解为,由于缓冲溶液中弱酸与其共轭碱共存,且二者浓度均较大,同离子效应同时抑制了酸式解离和碱式解离,溶液中的$[H^+]$由弱酸与其共轭碱的浓度比决定;当外加少量强酸、强碱或适度稀释时,弱酸与其共轭碱的浓度仅稍有变化,相应地,二者的浓度比只发生了微小改变,致使溶液中的$[H^+]$的改变也很小,故 pH 基本保持不变。

例如,由一定量的 HAc 和 NaAc 配制成的缓冲溶液,含有 HAc/Ac^- 共轭酸碱对,且二者的浓度都较大,而由于同离子效应抑制了 HAc 的解离,导致 H^+ 浓度相对较小,HAc 和 Ac^- 的平衡浓度近似等于各自的起始浓度,故

$$HAc \rightleftharpoons H^+ + Ac^-$$

$$[H^+] = \frac{K_a^\ominus[HAc]}{[Ac^-]} \approx \frac{K_a^\ominus c(HAc)}{c(Ac^-)} \tag{4.33}$$

可见,此缓冲溶液中的$[H^+]$取决于$\frac{c(HAc)}{c(Ac^-)}$。若向该溶液中加入少量强酸,外加的少量 H^+ 与大量存在的 Ac^- 发生酸碱中和反应,

$$H^+ + Ac^- \rightleftharpoons HAc$$

$c(HAc)$有所增大,而 $c(Ac^-)$略有减小,但$\frac{c(HAc)}{c(Ac^-)}$比值改变不大,因此溶液的 pH 基本不变,故称共轭酸碱对中的碱为抗酸成分(如 Ac^-)。若加入少量强碱,外加的少量 OH^- 立即与大量存在的 HAc 发生酸碱中和反应,

$$OH^- + HAc \rightleftharpoons H_2O + Ac^-$$

$c(Ac^-)$有所增大，而$c(HAc)$略有减小，但$\frac{c(HAc)}{c(Ac^-)}$比值仍改变不大，因此溶液的 pH 基本不变，故称共轭酸碱对中的酸为抗碱成分（如 HAc）。如果加水，适当地稀释缓冲溶液，酸与碱的浓度同等程度减小，故 pH 仍基本不变。但若过度稀释，对弱酸的解离度和共轭碱的解离（水解）都有影响，将导致酸碱浓度比发生明显改变，则溶液的 pH 也将发生明显变化。

4.4.3 缓冲溶液 pH 的计算

下面以 HAc-NaAc 缓冲溶液为例，讨论缓冲溶液的 pH 计算方法。在 HAc-NaAc 缓冲溶液中，由于存在较强的同离子效应，因此近似有

$$\begin{array}{llll} & HAc & \rightleftharpoons \; H^+ & + \quad Ac^- \\ \text{平衡浓度} & c(HAc)-[H^+] & [H^+] & c(Ac^-)+[H^+] \\ & \approx c(HAc) & & \approx c(Ac^-) \end{array}$$

故

$$[H^+]=\frac{K_a^{\ominus}[HAc]}{[Ac^-]}\approx\frac{K_a^{\ominus}c(HAc)}{c(Ac^-)}$$

将等式两边分别取负对数，得

$$pH=pK_a^{\ominus}-\lg\frac{c_{HAc}}{c_{Ac^-}}$$

若用 c_a 表示共轭酸的浓度，用 c_b 表示共轭碱的浓度，则可得到计算缓冲溶液 pH 的最简式：

$$pH=pK_a^{\ominus}-\lg\frac{c_a}{c_b} \tag{4.34}$$

上式说明，缓冲溶液的 pH 取决于弱酸的解离常数和共轭酸与共轭碱的浓度比。式(4.34)也同样适用于由弱碱及其盐组成的缓冲溶液。例如，NH_3-NH_4Cl 缓冲溶液，此时 $K_a^{\ominus}$ 为共轭酸 NH_4^+ 的解离常数，c_a 为 NH_4^+ 的浓度，c_b 为共轭碱 NH_3 的浓度。对于弱碱-弱碱盐缓冲体系，计算溶液的$[OH^-]$或 pOH 往往更方便些：

$$[OH^-]=\frac{K_b^{\ominus}c_b}{c_a} \tag{4.35}$$

$$pOH=pK_b^{\ominus}-\lg\frac{c_b}{c_a} \tag{4.36}$$

式(4.35)和(4.36)中的 $K_b^{\ominus}$ 为共轭碱 NH_3 的解离常数。应用式(4.34)和式(4.36)的条件是缓冲溶液中的共轭酸碱对的浓度都较大。

例 4.12 已知 HAc 的 $pK_a^{\ominus}=4.76$，若缓冲溶液中含有 $0.50\ mol\cdot dm^{-3}$ HAc 和 $0.50\ mol\cdot dm^{-3}$ NaAc，试计算：

（1）该缓冲溶液的 pH；

（2）若向 $1.0\ dm^3$ 该缓冲溶液中加入 $10\ cm^3$ $0.50\ mol\cdot dm^{-3}$ HCl 溶液，溶液的 pH 变为多少？

（3）若向 $1.0\ dm^3$ 该缓冲溶液中加入 0.005 0 mol NaOH 固体（忽略加入固体后溶液的体积变化），溶液的 pH 变为多少？

(4) 若将该缓冲溶液稀释到 5 dm^3,溶液的 pH 是多少?

解:(1) 由式(4.34)可得

$$pH = pK_a^{\ominus} - \lg \frac{c_a}{c_b} = 4.76 - \lg \frac{0.50}{0.50} = 4.76$$

(2) 1.0 dm^3 该缓冲溶液中,含 HAc 和 NaAc 各 0.50 mol,加入的 HCl 相当于加入 0.005 0 mol H^+,它将消耗 0.005 0 mol NaAc 并生成 0.005 0 mol HAc,溶液的体积变为 1.01 dm^3,此时

$$c_a = \frac{0.50+0.005\ 0}{1.01}\ mol \cdot dm^{-3}$$

$$c_b = \frac{0.50-0.005\ 0}{1.01}\ mol \cdot dm^{-3}$$

故

$$pH = pK_a^{\ominus} - \lg \frac{c_a}{c_b} = 4.76 - \lg \frac{\dfrac{0.50+0.005\ 0}{1.01}}{\dfrac{0.50-0.005\ 0}{1.01}} = 4.75$$

可见,加入 10 cm^3 0.50 $mol \cdot dm^{-3}$ HCl 溶液后,缓冲溶液的 pH 仅减小了 0.01 个单位,故可认为缓冲溶液的 pH 基本不变。但若将该 HCl 溶液加入 1.0 dm^3纯水中,pH 将从 7.00 变为 2.31,降低了 4.69 个单位。

(3) 若向 1.0 dm^3 该缓冲溶液中加入 0.005 0 mol NaOH 固体(忽略加入固体后溶液的体积变化),加入的 NaOH 将消耗 0.005 0 mol HAc 并生成 0.005 0 mol NaAc,故

$$pH = pK_a^{\ominus} - \lg \frac{c_a}{c_b} = 4.76 - \lg \frac{0.50-0.005\ 0}{0.50+0.005\ 0} = 4.77$$

可见,加入 0.005 0 mol NaOH 固体后,缓冲溶液的 pH 仅增加了 0.01 个单位,所以可认为缓冲溶液的 pH 几乎无变化。但若将这些 NaOH 固体加入 1.0 dm^3 纯水中,pH 将从 7.00 变为 11.69,增加了 4.69 个单位。

(4) 将 1.0 dm^3 该缓冲溶液加水稀释至 5.0 dm^3 时,$c_{酸}$和 $c_{盐}$的数值均变为原来的 1/5,但二者的比值不变,根据

$$pH = pK_a^{\ominus} - \lg \frac{c_a}{c_b}$$

可知,该缓冲溶液的 pH 不变。

由例 4.12 的计算结果可以清楚地看到缓冲溶液具有抵抗外来的少量强酸和强碱及适度稀释而保持溶液 pH 基本不变的作用。

4.4.4 缓冲溶液的选择与配制

缓冲溶液的缓冲能力是有一定限度的,加入少量强酸、强碱或适度稀释时,溶液的 pH 基本上保持不变。但当加入的强酸或强碱的量较大或者过度稀释时,缓冲溶液的缓冲能力就将大大减弱乃至消失。分析化学中采用缓冲容量(buffer capacity)来衡量缓冲溶液的缓冲能力的大小,其定义为使缓冲溶液的 pH 改变 1 个单位时所需的强酸或强碱的量。缓冲容

量数值越大,缓冲溶液的缓冲能力就越大。缓冲容量的数值取决于缓冲溶液的性质、缓冲对的浓度和 pH。

研究表明,由共轭酸碱对组成的缓冲溶液,当 $pH = pK_a^\ominus$ 时,缓冲容量数值最大,缓冲溶液的抗酸和抗碱能力相当,缓冲能力最大,此时共轭酸碱对中酸与碱的浓度比为 1,即二者浓度相等。缓冲溶液在 $pH = pK_a^\ominus \pm 1$ 的范围内具有足够大的缓冲容量,才能起到有效的缓冲作用,因此该 pH 范围称为缓冲溶液的缓冲范围,这时 $c_{酸}/c_{碱}$ 为 0.10~10。同时,在缓冲范围内,当缓冲溶液的 pH 一定时,缓冲容量的大小与缓冲溶液的浓度成正比,因此为了确保缓冲溶液的缓冲能力,应使共轭酸碱对的浓度足够大。表 4.7 中的 pH 范围即为计算所得的各缓冲溶液的缓冲范围。

综上所述,在选择和配制缓冲溶液时,应遵循以下几个基本原则:

(1) 所配制的缓冲溶液的 pH 应在所选缓冲体系的缓冲范围($pH = pK_a^\ominus \pm 1$)之内,并尽量接近弱酸的 $pK_a^\ominus$,以使缓冲溶液有较大的缓冲能力。例如,欲配制 pH 为 4.5 的缓冲溶液,可选择 HAc-NaAc 缓冲溶液,因为 HAc 的 $pK_a^\ominus = 4.76$,与 4.5 接近。又如,欲配制 pH = 9.0 左右的缓冲溶液,可选用 NH_4Cl-NH_3 缓冲对,因为 NH_4^+ 的 $pK_a^\ominus = 9.25$,与 9.00 接近。

(2) 适当提高缓冲对的浓度,但不必过高(不仅浪费试剂,还可能对反应产生副作用),实际工作中一般缓冲对的浓度在 0.1~1.0 $mol \cdot dm^{-3}$ 为宜。

(3) 缓冲对中的共轭酸和共轭碱的浓度比一般为 0.1~10;为了保证缓冲能力的均衡,共轭酸和共轭碱的浓度以接近甚至相等为好。

例 4.13 已知 NH_3 的 $pK_b^\ominus = 4.74$,欲配制 pH = 9.20,c(氨水) = 1.0 $mol \cdot dm^{-3}$ 的缓冲溶液 1.0 dm^3,问如何用浓氨水($c = 15\ mol \cdot dm^{-3}$)和固体 NH_4Cl($M = 53.5\ g \cdot mol^{-1}$)配制?

解:缓冲溶液的 pOH = 14.00 − pH = 14.00 − 9.20 = 4.80

由式(4.36)可得

$$pOH = pK_b^\ominus - \lg\frac{c_b}{c_a} = 4.74 - \lg\frac{1.0}{c_a} = 4.80$$

解得
$$c_a = 1.1\ mol \cdot dm^{-3}$$

配制 1.0 dm^3 缓冲溶液,应称取固体 NH_4Cl($M = 53.5\ g \cdot mol^{-1}$)的质量

$$m = cVM = 1.1\ mol \cdot dm^{-3} \times 1.0\ dm^3 \times 53.5\ g \cdot mol^{-1} = 59\ g$$

所需浓氨水的体积

$$V = \frac{1.0\ mol \cdot dm^{-3} \times 1.0\ dm^3}{15\ mol \cdot dm^{-3}} = 0.067\ dm^3 = 67\ cm^3$$

配制方法:称取 59 g 固体 NH_4Cl 溶于少量水中,加入 67 cm^3 浓氨水,然后加水稀释至 1.0 dm^3。

由例 4.13 可见,缓冲溶液可直接使用缓冲对(如弱酸-弱酸盐或弱碱-弱碱盐)来配制,也可利用酸碱反应生成缓冲对来配制。例如,可采用 NaOH 与过量的 HAc 反应来配制 HAc-NaAc 缓冲溶液。

思 考 题

1. 简述酸碱电离理论、酸碱质子理论和酸碱电子理论的基本内容,指出各自的优缺点。

2. 举例说明什么是质子酸、质子碱、两性物质及共轭酸碱对。共轭酸碱对中，共轭酸的酸常数与其共轭碱的碱常数有何关系？

3. 举例说明什么是拉平效应，什么是区分效应。

4. 解离平衡常数和解离度有何区别与联系？

5. 浓度均为 0.10 $mol \cdot dm^{-3}$ 的 HCl 和 HAc 溶液的 pH 是否相同？pH 相同的 HCl 和 HAc 溶液其浓度是否相同？若用 NaOH 中和 pH 相同的 HCl 和 HAc 溶液，用量是否相同？为什么？

6. 为什么 pH=7.00 并不总是表明水溶液是中性的？

7. 什么是酸碱指示剂？其作用机理是什么？

8. 举例说明什么是同离子效应，什么是盐效应。缓冲溶液的作用机理与哪种效应有关？

9. 在下列情况下，各溶液的 pH 是增加、降低还是不变？

(1) 向 $NaNO_2$ 溶液中加入 HCl 溶液；

(2) 向 NH_3 水溶液中 NH_4Cl 溶液；

(3) 向 HNO_2 溶液中加入 $NaNO_2$ 溶液；

(4) 向 NaAc 溶液中加入 NaOH 溶液；

(5) 向 NH_4Cl 溶液中加入 NaCl 溶液。

10. 下列溶液是否具有缓冲作用？

(1) 0.10 $mol \cdot dm^{-3}$ HAc 溶液 50 cm^3 和 0.10 $mol \cdot dm^{-3}$ NaOH 溶液 25 cm^3 的混合溶液；

(2) 0.10 $mol \cdot dm^{-3}$ HAc 溶液 5 cm^3 和 0.10 $mol \cdot dm^{-3}$ NaOH 溶液 5 cm^3 的混合溶液；

(3) 0.10 $mol \cdot dm^{-3}$ HAc 溶液 20 cm^3 和 0.10 $mol \cdot dm^{-3}$ NaCl 溶液 20 cm^3 的混合溶液。

11. 为什么酒石酸氢钾（$KHC_4H_4O_6$）饱和溶液（pH=3.56）可以作为缓冲溶液使用？

12. 如果向缓冲溶液中加入大量的强酸或强碱，或者将缓冲溶液过度稀释，其 pH 是否也能够保持基本不变？

习　　题

4.1　根据酸碱质子理论，写出下列各酸的共轭碱：

H_2SO_4, HCl, HNO_2, HIO_3, HClO, HCOOH, HCN, H_2S, H_2CO_3, H_3AsO_4, H_3PO_4, $[Al(OH)(H_2O)_5]^{2+}$, $[Zn(H_2O)_4]^{2+}$, NH_4^+, $HC_2O_4^-$

4.2　根据酸碱质子理论，写出下列各碱的共轭酸：

SO_4^{2-}, Ac^-, HSO_3^-, I^-, $HC_2O_4^-$, S^{2-}, CO_3^{2-}, HPO_4^{2-}, $[Fe(OH)(H_2O)_5]^+$, CH_3NH_2

4.3　根据酸碱质子理论，以水为溶剂时，下列物种哪些是酸，哪些是碱，哪些是两性物质？

SO_3^{2-}, $HC_2O_4^-$, $H_2PO_4^-$, $NH_2—NH_2$, NH_2OH, HN_3, H_3PO_3, HCO_3^-, H_2SO_3, Cl^-, $HClO_4$

4.4　指出下列反应中的共轭酸碱对，写出反应的标准平衡常数表达式并计算平衡常数值。

(1) $HClO+H_2O \rightleftharpoons ClO^-+H_3O^+$

(2) $NO_2^-+H_2O \rightleftharpoons HNO_2+OH^-$

(3) $PO_4^{3-}+H_2O \rightleftharpoons HPO_4^{2-}+OH^-$

(4) $HAc+NH_3 \rightleftharpoons Ac^-+NH_4^+$

(2.90×10^{-8}; 1.38×10^{-11}; 2.09×10^{-2}; 3.08×10^{4})

4.5　根据下列热力学数据，计算 298.15 K 时 NH_3 的解离常数 $K_b^\ominus$。

	$NH_3(aq)$	$+H_2O(l)$	$\rightleftharpoons$	$NH_4^+(aq)$	+	$OH^-(aq)$
$\Delta_f G_m^\ominus/(kJ \cdot mol^{-1})$	−26.57	−237.1		−79.3		−157.2

(1.74×10^{-5})

4.6 把下列溶液的 pH 换算成 $[H^+]$,或者把 $[H^+]$ 换算成 pH:

(1) 柠檬汁的 pH=2.3;

(2) 啤酒的 pH=4.5;

(3) 眼泪的 pH=7.4;

(4) 某人胃液的 $[H^+]=4.0\times10^{-2}\ mol\cdot dm^{-3}$;

(5) 食醋的 $[H^+]=1.3\times10^{-3}\ mol\cdot dm^{-3}$;

(6) 人体血液的 $[H^+]=4.0\times10^{-8}\ mol\cdot dm^{-3}$。

($5.0\times10^{-3}\ mol\cdot dm^{-3}$; $3.2\times10^{-5}\ mol\cdot dm^{-3}$; $4.0\times10^{-8}\ mol\cdot dm^{-3}$;1.40;2.89;7.40)

4.7 计算下列各种溶液的 pH(常温):

(1) $2.0\times10^{-7}\ mol\cdot dm^{-3}$ HCl 溶液;

(2) $0.040\ mol\cdot dm^{-3}$ HCl 溶液;

(3) $0.020\ mol\cdot dm^{-3}$ NaOH 溶液;

(4) 10 cm^3 $0.040\ mol\cdot dm^{-3}$ HCl 与 20 cm^3 $0.020\ mol\cdot dm^{-3}$ NaOH 的混合溶液;

(5) 10 cm^3 $0.040\ mol\cdot dm^{-3}$ HCl 与 10 cm^3 $0.020\ mol\cdot dm^{-3}$ NaOH 的混合溶液;

(6) 10 cm^3 $0.020\ mol\cdot dm^{-3}$ HCl 与 10 cm^3 $0.040\ mol\cdot dm^{-3}$ NaOH 的混合溶液。

(6.62;1.40;12.30;7.00;2.00;12.00)

4.8 某一元弱酸 HA 的浓度为 $0.010\ mol\cdot dm^{-3}$,在常温下测得其 pH 为 4.00。求该一元弱酸的解离常数和解离度。

(1.0×10^{-6};1.0%)

4.9 计算浓度均为 $0.100\ mol\cdot dm^{-3}$ 的下列各水溶液的 pH 和解离度:

(1) 一氯乙酸 $CH_2ClCOOH$ 溶液($K_a^\ominus=1.36\times10^{-3}$);

(2) NH_4Cl 溶液(NH_4^+ 的 $K_a^\ominus=5.68\times10^{-10}$);

(3) 氨水(NH_3 的 $K_b^\ominus=1.76\times10^{-5}$);

(4) NaCN 溶液(HCN 的 $K_a^\ominus=6.17\times10^{-10}$)。

(1.96,11.0%;5.12,7.5×10^{-3}%;11.11,1.3%;11.11,1.3%)

4.10 已知 NH_3 的 $K_b^\ominus=1.76\times10^{-5}$,向 1.0 dm^3 $0.10\ mol\cdot dm^{-3}$ 氨水中加入 13.2 g $(NH_4)_2SO_4$ 固体(忽略加入固体后溶液的体积变化,摩尔质量为 $132.14\ g\cdot mol^{-1}$),

(1) 计算氨水的 $[OH^-]$,pH 和解离度;

(2) 与习题 4.9(3)的结果相比,加入 $(NH_4)_2SO_4$ 后,氨水的解离度减小为原来的几分之一?

($8.8\times10^{-6}\ mol\cdot dm^{-3}$,8.94,$8.8\times10^{-3}$%;1/148)

4.11 已知 HSO_4^- 的 $K_a^\ominus=1.02\times10^{-2}$,计算 $0.020\ mol\cdot dm^{-3}$ 稀 H_2SO_4 溶液的 $[H^+]$ 和 pH。

($0.026\ mol\cdot dm^{-3}$;1.59)

4.12 将 $0.20\ mol\cdot dm^{-3}$ HCOOH 溶液和 $0.20\ mol\cdot dm^{-3}$ HCN 溶液等体积混合,试计算此溶液中 $[H^+]$、$[COOH^-]$ 和 $[CN^-]$。已知 $K_a^\ominus(HCOOH)=1.77\times10^{-4}$,$K_a^\ominus(HCN)=6.17\times10^{-10}$。

($4.2\times10^{-3}\ mol\cdot dm^{-3}$;$4.2\times10^{-3}\ mol\cdot dm^{-3}$;$1.5\times10^{-8}\ mol\cdot dm^{-3}$)

4.13 将 $2.0\ mol\cdot dm^{-3}$ HCOOH 溶液和 $2.0\ mol\cdot dm^{-3}$ HAc 溶液等体积混合,试计算此溶液中 $[H^+]$、$[COOH^-]$ 和 $[Ac^-]$。已知 $K_a^\ominus(HCOOH)=1.77\times10^{-4}$,$K_a^\ominus(HAc)=1.75\times10^{-5}$。

($1.4\times10^{-2}\ mol\cdot dm^{-3}$;$1.3\times10^{-2}\ mol\cdot dm^{-3}$;$1.3\times10^{-3}\ mol\cdot dm^{-3}$)

4.14 已知 H_2CO_3 的 $K_{a1}^\ominus=4.45\times10^{-7}$,$K_{a2}^\ominus=4.69\times10^{-11}$,计算 $0.010\ mol\cdot dm^{-3}$ H_2CO_3 溶液中的 H^+、H_2CO_3、HCO_3^-、CO_3^{2-} 和 OH^- 的浓度,以及溶液的 pH。

($6.7\times10^{-5}\ mol\cdot dm^{-3}$;$9.9\times10^{-3}\ mol\cdot dm^{-3}$;$6.7\times10^{-5}\ mol\cdot dm^{-3}$;$4.7\times10^{-11}\ mol\cdot dm^{-3}$;$1.5\times10^{-10}\ mol\cdot dm^{-3}$;4.17)

4.15 已知亚磷酸 H_3PO_3(二元酸)的 $K_{a1}^\ominus=3.72\times10^{-2}$,$K_{a2}^\ominus=2.09\times10^{-7}$,计算 $0.10\ mol\cdot dm^{-3}$ H_3PO_3 溶

液的 pH。

(1.35)

4.16 欲使饱和 H_2S 溶液中的[S^{2-}] = 1.0×10^{-18} mol·dm^{-3},该溶液的 pH 应为多大?已知饱和 H_2S 溶液的浓度为 0.10 mol·dm^{-3},H_2S 的 $K_{a1}^{\ominus}=1.07\times10^{-7}$,$K_{a2}^{\ominus}=1.26\times10^{-13}$。

(1.43)

4.17 已知 H_2CO_3 的 $K_{a1}^{\ominus}=4.45\times10^{-7}$,$K_{a2}^{\ominus}=4.69\times10^{-11}$,计算 0.20 mol·dm^{-3} Na_2CO_3 溶液中的 Na^+、CO_3^{2-}、OH^-、H^+、HCO_3^- 和 H_2CO_3 的浓度,溶液的 pH 和 CO_3^{2-} 的水解度。

(0.40 mol·dm^{-3};0.19 mol·dm^{-3};6.5×10^{-3} mol·dm^{-3};1.5×10^{-12} mol·dm^{-3};
6.5×10^{-3} mol·dm^{-3};2.25×10^{-8} mol·dm^{-3};11.82;3.3%)

4.18 试计算 0.10 mol·dm^{-3} NH_2CH_2COOH(甘氨酸)溶液的 pH。已知

$$^{+}H_3NCH_2COO^- \rightleftharpoons H_2NCH_2COO^- + H^+ \qquad pK_a^{\ominus}=2.35$$

$$^{+}H_3NCH_2COO^- + H_2O \rightleftharpoons {}^{+}H_3NCH_2COOH + OH^- \qquad pK_b^{\ominus}=4.22$$

(6.07)

4.19 计算 0.20 mol·dm^{-3} NH_4F 溶液的 pH。已知 NH_4^+ 的 $K_a^{\ominus}=5.68\times10^{-10}$,HF 的 $K_a^{\ominus}=6.31\times10^{-4}$。

(6.22)

4.20 已知 HAc 的 $pK_a^{\ominus}=4.76$,欲配制 pH = 5.00 的缓冲溶液,需在 100 cm^3 0.10 mol·dm^{-3} HAc 溶液中加入多少 0.10 mol·dm^{-3} NaOH 溶液?

(63.5 cm^3)

4.21 现用某二元弱酸 H_2B 与 NaOH 配制 pH = 6.00 的缓冲溶液,求在 500 cm^3 0.10 mol·dm^{-3} 该弱酸溶液中,需加入的 NaOH 固体的质量(忽略加入固体后溶液的体积变化)。已知 H_2B 的 $pK_{a1}^{\ominus}=1.52$,$pK_{a2}^{\ominus}=6.30$,M(NaOH) = 40.0 g·mol^{-1}。

(2.68 g)

4.22 用一定浓度的强碱溶液滴定某一元弱酸溶液,在加入 3.00 cm^3 碱液时,体系的 pH = 4.00;在加入 3.35 cm^3 碱液时,体系的 pH = 4.50。求该一元弱酸的解离常数。

(5.5×10^{-4})

4.23 根据缓冲溶液的配制原则,从下列酸、碱中选取适当的酸及其共轭碱来配制 pH = 3.50 和 pH = 10.00 的缓冲溶液,其共轭酸、碱的浓度比应是多少?

HCOOH, HAc, NH_3, $NaHCO_3$, Na_2HPO_4, NaAc, HCOONa, Na_2CO_3, NH_4Cl, Na_3PO_4

(1.8;2.1)

4.24 已知 H_3PO_4 的 $K_{a1}^{\ominus}=7.11\times10^{-3}$,$K_{a2}^{\ominus}=6.34\times10^{-8}$,$K_{a3}^{\ominus}=4.79\times10^{-13}$,试计算下列各溶液的 pH:

(1) 0.50 mol·dm^{-3} Na_2HPO_4 溶液;

(2) 0.50 mol·dm^{-3} Na_3PO_4 溶液;

(3) 300.0 cm^3 0.500 mol·dm^{-3} H_3PO_4 与 500.0 cm^3 0.500 mol·dm^{-3} NaOH 的混合溶液。

(9.77; 12.93; 7.50)

第 5 章

沉淀溶解平衡

将 0.1 mol · dm^{-3} NaCl 溶液滴加到 0.1 mol · dm^{-3} $AgNO_3$ 溶液中，可以立即看到白色的 AgCl 沉淀生成。将固体 AgCl 放在水中，却看不到固体的量明显减少。但如果将这种溶液中的 AgCl 固体过滤出去，再向滤液中加入 Na_2S 溶液，会看到黑色的 Ag_2S 沉淀生成。这表明溶液中存在着 Ag^+，即溶解过程确实发生了，只不过因为溶解的量很少，人眼看不到固体的量明显减少。像 AgCl 这样的难溶物质[溶解度小于 0.01 g/(100 g H_2O)]溶解在水中的部分可以完全解离为它的组成离子，称这种难溶物质为**难溶强电解质**(insoluble strong electrolyte)。溶解时固体表面的 Ag^+ 和 Cl^- 在极性水分子的作用下进入溶液，在溶液中进行无规则的运动。随着溶液中 Ag^+ 浓度和 Cl^- 浓度增加，Ag^+ 和 Cl^- 与固体表面的接触的机会增加，会在固体表面重新结合生成 AgCl 固体，即又生成沉淀。当 AgCl 的溶解速率和生成速率相等时，溶液中的离子浓度不再变化，就达到了**沉淀溶解平衡**(precipitation-dissolution equilibrium)。达到沉淀溶解平衡的体系是动态的**多相平衡体系**(heterogeneous phase equilibrium system)，其溶液称为**饱和溶液**(saturated solution)。

本章讨论难溶强电解质的沉淀溶解平衡、难溶强电解质的生成和溶解的条件，以及如何使溶液中的离子沉淀完全，如何实现沉淀转化等问题。

5.1 溶度积常数

5.1.1 溶度积常数

AgCl 在水溶液中的沉淀溶解平衡可以用下式表示：

$$\mathrm{AgCl(s)} \underset{\text{沉淀}}{\overset{\text{溶解}}{\rightleftharpoons}} \mathrm{Ag^+(aq) + Cl^-(aq)}$$

与所有的化学平衡一样，沉淀溶解平衡体系服从化学平衡定律，其平衡常数等于平衡时的体系内各物质浓度幂的乘积。但因 AgCl 是固体，它的浓度不写在平衡常数表达式中。因此，沉淀溶解平衡的平衡常数表达式为

$$K_{sp}^{\ominus} = [\mathrm{Ag^+}][\mathrm{Cl^-}] \tag{5.1}$$

$K_{sp}^{\ominus}$ 是沉淀溶解平衡的标准平衡常数，称为难溶强电解质的溶度积常数，简称为**溶度积**(solubility product)。式中，[Cl^-]和[Ag^+]表示在体系达到平衡时溶液中 Cl^- 的相对浓度和 Ag^+ 的相对浓度。

设难溶强电解质的通式为 M_aX_b，它在溶液中建立的沉淀溶解平衡表示为

$$M_aX_b(s) \rightleftharpoons aM^{b+}(aq) + bX^{a-}(aq)$$

则溶度积表达式为

$$K_{sp}^{\ominus}(M_aX_b) = [M^{b+}]^a[X^{a-}]^b \tag{5.2}$$

表 5.1 给出一些难溶强电解质的溶度积表达式、溶度积和溶度积指数(溶度积的负对数),更多的难溶强电解质的溶度积见附表 10。溶度积 $K_{sp}^{\ominus}$ 的大小与物质的本性有关,与离子的浓度无关。因此溶度积的大小反映了难溶强电解质的溶解趋势的大小即溶解能力的大小,同时也表示了生成难溶强电解质沉淀的难易程度。难溶强电解质的溶度积越大、溶度积指数越小,难溶强电解质越易溶解。所以可以通过比较**相同类型**的难溶强电解质的溶度积,判断其溶解度大小。例如,$PbCl_2$(1∶2 型)的 $K_{sp}^{\ominus}$ 比 $Mg(OH)_2$(1∶2 型)的 $K_{sp}^{\ominus}$ 大,则在水中 $PbCl_2$ 的溶解度比 $Mg(OH)_2$ 的溶解度大。

表 5.1 一些难溶强电解质的溶度积表达式、溶度积和溶度积指数

电解质类型	化合物	溶度积表达式	$K_{sp}^{\ominus}$	$pK_{sp}^{\ominus}$
1∶1	$AgCl$	$K_{sp}^{\ominus}=[Ag^+][Cl^-]$	1.77×10^{-10}	9.75
1∶1	$CaCO_3$	$K_{sp}^{\ominus}=[Ca^{2+}][CO_3^{2-}]$	2.8×10^{-9}	8.55
1∶2	$Mg(OH)_2$	$K_{sp}^{\ominus}=[Mg^{2+}][OH^-]^2$	5.61×10^{-12}	11.25
1∶2	$PbCl_2$	$K_{sp}^{\ominus}=[Pb^{2+}][Cl^-]^2$	1.70×10^{-5}	4.77
2∶1	Ag_2CrO_4	$K_{sp}^{\ominus}=[Ag^+]^2[CrO_4^{2-}]$	1.12×10^{-12}	11.95
3∶1	Ag_3PO_4	$K_{sp}^{\ominus}=[Ag^+]^3[PO_4^{3-}]$	8.89×10^{-17}	16.05
1∶3	$Fe(OH)_3$	$K_{sp}^{\ominus}=[Fe^{3+}][OH^-]^3$	2.79×10^{-39}	38.55
2∶3	Bi_2S_3	$K_{sp}^{\ominus}=[Bi^{3+}]^2[S^{2-}]^3$	1.0×10^{-97}	97.0
3∶2	$Ca_3(PO_4)_2$	$K_{sp}^{\ominus}=[Ca^{2+}]^3[PO_4^{3-}]^2$	2.07×10^{-29}	28.68

作为一个平衡常数,溶度积也是温度的函数。但由于难溶强电解质的沉淀反应和溶解反应的热效应很小,通常不考虑温度对它的影响。

5.1.2 溶解度和溶度积的关系

溶度积与溶解度(solubility)都可以表示物质的溶解能力,但它们是两个既有区别又有联系的不同概念。溶解度是一定温度下,饱和溶液中溶质的浓度(单位可以是 g/100 g H_2O,$g\cdot dm^{-3}$,$mol\cdot dm^{-3}$)。如果溶质 M_aX_b 的溶解度为 s,并以 $mol\cdot dm^{-3}$ 为单位,那么溶解度和溶度积的关系可以按以下方法导出。

$$M_aX_b(s) \rightleftharpoons aM^{b+}(aq) \quad + \quad bX^{a-}(aq)$$

起始浓度　　　　0　　　　0

平衡浓度　　　　$[M^{b+}]=a\cdot s$　　$[X^{a-}]=b\cdot s$

$$K_{sp}^{\ominus}(M_aX_b) = [M^{b+}]^a[X^{a-}]^b = (a\cdot s)^a(b\cdot s)^b = a^a\cdot b^b\cdot s^{(a+b)} \tag{5.3}$$

式(5.3)表示了溶度积与溶解度的关系。它们之间可以进行相互换算,即可从 s 求 $K_{sp}^{\ominus}$,也可以从 $K_{sp}^{\ominus}$ 求 s。但需注意,在使用上面关系式时物质溶解度的单位一定是 $mol\cdot dm^{-3}$。

例 5.1 25 ℃时，$BaSO_4$ 的溶解度为 2.43×10^{-3} g·dm^{-3}，求同温度下 $BaSO_4$ 的溶度积 $K_{sp}^{\ominus}$。

解：$BaSO_4$ 的摩尔质量是 233.4 g·mol^{-1}，以 mol·dm^{-3} 为单位的溶解度为

$$s=2.43\times10^{-3}\ \text{g}\cdot\text{dm}^{-3}/233.4\ \text{g}\cdot\text{mol}^{-1}=1.04\times10^{-5}\ \text{mol}\cdot\text{dm}^{-3}$$

$$BaSO_4 \rightleftharpoons Ba^{2+}+SO_4^{2-}$$

平衡浓度　　s　　s

$$K_{sp}^{\ominus}=[Ba^{2+}][SO_4^{2-}]=s^2=1.08\times10^{-10}$$

例 5.2 已知 25 ℃时 $K_{sp}^{\ominus}(PbBr_2)=6.60\times10^{-6}$，求同温下 $PbBr_2$ 的溶解度(g·dm^{-3})。

解：

$$PbBr_2 \rightleftharpoons Pb^{2+}+2Br^-$$

平衡浓度　　s　　$2s$

$$K_{sp}^{\ominus}(PbBr_2)=[Pb^{2+}][Br^-]^2=[s][2s]^2=4s^3=6.60\times10^{-6}$$

$$s=1.18\times10^{-2}\ \text{mol}\cdot\text{dm}^{-3}$$

$PbBr_2$ 的摩尔质量是 367.0 g·mol^{-1}，以 g·dm^{-3} 为单位的溶解度 s' 为

$$\begin{aligned}s'&=s\times367.0\ \text{g}\cdot\text{mol}^{-1}\\&=1.18\times10^{-2}\ \text{mol}\cdot\text{dm}^{-3}\times367.0\ \text{g}\cdot\text{mol}^{-1}\\&=4.33\ \text{g}\cdot\text{dm}^{-3}\end{aligned}$$

例 5.3 298.15 K 时，100.0 dm^3 磷酸钙 $Ca_3(PO_4)_2$ 的饱和溶液中含有 0.140 8 g 溶质，求 $Ca_3(PO_4)_2$ 的溶度积。

解：已知 $Ca_3(PO_4)_2$ 的摩尔质量为 310.18 g·mol^{-1}，

$$Ca_3(PO_4)_2 \rightleftharpoons 3Ca^{2+}+2PO_4^{3-}$$

将 $Ca_3(PO_4)_2$ 的以 g·dm^{-3} 为单位的溶解度换算成以 mol·dm^{-3} 为单位的溶解度：

$$s=\frac{0.140\ 8\ \text{g}/100\ \text{dm}^3}{310.18\ \text{g}\cdot\text{mol}^{-1}}=4.54\times10^{-6}\ \text{mol}\cdot\text{dm}^{-3}$$

由上面的反应方程式知，$[Ca^{2+}]=3s$；$[PO_4^{3-}]=2s$

则

$$\begin{aligned}K_{sp}^{\ominus}[Ca_3(PO_4)_2]&=[Ca^{2+}]^3[PO_4^{3-}]^2\\&=(3s)^3(2s)^2\\&=27\times4\times(4.54\times10^{-6})^5\\&=2.08\times10^{-25}\end{aligned}$$

通过以上计算可以看出，不同类型的难溶强电解质的溶解度与溶度积的换算公式是不同的。表 5.2 总结了三种类型难溶强电解质的溶解度与溶度积的换算关系式。不适用于易水解的难溶强电解质，实际测得的溶解度大于由 $K_{sp}^{\ominus}$ 计算得到的溶解度。

表 5.2 三种类型难溶强电解质的溶解度与溶度积的换算关系式

难溶强电解质类型	实例	换算关系式(溶解度单位 mol·dm^{-3})
AB	AgBr	$K_{sp}^{\ominus}=s^2$
A_2B/AB_2	$Ag_2CrO_4/Mg(OH)_2$	$K_{sp}^{\ominus}=4s^3$
A_3B_2/A_2B_3	$Ca_3(PO_4)_2/Bi_2S_3$	$K_{sp}^{\ominus}=27\times4\times s^5=108s^5$

从表 5.2 的溶解度与溶度积的换算关系式可以看出，对于同一类型的难溶强电解质可以通过 $K_{sp}^{\ominus}$ 的大小来比较它们的溶解度的大小。在相同温度时，$K_{sp}^{\ominus}$ 大，则 s 也大。但对于不同类型的难溶强电解质，则不能直接由它们的溶度积来比较其溶解度的大小。例如，FeS 和 $HgBr_2$ 的溶度积分别为 6.3×10^{-18} 和 6.2×10^{-20}，通过计算知道，$HgBr_2$ 的溶解度大于 FeS 的溶解度。因此不能根据溶度积来判断 FeS 的溶解度大于 $HgBr_2$ 的溶解度。所以当不同类型的难溶强电解质的溶度积相差不多时，必须通过计算它们的溶解度来比较它们的溶解能力。

5.1.3 影响难溶强电解质溶解度的因素

1. 同离子效应

例 5.4 计算 $BaSO_4$ 在纯水中和在 1.0×10^{-2} mol·dm^{-3} Na_2SO_4 溶液中的溶解度。已知 $K_{sp}^{\ominus}(BaSO_4)=1.08\times10^{-10}$。

解：设 $BaSO_4$ 在纯水中的溶解度为 s_1，

$$BaSO_4 \rightleftharpoons Ba^{2+}+SO_4^{2-}$$

达到平衡时，$[Ba^{2+}]=s_1$，$[SO_4^{2-}]=s_1$，

$$K_{sp}^{\ominus}=[Ba^{2+}][SO_4^{2-}]=s_1^2$$

$$s_1=(K_{sp}^{\ominus})^{1/2}=(1.08\times10^{-10})^{1/2}=1.04\times10^{-5}\ \mathrm{mol\cdot dm^{-3}}$$

设 $BaSO_4$ 在 1.0×10^{-2} mol·dm^{-3} Na_2SO_4 中的溶解度为 s_2，

$$BaSO_4 \rightleftharpoons Ba^{2+}+SO_4^{2-}$$

达到平衡时，$[Ba^{2+}]=s_2$，$[SO_4^{2-}]=s_2+1.0\times10^{-2}$ mol·dm^{-3}，$BaSO_4$ 是难溶强电解质，由上面计算可知 $BaSO_4$ 在纯水中的溶解度 s_1 已经远远小于 1.0×10^{-2} mol·dm^{-3}，因此 $[SO_4^{2-}]=s_2+1.0\times10^{-2}$ mol·dm^{-3} 中的 s_2 可以忽略不计，即 $[SO_4^{2-}]=s_2+1.0\times10^{-2}\approx1.0\times10^{-2}$ mol·dm^{-3}，将此浓度代入溶度积表达式，

$$K_{sp}^{\ominus}=[Ba^{2+}][SO_4^{2-}]=s_2\cdot1.0\times10^{-2}=1.08\times10^{-10}$$

$$s_2=1.08\times10^{-8}\ \mathrm{mol\cdot dm^{-3}}$$

由计算结果可以看出，由于溶液中存在大量的 SO_4^{2-}，$BaSO_4$ 的溶解度大大地降低了。即在难溶强电解质的饱和溶液中，加入含有与难溶强电解质相同离子的可溶性强电解质，会使难溶强电解质的溶解度降低。这种作用称为**同离子效应**（common ion effect）。

在工业生产和分析化学中有许多利用同离子效应的实例。例如，处理工业含铬废水的方法之一就是利用氢氧化钙来沉淀铬（Ⅲ）离子。此过程使用了过量氢氧化钙以保证铬（Ⅲ）离子沉淀完全（通常，当溶液中被沉淀离子的浓度小于 10^{-5} mol·dm^{-3} 时，即可认为该离子已沉淀完全）。沉淀剂一般过量 20%~50% 即可，更大过量的沉淀剂可能会导致盐效应或配位效应。在分析化学中定量分离硫酸钡沉淀时，选择稀硫酸溶液而不是纯水作为洗涤剂。稀硫酸可以抑制硫酸钡沉淀的溶解，可使硫酸钡的损失量降低到原来的 1/1 000。

2. 盐效应

由前面的计算得到 $BaSO_4$ 在纯水中的溶解度是 1.04×10^{-5} mol·dm^{-3}，在 0.01 mol·dm^{-3} Na_2SO_4 溶液中的溶解度是 1.04×10^{-8} mol·dm^{-3}。实验发现，$BaSO_4$ 在 0.001 mol·dm^{-3} KNO_3 溶液中的溶解度是 1.16×10^{-5} mol·dm^{-3}，在 0.01 mol·dm^{-3} KNO_3 溶液中的溶解度是

$1.63\times10^{-5}\ mol\cdot dm^{-3}$。可见，在难溶强电解质的饱和溶液中加入不含相同离子的可溶性强电解质，会使难溶强电解质的溶解度有所增大。这种现象称为**盐效应**(salt effect)。盐效应的产生是由于溶液中离子强度增大而使构成沉淀溶解平衡的离子的有效浓度减小，沉淀溶解平衡向沉淀溶解的方向移动所致。

产生同离子效应的时候，必然伴随盐效应的产生，但同离子效应和盐效应产生的效果相反。由于同离子效应对溶解度的影响要比盐效应对溶解度的影响大得多，因此对于稀溶液一般不考虑盐效应。

另外，当组成难溶强电解质的离子是弱酸或弱碱时，由于弱酸和弱碱与水之间发生质子传递反应，降低了溶液中弱酸或弱碱离子的浓度，使沉淀溶解平衡向溶解方向移动，导致难溶强电解质的溶解度增大。如一些由实验测定的硫化物在水溶液中溶解度是计算溶解度的几百倍。

5.1.4 溶度积规则

在化学平衡一章中，由化学反应等温式导出了用平衡常数和反应商判断反应方向的方法。对沉淀溶解平衡体系，这一方法也适用。即可以通过比较 $K_{sp}^{\ominus}$ 和反应商 Q 的大小的方法来判断难溶强电解质在溶液中反应进行的方向。对难溶强电解质，反应商 Q 等于其离子以沉淀溶解平衡方程式中的系数为指数的浓度幂的乘积，因此也称为**离子积**。

$$M_aX_b \rightleftharpoons aM^{b+}(aq)+bX^{a-}(aq)$$

$$Q=c_{M^{b+}}^{a}c_{X^{a-}}^{b} \tag{5.4}$$

离子积 Q 表示在**任意**情况下溶液中难溶强电解质的组成离子的浓度幂的乘积，其数值不定。因此，在离子积表达式中的离子浓度用物质的量浓度符号 c 表示。对难溶强电解质的沉淀溶解平衡体系，$K_{sp}^{\ominus}$ 和 Q 之间的关系有以下三种情况：

(1) $Q<K_{sp}^{\ominus}$，所研究的体系是不饱和溶液，无沉淀析出；若体系中有固体存在，反应向沉淀溶解的方向进行，直到形成饱和溶液。

(2) $Q=K_{sp}^{\ominus}$，所研究的体系是饱和溶液，难溶强电解质与其组成离子处于沉淀溶解平衡状态。

(3) $Q>K_{sp}^{\ominus}$，体系中会有沉淀生成，直到形成饱和溶液。

以上关系称为**溶度积规则**(solubility product rule)，用溶度积规则可以判断难溶强电解质在溶液中溶解或生成。

5.2 沉淀的生成及其应用

5.2.1 沉淀的生成

根据溶度积规则，沉淀生成的条件是 $Q>K_{sp}^{\ominus}$，即增加溶液中离子的浓度，使其浓度幂的乘积大于溶度积。在实际生产和实验中，通常通过增加价格较低的离子(沉淀剂)的浓度来实现这一目的。

例 5.5 将等体积的 $4\times10^{-3}\ mol\cdot dm^{-3}$ NaOH 溶液和 $4\times10^{-3}\ mol\cdot dm^{-3}$ $CaCl_2$ 溶液混合，是否能析出 $Ca(OH)_2$ 沉淀？已知 $K_{sp}^{\ominus}[Ca(OH)_2]=5.5\times10^{-6}$。

解：由于两种溶液是等体积混合，所以混合溶液中各物质的浓度减半，

$$c(Ca^{2+})=2\times10^{-3}\ mol\cdot dm^{-3},c(OH^-)=2\times10^{-3}\ mol\cdot dm^{-3}$$

$$Ca(OH)_2 \rightleftharpoons Ca^{2+}+2OH^-$$

$$Q=c(OH^-)^2\cdot c(Ca^{2+})=(2\times10^{-3})^2\times2\times10^{-3}=8\times10^{-9}$$

$Q<K_{sp}^{\ominus}[Ca(OH)_2]$，所以没有 $Ca(OH)_2$ 沉淀析出。

例 5.6 CaC_2O_4 的 $K_{sp}^{\ominus}=2.32\times10^{-9}$，在含 0.020 mol·dm^{-3} Ca^{2+}的溶液中形成沉淀时，所需 $C_2O_4^{2-}$ 浓度至少应为多少？

解：要生成 CaC_2O_4 沉淀，必须满足

$$Q=c(Ca^{2+})\cdot c(C_2O_4^{2-})>K_{sp}^{\ominus}(CaC_2O_4)$$

即

$$c(C_2O_4^{2-})>K_{sp}^{\ominus}(CaC_2O_4)/c(Ca^{2+})$$

$$c(C_2O_4^{2-})>(2.32\times10^{-9}/0.020)=1.16\times10^{-7}\ mol\cdot dm^{-3}$$

即要使 Ca^{2+}生成 CaC_2O_4 沉淀，$C_2O_4^{2-}$ 的浓度至少是 1.16×10^{-7} mol·dm^{-3}。

例 5.7 已知 $Pb(OH)_2$ 的 $K_{sp}^{\ominus}=1.43\times10^{-15}$，$NH_3$ 的 $K_b^{\ominus}=1.76\times10^{-5}$。如果在 0.010 dm^3 0.001 mol·dm^{-3} $Pb(NO_3)_2$ 溶液中加入 0.010 dm^3 0.1 mol·dm^{-3}氨水，有无 $Pb(OH)_2$ 沉淀生成？

解：由于溶液是等体积混合，所以混合溶液中的各物质浓度减半

$$c(Pb^{2+})=c[Pb(NO_3)_2]=5.0\times10^{-4}\ mol\cdot dm^{-3},\quad c(NH_3)=0.05\ mol\cdot dm^{-3}$$

生成 $Pb(OH)_2$ 的 OH^-来自氨水的碱解离平衡：

$$NH_3+H_2O \rightleftharpoons NH_4^++OH^-$$

因为 $c(NH_3)/K_b^{\ominus}=0.05/1.76\times10^{-5}>400$，用最简式计算$[OH^-]$：

$$[OH^-]=[K_b^{\ominus}\times c(NH_3)]^{1/2}=9.38\times10^{-4}\ mol\cdot dm^{-3}$$

$$Q[Pb(OH)_2]=c(Pb^{2+})c(OH^-)^2=5.0\times10^{-4}\times(9.38\times10^{-4})^2=4.4\times10^{-10}$$

$Q[Pb(OH)_2]>K_{sp}^{\ominus}[Pb(OH)_2]$，有 $Pb(OH)_2$ 沉淀生成。

5.2.2 分步沉淀

在实际生产、科学研究中，许多溶液中常常同时含有几种离子，需要进行分离。当向混合溶液中加入某种试剂时，往往可以与多种离子生成难溶化合物而沉淀。例如，向 Zn^{2+}和 Cu^{2+}的混合溶液中加入 H_2S 溶液，两种离子都可以生成硫化物沉淀。当控制条件时，会先生成黑色的 CuS 沉淀，在 Cu^{2+}完全沉淀后，再生成白色的 ZnS 沉淀。像这种在混合溶液中多种离子发生先后沉淀的现象称为**分步沉淀**(fractional precipitation)。

例 5.8 向浓度均为 0.010 mol·dm^{-3} 的 Ca^{2+}和 Ba^{2+}的混合溶液中，逐滴加入 Na_2SO_4 溶液，哪一种离子先沉淀？第二种离子开始沉淀时，溶液中第一种离子的浓度是多少？两者有无分离的可能？$CaSO_4$ 的 $K_{sp}^{\ominus}=4.93\times10^{-5}$，$BaSO_4$ 的 $K_{sp}^{\ominus}=1.08\times10^{-10}$。

解：假设计算过程都不考虑加入 Na_2SO_4 溶液后溶液体积的变化，根据溶度积规则，首先计算 $CaSO_4$ 和 $BaSO_4$ 开始沉淀所需的 SO_4^{2-} 浓度。

沉淀生成的条件是 $Q>K_{sp}^{\ominus}$，$Q=c(Ca^{2+})c(SO_4^{2-})$，即 $c(Ca^{2+})c(SO_4^{2-})>K_{sp}^{\ominus}$。

$$c_1(SO_4^{2-})>\frac{K_{sp}^{\ominus}(CaSO_4)}{c(Ca^{2+})}=\frac{4.93\times10^{-5}}{0.01}\ mol\cdot dm^{-3}=4.93\times10^{-3}\ mol\cdot dm^{-3}$$

同理，得 $c_2(SO_4^{2-}) > \dfrac{K_{sp}^{\ominus}(BaSO_4)}{c(Ba^{2+})} = \dfrac{1.08\times10^{-10}}{0.01}\ mol\cdot dm^{-3} = 1.08\times10^{-8}\ mol\cdot dm^{-3}$

$BaSO_4$ 开始沉淀时，需要的 SO_4^{2-} 浓度低，故 Ba^{2+} 首先沉淀出来。当 Ca^{2+} 开始沉淀时，SO_4^{2-} 浓度必须同时满足这两个沉淀溶解平衡，所以，

$$[SO_4^{2-}] = \frac{K_{sp}^{\ominus}(BaSO_4)}{[Ba^{2+}]} = \frac{K_{sp}^{\ominus}(CaSO_4)}{[Ca^{2+}]}$$

$$\frac{[Ba^{2+}]}{[Ca^{2+}]} = \frac{K_{sp}^{\ominus}(BaSO_4)}{K_{sp}^{\ominus}(CaSO_4)} = 2.2\times10^{-6}$$

当 $CaSO_4$ 刚开始沉淀时，Ca^{2+} 的浓度为 0.010 $mol\cdot dm^{-3}$，此时溶液中剩余的 Ba^{2+} 浓度为

$$[Ba^{2+}] = \frac{K_{sp}^{\ominus}(BaSO_4)[Ca^{2+}]}{K_{sp}^{\ominus}(CaSO_4)} = 2.2\times10^{-6}\times0.010\ mol\cdot dm^{-3} = 2.2\times10^{-8}\ mol\cdot dm^{-3}$$

可见，当 Ca^{2+} 开始沉淀时，Ba^{2+} 的浓度已远远小于 $10^{-5}\ mol\cdot dm^{-3}$，故两者可以通过分步沉淀实现分离。

一般来说，当溶液中存在的几种离子能生成同类型的难溶强电解质，则它们的难溶强电解质的溶度积相差越大，几种离子就越容易实现分离。

当沉淀剂是弱碱（S^{2-}，CO_3^{2-}）时，由于溶液中 CO_3^{2-}，S^{2-} 的浓度与溶液的酸度即 pH 有关，故金属离子开始沉淀和沉淀完全时的 pH 完全不同。因此，可根据金属碳酸盐、硫化物的 $K_{sp}^{\ominus}$，通过控制溶液的 pH 达到控制沉淀剂的浓度，实现离子分离的目的。

例 5.9 在浓度均为 0.10 $mol\cdot dm^{-3}$ 的 $ZnCl_2$ 和 $MnCl_2$ 混合溶液中，不断通入 H_2S，使溶液中的 H_2S 始终处于饱和状态，此时 $[H_2S]$ = 0.10 $mol\cdot dm^{-3}$，问溶液 pH 应控制在什么范围可以使这两种离子完全分离？已知 $K_{sp}^{\ominus}(ZnS) = 1.6\times10^{-24}$，$K_{sp}^{\ominus}(MnS) = 2.5\times10^{-13}$，$K_{a1}^{\ominus}(H_2S) = 1.07\times10^{-7}$，$K_{a2}^{\ominus}(H_2S) = 1.26\times10^{-13}$。

解：因为 $K_{sp}^{\ominus}(ZnS) \ll K_{sp}^{\ominus}(MnS)$，所以先产生 ZnS 沉淀。依据题意完全分离两种离子即求使 ZnS 完全沉淀而不产生 MnS 沉淀时的 pH 范围。

（1）当 ZnS 完全沉淀时，$[Zn^{2+}] < 1.0\times10^{-5}\ mol\cdot dm^{-3}$。

由 $K_{sp}^{\ominus}(ZnS) = [Zn^{2+}][S^{2-}]$ 可得

$$[S^{2-}] = \frac{K_{sp}^{\ominus}(ZnS)}{[Zn^{2+}]} = \frac{1.6\times10^{-24}}{1.0\times10^{-5}} = 1.6\times10^{-19}\ mol\cdot dm^{-3}$$

根据 H_2S 的解离平衡可计算出 Zn^{2+} 沉淀完全所允许的 H^+ 的最大浓度。

$$H_2S \rightleftharpoons 2H^+ + S^{2-}$$

$$K_a^{\ominus} = \frac{[H^+]^2[S^{2-}]}{[H_2S]} = K_{a1}^{\ominus}K_{a2}^{\ominus}$$

所以 $$[H^+] = \sqrt{\frac{K_{a1}^{\ominus}K_{a2}^{\ominus}[H_2S]}{[S^{2-}]}} = \sqrt{\frac{1.07\times10^{-7}\times1.26\times10^{-13}\times0.10}{1.6\times10^{-19}}} = 9.2\times10^{-2}\ mol\cdot dm^{-3}$$

$$pH = 1.04$$

（2）当 MnS 开始沉淀时，由 $K_{sp}^{\ominus}(MnS) = [Mn^{2+}][S^{2-}]$ 可得

$$[S^{2-}]=\frac{K_{sp}^{\ominus}(MnS)}{[Mn^{2+}]}=\frac{2.5\times10^{-13}}{0.10}=2.5\times10^{-12}\text{mol}\cdot\text{dm}^{-3}$$

此时的 H^+浓度为

$$[H^+]=\sqrt{\frac{K_{a1}^{\ominus}K_{a2}^{\ominus}[H_2S]}{[S^{2-}]}}=\sqrt{\frac{1.07\times10^{-7}\times1.26\times10^{-13}\times0.10}{2.5\times10^{-12}}}=2.3\times10^{-5}\ \text{mol}\cdot\text{dm}^{-3}$$

$$\text{pH}=4.64$$

所以只要将溶液 pH 控制在 1.04~4.64,就能保证 ZnS 沉淀完全,而 MnS 又不致析出。另外,在 ZnS 沉淀的同时还不断放出 H^+,酸度增高会影响 ZnS 的沉淀完全。

$$Zn^{2+}(aq)+H_2S(aq)\rightleftharpoons ZnS(s)+2H^+(aq)$$

因此,在实际工作中必须加入缓冲溶液来控制酸度。

在实际工作中可以使用多种方法使金属离子生成硫化物沉淀而进行分离。除在一定酸度条件下直接通入 H_2S 外,还可以加入 Na_2S 或$(NH_4)_2S$ 等沉淀剂使金属离子生成硫化物;也可以通过沉淀转化方式,使所要除去的金属离子转化为硫化物沉淀。例如,由软锰矿制备硫酸锰时,杂质离子 Cu^{2+}、Pb^{2+}、Cd^{2+}等就可以通过加入 MnS,使杂质离子全部转化为硫化物沉淀而使硫酸锰溶液得到提纯(见 5.3.2)。

同样,在稀溶液情况下,控制溶液的 pH,也就是控制溶液中的 OH^-浓度就可以实现使金属离子以氢氧化物形式沉淀及分离的目的。

例 5.10 某溶液中 Be^{2+}、Ca^{2+}的浓度分别为 0.01 mol·dm^{-3} 和 0.10 mol·dm^{-3},若要使 Be^{2+}以氢氧化物沉淀形式分离出来,求所应控制的溶液的 pH 是多少? 已知 $Be(OH)_2$ 的 $K_{sp}^{\ominus}=6.92\times10^{-22}$,$Ca(OH)_2$ 的 $K_{sp}^{\ominus}=5.5\times10^{-6}$。

解:(1) 先求出 Be^{2+}开始沉淀的 pH

$$K_{sp}^{\ominus}[Be(OH)_2]=[Be^{2+}][OH^-]_{始}^2=0.01\times[OH^-]_{始}^2=6.92\times10^{-22}$$

$$[OH^-]_{始}=2.63\times10^{-10}\ \text{mol}\cdot\text{dm}^{-3},\quad \text{pH}_{始}=4.42$$

当 Be^{2+}沉淀完全时,$[Be^{2+}]=1.0\times10^{-5}$ mol·dm^{-3},$K_{sp}^{\ominus}[Be(OH)_2]=(1.0\times10^{-5})\times[OH^-]_{终}^2=6.92\times10^{-22}$

$$[OH^-]_{终}=8.32\times10^{-9}\ \text{mol}\cdot\text{dm}^{-3},\quad \text{pH}_{终}=5.92$$

(2) 求 Ca^{2+}开始沉淀的 pH

$$K_{sp}^{\ominus}[Ca(OH)_2]=[Ca^{2+}][OH^-]_{始}^2=0.10\times[OH^-]_{始}^2=5.5\times10^{-6}$$

$$[OH^-]_{始}=7.42\times10^{-3}\ \text{mol}\cdot\text{dm}^{-3},\quad \text{pH}_{始}=11.87$$

从理论上讲,只要将溶液的 pH 控制在 6~11,就能将 Be^{2+}从体系中完全沉淀,实现与 Ca^{2+}的分离。

上述计算仅仅从理论上给出离子分离的条件,实际情况往往复杂得多,具体条件可以通过实验来确定。例如,要除去 $ZnSO_4$ 溶液中的杂质 Fe^{3+},若单纯考虑除去 Fe^{3+},则 pH 越高,Fe^{3+}被除去得越完全,但实际上 pH 过大时,Zn^{2+}也将开始沉淀为 $Zn(OH)_2$。另外,同样是从体系中除去 Fe^{3+},调整体系 pH 的方法也有所不同。基本原则是不向体系内引入新的杂质。例如,在制备 NH_4Cl 时,为除掉 Fe^{3+},应使用氨水将溶液的 pH 调到 7~8;在 $ZnCl_2$ 提纯时先用双氧水将部分 Fe^{2+}氧化为 Fe^{3+},再用粗制 ZnO 或 $Zn(OH)_2$ 将溶液 pH 调到约等于 4。

5.3 沉淀的溶解与转化

5.3.1 沉淀的溶解

1. 沉淀溶解的方法

根据溶度积规则,难溶强电解质的溶解必须满足条件 $Q<K_{sp}^{\ominus}$,即降低溶液中难溶强电解质的组成离子的浓度,使其浓度幂小于溶度积。减少离子浓度的方法有

(1) 使组成离子生成弱电解质,如水、弱酸或弱碱。例如,难溶的金属氢氧化物与酸反应因生成弱电解质水而溶解;含有 S^{2-}、CO_3^{2-}、PO_4^{3-}、CO_3^{2-} 等弱碱的难溶强电解质与酸作用生成相应的弱酸。

$$CaCO_3(s)+H_2CO_3 \rightleftharpoons Ca^{2+}+2HCO_3^-$$

$$Mg(OH)_2(s)+2H^+ \rightleftharpoons Mg^{2+}+2H_2O$$

$$ZnS(s)+2H^+ \rightleftharpoons Zn^{2+}+H_2S$$

(2) 使组成离子生成配位化合物。例如,像卤化银等难溶强电解质可以因与配位剂如氨等作用转化为配离子而溶解。

$$AgCl(s)+2NH_3 \rightleftharpoons [Ag(NH_3)_2]^++Cl^-$$

$$AgI(s)+2NaCN \rightleftharpoons [Ag(CN)_2]^-+2Na^++I^-$$

(3) 使组成离子发生氧化还原反应。例如,溶度积特别小的难溶强电解质如 CuS($K_{sp}^{\ominus}=6.3\times10^{-36}$)、$Ag_2S$($K_{sp}^{\ominus}=6.30\times10^{-50}$)、HgS($K_{sp}^{\ominus}=1.6\times10^{-52}$)等不能溶解在浓的非氧化性酸中,必须使用氧化剂如浓硝酸、王水将 S^{2-} 氧化来实现其溶解。

$$3CuS(s)+8HNO_3 = 3Cu(NO_3)_2+3S(s)+2NO\uparrow+4H_2O$$

$$3HgS(s)+2NO_3^-+12Cl^-+8H^+ = 3[HgCl_4]^{2-}+3S(s)+2NO\uparrow+4H_2O$$

王水不仅是氧化剂,它也是配位剂。像 HgS 这样溶度积特别小的硫化物只有在氧化反应和配位反应的共同作用下才能溶解。

(4) 使难溶强电解质转化成另一种难溶物质。

$$AgCl(s)+I^- \rightleftharpoons AgI(s)+Cl^-$$

2. 沉淀在酸中的溶解

例 5.11 计算在 1.0 dm^3 盐酸中溶解 0.01 mol CoS 和 MnS 所需要的盐酸的最低浓度。已知 $K_{sp}^{\ominus}(CoS)=4.0\times10^{-21}$,$K_{sp}^{\ominus}(MnS)=2.5\times10^{-13}$。$K_{a1}^{\ominus}(H_2S)=1.07\times10^{-7}$,$K_{a2}^{\ominus}(H_2S)=1.26\times10^{-13}$。

解:MS 与盐酸的反应为 $MS(s)+2H^+ \rightleftharpoons M^{2+}+H_2S$

反应的平衡常数 $K^{\ominus}=\dfrac{[M^{2+}][H_2S]}{[H^+]^2}=\dfrac{[M^{2+}][S^{2-}][H_2S]}{[S^{2-}][H^+]^2}=\dfrac{K_{sp}^{\ominus}}{K_{a1}^{\ominus}K_{a2}^{\ominus}}$

$$[H^+]=\sqrt{\frac{K_{a1}^{\ominus}K_{a2}^{\ominus}[M^{2+}][H_2S]}{K_{sp}^{\ominus}}}$$

(1) 当 0.01 mol CoS 完全溶解时,溶液中 Co^{2+} 的浓度为 0.01 $mol\cdot dm^{-3}$,H_2S 的浓度为 0.01 $mol\cdot dm^{-3}$。

$$[H^+]_{min} = \sqrt{\frac{K_{a1}^{\ominus}(H_2S) \cdot K_{a2}^{\ominus}(H_2S) \cdot [H_2S] \cdot [Co^{2+}]}{K_{sp}^{\ominus}(CoS)}}$$

$$= \sqrt{\frac{1.07\times10^{-7}\times1.26\times10^{-13}\times0.01\times0.01}{4.0\times10^{-21}}}\ mol \cdot dm^{-3}$$

$$= 0.018\ 4\ mol \cdot dm^{-3}$$

溶解 0.01 mol CoS 所需的最低盐酸浓度 = 0.018 4 mol · dm^{-3} + 0.01 mol · dm^{-3} × 2 = 0.038 mol · dm^{-3}。

(2) 按上面的方法进行计算，溶解 0.01 mol MnS 所需的最低盐酸浓度 = 2.32×10^{-4} mol · dm^{-3}+0.01 mol · dm^{-3}×2 = 0.02 mol · dm^{-3}。

由计算结果可以看出，CoS 和 MnS 都可以溶解在稀盐酸中。

5.3.2 沉淀的转化

向 AgCl 饱和溶液中加入 NaI 溶液，可以看到白色固体转变为黄色，即生成了 AgI 沉淀。这是因为在 AgCl 的沉淀溶解平衡中的 Ag^+ 与加入的 I^- 结合，生成溶度积更小的难溶强电解质 AgI，使平衡向 AgCl 溶解的方向移动。当 NaI 的量足够时，AgCl 全部转化为 AgI，这就是**沉淀的转化**(inversion of precipitation)。

$$AgCl(s) + I^- \rightleftharpoons AgI(s) + Cl^-$$

通过计算转化反应的平衡常数，可以了解转化反应进行的程度。

$$K^{\ominus} = \frac{[Cl^-]}{[I^-]} = \frac{K_{sp}^{\ominus}(AgCl)}{K_{sp}^{\ominus}(AgI)} = \frac{1.77\times10^{-10}}{8.52\times10^{-17}} = 2.08\times10^{6}$$

可见这个转化反应向右进行的趋势较大。

从以上转化反应的平衡常数表达式及数值可以看出，对于相同类型的两种难溶强电解质来说，转化反应能否发生与其溶度积的相对大小有关：一般来说，溶度积较大的难溶强电解质容易转化为溶度积较小的难溶强电解质；两种物质的溶度积相差越大，沉淀转化得越完全。

例 5.12 如果在 1.0 dm^3 Na_2CO_3 溶液中溶解 0.010 mol $CaSO_4$，问 Na_2CO_3 的初始浓度应为多少？

解：$CaSO_4(s) + CO_3^{2-}(aq) \rightleftharpoons CaCO_3(s) + SO_4^{2-}(aq)$

$$K^{\ominus} = \frac{[SO_4^{2-}]}{[CO_3^{2-}]} = \frac{K_{sp}^{\ominus}(CaSO_4)}{K_{sp}^{\ominus}(CaCO_3)} = \frac{4.93\times10^{-5}}{2.8\times10^{-9}} = 1.76\times10^{4}$$

由上述计算可知，该转化反应的平衡常数很大，反应进行得很完全。$CaSO_4$ 完全转化为 $CaCO_3$ 时释放出的 $[SO_4^{2-}]$ = 0.010 mol · dm^{-3}，则 $[CO_3^{2-}] = \frac{0.010}{1.76\times10^4} = 5.68\times10^{-7}$ mol · dm^{-3}。

因为将 0.010 mol $CaSO_4$ 转化为 $CaCO_3$ 需要消耗 0.010 mol Na_2CO_3，故 Na_2CO_3 的初始浓度应为 0.010 mol · dm^{-3} + 5.68×10^{-7} mol · dm^{-3} ≈ 0.010 mol · dm^{-3}。

除去锅炉内壁锅垢(主要成分是 $CaSO_4$)就是利用了以上的转化反应。向锅炉中加入 Na_2CO_3 溶液，使 $CaSO_4$ 转变为溶解度更小的、疏松的 $CaCO_3$，再通过流体的冲击及适当摩擦剂的作用将其除去。

牙齿的保护也应用了沉淀转化原理。当人们用餐后，如果食物长期滞留在牙缝处腐烂，就会产生细菌，从而产生有机酸类物质。这类酸性物质会使牙釉质中的羟基磷灰石[HAP，$Ca_{10}(OH)_2(PO_4)_6$]溶解：

$$Ca_{10}(OH)_2(PO_4)_6(s)+8H^+(aq)\!=\!=\!=\!10Ca^{2+}+6HPO_4^{2-}(aq)+2H_2O(l)$$

时间一长则会产生龋齿。为了防止龋齿的产生，除了注意口腔卫生外，饮用加入适量 NaF 的水或适当地使用含氟牙膏也是预防龋齿的有效措施。NaF 及含氟牙膏中的 F^-取代牙釉中 HAP 的 OH^-，生成具有一定抗酸能力的氟磷灰石[FAP，$Ca_{10}F_2(PO_4)_6$]：

$$Ca_{10}(OH)_2(PO_4)_6(s)+2F^-(aq)\!=\!=\!=\!Ca_{10}F_2(PO_4)_6+2OH^-(aq)$$

上述沉淀转化反应的平衡常数为 6.8×10^{23}，说明转化反应进行得很完全。也就是说，在 F^- 的存在下，牙釉质表面形成了一薄层 FAP，从而减少龋齿的发生。

思　考　题

1. 什么是溶解度？什么是溶度积？二者有何区别？

2. 什么是离子积？与溶度积有何区别？

3. 什么是溶度积规则？

4. 在沉淀溶解平衡体系中，什么是同离子效应？什么是盐效应？

5. 什么是分步沉淀？在工业生产中有何应用？

6. 若两种难溶强电解质的溶度积相差不大，且生成溶度积大的难溶强电解质的离子浓度较小时，这两种离子是否可以实现分步沉淀？

7. 什么是沉淀转化？在工业生产中有何应用？

8. 沉淀溶解平衡或沉淀的生成有哪些应用？

9. $CaSO_4\cdot2H_2O$ 微溶于水，但在 1 mol·dm^{-3} HNO_3、$HClO_4$ 中可溶。写出在酸中溶解的反应方程式，并解释原因。

习　　题

5.1　已知 25 ℃时下面各难溶强电解质的溶解度，求它们的溶度积常数 $K_{sp}^{\ominus}$。

(1) $BaSO_3$，2.24×10^{-5} mol·dm^{-3}；

(2) BiI_3，1.30×10^{-5} mol·dm^{-3}；

(3) $Cd(IO_3)_2$，1.84×10^{-3} mol·dm^{-3}。

(5.02×10^{-10}；7.71×10^{-19}；2.49×10^{-8})

5.2　计算 AgBr 在纯水和在 0.010 mol·dm^{-3} KBr 溶液中的溶解度。已知 $K_{sp}^{\ominus}(AgBr)=5.36\times10^{-13}$。

(7.32×10^{-7} mol·dm^{-3}；5.36×10^{-11} mol·dm^{-3})

5.3　求 25 ℃时，AgCl 在 0.010 mol·dm^{-3} $AgNO_3$ 溶液中的溶解度。已知 $K_{sp}^{\ominus}(AgCl)=1.77\times10^{-10}$。

(1.77×10^{-8} mol·dm^{-3})

5.4　将 0.002 mol·dm^{-3} Na_2SO_4 溶液与 0.02 mol·dm^{-3} $PbCl_2$ 溶液等体积混合，SO_4^{2-} 能否沉淀完全？已知 $K_{sp}^{\ominus}(PbSO_4)=2.53\times10^{-8}$。

($[SO_4^{2-}]=2.81\times10^{-6}$ mol·dm^{-3} $<10^{-5}$，SO_4^{2-} 能沉淀完全)

5.5　将 5.0×10^{-3} dm^3 0.20 mol·dm^{-3} $MgCl_2$ 溶液与 5.0×10^{-3} dm^3 0.10 mol·dm^{-3} 氨水混合时，有无

$Mg(OH)_2$ 沉淀生成？为了使溶液中不析出 $Mg(OH)_2$ 沉淀，在溶液中至少要加入多少克固体 NH_4Cl？忽略加入固体 NH_4Cl 后溶液体积变化，NH_4Cl 的 $M_r=53.79$，NH_3 的 $K_b^\ominus=1.8\times10^{-5}$，$K_{sp}^\ominus[Mg(OH)_2]=5.61\times10^{-12}$。

（$Q[Mg(OH)_2]=9.0\times10^{-8}>K_{sp}^\ominus[Mg(OH)_2]$，有 $Mg(OH)_2$ 沉淀生成；固体 NH_4Cl 0.065 g）

5.6 某溶液含有 $FeCl_2$ 和 $CuCl_2$ 的浓度均为 0.1 $mol\cdot dm^{-3}$，不断通入 H_2S 是否会有 FeS 沉淀生成？$K_{sp}^\ominus(FeS)=6.30\times10^{-18}$，$K_{sp}^\ominus(CuS)=6.30\times10^{-36}$，$K_{a1}^\ominus=1.07\times10^{-7}$，$K_{a2}^\ominus=1.26\times10^{-13}$。

［$Q(FeS)=3.37\times10^{-21}<K_{sp}^\ominus(FeS)$，溶液中不会有 FeS 沉淀生成］

5.7 混合溶液中含有 0.010 $mol\cdot dm^{-3}$ Pb^{2+} 和 0.10 $mol\cdot dm^{-3}$ Ba^{2+}，问能否用 K_2CrO_4 溶液将 Pb^{2+} 和 Ba^{2+} 有效分离？$K_{sp}^\ominus(PbCrO_4)=2.8\times10^{-13}$，$K_{sp}^\ominus(BaCrO_4)=1.2\times10^{-10}$。

（不能用 K_2CrO_4 将 Pb^{2+} 和 Ba^{2+} 分开）

5.8 用 Na_2CO_3 处理 AgBr，能否使之转化为 Ag_2CO_3？$K_{sp}^\ominus(Ag_2CO_3)=8.46\times10^{-12}$，$K_{sp}^\ominus(AgBr)=5.35\times10^{-13}$。

（用 Na_2CO_3 处理 AgBr 不能转化为 Ag_2CO_3）

5.9 下面叙述中正确的是（　　）。

A. 两个溶度积相近的难溶强电解质中，溶度积大的难溶强电解质的溶解度一定大。

B. 向 $Ca(OH)_2$ 的饱和溶液中加适量的水使 $Ca(OH)_2$ 溶解又达平衡时，$Ca(OH)_2$ 的溶度积不变，其溶解度也不变。

C. 将难溶电解质放入纯水中，溶解达平衡时，电解质离子浓度的乘积就是该物质的溶度积。

D. $BaSO_4$ 水溶液的导电性很弱，所以 $BaSO_4$ 为弱电解质。

（B）

5.10 下列试剂中能使 $SrSO_4(s)$ 溶解度增大的是（　　）。

A. $SrCl_2$　　B. Na_2SO_4　　C. NH_4Ac　　D. H_2O

（C）

5.11 过量 AgCl 溶解在下列各物质中，问哪种溶液中 Ag^+ 浓度最小？（　　）

A. 100 cm^3 水　　B. 1 000 cm^3 水

C. 100 cm^3 0.2 $mol\cdot dm^{-3}$ KCl 溶液　　D. 1 000 cm^3 0.5 $mol\cdot dm^{-3}$ KNO_3 溶液

（C）

5.12 1.0 g FeS 固体能否溶于 100 cm^3 1.0 $mol\cdot dm^{-3}$ 盐酸中？已知 $K_{sp}^\ominus(FeS)=6.0\times10^{-18}$，$M_r(FeS)=87.9$。

（FeS 能完全溶解）

5.13 PbI_2 和 $PbSO_4$ 的 $K_{sp}^\ominus$ 非常接近，两者饱和溶液中的 $[Pb^{2+}]$ 是否也非常接近，通过计算说明。已知 $K_{sp}^\ominus(PbI_2)=9.8\times10^{-9}$，$K_{sp}^\ominus(PbSO_4)=2.53\times10^{-8}$。

（不接近，$[Pb^{2+}](PbI_2)=8.5[Pb^{2+}](PbSO_4)$）

5.14 向浓度均为 0.025 $mol\cdot dm^{-3}$ 的 Pb^{2+} 和 Mn^{2+} 混合溶液中通入 H_2S 至饱和以分离 Pb^{2+} 和 Mn^{2+}，pH 应控制在什么范围？$K_{sp}^\ominus(PbS)=8.0\times10^{-28}$，$K_{sp}^\ominus(MnS)=2.5\times10^{-13}$，$K_{a1}^\ominus(H_2S)=1.07\times10^{-7}$，$K_{a2}^\ominus(H_2S)=1.26\times10^{-13}$。

（−0.61～4.94）

5.15 混合溶液中 Pb^{2+} 浓度是 0.15 $mol\cdot dm^{-3}$，Ag^+ 浓度是 0.20 $mol\cdot dm^{-3}$。

（1）如果向溶液中缓慢加入 Na_2SO_4 固体粉末，$PbSO_4$ 和 Ag_2SO_4 哪种物质先沉淀？

（2）持续加入 Na_2SO_4 直到第二种物质开始沉淀，此时，第一种离子的浓度是多少？$K_{sp}^\ominus(PbSO_4)=2.53\times10^{-8}$，$K_{sp}^\ominus(Ag_2SO_4)=1.20\times10^{-5}$。

（$PbSO_4$ 先沉淀；$[Pb^{2+}]=8.4\times10^{-5}$ $mol\cdot dm^{-3}$）

5.16 某试剂厂制备分析纯化学试剂醋酸锰［$Mn(CH_3COO)_2\cdot4H_2O$］时，常控制 pH 在 4～5，以除去溶液中杂质 Fe^{2+}。试通过计算说明。$K_{sp}^\ominus[Fe(OH)_3]=2.79\times10^{-39}$，$K_{sp}^\ominus[Mn(OH)_2]=1.9\times10^{-13}$。

（pH＝4～5 时，Fe^{2+} 经氧化生成的 Fe^{3+} 全部变成 $Fe(OH)_3$ 沉淀，而 Mn^{2+} 不沉淀）

5.17　由实验得知，$CaCO_3(s)$能溶于醋酸，而 $CaC_2O_4(s)$在醋酸中不溶，但能在盐酸中溶解。试通过计算酸溶平衡常数说明。已知 $K_{sp}^{\ominus}(CaCO_3)=2.8\times10^{-9}$，$K_{sp}^{\ominus}(CaC_2O_4)=2.3\times10^{-9}$，$K_a^{\ominus}(HAc)=1.75\times10^{-5}$，$K_{a1}^{\ominus}(H_2C_2O_4)=5.36\times10^{-2}$，$K_{a2}^{\ominus}(H_2C_2O_4)=5.35\times10^{-5}$，$K_{a1}^{\ominus}(H_2CO_3)=4.45\times10^{-7}$，$K_{a2}^{\ominus}(H_2CO_3)=4.69\times10^{-11}$。

（$K_1^{\ominus}=0.041$，$K_2^{\ominus}=7.5\times10^{-10}$，$K_3^{\ominus}=8.0\times10^{-4}$）

5.18　已知 CaF_2 的 $K_{sp}^{\ominus}=5.3\times10^{-9}$，氢氟酸的 $K_a^{\ominus}=6.3\times10^{-4}$。当保持体系的 pH = 2.00 时，$CaF_2$ 的溶解度为多少？

（$7.2\times10^{-3}\ mol\cdot dm^{-3}$）

第 6 章

氧化还原反应和电化学基础

在中学化学教材上，对氧化还原反应（redox reaction）的定义是有化合价升降的化学反应是氧化还原反应，或有电子转移（得失或偏移）的反应是氧化还原反应。在反应过程中，所含元素的化合价降低、得到电子的物质是氧化剂，在反应过程中所含元素的化合价升高、失去电子的物质是还原剂。氧化还原反应是一类非常重要的化学反应，存在于化工生产、科学研究及生命过程中。本章进一步学习氧化还原反应的规律和处理氧化还原反应的方法，理解氧化还原反应在实际生产、生活中的应用。

6.1 氧化还原反应与原电池

在上面的氧化还原反应定义中用到了化合价的概念。化合价是指某元素一定数目的原子与一定数目的其他元素的原子相结合的性质。在离子化合物中，元素化合价的数值就是该元素的一个原子得失电子的数目。在共价化合物中，元素化合价的数值就是这种元素的一个原子能与其他元素的原子形成共用电子对的数目。因此化合价等于化合物中该原子的成键数目，是正整数或负整数。但是，随着人们对物质认识的不断深入，发现在有些情况下无法简单地根据化合物的化学式来确定化学键的数目。例如，$Na_2S_2O_3$ 中 S 的化合价和 Fe_3O_4 中 Fe 的化合价。这就需要引入新的方法来描述（或定义）氧化还原反应。

6.1.1 氧化数和氧化还原反应

1948 年，美国格拉斯顿（S. Glasstone）教授首先提出用“氧化数”来代替“化合价”。1970 年，IUPAC 在《无机化学命名法》中定义了**氧化数**（又叫氧化值，oxidation number）的概念，并对计算氧化数做出了一些规定。氧化数是某元素一个原子的形式电荷数，这种形式电荷数是由假设把化合物中的成键电子指定给电负性（χ）较大的原子而求得的。例如，在 NaCl 中，电负性$\chi_{Cl} > \chi_{Na}$，这样，Cl 的氧化数为-1，而 Na 的氧化数为+1；又如，在 H_2O 中，电负性$\chi_{O} > \chi_{H}$，O 的氧化数为-2，H 的氧化数为+1。为正确地使用氧化数，首先要按下面的规则对元素的氧化数进行计算。

（1）单质中，元素的氧化数均为 0，如在 F_2、N_2、H_2 中 F、N、H 的氧化数均为 0。

（2）在化合物中，各元素氧化数的代数和为 0。多原子离子的电荷数等于各元素氧化数的代数和。在离子化合物中，元素的氧化数等于该原子所带电荷数，如 Na^+、F^- 的氧化数分别+1 和-1。在共价化合物中，将成键电子对指定给电负性大的原子，所形成电荷数为它的氧化数，如 CO_2 中氧元素的氧化数为-2，碳元素的氧化数为+4。

(3) 在多数化合物中，氢元素的氧化数为+1，而在活泼金属（Na、K、Ca 等）的氢化物 MH 或 MH_2 中，氢元素的氧化数为-1。

(4) 氧元素在化合物中的氧化数一般为-2，如在 CO_2、H_2O、H_2SO_4 中。但在过氧化物如 Na_2O_2、超氧化物如 KO_2 和氟化氧 OF_2 中氧元素的氧化数分别-1、-1/2 和+2。

(5) 碱金属元素的氧化数一般为+1，卤素在卤化物中的氧化数一般为-1。

(6) 氧化数可以是分数、正整数和负整数，如 Pb_3O_4 中 Pb 的氧化数为+8/3，$Na_2S_2O_3$ 中 S 的氧化数为+2。

例 6.1 计算 SO_3、MnO_4^- 中 S、Mn 元素的氧化数。

解： 按照上面的规定，氧元素的氧化数为-2，设 SO_3 中 S 的氧化数为 x，则

$$x+3\times(-2)=0$$

$$x=+6$$

同样，设 MnO_4^- 中 Mn 的氧化数为 y，则

$$y+4\times(-2)=-1$$

$$y=+7$$

因此在 SO_3、MnO_4^- 中 S、Mn 的氧化数分别为+6 和+7。

现在可以根据氧化数的概念重新定义相关的概念。在化学反应中，元素的氧化数升高的过程称为氧化，元素的氧化数降低的过程称为还原；含有氧化数降低的元素的物质是**氧化剂**（oxidizing agent），含有氧化数升高的元素的物质是**还原剂**（reducing agent）。氧化剂使另一种物质氧化，自身被还原，元素的氧化数降低；还原剂使另一种物质还原，自身被氧化，元素的氧化数升高。因此，**将在反应前后元素氧化数发生变化的一类反应称为氧化还原反应**。例如，在反应 $2KI+Cl_2 \xlongequal{} I_2+2KCl$ 中，I 元素的氧化数由-1 升到 0，含有碘元素的化合物 KI 就是还原剂，$2I^- \rightarrow I_2$ 的过程称为氧化；Cl 元素的氧化数由 0 降到-1，Cl_2 是氧化剂，$Cl_2 \rightarrow 2Cl^-$ 的过程称为还原，该反应称为氧化还原反应。

如果氧化数的升高和降低都发生在同一个化合物中，则这个反应称为**自身氧化还原反应**（self-redox reaction）。例如，在反应 $2HClO \xlongequal{} 2HCl+O_2$ 中，反应物 HClO 中的 Cl 元素的氧化数从+1 降到-1，O 元素的氧化数从-2 升到 0，因此 HClO 既是氧化剂又是还原剂，HClO 的分解反应是自身氧化还原反应。而在反应 $Cl_2+H_2O \xlongequal{} HClO+HCl$ 中，氯元素的氧化数在反应前为 0，反应后，在 HClO 中氯元素的氧化数变为+1，在 HCl 中氯的氧化数变为-1，氧化反应和还原反应均发生在氯元素上，氯单质既是氧化剂又是还原剂。像这种在单质或化合物中，同一元素的氧化数既有升高又有降低的反应称为**歧化反应**（disproportional reaction）。

6.1.2 氧化还原反应方程式的配平

1. 氧化数配平法

在定义了氧化数的概念后，可以使用氧化数进行氧化还原反应方程式的配平。配平的基本方法与在中学学习的化合价配平法相同。现以 $K_2Cr_2O_7$ 与 $FeSO_4$ 在硫酸溶液中进行的反应为例，说明氧化数配平法的配平过程。

第一步，根据实验结果写出反应物和反应产物。这是在水溶液中进行的反应，可以写成

离子反应方程式。

$$Cr_2O_7^{2-} + Fe^{2+} + H^+ \longrightarrow 2Cr^{3+} + Fe^{3+} + H_2O$$

第二步,找出氧化数发生变化的元素,以及变化的数值。Cr 元素的氧化数由+6（$Cr_2O_7^{2-}$）降低到+3（Cr^{3+}）,有 2 个 Cr 原子,总降低值=6;Fe 元素的氧化数由+2 增加到+3,升高值=1。

第三步,使氧化剂中元素氧化数的降低值等于还原剂中氧化数的升高值。

Cr 元素的氧化数总降低值=6×1

Fe 元素的氧化数总升高值=1×6

第四步,在离子反应式中添加系数,使方程式两侧的原子个数相等、电荷数相等。

$$Cr_2O_7^{2-} + 6Fe^{2+} + 14H^+ = 2Cr^{3+} + 6Fe^{3+} + 7H_2O$$

最后,将氧化数没有变化的物质加到反应式中,得到完整的反应方程式。

$$K_2Cr_2O_7 + 6FeSO_4 + 7H_2SO_4 = Cr_2(SO_4)_3 + 3Fe_2(SO_4)_3 + 7H_2O + K_2SO_4$$

例 6.2　配平反应方程式 $MnO_4^- + HSO_3^- + H^+ \rightarrow Mn^{2+} + SO_4^{2-} + H_2O$。

解:观察反应,Mn 元素的氧化数降低值=5,S 元素的氧化数升高值=2。为使二者相等,Mn 元素氧化数变化值=5×2,S 元素氧化数变化值=2×5。

$$2MnO_4^- + 5HSO_3^- + H^+ \rightarrow 2Mn^{2+} + 5SO_4^{2-} + H_2O$$

配平氢、氧原子数目：$2MnO_4^- + 5HSO_3^- + H^+ = 2Mn^{2+} + 5SO_4^{2-} + 3H_2O$

2. 离子-电子配平法

在溶液中,还可以用**离子-电子配平法**对氧化还原反应方程式进行配平。在使用这种方法时,首先,分别写出两个半反应,接下来配平两个半反应方程式,使每个半反应方程式等号两边的电荷数相等,且各种元素的原子总数各自相等。然后,找出两个半反应方程式中得失电子数目的最小公倍数,将两个半反应方程式各项分别乘以相应的系数,使其得失电子数目相同。最后,将两个方程式相加,消去电子,就得到配平了的氧化还原反应的离子方程式。有时根据需要,将其改写为化学反应方程式。

例 6.3　配平反应方程式：

$$K_2Cr_2O_7 + KI \longrightarrow K_2SO_4 + Cr_2(SO_4)_3 + I_2 \text{（在酸性溶液中）}$$

解:（1）写出两个半反应：

$$Cr_2O_7^{2-} \longrightarrow Cr^{3+} \qquad ①$$

$$I^- \rightarrow I_2 \qquad ②$$

（2）配平半反应方程式：

$$Cr_2O_7^{2-} + 14H^+ + 6e^- = 2Cr^{3+} + 7H_2O \qquad ③$$

$$2I^- = I_2 + 2e^- \qquad ④$$

在酸性溶液中所进行的反应,反应式右侧的氧原子数目少于左侧时,应有足够的氢离子（氧原子减少数目的两倍）在左侧参与反应,并在右侧生成相应数量的 H_2O 分子。在反应①中,$Cr_2O_7^{2-}$ 有 7 个 O,右侧没有 O 原子,应在反应式左边加 14 个 H^+,右边加 7 个 H_2O 分子。然后根据两边离子电荷数的差异,补上一定数目的电子。

（3）将两个半反应方程式合并,写出配平的离子方程式。

半反应③和④中得失电子的最小公倍数是 6,将④乘 3,然后与③相加消去电子。

$$\begin{array}{rl} & Cr_2O_7^{2-}+14H^++6e^- = 2Cr^{3+}+7H_2O \\ +) & 6I^- = 3I_2+6e^- \\ \hline & Cr_2O_7^{2-}+6I^-+14H^+ = 2Cr^{3+}+3I_2+7H_2O \end{array}$$

检查方程式两边的电荷数、各种元素的原子个数是否相等。

(4) 在离子反应式中添上不发生变化的反应物和生成物的正离子或负离子，并写出相应的分子式，就得到配平的化学反应方程式。

该反应在酸性溶液中进行，一般以不引进其他杂质或引进的酸根离子不参与氧化还原反应为原则。例题给出的反应产物中有 K_2SO_4，应将 H^+ 写成 H_2SO_4。这样，该反应的化学反应方程式为

$$K_2Cr_2O_7+6KI+7H_2SO_4 = 4K_2SO_4+Cr_2(SO_4)_3+3I_2+7H_2O$$

最后，再核对一下各种元素的原子个数是否各自相等。

例 6.4 配平反应方程式：

$$Zn+NO_3^-+OH^- \longrightarrow NH_3+Zn(OH)_4^{2-}$$

解：(1) 写出两个半反应：

$$NO_3^- \longrightarrow NH_3 \quad ①$$

$$Zn \longrightarrow Zn(OH)_4^{2-} \quad ②$$

(2) 配平半反应方程式：

$$NO_3^-+6H_2O+8e^- \longrightarrow NH_3+9OH^- \quad ③$$

$$Zn+4OH^- \longrightarrow Zn(OH)_4^{2-}+2e^- \quad ④$$

在碱性溶液中所进行的反应，反应式氧原子数目少的一侧应有足够的 H_2O 参与反应，并在对应侧生成相应数量的 OH^-。在反应①中，左侧有 3 个氧原子，右侧没有氧原子，应在左侧加 H_2O，右侧加 OH^-。然后根据两边离子电荷数的差异，补上一定数目的电子。

(3) 将两个半反应方程式合并，写出配平的离子方程式。

$$4Zn+NO_3^-+7OH^-+6H_2O = NH_3+4Zn(OH)_4^{2-} \quad ⑤$$

离子-电子配平法的优势是以反应方程式中的各物种为基础，以电荷平衡为准则。所以，就算不清楚氧化还原物质中元素的氧化数，也能很方便地配平反应方程式。离子-电子配平法适用于许多复杂反应的配平，但只适用于在水溶液中进行的氧化还原反应的配平。

6.1.3 原电池

当在 $CuSO_4$ 溶液中插入 Zn 片，Zn 片上很快有红色 Cu 析出，这个实验现象用化学反应方程式表示为

$$Zn+Cu^{2+} \rightleftharpoons Cu+Zn^{2+}$$

可以看出，Zn 和 Cu^{2+} 在反应中氧化数发生了变化，即电子从 Zn 转移到了 Cu^{2+}。因此这个反应是一个氧化还原反应。在这个反应中，电子转移是通过氧化剂和还原剂在热运动过程中发生了有效碰撞实现的。由于分子的热运动没有方向性，因此电子不会形成定向运动而产生电流。反应过程中的能量变化通常以热能的形式表现出来。在激烈反应时，能量会

以光、声等其他形式释放。

1. 原电池和电池符号

通过设计一种装置，让转移的电子定向移动形成电流，**将化学能转变成电能**，这种装置称为原电池。铜锌原电池是一种讨论得最多的原电池(见图 6.1)。

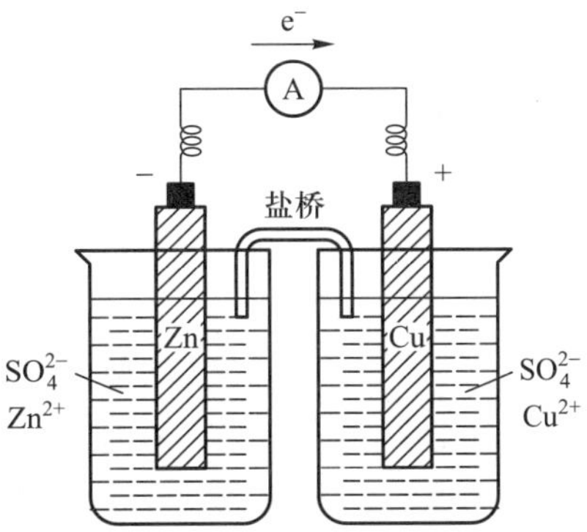

图 6.1 铜锌原电池

将 Zn 棒放在 $ZnSO_4$ 溶液中，Cu 棒放在 $CuSO_4$ 溶液中，就形成了两个半电池。用**盐桥**①(salt bridge，一般在 U 形管中填充饱和 KCl 溶液和琼脂做成胶冻，这样溶液不致流出，而离子则可以在其中自由移动)把两个半电池连通，Zn 棒和 Cu 棒用导线(外电路)与电流表相连，此时，电流表的指针发生偏转，说明金属导线上有电流通过。电流的方向是从正极到负极，而电子流动方向是从负极到正极，根据指针偏转方向可以判定 Zn 棒有电子流出，Cu 棒有电子流入。

原电池中的电极反应如下：

Zn 电极是电子流出极，发生氧化反应，该电极称为负极(anode)：

$$Zn \rightleftharpoons Zn^{2+} + 2e^-$$

Cu 电极是电子流入极，发生还原反应，该电极称为正极(cathode)：

$$Cu^{2+} + 2e^- \rightleftharpoons Cu$$

电池反应即氧化还原反应：

$$Zn + Cu^{2+} \rightleftharpoons Cu + Zn^{2+}$$

为简便起见，将铜锌原电池用下面的**原电池符号**表示：

$$(-)Zn \mid Zn^{2+}[c_1/(mol \cdot dm^{-3})] \parallel Cu^{2+}[c_2/(mol \cdot dm^{-3})] \mid Cu\ (+)$$

原电池符号中的"|"表示两相之间的界面，"‖"表示两溶液之间用盐桥连接，(-)和(+)分别表示负极和正极，通常将负极写在左边，正极写在右边。括号中是该物质的物质的量浓度。

利用这种方式表示电池简明方便。在书写时注意以下几点：

(1) 组成电极物质中无金属时，应插入**惰性电极**(inert electrode)，如 Pt、石墨等(能导电，但不参与反应)。

(2) 组成电极中的气体物质靠近电极，并要注明气体分压。例如：

$$(-)Zn \mid Zn^{2+}(c_1) \parallel H^+(c_2) \mid H_2(p^{\ominus}) \mid Pt(+)$$

(3) 电极中不同氧化态的同种离子，高氧化态离子靠近盐桥，低氧化态离子靠近电极；同时，参与电极反应的其他物质也要写入电池符号中。例如：

$$\parallel Cr_2O_7^{2-}(c_1), Cr^{3+}(c_2), H^+(c_3) \mid Pt(+)$$

2. 原电池的电极反应

原电池中的电极反应 $Cu^{2+} + 2e^- \rightleftharpoons Cu$ 和 $Zn - 2e^- \rightleftharpoons Zn^{2+}$ 分别称为**还原半反应**

---

① 盐桥的作用：使两个半电池中过剩的正负电荷得到平衡，使两个半电池反应继续进行，保持持续电流，同时降低了两个半电池不同浓度溶液间的液接电势。

(reduction half-reaction)和**氧化半反应**(oxidation half-reaction)。半反应中的两种物质称为**氧化还原电对**(redox electric couple),如 Zn^{2+}/Zn 电对和 Cu^{2+}/Cu 电对。在氧化还原电对中,将氧化数高的物质称为**氧化型物质**(oxidized species,如 Cu^{2+}、Zn^{2+}),写在斜线的左侧;氧化数低的物质称为**还原型物质**(reduced species,如 Cu、Zn),写在斜线的右侧。

任何氧化还原反应都是由两个半反应构成的,其半反应和氧化还原反应式的通式可写为

$$\text{氧化型}_{(1)} + ze^- \rightleftharpoons \text{还原型}_{(1)}$$

$$\text{氧化型}_{(2)} + ze^- \rightleftharpoons \text{还原型}_{(2)}$$

$$\text{氧化型}_{(1)} + \text{还原型}_{(2)} = \text{还原型}_{(1)} + \text{氧化型}_{(2)}$$

其中,氧化型$_{(1)}$是氧化剂,在反应中被还原为还原型$_{(1)}$;还原型$_{(2)}$为还原剂,在反应中被氧化为氧化型$_{(2)}$。氧化型$_{(1)}$的氧化性比氧化型$_{(2)}$的氧化性强,还原型$_{(2)}$的还原性比还原型$_{(1)}$的还原性强。因此氧化还原反应的方向是强氧化剂与强还原剂反应,生成弱氧化剂和弱还原剂。在氧化还原反应中,得电子与失电子、还原与氧化、氧化剂与还原剂是对立的,又是相互依存的,共处于同一个氧化还原反应之中。

3. 电极类型

根据原电池的半反应,可以将原电池的电极分为四种类型:

(1) **金属-金属离子电极**,如铜锌原电池中的电极:

$$\text{电极反应} \quad Zn^{2+} + 2e^- \rightleftharpoons Zn$$

$$\text{电极符号} \quad Zn \mid Zn^{2+}[c/(mol \cdot dm^{-3})]$$

(2) **金属-金属难溶盐-离子电极**,如铅蓄电池中的电极:

$$\text{电极反应} \quad PbSO_4(s) + 2e^- \rightleftharpoons Pb(s) + SO_4^{2-}(aq)$$

$$\text{电极符号} \quad Pb \mid PbSO_4(s) \mid SO_4^{2-}[c/(mol \cdot dm^{-3})]$$

(3) **气体-离子电极**,如氢电极:

$$\text{电极反应} \quad 2H^+(aq) + 2e^- \rightleftharpoons H_2(g)$$

$$\text{电极符号} \quad Pt \mid H_2(p/kPa) \mid H^+[c/(mol \cdot dm^{-3})]$$

(4) **氧化还原电极**,如铁离子电极:

$$\text{电极反应} \quad Fe^{3+}(aq) + e^- \rightleftharpoons Fe^{2+}(aq)$$

$$\text{电极符号} \quad Pt \mid Fe^{3+}[c_1/(mol \cdot dm^{-3})], Fe^{2+}[c_2/(mol \cdot dm^{-3})]$$

6.1.4 原电池的电动势和电极电势

1. 原电池的电动势

原电池的两个电极之间有电流通过,说明两个电极之间存在电势差,即构成原电池的两个电极具有不同的电极电势(E)。用电位计能够测得的正极与负极间的电势差,称为原电池的**电动势**(electromotive force),以符号 $E_{\text{池}}$ 表示:

$$E_{\text{池}} = E_+ - E_- \qquad (6.1)$$

例如,当温度为 298.15 K,$c(Zn^{2+}) = c(Cu^{2+}) = 1.0\ mol \cdot dm^{-3}$ 时,所测得的铜锌原电池的电动势为 1.10 V。

用银片和硝酸银溶液与锡片和硫酸锡溶液组成另一原电池：

$$(-)\,Sn\,|\,Sn^{2+}(1.0\ mol\cdot dm^{-3})\,||\,Ag^{+}(1.0\ mol\cdot dm^{-3})\,|\,Ag(+)$$

在 298.15 K，$c(Sn^{2+})=c(Ag^{+})=1.0\ mol\cdot dm^{-3}$ 的条件下，所测得的该原电池的电动势为 0.94 V。由此可见，原电池电动势的大小与电池反应中各物质的本性有关。此外，原电池的电动势还与溶液的浓度、温度和气体压强等因素有关。在一定温度（通常为 298.15 K）、热力学标准状态下，测得的各种原电池的电动势称为**标准电动势**，用 $E^{\ominus}_{池}$ 表示。例如，298.15 K 时，铜锌原电池的标准电动势为 1.10 V，银锡原电池的标准电动势为 0.94 V，银铜原电池的标准电动势为 0.46 V。

2. 电极电势

在 Cu–Zn 原电池中，电子由 Zn 电极流向 Cu 电极。也就是说 Zn 电极的电势比 Cu 电极的电势低。Zn 电极的电极电势和 Cu 电极的电极电势是如何产生的？它们的数值是多少？

把锌片插入水中，由于锌片表面的锌离子与极性很大的水分子互相吸引而发生水合作用，致使表面的锌离子离开锌片进入水中。锌片由于失去锌离子而带负电荷，锌离子进入溶液而使溶液带正电荷。正、负电荷的相互吸引，使得进入溶液中的大多数锌离子集聚在锌片附近的水溶液中，因而阻碍了金属离子的继续溶解。随着溶液中水合锌离子的增加，溶入水中的锌离子也会再沉积到锌片表面。当溶解与沉积的速率相等时，就形成一种动态平衡：

$$Zn^{2+}(aq)+2e^{-} \rightleftharpoons Zn(s)$$

这样在锌片表面和接近锌片表面的溶液之间形成“双电层”[见图 6.2(a)]，即在锌片与溶液之间产生了电势差，称为**电极电势** E。

将金属插入该金属的盐溶液中也会产生相同的作用。由于溶液中已经存在该金属的离子，如果金属表面的金属离子仍很容易进入溶液，则浸在溶液中的金属仍带负电荷，只是比它在纯水中时所带的负电荷少，如锌电极。如果金属离子不容易进入溶液，溶液中存在的正离子起初向金属沉积的速率可能超过金属离子由金属表面进入溶液的速率，最终使金属带正电荷，溶液一侧则富集了带负电荷的阴离子，形成了相反的“双电层”，铜电极就属于这种情况[见图 6.2(b)]。

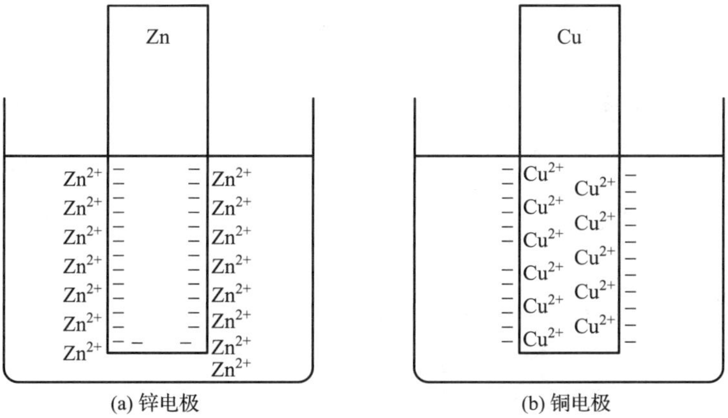

图 6.2 锌电极和铜电极的双电层结构示意图

当外界条件(温度、浓度和压强)一定时,电极电势差的高低只取决于电极的本性,对于金属电极,金属越活泼,在溶液中溶解形成离子的倾向就越大。当体系达到平衡时,电极表面聚集的电子较多,电极电势较低;反之,电极电势较高。

3. 标准电极电势

从电极电势的产生可以看出,要测定电极电势的绝对数值是相当困难的。电池电动势是正极与负极的电极电势之差,是可以测定的数值。如果将其中一个电极的电极电势设定为标准参比值,则可以得到另一个电极的电极电势。国际上通用的标准是**标准氢电极**(standard hydrogen electrode,SHE),规定其标准电极电势 $E^{\ominus}(H^+/H_2)=0.000\ 0$ V。用标准氢电极与被测电极组成原电池,就能测出各种电极的电极电势的相对值。

(1) 标准氢电极 将表面被处理成多孔铂黑(细粒状铂)的铂片,放入 H^+ 浓度为 1.0 $mol \cdot dm^{-3}$ 的溶液中,并不断地通入压强为 10^5 Pa 的氢气流,使铂黑电极吸附的 H_2 达到饱和,这就构成标准氢电极。标准氢电极的装置见图 6.3。

标准氢电极的电极反应为 $2H^+ + 2e^- \rightleftharpoons H_2$。达到平衡时,标准氢的电极电势 $E^{\ominus}(H^+/H_2)=0.000\ 0$ V。

氢电极为气体电极,使用起来很不方便。在实际测定电极电势的工作中,往往采用其他**参比电极**(reference electrode)作为相对标准,测定其他电极的电极电势。参比电极必须是化学性质稳定的、电极电势值可根据标准氢电极准确测得的电极。常用的参比电极是 Hg(l)-Hg_2Cl_2(s)-KCl(aq)溶液组成的金属-金属难溶盐-离子电极——甘汞电极(calomel electrode,见图 6.4)和 Ag(s)-AgCl(s)-KCl(aq)电极。当 KCl 溶液为饱和溶液时,甘汞电极称为**饱和甘汞电极**(saturated calomel electrode,SCE)。

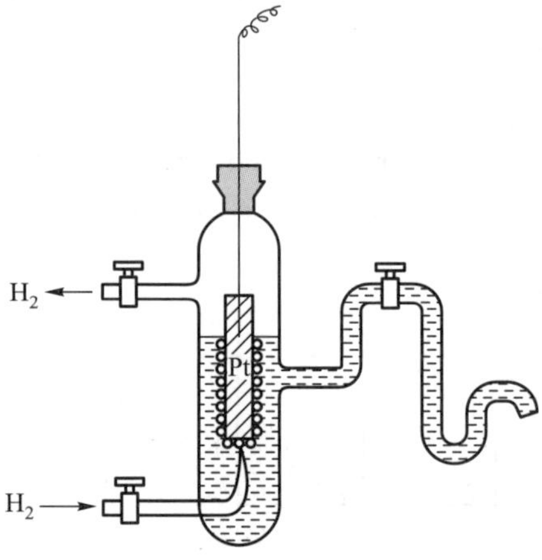

图 6.3 标准氢电极

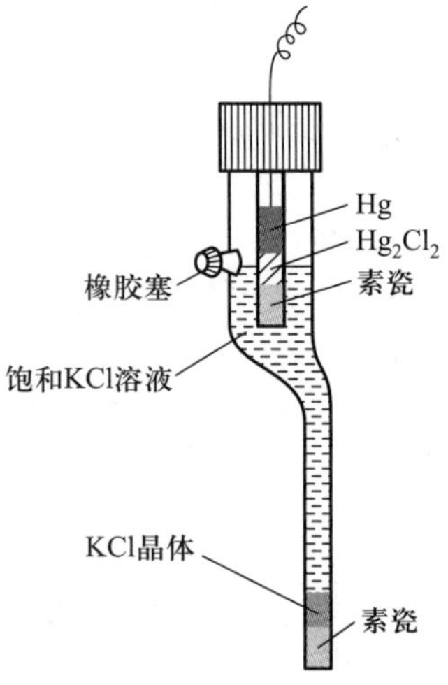

图 6.4 甘汞电极

电极符号 Pt | Hg(l) | Hg_2Cl_2(s) | Cl^-(aq)

电极反应 $Hg_2Cl_2(s) + 2e^- \rightleftharpoons 2Hg(l) + 2Cl^-(aq)$

标准甘汞电极 $E^{\ominus}(Hg_2Cl_2/Hg)=0.280\ 1$ V[$c(Cl^-)=1.0\ mol \cdot dm^{-3}$]

(2) 标准电极电势 将标准氢电极与标准状态下的各种电极组成原电池,测得原电池的标准电动势，根据电动势的计算公式，可以得到被测电极的**标准电极电势**(standard electrode potential)，$E^{\ominus}$(氧化型/还原型)。例如，测定 Zn 电极的标准电极电势是将 Zn 电极与标准氢电极组成原电池，Zn 电极作负极：

$$(-)Zn \mid Zn^{2+}(1.0\ mol \cdot dm^{-3}) \parallel H^{+}(1.0\ mol \cdot dm^{-3}) \mid H_2(100\ kPa) \mid Pt(+)$$

实验测得 $E^{\ominus}_{池} = 0.761\ 8\ V$。

$$E^{\ominus}_{池} = E^{\ominus}_{+} - E^{\ominus}_{-}$$
$$E^{\ominus}_{-} = E^{\ominus}_{+} - E^{\ominus}_{池} = -0.761\ 8\ V$$

因此，$E^{\ominus}(Zn^{2+}/Zn) = -0.761\ 8\ V$。

而在测定 Ag | Ag^{+} 电极的标准电极电势时，是将 Ag | Ag^{+} 电极与标准氢电极构成原电池：

$$(-)Pt \mid H_2(100\ kPa) \mid H^{+}(1.0\ mol \cdot dm^{-3}) \parallel Ag^{+}(1.0\ mol \cdot dm^{-3}) \mid Ag(+)$$

实验测得 $E^{\ominus}_{池} = +0.799\ 6\ V$。

$$E^{\ominus}_{池} = E^{\ominus}_{+} - E^{\ominus}_{-}$$
$$E^{\ominus}_{+} = E^{\ominus}_{池} + E^{\ominus}_{-} = 0.799\ 6\ V$$

因此，$E^{\ominus}(Ag^{+}/Ag) = 0.799\ 6\ V$。

用同样的方法可以测得许多电极的标准电极电势。常用的各种电极的 $E^{\ominus}$ 列于附表 11 和附表 12 中。

(3) 标准电极电势表　标准电极电势表一般由三列组成。第一列是氧化还原电对，第二列是与氧化还原电对对应的半反应。半反应一般写成还原反应的形式，[氧化型] + $ze^{-} \rightleftharpoons$ [还原型]。第三列是标准电极电势，单位为伏特(V)。为了方便查阅，把电极电势分成酸表和碱表。酸表中列出的是在酸性溶液[$c(H^{+}) = 1.0\ mol \cdot dm^{-3}$]或中性溶液中各电极的标准电极电势；碱表列出的是在碱性溶液[$c(OH^{-}) = 1.0\ mol \cdot dm^{-3}$]中各电极的标准电极电势。电极反应中有 H^{+} 的电对的电极电势都列在酸表中；有 OH^{-} 的列在碱表中。当电极反应中没有 H^{+} 或 OH^{-} 出现时，需从物质的存在状态考虑。① 金属离子-金属离子电对、金属-金属盐电对的电极电势均列在酸表中。例如，$Fe^{3+} + e^{-} \rightleftharpoons Fe^{2+}$，$Ni^{2+} + 2e^{-} \rightleftharpoons Ni$，因为 Fe^{3+}、Fe^{2+}、Ni^{2+} 只能在酸性溶液中存在，它们构成电对的标准电极电势只能列在酸表中。② 介质没有参与电极反应的电对的电极电势列在酸表中，如 $Cl_2 + 2e^{-} \rightleftharpoons 2Cl^{-}$。

4. 标准电极电势的应用

(1) 判断氧化剂和还原剂的强弱　标准电极电势是表示一种物质得到电子或失去电子难易程度的物理量。一个电对的标准电极电势数值越大，该电对中的氧化型物质越容易得到电子，氧化性越强。标准电极电势数值越小，其还原型物质越容易失去电子，还原性越强。通过比较 $E^{\ominus}$ 的数值，可以判断氧化剂和还原剂的强弱。将部分氧化还原电对的标准电极电势按其数值从大到小排列在表 6.1 中。从表中数据可以看出，氧化型物质 F_2、MnO_4^{-}、Cl_2 是强氧化剂，还原型物质 F^{-}、Mn^{2+}、Cl^{-} 是弱还原剂；同样，Ca^{2+}、Zn^{2+} 是极弱的氧化剂，Ca、Zn 是极强还原剂。

表 6.1 一些氧化还原电对的标准电极电势

氧化型+ze⁻ ⇌ 还原型	$E^{\ominus}$/V
$F_2+2H^++2e^- \rightleftharpoons 2HF$	3.053
$MnO_4^-+8H^++5e^- \rightleftharpoons Mn^{2+}+4H_2O$	1.507
$Cl_2+2e^- \rightleftharpoons 2Cl^-$	1.358
$Br_2(l)+2e^- \rightleftharpoons 2Br^-$	1.066
$Fe^{3+}+e^- \rightleftharpoons Fe^{2+}$	0.771
$I_2+2e^- \rightleftharpoons 2I^-$	0.536
$Cu^{2+}+2e^- \rightleftharpoons Cu$	0.342
$2H^++2e^- \rightleftharpoons H_2$	0.000
$Ni^{2+}+2e^- \rightleftharpoons Ni$	-0.257
$Fe^{2+}+2e^- \rightleftharpoons Fe$	-0.447
$Zn^{2+}+2e^- \rightleftharpoons Zn$	-0.762
$Ca^{2+}+2e^- \rightleftharpoons Ca$	-2.868

从表 6.1 的数据还可以看出，① 最强的氧化剂在电极电势表的左上角，最强的还原剂在电极电势表的右下角；② 四种卤素单质的氧化性按 $F_2> Cl_2> Br_2> I_2$ 顺序降低；③ 金属单质都是较强的还原剂，它们在水中的活动性顺序是按 $E^{\ominus}$大小排出来的。

(2) 判断化学反应进行的方向　观察表 6.1 中的半反应和电极电势，可以发现在铜锌原电池中，铜电对的电极反应位于锌电对的电极反应的上方。铜离子和单质锌位于左上右下的对角线上，它们之间可以进行氧化还原反应。钙、锌、铁、镍可以取代酸中氢离子，氢离子与这些金属单质也位于左上右下的对角线上。由此可以得出，将组成氧化还原反应的两个电对，按标准电极电势数值由大到小、从上至下排列出来时，处于左上右下对角线的两种物质能发生氧化还原反应。相反，处在左下右上的对角线上的两种物质不能自发地进行反应。即氧化还原发生的方向为

$$\text{强氧化剂}_1+\text{强还原剂}_2 = \text{弱还原剂}_1+\text{弱氧化剂}_2$$

氧化还原反应进行的方向也受一些外界因素的影响，如浓度、压强和温度等，这些问题将在后面章节进行讨论。

另外一种判断反应方向的方法是，把参加反应的反应物中氧化剂组成的电对(在表 6.1 中排在上方的电对)作为原电池的正极，还原剂组成的电对(排在下方的电对)作为负极，组成原电池。上方电对的电极电势大于下方电对的电极电势，其差值必然大于零，即电动势 $E^{\ominus}_{池}=E^{\ominus}_{+}-E^{\ominus}_{-}>0$。因此得到一个更方便使用的**判断氧化还原反应方向的判据**：$E^{\ominus}_{池}=E^{\ominus}_{+}-E^{\ominus}_{-}>0$，反应正向进行；反之，当 $E^{\ominus}_{池}=E^{\ominus}_{+}-E^{\ominus}_{-}<0$，反应逆向进行。

例 6.5　利用标准电极电势判断 Br_2 能否将 Fe^{2+}氧化成 Fe^{3+}。

解：方法 1　将氧化还原反应有关的电对按电极电势从高到低排列：

$$Br_2+2e^- \rightleftharpoons 2Br^- \quad E^\ominus=1.066\ V$$
$$Fe^{3+}+e^- \rightleftharpoons Fe^{2+} \quad E^\ominus=0.771\ V$$

由此可以看出，Br_2（氧化剂）在左上方，Fe^{2+}（还原剂）在右下方，两者之间能自发地发生反应。说明 Br_2 能将 Fe^{2+}氧化成 Fe^{3+}。

方法 2 将氧化剂 Br_2 的电对作为正极，还原剂 Fe^{2+}的电对作为负极组成原电池，计算电动势：

$$E^\ominus_{池}=E^\ominus_+-E^\ominus_-=1.066\ V-0.771\ V=0.295\ V>0$$

因此 Br_2 能将 Fe^{2+}氧化成 Fe^{3+}。

例 6.6 要选择一种还原剂能使含 Sn^{2+}、Fe^{2+}、Zn^{2+}的混合溶液中的 Sn^{2+}还原成 Sn，而使 Fe^{2+}、Zn^{2+}不发生变化，试根据标准电极电势 $E^\ominus$值推断 Pb、Cr 和 Al 三种还原剂哪种合适？

解：查酸表得到 $E^\ominus(Sn^{2+}/Sn)=-0.137\ 5\ V$，$E^\ominus(Fe^{2+}/Fe)=-0.447\ V$，$E^\ominus(Zn^{2+}/Zn)=-0.761\ 8\ V$，$E^\ominus(PbSO_4/Pb)=-0.358\ 8\ V$，$E^\ominus(Cr^{3+}/Cr)=-0.744\ V$，$E^\ominus(Al^{3+}/Al)=-1.676\ V$。

由 $E^\ominus$值可以明显看出，在酸性介质中 Al 的还原能力最强，Sn^{2+}、Fe^{2+}、Zn^{2+}都能被其还原；而 Cr 不能还原 Zn^{2+}，但能够将 Sn^{2+}、Fe^{2+}还原，只有 $E^\ominus(PbSO_4/Pb)$介于$E^\ominus(Fe^{2+}/Fe)$和 $E^\ominus(Sn^{2+}/Sn)$之间，所以 Pb 能够将 Sn^{2+}还原，而不能将 Fe^{2+}、Zn^{2+}还原，因此 Pb 是合适的还原剂。

当一种氧化剂能与几种还原剂反应时，还原剂对应的电对与氧化剂对应的电对的电极电势的差值（即电动势）越大，该还原剂就越先被氧化，即氧化剂首先氧化最强的还原剂。同理，还原剂首先还原最强的氧化剂。上述规律成立的条件是，① 氧化还原反应速率足够大，② 氧化还原反应的产物由化学平衡而不是由反应速率控制。

（3）$E^\ominus$的使用条件　由于 $E^\ominus$的数据是标准状态下、在水溶液中测定的，所以 $E^\ominus$不能应用在非水溶液、高温反应和固相反应中。

6.2 电池反应的热力学

6.2.1 原电池的电动势与电池反应的自由能

通过化学热力学的学习可知，等温等压下体系在可逆过程中所做的最大非体积功（$W_{非}$）等于体系自由能的减小。而对于理想的**可逆电池**①，如果最大非体积功只有电功，则体系自由能减小就等于原电池所做的电功，即

$$-\Delta_r G=-W_{电}$$

而电功又等于电池电动势（$E_{池}$）与电荷量（Q）的乘积，

① 可逆电池：要求电池在充放电时的反应互为逆反应；此外，电池在充放电时的能量转变必须可逆。即可逆电池在工作时，不论充电还是放电，所通过的电流趋于零，电池在无限接近平衡态下工作。本章中所讨论的电池只限于可逆电池。

$$W_{电} = -QE_{池} = -nFE_{池}$$①

所以有

$$\Delta_r G = -nFE_{池} \tag{6.2}$$

式中,Q 是电荷量,$E_{池}$是原电池的电动势,n 为电子转移的物质的量(mol);F 为法拉第常数(Faraday constant),$F = 9.65\times10^4\ J \cdot V^{-1} \cdot mol^{-1}$。

在标准状态时,进行 1 mol 反应的反应自由能改变量为

$$\Delta_r \boldsymbol{G}_m^{\ominus} = -z\boldsymbol{FE}_{池}^{\ominus} \quad (z\ 为电子转移数,量纲为\ 1) \tag{6.3}$$

在化学热力学中,反应的自由能改变量 $\Delta_r G$ 是判断反应方向的判据。由式(6.2)和式(6.3)可以得到用电池电动势判断氧化还原反应方向的方法。当 $\Delta_r G_m^{\ominus}<0$ 时,$E_{池}^{\ominus}$一定大于 0;标准状态下,$\Delta_r G_m^{\ominus}<0$ 时,反应向正反应方向自发进行,所以,**$E_{池}^{\ominus}>0$,反应自发进行**。类似地,**$E_{池}^{\ominus}<0$,反应非自发进行;$E_{池}^{\ominus}=0$,反应处在平衡状态**。至此,前面给出的电动势判断反应方向的判据在热力学上得到说明。

例 6.7 二氧化氯的生成反应为 $2NaClO_2(aq)+Cl_2(g) = 2ClO_2(g)+2NaCl(aq)$,已知 $\Delta_r G_m^{\ominus} = -77\ 972\ J \cdot mol^{-1}$,将此反应设计成原电池,求原电池的电动势。

解: 由式(6.2),$\boldsymbol{E}_{池}^{\ominus} = -\Delta_r G_m^{\ominus}/zF$,此反应的 $z=2$,$F=9.65\times10^4\ J \cdot V^{-1} \cdot mol^{-1}$,

$$\boldsymbol{E}_{池}^{\ominus} = 0.404\ V$$

6.2.2 电池反应的电动势与平衡常数

由热力学可知

$$\Delta_r G_m^{\ominus} = -RT\ln K^{\ominus}$$

由式(6.3),有 $-RT\ln K^{\ominus} = -zFE^{\ominus}$,则

$$\boldsymbol{\ln K^{\ominus} = zFE^{\ominus}/RT}$$

在 298.15 K 时,

$$E_{池}^{\ominus} = \frac{2.303\times8.314\ J \cdot K^{-1} \cdot mol^{-1}\times298.15\ K}{z\times9.65\times10^4\ J \cdot V^{-1} \cdot mol^{-1}}\lg K^{\ominus} = \frac{0.059\ 2\ V}{z}\lg K^{\ominus}$$

即利用电池的电动势(电极电势)可以计算电池反应的平衡常数:

$$\lg K^{\ominus} = \frac{zE_{池}^{\ominus}}{0.059\ 2\ V} = \frac{z(E_+^{\ominus}-E_-^{\ominus})}{0.059\ 2\ V} \tag{6.4}$$

例 6.8 根据标准电极电势,求反应 $Ag^+ + Br^- \rightleftharpoons AgBr(s)$ 的 $K^{\ominus}$ 和 $K_{sp}^{\ominus}(AgBr)$。

解: 由于上式中元素氧化数没有发生变化,该反应不属于氧化还原反应。但当在方程式两边分别加上一个 Ag,则得到如下反应:

$$Ag^+ + Br^- + Ag \rightleftharpoons AgBr(s) + Ag$$

上式可由以下两个电极反应组成:

$$Ag^+ + e^- \rightleftharpoons Ag \qquad E_+^{\ominus} = 0.800\ V$$

$$AgBr + e^- \rightleftharpoons Ag + Br^- \qquad E_-^{\ominus} = 0.071\ 3\ V$$

这样,反应的电动势可以计算出来,$E_{池}^{\ominus} = E_+^{\ominus} - E_-^{\ominus} = 0.800\ V - 0.071\ 3\ V = 0.729\ V$

---

① 已知一个电子的电荷量 $e = 1.602\times10^{-19}$ C,所以 1 mol 电子的电荷量可以用法拉第常数(F)来衡量,即 $1F = 1.602\times10^{-19}\ C\times6.022\times10^{23}\ mol^{-1} = 9.65\times10^4\ C \cdot mol^{-1}$(或者 $J \cdot V^{-1} \cdot mol^{-1}$)。

将计算结果代入式(6.4),得

$$\lg K^{\ominus}=\frac{1\times0.729\ \text{V}}{0.0592\ \text{V}}=12.3$$

$$K^{\ominus}=2.00\times10^{12}$$

$$K_{sp}^{\ominus}=1/K^{\ominus}=5.00\times10^{-13}$$

例 6.9 利用附表 11 中的标准电极电势设计一个原电池推导 H_2S 的总解离常数。

解:将 $H_2S \rightleftharpoons 2H^+ + S^{2-}$ 反应设计为一个原电池:

$$S+2e^- \rightleftharpoons S^{2-} \qquad E^{\ominus}(S/S^{2-})=-0.476\ \text{V} \qquad ①$$

$$S+2H^+ +2e^- \rightleftharpoons H_2S \qquad E^{\ominus}(S/H_2S)=0.142\ \text{V} \qquad ②$$

①-②得 $H_2S \rightleftharpoons 2H^+ + S^{2-}$

将两个电极反应的标准电极电势代入下式

$$\lg K^{\ominus}=\frac{zE_{池}^{\ominus}}{0.0592\ \text{V}}=\frac{z(E_{①}^{\ominus}-E_{②}^{\ominus})}{0.0592\ \text{V}}$$

$$\lg K^{\ominus}=2\times[(-0.476\ \text{V})-0.142\ \text{V}]/0.0592\ \text{V}=-20.88$$

$$K^{\ominus}=1.32\times10^{-21}$$

6.2.3 能斯特方程

1. 电池反应的能斯特方程

将式(6.2)和式(6.3)代入化学反应等温式 $\Delta_r G_m=\Delta_r G_m^{\ominus}+RT\ln Q$,并整理得到

$$E_{池}=E_{池}^{\ominus}-\frac{RT}{zF}\ln Q=E_{池}^{\ominus}-\frac{2.303RT}{zF}\lg Q$$

当 $T=298.15$ K 时,则有

$$E_{池}=E_{池}^{\ominus}-\frac{0.0592\ \text{V}}{z}\lg Q$$

对于任意一个电池反应:

$$aA+bB \rightleftharpoons dD+eE$$

$$E_{池}=E_{池}^{\ominus}-\frac{0.0592\ \text{V}}{z}\lg\frac{[c(D)]^d[c(E)]^e}{[c(A)]^a[c(B)]^b} \tag{6.5}$$

式(6.5)称为**电池反应的能斯特方程**(Nernst equation)。能斯特方程给出了浓度与电池电动势的关系。例如,在任意状态下的 Cu-Zn 原电池的电动势表示为

$$E_{池}=E_{池}^{\ominus}-\frac{0.0592\ \text{V}}{2}\lg\frac{c(Zn^{2+})}{c(Cu^{2+})}$$

例 6.10 已知 $E^{\ominus}(Ni^{2+}/Ni)=-0.257$ V,$E^{\ominus}(Ag^+/Ag)=0.800$ V,$E^{\ominus}(Pb^{2+}/Pb)=-0.126$ V,$E^{\ominus}(Cu^+/Cu)=0.521$ V。写出下列原电池的电池反应,求原电池的电动势,判断该电池反应能否自发进行。

$$(-)\,Ag\,|\,Ag^+(0.04\ \text{mol}\cdot\text{dm}^{-3})\,\|\,Ni^{2+}(0.10\ \text{mol}\cdot\text{dm}^{-3})\,|\,Ni(+)$$

$$(-)\,Pb\,|\,Pb^{2+}(0.50\ \text{mol}\cdot\text{dm}^{-3})\,\|\,Cu^+(0.20\ \text{mol}\cdot\text{dm}^{-3})\,|\,Cu(+)$$

解:(1) $Ni^{2+}+2Ag \rightleftharpoons 2Ag^+ + Ni$

$$E_{池}^{\ominus}=E^{\ominus}(Ni^{2+}/Ni)-E^{\ominus}(Ag^+/Ag)=-1.06\ \text{V}$$

$$E_{池}=E_{池}^{\ominus}-\frac{0.0592\ \text{V}}{2}\lg\frac{[c(\text{Ag}^+)]^2}{c(\text{Ni}^{2+})}$$

$$=-1.06\ \text{V}-\frac{0.0592\ \text{V}}{2}\lg\frac{(0.04)^2}{0.10}=-1.01\ \text{V}<0$$

所以反应 $Ni^{2+}+2Ag \rightleftharpoons 2Ag^{+}+Ni$ 不能自发进行。

(2) $2Cu^{+}+Pb \rightleftharpoons Pb^{2+}+2Cu$

$$E_{池}^{\ominus}=E^{\ominus}(\text{Cu}^+/\text{Cu})-E^{\ominus}(\text{Pb}^{2+}/\text{Pb})=0.647\ \text{V}$$

$$E_{池}=E_{池}^{\ominus}-\frac{0.0592\ \text{V}}{z}\lg\frac{c(\text{Pb}^{2+})}{[c(\text{Cu}^+)]^2}$$

$$=0.647\ \text{V}-\frac{0.0592\ \text{V}}{2}\lg\frac{0.5}{(0.2)^2}=0.617\ \text{V}>0$$

所以反应 $2Cu^{+}+Pb \rightleftharpoons Pb^{2+}+2Cu$ 能自发进行。

2. 电极反应的能斯特方程

将电动势的定义式(6.1)代入式(6.5)并假定反应 $aA+bB \rightleftharpoons dD+eE$ 中 A/D 是氧化剂电对，E/B 是还原剂电对，将式中各项按电对进行归并，得

$$E_{+}-E_{-}=(E_{+}^{\ominus}-E_{-}^{\ominus}]-\frac{0.0592\ \text{V}}{z}\left(\lg\frac{[c(\text{E})]^e}{[c(\text{B})]^b}-\lg\frac{[c(\text{A})]^a}{[c(\text{D})]^d}\right)$$

$$=\left(E_{+}^{\ominus}+\frac{0.0592\ \text{V}}{z}\lg\frac{[c(\text{A})]^a}{[c(\text{D})]^d}\right)-\left(E_{-}^{\ominus}+\frac{0.0592\ \text{V}}{n}\lg\frac{[c(\text{E})]^e}{[c(\text{B})]^b}\right)$$

因此，对电极反应：氧化型$+ze^{-} \rightleftharpoons$还原型，有

$$E=E^{\ominus}+\frac{0.0592\ \text{V}}{z}\lg\frac{c(\text{氧化型})}{c(\text{还原型})} \tag{6.6}$$

式中，z 为电极反应中转移的电子数，量纲为 1，c(氧化型)/c(还原型)表示参与电极反应的氧化型各物质浓度幂的乘积与还原型各物质浓度幂的乘积之比。式(6.6)是**电极反应的能斯特方程**①。例如，电极反应 $MnO_4^{-}+8H^{+}+5e^{-} \rightleftharpoons Mn^{2+}+4H_2O$ 的能斯特方程是

$$E=E^{\ominus}+\frac{0.0592\ \text{V}}{5}\lg\frac{c(\text{MnO}_4^-)[c(\text{H}^+)]^8}{c(\text{Mn}^{2+})}$$

$$\text{Br}_2(\text{l})+2\text{e}^- \rightleftharpoons 2\text{Br}^-$$

$$E=E^{\ominus}+\frac{0.0592\ \text{V}}{2}\lg\frac{1}{[c(\text{Br}^-)]^2}$$

$$\text{O}_2(\text{g})+4\text{H}^++4\text{e}^- \rightleftharpoons 2\text{H}_2\text{O}(\text{l})$$

$$E=E^{\ominus}+\frac{0.0592\ \text{V}}{4}\lg\frac{[p(\text{O}_2)/p^{\ominus}][c(\text{H}^+)]^4}{1}$$

---

① 严格讲，能斯特方程对数式中应该使用氧化型和还原型物种的活度 $a\left(a=\left[\frac{c}{c^{\ominus}}\right]\cdot\gamma, \gamma\text{ 为活度因子}\right)$。但是对于稀溶液，近似认为 $\gamma=1$，$a\approx\frac{c}{c^{\ominus}}$。为简化起见，直接使用氧化型和还原型物种的浓度 c。需要注意的是：(ⅰ)如果有气体参与电极反应，应代入相对分压 $p/p^{\ominus}$，因为 $p^{\ominus}=100$ kPa，不能忽略；(ⅱ)电极反应中的纯固体和纯液体浓度为常数 1，与 H_2O 一样，不写入方程中；(ⅲ)参与电极反应的氧化型、还原型及其他物质均计入方程式中，且以计量系数为幂指数。

6.3 影响电极电势的因素

从电极反应的能斯特方程式(6.6)可以看出,非标准状态下的电极电势的大小受电极反应中各物质浓度、温度的影响。对有 H^+ 和 OH^- 参加的电极反应,电极电势的大小还受溶液酸度的影响。水溶液中的反应一般在 298.15 K 下进行,因此本节不讨论温度对电极电势的影响($RT/zF=0.0592\ V/z$)。

6.3.1 浓度和酸度对电极电势的影响

1. 浓度对电极电势的影响

例 6.11 求 298.15 K 时,Cu 片放在 Cu^{2+} 浓度为 0.1 mol·dm^{-3} 的溶液中时,Cu^{2+}/Cu 电对的电极电势。

解: 电极反应:$Cu^{2+}+2e^- \rightleftharpoons Cu$,$E^{\ominus}=0.345\ V$

$$E=E^{\ominus}+\frac{0.0592\ V}{2}\lg\frac{c(Cu^{2+})}{1}$$

$$=0.345\ V+\frac{0.0592\ V}{2}\lg 0.1=0.315\ V$$

由计算可知,**当氧化型物质浓度减少时,电对的电极电势将降低**。

例 6.12 求 $Br_2(l)$ 在 0.01 mol·dm^{-3} KBr 溶液中时,$Br_2(l)/Br^-$ 电对的电极电势。

解:

$$Br_2(l)+2e^- \rightleftharpoons 2Br^-$$

$$E=E^{\ominus}+\frac{0.0592\ V}{2}\lg\frac{1}{c(Br^-)^2}$$

$$=1.066\ V+\frac{0.0592\ V}{2}\lg\frac{1}{(0.01)^2}=1.18\ V$$

计算结果表明,**当还原型物质浓度减少时,电对的电极电势将增大**。

例 6.13 判断反应 $2Fe^{3+}+2I^- \rightleftharpoons 2Fe^{2+}+I_2$

(1) 在标准状态;

(2) 在 $c(Fe^{3+})=0.001$ mol·dm^{-3},$c(I^-)=0.001$ mol·dm^{-3},$c(Fe^{2+})=1$ mol·dm^{-3} 时反应进行的方向。

解:(1) 在标准状态下,

$$E^{\ominus}_{池}=E^{\ominus}_{+}-E^{\ominus}_{-}=0.771\ V-0.536\ V=0.235\ V>0$$

反应正向进行。

(2) **方法 1** 使用电池反应的能斯特方程进行计算。

$$E_{池}=E^{\ominus}_{池}-\frac{0.0592\ V}{z}\lg\frac{[c(Fe^{2+})]^2}{[c(Fe^{3+})]^2[c(I^-)]^2}$$

$$E_{池}=0.235\ V-0.355\ V=-0.120\ V<0$$

反应逆向进行。

方法 2 使用电极反应的能斯特方程分别计算 Fe^{3+}/Fe^{2+} 电对、I_2/I^- 电对的电极电势,然后计算电池反应的电动势。

研究发现，当反应的标准电动势比较小（$E^{\ominus}_{池}<0.5\ V$）时，改变离子浓度可能引起反应方向的改变。当反应的标准电动势比较大（$E^{\ominus}_{池}>0.5\ V$）时，通过改变离子浓度很难使反应方向发生改变。因此在后一种情况下，可直接用标准电动势判断反应进行的方向。

2. 浓差电池

例 6.14 求 298.15 K 时下列电池的电动势，并指出正、负极。

$$Cu(s)\ |\ Cu^{2+}(1.0\times10^{-4}\ mol\cdot dm^{-3})\ ||\ Cu^{2+}(1.0\times10^{-1}\ mol\cdot dm^{-3})\ |\ Cu(s)$$

解： 两个电极的电极反应都是 $Cu^{2+}+2e^- \rightleftharpoons Cu$，$E^{\ominus}=0.34\ V$。

$$E_{右}=E^{\ominus}(Cu^{2+}/Cu)+\frac{0.0592\ V}{2}\lg(1.0\times10^{-1})=0.345\ V-0.0296\ V=0.315\ V$$

$$E_{左}=E^{\ominus}(Cu^{2+}/Cu)+\frac{0.0592\ V}{2}\lg(1.0\times10^{-4})=0.345\ V-0.118\ V=0.227\ V$$

右边为正极，左边为负极。

$$E_{池}=0.315\ V-0.227\ V=0.088\ V$$

例 6.14 中，原电池的两个电极的电极反应都是 $Cu^{2+}+2e^- \rightleftharpoons Cu$，电极反应的标准电极电势是 0.34 V。但 Cu^{2+} 的浓度不同导致两个电极的电极电势不同。由相同的电对、不同的电极电势的两个电极构成的电池称为**浓差电池**（$E^{\ominus}_{池}=0.00\ V$）。由此可见，非氧化还原反应也可以设计成原电池。

3. 溶液的酸度对电极电势的影响

例 6.15 在 298.15 K、标准状态下，反应 $MnO_2+4HCl \rightleftharpoons MnCl_2+Cl_2+2H_2O$ 能否自发进行？在实验室中能否用浓盐酸制氯气（假定其他物质的浓度不变）？已知 $E^{\ominus}(MnO_2/Mn^{2+})=1.224\ V$，$E^{\ominus}(Cl_2/Cl^-)=1.358\ V$。

解： 标准状态下，反应的 $E^{\ominus}_{池}=E^{\ominus}(MnO_2/Mn^{2+})-E^{\ominus}(Cl_2/Cl^-)=1.224\ V-1.358\ V=-0.134\ V$

所以，该反应在标准状态下不能向右进行。

浓盐酸的浓度为 12 $mol\cdot dm^{-3}$，即 $c(H^+)=c(Cl^-)=12\ mol\cdot dm^{-3}$。计算此浓度下反应的电动势。

$$E_{池}=\left[E^{\ominus}(MnO_2/Mn^{2+})+\frac{0.0592\ V}{2}\lg\frac{[c(H^+)]^4}{c(Mn^{2+})}\right]-\left[E^{\ominus}(Cl_2/Cl^-)+\frac{0.0592\ V}{2}\lg\frac{p_{Cl_2}/p^{\ominus}}{c(Cl^-)^2}\right]$$
$$=[1.224\ V+0.0296\ V\ \lg(12)^4]-[1.358\ V+0.0296\ V\ \lg(12)^{-2}]$$
$$=1.352\ V-1.294\ V=0.058\ V>0$$

使用浓盐酸时上述反应的电动势大于0，因此可以用浓盐酸与二氧化锰反应制氯气。

例 6.16 在酸性介质中，随着溶液的 pH 升高，下列氧化型物质中，哪些物质的氧化能力增强？哪些物质的氧化能力减弱？哪些物质的氧化能力不变？

$$Hg^{2+}、Cr_2O_7^{2-}、MnO_4^-、Cl_2、Fe^{2+}、H_2O_2$$

解：（1）写出这些物质的电极反应。

$$Hg^{2+}+2e^- \rightleftharpoons Hg,\quad Cr_2O_7^{2-}+14H^++2e^- \rightleftharpoons 2Cr^{3+}+7H_2O$$

$$Cl_2+2e^- \rightleftharpoons 2Cl^-,\quad MnO_4^-+8H^++5e^- \rightleftharpoons Mn^{2+}+4H_2O$$

$$Fe^{2+}+2e^- \rightleftharpoons Fe,\quad H_2O_2+2H^++2e^- \rightleftharpoons 2H_2O$$

（2）溶液的 pH 升高，H^+浓度下降。

在左列半反应中，都没有 H^+ 参与，H^+ 浓度下降时对应电对的电极电势不变。因此其氧化型物质 Hg_2^{2+}、Cl_2、Cu^{2+} 的氧化能力不变。

右列半反应中均有 H^+ 出现在氧化型一边，H^+ 浓度下降时，电对的电极电势下降，氧化型物质的氧化能力减弱。因此溶液的 pH 升高时，$Cr_2O_7^{2-}$、MnO_4^-、H_2O_2 三者的氧化能力减弱。

另外，当反应溶液的酸度不同时，氧化还原反应的产物也会有所不同。例如，$KMnO_4$ 与 K_2SO_3 在不同酸度下进行反应时，产物是不同的：

$$2MnO_4^- + 5SO_3^{2-} + 6H^+ \xlongequal{} 2Mn^{2+}(\text{无色溶液}) + 5SO_4^{2-} + 3H_2O$$

$$2MnO_4^- + 3SO_3^{2-} + H_2O \xlongequal{} 2MnO_2\downarrow(\text{黑褐色}) + 3SO_4^{2-} + 2OH^-$$

$$2MnO_4^- + SO_3^{2-} + 2OH^- \xlongequal{} 2MnO_4^{2-}(\text{墨绿色溶液}) + SO_4^{2-} + H_2O$$

6.3.2 电势-pH 图

以电极反应的电极电势（E）为纵坐标，以电极反应的介质酸度（pH）为横坐标，绘出 E 随 pH 变化的关系图叫作**电势- pH 图**。水的电势-pH 图可以按照下面的方法绘制。

（1）写出水的还原反应和氧化反应的半反应式：

（a）$2H^+ + 2e^- \rightleftharpoons H_2$

（b）$O_2 + 4H^+ + 4e^- \rightleftharpoons 2H_2O$

（2）写出对应的能斯特方程，推导出电极电势与溶液 pH 的关系式：

（a）$E = E^\ominus + \dfrac{0.059\ 2\ \text{V}}{2}\lg\dfrac{[c(H^+)]^2}{p_{H_2}/p^\ominus}$

当 $p(H_2) = 100$ kPa 时，$E = -0.059\ 2$ V pH。

（b）$E = E^\ominus + \dfrac{0.059\ 2\ \text{V}}{4}\lg\dfrac{[c(H^+)]^4 \times p_{O_2}/p^\ominus}{1}$

当 $p(O_2) = 100$ kPa 时，$E = 1.229$ V$-0.059\ 2$ V pH。

由以上两个函数式可以绘出水的电势-pH 图（见图 6.5 中的两条实线）。

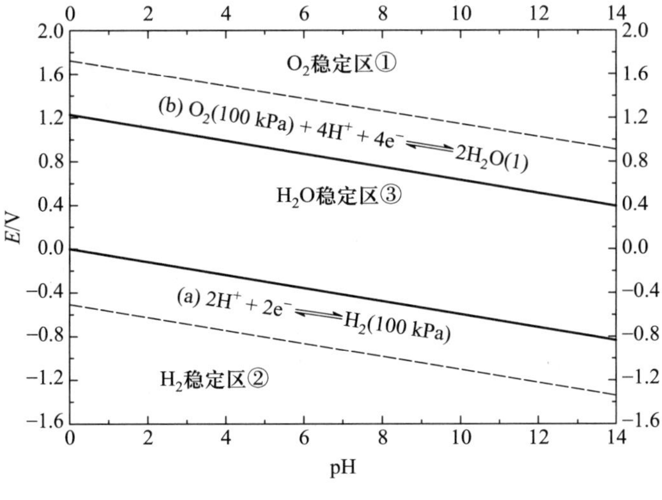

图 6.5 水的电势-pH 图

水的电势-pH 图可以分为三个区，在(b)线以上为①区，即 O_2 稳定区，一些强氧化剂能将水氧化，放出 O_2。(b)线又被称为“氧线”。在(a)线以下为②区，即 H_2 稳定区，一些强还原剂能将水还原放出 H_2。(a)线又被称为“氢线”。在(a)线和(b)线之间为③区，在此区域，水不参加氧化还原反应，因此③区是氧化剂、还原剂在水溶液中均能稳定存在的区域。

但实际情况是，水被氧化析出 O_2 或被还原析出 H_2 时的实际电势，都比理论值增大或降低约 0.5 V，因而由 H_2 和 O_2 析出的实际电势得到两条虚线①。

例 6.17 利用电势-pH 图讨论卤素单质作为氧化剂在水溶液中的稳定性。

解：将电对 X_2/X^- 的电势-pH 图添加到水的电势-pH 图上，得到图 6.6。

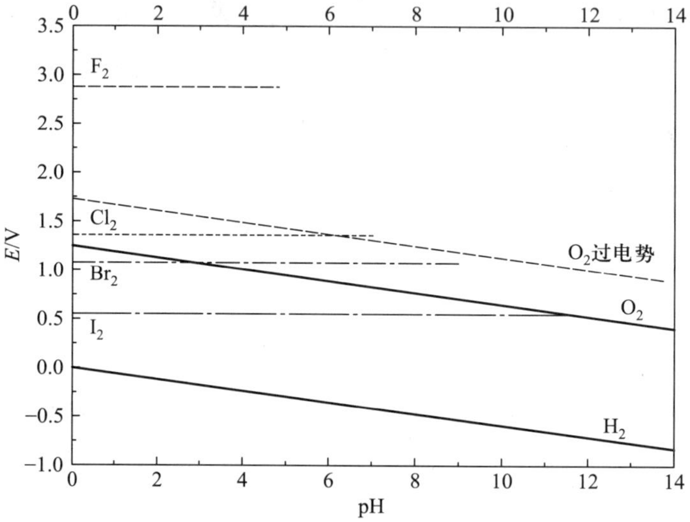

图 6.6 卤素与水的电势-pH 图

卤素单质作为氧化剂的电极反应为 $X_2+2e^- \rightleftharpoons 2X^-$，电极反应中没有 H^+、OH^-，因此电对 X_2/X^- 的电极电势不随溶液 pH 的改变而改变，在图 6.6 中表现为与横坐标平行的直线。但是，水作为还原剂电对的电极电势随溶液 pH 的改变而改变。首先，电对 F_2/F^- 的 E-pH 线在①区，F_2 会将水氧化放出氧气，因此 F_2 单质不能在水中存在。电对 Cl_2/Cl^- 的 E-pH 线在低 pH 时也在①区，但是在 O_2 实际析出的斜线下方，因此 Cl_2 单质能在酸性水中存在。Br_2 与 Cl_2 的情况相似。I_2 能在 pH 范围较宽的水溶液中③区存在。所以，卤素单质在水溶液中的稳定性顺序是 $F_2<Cl_2<Br_2<I_2$。

6.3.3 沉淀的生成对电极电势的影响

例 6.18 已知电对 $Ag^++e^- \rightleftharpoons Ag$，$E^\ominus=0.800$ V，AgBr 的 $K_{sp}^\ominus=5.35\times10^{-13}$，求电对

① 这种情况可归因于动力学因素，即反应热力学虽然可行，但还有一个动力学的反应速率问题，必须克服足够的能垒才能使反应发生。这是 H_2O 实际被氧化放出 O_2 或被还原放出 H_2 的电极电势增大或降低的原因。例如，$KMnO_4$ 电对 MnO_4^-/MnO_2 的 $E^\ominus=1.56$ V，其电势-pH 曲线在理论氧线之上，应当可氧化 H_2O 放出氧气。但 $KMnO_4$ 水溶液在室温可存放较长时间，是因为这个氧化还原反应的速率很慢（或者说 MnO_4^-/MnO_2 电对的 $E^\ominus$ 值在氧线的虚线下方），所以看不到反应发生。

$AgBr+e^- \rightleftharpoons Ag+Br^-$ 的 $E^\ominus(AgBr/Ag)$。

解：当电极反应 $Ag^++e^- \rightleftharpoons Ag$ 中的 Ag^+ 生成 AgBr 沉淀后，Ag^+ 浓度降低，此时该电极的电极电势为

$$E(Ag^+/Ag)=E^\ominus(Ag^+/Ag)+0.059\ 2\ \text{V}\ \lg c(Ag^+)$$

溶液中的 Ag^+ 浓度由 AgBr 的沉淀溶解平衡决定：

$$AgBr \rightleftharpoons Ag^++Br^- \qquad [Ag^+]=K_{sp}^\ominus/[Br^-]$$

$$E(Ag^+/Ag)=E^\ominus(Ag^+/Ag)+0.059\ 2\ \text{V}\ \lg\frac{K_{sp}^\ominus}{[Br^-]}$$

由于已知电对和未知电对的电极反应实质相同，均以+1 价的 Ag 变为零价单质 Ag。同时，未知电对电极反应 $AgBr+e^- \rightleftharpoons Ag+Br^-$ 的标准状态是指 $c(Br^-)=1\ \text{mol}\cdot\text{dm}^{-3}$ 时的状态。因此，该未知电对的电极电势 $E^\ominus(AgBr/Ag)$ 就相当于已知电对 $Ag^++e^- \rightleftharpoons Ag$ 非标准状态的电极电势 $E(Ag^+/Ag)$。在该电对非标准状态下的 $c(Ag^+)$ 是由 $c(Br^-)=1\ \text{mol}\cdot\text{dm}^{-3}$ 和 $K_{sp}^\ominus(AgI)=5.35\times10^{-13}$ 决定的。因此，

$$E^\ominus(AgBr/Ag)=E(Ag^+/Ag)=E^\ominus(Ag^+/Ag)+0.059\ 2\ \text{V}\ \lg\frac{K_{sp}^\ominus}{c(Br^-)} \qquad (6.7)$$

当 $c(Br^-)=1\ \text{mol}\cdot\text{dm}^{-3}$ 时，电极反应 $AgBr+e^- \rightleftharpoons Ag+Br^-$ 处在标准状态，所以

$$E^\ominus(AgBr/Ag)=0.800\ \text{V}+0.059\ 2\ \text{V}\ \lg(5.35\times10^{-13})=0.073\ 5\ \text{V}$$

可见，当**难溶化合物的生成使氧化型物质的离子浓度减小时，电对的电极电势变小**。此时电对中的还原型物质的还原性增强，稳定性降低；而电对中的氧化型物质的氧化性降低，稳定性升高。当**难溶化合物的生成使还原型物质的离子浓度减小时，电对的电极电势变大**。此时电对中的氧化型物质的氧化性增强，稳定性降低；而电对中的还原型物质的还原性降低，稳定性升高。另外，从式(6.7)可以看出，对于金属-金属离子电极，金属离子生成的难溶化合物的溶度积越小，相应电对的电极电势越小。表 6.2 的数据指出了当溶液中有 S^{2-} 存在时，金属铅的还原性大大增加。

表 6.2 难溶铅化合物的溶度积与相应电对的电极电势

铅化合物	$K_{sp}^\ominus$	电极反应	$E^\ominus$/V
Pb^{2+}		$Pb^{2+}+2e^- \rightleftharpoons Pb$	−0.126 2
$PbCl_2$	1.70×10^{-5}	$PbCl_2+2e^- \rightleftharpoons Pb+2Cl^-$	−0.267 5
PbI_2	9.8×10^{-9}	$PbI_2+2e^- \rightleftharpoons Pb+2I^-$	−0.365
PbS	8.0×10^{-28}	$PbS+2e^- \rightleftharpoons Pb+S^{2-}$	−0.932

6.4 元素电势图

对具有多种氧化数的某元素，可将多种氧化数的物质按氧化数从高到低的顺序排列，在每两种氧化数物质之间用直线连接起来，并在直线上标明相应电极反应的标准电极电势值，以这种形式表示某一种元素各氧化数物质之间电极电势的变化关系的图形称为**元素电势图**（又称拉特默图）。锰元素在酸性和碱性条件下的元素电势图分别如下：

$$E_A^{\ominus}/V \quad MnO_4^- \xrightarrow{0.56} MnO_4^{2-} \xrightarrow{2.27} MnO_2 \xrightarrow{0.95} Mn^{3+} \xrightarrow{1.51} Mn^{2+} \xrightarrow{-1.18} Mn$$

$$E_B^{\ominus}/V \quad MnO_4^- \xrightarrow{0.56} MnO_4^{2-} \xrightarrow{0.62} MnO_2 \xrightarrow{0.15} Mn_2O_3 \xrightarrow{-0.25} Mn(OH)_2 \xrightarrow{-1.56} Mn$$

元素电势图经常以 pH = 0 和 pH = 14 两种条件作图，横线上数值分别表示为 $E_A^{\ominus}$ 和 $E_B^{\ominus}$。利用元素电势图可以解决一些实际问题。

1. 求某电对的标准电极电势 $E^{\ominus}$ 值

已知元素电势图：

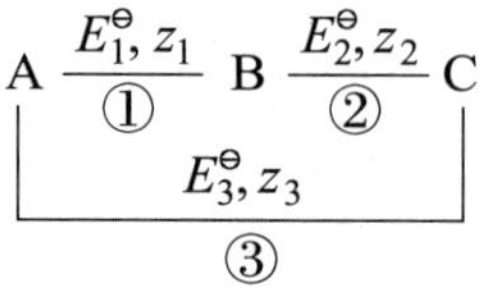

对应的电极反应为

① $A + z_1e^- \rightleftharpoons B$

② $B + z_2e^- \rightleftharpoons C$

③ $A + z_3e^- \rightleftharpoons C$

$E_1^{\ominus}$、$E_2^{\ominus}$、$E_3^{\ominus}$ 分别为对应电极反应的标准电极电势，z_1、z_2、z_3 分别为电极反应中转移的电子数。

根据热力学原理，当③ = ①+②时，三个电极反应的反应自由能变的关系为

$$\Delta_r G_{m3}^{\ominus} = \Delta_r G_{m1}^{\ominus} + \Delta_r G_{m2}^{\ominus}$$

$$\Delta_r G_{m1}^{\ominus} = -z_1 F E_1^{\ominus} \qquad ①$$

$$\Delta_r G_{m2}^{\ominus} = -z_2 F E_2^{\ominus} \qquad ②$$

$$\Delta_r G_{m3}^{\ominus} = -z_3 F E_3^{\ominus} \qquad ③$$

$$-z_3 F E_3^{\ominus} = -z_1 F E_1^{\ominus} + (-z_2 F E_2^{\ominus})$$

可以得到

$$z_3 E_3^{\ominus} = z_1 E_1^{\ominus} + z_2 E_2^{\ominus}$$

其中，$z_3 = z_2 + z_1$。

$$E_3^{\ominus} = (z_1 E_1^{\ominus} + z_2 E_2^{\ominus})/z_3 \qquad (6.8)$$

例 6.19　已知 $BrO_3^- + 6H^+ + 6e^- = Br^- + 3H_2O$ 和 $1/2\ Br_2 + e^- = Br^-$ 的电极电势 $E^{\ominus}(BrO_3^-/Br^-) = 1.423\ V$，$E^{\ominus}(Br_2/Br^-) = 1.066\ V$，求电极反应 $BrO_3^- + 6H^+ + 5e^- = 1/2Br_2 + 3H_2O$ 的 $E^{\ominus}(BrO_3^-/Br_2)$。

解：写出相关物种的元素电势图，使用式(6.8)计算 $E^{\ominus}(BrO_3^-/Br_2)$。

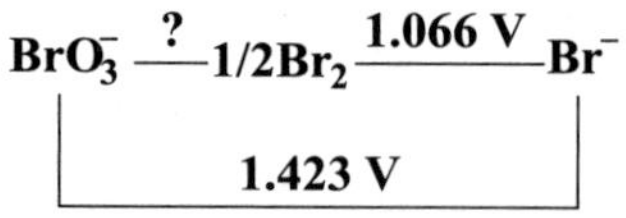

$$E^{\ominus}(BrO_3^-/Br^-) = \frac{5 \times E^{\ominus}(BrO_3^-/Br_2) + 1 \times 1.066\ V}{5+1} = 1.423\ V$$

$$E^{\ominus}(BrO_3^-/Br_2) = \frac{6 \times 1.423\ V - 1 \times 1.066\ V}{5} = 1.494\ V$$

2. 判断歧化反应能否发生

从溴元素在碱性条件下的元素电势图中选取一部分电势图($E_B^\ominus$):

$$BrO^- \xrightarrow{0.335\ V} 1/2Br_2 \xrightarrow{1.066\ V} Br^-$$

按照前面学习的判断反应方向的方法,将对应电对的电极电势按从大到小排列为

$$1/2Br_2+e^- \rightleftharpoons Br^- \qquad E^\ominus=1.066\ V$$

$$BrO^-+H_2O+e^- \rightleftharpoons 1/2Br_2+2OH^- \qquad E^\ominus=0.335\ V$$

左上右下对角线上的物质都是溴。也就是说,单质溴既作氧化剂,又作还原剂,即溴会发生歧化反应:

$$Br_2+2OH^- \rightleftharpoons Br^-+BrO^-+H_2O$$

在元素电势图中,Br_2 与右侧氧化数低的物质构成的电对的电极电势($E_{右}^\ominus$)大于与左侧氧化数高的物质构成的电对的电极电势($E_{左}^\ominus$),Br_2 能发生歧化反应。即对某一物质而言,在元素电势图中只要**满足 $E_{右}^\ominus>E_{左}^\ominus$ 的条件,该物质在标准状态下就能发生歧化反应**。因此,从元素电势图可以很方便地判断哪种氧化数的物质能够发生歧化反应。

例 6.20 已知氯元素在酸性条件下的元素电势图($E_A^\ominus$)如下:

$$ClO_4^- \xrightarrow{1.189\ V} ClO_3^- \xrightarrow{1.214\ V} HClO_2 \xrightarrow{1.645\ V} HClO \xrightarrow{1.611\ V} 1/2Cl_2 \xrightarrow{1.358\ V} Cl^-$$

(1) 计算 $E^\ominus(ClO_3^-/HClO)$、$E^\ominus(ClO_3^-/Cl_2)$ 和 $E^\ominus(ClO_3^-/Cl^-)$;

(2) 判断哪些物质能发生歧化反应。

解:(1) 用式(6.8)计算 $E^\ominus(ClO_3^-/HClO)$、$E^\ominus(ClO_3^-/Cl_2)$ 和 $E^\ominus(ClO_3^-/Cl^-)$。

$$E^\ominus(ClO_3^-/HClO)=\frac{2\times1.214\ V+2\times1.645\ V}{2+2}=1.43\ V$$

$$E^\ominus(ClO_3^-/Cl_2)=\frac{2\times1.214\ V+2\times1.645\ V+1\times1.611\ V}{2+2+1}=1.466\ V$$

$$E^\ominus(ClO_3^-/Cl^-)=\frac{2\times1.214\ V+2\times1.645\ V+1\times1.611\ V+1\times1.358\ V}{2+2+1+1}=1.448\ V$$

(2) 比较元素电势图中各物质的 $E_{右}^\ominus$、$E_{左}^\ominus$,能发生歧化反应的有 ClO_3^-、$HClO_2$、HClO(氧化产物为 ClO_3^-)。

由于电极电势、电动势属于热力学数据,用 $\boldsymbol{E_{右}^\ominus>E_{左}^\ominus}$ 作为判断歧化反应能否发生的判据时,仅是从热力学方面考虑的,实际上该反应能否发生还要考虑动力学因素。例如,亚硫酸的歧化反应,$3H_2SO_3 = 2SO_4^{2-}+S+4H^++H_2O$,其 $E_{池}^\ominus>0$,而且 $K^\ominus=10^{18}$,但反应速率较慢,实际上基本观察不到反应的进行。

6.5 化学电源与电解

电池是将化学能转化为电能的装置,也称为化学电源。放完电后不能再用的电池称为一次性电池。放电后还可以充电再用的电池称为二次电池。电解则是将电能转变为化学能的过程。

6.5.1 化学电源

第一个一次性电池是意大利物理学家伏打(A. Volta)在 1799 年发明的。后来的研究对

电池的电极、电解质、容器进行了很大的改进。常见的一次性电池包括锌锰电池、锂电池、银锌电池、锌汞电池和镁锰电池等。

1. 锌锰电池

锌锰电池分为酸性和碱性两种。1868 年,法国人勒克郎榭(G. Leclanche)发明了**酸性锌锰电池**的原型,因而这种电池也叫 Leclanche 电池。**酸性锌锰电池**的外壳是作为负极的锌筒,电池中心是作为正极导电材料的碳棒,正极区为围绕碳棒的粉状二氧化锰和碳粉,负极区为糊状的 $ZnCl_2$ 和 NH_4Cl 混合物。酸性锌锰电池的输出电压是 **1.5 V**。电极反应为

负极 $Zn \rightleftharpoons Zn^{2+}+2e^-$

正极 $2NH_4^++2e^- \rightleftharpoons 2NH_3+H_2$

$H_2+2MnO_2 = 2MnO(OH)$

电池反应 $Zn+2NH_4^++2MnO_2 \rightleftharpoons Zn^{2+}+2NH_3+2MnO(OH)$

MnO_2 为去极剂,起到吸收碳棒表面产生的 H_2 的作用。因其正极是碳棒和碳粉,这种电池也称为碳性电池或锌碳电池,适用于电量需求极低的电子器材。

碱性锌锰电池的结构与酸性电池完全相反,电池中心是负极锌(呈粉状),正极区在外层,是 MnO_2 和 KOH 混合物,外壳是钢筒。碱性锌锰电池的输出电压也是 **1.5 V**。电极反应为

负极 $Zn+2OH^- \rightleftharpoons Zn(OH)_2+2e^-$

正极 $2MnO_2+2H_2O+2e^- \rightleftharpoons 2MnO(OH)+2OH^-$

电池反应 $2MnO_2+Zn+2H_2O \rightleftharpoons 2MnO(OH)+Zn(OH)_2$

碱性锌锰电池克服了酸性电池存放时间短和电压不稳定的缺点,适用于电量需求中等的电子器材。近年来,在我国市场上,酸性锌锰电池正在被价格较贵但性能更好的碱性锌锰电池取代。

2. 银锌电池

银锌电池的正极是掺有少量石墨粉(用以增加导电性能)的氧化银粉,负极是掺有少量氧化汞的锌粉。氧化汞的作用是降低锌粉的腐蚀反应。正、负两极之间有隔膜和阻挡层。电解质是氢氧化钾或氢氧化钠溶液。电池外壳和电池盖用薄钢片冲压制成,然后镀镍或金。银锌电池的输出电压是 1.55 V。电极反应为

负极 $Zn+2OH^- \rightleftharpoons Zn(OH)_2+2e^-$

正极 $Ag_2O+H_2O+2e^- \rightleftharpoons 2Ag+2OH^-$

电池反应 $Zn+Ag_2O \rightleftharpoons ZnO+2Ag$

纽扣型的银锌电池大量用在电子手表中。

3. 铅蓄电池

第一个二次电池——铅蓄电池是法国人普兰特(G. Plante)在 1859 年发明的。目前常见的二次电池(可充电电池)还有镍氢电池、锂离子电池等。

1859 年,普兰特发明了可充电的铅蓄电池,也称为铅酸电池。铅蓄电池的结构十分简单。它的电极主架均为铅合金的栅板,平行排列,相间地在栅板里填以铅和二氧化铅作为负极和正极,电解质为硫酸水溶液。这是最早广泛使用的二次电池。现在,汽车里使用的就是这种类型的电池。电极反应为

负极 $Pb+SO_4^{2-} \rightleftharpoons PbSO_4+2e^-$

正极 $PbO_2+4H^++SO_4^{2-}+2e^- \rightleftharpoons PbSO_4+2H_2O$

电池反应 $Pb+PbO_2+2H_2SO_4 \rightleftharpoons 2PbSO_4+2H_2O$

铅蓄电池的工作电压平稳，使用温度及使用电流范围宽，能充放电数百个循环，储存性能好（尤其适于干式荷电储存），造价较低，因而广泛用作汽车、摩托车的发动能源。

4. 镍氢电池

1976年，美国发明家S. Ovshinsky发明了镍氢电池。镍氢电池由储氢合金和氢氧化镍组成，电解质是KOH。电极反应为

负极 $MH+OH^- \rightleftharpoons M+H_2O+e^-$

正极 $NiO(OH)+H_2O+e^- \rightleftharpoons Ni(OH)_2+OH^-$

电池反应 $MH+NiO(OH) \rightleftharpoons Ni(OH)_2+M$

其中，M为储氢合金，MH为吸附了氢原子的储氢合金。最常用储氢合金为$LaNi_5$。储氢合金的储氢能力很强，单位体积储氢的密度是相同温度、相同压强条件下气态氢的1 000倍，相当于储存了1 000个大气压的高压氢气。

镍氢电池的电量储备比镍镉电池多30%，比镍镉电池更轻，使用寿命也更长，并且对环境无污染。镍氢电池已广泛地用于移动通信、笔记本计算机等各种小型便携式的电子设备。更大容量的镍氢电池已经开始用于汽油/电动混合动力汽车上，利用镍氢电池可快速充放电，当汽车高速行驶时，发电机产生的电能可储存在车载的镍氢电池中，当汽车低速行驶时，通常会比高速行驶状态消耗更大量的汽油，因此为了节省汽油，此时可以利用车载的镍氢电池驱动电动机来代替内燃机工作，这样既保证了汽车正常行驶，又节省了大量的汽油。

5. 锂离子电池

锂离子电池是20世纪90年代发展起来的高容量可充电电池。锂离子电池能比镍氢电池储存更多的能量，比能量大，循环寿命长，自放电率小，无记忆效应和环境污染。锂离子电池的负极材料是C_6Li（金属锂和碳的复合材料），呈层状结构，它有很多微孔，达到负极的锂离子就嵌入碳层的微孔中，放电时锂氧化为Li^+；电解质为能传导Li^+的有机导体或高分子材料；放电时从负极传导来的Li^+在电池的正极发生如下反应：

$$Li_{1-x}CoO_2+xLi^++xe^- \rightleftharpoons LiCoO_2$$

在充放电过程中，Li^+在两个电极之间往返嵌入和脱嵌：充电时，Li^+从正极脱嵌，经过电解质嵌入负极，负极处于富锂状态；放电时则相反。这类电池性能稳定，电池电压可达3 V，可反复充电。锂离子电池是目前电子产品中使用最多的一种电池。

6. 燃料电池

与前面介绍的两类电池完全不同，燃料电池是一种将储存在燃料和氧化剂中的化学能通过电极反应直接转化为电能的发电装置。1839年，英国人格罗夫发现氧和氢的反应中有电能产生，并由实验证明了燃料电池的可能性。也就是说，电解水的时候消耗了电能而生成了氧和氢，反过来，从外部给阳极送入氧，给阴极送入氢，就能够产生电能和水。1958年，剑桥大学制成了5 kW燃料电池。1965年，美国通用电气公司成功地开发出了燃料电池，这个电池就安装在1965年的载人宇宙飞船双子星5号上，用于供给宇航员饮用水和飞船电能。1969年登上月球的阿波罗11号飞船也使用了燃料电池作为飞船的电源。燃料电池不需要燃烧、无转动部件、无噪声、运行寿命长、可靠性高、维护性能好，实际效率能达到普通内燃机

的 2~3 倍。加之其最终产物又是水,真正达到清洁、可再生、无排放的要求,是 21 世纪的首选能源。而且,燃料电池也不需要像其他电池那样进行长时间的充电,它只需要像给汽车加油一样补充燃料即可。燃料电池的电极反应为

负极 $H_2 \rightleftharpoons 2H^+ + 2e^-$

正极 $1/2O_2 + 2H^+ + 2e^- \rightleftharpoons H_2O$

电极反应 $H_2 + 1/2O_2 = H_2O$

燃料电池的工作原理见图 6.7。

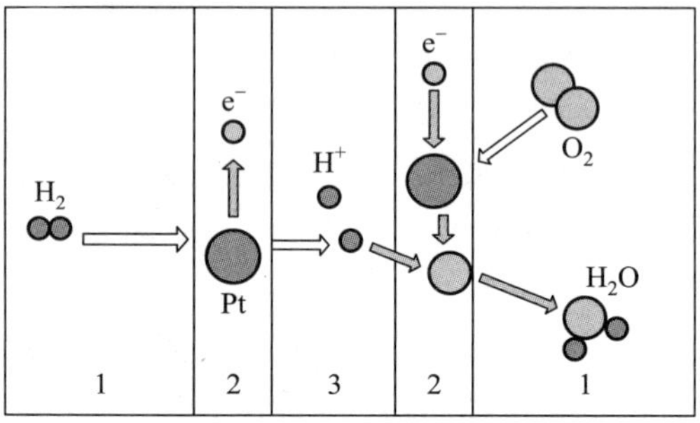

图 6.7 燃料电池工作原理示意图

1—气体扩散层;2—催化剂层;3—电解质隔膜

6.5.2 电解

与原电池的作用原理相反,把电能转化为化学能的装置称为电解池(electrolyser)。通常将与电源负极相连的电极称为阴极,溶液中的阳离子移向该电极;与电源正极相连的电极称为阳极,溶液中的阴离子移向此电极。精炼铜的电解池装置如图 6.8 所示。

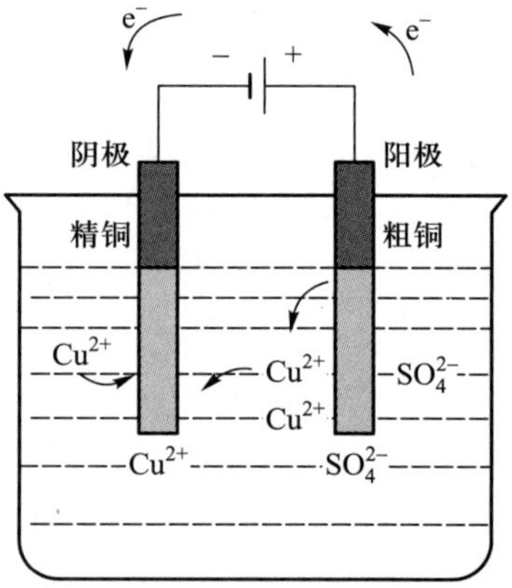

图 6.8 精炼铜的电解池示意图

阴极反应:$Cu^{2+} + 2e^- \rightleftharpoons Cu$,铜在阴极上析出发生还原反应;阳极反应:$Cu - 2e^- \rightleftharpoons Cu^{2+}$,铜溶解到溶液中发生氧化反应。

在电解池中,在阴极上析出金属或氢气。当金属离子具有较大的 $E^{\ominus}$ 时,如 Ag^+、Cu^{2+}、Ni^{2+}、Fe^{2+},金属离子先得到电子析出,氢气后析出;如果金属离子的 $E^{\ominus}$ 很低,如 Al^{3+}、Mg^{2+}、Na^+、K^+ 等,则 H^+ 先得到电子析出氢气。

当金属为阳极时,$E^{\ominus}$ 低的金属先失去电子,变为离子进入溶液。阳极金属中的一些不活泼的金属或非金属将沉淀下来,变成阳极泥。当阳极为惰性材料时,溶液中存在负离子如 I^-、Br^-、Cl^- 被氧化;当溶液中不存在简单负离子,只存在一些难被氧化的复杂离子团,如 SO_4^{2-},则 OH^- 在阳极上放电生成 O_2。

在电解时,电极的实际电势与理论电极电势之间的差值在电化学中称为该电极的**超电势**。对阴极来说,阴极的实际电势数值总要比它的理论电极电势更负些;对阳极来说,阳极的实际电势数值总要比它的理论电极电势更正些。无论对阴极还是阳极超电势均

取正值。

超电势产生的原因：① 由于在电解液中离子移动的速度跟不上离子的析出速度，导致电极附近电解液浓度降低，从而使电极电势降低或升高；② 产物在电极上析出时，其中某一过程如离子放电、原子结合成分子、气泡的形成等受到阻碍引起迟缓放电；③ 超电势的大小与电极材料、电流密度、温度等因素有关。提高电流密度时，会导致超电势的增加；升高温度则可使超电势降低。一般金属离子放电时的超电势数值比较小，而有些离子（H^+、OH^-、Cl^-等）在电极上放电时生成气体（H_2、O_2、Cl_2 等），则其超电势数值就相当大。

现将原电池和电解池的电极名称、电极反应和电子运动方向等总结于表 6.3 中。对比电解池和原电池的性质，可以更深入地了解原电池和电解池的原理和应用。

表 6.3　原电池和电解池的性质比较

性质	原电池	电解池
电极名称	负极　正极	阳极　阴极
电子运动方向	电子流出　电子流入	电子流出　电子流入
电极反应	氧化反应　还原反应	氧化反应　还原反应
反应自发性	可自发进行	在外加电源下才能进行
转化作用	化学能→电能	电能→化学能

思　考　题

1. 氧化数是由实验确定的吗？
2. 原电池中盐桥的作用是什么？
3. 非氧化还原反应如酸碱反应可以设计成原电池吗？
4. 为什么要设定标准氢电极的电极电势等于零？
5. 溶液的酸度增加，溶液中所有电对的电极电势都增加吗？
6. 电极电势是强度性质还是广度性质？
7. 电极可以分为几种类型？哪些电极在组装原电池时需要使用惰性电极？
8. 什么是超电势？金属离子还原和氢离子还原时，哪种离子的超电势大？
9. 为什么说随意丢弃废旧电池会造成土壤和水体的污染？
10. 为什么可以用原电池的电动势判断氧化还原反应的方向？

习　题

6.1　标出下列化合物中带 * 号元素的氧化数：Ca^*O_2、$H_3P^*O_2$、$K_2S_2^*O_5$、Ti^*Cl_4、$Sb_4^*O_6$、$N_2^*H_4$、$Na_2Si^*O_3$、As^*H_3、HN_3^*、Cu_2^*O。

6.2　配平下列氧化还原反应方程式。

（1）$Cl_2+KOH \longrightarrow KClO_3+KCl+H_2O$

（2）$Ca_3(PO_4)_2+C+SiO_2 \longrightarrow CaSiO_3+P_4+CO$

（3）$Hg(NO_3)_2 \longrightarrow HgO+NO_2+O_2$

(4) $NH_2OH+AgCl \longrightarrow N_2+Ag+HCl+H_2O$

(5) $Na_2C_2O_4+KMnO_4+H_2SO_4 \longrightarrow CO_2+MnSO_4+K_2SO_4+Na_2SO_4+H_2O$

(6) $Bi+H_2SO_4$(热,浓)$\longrightarrow Bi_2(SO_4)_3+SO_2+H_2O$

(7) $Bi(OH)_3+Cl_2+NaOH \longrightarrow NaBiO_3+NaCl+H_2O$

(8) $Cr^{3+}+MnO_4^-+H_2O \longrightarrow Cr_2O_7^{2-}+Mn^{2+}+H^+$

(9) $NaI+H_2SO_4+MnO_2 \longrightarrow NaHSO_4+MnSO_4+H_2O+I_2$

(10) $KMnO_4+H_2S+H_2SO_4 \longrightarrow K_2SO_4+MnSO_4+H_2O+S$

6.3 根据下列反应,写出原电池的电池符号。

(1) $Cu^{2+}+Ni \rightleftharpoons Cu+Ni^{2+}$

(2) $Cu^++Ag^+ \rightleftharpoons Cu^{2+}+Ag$

(3) $2MnO_4^-+10I^-+16H^+ \rightleftharpoons 2Mn^{2+}+5I_2+8H_2O$

(4) $Cl_2+2Fe^{2+} \rightleftharpoons 2Cl^-+2Fe^{3+}$

(5) $MnO_2+4H^++2Cl^- \rightleftharpoons Mn^{2+}+Cl_2+2H_2O$

6.4 利用半反应 $2H^++2e^- \rightleftharpoons H_2$ 的标准电极电势和氢氟酸的解离常数计算半反应 $2HF+2e^- \rightleftharpoons H_2+2F^-$ 的标准电极电势。$K_a^\ominus(HF)=6.31\times10^{-4}$。

(−0.189 V)

6.5 应用电极电势说明以下问题。

(1) 金属铁能置换 Cu^{2+},而 $FeCl_3$ 溶液又能溶解铜块,这两种现象是否矛盾?

(2) 为什么 $KMnO_4$ 在酸性介质中只能短期放置?

(3) 为什么在溶液中不能通过 Cu^{2+} 与 I^- 反应制得 CuI_2?

6.6 在碱性介质中,硫元素的电势图为

$$S_2O_8^{2-} \xrightarrow{2.01\ V} SO_4^{2-} \xrightarrow{-0.93\ V} SO_3^{2-} \xrightarrow{-0.59\ V} S \xrightarrow{-0.476\ V} S^{2-}$$

(1) 写出能发生歧化反应的化学反应方程式;

(2) 写出能互相发生氧化还原反应的化学反应方程式。

6.7 通过计算说明在 298.15 K 时、标准状态下,Br^- 和 Cl^- 哪一个能催化 H_2O_2 的分解反应?已知 $E^\ominus(Br_2/Br^-)=1.066\ V$,$E^\ominus(Cl_2/Cl^-)=1.358\ V$,$E^\ominus(O_2/H_2O_2)=0.695\ V$,$E^\ominus(H_2O_2/H_2O)=1.776\ V$。

(都可以)

6.8 利用水的离子积计算 298.15 K 时,$[OH^-]=1\ mol\cdot dm^{-3}$ 溶液中的半反应 $2H_2O+2e^- \rightleftharpoons H_2+2OH^-$ 的标准电极电势。

(−0.83 V)

6.9 对于反应 $2Ag^++Zn \rightleftharpoons 2Ag+Zn^{2+}$,开始时 Ag^+ 和 Zn^{2+} 的浓度分别是 $0.1\ mol\cdot dm^{-3}$ 和 $0.3\ mol\cdot dm^{-3}$,求 298.15 K 时达到平衡时,溶液中剩余的 Ag^+ 浓度。已知 $E^\ominus(Ag^+/Ag)=0.800\ V$,$E^\ominus(Zn^{2+}/Zn)=-0.762\ V$。

($2.44\times10^{-27}\ mol\cdot dm^{-3}$)

6.10 由 $MnO_4^-+4H^++3e^- \rightleftharpoons MnO_2+2H_2O$ 和 $MnO_4^-+e^- \rightleftharpoons MnO_4^{2-}$ 的标准电极电势,$E^\ominus(MnO_4^-/MnO_2)=1.68\ V$,$E^\ominus(MnO_4^-/MnO_4^{2-})=0.558\ V$,以及水的离子积求 298.15 K 时电极反应 $MnO_4^{2-}+2H_2O+2e^- \rightleftharpoons MnO_2+4OH^-$ 的标准电极电势。

(0.58 V)

6.11 用能斯特方程计算与二氧化锰反应得到氯气的盐酸在热力学理论上的最低浓度(假定除 Cl^-、H^+ 外,其他物质处于标准状态)。

($6.14\ mol\cdot dm^{-3}$)

6.12 已知 $Co^{3+}+e^- \rightleftharpoons Co^{2+}$,$E^\ominus=1.92\ V$;$Cl_2+2e^- \rightleftharpoons 2Cl^-$,$E^\ominus=1.36\ V$。从 $E^\ominus$ 值可以看出 Cl_2 不能

氧化 Co^{2+}。但为什么在制备 $Co(OH)_3$ 时，是用 $CoCl_2$ 溶液加 NaOH，再加氯水制得的？试用计算说明之。已知 $K_{sp}^{\ominus}[Co(OH)_3]=1.6\times10^{-44}$，$K_{sp}^{\ominus}[Co(OH)_2]=1.6\times10^{-15}$。

($E^{\ominus}[Co(OH)_3/Co(OH)_2]=0.20\ V$)

6.13 用计算说明 pH = 3.00 时，MnO_4^- 可以把 I^- 和 Br^- 氧化成单质，而在 pH = 6.00 时，MnO_4^- 只能把 I^- 氧化（假定除 H^+ 外，其他物质处于标准状态）。

$$MnO_4^-+8H^++5e^- \rightleftharpoons 4H_2O+Mn^{2+} \quad E^{\ominus}=1.507\ V$$

$$Br_2+2e^- \rightleftharpoons 2Br^- \quad E^{\ominus}=1.066\ V$$

$$I_2+2e^- \rightleftharpoons 2I^- \quad E^{\ominus}=0.5355\ V$$

[pH = 3.00，$E(MnO_4^-/Mn^{2+})=1.223\ V$；pH = 6.00，$E(MnO_4^-/Mn^{2+})=0.939\ V$]

6.14 已知 $E^{\ominus}(Cu^{2+}/Cu)=0.342\ V$，$E^{\ominus}(Cu^+/Cu)=0.521\ V$，$K_{sp}^{\ominus}(CuCl)=1.72\times10^{-7}$。计算 298.15 K，$c(Cl^-)=1\ mol\cdot dm^{-3}$ 时，反应 $Cu+Cu^{2+}+2Cl^- = 2CuCl$ 的标准平衡常数。

($K^{\ominus}=2.95\times10^7$)

6.15 已知有两个电极反应：

$$PbCl_2(s)+2e^- \rightleftharpoons Pb+2Cl^-$$

$$Hg_2Cl_2+2e^- \rightleftharpoons 2Hg+2Cl^-$$

试问反应 $Hg_2Cl_2(s)+Pb(s) = 2Hg(l)+PbCl_2(s)$ 是否能自发进行？$E^{\ominus}(Pb^{2+}/Pb)=-0.13\ V$，$E^{\ominus}(Hg_2^{2+}/Hg)=0.80\ V$，$K_{sp}^{\ominus}(PbCl_2)=1.7\times10^{-5}$，$K_{sp}^{\ominus}(Hg_2Cl_2)=1.43\times10^{-18}$。

($E_{池}^{\ominus}=0.54\ V>0$，反应能自发进行)

6.16 已知两个电极反应 $Ag^++e^- \rightleftharpoons Ag$ 和 $AgCl+e^- \rightleftharpoons Ag+Cl^-$ 的标准电极电势分别为 0.7996 V 和 0.2223 V，求 AgCl 的 $K_{sp}^{\ominus}$。

(1.77×10^{-10})

第 7 章

化学反应速率

化学热力学主要研究化学反应的能量、方向和限度，解决了化学反应的可能性问题，即在给定条件下化学反应能不能发生，反应进行到何种程度。但是不涉及反应时间，不能解决化学反应的快慢问题。后者属于化学动力学的研究范畴。例如，氢气和氧气化合生成水的反应：

$$H_2(g)+1/2O_2(g)=\!=\!=H_2O(l) \quad \Delta_r G_m^\ominus=-237.2\ kJ\cdot mol^{-1}$$

这一反应的标准摩尔吉布斯自由能变 $\Delta_r G_m^\ominus$ 是一个绝对值很大的负值，说明反应自发进行的趋势很大，但实际上在常温常压下将氢气和氧气混合在一个容器内，很长时间也观察不到有水生成的迹象，这是因为反应速率极慢。又如，汽车尾气中的有害气体主要是 CO 和 NO，如果它们能够通过下述反应转化成 CO_2 和 N_2，那么消除汽车尾气污染的前景就会很乐观。

$$CO(g)+NO(g)=\!=\!=CO_2(g)+1/2N_2(g) \quad \Delta_r G_m^\ominus=-344.8\ kJ\cdot mol^{-1}$$

显然，在 298.15 K、100 kPa 下，这个反应不仅能够自发进行，而且进行的程度很大。但事实上该反应的反应速率非常慢，实用性较差。再如，盐酸和氢氧化钠的中和反应：

$$H^+(aq)+OH^-(aq)=\!=\!=H_2O(l) \quad \Delta_r G_m^\ominus=-79.91\ kJ\cdot mol^{-1}$$

其 $\Delta_r G_m^\ominus$ 的绝对值比上述两个反应都小很多，反应趋势也小，但该反应的速率非常快，瞬间即可完成。因此，无论是科学研究还是实际工业生产，均应在热力学的基础上进行动力学研究，这样才能使预期的可能性转化为现实，从而获得最佳反应条件和最高效率。

化学动力学（chemical kinetics）主要研究化学反应速率和反应机理。影响反应速率的因素主要包括三个方面：一是反应物的本性；二是反应物的浓度和体系的温度、压强及催化剂等；三是光、电、磁等外场。反应机理则揭示化学反应是如何进行的，探索反应性质与物质结构之间的关系。化学动力学的研究目的主要是能控制反应，使反应按照人们希望的速率进行，如提高主反应的速率、抑制或减慢副反应的速率等，最终得到人们需要的产品。

7.1 反应速率与速率方程

不同化学反应的速率差别很大，如自然界中岩石的风化和地壳中一些矿物的形成需要数千年甚至数百万年的时间，而爆炸反应则可在瞬间完成，水溶液中的离子反应可在分秒内实现，有些有机化学反应可能需要几天甚至几十天才能基本完成。为了定量地说明反应快慢，需要引入化学反应速率（rate of reaction，符号 r）的概念。速率总是与时间相联系的，是指某物理量随时间的变化率。在一定条件下进行的化学反应过程中，参与反应的各物质的数量随时间不断变化，反应物不断减少，生成物不断增加，这是化学反应过程的共同特征。

因此,化学反应速率可以单位时间内反应物或生成物的物质的量的变化为基础来表示。

对于一般的化学反应 $0=\sum_{B}\nu_B B$,定义反应速率

$$r=\frac{1}{V}\frac{d\xi}{dt} \tag{7.1a}$$

即反应速率为单位时间单位体积内发生的反应进度,其单位为 $mol\cdot dm^{-3}\cdot s^{-1}$;对于较慢的反应,时间单位也可用 min(分)、h(小时)、d(天)或 a(年)等。由反应进度 ξ 的定义可知 $d\xi=dn_B/\nu_B$,代入上式,可得

$$r=\frac{1}{V}\frac{dn_B}{\nu_B dt}=\frac{1}{\nu_B}\frac{dn_B}{Vdt} \tag{7.1b}$$

对于等容反应,物质 B 的物质的量浓度 $c_B=n_B/V$,故 $dc_B=dn_B/V$,所以式(7.1b)变为

$$r=\frac{1}{\nu_B}\frac{dc_B}{dt} \tag{7.2}$$

式中,ν_B 为参加化学反应的物质 B 的化学计量数,对反应物取负值,对生成物取正值;dc_B 为物质 B 在无限小的时间间隔 dt 内的无限小的浓度变化。等容体系的反应速率 r 可以理解为反应物或生成物的浓度随时间的变化率,即用单位时间内反应物浓度的减少或生成物浓度的增加来表示。本章讨论的反应速率主要是以式(7.2)所表示的等容体系的反应速率,该式所定义的反应速率实际为瞬时速率(详见后文)。

7.1.1 平均速率和瞬时速率

在实际应用中,化学反应速率可分为平均速率和瞬时速率。平均速率(average rate)是指某一时间间隔内浓度变化的平均值,用符号 $\bar{r}$ 表示。对于任意等容化学反应:

$$aA+dD = gG+hH$$

其平均速率可表示为

$$\bar{r}=\frac{1}{\nu_B}\frac{\Delta c_B}{\Delta t} \tag{7.3a}$$

式中,ν_B 为参加反应的某物质 B 的化学计量数;Δc_B 为物质 B 在 Δt 时间内发生的浓度变化;时间间隔 $\Delta t=t_{终}-t_{始}$。式(7.3a)定义的是整个反应的平均速率,其数值只有一个,即无论选用参加反应的何种物质来表示平均速率,均可得到相同的数值。故对于上述反应,有

$$-\frac{1}{a}\frac{\Delta c_A}{\Delta t}=-\frac{1}{d}\frac{\Delta c_D}{\Delta t}=\frac{1}{g}\frac{\Delta c_G}{\Delta t}=\frac{1}{h}\frac{\Delta c_H}{\Delta t}=\bar{r} \tag{7.3b}$$

若将时间间隔无限缩小,$\Delta t\to 0$,平均速率的极限值就是化学反应在某一时刻的反应速率,即瞬时速率(instantaneous rate),用 r 表示。

$$\lim_{\Delta t\to 0}\bar{r}=r=\frac{1}{\nu_B}\frac{dc_B}{dt}$$

上式定义的是整个反应的反应速率(瞬时速率),其数值只有一个,它与所研究反应中物质 B 的选择无关,即无论选用参加反应的何种物质来表示反应速率,均可得到相同的数值。对于任意化学反应:

$$aA+dD = gG+hH$$

有

$$-\frac{1}{a}\frac{dc_A}{dt}=-\frac{1}{d}\frac{dc_D}{dt}=\frac{1}{g}\frac{dc_G}{dt}=\frac{1}{h}\frac{dc_H}{dt}=r \tag{7.4}$$

由于化学计量数 ν_B 与化学反应方程式的写法有关，因此反应速率与反应进度一样，必须与化学反应方程式相对应。例如，合成氨反应可以写成如下两个反应方程式：

$$N_2(g)+3H_2(g)=\!=\!=2NH_3(g) \tag{1}$$

$$1/2N_2(g)+3/2H_2(g)=\!=\!=NH_3(g) \tag{2}$$

其反应速率分别为

$$r_1=-\frac{dc(N_2)}{dt}=-\frac{1}{3}\frac{dc(H_2)}{dt}=\frac{1}{2}\frac{dc(NH_3)}{dt}$$

$$r_2=-2\frac{dc(N_2)}{dt}=-\frac{2}{3}\frac{dc(H_2)}{dt}=\frac{dc(NH_3)}{dt}$$

对于气相反应，压强比浓度更容易测定，因此其反应速率（符号 r'）也可用反应体系中组分气体的分压对时间的变化率来定义，这时 r'的单位为（压强・时间$^{-1}$）。

$$r'=\frac{1}{\nu_B}\frac{dp_B}{dt} \tag{7.5}$$

根据实验测定的不同反应时刻的反应物（或生成物）的浓度，可绘制出物质浓度随时间的变化曲线，称为 $c-t$ 曲线，也称动力学曲线。从 $c-t$ 曲线图上可以清楚地看出瞬时速率与平均速率的区别：当用于绘制 $c-t$ 曲线的某反应物或生成物在化学反应方程式中的计量系数为 1 时，该反应的平均速率就等于 $c-t$ 曲线上任意两点的连线（即割线）的斜率的绝对值，而瞬时速率则等于 $c-t$ 曲线上任意一点的切线的斜率的绝对值。例如，N_2O_5 在 340 K 时的热分解反应为

$$N_2O_5(g)\xlongequal{340\ K}2NO_2(g)+1/2O_2(g)$$

若以反应物 N_2O_5 的浓度随时间的变化率来表示反应速率，则该反应的平均速率和瞬时速率分别为

$$\bar{r}=-\frac{\Delta c(N_2O_5)}{\Delta t} \qquad r=-\frac{dc(N_2O_5)}{dt}$$

表 7.1 给出了不同时间反应物 N_2O_5 浓度的测定值。以 $c(N_2O_5)$ 为纵坐标，以 t 为横坐标作图，可得到反应物浓度随时间的变化曲线（$c-t$ 曲线），见图 7.1。

表 7.1 N_2O_5 热分解反应的实验数据（340 K）

$\frac{t}{\text{min}}$	$\frac{c(N_2O_5)}{\text{mol}\cdot\text{dm}^{-3}}$	$\frac{\Delta c(N_2O_5)}{\text{mol}\cdot\text{dm}^{-3}}$	$\frac{\bar{r}}{\text{mol}\cdot\text{dm}^{-3}\cdot\text{min}^{-1}}$
0	0.320	—	—
1	0.226	-0.094	0.094
2	0.159	-0.067	0.067
3	0.112	-0.047	0.047

续表

$\frac{t}{\text{min}}$	$\frac{c(N_2O_5)}{\text{mol}\cdot\text{dm}^{-3}}$	$\frac{\Delta c(N_2O_5)}{\text{mol}\cdot\text{dm}^{-3}}$	$\frac{\bar{r}}{\text{mol}\cdot\text{dm}^{-3}\cdot\text{min}^{-1}}$
4	0.079	-0.033	0.033
5	0.056	-0.023	0.023
6	0.039	-0.017	0.017

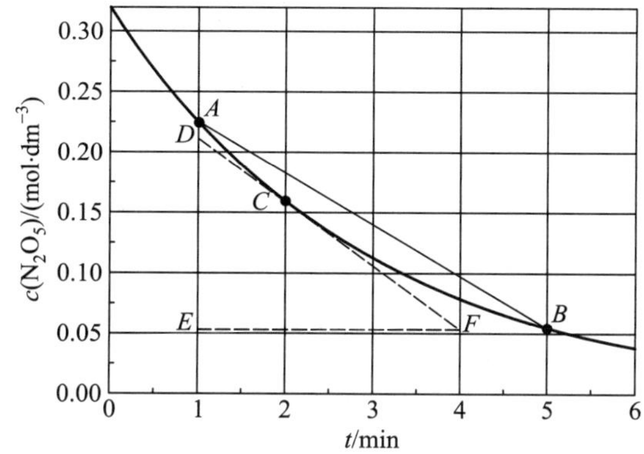

图 7.1 N_2O_5 热分解反应的浓度-时间曲线

从表 7.1 可以看出，在不同时间间隔内，反应的平均速率不同；随着反应的进行，$c(N_2O_5)$不断减小，反应的平均速率也逐渐减慢。例如，在 0~1 min 时间内，N_2O_5 热分解反应的平均速率为

$$\bar{r}_{0\sim1\ \text{min}}=-\frac{\Delta c(N_2O_5)}{\Delta t}=-\frac{(0.226-0.320)\ \text{mol}\cdot\text{dm}^{-3}}{(1-0)\ \text{min}}=0.094\ \text{mol}\cdot\text{dm}^{-3}\cdot\text{min}^{-1}$$

而在 4~5 min 时间内，N_2O_5 热分解反应的平均速率比上述 0~1 min 时间内的平均速率小得多：

$$\bar{r}_{4\sim5\ \text{min}}=-\frac{\Delta c(N_2O_5)}{\Delta t}=-\frac{(0.056-0.079)\ \text{mol}\cdot\text{dm}^{-3}}{(5-4)\ \text{min}}=0.023\ \text{mol}\cdot\text{dm}^{-3}\cdot\text{min}^{-1}$$

又如，在 1~5 min 时间内，N_2O_5 热分解反应的平均速率为

$$\bar{r}_{1\sim5\ \text{min}}=-\frac{\Delta c(N_2O_5)}{\Delta t}=-\frac{(0.056-0.226)\ \text{mol}\cdot\text{dm}^{-3}}{(5-1)\ \text{min}}=0.042\ \text{mol}\cdot\text{dm}^{-3}\cdot\text{min}^{-1}$$

图 7.1 中 $c-t$ 曲线的割线 AB 的斜率$\left[\dfrac{\Delta c(N_2O_5)}{\Delta t}\right]$的绝对值，即为 1~5 min 时间内的平均速率 $\bar{r}_{1\sim5\ \text{min}}$。当 A、B 两点间的时间间隔 $\Delta t(=t_B-t_A)$越来越小时，割线 AB 逐渐接近 C 点；当 $\Delta t\to0$ 时，割线变为与 C 点相切的切线 DF，该切线的斜率$\left[\dfrac{\mathrm{d}c(N_2O_5)}{\mathrm{d}t}\right]$的绝对值，就是 C 点时刻($t=2$ min)的瞬时速率 $r_{2\ \text{min}}$。D 点的坐标为(1,0.212)，E 点的坐标为(1,0.054 3)，F 点的坐标为(4,0.054 3)，因此

$$r_{2\ \min}=-\frac{\Delta y}{\Delta x}=-\frac{(0.054\ 3-0.212)\ \mathrm{mol\cdot dm^{-3}}}{(4-1)\ \min}=0.053\ \mathrm{mol\cdot dm^{-3}\cdot min^{-1}}$$

即在 $t=2$ min 时,N_2O_5 分解反应的反应速率为 0.053 $\mathrm{mol\cdot dm^{-3}\cdot min^{-1}}$。

由此,可以归纳出由实验数据作图求算瞬时速率的步骤:① 作 $c-t$ 曲线图;② 在指定时间的曲线位置上作切线;③ 求出切线的斜率和瞬时速率。

在反应刚开始($t=0$)时的瞬时速率称为反应的初速率(initial rate),符号为 r_0。它是化学反应动力学研究中的一个较为重要的参数。因为物质的初始浓度是最容易得到的数据,而且反应刚刚开始时,逆反应和其他副反应的干扰很小,所以在研究反应速率与浓度的函数关系时会经常用到测初速率的方法。

7.1.2 速率方程

化学动力学研究表明,在一定温度下,化学反应的速率常常与参与反应的物质的浓度密切相关。例如,在讨论 N_2O_5 热分解反应时已经看到,随着反应的进行,反应物 N_2O_5 的浓度逐渐减小,反应速率也越来越慢。表示反应速率 r 与浓度 c 之间的关系,或表示浓度 c 与时间 t 关系的数学表达式都称为化学反应的速率方程(rate law 或 rate equation),也称为动力学方程(kinetic equation);前者称为反应速率的微分方程式,后者称为反应速率的积分方程式,速率方程的具体形式随不同反应而异。

一般情况下,速率方程的具体形式不能直接根据化学反应方程式来预言,而应通过实验来确定。例如,$H_2(g)$ 与 $Cl_2(g)$、$Br_2(g)$ 和 $I_2(g)$ 的反应方程式虽然相似,但实验证明,由于这三个反应的机理完全不同,因此它们的速率方程也完全不同,具体如下:

$$H_2(g)+Cl_2(g)=\!=\!=2HCl(g) \qquad r=kc(H_2)c(Cl_2)^{1/2}$$

$$H_2(g)+Br_2(g)=\!=\!=2HBr(g) \qquad r=\frac{kc(H_2)c(Br_2)^{1/2}}{1+k'\dfrac{c(HBr)}{c(Br_2)}}$$

$$H_2(g)+I_2(g)=\!=\!=2HI(g) \qquad r=kc(H_2)c(I_2)$$

经验表明,对于化学反应 $a\mathrm{A}+b\mathrm{B}=\!=\!=g\mathrm{G}+h\mathrm{H}$,其速率方程常具有如下形式:

$$r=kc(\mathrm{A})^m c(\mathrm{B})^n \tag{7.6}$$

式中,$c(\mathrm{A})$、$c(\mathrm{B})$ 为反应物的浓度;比例系数 k 称为速率常数(rate constant);浓度项的幂指数 m、n 分别叫作反应物 A 和 B 的级数(或称分级数),而幂指数之和($m+n$)叫作该反应的(总)反应级数(order of reaction)。通常所说的反应级数都是指总反应级数而言的,即($m+n$)。注意,速率方程中的浓度项的幂指数(如 m,n)不一定是计量方程式中反应物前的系数。k,m,n 的数值均需要通过实验测定。表 7.2 给出了一些化学反应的速率方程。

表 7.2 一些化学反应的速率方程

化学反应	速率方程	反应级数
$2NH_3(g)\xrightarrow{\text{金属 W}}N_2(g)+3H_2(g)$	$r=k$	0
$2N_2O_5(g)=\!=\!=4NO_2(g)+O_2(g)$	$r=kc(N_2O_5)$	1

续表

化学反应	速率方程	反应级数
$2H_2O_2(aq) \xlongequal{I^-} 2H_2O(l)+O_2(g)$	$r=kc(H_2O_2)$	1
$S_2O_8^{2-}(aq)+3I^-(aq) \xlongequal{} 2SO_4^{2-}(aq)+I_3^-(aq)$	$r=kc(S_2O_8^{2-})c(I^-)$	2
$2NO_2(g) \xlongequal{} 2NO(g)+O_2(g)$	$r=kc(NO_2)^2$	2
$NO_2(g)+CO(g) \xlongequal{} NO(g)+CO_2(g)\ (T>523\ K)$	$r=kc(NO_2)c(CO)$	2
$H_2(g)+I_2(g) \xlongequal{} 2HI(g)$	$r=kc(H_2)c(I_2)$	2
$2NO(g)+2H_2(g) \xlongequal{} N_2(g)+2H_2O(g)$	$r=kc(NO)^2c(H_2)$	3
$CH_3CHO(g) \xlongequal{} CH_4(g)+CO(g)$	$r=kc(CH_3CHO)^{3/2}$	3/2
$H_2(g)+Cl_2(g) \xlongequal{} 2HCl(g)$	$r=kc(H_2)c(Cl_2)^{1/2}$	3/2

从表 7.2 可以看出，反应级数可以是整数或分数，也可是正数、零或负数，有时甚至无法用简单数字来表示。例如，反应 $H_2(g)+I_2(g) \xlongequal{} 2HI(g)$ 的速率方程为 $r=kc(H_2)c(I_2)$，因此该反应是二级反应，而对 $H_2(g)$ 和 $I_2(g)$ 来说则均为一级反应。反应级数是零或正整数的反应称为具有简单级数的反应。而反应 $H_2(g)+Br_2(g) \xlongequal{} 2HBr(g)$ 的速率方程比较复杂（见前文），该反应对 $H_2(g)$ 是一级，但对 $Br_2(g)$ 和 $HBr(g)$ 就不具有简单的关系，因此该反应也就没有简单的总反应级数。反应级数的大小反映出浓度对反应速率的影响程度的大小，级数越大，反应速率受浓度的影响越大。

必须说明的是，在多相或异相反应（heterogeneous reaction）中，纯固体反应物的浓度或不互溶的纯液体反应物的浓度通常不需写入速率方程中，或者说这些物质的浓度为常数，可以并入反应速率常数内。对于气相反应，因为气体物质的分压与浓度成正比（$p=nRT/V=cRT$），所以速率方程中气体物质的浓度项可以用分压项来代替。

速率常数 k 是重要的化学动力学参数，其数值直接体现出速率的快慢。k 在数值上相当于速率方程中的各物质都具有单位浓度时的反应速率，所以又称为反应的比速率（specific reaction rate）。不同的化学反应具有不同的速率常数。k 与反应的本性、温度、催化剂及反应介质（溶剂）等有关，大多随温度升高而增大；k 与反应物的浓度无关。k 的单位由反应速率方程决定，由式（7.6）可得

$$k=\frac{r}{c(A)^m c(B)^n} \tag{7.7}$$

因此

$$k=\frac{c\cdot t^{-1}}{c^{m+n}}=c^{1-(m+n)}\cdot t^{-1} \tag{7.8}$$

式中，$(m+n)$ 为总反应级数，从此式可以看出速率常数 k 的单位与反应级数 $(m+n)$ 有关。例如，零级反应 $(m+n=0)$ 时 k 是 $(c\cdot t^{-1})$，与反应速率的单位一致，如 $mol\cdot dm^{-3}\cdot s^{-1}$；一级反应 $(m+n=1)$ 时 k 是 t^{-1}，单位为 s^{-1}；二级反应 $(m+n=2)$ 时 k 是 $(c^{-1}\cdot t^{-1})$，单位为 $dm^3\cdot mol^{-1}\cdot s^{-1}$。因此，根据给出的反应速率常数的单位，可以判断反应的级数。

例 7.1 在温度 T 下,实验测得某反应 $2A(g)+B(g)=\!=\!=2C(g)$ 中反应物的初始浓度和初速率如下:

实验编号	初始浓度/($mol \cdot dm^{-3}$)		初速率/($mol \cdot dm^{-3} \cdot s^{-1}$)
	A	B	
1	0.10	0.10	0.12
2	0.10	0.20	0.24
3	0.10	0.30	0.36
4	0.20	0.10	0.48
5	0.30	0.10	1.08

试求:(1) 反应级数;(2) 速率方程;(3) 速率常数。

解:(1) 对比实验1、2、3,可以发现,当 $c(A)$ 保持不变时,$c(B)$ 扩大2倍或3倍,则反应速率相应扩大2倍或3倍。这说明反应速率 r 和 $c(B)$ 的一次方成正比,即

$$r \propto c(B)$$

对比实验1、4、5,可以发现,当 $c(B)$ 保持不变时,$c(A)$ 扩大2倍或3倍,则反应速率相应扩大4倍或9倍。这说明反应速率 r 和 $c(A)$ 的平方成正比,即

$$r \propto c(A)^2$$

因此

$$r \propto c(A)^2 c(B)$$

所以A的分级数为2,B的分级数为1,故总反应级数 $=2+1=3$。

(2) 由于 $r \propto c(A)^2 c(B)$,引入速率常数 k,建立等式为

$$r = kc(A)^2 c(B)$$

这就是题设反应的速率方程。

(3) 由上述速率方程可得

$$k = \frac{r}{c(A)^2 c(B)}$$

将表中的任一组数据代入此式,均可求得 k。应至少求出三个 k 值,最后结果是这些 k 值的平均值 $\overline{k}$。

由实验1的数据可得

$$k_1 = \frac{r}{c(A)^2 c(B)} = \frac{0.12\ mol \cdot dm^{-3} \cdot s^{-1}}{(0.10\ mol \cdot dm^{-3})^2 \times 0.10\ mol \cdot dm^{-3}} = 1.2 \times 10^2 dm^6 \cdot mol^{-2} \cdot s^{-1}$$

同理,由实验2的数据可得 $k_2 = 1.2 \times 10^2\ dm^6 \cdot mol^{-2} \cdot s^{-1}$,由实验4的数据可得 $k_4 = 1.2 \times 10^2\ dm^6 \cdot mol^{-2} \cdot s^{-1}$。因此该反应的速率常数

$$k = 1.2 \times 10^2\ dm^6 \cdot mol^{-2} \cdot s^{-1}$$

7.2 反应机理

所谓反应机理(reaction mechanism),就是化学反应所经历的具体途径,即反应物经历怎

样的具体步骤才最终转化为产物,又称为反应历程。弄清楚反应机理,不仅可以找出决定反应速率的关键因素,从而实现可控反应,也有助于人们了解化学反应的微观过程——旧键如何断裂、新键如何形成,从而阐明物质结构和反应性质之间的关系。

7.2.1 基元反应和非基元反应

通常所写的化学反应方程式绝大多数并不能代表反应的真正机理,而只是反映出反应的宏观总结果,给出反应物和产物的计量关系,因此这些反应方程式叫作化学计量方程(stoichiometric equation)。实际上,一个化学反应可能是一步完成的,也可能是经历了一系列步骤完成的。在化学动力学上,把反应物分子一步直接转化为产物的反应称为基元反应(elementary reaction),也称元反应;把只包含一个基元反应的化学反应称为简单反应。例如,实验证明以下四个反应均为基元反应:

$$SO_2Cl_2(g) = SO_2(g) + Cl_2(g) \quad (1)$$

$$NO(g) + O_3(g) = NO_2(g) + O_2(g) \quad (2)$$

$$NO(g) + Cl_2(g) = NOCl(g) + Cl(g) \quad (3)$$

$$2NO_2(g) = 2NO(g) + O_2(g) \quad (4)$$

尽管许多化学反应的反应方程式很简单,看似一步即可完成,但实际上它们却并非基元反应,而是由两个或多个基元反应构成,这种反应称为非基元反应、复杂反应或总反应(overall reaction)。例如,$H_2(g)$与$I_2(g)$合成 HI(g)的反应:

$$H_2(g) + I_2(g) = 2HI(g)$$

其具体的反应机理为

$$I_2(g) + M \rightleftharpoons 2I\cdot + M \quad (5)$$

$$H_2(g) + 2I\cdot \longrightarrow 2HI \quad (6)$$

反应(5)和(6)均为基元反应,称为复杂反应的基元步骤。式中,M 为惰性物质,可以是反应器壁或其他不参与反应的第三体分子,M 只起到传递能量的作用。由此可以看出,一个复杂反应需经过若干基元步骤才能完成,这些基元步骤代表了反应所经历的途径,即反应机理。故上述方程式(5)和(6)代表了$H_2(g)$与$I_2(g)$的反应机理。而反应方程式$H_2(g) + I_2(g) = 2HI(g)$则是基元步骤(5)和(6)的总和,是总反应式,表示反应的宏观总结果。对于复杂反应,可通过实验检测到中间产物(如上述 HI 合成反应过程中的自由基原子 I·)的存在。所谓中间产物(intermediate),是指在反应过程的某一步中所产生的物种,它会被后面一步或几步基元步骤消耗掉,因而并不出现在总反应方程式中。中间产物的寿命可能很短,数量也可能不多,所以通常需要采用特殊的检测方法如原位磁共振谱、色谱-质谱联合谱仪、闪光光解等。但是一旦检测出某种中间产物的存在,往往会对反应机理的确定起到重要作用。

在基元反应或复杂反应的基元步骤中,发生反应所需要的粒子(分子、原子、离子或自由基)的数目称为反应分子数(molecularity of reaction)。根据反应分子数的不同,基元反应可分为单分子反应、双分子反应和三分子反应。单分子反应主要包括分解反应和异构化反应,如基元反应(1)是$SO_2Cl_2(g)$的分解反应。绝大多数基元反应都是双分子反应,如基元反应(2)~(5)。反应(5)之所以是双分子反应,是因为 M 必须存在,反应才能发生。三分子反应数量不多,因为三个粒子同时碰撞的概率很小,如基元步骤(6)中就是一个H_2分子与两个I原子同时碰撞反应生成2个HI分子。四分子或更多分子的基元反应尚未发现，因为多个粒子直接相互作用一步生成产物的概率实在是微乎其微。应当注意，反应分子数仅针对基元反应或复杂反应的基元步骤而言，体现了反应的微观过程的特征；对复杂反应没有反应分子数的概念。

7.2.2 基元反应的质量作用定律

经验证明，基元反应的速率方程比较简单，可直接由其反应方程式写出。对于一般的基元反应 $aA+bB \xlongequal{} gG+hH$，其速率方程为

$$r=kc(\mathrm{A})^{a}c(\mathrm{B})^{b} \tag{7.9}$$

即在一定温度下，基元反应的反应速率与反应物浓度以其计量系数为指数的幂的乘积成正比，这叫作**基元反应的质量作用定律**(law of mass action)。式中，a、b 分别为反应物A和B在反应方程式中的计量系数，也分别是A和B的反应级数，$(a+b)$ 即为该基元反应的总反应级数。质量作用定律只适用于基元反应或复杂反应的基元步骤。根据该定律，可以很容易地写出一个基元反应的速率方程。例如，基元反应(3) $NO(g)+Cl_2(g) \xlongequal{} NOCl(g)+Cl(g)$ 的速率方程为

$$r=kc(\mathrm{NO})c(\mathrm{Cl_2})$$

以此类推。

基元反应的反应级数与反应分子数通常是相同的，如上述基元反应的反应分子数和反应级数均为2。又如，基元步骤(6) $H_2(g)+2I\cdot \longrightarrow 2HI$，是三分子反应，也是三级反应。但要注意，反应分子数和反应级数有着本质区别，分属于不同范畴。反应分子数是微观概念，是针对微观的基元反应而言的；而反应级数则是宏观概念，是针对宏观的总反应而言的。对于一个指定的基元反应，反应分子数为定值，但其反应级数可能会由于反应条件的变化而发生改变。例如，当基元反应中某种反应物的量很大，其浓度可视为不变时，反应级数便降低一级，此时反应分子数与反应级数就不一致了。

一个化学反应是否为基元反应，必须由实验来确定。对于基元反应，其速率方程一定符合质量作用定律；不符合质量作用定律的化学反应，一定为复杂反应，复杂反应的速率方程是由实验确定的。但是，速率方程符合质量作用定律的反应，不一定就是基元反应。例如，反应 $H_2(g)+I_2(g) \xlongequal{} 2HI(g)$，实验结果表明该反应的速率方程为 $r=kc(H_2)c(I_2)$，与质量作用定律相符，历史上曾有相当长一段时间误认为该反应是基元反应；直到20世纪六七十年代，大量实验研究结果才证明该反应并不是基元反应，而是复杂反应，包括两个基元步骤(5)和(6)(见前)。

7.2.3 反应机理的探讨

研究化学反应的反应机理是一项繁重而又困难的工作，因为反应机理并不是凭空想象出来的，而是要经过多方面的实验考证才能最后确定。推测反应机理，一般首先要收集大量的实验数据，从中找出反应速率与浓度的关系，确定反应级数和速率方程，测定中间产物及反应速率与温度的关系等，然后根据这些事实来推测反应机理，最后再通过实验来验证所推测机理的正确性。在这个过程中需要用到一些先进的实验方法和检测技术，如能检测自由基的磁共振谱仪和达到飞秒(10^{-15} s)时间分辨率的超短脉冲激光技术，并结合量子力学的

理论计算，同时采取一些合理的假设。因此，要在原子和分子水平上阐明化学反应机理，还需要持之不懈的努力。下面举例说明反应机理的确定方法。

1. 平衡假设法

对于前面提到的复杂反应：

$$H_2(g)+I_2(g)=\!=\!=2HI(g)$$

根据实验数据和理论分析推测其反应机理为

$$I_2(g)+M \underset{k_{-1}}{\overset{k_1}{\rightleftharpoons}} 2I\cdot+M \quad \text{(快速平衡)} \tag{5}$$

$$H_2(g)+2I\cdot \xrightarrow{k_2} 2HI \quad \text{(慢)} \tag{6}$$

基元步骤(5)是快反应，基元步骤(6)是慢反应。总反应速率由最慢的反应步骤所控制，即反应速率基本等于最慢一步的速率，这最慢的一步反应称为速控步骤(rate controlling step)或决速步骤(rate determining step)。因此，在上述反应中，步骤(6)即为速控步骤，故反应速率

$$r=-\frac{dc(H_2)}{dt}=k_2c(H_2)c(I\cdot)^2 \tag{7.10}$$

现在的问题是上式中的 $c(I\cdot)$ 是活化碘原子(中间产物)的浓度，无法通过实验直接测得，如何将 $c(I\cdot)$ 转换成反应物的浓度？可采用平衡假设法(equilibrium hypothesis)来处理。该近似方法的应用条件是，第一个反应是快速平衡步骤，第二步是慢反应(速控步骤)。

因为速控步骤(6)反应很慢，假定快速平衡反应不受其影响，因此步骤(5)始终保持着正逆反应速率相等的快速平衡状态，即 $r_1=r_{-1}$。根据基元反应的质量作用定律可知，$r_1=k_1c(I_2)c(M)$，$r_{-1}=k_{-1}c(I\cdot)^2c(M)$，故

$$k_1c(I_2)=k_{-1}c(I\cdot)^2$$

整理得

$$c(I\cdot)^2=\frac{k_1}{k_{-1}}c(I_2) \tag{7.11}$$

将式(7.11)代入速控步骤的速率方程(7.10)中，得到

$$r=\frac{k_2k_1}{k_{-1}}c(H_2)c(I_2) \tag{7.12}$$

令 $k=\frac{k_2k_1}{k_{-1}}$，可得反应 $H_2(g)+I_2(g)=\!=\!=2HI(g)$ 的速率方程为

$$r=kc(H_2)c(I_2) \tag{7.13}$$

此速率方程由反应机理推导而得，与由实验测定的速率方程完全一致，从而证明了上述反应机理的正确性。

又如，实验测得，在 500 K 以下，反应 $CO(g)+NO_2(g)=\!=\!=CO_2(g)+NO(g)$ 的速率方程为 $r=kc(NO_2)^2$。因此推测出该反应可能的反应机理为

$$2NO_2(g)\xrightarrow{k_1}NO_3(g)+NO(g) \quad \text{(慢)} \tag{7}$$

$$NO_3(g)+CO(g)\xrightarrow{k_2}NO_2(g)+CO_2(g) \quad \text{(快)} \tag{8}$$

基元步骤(8)为快反应，基元步骤(7)为慢反应，所以步骤(7)是总反应的速控步骤。因

此总反应的速率方程可根据步骤(7)写出，即 $r=c(NO_2)^2$，这与实验结果一致，支持了上述机理的成立。由于反应物 CO 是出现在速控步骤之后的快反应中，所以它的浓度对总反应速率基本无影响，故不出现在速率方程中。

2. 稳态近似法

前文提到，在复杂反应的基元步骤中会出现中间产物（如自由基），它们通常活性高，极易继续反应，因而在反应过程中浓度很低、寿命很短。当反应达到稳定状态后，可近似认为中间产物的生成速率与消耗速率相等，故其浓度基本不随时间而变化，$\dfrac{dc(\text{中间产物})}{dt}=0$，即中间产物的浓度可视为常数处理，称之处于稳态。例如，自由基就可以作为稳态来处理。这种近似方法称为中间产物稳态近似法（intermediate steady-state approximation），简称为稳态近似法。

下面以 HCl(g) 的生成反应为例来说明稳态近似的处理方法，该反应的方程式为

$$H_2(g)+Cl_2(g)\xrightarrow{h\nu}2HCl(g)$$

实验证明该反应是一种链反应（chain reaction）。这是一类特殊的化学反应，只要用光、热、辐射或其他方法引发反应，它就能通过活性组分（自由基或原子）相继发生一系列的连续反应，使反应像链条一样自动进行下去，直至反应停止。实验结果表明 HCl(g) 生成反应的速率方程为

$$r=\frac{1}{2}\frac{dc(HCl)}{dt}=k[c(Cl_2)]^{\frac{1}{2}}c(H_2)$$

人们推测的反应机理如下：

(1) $Cl_2+M\xrightarrow{h\nu}2Cl\cdot+M$ $\quad k_1$ （链的引发，M 代表器壁）

(2) $Cl\cdot+H_2\rightarrow HCl+H\cdot$ $\quad k_2$ （链的增长）

(3) $H\cdot+Cl_2\rightarrow HCl+Cl\cdot$ $\quad k_3$

……

(4) $2Cl\cdot+M\rightarrow Cl_2+M$ $\quad k_4$ （链的终止）

上述各步反应均为快速反应。可用 HCl 的生成速率表示上述反应的速率，因为在步骤(2)和(3)中都有 HCl 分子的生成，故

$$r=\frac{1}{2}\frac{dc(HCl)}{dt}=k_2c(Cl\cdot)c(H_2)+k_3c(H\cdot)c(Cl_2) \tag{a}$$

采用稳态近似法处理，近似认为中间产物 Cl· 和 H· 的浓度不随时间改变，则有

$$\frac{dc(Cl\cdot)}{dt}=0 \qquad \frac{dc(H\cdot)}{dt}=0$$

根据上述反应机理，有

$$\frac{dc(Cl\cdot)}{dt}=2k_1c(Cl_2)c(M)-k_2c(Cl\cdot)c(H_2)+k_3c(H\cdot)c(Cl_2)-2k_4[c(Cl\cdot)]^2c(M)=0 \tag{b}$$

[注：根据反应式(1)，因为 $-\dfrac{dc(Cl_2)}{dt}=\dfrac{dc(Cl\cdot)}{2dt}$，所以 $-\dfrac{2dc(Cl_2)}{dt}=\dfrac{dc(Cl\cdot)}{dt}=2k_1c(Cl_2)c(M)$]

$$\frac{dc(H\cdot)}{dt}=k_2c(Cl\cdot)c(H_2)-k_3c(H\cdot)c(Cl_2)=0 \tag{c}$$

由式(c)得

$$k_2c(\text{Cl}\cdot)c(\text{H}_2)=k_3c(\text{H}\cdot)c(\text{Cl}_2) \tag{d}$$

将式(d)代入式(b),得

$$2k_1c(\text{Cl}_2)=2k_4[c(\text{Cl}\cdot)]^2$$

$$c(\text{Cl}\cdot)=\left[\frac{k_1c(\text{Cl}_2)}{k_4}\right]^{\frac{1}{2}} \tag{e}$$

将式(d)和式(e)代入式(a),得

$$r=\frac{1}{2}\frac{\mathrm{d}c(\text{HCl})}{\mathrm{d}t}=2k_2\left[\frac{k_1c(\text{Cl}_2)}{k_4}\right]^{\frac{1}{2}}c(\text{H}_2)$$

整理得

$$r=\frac{1}{2}\frac{\mathrm{d}c(\text{HCl})}{\mathrm{d}t}=2k_2\left(\frac{k_1}{k_4}\right)^{\frac{1}{2}}[c(\text{Cl}_2)]^{\frac{1}{2}}c(\text{H}_2) \tag{f}$$

令 $k=2k_2\left(\frac{k_1}{k_4}\right)^{\frac{1}{2}}$,可得

$$r=\frac{1}{2}\frac{\mathrm{d}c(\text{HCl})}{\mathrm{d}t}=k[c(\text{Cl}_2)]^{\frac{1}{2}}c(\text{H}_2)$$

此速率方程与实验测定结果完全一致,由此方程可知该反应的反应级数是 1.5。

7.3 反应物浓度与时间的关系

化学反应的速率方程给出了反应速率与反应物浓度之间的关系,但在实际应用中,常常需要知道反应物或生成物的浓度与时间的关系,如当反应进行到某一时间,体系中还剩余多少反应物,或者当反应进行了一段时间后,反应物和生成物的实际浓度是多少。要解决这些问题,必须知道反应物浓度与时间的关系式。对于具有简单级数(如 0、1、2 和 3)的反应,可通过对其微分形式的速率方程进行积分运算得到其积分形式的速率方程,即为反应物浓度与时间的关系式。下面分别对零级反应、一级反应和只有 1 种反应物的二级反应进行讨论,三级反应的积分形式的速率方程比较复杂,将在后续的物理化学课程中介绍。

7.3.1 零级反应

反应速率与反应物浓度无关(即与浓度的零次方成正比)的反应称为零级反应(zero-order reaction)。这类反应并不多见,最常见的零级反应是在固体表面上发生的多相催化反应(如气-固催化反应),反应速率只与表面状态有关,即表面反应为速控步骤。例如,氨在金属钨上的分解反应:

$$2\text{NH}_3(\text{g})\xrightarrow{\text{金属 W}}\text{N}_2(\text{g})+3\text{H}_2(\text{g})$$

NH_3 首先被吸附在催化剂 W 的表面上,然后再发生分解。由于 W 表面上的活性中心是有限的,当 W 表面已被吸附的 NH_3 饱和时,即活性中心被占满,再增加气相 NH_3 的浓度对反

应速率不再有影响，此时反应对 NH_3 为零级反应。酶的催化反应也常常是零级反应。

设零级反应为 A→P，则其速率方程的微分式为

$$r=-\frac{dc(A)}{dt}=kc(A)^0=k \qquad (7.14)$$

整理得

$$dc(A)=-kdt$$

设反应时间从0到 t，反应物 A 的浓度从 $c_0(A)$ 变到 $c(A)$，对上式进行积分：

$$\int_{c_0(A)}^{c(A)} dc(A)=-\int_0^t kdt$$

可得

$$c(A)-c_0(A)=-kt$$

整理得

$$c(A)=c_0(A)-kt \qquad (7.15)$$

式(7.15)即为零级反应的积分形式的速率方程。式中，t 为反应时间，k 为速率常数，$c_0(A)$ 为反应物 A 的初始浓度，$c(A)$ 为 A 在 t 时刻的浓度。按式(7.15)以 $c(A)$ 对 t 作图，得一直线，斜率为 $-k$。

反应物消耗一半所需的时间称为半衰期(half-life)，用 $t_{1/2}$ 表示。对于零级反应，当 $c(A)=\frac{1}{2}c_0(A)$ 时，有

$$\frac{1}{2}c_0(A)=c_0(A)-kt_{1/2}$$

故

$$t_{1/2}=\frac{c_0(A)}{2k} \qquad (7.16)$$

这就是零级反应的半衰期公式。零级反应的半衰期既与速率常数 k 有关，也与反应物的初始浓度有关；对于一个给定的零级反应，其半衰期与反应物的初始浓度成正比。

7.3.2 一级反应

凡是反应速率只与反应物浓度一次方成正比的反应称为一级反应(first-order reaction)。一级反应比较普遍，如 N_2O_5 的热分解反应、放射性元素镭的衰变反应、分子重排反应(如顺丁烯二酸转化为反丁烯二酸)及蔗糖水解反应等。严格来说，蔗糖水解是准一级反应(pseudo first-order reaction)，即此反应本来是二级反应，但由于水的量很大，水的浓度可看作不变而被并入速率常数 k 中，所以速率方程中只出现蔗糖的浓度项，反应级数由二级降为一级，故可按一级反应处理。

$$N_2O_5(g) = 2NO_2(g)+1/2O_2(g)$$

$${}^{226}_{88}Ra \rightarrow {}^{222}_{86}Rn + {}^{4}_{2}He$$

$$\underset{\text{蔗糖}}{C_{12}H_{22}O_{11}} + H_2O = \underset{\text{葡萄糖}}{C_6H_{12}O_6} + \underset{\text{果糖}}{C_6H_{12}O_6}$$

设有某一级反应 A→P，速率方程的微分式为

$$r=-\frac{dc(A)}{dt}=kc(A) \qquad (7.17)$$

则由上式可得

$$\frac{dc(A)}{c(A)}=-kdt$$

对上式进行积分：

$$\int_{c_0(\mathrm{A})}^{c(\mathrm{A})} \frac{\mathrm{d}c(\mathrm{A})}{c(\mathrm{A})} = -\int_0^t k\mathrm{d}t$$

$$\ln\frac{c(\mathrm{A})}{c_0(\mathrm{A})} = -kt$$

整理得

$$\ln c(\mathrm{A}) = \ln c_0(\mathrm{A}) - kt \tag{7.18}$$

或使用常用对数

$$\lg c(\mathrm{A}) = \lg c_0(\mathrm{A}) - \frac{k}{2.303}t \tag{7.19}$$

式(7.18)和式(7.19)均是一级反应速率方程的积分表达式。根据式(7.18)，以 $\ln c(\mathrm{A})$ 对时间 t 作图，可得斜率为 $-k$ 的直线，这是一级反应的特征。或者根据式(7.19)，以 $\lg c(\mathrm{A})$ 对 t 作图，也可得一直线，斜率为 $-\frac{k}{2.303}$。

一级反应的半衰期为

$$t_{1/2} = \frac{\ln 2}{k} = \frac{0.693}{k} \tag{7.20}$$

由式(7.20)可知一级反应的半衰期与速率常数成反比，而与反应物浓度无关；对于一个给定的反应，$t_{1/2}$ 是一个常数。这是一级反应的又一特征。

例 7.2 已知 340 K 时，N_2O_5 的热分解反应 $N_2O_5(g) \xlongequal{340\ \mathrm{K}} 2NO_2(g) + 1/2O_2(g)$ 有可能是一级反应，试根据表 7.3 中的数据解下列问题：

(1) 利用作图法确定该反应的反应级数；

(2) 利用作图法求出速率常数 k；

(3) 写出该反应的速率方程，计算半衰期 $t_{1/2}$；

(4) 计算当反应进行 12 min 后，剩余的 N_2O_5 的浓度。

表 7.3 N_2O_5 热分解反应的实验数据(340 K)

$\frac{t}{\mathrm{min}}$	$\frac{c(N_2O_5)}{\mathrm{mol\cdot dm^{-3}}}$	$\ln c(N_2O_5)$
0	0.320	−1.14
1	0.226	−1.49
2	0.159	−1.84
3	0.112	−2.19
4	0.079	−2.54
5	0.056	−2.88
6	0.039	−3.24

解：(1) 根据上表数据，以 $\ln c(N_2O_5)$ 对时间 t 作图，得到一直线，见图 7.2，符合一级反应的特征，证明 N_2O_5 的热分解反应确实为一级反应。

(2) 由图 7.2 得

$$斜率 = \frac{-1.14}{3.28} = -0.35 = -k$$

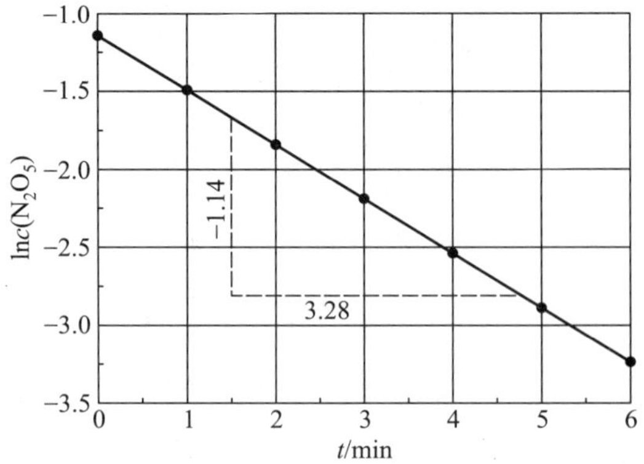

图 7.2 N_2O_5 的热分解反应(340 K)的 $\ln c(N_2O_5)-t$ 图

故 $$k(340\ \mathrm{K}) = 0.35\ \mathrm{min}^{-1}$$

(3) 因该反应为一级反应,故其速率方程为 $r=kc(N_2O_5)$。

$$t_{1/2}=\frac{0.693}{k}=\frac{0.693}{0.35\ \mathrm{min}^{-1}}=1.98\ \mathrm{min}$$

另外,由表 7.3 中的数据($t=0$ 和 $t=2$ min)也可知半衰期约为 2 min。

(4) 由一级反应速率方程的积分形式 $\ln c(\mathrm{A})=\ln c_0(\mathrm{A})-kt$ 可得

$$\ln c(N_2O_5)=\ln 0.320-0.35\ \mathrm{min}^{-1}\times 12\ \mathrm{min}=-5.34$$

故 $$c(N_2O_5)=e^{-5.34}=4.80\times 10^{-3}\ \mathrm{mol\cdot dm^{-3}}$$

放射性衰变(radioactive decay)反应为一级反应。不同的放射性同位素,其衰变速率也不同,通常可用半衰期来表示其衰变速率的大小。半衰期越长,k 越小,衰变速率越慢。例如,

$${}^{238}_{92}\mathrm{U}\longrightarrow {}^{206}_{82}\mathrm{Pb}+8{}^{4}_{2}\mathrm{He}+6{}^{0}_{-1}\mathrm{e} \qquad t_{1/2}=4.5\times 10^{9}\ \mathrm{a}$$

$${}^{14}_{6}\mathrm{C}\longrightarrow {}^{14}_{7}\mathrm{N}+{}^{0}_{-1}\mathrm{e} \qquad t_{1/2}=5\ 715\ \mathrm{a}$$

$${}^{226}_{88}\mathrm{Ra}\longrightarrow {}^{222}_{86}\mathrm{Rn}+{}^{4}_{2}\mathrm{He} \qquad t_{1/2}=1\ 620\ \mathrm{a}$$

$${}^{90}_{38}\mathrm{Sr}\longrightarrow {}^{90}_{39}\mathrm{Y}+{}^{0}_{-1}\mathrm{e} \qquad t_{1/2}=28.8\ \mathrm{a}$$

上述半衰期的单位 a 代表儒略年(Julian year),是天文学中时间的测量单位,1 a 等于 365.25 d,每天为国际单位的 86 400 s,因此 1 a=31 557 600 s。因为每种放射性同位素都具有特征的半衰期,所以可将半衰期作为核时钟(nuclear clock)来测定不同物体(如古文物、化石、陨石等)的年代,这种测定年代的方法称为放射性测年法(radiometric dating)。20 世纪 40 年代美国化学家利比(W. Libby)发明了用放射性同位素 ${}^{14}_{6}\mathrm{C}$ 测定古文物年代的方法(即放射性碳测年法,radiocarbon dating),因此获 1960 年诺贝尔化学奖。${}^{14}_{6}\mathrm{C}$ 常被用于测定含有有机物的古文物(如木料、布料、纸张)和化石的年代。在大气中,${}^{14}_{7}\mathrm{N}$ 捕获太阳射线的中子生成放射性同位素 ${}^{14}_{6}\mathrm{C}$:

$${}^{14}_{7}\mathrm{N}+{}^{1}_{0}\mathrm{n}\longrightarrow {}^{14}_{6}\mathrm{C}+{}^{1}_{1}\mathrm{H}$$

使得大气中的 ${}^{14}_{6}\mathrm{C}$ 在总碳含量中维持在一定的水平(即 ${}^{14}_{6}\mathrm{C}/{}^{12}_{6}\mathrm{C}$ 有一定比值)。植物通过光合作用吸入 ${}^{14}_{6}\mathrm{C}$,动物再摄取植物,因此生物活体中的 ${}^{14}_{6}\mathrm{C}/{}^{12}_{6}\mathrm{C}$ 比值与大气中的比值相同。一旦生物体死亡,就会停止摄入 ${}^{14}_{6}\mathrm{C}$,则死亡的生物体内的 ${}^{14}_{6}\mathrm{C}$ 由于发生放射性衰变而含量下

降。因此，通过测定古文物与生物活体的 $^{14}_{6}C$ 含量之比（或测定古文物中的 $^{14}_{6}C/^{12}_{6}C$ 比值），即可推算出古文物的年代。

例 7.3 科学家对一具古尸的裹尸布进行研究发现，其所含的 $^{14}_{6}C$ 的放射性活度为 9.7 次衰变 · min^{-1} · g^{-1}，而生物活体中 $^{14}_{6}C$ 的放射性活度为 16.3 次衰变 · min^{-1} · g^{-1}。已知 $^{14}_{6}C$ 的半衰期为 5 715 a，试估算该裹尸布的年代。

解：因为放射性衰变为一级反应，$t_{1/2}=\dfrac{0.693}{k}$，故有

$$k=\frac{0.693}{t_{1/2}}=\frac{0.693}{5\ 715\ \mathrm{a}}=1.21\times10^{-4}\ \mathrm{a}^{-1}$$

由 $\ln c(\mathrm{A})=\ln c_0(\mathrm{A})-kt$ 可得

$$t=\frac{\ln\dfrac{c_0(\mathrm{A})}{c(\mathrm{A})}}{k}=\frac{\ln\dfrac{16.3}{9.7}}{1.21\times10^{-4}\ \mathrm{a}^{-1}}=4.29\times10^{3}\ \mathrm{a}$$

即该裹尸布大约具有 4 290 年的历史。

7.3.3 二级反应

反应速率与反应物浓度的二次方（$m+n=2$）成正比的反应，称为二级反应（second-order reaction）。二级反应最为常见，如碘化氢、乙醛的热分解，乙酸乙酯的皂化，乙烯、丙烯的二聚作用等都是二级反应。部分反应方程式如下：

$$\mathrm{HI(g)}=\!=\!=1/2\mathrm{H_2(g)}+1/2\mathrm{I_2(g)}$$

$$\mathrm{CH_3CHO(g)}=\!=\!=\mathrm{CH_4(g)}+\mathrm{CO(g)}$$

$$\mathrm{CH_3COOC_2H_5(aq)}+\mathrm{OH^-(aq)}=\!=\!=\mathrm{CH_3COO^-(aq)}+\mathrm{C_2H_5OH(aq)}$$

二级反应的反应物可以有 2 种，即 A+B→P；也可以只有一种，即 A→P。后者比较简单，这里只介绍后者。

对于二级反应 A→P，其速率方程的微分形式为

$$r=-\frac{\mathrm{d}c(\mathrm{A})}{\mathrm{d}t}=kc(\mathrm{A})^2 \tag{7.21}$$

整理得

$$\frac{\mathrm{d}c(\mathrm{A})}{[c(\mathrm{A})]^2}=-k\mathrm{d}t$$

积分得

$$\int_{c_0(\mathrm{A})}^{c(\mathrm{A})}\frac{\mathrm{d}c(\mathrm{A})}{[c(\mathrm{A})]^2}=-\int_0^t k\mathrm{d}t$$

$$-\frac{1}{c(\mathrm{A})}+\frac{1}{c_0(\mathrm{A})}=-kt$$

最后得

$$\frac{1}{c(\mathrm{A})}=\frac{1}{c_0(\mathrm{A})}+kt \tag{7.22}$$

根据上式,若以$\frac{1}{c(\mathrm{A})}$对时间 t 作图,则将得到一条直线,直线的斜率为 k,这是利用作图法求二级反应速率常数的一种方法。二级反应的 k 的单位为(浓度)$^{-1}$·(时间)$^{-1}$。

对于二级反应 A→P,其半衰期为

$$t_{1/2}=\frac{1}{kc_0(\mathrm{A})} \tag{7.23}$$

二级反应的半衰期与一级反应不同,它与反应物的初始浓度成反比,这是二级反应的特点之一。

综上所述,化学反应的级数不同,反应物浓度-时间的关系不同,现简要归纳如下:

反应级数	反应速率方程	积分速率方程	对 t 作图得直线	直线的斜率	$t_{1/2}$
0	$r=k$	$c(\mathrm{A})=c_0(\mathrm{A})-kt$	$c(\mathrm{A})\sim t$	$-k$	$\frac{c_0(\mathrm{A})}{2k}$
1	$r=kc(\mathrm{A})$	$\ln c(\mathrm{A})=\ln c_0(\mathrm{A})-kt$	$\ln c(\mathrm{A})\sim t$	$-k$	$\frac{0.693}{k}$
2*	$r=k[c(\mathrm{A})]^2$	$\frac{1}{c(\mathrm{A})}=\frac{1}{c_0(\mathrm{A})}+kt$	$\frac{1}{c(\mathrm{A})}\sim t$	k	$\frac{1}{kc_0(\mathrm{A})}$

* 仅适用于只有一种反应物的二级反应(A → P)。

7.4 化学反应速率与温度的关系

温度对化学反应速率的影响特别显著。一般来说,温度越高,反应速率越快;温度越低,反应速率越慢。例如,夏季食物容易变质,但若将食物放在冰箱里则能保存较长的时间;高压锅可将水温升到 110 ℃,食物可煮得烂熟。又如,在室温下 H_2 与 O_2 作用极慢,混合很久也观察不到有水生成;但当温度升高到 1 073 K,它们立即反应,甚至发生爆炸。只有极少数反应是例外的,随着温度升高,反应速率反而下降,如 NO 氧化成 NO_2 的反应就属于此类反应。

19 世纪末,荷兰化学家范托夫(J. H. van't Hoff)根据大量实验事实总结出一条近似规律:一般的化学反应,如果反应物的浓度或分压恒定,温度每升高 10 K,反应速率增加 2~4 倍,即

$$\frac{k_{T+10\mathrm{K}}}{k_T}=2\sim4 \tag{7.24}$$

这条经验规律被称为范托夫近似规则。

7.4.1 阿伦尼乌斯公式与活化能

1. 阿伦尼乌斯公式

1889 年,瑞典物理化学家阿伦尼乌斯(S. A. Arrhenius)在大量研究工作的基础上,提出了活化分子(activated molecule)和活化能(activation energy)的概念,并揭示出反应的速率常数 k 与温度 T 之间的定量关系,即

$$k=Ae^{-\frac{E_a}{RT}} \tag{7.25}$$

对上式取自然对数，得

$$\ln k=-\frac{E_a}{RT}+\ln A \tag{7.26}$$

或取常用对数，得

$$\lg k=-\frac{E_a}{2.303RT}+\lg A \tag{7.27}$$

以上三式均称为阿伦尼乌斯公式(Arrhenius equation)。式中，k 为温度 T 时反应的速率常数；A 为指前因子(pre-exponential factor)或频率因子(frequency factor)，与 k 具有相同的量纲；R 为摩尔气体常数；E_a 为反应的活化能，常用单位为 $kJ\cdot mol^{-1}$，在应用阿伦尼乌斯公式计算时应转换为 $J\cdot mol^{-1}$。

从阿伦尼乌斯公式可看出，速率常数 k 与热力学温度 T 之间成指数关系，因此 T 的微小变化将使 k 发生很大变化；而活化能 E_a 也处于指数项中，它对速率常数 k 也有着显著的影响(具体见后文)。应用阿伦尼乌斯公式时，可近似认为指前因子 A 和活化能 E_a 在一般的温度范围内不随温度改变，这与实验结果基本相符。这样，阿伦尼乌斯公式中就只有两个变量：k 和 T。因此，只要通过实验测出某反应在两个温度下的速率常数，代入阿伦尼乌斯公式，就可计算出该反应的指前因子 A 和活化能 E_a。当然，为了减小误差，使 A 和 E_a 的测定值更准确，需要多测几组数据。对这些数据可使用计算法(利用计算器的线性回归程序)或作图法进行处理，作图法更形象，更利于理解阿伦尼乌斯公式中 $\ln k$ 与 $\frac{1}{T}$ 的线性关系。作图法的具体方法为，根据式(7.26)，以 $\ln k$ 对 $\frac{1}{T}$ 作图，得一直线，其斜率为 $-\frac{E_a}{R}$，截距为 $\ln A$，故可求出 E_a 和 A 的值。

例 7.4 实验测得有机物甲基异腈 $CH_3—N\equiv C$: 发生异构化反应转化为甲基腈(即乙腈)$CH_3—C\equiv N$: 的反应速率常数与温度的关系如下所示：

T/K	462.85	472.05	487.05	503.45	524.35
k/s^{-1}	2.52×10^{-5}	5.25×10^{-5}	1.95×10^{-4}	6.30×10^{-4}	3.16×10^{-3}

(1) 试用作图法求该反应的活化能 E_a；

(2) 根据上述结果，计算 $T=430.15$ K 时的速率常数。

解：(1) 对表中数据进行处理，得

T/K	462.85	472.05	487.05	503.45	524.35
k/s^{-1}	2.52×10^{-5}	5.25×10^{-5}	1.95×10^{-4}	6.30×10^{-4}	3.16×10^{-3}
$1/T/K^{-1}$	2.16×10^{-3}	2.12×10^{-3}	2.05×10^{-3}	1.99×10^{-3}	1.91×10^{-3}
$\ln k$	−10.59	−9.85	−8.54	−7.37	−5.76

以 $\ln k$ 对 $\frac{1}{T}$ 作图，得一直线（见图 7.3）。

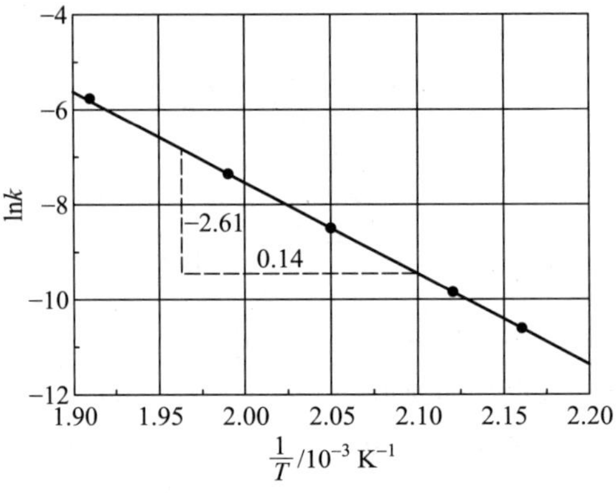

图 7.3 甲基异腈异构化反应的 $\ln k-\frac{1}{T}$ 图

由图可求得直线斜率 $=\frac{-2.61}{0.14\times10^{-3}}=-1.86\times10^{4}=-\frac{E_a}{R}$，故 $\frac{E_a}{R}=1.86\times10^{4}\ \mathrm{K}$，所以

$$E_a=1.86\times10^{4}\ \mathrm{K}\times R=1.86\times10^{4}\ \mathrm{K}\times8.314\times10^{-3}\ \mathrm{kJ\cdot mol^{-1}\cdot K^{-1}}=155\ \mathrm{kJ\cdot mol^{-1}}$$

（2）设反应在温度为 T_1 时的速率常数为 k_1，在温度为 T_2 时的速率常数为 k_2，根据阿伦尼乌斯公式，有

$$\ln k_1=-\frac{E_a}{RT_1}+\ln A \qquad ①$$

$$\ln k_2=-\frac{E_a}{RT_2}+\ln A \qquad ②$$

式②-式①，得

$$\ln\frac{k_2}{k_1}=\frac{E_a}{R}\left(\frac{1}{T_1}-\frac{1}{T_2}\right)=\frac{E_a}{R}\left(\frac{T_2-T_1}{T_1T_2}\right) \qquad (7.28)$$

也可将上式改写成常用对数形式

$$\lg\frac{k_2}{k_1}=\frac{E_a}{2.303R}\left(\frac{1}{T_1}-\frac{1}{T_2}\right)=\frac{E_a}{2.303R}\left(\frac{T_2-T_1}{T_1T_2}\right) \qquad (7.29)$$

如果已知某反应的 E_a 和某温度 T_1 时的 k_1，即可求出任意温度 T_2 时的 k_2。

对于本题，将 $T_1=462.85\ \mathrm{K}$，$k_1=2.52\times10^{-5}\ \mathrm{s^{-1}}$，$T_2=430.15\ \mathrm{K}$，$E_a=155\ \mathrm{kJ\cdot mol^{-1}}$ 代入式（7.29），有

$$\lg\frac{k_2}{2.52\times10^{-5}\ \mathrm{s^{-1}}}=\frac{155\times10^{3}\ \mathrm{J\cdot mol^{-1}}}{2.303\times8.314\ \mathrm{J\cdot mol^{-1}\cdot K^{-1}}}\left(\frac{1}{462.85\ \mathrm{K}}-\frac{1}{430.15\ \mathrm{K}}\right)=-1.33$$

解得

$$k_2=1.18\times10^{-6}\ \mathrm{s^{-1}}$$

例 7.5 已知下列两个反应的活化能数据如下：

① $N_2O_5(g) = N_2O_4(g)+1/2O_2(g)$ $E_{a1}=103.3\ \mathrm{kJ\cdot mol^{-1}}$

② $2HI(g) = H_2(g)+I_2(g)$ $E_{a2}=184.1\ \mathrm{kJ\cdot mol^{-1}}$

试回答：

(1) 对于反应①,当温度由 373.15 K 升至 383.15 K 和由 473.15 K 升至 483.15 K 时,其反应速率如何变化?

(2) 若两个反应的温度均由 373.15 K 升高到 423.15 K,它们的反应速率将分别增加多少?

解:(1) 对于反应①,由式(7.29)可得

$$\lg\frac{k(383.15\ \mathrm{K})}{k(373.15\ \mathrm{K})}=\frac{103.3\times10^{3}\ \mathrm{J\cdot mol^{-1}}}{2.303\times8.314\ \mathrm{J\cdot mol^{-1}\cdot K^{-1}}}\times\left(\frac{383.15\ \mathrm{K}-373.15\ \mathrm{K}}{373.15\ \mathrm{K}\times383.15\ \mathrm{K}}\right)=0.38$$

解得
$$\frac{k(383.15\ \mathrm{K})}{k(373.15\ \mathrm{K})}=10^{0.38}=2.40$$

$$\lg\frac{k(483.15\ \mathrm{K})}{k(473.15\ \mathrm{K})}=\frac{103.3\times10^{3}\ \mathrm{J\cdot mol^{-1}}}{2.303\times8.314\ \mathrm{J\cdot mol^{-1}\cdot K^{-1}}}\times\left(\frac{483.15\ \mathrm{K}-473.15\ \mathrm{K}}{473.15\ \mathrm{K}\times483.15\ \mathrm{K}}\right)=0.24$$

解得
$$\frac{k(483.15\ \mathrm{K})}{k(473.15\ \mathrm{K})}=10^{0.24}=1.74$$

上述计算结果说明,对于同一反应,升高一定温度时,即(T_2-T_1)一定而(T_1T_2)不同时,在低温区反应速率随温度的变化更敏感,速率常数 k 增大的倍数相对较大。例如本题,反应①在低温区升高 10 K 时速率常数 k 扩大为原来的 2.40 倍,而在高温区升高 10 K 时速率常数 k 扩大为原来的 1.74 倍。因此,对一些在较低温度下进行的反应,采用加热的方法来加快反应速率更为有效。

(2) 令 $T_1=373.15$ K,$T_2=423.15$ K,则由式(7.29)可得

对反应①,

$$\lg\frac{k(423.15\ \mathrm{K})}{k(373.15\ \mathrm{K})}=\frac{103.3\times10^{3}\ \mathrm{J\cdot mol^{-1}}}{2.303\times8.314\ \mathrm{J\cdot mol^{-1}\cdot K^{-1}}}\times\left(\frac{423.15\ \mathrm{K}-373.15\ \mathrm{K}}{373.15\ \mathrm{K}\times423.15\ \mathrm{K}}\right)=1.71$$

解得
$$\frac{k(423.15\ \mathrm{K})}{k(373.15\ \mathrm{K})}=10^{1.71}=51.29$$

对反应②,

$$\lg\frac{k(423.15\ \mathrm{K})}{k(373.15\ \mathrm{K})}=\frac{184.1\times10^{3}\ \mathrm{J\cdot mol^{-1}}}{2.303\times8.314\ \mathrm{J\cdot mol^{-1}\cdot K^{-1}}}\times\left(\frac{423.15\ \mathrm{K}-373.15\ \mathrm{K}}{373.15\ \mathrm{K}\times423.15\ \mathrm{K}}\right)=3.04$$

解得
$$\frac{k(423.15\ \mathrm{K})}{k(373.15\ \mathrm{K})}=10^{3.04}=1\ 096.48$$

计算结果说明,对于不同的反应,在相同的温度区间升高相同温度时,即$\left(\frac{T_2-T_1}{T_1T_2}\right)$相同时,活化能大的反应速率常数增加的倍数大;活化能小的反应速率常数增加的倍数小。因此,升高温度对活化能较大的反应将起到明显的加速作用。总之,改变温度是控制反应速率的重要措施之一。

式(7.28)也是阿伦尼乌斯公式的一种形式,与在讨论平衡常数与温度的关系时介绍过的范托夫公式

$$\ln\frac{K_2^{\ominus}}{K_1^{\ominus}}=\frac{\Delta_r H_m^{\ominus}}{R}\left(\frac{1}{T_1}-\frac{1}{T_2}\right)\tag{3.25}$$

在形式上很相似。阿伦尼乌斯公式是从动力学的角度说明温度对反应速率常数的影响,而

范托夫公式则是从热力学角度说明温度对平衡常数的影响。根据这两个公式可知，对于吸热反应（$\Delta_r H_m^{\ominus}>0$），升高温度总是有利于反应的进行，反应速率和平衡转化率均随温度升高而增大。但对于放热反应（$\Delta_r H_m^{\ominus}<0$），升高温度虽能加快反应速率，却同时使平衡转化率减小。因此在工业生产中，必须综合考虑热力学因素和动力学因素来选择适宜的反应条件。例如，合成氨反应（放热反应）的温度一般控制在 773 K（500 ℃），这样既保证了较快的反应速率，又能使降低的转化率得以弥补（因反应速率快，短时间内即可得到一定数量的产品，且没反应的原料可循环利用）。当然，选择该温度也参考了合成氨催化剂（铁触媒）的活性适宜温度。

阿伦尼乌斯公式既适用于基元反应，也适用于大多数复杂反应；但对有些反应却不适用，如爆炸反应（反应速率会在某个临界温度下突然迅速增加）、酶催化反应（具有最佳反应温度）或速率常数随温度升高而降低的反应（如 $2NO+O_2 \xlongequal{} 2NO_2$）。

2. 活化能

阿伦尼乌斯最早提出了活化分子和活化能的概念。他认为，并不是反应分子之间的任何一次直接接触（或碰撞）都能发生反应，只有那些能量足够高的分子之间的直接接触才能发生反应。那些能量高到能发生反应的分子称为“活化分子”（activated molecule）。由非活化分子变成活化分子所需要的能量称为“活化能”（activation energy，E_a），后人称此 E_a 为阿伦尼乌斯活化能、实验活化能或表观活化能（apparent activation energy），通常简称为活化能。实际上，阿伦尼乌斯并没有给出 E_a 的明确定义，现在比较公认的是塔尔曼（R. C. Tolman）定义，即对于基元反应，活化能等于反应中活化分子的平均能量与反应物分子平均能量之差：

$$E_a=\overline{E}_{(\text{活化分子})}-\overline{E}_{(\text{反应物分子})} \tag{7.30}$$

因此，反应的活化能是宏观物理量，具有平均统计意义。对于复杂反应，E_a 不具有明确的物理意义，实际上是组成该复杂反应的各基元步骤的活化能的代数和，因此称为该复杂反应的表观活化能。

图 7.4 给出了基元反应

$$R \rightleftharpoons P$$

的反应机理。图中 $\overline{E}_R$ 表示反应物分子 R 的平均能量，$\overline{E}^*$ 表示活化分子 R^* 的平均能量，$\overline{E}_P$ 表示生成物分子 P 的平均能量。对于正向反应，反应物 R 必须获得能量 E_a 变成活化分子 R^*，才能越过能垒转化成生成物 P，因此正反应的活化能 E_a 等于活化分子与反应物之间的能量差，即

$$E_a=\overline{E}^*-\overline{E}_R \tag{7.31}$$

同理，对于逆向反应，P 必须获得 E_a'的能量才能越过能垒变成 R，因此逆反应的活化能 E_a'等于活化分子与生成物之间的能量差，即

$$E_a'=\overline{E}^*-\overline{E}_P \tag{7.32}$$

可见，基元反应的逆过程也一定是基元反应，而且正、逆两个反应经过同一个活化状态，这就是基元反应的微观可逆性原理。根据热力学中平衡常数 K 与温度 T 的关系、阿伦尼乌斯公式及可逆基元反应的平衡常数与速率常数的关系（k_1 和 k_{-1} 分别为正、逆反应速率常数）：

$$K=\frac{k_1}{k_{-1}} \tag{7.33}$$

可推导出，基元反应的正、逆反应活化能之差 ΔE_a：

$$\Delta E_a = E_a - E'_a = (\overline{E}^* - \overline{E}_R) - (\overline{E}^* - \overline{E}_P) = \overline{E}_P - \overline{E}_R \tag{7.34}$$

ΔE_a 是该基元反应在指定条件下的等温热效应；若为等容反应，则有

$$\Delta E_a = \Delta_r U_m \tag{7.35}$$

若为等压反应，则有

$$\Delta E_a = \Delta_r H_m \tag{7.36}$$

由式(7.36)可知，若 $E_a > E'_a$，则 $\Delta_r H_m > 0$，正反应为吸热反应；若 $E_a < E'_a$，则 $\Delta_r H_m < 0$，正反应为放热反应(见图 7.4)。

不同的化学反应具有不同的活化能。由阿伦尼乌斯公式可以看出，对于指前因子 A 相近的不同的化学反应，当温度一定时，反应的 E_a 越大，速率常数 k 越小，反应速率越慢。对于给定的化学反应，在常温下，当其他条件相同时，若 E_a 减少 10 kJ · mol^{-1}，反应速率约加快 50 倍。因此，若要使 E_a 大的反应的速率加快，除了升高温度以外，采用催化剂(降低 E_a)更有实际意义。

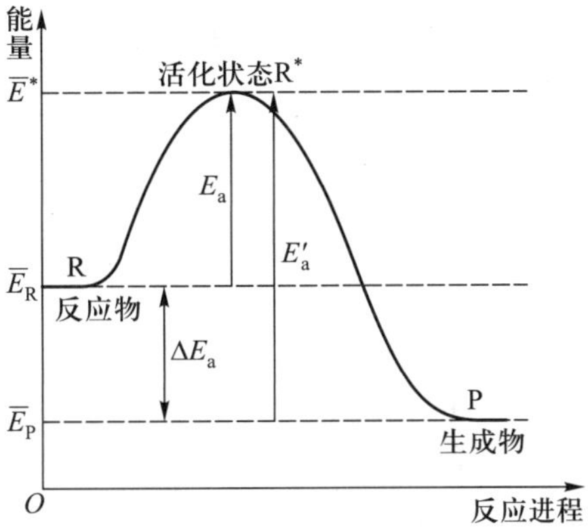

图 7.4 基元反应活化能示意图

可见，活化能是决定化学反应速率大小的内因。一般化学反应的活化能在 60～250 kJ · mol^{-1}。$E_a <$ 40 kJ · mol^{-1} 时，反应速率很快，反应可瞬间完成，如溶液中的中和反应；$E_a >$ 400 kJ · mol^{-1} 时，反应进行得极慢。

阿伦尼乌斯把 E_a 看成与温度无关的常数，这在一定的温度范围内是合理的。但后来的动力学研究表明，若把实验温度范围适当扩大或者对于较复杂的化学反应，则 $\ln k$ 对 $1/T$ 作图就得不到良好的线性关系，这说明 E_a 实际上与温度有关，且阿伦尼乌斯公式不适用于具有复杂机理的反应。

阿伦尼乌斯提出的活化能的概念及阿伦尼乌斯公式对后来的反应速率理论的建立起到了非常重要的作用。下面简要介绍两种基本的反应速率理论——碰撞理论和过渡态理论。

7.4.2 碰撞理论

碰撞理论(collision theory)是在 20 世纪初，在气体分子运动论的基础上发展起来的，主要适用于气体双分子反应。因其以硬球碰撞为模型，故又称硬球碰撞理论(hard-sphere collision theory)。

碰撞理论将分子看成刚性硬球，认为反应物分子间的相互碰撞(硬球碰撞)是发生化学反应的先决条件。碰撞频率(即单位时间内的碰撞次数)与反应物浓度、温度、分子的大小及摩尔质量等因素有关。通常情况下，反应物浓度越大，温度越高，分子间碰撞的频率越高，反应速率越快。理论计算表明，在常温常压下，气体分子之间的碰撞频率非常高，数量级可达 10^{29} 次 · cm^{-3} · s^{-1}。若气体分子间的每次碰撞都能发生反应，则由此计算出的速率常数值要比实验值大得多，显然反应就会瞬间完成，但实际情况并非如此。并不是反应物分子之间的所有碰撞都能导致反应发生，只有少数碰撞才能引起反应，这

种能够发生反应的碰撞称为有效碰撞(effective collision),反之则为无效碰撞。有效碰撞的条件如下:

(1) 互相碰撞的分子必须具有足够的能量 因为反应物分子接近到一定距离时,既要克服分子间电子的相互斥力,又要克服分子内原来的成键原子间的引力,才能使旧的化学键减弱以致断裂,从而发生原子的重新组合,形成新的化学键,即发生化学反应,这就要求反应物分子必须具有足够高的能量。因此,只有运动速度快的高能量分子相互碰撞,才能使分子在碰撞中获得足够大的能量(分子的动能可以转化为分子的热力学能),以发生化学键的改组。

化学动力学中把具有足够能量的分子称为活化分子(activated molecule)。活化分子在全部分子中所占有的比例及活化分子所完成的碰撞次数占碰撞总数的比例,都符合麦克斯韦-玻耳兹曼(Maxwell-Boltzmann)分布定律,故有

$$f=\frac{\text{活化分子数}}{\text{总分子数}}=\frac{\text{满足能量要求的碰撞频率}}{\text{总的碰撞频率}}=e^{-\frac{E_c}{RT}} \tag{7.37}$$

式中,f 称为能量因子;R 为摩尔气体常数;T 为热力学温度;E_c 为能发生反应的临界能或阈能(threshold energy),即能发生有效碰撞的活化分子所具有的连心线上的最低相向平动能(详细解释参见物理化学教材),也可简单理解为发生反应所需的最低能量,E_c 与温度无关。活化分子的能量要不小于 E_c。对于不同的化学反应,由于 E_c 各不相同,即使反应温度相同,各反应所含有的活化分子分数也不同,这就导致了在相同温度下各化学反应的速率有快有慢。从式(7.37)可以看出,E_c 越高,即对活化分子的能量要求越高,活化分子数所占比例就越小,有效碰撞次数所占的比例也就越小,所以反应速率就越慢。

(2) 互相碰撞的反应物分子应具有合适的碰撞取向 具备足够的能量是有效碰撞的必要条件,但不充分。只有当活化分子采取适合的取向进行碰撞时,才能发生反应,否则即使以极高的能量碰撞,也可能是无效的。以亚硝酰氯(NOCl)的分解反应为例:

$$2NOCl(g) = 2NO(g) + Cl_2(g)$$

只有当两个 NOCl 分子中的两个 Cl 原子相互碰撞时,才能发生原子重排反应,生成 Cl_2 分子(见图 7.5)。

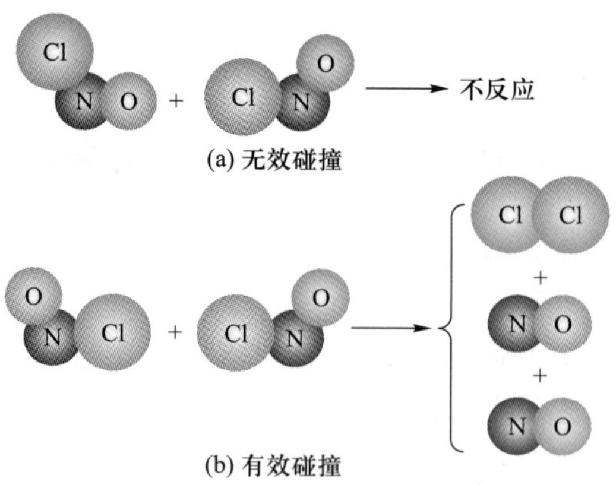

图 7.5 分子碰撞与化学反应

综上所述，只有能量足够、取向合适的反应物分子相互碰撞才是有效碰撞，才能发生反应。因此根据碰撞理论，速率常数 k 可表示为

$$k=A'fP=A'P\mathrm{e}^{-\frac{E_c}{RT}} \tag{7.38}$$

式中，A' 为理论频率因子，与总碰撞次数（即碰撞频率）有关；f 为能量因子；P 为取向因子（或称概率因子），与反应物分子的碰撞取向有关。由此式可知，碰撞频率高、活化分子分数大、概率因子大的反应，才可能具有较大的反应速率。将上式与阿伦尼乌斯公式 $k=A\mathrm{e}^{-\frac{E_a}{RT}}$ 对比可见，后者中的指前因子 A 与分子的碰撞频率和碰撞取向有关，而阿伦尼乌斯活化能 E_a 则在一定温度范围内与前者指数项中的 E_c 近似相等，原因是根据碰撞理论推算出 $E_a=E_c+1/2RT$，而大多数反应在温度不太高时，E_c 远大于 $1/2RT$，故 $E_a\approx E_c$，即在此温度范围内，E_a 与 T 无关，这与实验事实相符。

碰撞理论能简单解释反应物浓度增加和温度升高会加快反应速率的现象。根据气体分子运动论可知，当温度一定时，分子的能量分布是不变的，所以对于给定的化学反应，其反应物中活化分子的比例（或百分数）也是一定的。恒温下，当反应物浓度增加时，虽然活化分子的比例不变，但由于单位体积内的反应分子总数增加，使得活化分子数亦增加，因而单位时间内、单位体积内的反应物分子的有效碰撞频率增多，故使反应速率加快。若反应物浓度不变而升高反应温度，则会使分子运动速率加快，使得更多反应物分子获得能量而成为活化分子，因此活化分子的比例显著增加，有效碰撞频率所占的比例也明显增加，故使反应速率加快。

碰撞理论从理论上解释了阿伦尼乌斯经验公式成立的原因，对反应的描述直观易懂，适用于简单的双分子反应，这些都是碰撞理论的成功之处。但碰撞理论也具有一定的局限性，因为该理论将分子视为没有内部结构和内部运动的刚性球体，模型过于简单，所以对于涉及结构复杂的分子的反应（如有机反应、配位反应等），理论计算结果误差较大，适用性较差。

7.4.3　过渡态理论

随着原子结构和分子结构理论的发展，20 世纪 30 年代艾林（H. Eyring）和波兰尼（M. Polanyi）等人在统计热力学和量子力学的基础上对简单反应进行处理，计算反应物分子在相互作用过程中的势能变化，提出了过渡态理论（transition state theory）。势能是指分子间的相互作用和分子内原子间的相互作用。运用该理论，原则上只要知道分子的振动频率、质量、核间距等微观物理量，便可计算反应速率常数的理论值，因此过渡态理论又被称为绝对反应速率理论（absolute reaction theory）。

过渡态理论的基本要点如下：

（1）化学反应不是只通过反应物分子的简单碰撞就能完成的，而是在反应物到产物的转化过程中必须经过一个高能量的中间过渡状态（transition state）；而形成这个过渡态需要吸收一定的活化能，故处于过渡态的分子称为活化配合物（activated complex），所以过渡态理论又称为活化配合物理论。

（2）活化配合物能量很高，很不稳定，可能分解为产物，也可能再变为反应物，即活化配合物与反应物分子之间存在平衡关系。

（3）平衡是快速的，而活化配合物分解成产物是慢的速控步骤，因此活化配合物分解成

产物的速率可作为整个反应的速率。

以下面的基元反应为例：

$$\underset{\text{(始态)}}{\underset{\text{反应物}}{A+B—C}} \rightleftharpoons \underset{\text{(过渡态)}}{\underset{\text{活化配合物}}{[A \cdots B \cdots C]^{\ne}}} \rightarrow \underset{\text{(终态)}}{\underset{\text{产物}}{A—B+C}}$$

式中，A代表单原子分子，B—C代表双原子分子。当两个反应物分子距离相当远时，二者之间相互作用较弱，势能较低。当能量较高的A原子和B—C分子以一定速度和合适的取向相互接近时，二者相互作用增强，一方面是两个分子的电子云和原子核之间都有排斥作用，导致体系的势能增加；另一方面是分子的化学键开始发生变化，原有的B—C键逐渐拉长而部分地断裂，新的A—B键部分地生成，从而形成一个过渡状态即活化配合物$[A \cdots B \cdots C]^{\ne}$。注意，活化配合物不同于反应的中间产物，它是反应过程中分子构型的一种连续变化；而且由于反应物分子的动能暂时转化为活化配合物的势能，因此后者的势能比反应物分子及产物分子的势能都高，故活化配合物很不稳定。当活化配合物中的B┈C键继续拉长而完全断裂，A┈B键进一步缩短至完全形成时，便产生了产物A—B和C，这时体系趋于稳定而势能降低，完成了反应的全过程。在整个反应过程中，体系的势能是连续变化的（见图7.6）。

由图7.6可知，反应物分子经由活化配合物转化成产物分子，必须越过一个势能垒（E_b）。E_b是活化配合物的最低势能与反应物的最低势能的差值，两者零点能之间的差值为E_0（详细解释参见物理化学教材）。过渡态理论推导出：$E_a = E_0 + mRT$，m与温度有关，对一定的反应体系m有定值。在通常温度下，$E_0 \gg mRT$，故$E_a \approx E_0$，即在一定温度范围内，E_a与温度无关。可见，势能垒的存在从理论上表明了实验活化能E_a的实质。

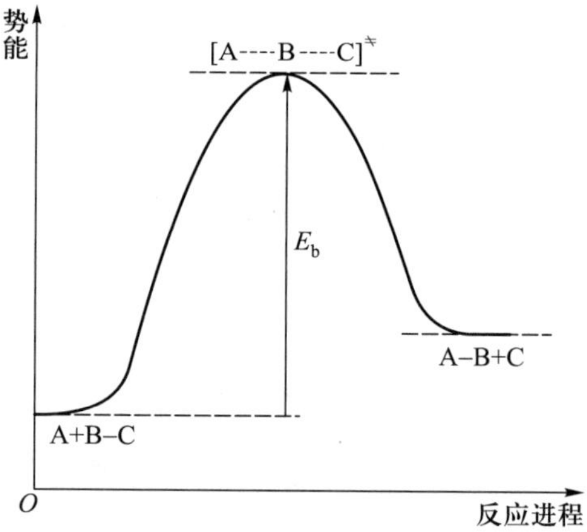

图7.6 过渡态理论的势能垒示意图

综上所述，阿伦尼乌斯活化能（E_a）、碰撞理论中的临界能或阈能（E_c）及过渡态理论中的E_0这三者的物理意义各不相同，但数值上有一定的联系。通常温度下，三者近似相等，即$E_a \approx E_c \approx E_0$，也只有在这种情况下，$E_a$与温度无关。

过渡态理论将反应分子的微观结构与反应速率相联系，这是比碰撞理论先进的一面。但是，由于许多反应的活化配合物的寿命极短，其结构无法由实验准确测定，加之计算方法过于复杂，致使过渡态理论的实际应用受到限制。总之，要使反应速率理论趋于完善，仍需进行大量的实验和理论研究工作。

7.5 催化剂与催化反应简介

在科学研究和生产实践中，对于热力学判断能够自发进行而实际反应速率过慢的化学反应，通常采用加入催化剂的方法来加快反应速率。例如，本章开篇提到的两个反应：

$$H_2(g)+1/2O_2(g) \xlongequal{} H_2O(l) \quad \Delta_r G_m^{\ominus} = -237.2\ kJ \cdot mol^{-1}$$

$$CO(g)+NO(g)=\!=\!=CO_2(g)+\frac{1}{2}N_2(g) \quad \Delta_r G_m^{\ominus}=-344.8\ kJ\cdot mol^{-1}$$

从热力学看，这两个反应均可在常温常压下自发进行，但是实际反应速率却极慢。对于前一个反应，若加入铂催化剂，则 H_2 与 O_2 的反应速率大大加快。对于后一个反应，科学家们正在寻找高效催化剂以除去汽车尾气中的这些有害物质（主要是 CO 和 NO），目前多使用 Pt、Pd、Rh 催化剂在发动机外对尾气进行催化净化。

7.5.1 催化剂

根据 IUPAC 所给定义，催化剂（catalyst）是一种（或几种）能显著地加快化学反应速率，而自身的组成、质量和化学性质在反应前后均不改变的物质（又称触媒），如用于合成氨反应的铁触媒或能催化 SO_2 氧化为 SO_3 的 V_2O_5。催化剂能加快反应速率的作用称为催化作用（catalysis），使用催化剂的反应称为催化反应（catalytic reaction）。催化反应都是复杂反应，催化剂实际上参与了其中的某一步基元反应，并在后面的基元反应中得以再生，因此催化剂在反应后并无损耗。在某些反应中，反应产物或中间体（如自由基）也具有加速反应的作用，这种作用称为自（动）催化作用（autocatalysis）。使化学反应速率减慢的物质称为抑制剂（inhibitor），旧称负催化剂，也称缓化剂。例如，在食用油脂里加入 0.01%~0.02% 没食子酸正丙酯，可有效防止酸败。

催化反应通常可以分为均相催化和多相催化。若催化剂与反应物处于同一相（气态或液态）中，则称为均相催化（homogeneous catalysis）；若催化剂与反应物处于两相或两相以上，这时催化剂一般自成一相，并且反应仅在催化剂与反应物的界面上进行，则称为多相催化或非均相催化（heterogeneous catalysis），如气-固相催化。

在均相催化反应中，反应物先与催化剂作用，生成不稳定的中间产物，然后中间产物再分解为生成物，而催化剂得以再生。一个典型的液态均相催化反应实例是过氧化氢（H_2O_2）被溴离子（Br^-）催化分解：

$$2H_2O_2(aq)\xrightarrow{Br^-(aq)}2H_2O(l)+O_2(g)$$

向 H_2O_2 水溶液中加入少量 NaBr 溶液，可加快 H_2O_2 的分解。在反应过程中会观察到溶液变成红棕色，说明催化剂 Br^- 被 H_2O_2 氧化成中间产物 Br_2，Br_2 的生成促进了 H_2O_2 的分解；当 H_2O_2 分解完全后，溶液又变回无色。因此该分解反应分为两步进行：

① $2Br^-(aq)+H_2O_2(aq)+2H^+(aq)=\!=\!=Br_2(aq)+2H_2O(l)$

② $Br_2(aq)+H_2O_2(aq)=\!=\!=2Br^-(aq)+2H^+(aq)+O_2(g)$

方程式①、②相加即可得到总的 H_2O_2 分解反应方程式，催化剂 Br^- 参与了分解反应，但并没有被消耗。

均相催化可分为气相催化和液相催化。例如，早期的铅室法制硫酸是用 NO 作催化剂，这是一个气相催化反应，其主要步骤是

$$2NO + O_2 =\!=\!= 2NO_2$$
$$2NO_2 + 2SO_2 =\!=\!= 2NO + 2SO_3$$
$$\overline{\quad 2SO_2 + O_2 =\!=\!= 2SO_3 \quad}$$

液相催化中最常见的是酸碱催化，大量有机反应以酸或碱为催化剂，如常用无机酸催化

酯类的水解，其中的催化剂、反应物和生成物均为液态或溶液：

$$RCOOR'+H_2O \xrightleftharpoons{H^+} RCOOH+R'OH$$

又如，在碱的催化下，环氧氯丙烷水解为甘油：

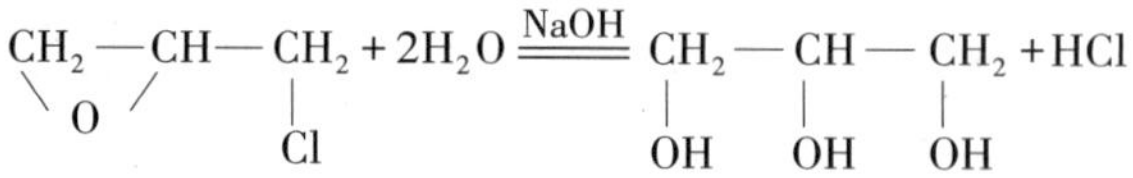

再如，下列两个液相反应，反应开始时进行得很慢，过了一段时间后，反应逐渐加快，$KMnO_4$ 的颜色迅速褪去，这是因为 MnO_4^- 的还原产物 Mn^{2+} 具有自催化作用，可加快反应速率。

$$2MnO_4^-(aq)+5H_2O_2(aq)+6H^+(aq)=\!=\!=2Mn^{2+}(aq)+5O_2(g)+8H_2O(l)$$

$$2MnO_4^-(aq)+5H_2C_2O_2(aq)+16H^+(aq)=\!=\!=2Mn^{2+}(aq)+10CO(g)+8H_2O(l)$$

工业生产中的许多重要的催化反应大多是多相催化，而且催化剂多为固体，反应物一般为气态或液态，反应在固相催化剂表面的活性中心上进行。多相催化反应的主要步骤是，反应物分子扩散到催化剂表面→被催化剂吸附→反应物分子活化→发生反应→生成物分子从催化剂表面脱附→扩散到气相中去，如此循环往复使反应得以完成。由此可见，吸附是多相催化过程中的一个必要步骤。若被吸附物通过范德华力吸附到催化剂表面，称为物理吸附；若被吸附物与催化剂表面之间的作用力达到化学键的数量级，则称为化学吸附。催化剂的活性与化学吸附的强度有关，化学吸附为中等强度时，催化剂具有良好的活性；若化学吸附太强，催化剂活性反而下降，这是由于被吸附物的分子被牢牢地固定在催化剂表面，既覆盖了表面的活性中心，又失去了自身进一步反应的能力。在多相催化中，增大催化剂的表面积能够提高催化效率，进而加快反应速率。例如，合成氨反应是以 Fe 为主催化剂的气-固相催化反应，N_2 和 H_2 分子被吸附在固体 Fe 催化剂表面，并在催化剂表面上发生反应生成 NH_3。向 Fe 催化剂中加入少量 Al_2O_3 后，会使 Fe 催化剂的比表面积显著增加，从而大大提高了 Fe 催化剂的催化能力，Al_2O_3 被称为助催化剂。

前面提到的汽车尾气（CO 和 NO）的转化反应，所用的 Pt、Pd、Rh 催化剂以极小的颗粒分散在蜂窝状陶瓷载体上，表面积很大，活性中心足够多，可使尾气与催化剂充分接触实现转化，催化效率大幅度提高。

在生物体内进行的各种复杂的化学反应，绝大多数都是酶催化（enzyme catalysis）反应，如蛋白质、脂肪、糖类的合成与分解等。酶是生物体内具有高效催化性能的大分子蛋白质，其相对分子质量可高达 $10^4 \sim 10^6$，其粒子直径为 10~100 nm。因此酶催化作用可看作介于均相催化与多相催化之间。

根据 Michaelis 和 Menten 提出的酶催化机理可知，底物（substrate，酶催化中的反应物）先与酶的活性位置结合形成中间化合物（ES），然后中间化合物（ES）再进一步分解为产物（P），并释放出酶（E），这一反应机理被称为 Michaelis-Menten 机理。

$$\underset{\text{底物}}{S} + \underset{\text{酶}}{E} \underset{k_{-1}}{\overset{k_1}{\rightleftharpoons}} \underset{\text{中间化合物}}{ES} \xrightarrow{k_2} \underset{\text{酶}}{E} + \underset{\text{产物}}{P}$$

在上述机理中，ES 分解为产物的速率很慢，它控制着整个反应的速率。另外，从多相催化角度来看，也可以看成底物先被酶表面吸附，然后再在酶表面上进行反应。

酶催化反应的一个典型实例是哺乳动物的肝中含有的过氧化氢酶（catalase）可催化 H_2O_2

的分解反应，如将捣碎的牛肝加入 H_2O_2 中，可使其迅速分解生成 H_2O 和 O_2。与一般的催化作用相比，酶催化具有以下几个独特的特点：

(1) 高效性 酶催化的效率非常高，比一般的无机或有机催化剂高出 $10^8 \sim 10^{12}$ 倍，主要原因是它可以大大降低反应的活化能。例如，上述 H_2O_2 分解为水和氧气的反应的 $E_a = 75\ kJ \cdot mol^{-1}$；若用 I^- 催化，$E_a' = 59\ kJ \cdot mol^{-1}$；若用过氧化氢酶催化，$E_a'' = 25\ kJ \cdot mol^{-1}$。

(2) 高选择性 一种酶通常只能催化一种反应，对其他反应不具有催化活性。例如，尿素酶只能催化尿素 $(NH_2)_2CO$ 水解为 CO_2 和 NH_3，但不能催化尿素的取代物（如甲基尿素）水解。

(3) 条件温和 酶催化反应一般在常温常压下进行，如植物根瘤菌的固氮酶（nitrogenase）在常温常压下即能将空气中的 N_2 固定成氮的化合物如 NH_3 等，而使用铁催化剂的合成氨反应则需在高温高压下进行。

由于酶催化作用具有诸多优点，因而受到生物学家和化学家的广泛关注，化学模拟生物酶已成为催化领域的一个研究热点。

7.5.2 催化剂作用机理

过渡状态理论认为，催化剂之所以能加快反应速率，是由于它降低了反应的活化能，并改变了反应机理（见图 7.7 和表 7.4）。

设催化剂 C 能加速反应 $A+B \longrightarrow AB$，其反应机理为

① $A+C \longrightarrow AC$

② $AC+B \longrightarrow AB+C$

如图 7.7 所示，非催化反应（图中上面的曲线）需要克服一个活化能较高的能垒；而有催化剂存在时（图中下面的曲线），由于催化剂参与了化学反应，它与反应物形成活化能较低的新过渡态，因此需要克服的能垒变小，反应沿着活化能较低的新途径进行，从而改变了反应机理，使反应速率显著加快。

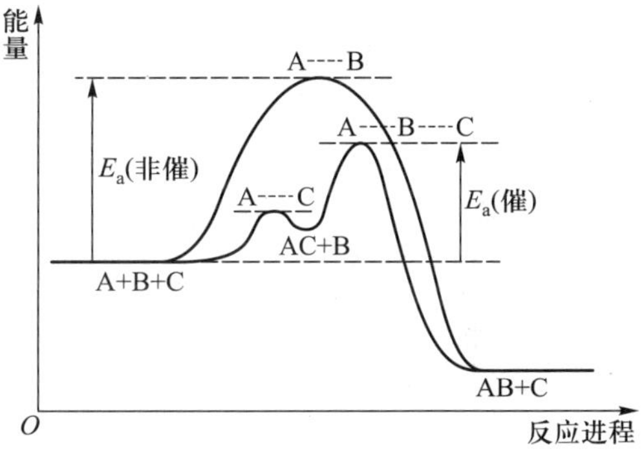

图 7.7 催化剂降低活化能，改变反应机理

也可用碰撞理论解释使用催化剂加快反应速率的原因：在温度和反应物浓度一定的条件下，由于催化剂使反应的活化能降低，导致更多的普通反应物分子成为活化分子，因此活化分子比例显著增加，从而使单位体积内的活化分子总数增大，反应速率加快。

表 7.4 给出了一些化学反应在有、无催化剂时的活化能数据。根据表中数据和阿伦尼乌斯公式，可估算出合成氨反应在加入 Fe 催化剂后反应速率增加的倍数（假设催化反应和非催化反应的指前因子 A 相等，$T = 773.15$ K）：

$$\frac{k_{催}}{k_{非催}} = \frac{A e^{-\frac{E_a(催)}{RT}}}{A e^{-\frac{E_a(非催)}{RT}}} = e^{\frac{E_a(非催) - E_a(催)}{RT}} = e^{\frac{(334.7-167.4)\times 10^3\ J\cdot mol^{-1}}{8.314\ J\cdot mol^{-1}\cdot K^{-1}\times 773.15\ K}} = 2.01\times 10^{11}$$

即合成氨催化反应比非催化反应加快的倍数达到 10^{11} 数量级。

表 7.4 催化反应和非催化反应的活化能

化学反应	$E_a/(kJ \cdot mol^{-1})$		催化剂
	非催化反应	催化反应	
$2HI = H_2 + I_2$	184.1	104.6	Au
$2H_2O = 2H_2 + O_2$	244.8	136.0	Pt
蔗糖在盐酸中的分解	107.1	39.3	转化酶
$2SO_2 + O_2 = 2SO_3$	251.0	62.8	Pt
$N_2 + 3H_2 = 2NH_3$	334.7	167.4	$Fe-Al_2O_3-K_2O$

7.5.3 催化作用基本特征

综上所述,可知催化作用基本特征如下:

(1)催化剂能加快反应速率,是由于改变了反应机理,降低了活化能。但目前对大多数催化反应的机理了解得还不够充分。

(2)催化剂在反应前后的组成、化学性质和数量均保持不变。但由于催化剂实际上参与了反应(可与反应物生成某种不稳定的中间产物,中间产物分解成产物,催化剂复原),所以其在反应前后常有物理形态(如外观、颗粒度、光泽等)的改变。

(3)催化剂只能缩短反应达到平衡所需的时间,而不影响化学平衡,即不能改变平衡常数和平衡状态。催化剂的存在并不能改变反应物和产物的相对能量,即反应过程中体系的始态和终态均无改变(见图 7.7),只有反应途径发生变化,故催化剂并没有改变反应的 $\Delta_r H$ 和 $\Delta_r G$,因此不能改变反应的平衡常数。

由于催化剂同等程度地加快正、逆反应的速率,因此在一定条件下,正反应的优良催化剂必然也是逆反应的优良催化剂。例如,合成氨反应的 Fe 催化剂,也是氨分解反应的催化剂;有机化学中常用的铂、钯等金属,既是加氢反应的催化剂,也是脱氢反应的催化剂。

(4)催化剂只能加速热力学上认为可以实际发生的反应(即 $\Delta_r G<0$ 的反应),对于热力学预言不能发生的反应,即 $\Delta_r G>0$ 的反应,使用任何催化剂都是徒劳的。催化剂只能改变反应途径而不能改变反应进行的方向,催化剂的使用纯属动力学问题。因此,在寻找催化剂之前,应首先根据热力学判断反应在给定条件下能否发生。

(5)催化剂具有特殊的选择性,一种催化剂只能加速一种或少数几种特定类型的反应,不同的化学反应往往采用不同的催化剂。同一反应物如果能生成多种不同的产物时,应用不同的催化剂会有利于生成不同种产物。例如,乙醇的催化反应:

$$C_2H_5OH\begin{cases}\xrightarrow{413\ K(H_2SO_4)}(C_2H_5)_2O+H_2O\\ \xrightarrow{473\sim523\ K(Cu)}CH_3CHO+H_2\\ \xrightarrow{623\sim633\ K(Al_2O_3)}C_2H_4+H_2O\\ \xrightarrow{673\sim773\ K(ZnO\cdot Cr_2O_3)}CH_2=CH-CH=CH_2+H_2O+H_2\end{cases}$$

选用不同的催化剂可增大工业上所需要的某个反应的速率,同时抑制其他副反应,以实现充分利用原料、得到纯净产品的目标。

(6) 催化剂对少量杂质特别敏感。这些杂质既可能成为助催化剂(能增强催化剂活性的物质),如合成氨反应的催化剂是以 Fe 为主催化剂,以 Al_2O_3、K_2O 为助催化剂;也可能成为催化剂毒物(catalyst poison,能使催化剂的活性和选择性降低或失去的物质),常见的如 S、N、P 的化合物及某些重金属(如 Pb)等。

催化剂在现代工业中占有极其重要的地位,尤其是在化工、医药、农药、染料等工业中,80%以上的产品在生产过程中都使用催化剂,如氨、硫酸、硝酸的合成,乙烯、丙烯、苯乙烯等的聚合,石油、天然气、煤的综合利用等。此外,催化剂在新能源开发、环境保护及生命科学和仿生化学等领域也大有作为。关于催化剂及其催化机理的研究,仍是今后科学家们的重要科研课题。

思 考 题

1. 化学反应速率是如何定义的?平均速率和瞬时速率有何区别与联系?如何用作图法求某反应的瞬时速率?

2. 反应速率方程如何表达?影响反应速率的因素有哪些?影响速率常数的因素有哪些?

3. 正确理解与区别下列各组概念:基元反应与非基元反应,反应级数与反应分子数,有效碰撞与无效碰撞,活化能与反应热。

4. 能否根据反应方程式直接写出反应速率方程?为什么?基元反应的质量作用定律的内容是什么?

5. 零级反应和一级反应各有什么特征?其半衰期如何计算?

6. 什么是阿伦尼乌斯活化能?它对化学反应速率有何影响?活化能的大小与温度是否有关?

7. 比较“温度与平衡常数的关系式”同“温度与反应速率常数的关系式”,有哪些相似之处?有哪些不同之处?举例说明。

8. 碰撞理论和过渡态理论的基本要点是什么?两者有什么区别?

9. 什么是基元反应的微观可逆性原理?

10. 试解释增加反应物浓度、升高温度和使用催化剂加快反应速率的原因。

11. 试根据化学动力学和化学热力学原理,综合分析合成氨生产工艺中所采用的压强、温度和催化剂等条件的理由。

12. 下列说法是否正确?为什么?

(1) 质量作用定律适用于任何化学反应;

(2) 活化能越大,反应进行得越快;

(3) 催化剂不但可以加快化学反应速率,还大大增加反应的转化率。

习 题

7.1 在 215 ℃下,甲基异腈(CH_3NC,g)发生异构化反应转化为甲基腈(即乙腈 CH_3CN,g):

$$CH_3NC(g) \xlongequal{} CH_3CN(g)$$

实验测得该反应的 CH_3NC 浓度随时间变化的数据如下:

t/s	0	2 000	5 000	8 000	12 000	15 000
$c/(mol \cdot dm^{-3})$	0.016 5	0.011 0	0.005 91	0.003 14	0.001 37	0.000 74

(1) 计算每次测量所对应的时间间隔内的平均反应速率；

(2) 以 CH_3NC 浓度对时间作图，求 $t_1=5\ 000$ s 和 $t_2=8\ 000$ s 时的瞬时速率。

(28×10^{-7} mol·dm^{-3}·s^{-1}, 17×10^{-7} mol·dm^{-3}·s^{-1}, 9.23×10^{-7} mol·dm^{-3}·s^{-1}, 4.43×10^{-7} mol·dm^{-3}·s^{-1}, 2.1×10^{-7} mol·dm^{-3}·s^{-1}; 1.20×10^{-6} mol·dm^{-3}·s^{-1}, 5.81×10^{-7} mol·dm^{-3}·s^{-1})

7.2 已知在 273 ℃时，下列反应

$$2NO(g)+Br_2(g) = 2NOBr(g)$$

的反应物 NO 和 Br_2 的初始浓度及生成 NOBr 的初速率数据如下：

实验序号	$c_0(NO)/(mol \cdot dm^{-3})$	$c_0(Br_2)/(mol \cdot dm^{-3})$	初速率 $r_0/(mol \cdot dm^{-3} \cdot s^{-1})$
1	0.10	0.20	24
2	0.25	0.20	150
3	0.10	0.50	60
4	0.35	0.50	735

(1) 根据实验数据写出该反应的速率方程，并指出总反应级数；

(2) 求出速率常数的平均值；

(3) 计算当 $c(NO)=0.075$ mol·dm^{-3}，$c(Br_2)=0.25$ mol·dm^{-3} 时的反应速率；

(4) 其他条件不变，如果将反应容器的体积增加到原来的 2 倍，反应速率如何变化？

(5) 如果容器体积不变而将 NO 的浓度增加到原来的 3 倍，反应速率又将如何变化？

[$r=kc(NO)^2c(Br_2)$, 3; 1.2×10^4 dm^6·mol^{-2}·s^{-1}; 16.875 mol·dm^{-3}·s^{-1}; 变为原来的 1/8；变为原来的 9 倍]

7.3 N_2O 在金表面上分解的实验数据如下：

t/min	0	20	40	60	80	100
$c(N_2O)/(mol \cdot dm^{-3})$	0.100	0.080	0.060	0.040	0.020	0

(1) 绘制该反应的 $c-t$ 曲线；(2) 求分解反应的反应级数；(3) 求速率常数。

(0; 1.0×10^{-3} mol·dm^{-3}·min^{-1})

7.4 在 23 ℃时，测得蔗糖($C_{12}H_{22}O_{11}$)在 0.5 mol·dm^{-3} HCl 中的水解反应：

$$C_{12}H_{22}O_{11}+H_2O \xrightarrow{H^+(\text{催化剂})} C_6H_{12}O_6(\text{果糖})+C_6H_{12}O_6(\text{葡萄糖})$$

实验数据如下(H_2O 和 H^+ 的浓度可视为不变)：

t/min	0	39	80	140	210
$c(C_{12}H_{22}O_{11})/(mol \cdot dm^{-3})$	0.316	0.274	0.238	0.190	0.146

(1) 利用作图法判断该反应是一级反应还是二级反应；

(2) 求该反应的速率常数和半衰期。

(一级反应；3.68×10^{-3} min^{-1}, 188 min)

7.5 有人对反应

$$H^+ + HNO_2 + C_6H_5NH_2 \xrightarrow{Br^-(催化剂)} C_6H_5N_2^+ + 2H_2O$$

提出如下反应机理：

① $H^+ + HNO_2 \underset{k_{-1}}{\overset{k_1}{\rightleftharpoons}} H_2NO_2^+$　　　快速平衡

② $H_2NO_2^+ + Br^- \xrightarrow{k_2} ONBr + H_2O$　　　慢

③ $ONBr + C_6H_5NH_2 \xrightarrow{k_3} C_6H_5N_2^+ + H_2O + Br^-$　　　快

试用平衡假设法推导出该反应的速率方程，并用已知数据表示速率常数 k。

$$\left[r = kc(H^+)c(HNO_2)c(Br^-); k = \frac{k_1k_2}{k_{-1}}\right]$$

7.6　SO_2Cl_2 的分解反应

$$SO_2Cl_2(g) = SO_2(g) + Cl_2(g)$$

是一级反应，已知该反应在 320 ℃时的速率常数为 $2.2\times10^{-5}\ s^{-1}$，求

（1）5.0 g SO_2Cl_2 分解一半需多少时间；

（2）10.0 g SO_2Cl_2 减少为 1.0 g 需多少时间；

（3）一定量 SO_2Cl_2 在该温度下反应 2.0 h 后，其解离度是多少？

（3.2×10^4 s；1.05×10^5 s；14.6%）

7.7　科学家对从考古发现的某古书中取出的小块纸片进行放射性检测发现，纸片中的 ${}^{14}_{6}C/{}^{12}_{6}C$ 的比值为现在活的植物体内 ${}^{14}_{6}C/{}^{12}_{6}C$ 比值的 0.765 倍。已知 ${}^{14}_{6}C$ 的半衰期为 5 715 a，试估算该古书的年代。

（2 214 a）

7.8　已知 ${}^{40}K$ 衰变成 ${}^{40}Ar$ 的反应为

$${}^{40}_{19}K + {}^{0}_{-1}e \longrightarrow {}^{40}_{18}Ar$$

该衰变反应的半衰期是 1.27×10^9 a。若测得一块岩石中的 ${}^{40}Ar$ 与 ${}^{40}K$ 的质量比为 4.2，试估算该岩石的年龄。

（3.0×10^9 a）

7.9　已知 1.0 g 放射性同位素 ${}^{90}Sr$ 经过 9.26 a 后剩余 0.80 g，求 ${}^{90}Sr$ 的半衰期。

（28.76 a）

7.10　某反应在 25 ℃时的速率常数为 $1.3\times10^{-3}\ s^{-1}$，在 35 ℃时的速率常数为 $3.6\times10^{-3}\ s^{-1}$。根据阿伦尼乌斯公式，计算该反应在 55 ℃时的速率常数。

（$2.29\times10^{-2}\ s^{-1}$）

7.11　在 301 K 时，鲜牛奶约 4 h 变酸，但在 278 K 的冰箱内，鲜牛奶可保持 48 h 才变酸，设在该条件下牛奶变酸的反应速率与变酸时间成反比，试估算在该条件下牛奶变酸反应的 E_a；若温度从 288 K 升高到 298 K，则牛奶变酸反应速率将发生怎样的变化？

（$75.2\ kJ\cdot mol^{-1}$；$r_2/r_1 = 2.87$）

7.12　已知某药物的分解反应可视为一级反应，活化能为 $95.7\ kJ\cdot mol^{-1}$，该反应在 120 ℃时的速率常数为 $3.24\times10^{-2}\ h^{-1}$。若该药物的成分分解 10% 即告失效，求该药物在 25 ℃时的有效期。

（4.17 a）

7.13　试推导可逆基元反应的平衡常数与速率常数的关系 $K = \frac{k_1}{k_{-1}}$（k_1 和 k_{-1} 分别为正、逆反应速率常数）。若已知某温度下氢氟酸的解离反应

$$HF(aq) = H^+(aq) + F^-(aq)$$

的平衡常数 $K = 7.08\times10^{-4}$，而基元反应

$$H^+(aq) + F^-(aq) = HF(aq)$$

的速率常数为 $1.00\times10^{11}\ dm^3\cdot mol^{-1}\cdot s^{-1}$，求氢氰酸解离反应的速率常数。

（$7.08\times10^{7}\ s^{-1}$）

7.14 已知某一级反应在 373.15 K 时的半衰期是 473.15 K 时的 100 倍，试估算该反应的活化能。

（$67.6\ kJ\cdot mol^{-1}$）

7.15 已知蔗糖在盐酸中的水解反应的活化能约为 $107.1\ kJ\cdot mol^{-1}$，当加入转化酶后，该反应的活化能降为 $39.3\ kJ\cdot mol^{-1}$，试计算加入转化酶后反应速率扩大的倍数（$T=37$ ℃，指前因子近似不变）。

（2.62×10^{11}）

7.16 若可逆基元反应 $A \rightleftharpoons 2B$ 的正、逆反应活化能分别为 E_a 和 E_a'，试回答：

（1）加催化剂后，E_a 和 E_a' 各有何变化？$\Delta_r H_m$ 有何变化？

（2）加不同的催化剂对 E_a 的影响是否相同？

（3）提高反应温度，E_a 和 E_a' 各有何变化？

（4）改变起始浓度后，E_a 有何变化？

（5）若 $E_a=90\ kJ\cdot mol^{-1}$，$\Delta_r H_m=67\ kJ\cdot mol^{-1}$，则 E_a' 为多少？

（同时降低相同的值，不变；不同；基本不变；无变化；$23\ kJ\cdot mol^{-1}$）

7.17 实验测得反应 $H_2O_2 + 2H^+ + 2Br^- = Br_2 + 2H_2O$ 的速率方程为

$$r=kc(H_2O_2)c(H^+)c(Br^-)$$

有人通过大量实验提出该反应的反应机理如下：

（1）$H_2O_2 + H^+ \rightarrow H_3O_2^+$ 快

（2）$H_3O_2^+ \rightarrow H_2O_2 + H^+$ 快

（3）$H_3O_2^+ + Br^- \rightarrow H_2O + HOBr$ 慢

（4）$HOBr + H^+ + Br^- \rightarrow H_2O + Br_2$ 快

试应用平衡假设法和稳态近似法分别推导上述速率方程。

第 8 章

原子结构与元素周期律

世上万物色彩纷呈、变化万千,是什么组成了这缤纷的世界? 自古以来,人类就试图明了这些问题。早在公元前 5 世纪,古希腊哲学家德谟克利特(Democritus)就提出,每一种物质都是由原子(古希腊语 atom)构成的;原子是物质最小的、不可再分的、永存不变的粒子。现在人们知道,原子不是不可再分的、永存不变的粒子。组成原子的还有诸多种类的亚原子粒子,如中子、质子、电子等。这些亚原子粒子,又由更复杂的粒子组成。本章主要关注亚原子粒子电子,重点讨论电子在原子核外排布的规律及由其导致的元素周期性质。

8.1 近代原子结构理论的确立

8.1.1 原子结构的梅子布丁模型

人类对原子的认识经历了数千年的漫长时间,而近代原子论的确立,可以追溯到 19 世纪。英国化学家道尔顿(J. Dalton)在 1808 年所写的《化学哲学新体系》一书中,较系统地提出了化学原子学说,引入了原子和相对原子质量的概念。认为不同元素的原子在本质上是完全不同的,不同原子其质量是不同的。道尔顿建议用简单的符号来代表元素和化合物的组成(见图 8.1)。恩格斯说:“化学新时代是从原子论开始的”。

近代原子结构理论的确立,则是建立在 19 世纪末到 20 世纪初的一系列重大科学发现基础之上的。1858 年,德国数学家和物理学家普吕克(J. Plücker)在进行低压气体放电研究的过程中发现了在阴极对面的玻璃壁上闪烁着绿色的辉光。这种现象引起许多科学家的浓厚兴趣和深入研究,认为是从阴极发出的一种粒子流,德国物理学家戈德斯坦(E. Goldstein)将其命名为“阴极射线”。1859 年,德国化学家和物理学家本森(R. W. Bunsen)和德国物理学家基尔霍夫(G. R. Kirchhoff)设计了世界上第一台光谱仪,并用此仪器相继发现了铯和铷。他们开创的光谱分析法此后在诸多科学领域得到发展和广泛应用。1887 年,德国学者赫兹(H. Hertz)用实验验证麦克斯韦(J. C. Maxwell)提出的电磁场理论,证实了电磁波的存在和光也是一种电磁波。频率的国际单位制单位赫兹(Hz)以他的名字命名。1895 年,德国物理学家伦琴(W. K. Röntgen)在进行阴极射线的实验研究过程中发

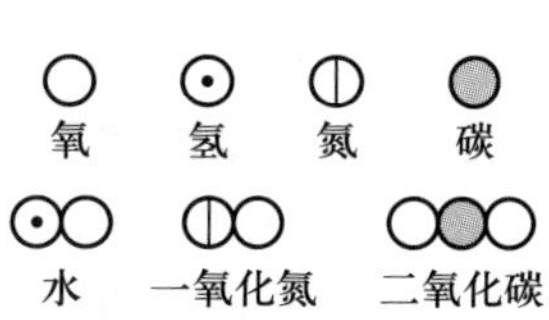

图 8.1 道尔顿用来代表元素氧、氢、碳和氮及其化合物的符号

现了 X 射线，他因此获得了第一届诺贝尔物理学奖。这些伟大的革命性发现，为认识和了解原子奠定了重要基础。

1897 年，英国物理学家汤姆孙（J. J. Thomson）仔细地研究了阴极射线，特别的是，他把阴极射线管安装上极板和磁铁（见图 8.2），并抽成高度真空后充入氢气。从放电管射出的阴极射线向带正电荷的极板偏转，在外磁场作用下也发生偏转。这些实验结果帮助汤姆孙测得阴极射线质量与电荷的比值（荷质比）。汤姆孙使用不同的电极材料重复实验，发现无论从什么材料发射出的阴极射线都不能改变阴极射线的性质。汤姆孙由此提出，阴极射线由带负电荷的粒子组成；粒子的质量仅约为氢原子质量的 1/2 000，一定是原子的一部分；所有元素的原子都具有这些亚原子粒子。汤姆孙发现的亚原子粒子后来被称作电子（electrons）。电子的发现否定了道尔顿原子论中原子不可再分的观点。汤姆孙认为质量微小的带负电荷的粒子像梅子分布在布丁中那样分布在连续带正电荷的原子之中，即所谓的原子结构的梅子布丁模型（plum pudding model）。

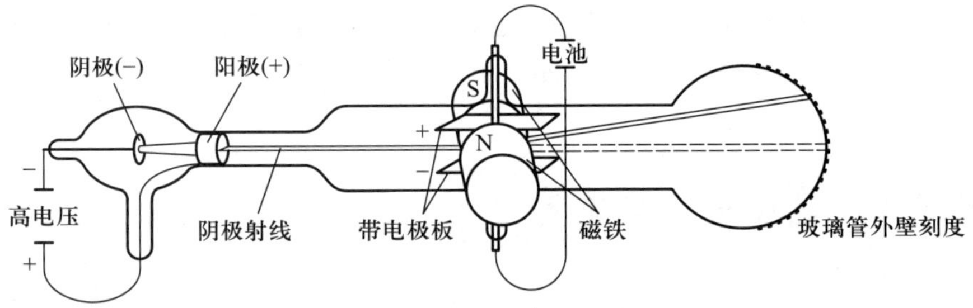

图 8.2 汤姆孙阴极射线实验装置示意图

1909 年，美国物理学家密立根（R. Millikan）通过油滴实验测定了电子的电荷量为 1.602×10^{-19} C，并通过电子的荷质比得到电子的质量 $m_e = 9.11\times10^{-31}$ kg。密立根的实验确凿地验证了汤姆孙提出的电子来自原子的假设。汤姆孙提出的原子结构的梅子布丁模型是对原子不可再分理论的革命性突破。

8.1.2 原子结构的有核原子模型

1911 年，英国科学家卢瑟福（E. Rutherford）试图用 α 粒子散射实验对汤姆孙提出的原子结构的梅子布丁模型进行检验，他使用溴化镭作 α 粒子发射源、只有几千个原子层厚的金箔作靶子，用 α 粒子轰击金箔。如果原子结构的梅子布丁模型正确的话，带正电荷的 α 粒子将不会被微小的电子显著地折射，也不会遭遇高密度正电质心的强排斥作用，因而会全部穿过金箔［见图 8.3（a）］。但在多次重复的背散射实验中发现，绝大部分的 α 粒子穿透了金箔，只有数量微乎其微的 α 粒子被弹射偏离甚至折返［见图 8.3（b）］。这个实验结果使他确信，原子是由体积极小、质量密度极大的带正电荷的重核组成的，含有原子 99.9% 的质量；电子在一定距离内环绕其周围运动，像行星围绕着太阳转一样，如果电子是静止不动的，会由于强的静电引力而掉进原子核内。他由此提出新的原子结构模型，即有核原子模型。

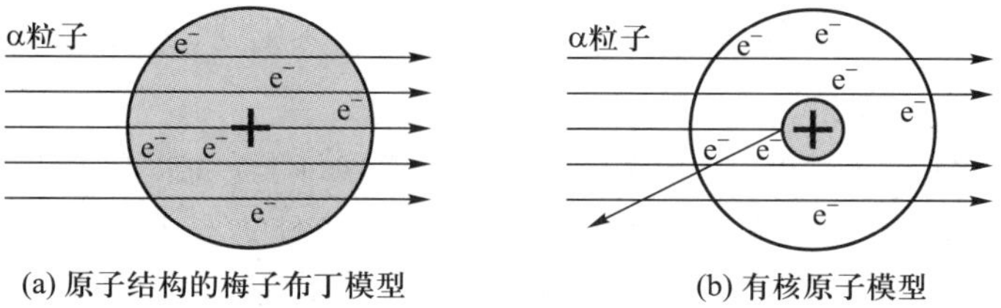

图 8.3 α 粒子散射模拟实验示意图

根据有核原子模型，氢原子是由氢原子核和 1 个核外电子构成的。人们试图用经典力学描述原子核与电子的相互作用力，结合库仑定律 $F=-\dfrac{e^2}{4\pi\varepsilon_0 r^2}$ 和牛顿第二定律 $F=\dfrac{m_e \mathrm{d}^2 r}{\mathrm{d}t^2}$ 推导得到，当原子核与电子的距离 $r\to 0$ 时，$t=10^{-10}$ s，这意味着在 0.1 ns 内电子就会掉到原子核里面，也就是说，原子不会稳定存在。这显然与事实不符。

8.1.3 玻尔原子结构模型

19 世纪中叶，科学家用光谱分析法得到了氢原子在可见区的发射光谱，是 4 条分立的线状光谱，后来称之为巴耳末线系（见图 8.4）。

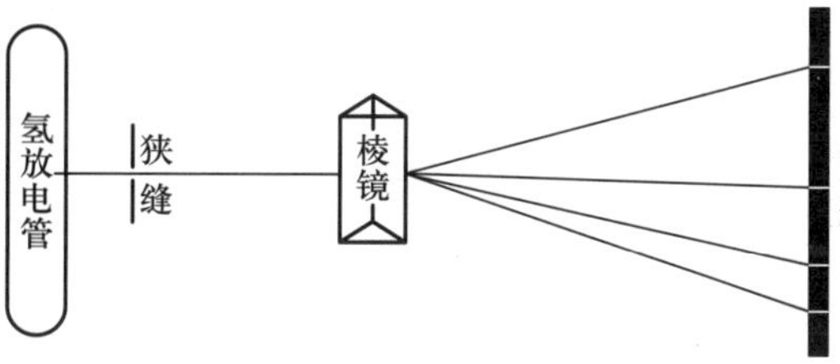

图 8.4 发射光谱法测定氢原子的可见区光谱示意图

1885 年，瑞士中学教师巴耳末（J. Balmer）最先提出，氢原子可见光区的 4 条线状光谱的波长符合公式：

$$\lambda = B\frac{n^2}{n^2-4} \tag{8.1}$$

式中，$n=3,4,5,6$；$B=3.645\ 6\times10^{-7}$ m。

随后瑞典物理学家里德堡（J. R. Rydberg）总结出计算氢原子光谱谱线波数 σ（波长 λ 的倒数）的公式：

$$\sigma=\frac{1}{\lambda}=R_{\mathrm{H}}\left(\frac{1}{n_1^2}-\frac{1}{n_2^2}\right) \tag{8.2}$$

式中，$R_{\mathrm{H}}=1.097\times10^5\,\mathrm{cm}^{-1}$；$n$ 为正整数，$n_2>n_1$。

19 世纪的物理学理论能够很好地解释太阳光的连续光谱，而对于氢原子的这种分立的线状光谱，用经典物理光学理论不能得到解释；而按照有核原子模型，电子绕原子核运动将是螺旋式的，会由于自身能量的不断降低而发射出连续光谱，有核原子模型也不能解释原子的线状光谱。早期原子结构模型存在明显的缺陷，需要继续完善。1912 年，正在卢瑟福实验室学习的丹麦学者玻尔(N. Bohr)相信卢瑟福有核原子模型的正确性,但是为了解释原子的线状光谱和原子的稳定性,需要将新发展的量子概念引入有核原子结构中,在此基础上他提出了新的原子结构理论。

量子概念是 1900 年德国物理学家普朗克(M. Planck)最先提出的。他在解释黑体辐射能量分布时提出假说,在辐射物体中分子振动的能量不能取任意值,振动能 E 等于常数 h 与分子振动频率 ν 之积:$E=h\nu$。普朗克通过将该式与黑体辐射的光谱曲线拟合,得出 $h=6.626\times10^{-34}$ J · s,h 被称作普朗克常量(Planck's constant)。普朗克假定任何分子的振动能只能是 $h\nu$ 的整数倍,即

$$E=nh\nu \quad (n=1,2,3,\cdots) \tag{8.3}$$

式中,n 是正整数,称作量子数(quantum number),意指分立的而不是连续的值。普朗克假定,任何分子的振动能是不连续的、一份一份的,只能是 $E=h\nu$ 或 $E=2h\nu$ 或 $E=3h\nu$,等等,而不能是它们之间的什么值,其中 $E=h\nu$ 是最小的值,称作能量子(quantum of energy)。这个假设被称作普朗克量子假说(Planck's quantum hypothesis)。

普朗克量子假说在当时并没有被科学界所重视,直到 1905 年,美国物理学家爱因斯坦(A. Einstein)应用普朗克量子假说提出新的光量子论。爱因斯坦的光量子论成功地解释了 1886 年赫兹在进行电磁波实验研究时发现的光电效应。当一束具有足够能量的光照射到金属表面上时,有电子从金属表面逸出,这个现象被称作光电效应(photoelectric effect)。爱因斯坦的光量子论认为,当分子振动子发射出光时,分子振动能 E 将以 $h\nu$ 的整数倍降低,为保持能量守恒,光则以能量子(quanta)的形式发射能量:

$$E=h\nu \tag{8.4}$$

式中,h 是普朗克常量,ν 是发射光的频率。光源发射出的光通过携带能量 E 的粒子而转移,称之为光子(photon)。

爱因斯坦指出,光是由具有粒子特征的光子组成的,一个光子的能量等于一个电子逸出所需的能量 W_0(逸出功或功函数,work function)与被发射电子的动能 E_k 之和:

$$h\nu=W_0+E_k \tag{8.5}$$

此式即为爱因斯坦光电效应方程。

将 $E=h\nu$ 带入爱因斯坦相对论方程 $E^2=p^2c^2$,得到光子的动量 p 与波长 λ 的关系式:

$$p=\frac{E}{c}=\frac{h\nu}{c}=\frac{h}{\lambda} \tag{8.6}$$

1913 年,玻尔结合卢瑟福有核原子模型、普朗克量子论和爱因斯坦光量子论,对原子结构提出新的假说。他认为核外电子和光子一样,失去能量也是不连续的、量子化地"跳跃"式的。在玻尔的原子结构理论中有如下假定:

(1) 电子在核外允许的环形轨道上运动,在每一个轨道上运动的电子具有确定的能量,称这种轨道为定态(stationary states),电子在定态轨道上运动时不辐射能量。

(2) 当从能量较高的定态跃迁(transition)到能量较低的定态时发射出光子,根据能量守恒原理,光子的能量 $h\nu$ 为两个定态的能量差:

$$h\nu=E_u-E_l \tag{8.7}$$

式中,E_u 是较高定态(upper state)的能量,E_l 是较低定态(lower state)的能量。

(3) 电子绕原子核运动时,角动量 L 不能任意连续变化,其值只能是 $\frac{h}{2\pi}$ 的整数倍①。角动量的量子化条件是

$$L=m_e v r_n=n\frac{h}{2\pi} \quad (n=1,2,3,\cdots) \tag{8.8}$$

式中,n 为正整数,r_n 是第 n 个轨道的半径。这些量子化条件允许的轨道按照 n 的数值编号为 1,2,3,⋯ ,n 被称作轨道的主量子数(principal quantum number)。

按照玻尔原子模型的定态规则,电子在半径 r_n 的稳定轨道上绕原子核运动②:

$$r_n=\frac{n^2h^2}{4\pi^2 m_e kZe^2}=\frac{n^2}{Z}r_1 \quad \left(r_1=\frac{h^2}{4\pi^2 m_e ke^2},n=1,2,3,\cdots\right) \tag{8.9}$$

从式(8.9)可得到每一个量子化条件允许的轨道半径。对于氢原子($Z=1$),最小轨道半径 r_1 的值为

$$r_1=\frac{(1)^2(6.626\times10^{-34}\ \text{J}\cdot\text{s})^2}{4\times(3.14)^2(9.11\times10^{-31}\ \text{kg})(9.00\times10^9\ \text{N}\cdot\text{m}^2/\text{C}^2)(1.602\times10^{-19}\ \text{C})^2}=0.529\times10^{-10}\ \text{m}$$

r_1 也被称作玻尔半径,常用 a_0 表示。从式(8.9)得到氢原子轨道半径随着 n^2 量子化地增加:$r_2=2^2r_1, r_3=3^2r_1,\cdots,r_n=n^2r_1$。

电子运动的能量 E 等于动能 E_k 和静电吸引的势能 E_p 之和:

$$E_n=E_p+E_k=-\frac{kZe^2}{r_n}+\frac{1}{2}m_e v^2$$

由 r_n 即可得到第 n 个轨道的能量 E_n③:

$$E_n=-\frac{2\pi^2Z^2e^4m_ek^2}{h^2}\frac{1}{n^2} \quad (n=1,2,3,\cdots) \tag{8.10}$$

E_n 也称作能级,若以电子伏特为单位表示,则

$$E_n=-(13.6\ \text{eV})\frac{Z^2}{n^2} \quad (n=1,2,3,\cdots) \tag{8.11}$$

由式(8.11)得到,氢原子的最低能级 $E_1=-13.6$ eV($Z=1,n=1$),氢原子轨道能量随着 $1/n^2$ 量子化地增加。E_1 称作氢原子的基态,E_2 称作第一激发态,E_3 称作第二激发态,依次

---

① 角动量 $L=I\omega$。式中,I 是动量矩、ω 是角速度;对于质量为 m、半径为 r 以速度 v 做圆周运动的单一粒子,其动量矩 $I=mr^2$,角速度 $\omega=v/r$;因此,$L=I\omega=(mr^2)(v/r)=mvr$。

② 按照玻尔原子模型的定态规则,电子在半径 r_n 的稳定轨道上绕核运动时所受到的静电引力 $F=k\cdot\frac{q_1q_2}{r_n^2}$。式中,$k=\frac{1}{4\pi\varepsilon_0}=9.00\times10^9\ \text{Nm}^2/\text{C}^2$,$q_1=-e$,为电子的电荷;$q_2=+Ze$,$Z$ 是正电荷数。电子在以速度为 v、半径为 r_n 的轨道上运动时受到原子核静电引力所产生的加速度 $a=v^2/r_n$,根据牛顿第二定律 $F=ma$,得到 $k\frac{Ze^2}{r_n^2}=m\frac{v^2}{r_n}$,则 $r_n=\frac{kZe^2}{mv^2}$,将式(8.8)中的速度 v($v=nh/2\pi mr_n$)代入并整理,得到式(8.9):$r_n=\frac{n^2h^2}{4\pi^2mkZe^2}=\frac{n^2}{Z}r_1$,式中,$r_1=\frac{h^2}{4\pi^2m_eke^2}$。

③ 由式 $r_n=\frac{kZe^2}{mv^2}$ 得到 $v^2=\frac{kZe^2}{r_nm_e}$,将 v^2 和 r_n 代入 $E_n=E_p+E_k=-\frac{kZe^2}{r_n}+\frac{1}{2}m_ev^2$,得到式(8.10):$E_n=-\frac{2\pi^2Z^2e^4m_ek^2}{h^2}\frac{1}{n^2}$。

类推。当 $n=\infty$ 时,电子的能量 $E_{\infty}=0$,即为自由电子。从原子的基态移除电子到 $E_{\infty}=0$ 所需要的最低能量称作电离能。氢原子的电离能即为 13.6 eV。

玻尔认为氢原子的线状光谱是电子在不同能级间跃迁产生的,其频率完全由两个定态间的能量差来决定。由式(8.7)得到原子发射光谱的波数公式:

$$\sigma=\frac{1}{\lambda}=\frac{h\nu}{hc}=\frac{1}{hc}(E_n-E_{n'})\quad(n=1,2,3,\cdots)$$

式中,σ 是波数,$n>n'$。再将式(8.11)代入上式,得到

$$\sigma=\frac{1}{\lambda}=\frac{2\pi^2Z^2e^4mk^2}{h^3c}\left(\frac{1}{n'^2}-\frac{1}{n^2}\right)\tag{8.12}$$

应用式(8.12)计算得到的波长与氢原子的光谱系有了清晰的对应关系。例如,氢原子在可见光谱区的 4 条谱线,即巴耳末线系,$n'=2$,$\sigma=\frac{1}{\lambda}=\frac{2\pi^2Z^2e^4mk^2}{h^3c}\left(\frac{1}{2^2}-\frac{1}{n^2}\right)$。处在 656 nm 的谱线对应于电子由 $n=3$ 的轨道跃迁至 $n=2$ 的轨道;处在 486 nm 的谱线对应于电子由 $n=4$ 的轨道跃迁至 $n=2$ 的轨道;处在 434 nm 的谱线对应于电子由 $n=5$ 的轨道跃迁至 $n=2$ 的轨道;处在 410 nm 的谱线对应于电子由 $n=6$ 的轨道跃迁至 $n=2$ 的轨道(见图 8.5)。

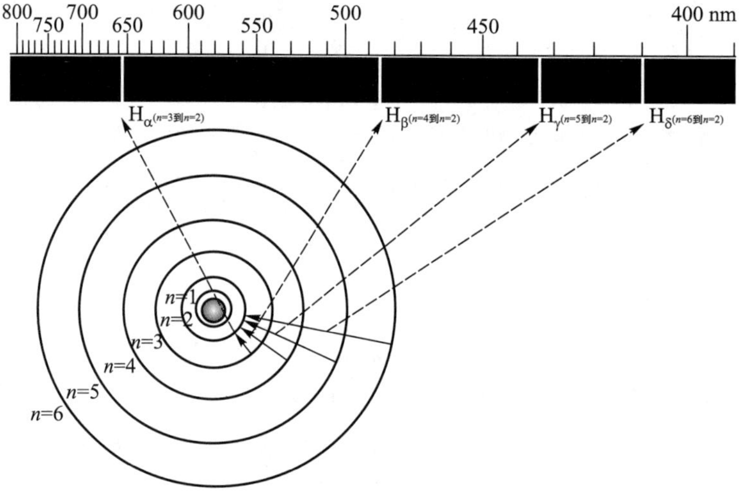

图 8.5 玻尔氢原子模型的示意图(巴耳末线系光谱)

玻尔理论比较成功地解释了原子的稳定性和氢原子的线状发射光谱,但是不能很好地解释原子结构更复杂的原子光谱;玻尔假设的原子轨道并不真实存在。玻尔对原子结构理论的贡献在于他提出了原子轨道的定态假设和量子化概念。玻尔理论被称为旧量子理论,而现代原子结构理论的确立,还有待于量子力学(quantum mechanics)的发展对电子的本性及其运动规律的进一步揭示。

8.2 微观粒子的特殊性

19 世纪中期开始,科学界对于光是波(wave)还是粒子(particle)的争论持续了半个多世

纪。直至 20 世纪初,爱因斯坦提出光量子论,康普顿(A. H. Compton)在研究石墨中的电子对 X 射线的散射时发现光子的动量。至此,光既具有波动性又具有粒子性的波粒二象性(wave-particle duality)理论得以确立。1924 年,法国物理学家德布罗意(L. de Broglie)在他的博士论文中预言:既然光具有波粒二象性,那么自然界实物粒子如电子等,也应该具有波粒二象性。

8.2.1 微观粒子的波粒二象性

德布罗意提出实物粒子的波长与动量的关系式应该和光子的波长与动量的关系式 $p=\frac{h}{\lambda}$ 相同。对于具有质量 m、运动速度 v 的粒子,其波长

$$\lambda=\frac{h}{p}=\frac{h}{mv} \tag{8.13}$$

式中,h 为普朗克常量,p 为动量。此式称为德布罗意关系式。这种实物粒子的波称作物质波,又称德布罗意波。德布罗意关系式揭示了微观粒子波粒二象性的物理量之间的内在联系,等式左边表示微观粒子的波动性,即微观粒子的波长 λ;等式右边表示微观粒子的粒子性,即具有动量 p,微观粒子既有波的属性也有粒子的属性,这两个方面的属性互相联系、互相依存。

证明电子的波动性的是英国物理学家汤姆孙(G. P. Thomson)、美国科学家戴维孙(C. J. Davisson)和革末(L. H. Germer)在 1927 年所做的电子衍射实验,从实验中得到与经典波的衍射图像一样的一系列明暗相间的环纹,即电子衍射图样。实验中求得的衍射波长,正好与德布罗意所预言的电子波的波长相符,因而证实了电子的波动性。那么电子的粒子性能够从电子衍射图得到解释吗?

8.2.2 微观粒子运动的统计规律

在经典波的双狭缝衍射实验中,得到波的相干叠加而形成的衍射条纹。如果用电子进行与光波同样的双狭缝衍射实验,不论是使电子一个一个地通过双狭缝,还是大量电子同时通过双狭缝,在足够长的时间后,感光片上记录下的亮点分布的特征与光波的衍射图像一样,呈现明暗相间的衍射条纹。在感光片上衍射强度大的地方的亮点数多,亮点代表电子出现的概率。如图 8.6 所示,随着电子数目的增加,感光片上的衍射条纹越来越清晰,衍射条纹中的明亮处,衍射强度大,电子出现的概率大,衍射条纹中的暗处,衍射强度小,电子出现的概率小,即衍射强度与电子出现的概率成正比。这说明电子的波动性是大量电子行为的统计结果。所以物质波应该理解为概率波。

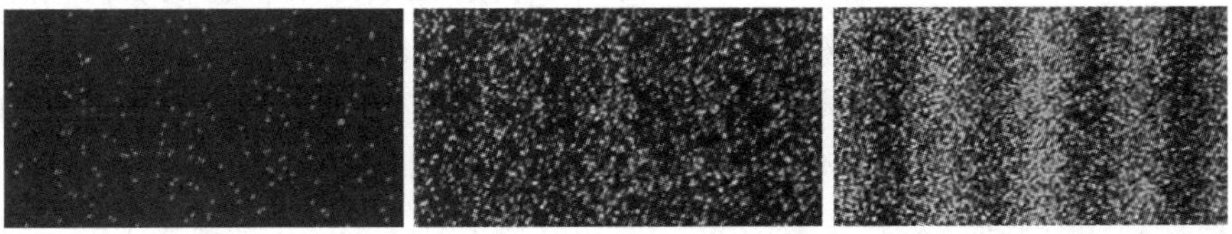

图 8.6 电子的双狭缝衍射实验

8.2.3 不确定原理

在日常生活里所做的任何测量都会有误差,无论测量所用的仪器其精密度多么高。根据量子力学理论,有一些测量的准确值是有极限的,准确度的极限来源于两个方面,一方面是由微观粒子的自然属性波粒二象性所决定的,另一方面则产生于测量过程中不可避免的测量媒介与被测量物的相互作用。例如,可以试想用光来测量电子的位置和速度,如果要使位置测得更准确,就要利用波长更短的光,而光子的波长越短,其所传递给电子的动量就越大,测量对电子运动施加的影响也就越大,就是说速度的不确定度越大;反过来也是一样,增加光的波长以减小速度的不确定度,会导致位置的不确定度增大。

1927年,德国物理学家海森堡(W. K. Heisenberg)针对具有波粒二象性的微观粒子的特性,提出不确定原理(uncertainty principle),旧称测不准原理(indeterminancy principle)。该原理认为,无法同时确定微观粒子的位置和动量,它的位置(坐标)越准确,动量就越不准确;反之,它的动量越准确,位置就越不准确。若位置的不确定度 $\Delta x \approx \lambda$、动量的不确定度 $\Delta p \approx h/\lambda$,则 $\Delta x \Delta p \approx h$。海森堡给出不确定原理更精确的数学表达式:

$$\Delta x \cdot \Delta p \geqslant \frac{h}{4\pi} \tag{8.14}$$

因为动量 p 等于质量 m 与速度 v 的乘积($p=mv$),则动量的不确定度 $\Delta p = m\Delta v$。式中,Δv 为速度的不确定度,m 为微观粒子的质量。将 Δp 代入式(8.14),得到

$$\Delta x \cdot \Delta v \geqslant \frac{h}{4\pi m} \tag{8.15}$$

从式(8.15)可以看出,粒子的质量是决定不确定度大小的关键参数。以乒乓球和电子为例,若一个乒乓球的质量为 0.003 kg,式(8.15)中 $\frac{h}{4\pi m} = \frac{6.626\times10^{-34}\ \mathrm{J\cdot s}}{4\pi\times0.003\ \mathrm{kg}} = 1.76\times10^{-32}\ \mathrm{J\cdot s\cdot kg^{-1}}$,假设位置的不确定度 Δx 达到 10^{-9} m 的精度,其速度的不确定度 Δv 将达到 $10^{-23}\ \mathrm{m\cdot s^{-1}}$,这个数量级的不确定度在宏观上完全察觉不到。而一个电子的质量为 9.11×10^{-31} kg,$\frac{h}{4\pi m} = \frac{6.626\times10^{-34}\ \mathrm{J\cdot s}}{4\pi\times9.11\times10^{-31}\ \mathrm{kg}} = 5.8\times10^{-5}\ \mathrm{J\cdot s\cdot kg^{-1}}$。原子半径一般为 10^{-10} m,若位置的不确定度 Δx 小于 10^{-12} m,则速度的不确定度 Δv 将大于 $10^{7}\ \mathrm{m\cdot s^{-1}}$,接近光速,这么大的不确定度使其速度测量毫无意义。

近些年来,科学家们不断尝试新的科学实验手段以测量电子,试图减少测量过程中对电子施加的作用力,并且取得了重要进展。需要指出的是,微观粒子测量的不确定度实质源于波粒二象性的自然属性。人们习惯于用经典物理学处理宏观的波和粒子的方法来思考电子等微观粒子的波和粒子的属性,而微观粒子的波的衍射性质与宏观物质的波的衍射性质完全不同,宏观物质运动的轨道概念在微观粒子的运动中也并不存在。在量子力学中,微观粒子的波动属性是一种统计行为,具有概率性质,这完全不同于宏观物体性质的可预测性。经典物理学可以精确地预测宏观物体的运动状态,却不适用于处理如原子、电子、光子这些微观粒子的运动,这是因为微观粒子具有量子化属性和波粒二象性、微观粒子的运动符合不确定原理、遵从统计规律。

8.3 核外电子运动状态的描述

8.3.1 薛定谔方程

微观粒子具有波动性，其运动规律不再服从经典物理学定律。1926年，奥地利物理学家薛定谔(E. Schrödinger)创建了实物微观粒子的波动方程，用以描述微观粒子在空间的运动状态。电子是化学家感兴趣的特定微观粒子，描述电子的能量和概率密度不随时间而变化的状态(定态)的薛定谔方程为

$$\hat{H}\psi = E\psi \tag{8.16}$$

式中，ψ 是波函数，波函数本身没有实际的物理意义，可以理解为对电子运动的描述；E 是能量；$\hat{H}$ 是哈密顿算符，或称能量算符。

在直角坐标系中，薛定谔方程是以三个坐标(x,y,z)为自变量的二阶偏微分方程：

$$\frac{\partial^2\psi}{\partial x^2}+\frac{\partial^2\psi}{\partial y^2}+\frac{\partial^2\psi}{\partial z^2}+\frac{8\pi^2 m}{h^2}(E-V)\psi=0 \tag{8.17}$$

式中，V 是粒子所处环境的势能；m 是粒子的质量；h 为普朗克常量；E 是体系的能量；波函数 ψ 是 x、y、z 的函数。如何求解薛定谔方程，将在结构化学课程中学习。在本课程中，需要知道的是，通过求解薛定谔方程，可以得到两类解，一类是描述质量为 m、在势能为 V 的势场中运动的电子的运动状态的数学函数式 ψ，另一类是与 ψ 对应的能量 E。为了方便求解和讨论，通常要将薛定谔方程从直角坐标系中变换到球极坐标系中(见图8.7)。在球极坐标系中，波函数 ψ 是三个坐标(r,θ,ϕ)的函数，将其变换分离为两个函数的乘积形式：

$$\psi(r,\theta,\phi)= R(r)Y(\theta, \phi) \tag{8.18}$$

式中，$R(r)$为波函数 ψ 的径向部分，称为径向波函数，描述电子随半径 r 变化的运动状态；$Y(\theta, \phi)$为波函数 ψ 的角度部分，称为角度波函数，描述电子随 θ 和 ϕ 变化的运动状态。

为了得到薛定谔方程的合理的解，需要附加一些限定条件，这些限定条件自然地导致三个量子数 n, l, m 的产生，n 称作主量子数(principal quantum number)，l 称作角量子数(angular momentum quantum number)，m 称作磁量子数(magnetic quantum number)。所谓量子数，是说 n, l, m 只能取分立的整数值，即量子化的。最终得到的波函数 ψ 是一系列三变量 r, θ, ϕ 和三参数 n, l, m 的函数。由合理组合的一组 n, l, m 限定的波函数 $\psi_{n,l,m}(r, \theta, \phi)$ 代表着一个原子轨道。n, l, m 这三个量子数决定着一个波函数所描述的电子在原子核外运动的状态，如电子的能量，电子离核的远近，原子轨道的生成、形状和空间取向等。

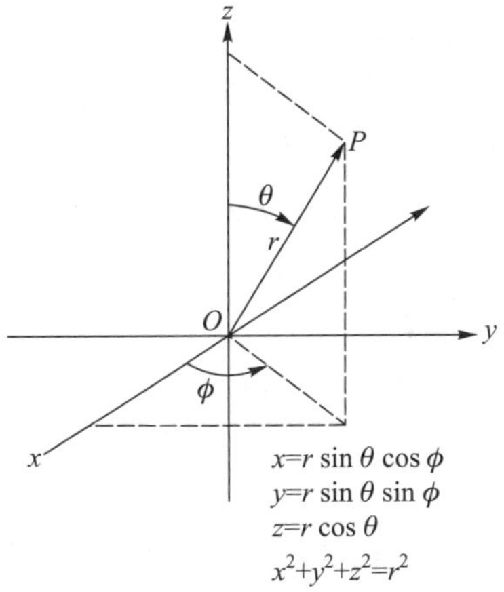

图8.7 直角坐标系和球极坐标系的变换关系

8.3.2 量子数的意义

1. 主量子数 n

主量子数 n 的取值为 $n=1, 2,3,4,5,6,\cdots$ 的正整数。

主量子数 n 表示电子出现概率最大区域离核的平均距离，n 相同的电子称为同层电子。电子层习惯上用光谱学符号表示：

主量子数 n	1	2	3	4	5	6
电子层的光谱学符号	K	L	M	N	O	P

n 越大，电子离核越远，能量 E 越高，即电子层的能量随 n 值增大而依次量子化地增加。电子层能量高低顺序为

$$\text{K 层} < \text{L 层} < \text{M 层} < \text{N 层} < \text{O 层} < \text{P 层}$$

对于单电子原子体系，如氢原子，核外电子的能量完全取决于主量子数 n。

2. 角量子数 l

角量子数 l 的取值为 $l=0,1,2,3,4,\cdots,(n-1)$。

角量子数 l 决定电子绕核运动时的角动量，通常用如下光谱学符号表示：

角量子数 l	0	1	2	3
轨道的光谱学符号	s	p	d	f
轨道的形状	球形 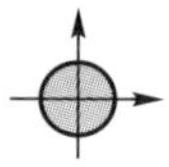	哑铃形 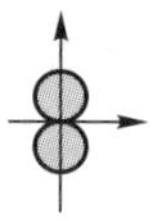	花瓣形 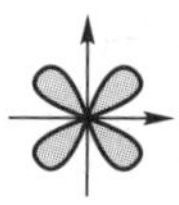	略

l 确定原子轨道的形状。例如，$l=0$ 的原子轨道是球形的，$l=1$ 的原子轨道是哑铃形的，$l=2$ 的原子轨道是花瓣形的。主量子数 n 相同的原子轨道处于同一电子层中，而同一电子层中角量子数 l 不同的原子轨道又构成不同的亚层。例如，$n=3$ 的电子层中，$l=0$ 为 s 亚层、$l=1$ 为 p 亚层，$l=2$ 为 d 亚层。

对于多电子原子体系，核外电子的能量不完全取决于主量子数 n，还要受到角量子数 l 的影响。具有相同 n 和不同 l 的原子轨道，角量子数 l 越大，其能量越大。例如，

$$E_{4s} < E_{4p} < E_{4d} < E_{4f}$$

3. 磁量子数 m

磁量子数 m 的取值为 $m=-l,\cdots, 0,\cdots, +l$。

磁量子数 m 决定角动量在 z 轴上的分量和原子轨道在空间中的取向，共有 $(2l+1)$ 个取值，即 n 和 l 相同的亚层中有 $(2l+1)$ 个空间取向不同的原子轨道，如 $l=1$ 的亚层，m 的取值为 -1、0、1，即 p 轨道有三种空间取向。表 8.1 列出 $n=1\sim3$ 的电子层中角量子数 l 和磁量子数 m 的取值。磁量子数 m 一般不影响原子轨道的能量。具有相同 n 和 l 而 m 不同的原子轨道处于同一个亚层。例如，$3p_x$、$3p_y$、$3p_z$ 同属 $n=3$、$l=1$ 的 3p 亚层，在该亚层中的空间伸

展方向不同。在没有外加磁场作用时，同一个亚层的能量是相等的，这些能量相等的原子轨道称作简并轨道。

表 8.1　电子层中角量子数 l 和磁量子数 m 的取值(n=1、2、3)

n （电子层）	l （亚层）	m （空间取向）	原子轨道数目
1 （第一电子层）	0(s)	0(s)	1
2 （第二电子层）	0(s)	0(s)	4
	1(p)	+1　0　−1 (p_z) (+1 和−1 的组合得到 p_x 和 p_y)	
3 （第三电子层）	0(s)	0(s)	9
	1(p)	+1　0　−1 (p_z) (+1 和−1 的组合得到 p_x 和 p_y)	
	2(d)	+2　+1　0　−1　−2 (d_{z^2}) ($d_{xy/xz/yz/x^2-y^2}$ 由组合得到)	

由三个量子数 n、l、m 的合理组合确定的波函数 $\psi_{n,l,m}$ 描述出电子在原子核外运动的一种状态，包括电子所处的电子层和亚层、原子轨道的形状和在空间的取向。所以，有时说 s 态电子，即指 $\psi_{n,0,0}$，3p 态电子即指 $\psi_{3,1,m}$。称 s 轨道的电子为 s 电子，p 轨道的电子为 p 电子，d 轨道的电子为 d 电子等。用电子构型表示电子在原子轨道的分布。例如，2s 原子轨道上有 1 个电子，用电子构型 $2s^1$ 表示；3p 原子轨道上有 6 个电子，用电子构型 $3p^6$ 表示。

4. 自旋角动量量子数 m_s

20 世纪初，人们观察到原子的发射光谱中的每一条谱线都是由两条精细的谱线组成的。1922 年，斯特恩(O. Stern)与格拉克(W. Gerlach)观察到 Ag 原子束穿越狭缝通过不均匀磁场后分成两束(见图 8.8)，当时的量子力学理论对这一实验结果未能给出合理的解释。直到 1925 年德国物理学家乌伦贝克(G. Ulenbeck)和古德斯米特(S. Goudsmidt)提出电子自旋的假定，即核外电子在绕原子核作空间运动的同时也在进行自旋运动，由于自旋方向的不同从而在原子光谱中出现双重谱线。为了描述电子的自旋运动性质，产生了第四个量子数——自旋角动量量子数 m_s(spin angular momentum quantum number)。

自旋角动量量子数 m_s 决定电子的自旋状态，取值只有两个：$+\frac{1}{2}$和$-\frac{1}{2}$，用来表示电子不同的自旋方向，有时用↑和↓表示。该量子数虽然不是解薛定谔波动方程的必然结果，但若要完整地描述核外电子的运动状态则必须涉及 n, l, m 和 m_s 四个量子数。例如，氢原子的核外电子的运动的基态可以用四个量子数 1,0,0,$+\frac{1}{2}$或 1,0,0,$-\frac{1}{2}$描述。

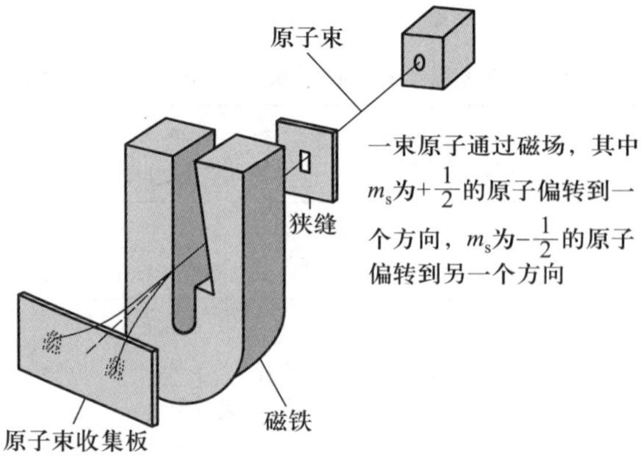

图 8.8 斯特恩-格拉克实验

8.3.3 波函数的空间图像

由三个量子数 n, l, m 的合理组合，可以得到一个确定的波函数 $\psi_{n,l,m}$，称为原子轨道。例如，ψ_{100} 为 1s 轨道、ψ_{210} 为 $2p_z$ 轨道。从电子运动状态的角度考虑，化学反应的实质是参与化学反应的原子在反应过程中其电子运动状态发生了改变，即与波函数 ψ 相关。化学学科发展到今天，已经可以从波函数的性质来预示和解释许多类型化学反应的可能性和本质，讨论化学键的变化和分子构型。波函数的图解法，在这些应用中发挥着重要的作用。在式(8.18)中，$\psi(r,\theta,\phi)$ 经过变量分离成为 $R(r)$ 和 $Y(\theta, \phi)$ 的乘积。其中，$R(r)$ 与量子数 n 和 l 相关，$Y(\theta, \phi)$ 与量子数 l 和 m 相关，$R_{n,l}(r)$ 为波函数的径向分布（或称径向分布函数），$Y_{l,m}(\theta, \phi)$ 为波函数的角度分布（或称角度分布函数）。在讨论化学键和分子构型时，角度波函数 $Y_{l,m}(\theta, \phi)$ 尤为重要。将 $\psi_{n,l,m}(r,\theta,\phi)$ 变分成 $R_{n,l}(r)$ 和 $Y_{l,m}(\theta, \phi)$ 的乘积后，应用三维坐标可以分别作 $R_{n,l}(r)$ 和 $Y_{l,m}(\theta, \phi)$ 的图形。

1. 波函数的径向分布图

从坐标原点出发，以 $R_{n,l}(r)$ 对半径 r 作图，得到波函数随半径 r 变化的径向分布图。以氢原子的 1s 轨道为例，求解其薛定谔方程，得到氢原子的径向波函数 $R_{1s}(r)=2\times\sqrt{\frac{Z^3}{a_0^3}}\mathrm{e}^{-Zr/a_0}$，以此函数对半径 r 作图，得到氢原子径向波函数 $R_{1s}(r)$ 随半径 r 变化的径向分布图（见图 8.9）。波函数的径向分布图没有具体的物理意义。

2. 波函数的角度分布图

绘制波函数的角度分布图，是从球极坐标系的坐标原点出发，引出方向为(θ, ϕ)的直线，长度取 $Y_{l,m}(\theta, \phi)$ 的绝对值，这些直线的端点在空间构成一个曲面，这个图形代表同一曲面的不同方向上波函数的相对大小，即波函数的角度分布图。由于 $Y_{l,m}(\theta, \phi)$ 只受 l 和 m 两个量子数限定，与主量子数 n 无关，无论在哪个电子层，只要 l, m 相同，波函数的角度分布就相同。以 s 轨道为例，$Y_{0,0}(\theta,\phi)=\frac{1}{\sqrt{4\pi}}$，此函数值是与 θ, ϕ 无关的常数，其图形是以坐标原点为球心、半径为 $\frac{1}{\sqrt{4\pi}}$ 的一个等径球面。再如 p_z 轨道，其角度波函数 $Y_{1,0}(\theta,\phi)=\sqrt{\frac{3}{4\pi}}\cos\theta$，此波函数值与 ϕ 无关，仅随 θ 变化，得到不同角度 θ 时 $Y_{1,0}$ 的相对大小，在 xz 平面上显示如图 8.10 所示的"8"字形曲线，将这个"8"字形曲线绕 z 轴旋转得到的曲面，即为 $Y_{1,0}(Y_{p_z})$ 立体的角度分布图。

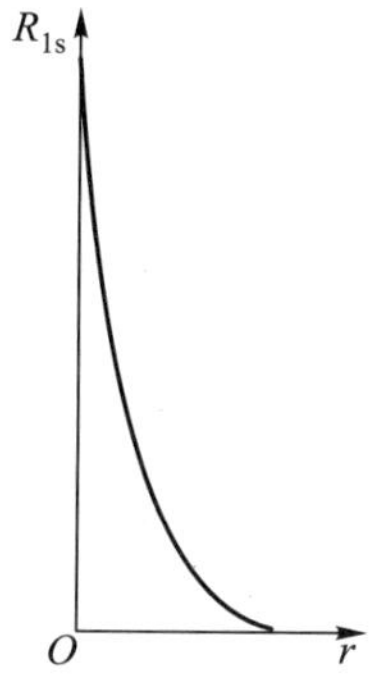

图 8.9 氢原子 1s 轨道的径向分布图

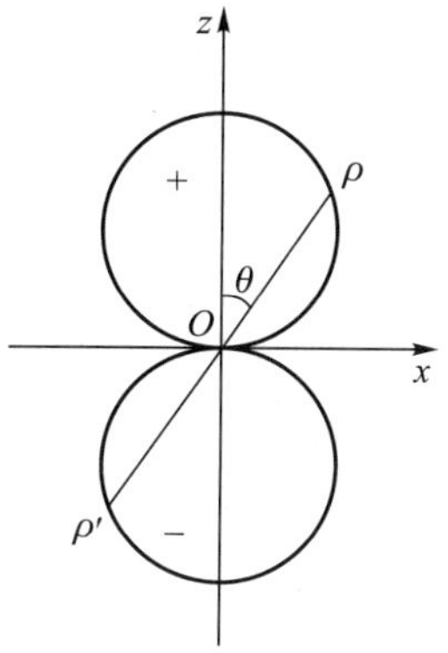

图 8.10 波函数角度分布 Y_{p_z} 示意图

图 8.11 显示 $l=0$、1、2 的波函数的角度分布图，分别称为 s 轨道（$l=0$）、p 轨道（$l=1$）和 d 轨道（$l=2$）的角度分布图。图中的"+"和"−"号与原子轨道的对称性有关，在决定化学键的形成中起着非常重要的作用。

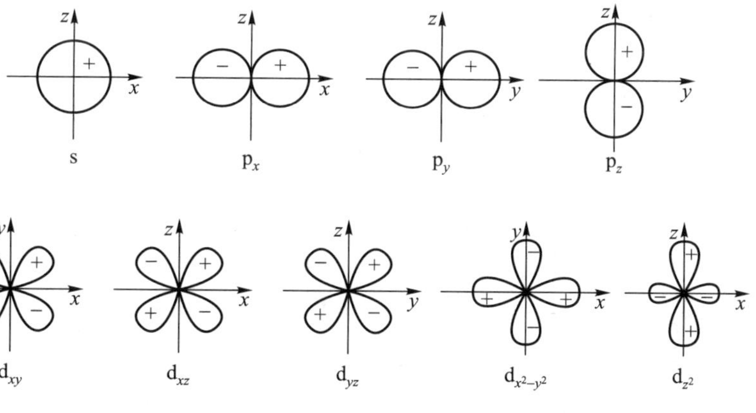

图 8.11 $l=0$、1、2 的波函数的角度分布图

8.3.4 概率密度的空间图像

1. 概率密度和电子云图

对于波来说，波动方程的解 ψ 对应于波振幅，由波振幅的平方得到波密度。而薛定谔方程的解 ψ 并没有实际的物理意义。尽管薛定谔方程成功地描述了电子运动状态，但是薛定谔本人试图解释 ψ 的物理意义的尝试却失败了。1926 年，玻恩（M. Born）提出概率幅的

概念，发表了波函数的概率诠释的研究成果，从而成功地解释了 ψ 的物理意义，即一个微观粒子在空间出现的概率与波函数的平方 $|\psi_{n,l,m}(r,\theta,\phi)|^2$ 成正比。由于微观粒子运动的特殊性，不可能像测定宏观物体那样同时得到某一瞬间电子运动的准确位置和速度，只能统计性地确定电子在原子核外某一空间点出现的概率密度。定义在微体积 $d\tau$ 中发现电子的概率 $d\bar{\omega}$ 表示为

$$d\bar{\omega}=|\psi_{n,l,m}(r,\theta,\phi)|^2 d\tau \tag{8.19}$$

$$|\psi_{n,l,m}(r,\theta,\phi)|^2=d\bar{\omega}/d\tau \tag{8.20}$$

$|\psi_{n,l,m}(r,\theta,\phi)|^2$ 表示的是电子在空间一点 $P(r,\theta,\phi)$ 处单位体积内出现的概率，即概率密度(probability density)。如果用小黑点的疏密表示电子出现的概率密度 $|\psi_{n,l,m}(r,\theta,\phi)|^2$ 的相对大小，所得图像称为电子云图。黑点越密集的地方电子出现的概率密度就越大，电子云图是电子在核外空间出现可能性大小的统计性示意图，是概率密度 $|\psi_{n,l,m}(r,\theta,\phi)|^2$ 的形象化表示方法。图 8.12 为 H 原子的 1s 态电子云图。

2. 径向概率密度图

单位体积内电子出现的概率以径向概率密度与角度概率密度的乘积表示为

$$|\psi_{n,l,m}(r,\theta,\phi)|^2=|R_{n,l}(r)|^2|Y_{l,m}(\theta,\phi)|^2 \tag{8.21}$$

以径向波函数的平方 $|R_{n,l}(r)|^2$ 为纵坐标、以半径 r 为横坐标作图，表示不同 r 时概率密度的径向分布状态，称为径向概率密度图。图 8.13 为 H 原子的 1s 态径向概率密度图。

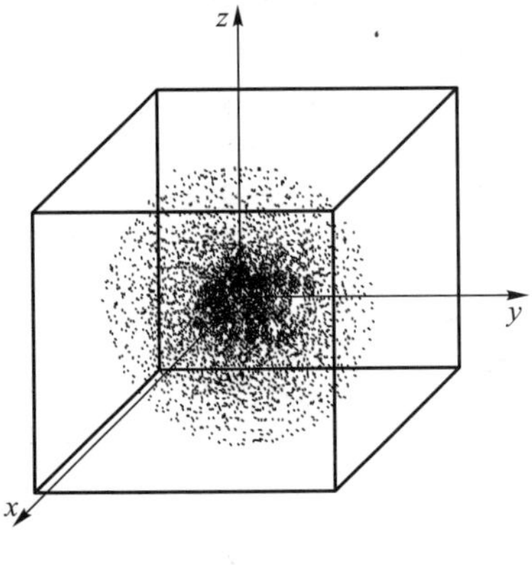

图 8.12　H 原子的 1s 态电子云图

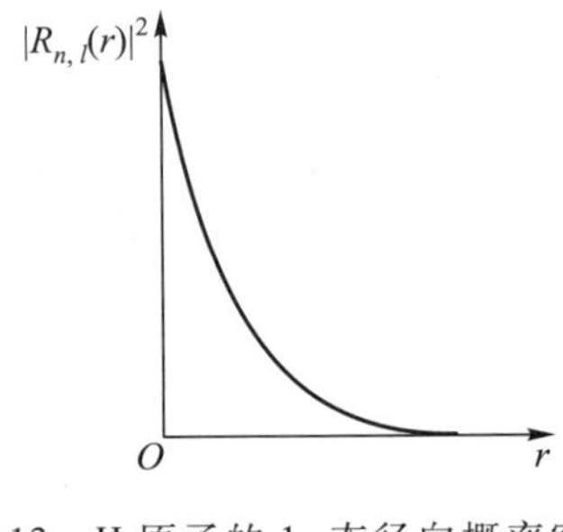

图 8.13　H 原子的 1s 态径向概率密度图

3. 径向概率分布图

为了计算在从半径 r 到 dr 的球壳内电子出现的概率，引入径向分布函数 $D(r)=r^2|R_{n,l}(r)|^2$。径向分布函数 D 反映了电子云分布随半径 r 的变化情况，其物理意义是单位厚度球壳内电子出现的概率。

以 1s 态电子为例，在半径为 r 的球面到半径为 $r+dr$ 的球面之间，即厚度为 dr 的球壳内电子出现的概率 $d\bar{\omega}'$，需要将概率密度 $|\psi_{n,l,m}(r,\theta,\phi)|^2$ 乘以厚度为 dr 的球壳的体积 $4\pi r^2 dr$：

$$d\bar{\omega}'=|\psi_{n,l,m}(r,\theta,\phi)|^2 4\pi r^2 dr \tag{8.22}$$

将式(8.22)除以 dr 得到 s 态电子的径向分布函数 $D(r)$，描述的是 s 态电子在单位厚度球壳内出现的概率：

$$D(r)=|\psi_{n,l,m}(r,\theta,\phi)|^2 4\pi r^2 \tag{8.23}$$

以 $D(r)$ 对半径 r 作图所得到的图形称作径向概率分布图。由于 $D(r)$ 是 $|\psi_{n,l,m}(r,\theta,\phi)|^2$ 与 $4\pi r^2$ 的乘积，当 $|\psi_{n,l,m}(r,\theta,\phi)|^2$ 很大而半径 r 值很小或者 $|\psi_{n,l,m}(r,\theta,\phi)|^2$ 很小而半径 r 值很大时，$D(r)$ 值都不会很大，故在 r 的某点，$D(r)$ 会出现极大值。从图 8.14 可以看出 1s 电子的径向概率密度分布图和径向概率分布图的不同。

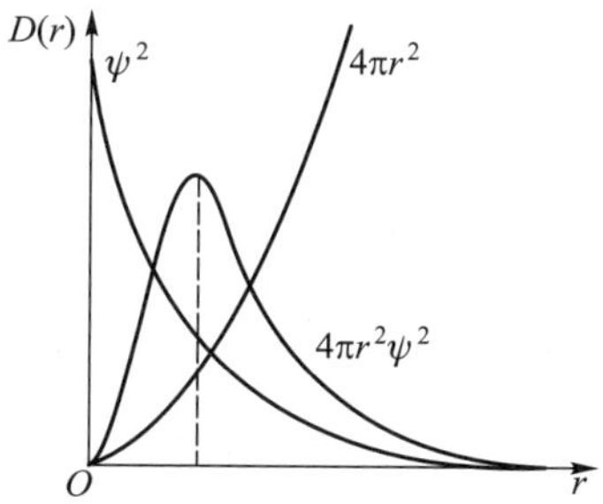

图 8.14　1s 电子的径向概率密度分布图（ψ^2-r）和径向概率分布图[$D(r)-r$]

不同的概率密度 $|\psi|^2$ 随着半径 r 值的变化会导致 $D(r)$ 出现不同数目的极大值，这种极值称为概率峰，在若干概率峰中总有一个最大峰，称为主峰，表示在该处电子出现的概率最大。概率峰的数目（$N_{峰}$）等于主量子数 n 与角量子数 l 之差：

$$N_{峰}=n-l \tag{8.24}$$

在除坐标原点外的 $D(r)=0$ 处的各点，表示电子在含该点的球面上出现的概率为零，这个球面称为节面，节面的数目（$N_{节}$）比概率峰的数目少 1 个：

$$N_{节}=N_{峰}-1=(n-l)-1 \tag{8.25}$$

径向概率分布图可以帮助分析各种原子轨道的能级状态。图 8.15 为氢原子的 1s、2s 和 3s 电子的径向概率分布曲线。图中表明，电子出现概率大的区域随主量子数 n 增大而离原子核越远。电子离原子核越远，所受原子核的引力越小，能量 E 就越大。一般地，当 l 相同时，原子轨道能量 E 随主量子数 n 增大而增大。例如，ns（n=1、2、3）原子轨道能量按如下顺序依次增加：

$$E_{1s}<E_{2s}<E_{3s}$$

当 n 相同 l 不同时，影响原子轨道能量大小的因素较为复杂。图 8.16 为氢原子的第三电子层 s 态、p 态和 d 态的径向概率分布图。从图中看到，最大概率峰离原子核的距离依次为 $r_{3d}<r_{3p}<r_{3s}$。从原子核对电子吸引力的大小考虑，电子离原子核越远，受原子核的引力越弱，能量 E 应该越大，原子轨道能量似乎应该随着角量子数 l 增大而减小。但是，图中还显示，概率峰的数目随着角量子数 l 增大而减少：3s 有 3 个，3p 有 2 个，3d 仅有 1 个。考虑到主概率峰前面的小概率峰数目越多，电子钻穿至原子核附近的概率也越大，受到原子核的吸引作用将增大。当 n 相同 l 不同时，l 越小，径向概率分布图中的概率峰越多，也就是说电子向原子核附近钻穿的作用越大。这种钻穿作用的不同，致使各个亚层的能量不再相等，即亚层发生能级分裂。

当 n 相同 l 不同时，在单电子体系中，各个亚层的能量相等，原子轨道能量仅由主量子数 n 决定。例如，氢原子：

$$E_{ns}=E_{np}=E_{nd}=E_{nf}$$

在多电子体系中，一般地，同一电子层内 l 值越大，该亚层能级越高：

$$E_{ns}<E_{np}<E_{nd}<E_{nf}$$

当 n 和 l 都不同时，在多电子体系中，不同电子层之间也可能出现能级交错的情况。

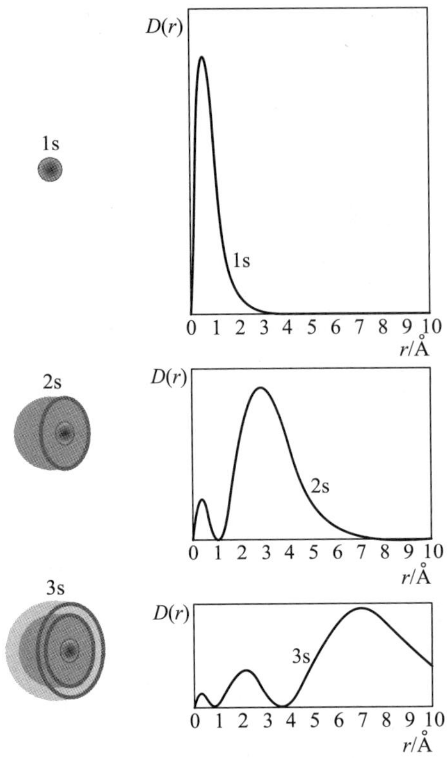

图 8.15 氢原子的 $ns(n=1、2、3)$ 电子的径向概率分布图

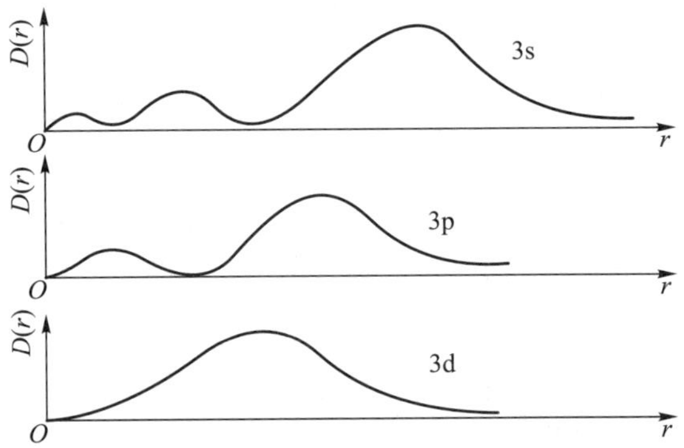

图 8.16 氢原子的 $n=3$ 电子层的径向概率分布图

4. 概率密度的角度分布图

角度波函数平方 $|Y_{l,m}(\theta,\phi)|^2$ 的物理意义是电子在原子核外空间的概率密度随角度 θ、ϕ 变化的情况。以 $|Y_{l,m}(\theta,\phi)|^2$ 对 θ、ϕ 作图，得到概率密度的角度分布图，也称电子云的角度分布图。s 电子云为球状；p 电子云以原子核为中心点沿坐标轴呈哑铃形分布，共有三个空间伸展方向（见图 8.17）；d 电子云的形状复杂些，有四个呈四片花瓣形状，还有一个以原子核为中心点沿 z 轴呈哑铃形分布，并绕中心点有面包圈状圆环（d_{z^2}），共有五个空间伸展方向；f 电子云的形状更加复杂。概率密度的角度分布图与波函数的角度分布图形状相似，主要差别是概率密度的角度分布图由于是对波函数平方作图而使正、负号消失。由于 $|Y_{l,m}(\theta,\phi)|<1$，则 $|Y_{l,m}(\theta,\phi)|^2<|Y_{l,m}(\theta,\phi)|$，概率密度的角度分布图变得更“瘦”。

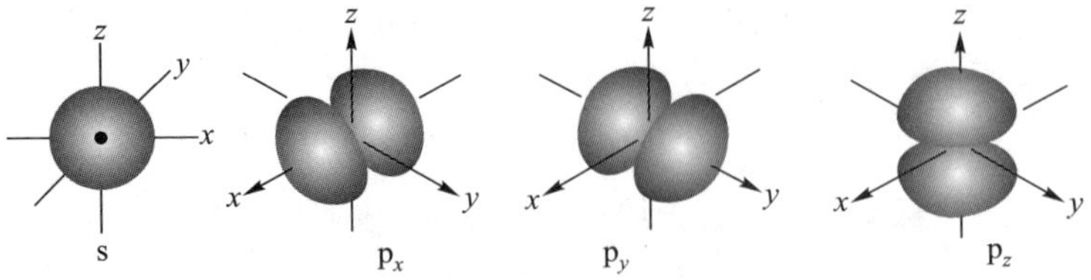

图 8.17 s,p 电子概率密度的角度分布图

表达概率密度分布还有其他多种方法,如等概率密度面、界面图等,在此不再一一介绍。

8.4 核外电子的排布

8.4.1 氢原子的能级

氢原子核外只有1个电子,这个单电子的能量只与距离原子核的远近有关,电子离原子核越远,受原子核的吸引力越小,能量越高,故电子的能量仅由主量子数 n 决定。求解氢原子的薛定谔方程 $\hat{H}\psi=E\psi$,得到能量

$$E=-\frac{1}{n^2}\frac{me^4}{8\varepsilon_0^2h^2} \tag{8.26}$$

其中,常数项$\frac{me^4}{8\varepsilon_0^2h^2}=R_H$,若以电子伏特(eV)为能量单位,则

$$E=-13.6\ \mathrm{eV}\times\frac{Z^2}{n^2} \tag{8.27}$$

式中,Z 是原子核电荷数,即原子序数。当 $n=1$ 时,电子处于基态,$E=-13.6$ eV;当 $n=\infty$ 时,$E=0$,即电子脱离原子核的束缚而处于自由电子状态。式(8.27)也适合其他单电子体系,如类氢离子 Li^{2+}。电子的能量 E 不受角量子数 l 的影响,只与主量子数 n 有关。

根据氢原子发射光谱频率公式 $\nu=\frac{E_2-E_1}{h}$和式(8.27)计算出氢原子的发射光谱的波长 $\lambda\left(\lambda=\frac{c}{\nu}\right)$与实验结果非常吻合。

8.4.2 多电子原子的能级

在多电子原子中,电子不仅受到原子核的吸引,同时还受到其他电子的排斥,这种排斥作用相当于对原子核作用力的抵消,或者说屏蔽掉一部分原子核的引力,故电子的能量不仅与距离原子核的远近有关,还与受到原子核的实际作用力有关。影响原子核实际作用力大小的因素主要有两种,即电子的屏蔽效应和钻穿效应。

1. 屏蔽效应

其他电子对某个选定电子的排斥作用,相当于降低了核电荷对指定电子的吸引力,称为屏蔽作用;其他电子的屏蔽作用对选定电子产生的效果叫作屏蔽效应。图8.18是以H、He和Li为例的核电荷、同层电子的屏蔽效应、内层电子的屏蔽效应对轨道能量的影响的示意图。由图可见,H原子和 He^+ 都只有一个电子,不同的是H原子的核电荷数 $Z=+1$,He原子 $Z=+2$,He^+ 1s轨道能量比H原子降低了3 941 kJ,表明核电荷数的增加对轨道能量降低影响之巨大;He的同层电子的屏蔽效应致使1s轨道电子能量增加了2 878 kJ;Li原子的2s轨道电子能量为−520 kJ,如果没有内层1s轨道电子对2s轨道电子的屏蔽作用,2s轨道电子能量将为−2 954 kJ,可见内层电子的屏蔽作用非常大,致使2s轨道电子能量增加了2 434 kJ。

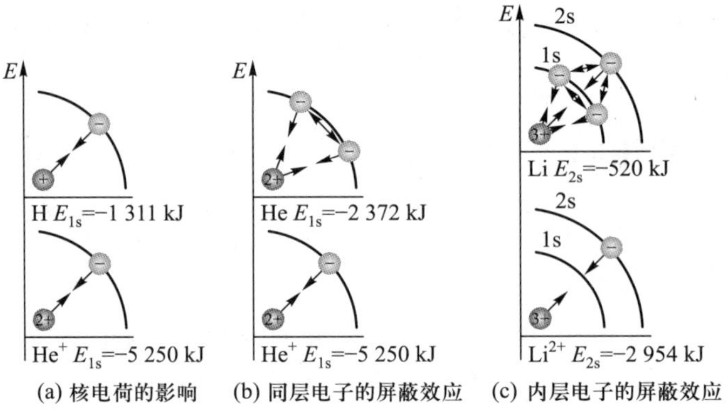

图 8.18 核电荷、同层电子的屏蔽效应、内层电子的屏蔽效应对轨道能量的影响的示意图

2. 钻穿效应

由于电子的角量子数 l 不同,其径向概率分布不同,电子钻到原子核附近的概率较大者,受到原子核的吸引作用较大,能量较低。由此导致的能量不同的现象,称为电子的钻穿效应。由电子的径向概率分布的不同而产生的屏蔽效应和钻穿效应,将导致多电子原子的能级分裂和能级交错。以钾原子的 3d 和 4s 轨道为例,从图 8.19 的径向概率分布曲线可以看到,4s 电子的概率主峰要比 3d 电子的概率主峰离原子核远,受原子核的引力要小些,能量应该比 3d 电子高,但是实验表明,对于多电子原子体系,会出现原子轨道能量 $E_{4s}<E_{3d}$,这主要是由 4s 电子本身较大的钻穿效应和对 3d 电子的屏蔽效应引起的。一般来说,当 n 大于 3 后,外层电子由于角量子数 l 不同引起的能量差别相当大,以致能使 nd 的能量超过$(n+1)$s。

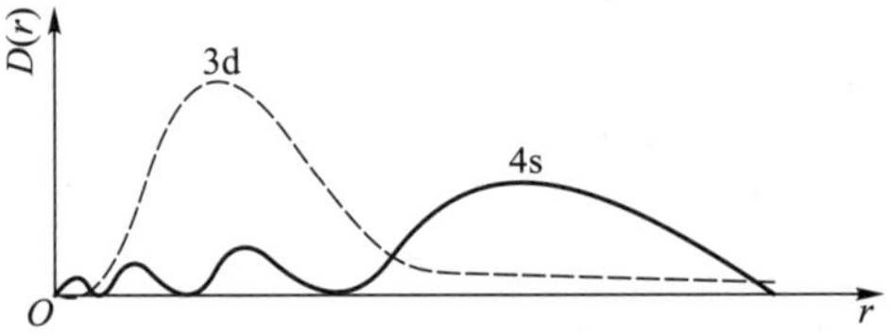

图 8.19 钾原子的 3d 和 4s 电子的径向概率分布曲线

在多电子原子中,电子的角量子数 l 不同,所具有的屏蔽效应和钻穿效应也不同,电子的能量 E 不仅由主量子数 n 决定,也将与角量子数 l 有关。对于多电子原子体系,不能直接应用求解单电子能量的公式,而需要综合考虑电子的钻穿效应和所受到的屏蔽作用的大小,通常用屏蔽常数 σ 对原子核电荷 Z 进行修正,得到有效核电荷 Z^*:

$$Z^* = Z - \sigma \tag{8.28}$$

多电子原子体系的能量公式需要将式(8.27)中的原子核电荷 Z 修正为有效核电荷 Z^*:

$$E = -13.6\ \mathrm{eV} \times \frac{Z^{*2}}{n^2} = -13.6\ \mathrm{eV} \times \frac{(Z-\sigma)^2}{n^2} \tag{8.29}$$

常用斯莱特(Slater)规则估算主量子数 $n \leqslant 4$ 的原子的屏蔽常数 σ。斯莱特提出了计算屏蔽常数 σ 的方法,其具体内容是,先将轨道按下列顺序分成组,“( )”内的轨道为一组:

(1s)(2s,2p)(3s,3p)(3d)(4s,4p)(4d)(4f)…

并在分组的基础上做出如下规定:

① 外层电子组对内层电子组的电子无屏蔽,即右边各组对左边电子无屏蔽作用。如被讨论电子在(2s,2p)组中,则(3s,3p)及其右边各组的电子,对其屏蔽常数 $\sigma=0$。

② 同组电子之间 $\sigma=0.35$。但(1s)组的两个电子之间 $\sigma=0.30$。

③ 讨论(ns,np)组的电子时,(n−1)层上的每个电子,其 $\sigma=0.85$,(n−2)层及以内各层的每个电子,其 $\sigma=1.00$(n 即主量子数)。

④ 讨论(nd)或(nf)组的电子时,所有左边各组电子,其 $\sigma=1.00$。

将产生屏蔽效应的各个电子的 σ 值相加,即得式(8.28)中的屏蔽常数。

例 8.1　比较基态钾原子 ^{19}K 的 3d 轨道和 4s 轨道的能级高低。

解: ^{19}K 的电子排布式为 $(1s^2)(2s^2,\ 2p^6)(3s^2,\ 3p^6)(3d^1)(4s^0)$,根据斯莱特规则计算屏蔽常数 σ,得到

$$\sigma:\underbrace{(1s^2)(2s^2,\ 2p^6)(3s^2,\ 3p^6)}_{18\times1.00}(3d^1)(4s^0)$$

$$\sigma_{3d}=18\times1.00=18.00$$

$$\sigma:\underbrace{(1s^2)(2s^2,\ 2p^6)}_{10\times1.00}\underbrace{(3s^2,\ 3p^6)}_{8\times0.85}(3d^0)(4s^1)$$

$$\sigma_{4s}=10\times1.00+8\times0.85=16.80$$

将 σ 代入公式 $E=-13.6\ \text{eV}\times\dfrac{(Z-\sigma)^2}{n^2}$,得到

$$E_{3d}=-13.6\ \text{eV}\times(19-18.00)^2/3^2=-1.51\ \text{eV}$$

$$E_{4s}=-13.6\ \text{eV}\times(19-16.80)^2/4^2=-4.11\ \text{eV}$$

因此 ^{19}K 的 3d 轨道和 4s 轨道的能级高低次序为 $E_{3d}>E_{4s}$。

3. 多电子原子中电子能级与 n、l 的关系

与单电子原子的电子能级仅由主量子数 n 决定不同,多电子原子中的电子能级还与角量子数 l 相关。这里介绍美国科学家鲍林(L. C. Pauling)和中国科学家徐光宪对原子轨道能级组的划分。

(1) 鲍林原子轨道能级图　鲍林根据大量实验的和理论计算的数据排列出多电子原子的原子轨道能级顺序,将能量相近的亚层原子轨道归并到同一个能级组,分成七个能级组:(1s);(2s 2p);(3s 3p);(4s 3d 4p);(5s 4d 5p);(6s 4f 5d 6p);(7s 5f 6d 7p)。图 8.20 为鲍林原子轨道近似能级图,图中每一个圆圈代表一个原子轨道,在同一水平位置的圆圈是能量相同的原子轨道,即简并轨道。

从鲍林的原子轨道近似能级图可以看到,当主量子数 n 相同时,轨道能级随角量子数 l 增大而升高。例如,$n=4$ 的轨道能级顺序为

$$4s<4p<4d<4f$$

当角量子数 l 相同时,轨道能级随主量子数 n 增大而升高。例如,$l=1$ 的 p 轨道的能级顺序为

$$2p<3p<4p<5p<6p$$

当 n、l 皆不同时,出现"能级交错"现象。例如:

$$4s<3d<4p$$

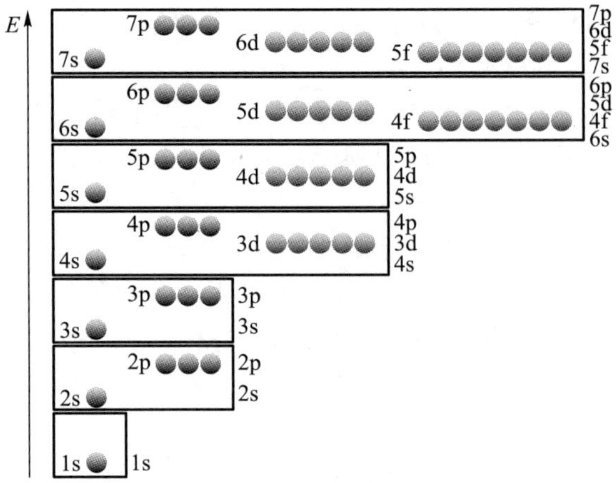

图 8.20 鲍林原子轨道近似能级图

(2) 徐光宪近似能级组 我国科学家徐光宪提出了用(n+0.7l)值衡量轨道能量的高低,称为徐光宪规则。根据徐光宪规则划分近似能级组的方法是,将(n+0.7l)值的整数部分的数值相同的能级划分成一个能级组(见表 8.2)。由徐光宪规则得到的能级组与鲍林的能级组相同。

表 8.2 按徐光宪规则划分的近似能级组

原子轨道	n+0.7l	能级组	组内状态数
1s	1.0	Ⅰ	2
2s 2p	2.0 2.7	Ⅱ	8
3s 3p	3.0 3.7	Ⅲ	8
4s 3d 4p	4.0 4.4 4.7	Ⅳ	18
5s 4d 5p	5.0 5.4 5.7	Ⅴ	18
6s 4f 5d 6p	6.0 6.1 6.4 6.7	Ⅵ	32
7s 5f 6d 7p	7.0 7.1 7.4 7.7	Ⅶ	32

4. 科顿能级图

对于同一种原子轨道，不同原子序数的原子其能量也会不同。例如，同是 1s 原子轨道，原子序数为 1 的 H 原子的 $E_{1s}=-1\ 311$ kJ，而原子序数为 2 的 He 原子的 $E=-2\ 372$ kJ。这是由于，原子序数增加 1，亦即核电荷数增加 1，核电荷对 1s 电子的引力会显著增强，因而原子轨道更靠近原子核，能量明显降低。为了体现这一重要事实，美国化学家科顿（F. A. Cotton）绘制了原子轨道能量随原子序数变化的原子轨道能级图（见图 8.21）。从图 8.21 看到，各个原子轨道的能量随着原子序数的增大而降低，同时电子亚层发生能级分裂：$E_{ns}<E_{np}<E_{nd}<E_{nf}$。原子序数大于 15 以后，多处出现能级交错的情况。例如，原子序数从 15 到 20 的元素，$E_{4s}<E_{3d}$；但是原子序数接近 100 的元素，n 相同的内层轨道，由 l 不同而引起的能级分化相当小，内层轨道的能级主要由 n 决定。

科顿能级图适用于判断填充电子后的能量高低，能够解释元素原子失去电子的顺序，即先失去主量子数大的轨道的电子；当主量子数相同时，是失去角量子数大的轨道的电子，按照 np, ns, $(n-1)$d, $(n-2)$f 的顺序失去电子。

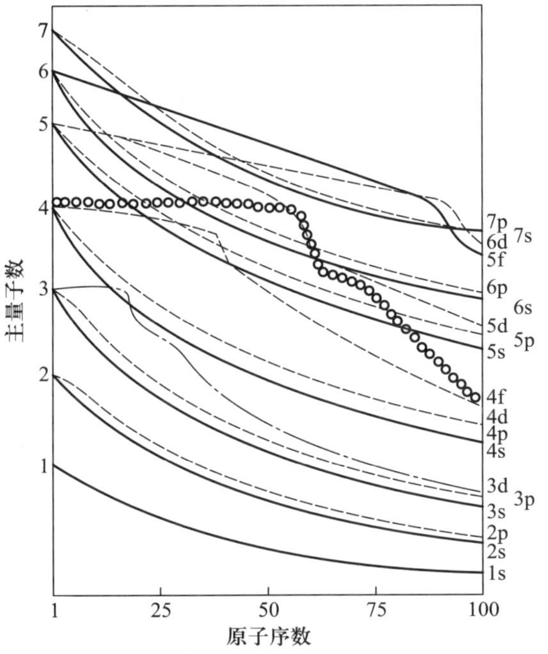

图 8.21 科顿（原子轨道）能级图

8.4.3 电子排布规则

科学家从大量光谱数据和量子化学理论计算结果归纳出电子在原子核外排布应遵循三个原则，即能量最低原理、泡利原理和洪特规则。

（1）能量最低原理 基态原子中，电子总是尽先占据能量最低的原子轨道。以基态 H 原子为例，H 的 1 个电子根据能量最低原理填入 1s 轨道而不是 2s 轨道（见图 8.22）。再如基态 Ca 原子，核外有 20 个电子，当电子填满第 3 能级层的 s 轨道和 p 轨道后，由于轨道能量 $E_{3d}>E_{4s}$，余下的 2 个电子不是填入同一能级层的 3d 轨道，而是填入能量较低的 4s 轨道（电子结构式 $1s^2 2s^2 2p^6 3s^2\ 3p^6 4s^2$）。

核外电子排布遵循能量最低原理的本质是,电子按整个原子的能量处于最低状态的方式排布。

(2) 泡利原理　也称泡利不相容原理,是由奥地利理论物理学家泡利(W. E. Pauli)提出的一个假设:同一原子中,不可能存在运动状态完全相同的两个电子,即不可能有四个量子数完全相同的两个电子。因此,同一轨道只能容纳两个自旋相反的电子。以基态 He 原子为例,He 的 1s 轨道填入两个自旋方向相反的电子而不是自旋方向相同的电子(见图 8.23)。

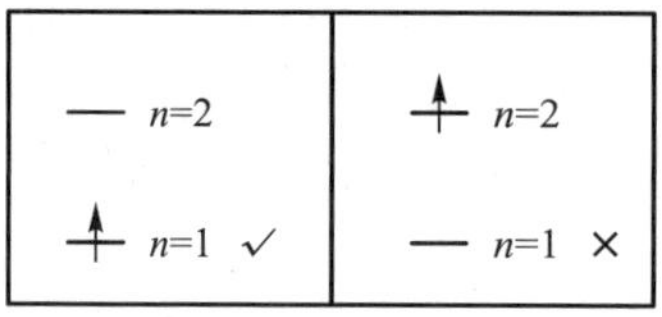

图 8.22　基态 H 原子电子排布
("√"正确;"×"错误)

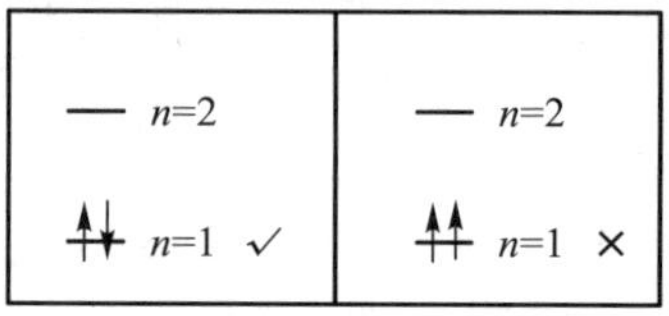

图 8.23　基态 He 原子的电子排布
("√"正确;"×"错误)

(3) 洪特规则　洪特规则是德国科学家洪特(F. Hund)从大量的光谱实验数据中总结出来的经验规律,即简并轨道上的电子将尽先分占不同轨道而且自旋平行。以基态 N 原子为例,在 3 个 2p 轨道上分别填充 3 个自旋方向相同的电子,而不是将 1 个 2p 轨道填满 2 个电子后再将剩余的 1 个电子填入其他 2p 轨道(见图 8.24)。

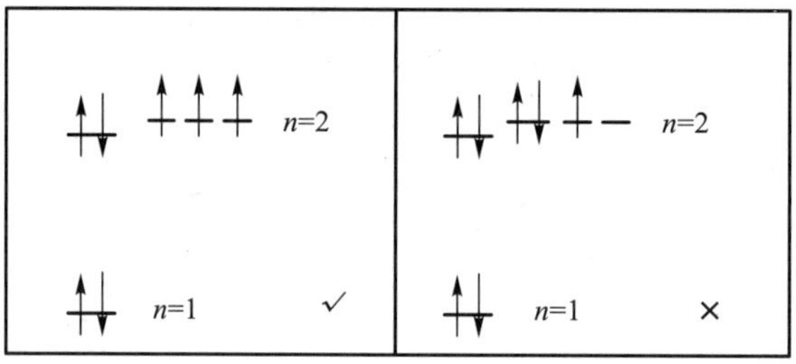

图 8.24　基态 N 原子的电子排布("√"正确;"×"错误)

8.4.4　基态原子电子排布的周期性

大多数电中性基态原子的电子可根据电子在原子核外排布的三个原则,按照构造原理(aufbau principle)图的顺序填入核外原子轨道(见图 8.25)。

按照四个量子数间的关系,可以确定每一电子层存在的原子轨道数等于 n^2,可能存在的电子运动状态数,即每一电子层中最多容纳的电子数目等于 $2n^2$。例如,$n=1$ 的电子层(K 层),有 1 个原子轨道,容纳的电子数目为 2,这对应着周期表中第一周期的 H 和 He 两个元素;$n=2$ 的电子层(L 层),有 4 个原子轨道,容纳的电子数目为 8,这对应着周期表中第二周期从 Li 到 Ne 的 8 个元素;$n=3$ 的电子层(M 层),有 9 个原子轨道,最多可容纳 18 个电子,即本周期的元素数目可以达到 18 个。但是按照构造原理图的顺序,3s 和 3p 轨道填满后,电子不是继续填入 3d 轨道,而是填入 4s 轨道,从而开始了一个新的周期,即第四周期。所以,第三周期仅有从 Na 到 Ar 8 个元素。第四周期以后,随着核电荷数递增,电子从 ns 轨道开始填充,到填满 np 轨道,从而完成一个周期(见图 8.26)。

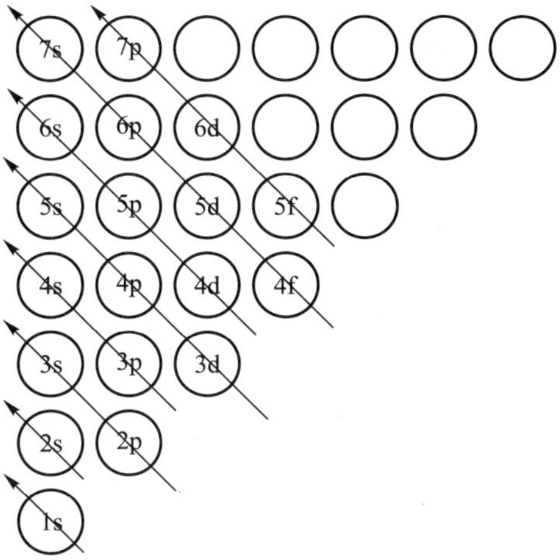

图 8.25 构造原理图

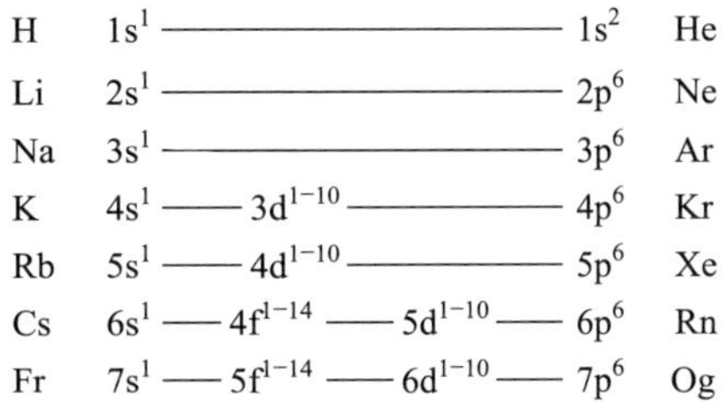

图 8.26 元素的电子排布的周期性

原子的电子排布情况，通常用电子结构式表示（见表 8.3）。例如，原子序数 $Z=12$ 的 Mg 原子的电子结构式是 $1s^22s^22p^63s^2$，其简化形式是[Ne] $3s^2$，符号[Ne]代表 Mg 的内层电子达到稀有气体 Ne 的电子结构[$1s^22s^22p^6$]，称为原子实。又如，原子序数 $Z=24$ 的 Cr 原子的电子结构式是[Ar] $3d^54s^1$，其中原子实[Ar]代表 Cr 的内层电子达到稀有气体 Ar 的电子结构[$1s^22s^22p^63s^23p^6$]。这里需要注意的是，如果根据电子在原子核外排布的三个原则排布电子，Cr 原子的电子结构式应该是[Ar] $3d^44s^2$，而实际上 Cr 原子的价电子按照简并轨道半充满的 $3d^54s^1$ 方式排布，其原因是，简并轨道处于全充满（s^2、p^6、d^{10}、f^{14}）、半充满（s^1、p^3、d^5、f^7）或全空（s^0、p^0、d^0、f^0）状态时的能量较低，体系更稳定。上述原子核外电子排布规则仅是粗略的、近似的，还不够完善。周期表中有多处例外的电子构型，电子构型最终是由光谱实验来确定的。

表 8.3 元素基态电子构型

周期序号	原子序数	元素符号	中文名称	英文名称	电子构型
（一）	1	H	氢	Hydrogen	$1s^1$
	2	He	氦	Helium	$1s^2$
（二）	3	Li	锂	Lithium	[He] $2s^1$
	4	Be	铍	Beryllium	[He] $2s^2$
	5	B	硼	Boron	[He] $2s^2\ 2p^1$
	6	C	碳	Carbon	[He] $2s^2\ 2p^2$
	7	N	氮	Nitrogen	[He] $2s^2\ 2p^3$
	8	O	氧	Oxygen	[He] $2s^2\ 2p^4$
	9	F	氟	Fluorine	[He] $2s^2\ 2p^5$
	10	Ne	氖	Neon	[He] $2s^2\ 2p^6$
（三）	11	Na	钠	Sodium	[Ne] $3s^1$
	12	Mg	镁	Magnesium	[Ne] $3s^2$
	13	Al	铝	Aluminum	[Ne] $3s^2\ 3p^1$
	14	Si	硅	Silicon	[Ne] $3s^2\ 3p^2$

续表

周期序号	原子序数	元素符号	中文名称	英文名称	电子构型
	15	P	磷	Phosphorus	[Ne] $3s^2 3p^3$
	16	S	硫	Sulfur	[Ne] $3s^2 3p^4$
	17	Cl	氯	Chlorine	[Ne] $3s^2 3p^5$
	18	Ar	氩	Argon	[Ne] $3s^2 3p^6$
(四)	19	K	钾	Potassium	[Ar] $4s^1$
	20	Ca	钙	Calcium	[Ar] $4s^2$
	21	Sc	钪	Scandium	[Ar] $3d^1 4s^2$
	22	Ti	钛	Titanium	[Ar] $3d^2 4s^2$
	23	V	钒	Vanadium	[Ar] $3d^3 4s^2$
	24	Cr	铬	Chromium	[Ar] $3d^5 4s^1$
	25	Mn	锰	Manganese	[Ar] $3d^5 4s^2$
	26	Fe	铁	Iron	[Ar] $3d^6 4s^2$
	27	Co	钴	Cobalt	[Ar] $3d^7 4s^2$
	28	Ni	镍	Nickel	[Ar] $3d^8 4s^2$
	29	Cu	铜	Copper	[Ar] $3d^{10} 4s^1$
	30	Zn	锌	Zinc	[Ar] $3d^{10} 4s^2$
	31	Ga	镓	Gallium	[Ar] $3d^{10} 4s^2 4p^1$
	32	Ge	锗	Germanium	[Ar] $3d^{10} 4s^2 4p^2$
	33	As	砷	Arsenic	[Ar] $3d^{10} 4s^2 4p^3$
	34	Se	硒	Selenium	[Ar] $3d^{10} 4s^2 4p^4$
	35	Br	溴	Bromine	[Ar] $3d^{10} 4s^2 4p^5$
	36	Kr	氪	Krypton	[Ar] $3d^{10} 4s^2 4p^6$
(五)	37	Rb	铷	Rubidium	[Kr] $5s^1$
	38	Sr	锶	Strontium	[Kr] $5s^2$
	39	Y	钇	Yttrium	[Kr] $4d^1 5s^2$
	40	Zr	锆	Zirconium	[Kr] $4d^2 5s^2$
	41	Nb	铌	Niobium	[Kr] $4d^4 5s^1$
	42	Mo	钼	Molybdenum	[Kr] $4d^5 5s^1$
	43	Tc	锝	Technetium	[Kr] $4d^5 5s^2$
	44	Ru	钌	Ruthenium	[Kr] $4d^7 5s^1$
	45	Rh	铑	Rhodium	[Kr] $4d^8 5s^1$
	46	Pd	钯	Palladium	[Kr] $4d^{10}$

续表

周期序号	原子序数	元素符号	中文名称	英文名称	电子构型
	47	Ag	银	Silver	[Kr] $4d^{10}5s^1$
	48	Cd	镉	Cadmium	[Kr] $4d^{10}5s^2$
	49	In	铟	Indium	[Kr] $4d^{10}5s^25p^1$
	50	Sn	锡	Tin	[Kr] $4d^{10}5s^25p^2$
	51	Sb	锑	Antimony	[Kr] $4d^{10}5s^25p^3$
	52	Te	碲	Tellurium	[Kr] $4d^{10}5s^25p^4$
	53	I	碘	Iodine	[Kr] $4d^{10}5s^25p^5$
	54	Xe	氙	Xenon	[Kr] $4d^{10}5s^25p^6$
（六）	55	Cs	铯	Cesium	[Xe] $6s^1$
	56	Ba	钡	Barium	[Xe] $6s^2$
	57	La	镧	Lanthanum	[Xe] $5d^16s^2$
	58	Ce	铈	Cerium	[Xe] $4f^15d^16s^2$
	59	Pr	镨	Praseodymium	[Xe] $4f^36s^2$
	60	Nd	钕	Neodymium	[Xe] $4f^46s^2$
	61	Pm	钷	Promethium	[Xe] $4f^56s^2$
	62	Sm	钐	Samarium	[Xe] $4f^66s^2$
	63	Eu	铕	Europium	[Xe] $4f^76s^2$
	64	Gd	钆	Gadolinium	[Xe] $4f^75d^16s^2$
	65	Tb	铽	Terbium	[Xe] $4f^96s^2$
	66	Dy	镝	Dysprosium	[Xe] $4f^{10}6s^2$
	67	Ho	钬	Holmium	[Xe] $4f^{11}6s^2$
	68	Er	铒	Erbium	[Xe] $4f^{12}6s^2$
	69	Tm	铥	Thulium	[Xe] $4f^{13}6s^2$
	70	Yb	镱	Ytterbium	[Xe] $4f^{14}6s^2$
	71	Lu	镥	Lutetium	[Xe] $4f^{14}5d^16s^2$
	72	Hf	铪	Hafnium	[Xe] $4f^{14}5d^26s^2$
	73	Ta	钽	Tantalum	[Xe] $4f^{14}5d^36s^2$
	74	W	钨	Tungsten	[Xe] $4f^{14}5d^46s^2$
	75	Re	铼	Rhenium	[Xe] $4f^{14}5d^56s^2$
	76	Os	锇	Osmium	[Xe] $4f^{14}5d^66s^2$
	77	Ir	铱	Iridium	[Xe] $4f^{14}5d^76s^2$
	78	Pt	铂	Platinum	[Xe] $4f^{14}5d^96s^1$

续表

周期序号	原子序数	元素符号	中文名称	英文名称	电子构型
	79	Au	金	Gold	[Xe] $4f^{14}5d^{10}6s^1$
	80	Hg	汞	Mercury	[Xe] $4f^{14}5d^{10}6s^2$
	81	Tl	铊	Thallium	[Xe] $4f^{14}5d^{10}6s^26p^1$
	82	Pb	铅	Lead	[Xe] $4f^{14}5d^{10}6s^26p^2$
	83	Bi	铋	Bismuth	[Xe] $4f^{14}5d^{10}6s^26p^3$
	84	Po	钋	Polonium	[Xe] $4f^{14}5d^{10}6s^26p^4$
	85	At	砹	Astatine	[Xe] $4f^{14}5d^{10}6s^26p^5$
	86	Rn	氡	Radon	[Xe] $4f^{14}5d^{10}6s^26p^6$
(七)	87	Fr	钫	Francium	[Rn] $7s^1$
	88	Ra	镭	Radium	[Rn] $7s^2$
	89	Ac	锕	Actinium	[Rn] $6d^17s^2$
	90	Th	钍	Thorium	[Rn] $6d^27s^2$
	91	Pa	镤	Protactinium	[Rn] $5f^26d^17s^2$
	92	U	铀	Uranium	[Rn] $5f^36d^17s^2$
	93	Np	镎	Neptunium	[Rn] $5f^46d^17s^2$
	94	Pu	钚	Plutonium	[Rn] $5f^67s^2$
	95	Am	镅	Americium	[Rn] $5f^77s^2$
	96	Cm	锔	Curium	[Rn] $5f^76d^17s^2$
	97	Bk	锫	Berkelium	[Rn] $5f^97s^2$
	98	Cf	锎	Californium	[Rn] $5f^{10}7s^2$
	99	Es	锿	Einsteinium	[Rn] $5f^{11}7s^2$
	100	Fm	镄	Fermium	[Rn] $5f^{12}7s^2$
	101	Md	钔	Mendelevium	[Rn] $5f^{13}7s^2$
	102	No	锘	Nobelium	[Rn] $5f^{14}7s^2$
	103	Lw	铹	Lawrencium	[Rn] $5f^{14}6d^17s^2$
	104	Rf	𬬻	Rutherfordium	[Rn] $5f^{14}6d^27s^2$
	105	Db	𬭊	Dubnium	[Rn] $5f^{14}6d^37s^2$
	106	Sg	𬭳	Seaborgium	[Rn] $5f^{14}6d^47s^2$
	107	Bh	𬭛	Bohrium	[Rn] $5f^{14}6d^57s^2$
	108	Hs	𬭶	Hassium	[Rn] $5f^{14}6d^67s^2$
	109	Mt	鿏	Meitnerium	[Rn] $5f^{14}6d^77s^2$
	110	Ds	𫟼	Darmstadtium	[Rn] $5f^{14}6d^97s^1$

续表

周期序号	原子序数	元素符号	中文名称	英文名称	电子构型
	111	Rg	轮	Roentgenium	[Rn] $5f^{14}6d^{10}7s^1$
	112	Cn	镉	Copernicium	[Rn] $5f^{14}6d^{10}7s^2$
	113	Nh	鉨	Nihonium	[Rn] $5f^{14}6d^{10}7s^2 7p^1$
	114	Fl	𫓧	Flerovium	[Rn] $5f^{14}6d^{10}7s^2 7p^2$
	115	Mc	镆	Moscovium	[Rn] $5f^{14}6d^{10}7s^2 7p^3$
	116	Lv	𫟷	Livermorium	[Rn] $5f^{14}6d^{10}7s^2 7p^4$
	117	Ts	石田	Tennessine	[Rn] $5f^{14}6d^{10}7s^2 7p^5$
	118	Og	气奥	Oganesson	[Rn] $5f^{14}6d^{10}7s^2 7p^6$

注:110~118 号元素的基态电子构型均为理论预测。

8.5 元素周期表和元素基本性质的周期性

8.5.1 元素周期表的建立

史前期,人类发现了以天然单质态存在的碳、硫、金。公元前 3000 年,人类发现了以稳定矿石形态存在的银、铜、铅、锡和汞。此后至 19 世纪,又相继发现了 60 多种元素。随着越来越多的化学元素被发现,逐渐有学者试图对元素进行分类。1817 年,德贝赖纳(J. W. Dobereiner)发现,钙、锶、钡这三个元素的相对原子质量之间存在一定的数值关系,将这三个元素称之为"三素组",后来又进一步将锂、钠、钾和硫、硒、碲归为"三素组"。此后,陆续出现了以相对原子质量为基础的多种形式的周期表。1869 年,俄国科学家门捷列夫首次公开发表了题为"元素的性质与原子量的关系"的论文和他的周期表。此后 20 年间,门捷列夫数次发表论文对周期表进行修订和说明,为尚未发现的当时称之为"类硼""类铝""类硅"的元素留出空位,预测了这些元素的相对原子质量和性质。这三个被他预言的元素和性质后来都被证实了,分别是钪、镓和锗。这极大地增加了周期表的重要性和可靠性。门捷列夫周期表是建立在原子大小和原子性质的相似性基础上的。1913 年,美国物理学家莫塞莱(H. G. T. Moseley)通过 X 射线研究,揭示了原子序数是原子的核电荷数这一本质,核外电子数伴随原子核电荷数增加而增加。目前通用的长式周期表,按照原子序数由小到大排列,很好地体现了原子的电子层结构和最外层电子数的周期性变化。自 20 世纪 30 年代以来,科学家们又发现了许多新的化学元素。2015 年 12 月 30 日,IUPAC 正式确认发现四种新的化学元素,这四种元素均已在实验室中生成,至此完成了周期表的第七个周期。

8.5.2 元素周期表的构造

目前广为使用的周期表,由 7 个横排和 18 个纵列构成,横排称为周期,对应 7 个能级组,纵列称为族,共有 16 个族。根据价层电子排布的特点划分为 5 个区(见图 8.27)。价层电子一般指能够参与化学反应的电子,也称价电子。

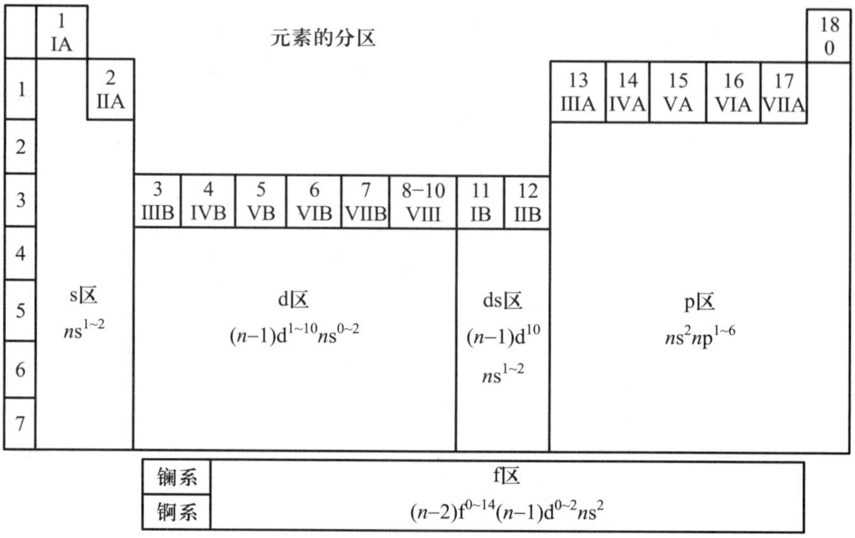

图 8.27 元素周期表的分区

1. 元素周期表的周期

周期表中的周期数=最外层主量子数 n。各周期元素的数目等于相应能级组中原子轨道所能容纳的电子总数。第一周期为特短周期，只有 2 种元素。第二周期、第三周期为短周期，各有 8 种元素。第四周期、第五周期为长周期，各有 18 种元素。第六周期、第七周期为特长周期，有 32 种元素。其中，在 57 号 La 元素的位置上有 57~71 号共 15 个元素，通称为镧系元素；在 89 号 Ac 元素的位置上有 89~103 号共 15 个元素，通称为锕系元素。多电子原子中原子轨道能级的交错使每周期元素的原子最外层电子数≤8(Pd 例外)，次外层电子数≤18。

2. 元素周期表的族

长式元素周期表共有 18 个纵列，常用的标法有两种：新标法和传统标法。IUPAC 建议的新标法是从左至右将这 18 个纵列称为 18 个族，用阿拉伯数字 1 到 18 标记。在传统标法中，18 个纵列用大写罗马数字加 A 或 B 标记（标记 0 和Ⅷ例外）：1~2 纵列和 13~17 纵列为ⅠA~ⅦA，18 纵列标记为 0，统称为 A 族，其族次等于 $ns+np$ 价电子数；3~7 纵列标记为ⅢB~ⅦB，其族次等于 $(n-1)d+ns$ 价电子数；8~10 纵列划分为一个族，标记为Ⅷ（也有建议标记为ⅧB），价电子数是 8~10，等于或大于其族次；11~12 纵列标记为ⅠB~ⅡB，其族次等于最外层电子数，即 ns 电子数。3~12 纵列一般称为 B 族。

3. 元素周期表的区

通常根据价电子构型的特点把元素周期表分成不同的区，来讨论元素性质的周期性变化。元素的分区根据最后一个电子填入的亚层确定（见图 8.27）：s 区，第 1~2 族（ⅠA~ⅡA 族）元素，价电子构型是 $ns^{1\sim2}$；p 区，第 13~18 族（ⅢA~ⅦA 族和 0 族）元素，价电子构型是 $ns^2np^{1\sim6}$；d 区，第 3~10 族（ⅢB~ⅦB 和Ⅷ族）元素，价电子构型是 $(n-1)d^{1\sim10}ns^{0\sim2}$；ds 区，第 11~12 族（ⅠB~ⅡB 族）元素，价电子构型是 $(n-1)d^{10}\ ns^{1\sim2}$；f 区，包括镧系和锕系共 30 个元素，价电子构型是 $(n-2)f^{0\sim14}(n-1)d^{0\sim2}ns^2$，本区元素的特点是倒数第三层 $(n-2)$f 轨道上电子数不同，而最外两层电子数基本相同，故它们的化学性质非常相似。

通常把 s 区和 p 区元素称为主族(A 族)元素;把 d 区和 ds 区元素称为副族(B 族)元素或过渡金属元素,其中第 4 周期至第 6 周期元素分别称作第一过渡系列、第二过渡系列和第三过渡系列;把 f 区元素称为稀土金属元素,也称内过渡元素。多数情况下,由某元素的电子构型可以确定该元素在周期表中的位置。例如,已知某元素的价层电子构型为 $3d^34s^2$,即可知该元素位于第四周期的第 5 族,即ⅤB 族,是钒,元素符号 V。

8.5.3 元素基本性质的周期性

元素周期表中,随着核电荷数的递增,原子的核外电子排布呈现周期性变化。元素的一些基本性质,如原子半径、电离能、电子亲和能和电负性,以及金属性和非金属性,也随着核电荷数的递增而呈现周期性的变化。这种周期性的变化正是原子内部结构周期性变化的反映。元素性质随着核电荷数的递增而周期性变化的规律叫作元素周期律。

1. 原子半径

原子是具有波粒二象性的微观粒子,其运动服从不确定原理和具有统计性规律,因此对于单个原子并没有绝对分明的界面。通常原子半径,总是以相邻原子核间距为基础而确立的。当同种元素的两个原子形成共价单键时,其核间距离的一半,即为共价半径;对于金属元素,定义为金属晶体中相邻两个原子的核间距离的一半,即金属半径;对于既没有共价键也没有金属键的稀有气体元素,定义为当稀有气体以晶体形式存在时两个相邻原子的核间距离的一半。由于稀有气体晶体属于分子晶体,所以也称为范德华半径。一般来说,原子半径以共价半径<金属半径<范德华半径的顺序增加。

原子核电荷数的多少、电子间排斥作用的大小、电子构型等很多因素都会影响原子半径的大小。一般地,核电荷数 Z 越大,对核外电子的吸引力越大,核外电子靠近原子核出现的机会越大,原子半径减小;电子间互斥作用越大、有效核电荷越少,电子运动离原子核越远,导致原子半径增大;这两种相反作用相互竞争的程度不同,决定原子半径的大小(见图 8.28)。

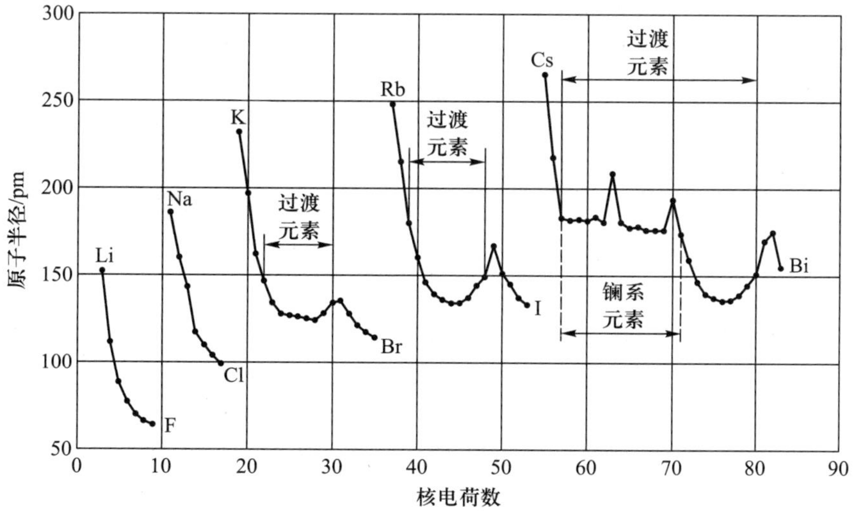

图 8.28 原子半径

元素周期表同一周期内，从左至右，原子序数每升高一，即增加一个核电荷对电子的引力，尽管同时也增加了一个电子，但其屏蔽效应不足以抵消增加的核电荷的引力，此时核电荷的引力占优势，故原子半径随原子序数的增加而减小。主族元素，由于电子填充在同一能级层，原子半径的这种递变倾向明显。而副族元素，随着核电荷数的增加，新增电子填入次外层，对最外层电子屏蔽作用增大，有效核电荷数 Z^* 增加得比较缓慢，从左至右原子半径减小幅度不大。Cu 和 Zn 为 d^{10} 电子构型，电子斥力占主导，致使原子半径反而有所增大。

镧系元素，自左到右，随着核电荷的增加，新增电子填充到内层 $(n-2)$f 轨道，对最外层电子屏蔽作用更大，有效核电荷 Z^* 增加的幅度更小，所以原子半径减小的幅度很小，原子半径呈现缓慢减小的趋势，即镧系收缩（La→Lu，$\Delta r=-9$ pm）。镧系收缩对于镧系元素自身的影响，使得 15 种镧系元素的半径相近，性质相似，分离困难。

元素周期表的同族中，随着主量子数 n 增大，填充电子的电子层增加，原子半径 r 增大。副族元素中，第二过渡系列比第一过渡系列的 r 增大 10 pm 左右；第三过渡系列和第二过渡系列 r 相近，这主要是镧系收缩的影响抵消了电子层的增加所造成的结果。由于镧系收缩，致使后面第五周期、第六周期同一副族元素（如 Zr 与 Hf、Nb 与 Ta、Mo 与 W）半径相近，性质相似，分离困难。

2. 电离能

元素的一个基态的气态原子失去一个电子，生成气态一价正离子所需要吸收的能量，称为该元素的第一电离能（ionization energy），常用符号 I_1 表示：

$$\mathrm{M(g)} \rightarrow \mathrm{M^+(g)} + \mathrm{e^-} \quad \Delta H = I_1$$

气态一价正离子继而再失去一个电子形成气态正二价离子时，所需要吸收的能量称为第二电离能，用符号 I_2 表示，以此类推。电离能为正值，电离能值越大，表示失去电子时所消耗的能量越多，越难以失去电子。由于正电荷对电子的较强的吸引作用，从气态正离子失去一个电子要比从气态原子失去一个电子需要消耗更多的能量，因而同一元素的电离能依次增加：$I_1<I_2<I_3$。

电离能，尤其是第一电离能 I_1，通常用来衡量气态原子失去电子的难易和判断元素的金属性。电离能的大小主要取决于原子的有效核电荷数、原子半径，以及原子的电子构型。元素的电离能在周期表中呈现周期性变化（见图 8.29 和附录 5）。

同一周期，从左至右，元素的第一电离能 I_1 随着原子序数的增加而增加。但是有多处例外，以第二周期为例，元素 B 和 O 的第一电离能分别比左侧元素 Be 和 N 第一电离能小，原因是 B 和 O 失去一个电子后达到轨道半满或全满电子构型而使能量得到补偿。

同一主族，元素的第一电离能随着原子序数的增加而减少。

副族中，第三过渡系列元素的第一电离能明显大于第二过渡系列，原因是第二、第三过渡系列元素原子的半径相近，但第三过渡系列元素的核电荷数要比第二过渡系列的大得多，原子核对核外电子的引力更大，失去一个电子需要吸收更多的能量。

图 8.30 列出第二周期元素的电离能数据，这些数据表明，当原子失去内层电子时，电离能会急剧增加。这说明，在化学反应中，只有原子的外层电子（惰性气体稳定结构以外的电子）易发生电子转移或形成共用电子对，而内层电子由于受原子核的吸引作用很大，与原子核结合得十分牢固，通常不发生电子转移或共用。

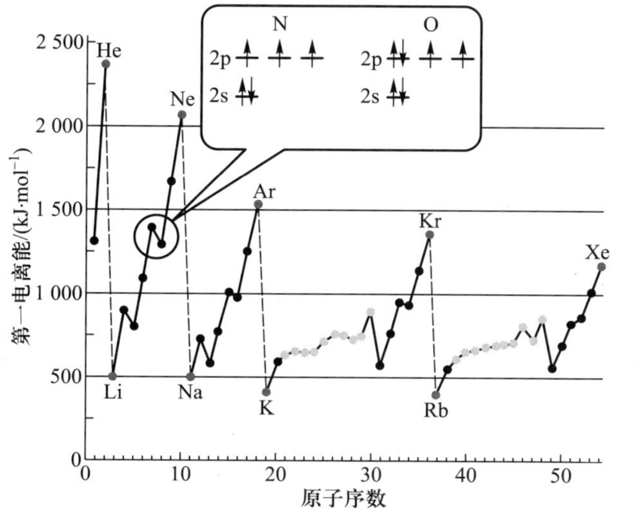

图 8.29 元素电离能的周期性

外层电子		I_1	I_2	I_3	I_4	I_5	I_6	I_7	I_8
$2s^1$	Li	520	7 297	11 810					
$2s^2$	Be	899	1 757	14 845	21 000				
$2s^22p^1$	B	800	2 426	3 659	25 020	32 820			
$2s^22p^2$	C	1 086	2 352	4 619	6 221	37 820	47 260		
$2s^22p^3$	N	1 402	2 855	4 576	7 473	9 442	53 250	64 340	
$2s^22p^4$	O	1 314	3 388	5 296	7 467	10 987	13 320	71 320	84 070
$2s^22p^5$	F	1 680	3 375	6 045	8 408	11 020	15 160	17 860	92 010
$2s^22p^6$	Ne	2 080	3 963	6 130	9 361	12 180	15 240		

(内层电子$1s^2$)

图 8.30 第二周期元素的电离能

3. 电子亲和能

电子亲和能(electron affinity)用来衡量气态原子或离子得到电子的难易。当元素处于基态的气态原子获得一个电子成为气态负一价阴离子时所放出的能量,称为该元素的第一电子亲和能 E_1(通常规定为正值),则

$$X(g)+e^- \rightarrow X^-(g) \qquad \Delta H=-E_1$$

一般来说,第一电子亲和能越大,该元素越容易获得电子,非金属性越强。当气态负一价阴离子得到一个电子时,需要克服与所增电子之间的静电斥力而消耗能量,故元素的第二电子亲和能 E_2 一般变为负值($E_2<0$)。例如,

$$O(g)+e^- \rightarrow O^-(g) \qquad \Delta H_1=-E_1=-141\ \text{kJ}\cdot\text{mol}^{-1}$$

$$O^-(g)+e^- \rightarrow O^{2-}(g) \qquad \Delta H_2=-E_2=+780\ \text{kJ}\cdot\text{mol}^{-1}$$

电子亲和能的变化规律与电离能变化规律基本一致(见图 8.31)。同周期元素,自左至右,电子亲和能基本呈增加趋势。例外的情况发生在电子层结构处于全充满、半充满或全空的较稳定状态时的元素,具有这种电子结构的原子若再加入一个电子,需要消耗能量,因此,ⅡA、ⅤA 族元素的 E_1 一般小于两侧相邻元素的 E_1。例如,Ca($4s^2$)的 $E_1=2.37\ \text{kJ}\cdot\text{mol}^{-1}$,比 K 和 Sc 的 E_1 都小;$E_1(P)<E_1(Si)$,$E_1(P)<E_1(S)$。

	ⅠA	ⅡA	ⅢB	ⅢA	ⅣA	ⅤA	ⅥA	ⅦA	0
1	H 72.77	ns^2		$E_1/(kJ\cdot mol^{-1})$		ns^2np^3			He —
2	Li 59.63	Be —		B 26.99	C 121.78	N —	O 140.98	F 328.16	Ne —
3	Na 52.87	Mg —		Al 41.76	Si 134.07	P 72.04	S 200.41	Cl 348.57	Ar —
4	K 48.38	Ca 2.37	Sc 18.14	Ga 41.49	Ge 118.94	As 77.57	Se 194.96	Br 324.54	Kr —
5	Rb 46.88	Sr 4.63	Y 29.62	In 28.95	Sn 107.30	Sb 100.92	Te 190.16	I 295.15	Xe —
6	Cs 45.50	Ba 13.95	La 45.35	Tl 36.37	Pb 35.12	Bi 90.92	Po (183.32)	At (270.16)	Rn —

图 8.31 元素的第一电子亲和能

同族元素，从上到下，电子亲和能基本呈减小趋势。但是，第二周期元素原子的半径很小，电子密集，电子间排斥力较大，以至于当原子结合一个电子形成-1 价离子时放出的能量相对较少，所以，E_1 比第三周期元素原子的要小。例如，$E_1(O) < E_1(S)$，$E_1(F) < E_1(Cl)$。在周期表中第一电子亲和能最大的元素是 Cl 。

4. 电负性

电离能和电子亲和能均从物理的视角反映了孤立原子得失电子的能力。为了全面衡量化学分子中各原子吸引电子的能力，鲍林在 1932 年提出电负性（electronegativity）的概念。电负性（用χ 表示），指在分子中某原子吸引成键电子的能力。元素的电负性越大，表示该元素原子在分子中吸引电子向自身偏移的能力越大。电负性(χ)是以指定最活泼非金属元素原子 F 的电负性为 4.0，而计算出其他元素原子的电负性值，故χ 是一个相对的数值（见图 8.32）。1934 年，马利肯（R. S. Mulliken）定义电负性的新标度(χ_M)为电离能(I)和电子亲和能(E)的平均值，即

$$\chi_M = \frac{1}{2}(I+E) \tag{8.30}$$

马利肯的电负性数值是绝对值，但是由于缺乏数据而不如鲍林电负性应用得广泛。还有依据光谱学数据计算的电负性标度(χ_s)等，在此不一一列举。

	ⅠA	ⅡA	ⅢB	ⅣB	ⅤB	ⅥB	ⅦB	Ⅷ	Ⅷ	Ⅷ	ⅠB	ⅡB	ⅢA	ⅣA	ⅤA	ⅥA	ⅦA
1	H 2.20																
2	Li 0.98	Be 1.57											B 2.04	C 2.55	N 3.04	O 3.44	F 3.98
3	Na 0.93	Mg 1.31											Al 1.61	Si 1.90	P 2.19	S 2.58	Cl 3.16
4	K 0.82	Ca 1.00	Sc 1.36	Ti 1.54	V 1.63	Cr 1.66	Mn 1.55	Fe 1.83	Co 1.88	Ni 1.91	Cu 1.90	Zn 1.65	Ga 1.81	Ge 2.01	As 2.18	Se 2.55	Br 2.96
5	Rb 0.82	Sr 0.95	Y 1.22	Zr 1.33	Nb 1.6	Mo 2.16	Tc 2.10	Ru 2.2	Rh 2.28	Pd 2.20	Ag 1.93	Cd 1.69	In 1.78	Sn 1.96	Sb 2.05	Te 2.1	I 2.66
6	Cs 0.79	Ba 0.89	La 1.10	Hf 1.3	Ta 1.5	W 1.7	Re 1.9	Os 2.2	Ir 2.2	Pt 2.2	Au 2.4	Hg 1.9	Tl 1.8	Pb 1.8	Bi 1.9	Po 2.0	At 2.2

图 8.32 元素的电负性值(χ)

从图 8.32 可见,同周期元素,自左至右,元素的电负性值基本呈增加趋势。同族元素,从上至下,元素的电负性值呈减小趋势。周期表的右上方元素的电负性大,吸引电子向自身偏移的能力强,非金属性强。其中,F 是电负性最大的元素;周期表的左下方元素的电负性比较小,吸引电子向自身偏移的能力弱,金属性强。一般地,区分金属元素与非金属元素的电负性界定值为 2.0。电负性小于 2.0 为金属元素,大于 2.0 为非金属元素。把处在金属元素与非金属元素的过渡区、电负性接近 2.0 的元素,称为半金属或准金属,如图 8.32 粗折线两侧的 B、Si、Ge、As、Sb、Te 等,它们的物理和化学性质介于金属和非金属之间。

周期表中有几对处于左上方和右下方对角线位置的元素,如 Li 和 Mg、Be 和 Al、B 和 Si,它们的原子半径大小相近,电离能和电负性值也相近,具有相似的化学性质,一般称之为对角线规则。

电负性的一个重要应用是判断化学键的极性。两个原子的电负性差越大,它们之间的化学键的极性就越强。

思考题

1. 汤姆孙提出的原子结构的梅子布丁模型是在哪些科学发现基础上提出来的?
2. 有核原子模型是哪位科学家提出来的? 依据哪些科学发现?
3. 玻尔原子结构模型的要点有哪些? 以玻尔理论为代表的旧量子理论的局限性是什么?
4. 微观粒子的运动和宏观物体运动的重要区别是什么?
5. 微观粒子的特殊性体现在哪几个方面?
6. 为什么说微观粒子测量的不确定性其实质是源于波粒二象性的自然属性?
7. 量子力学描述核外电子运动状态的基本方法是什么?
8. 径向概率密度图和径向概率分布图的区别是什么?
9. 计算各电子态的径向概率分布图中概率峰数目的公式是什么? 径向分布概率峰数目的不同意味着什么?
10. 周期表中每个周期可容纳电子的最多数目是 $2n^2$,为什么从第 4 周期开始最外层电子数 ≤8,次外层电子数 ≤18?

习题

8.1 根据里德堡公式计算氢原子从 $n=6$ 能级跃迁到 $n=2$ 能级时的发射光的波长和这两个能级之间的能量差。

(4.10×10^{-7} m 或 410 nm; 4.85×10^{-22} kJ)

8.2 如果以 (42 ± 1) $m\cdot s^{-1}$ 的速度投掷一个 150 g 的棒球,根据不确定原理求其位置不确定度。

($\Delta x=3.5\times10^{-34}$ m)

8.3 He^+ 的第 3 电子层的能量是多少?

(−6.04 eV)

8.4 属于主量子数 $n=3$ 的一个电子的四个量子数 n、l、m、m_s 取值正确的是(　　)。

A. 3,2,1,0　　B. 3,2,−1,1/2

C. 3,3,1,1/2　　D. 3,1,2,1/2

(B)

8.5 某元素原子基态的电子构型为[Ar]$3d^8 4s^2$，它在元素周期表中处于哪个区？

(d 区)

8.6 按类氢原子轨道能量计算公式，Li^{2+}电子在 $n=1$ 轨道上的能量与 H 原子电子在 $n=1$ 轨道上能量之比值是多少？

(9 : 1)

8.7 写出原子序数为 19 的元素的价电子的四个量子数。

$\left(4,0,0,+\frac{1}{2}\text{或}-\frac{1}{2}\right)$

8.8 写出阳离子 Rh^{3+}基态的电子构型。

([Kr]$4d^6$)

8.9 什么是镧系收缩？镧系收缩的结果使得哪些元素分离困难？

8.10 原子轨道角度分布图中，从原点到曲面的距离用哪个参数表示？

(Y 的绝对值)

8.11 指出原子核外，主量子数 $n=4$ 的原子轨道的数目和最多可容纳的电子数目。

(16;32)

8.12 写出 S、Ni、Ge、Nd、P 的基态电子构型。

8.13 某元素的最高氧化态为+5，原子的最外层电子数为 2，原子半径是同族元素中最小的。写出该元素的原子的核外电子排布式和+3 价离子的电子排布式。

8.14 $\psi(3, 2, 1)$代表简并轨道中的一个轨道是(　　)。

A. 2p 轨道　　B. 3d 轨道　　C. 3p 轨道　　D. 4f 轨道

(B)

8.15 哪一个化学元素的第一电离能最小？哪一个化学元素的第一电离能最大？

(铯;氦)

8.16 符号 4d 表示电子的主量子数 $n=$？角量子数 $l=$？此轨道最多有多少种空间取向？最多容纳多少个电子？

(4;2;5;10)

8.17 写出原子序数为 24 的元素的名称、元素符号和电子构型。

(铬;Cr;[Ar]$3d^5 4s^1$)

8.18 若电子的动能为 13.6 eV，求电子波的波长。已知 1 eV = 1.602×10^{-19} J，电子质量 = 9.11×10^{-31} kg，$h=6.626\times10^{-34}$ J · s。

(333 pm)

8.19 不参考任何数据表，排出以下物种性质的顺序：

(1) Mg^{2+}, Cl^-, Br^-, Ca^{2+}按半径增加的顺序；

(2) Na, Na^+, O, Ne 按第一电离能增加的顺序；

(3) H, F, Al, O 按电负性增加的顺序；

(4) O, Cl, Al, F 按第一电子亲和能增加的顺序。

8.20 氧的第一电子亲和能是 141 kJ · mol^{-1}，而过程 $O(g) + 2e^- \longrightarrow O^{2-}$ 的反应热是 639 kJ · mol^{-1}，那么氧的第二电子亲和能为多少？

(−780 kJ · mol^{-1})

第 9 章

化学键与分子结构

16 世纪之前，人们对世界万物的认识还很简单，在欧洲比较流行的是四元素说(four-element theory)，即由冷、热、湿、燥两两组合，形成了土、水、气、火四种元素(见图 9.1)，这四种元素以各种不同的比例，受到“爱”(吸引力)的作用而结合组成物质，物质受到“恨”(排斥力)的作用而分离。1661 年，玻意耳(R. Boyle)发表了《怀疑派的化学家》，批判了盛行千年的四元素说，他提出元素是直接合成所谓完全混合物的成分，也是完全混合物最终分解成的要素，元素粒子的不同聚合体导致了性质的不同。玻意耳被认为是把倒立的化学翻转过来的、近代化学的奠基人。19 世纪 30 年代，瑞典化学家贝采里乌斯(J. J. Berzelius)提出电化二元论(electrochemical dualism)，认为化学亲和力的本质是相反电荷的相互吸引。例如，盐是由电正性的碱和电负性的酸组成的。20 世纪初，随着电子的发现和有核原子模型的确立，化学键理论发展到电子理论阶段。1902 年，美国化学家路易斯(G. N. Lewis)首次提出原子可以共用电子对形成具有惰性气体原子电子层结构的稳定分子，即“八隅体”规则(octet rule)，该理论也被称为经典共价键理论。20 世纪 20 年代，海特勒(W. H. Heitler)和伦敦(F. London)及鲍林(L. C. Pauling)等人，在量子化学的基础上建立了现代价键理论。1932 年，美国化学家马利肯和德国化学家洪特提出分子轨道理论。至此就形成了两种现代共价键理论：现代价键理论和分子轨道理论。本章将从共价键理论、金属键理论和离子键理论三个方面介绍并理解化学键理论，以及分子间作用力。

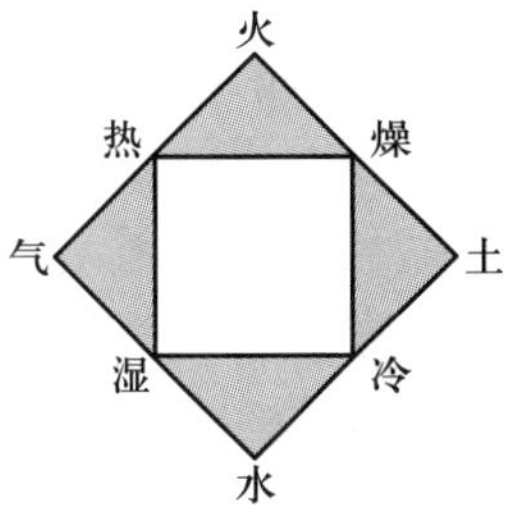

图 9.1　冷、热、湿、燥两两组合形成土、水、气、火四元素

9.1　共价键理论

9.1.1　路易斯电子对理论

路易斯电子对理论认为，分子中的原子都有形成稀有气体电子结构的趋势以求得本身的稳定。而达到这种结构，并非通过电子转移形成离子键来完成，而是通过共用电子对来实现。如果原子拥有 8 个最外层的电子，便能达到稳定(氢原子为 2 个电子)。以 Cl_2 分子为例，2 个氯原子通过共用 1 对电子而生成稳定的“八隅体”结构(见图 9.2)。这是可以理解的，因为 8 个电子可以使最外层的 s 轨道和 p 轨道全部充满达到满壳层的稳定电子构型，即

所谓“八隅体”规则。在路易斯结构式中，每一个圆点代表一个价电子。路易斯结构式简单直观，能够快速地、比较准确地预测简单分子中的电子排布，在解释有机化学反应方面非常有用。

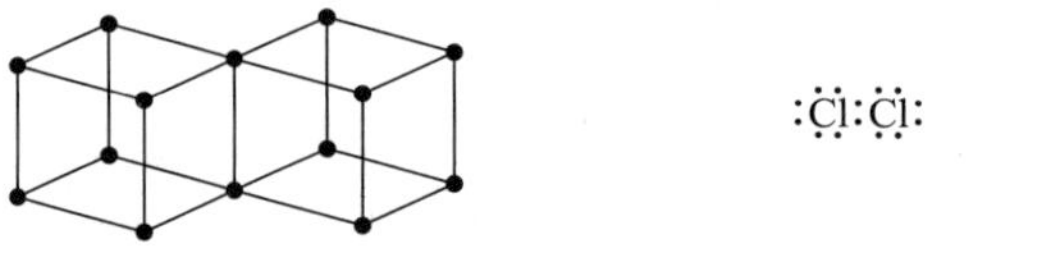

(a) 立方体　　(b) 路易斯结构式

图 9.2　Cl_2 分子的路易斯“八隅体”示意图

1. 路易斯结构式的书写规则

路易斯结构式的书写步骤及规则，以 CN^- 为例说明如下：

① 画出结构骨架：C—N（H 和 F 总是作端基原子，电离能最低的元素作中心原子）；

② 计算出总的价电子数（V）：$V=4+5+1=10$（如果是正离子，要减去正离子电荷，如果是负离子，则加上负离子电荷的绝对值）；

③ 计算使每一个原子达到满壳层需要的总电子数（n）：$n=8\times2=16$；

④ 计算成键电子数（B），并用短线表示一对成键电子：$B=n-V=16-10=6$，$C\equiv N$（一般地，双键仅在 C、N、O 和 S 原子之间存在，三键仅在 C、N 和 O 原子之间存在）；

⑤ 计算孤对电子数（L）：$L=V-B=10-6=4$，分别分配给 C 和 N，使每个原子周围达到 8 个电子，$[:C\equiv N:]^-$（用“ : ”表示孤对电子，分配孤对电子使所有原子周围达到 8 个电子，H 达到 2 个电子）。

有时需要计算形式电荷（FC），由形式电荷检验和确定所得到的电子排布是否正确。形式电荷的计算公式为

$$FC=V-L-\frac{1}{2}S$$

式中，V 是价电子数，L 是孤对电子数，S 是共用电子数。各个原子的形式电荷的总和，对于中性分子是 0；对于离子是其离子电荷数。在路易斯结构式中，使所有原子的形式电荷均为零的排布方式是最稳定的路易斯结构式。

2. 不符合“八隅体”规则的路易斯结构式

“八隅体”规则很适用于含偶数价电子的分子，如 Cl_2、PCl_3、N_2、SO_3 等共价分子，但是不符合“八隅体”规则的例外很多。不符合“八隅体”规则的例外通常发生在下面三种情况下：

（1）含奇数价电子　如 NO，根据“八隅体”规则计算出总的价电子数 $V=5+6=11$；达到满壳层需要的总电子数 $n=2\times8=16$；成键电子数 $B=16-11=5$；孤对电子数 $L=11-5=6$；5 个成键电子中，有 4 个在 N 和 O 之间形成双键，即共用电子数 $S=4$；余下 1 个电子，其放置有两种方式：第一种方式是放置在 N 原子上，即 $\ddot{\underset{\cdot}{\text{N}}}=\ddot{\underset{\cdot\cdot}{\text{O}}}$，计算得到 N 原子和 O 原子的形式电荷分别为

$$FC(\text{N})=5-3-\frac{1}{2}\times4=0$$

$$FC(\text{O})=6-4-\frac{1}{2}\times4=0$$

第二种方式是放置在 O 原子上，即 $\ddot{\underset{\cdot\cdot}{\mathrm{N}}}=\dot{\mathrm{O}}$，计算得到 N 原子和 O 原子的形式电荷分别为

$$FC(\mathrm{N})=5-4-\frac{1}{2}\times 4=-1$$

$$FC(\mathrm{O})=6-3-\frac{1}{2}\times 4=+1$$

第一种排布方式中 N 原子和 O 原子的形式电荷均为零，是最稳定的路易斯结构式，因此，NO 的路易斯结构式为

$$\ddot{\underset{\cdot}{\mathrm{N}}}=\ddot{\underset{\cdot\cdot}{\mathrm{O}}}$$

NO 是比较稳定的分子自由基。

（2）成键电子少于"八隅体"　这种情况经常发生在ⅢA 族，特别是 B 和 Al。如 BCl_3 分子，形成 3 个 B—Cl 单键，则在 B 原子周围的成键电子只有 6 个，路易斯结构式为

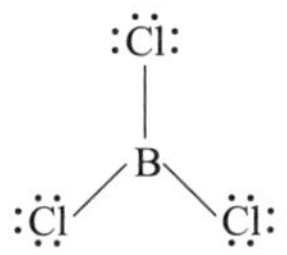

实验结果表明，在 BCl_3 分子中三个 B—Cl 单键是等同的。

一些电子少于"八隅体"的情况可以加多重键，并写出共振式，如 NO_3^-（见图 9.3）：

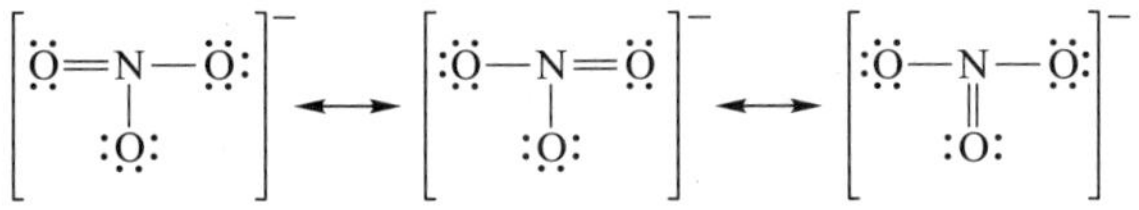

图 9.3　NO_3^- 的共振式

（3）成键电子多于"八隅体"　这种情况经常发生在中心原子有 d 轨道的分子中。如 PCl_5，形成 5 个 P—Cl 单键，在 P 原子周围的成键电子达到 10 个，其路易斯结构式为

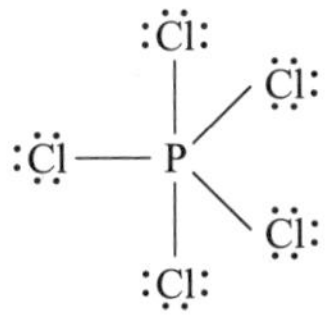

路易斯电子对理论是在量子化学确立之前提出的。路易斯电子对理论没能解释"八隅体"规则的本质和违反"八隅体"规则的诸多例外情况，也不能解释一些分子的性质，如 O_2 和 B_2 具有顺磁性等。这些问题有待于应用以量子化学为基础建立起来的现代共价键理论加以解决。现代共价键理论应用和充实了表征共价键和共价分子结构的键参数，包括键级、键能、键长、键角、键偶极矩等，这些物理参数也对现代共价键理论的发展发挥了重要作用。

9.1.2 价键理论

1927 年，德国化学家海特勒和伦敦首先用量子力学方法处理 H_2 分子，得到两个 H 原子

的核间距与势能的关系曲线(见图9.4)。从图9.4可见,两个H原子无限远离时的势能$E=0$,随着相互靠近,两个H原子的1 s轨道开始重叠,自旋相反的两个电子同时受到两个H原子核电荷的吸引而使势能逐渐降低,在核间距约为87 pm时出现极小值(实验值约为74 pm)。当核间距进一步缩小时,电子之间乃至原子核间的排斥力又迅速增大。在势能曲线的最低点,两个H原子形成共价键。H_2分子的势能比H原子的低得多,因而能够稳定存在,称为基态H_2分子。量子力学揭示,共价键的形成是由于两个原子的原子核达到平衡距离时,在两核之间电子概率密度达到最大,所形成的负电区降低了原子核间的斥力,同时增强了核间电子与两个原子核的引力,从而使体系的能量下降。共价键的本质还是电性的,是共用电子对形成化学键,而不是正、负离子之间的库仑作用力。量子化学计算表明,如果是自旋相同的两个电子相互接近,体系的能量不断增大,在两核之间电子概率密度几乎为零,因而不能形成化学键。海特勒和伦敦用量子力学方法解释了氢分子共价键的本质问题,后经鲍林等人发展,使共价键理论从路易斯电子对理论发展到现代价键理论(valence bond theory,VBT)。现代价键理论,又称作电子配对法,其实质是以路易斯电子对理论为基础的原子轨道理论。

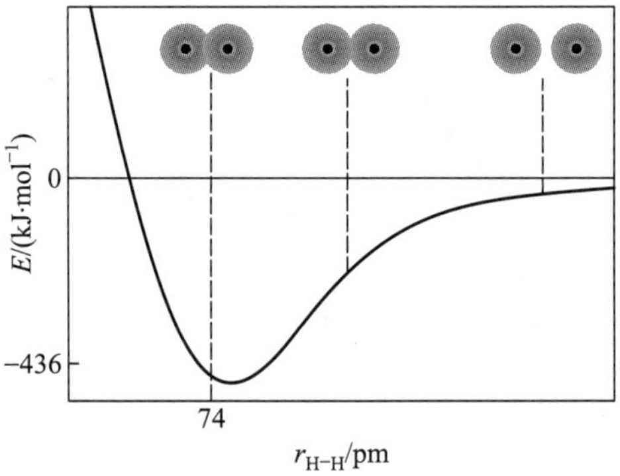

图9.4 两个H原子的核间距与势能的关系曲线

1. 共价键的形成条件和饱和性特点

价键理论认为,两原子各用一个未成对电子以自旋相反的方式相互配对,在两原子间形成共价键;在成键过程中会释放能量而使体系势能下降,从而形成稳定的分子;形成共价键的数目取决于一个原子所具有的单电子数目,有几个未成对电子,便可生成几个共价键,通常有单键、双键和三键。电子配对后不再与第三个电子成键,即共价键具有饱和性的特征。例如,$O(2s^22p^4)$原子有2个单电子,所以形成具有双键的O_2分子;$N(2s^22p^3)$原子有3个单电子,所以形成具有三键的N_2分子。

2. 共价键的类型和方向性特点

价键理论要求,成键电子的原子轨道一定要在对称性一致(原子轨道的波瓣符号相同)的前提下发生最大程度的重叠。成键原子轨道只有沿着一定的方向进行最大程度的重叠,才能使两原子核间电子的概率密度最大,从而形成稳定的共价键,称为最大重叠原理。最大重叠原理使形成的共价键具有方向性的特点。图9.5显示s轨道和p轨道进行重叠的三种情况,其中,只有在对称性一致的前提下s轨道沿p轨道对称轴的方向进行最大重叠的方式才能形成共价键。

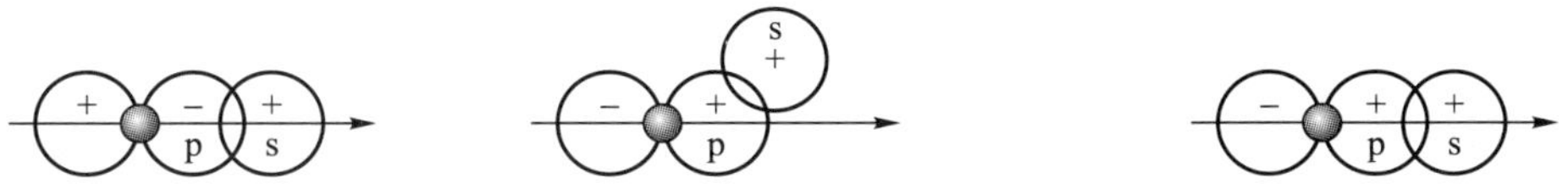

(a) s轨道和p轨道对称性不一致 (b) s轨道和p轨道不是最大重叠 (c) s轨道和p轨道对称性一致且进行重叠的程度最大

图 9.5 s 轨道和 p 轨道进行重叠的三种情况

共价键的类型有 σ 键、π 键和 δ 键等，本节只介绍 σ 键和 π 键。

(1) σ 键 成键原子轨道沿键轴方向，以“头碰头”方式进行端向重叠，所形成的共价键称为 σ 键。σ 键的特征是，对键轴具有圆柱形对称性，成键原子轨道绕着键轴任意旋转，图形及符号均保持不变(见图 9.6)。

(2) π 键 成键原子轨道沿键轴方向以“肩并肩”的方式进行侧向重叠，所形成的共价键称为 π 键。π 键的特征是，对通过键轴的节面(如 xy 平面)具有镜面反对称性，即成键轨道在该节面的上、下两部分图形相同，但符号相反(见图 9.7)。

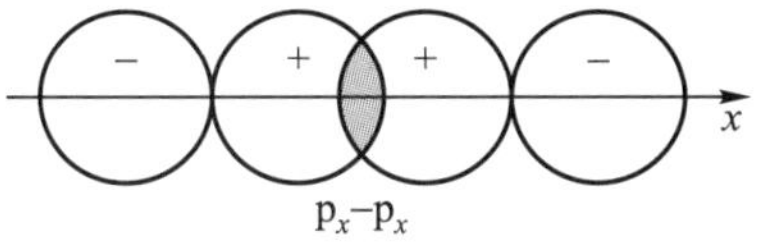

图 9.6 “头碰头”式重叠的 σ 键

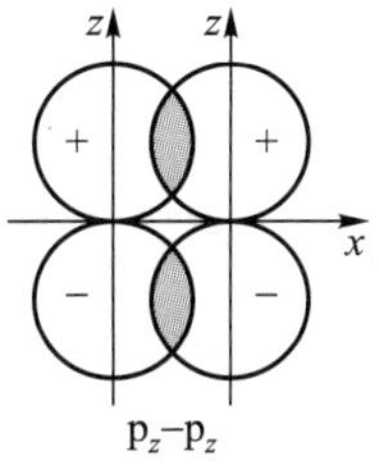

图 9.7 “肩并肩”式重叠的 π 键

σ 键的电子云重叠程度比 π 键的大，因而 σ 键强度比 π 键大，σ 键比较稳定。π 键是在形成 σ 键的基础上满足一定条件而形成的，不能脱离 σ 键而独立存在。π 键更容易断裂，故 π 键电子更容易参与化学反应，如乙烯的加成反应。

价键理论在一定程度上成功地解释了共价键的本质和特点，但不能说明一些分子的成键数目和几何构型。例如，甲烷分子有四个相等的 C—H 键，而按照价键理论，C($1s^2 2s^2 2p^2$)只有两个单电子，与 H 只能生成两个共价键，即 CH_2。按照价键理论，氨分子的 H—N—H 键角应为 90°，因为 N($1s^2 2s^2 2p^3$)中三个单电子分别占据相互垂直的三个 p 轨道。价键理论也不能解释 NO 和 H_2^+ 等一些分子(离子)中单电子共价键的存在。这些问题的解决有待于现代价键理论的发展。

9.1.3 杂化轨道理论

杂化轨道的概念是由美国科学家鲍林提出的，他在 1939 年首版的著作 The Nature of the Chemical Bond《化学键的性质》中，系统地阐述了杂化轨道理论(hybrid orbital theory)。

1. 杂化轨道的形成

同一原子中能量相近的某些原子轨道，在成键过程中重新组合成一组新轨道而改变了原有轨道的状态，这一过程称为杂化，所形成的新轨道叫作杂化轨道。

原子轨道在杂化过程中往往需要吸收能量使电子排布由基态变到激发态。不同成分的原子轨道参与杂化，所形成的杂化轨道的形状发生改变。例如，一个 s 轨道和一个 p 轨道杂化组合形成两个新的 sp 杂化轨道，sp 杂化轨道仍然保持 p 轨道的双波瓣形状（也有称哑铃形），但是 s 轨道与 p 轨道符号相同的部分相长干涉，使一端波瓣变得非常肥大，而 s 轨道与 p 轨道符号相反的部分相消干涉，使另一端波瓣变得非常瘦小。形成共价键时，遵照最大重叠原理，sp 杂化轨道以肥大的一端与成键原子的能量相近的原子轨道发生重叠，电子云分布更集中。杂化轨道比原来未杂化的轨道的成键能力强，成键过程所释放的能量远远大于杂化激发所需要的能量，从而使体系的能量降低，生成的分子更稳定。有几个原子轨道参与杂化，就形成几个杂化轨道，即轨道数目守恒。所形成的杂化轨道采取排斥力最小的方式在空间伸展。

2. 杂化轨道类型

(1) s 轨道和 p 轨道杂化　中心原子的 s 轨道可以与一个或多个同一电子层的 p 轨道进行杂化。1 个 ns 轨道与 1 个 np 轨道杂化，称为 sp 杂化；1 个 ns 轨道与 2 个 np 轨道杂化，称为 sp^2 杂化；1 个 ns 轨道与 3 个 np 轨道杂化，称为 sp^3 杂化。

① sp 杂化：1 个 ns 轨道与 1 个 np 轨道杂化，生成 2 个 sp 杂化轨道，在空间呈直线形伸展，夹角为 180°（见图 9.8）。在每个 sp 杂化轨道中 s 和 p 轨道成分各占 1/2。

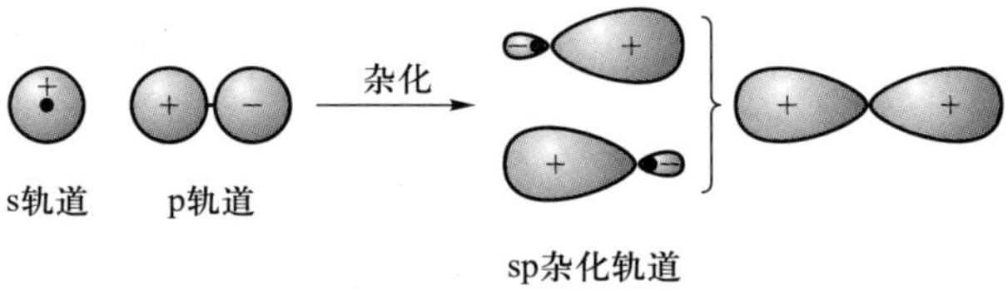

图 9.8　sp 杂化轨道的生成和空间伸展方向（仅显示大波瓣）

以乙炔分子为例，图 9.9 为 CH≡CH 的成键过程示意图。每个 C 原子中基态价电子排布式为（$2s^2 2p_x^1 2p_y^1 2p_z^0$），在形成乙炔分子时，2s 轨道上的 1 个电子激发到空的 $2p_z$ 轨道上，激发的同时 2s 轨道与 $2p_x$ 轨道进行杂化，得到两个 sp 杂化轨道，在空间呈直线形伸展，夹角为 180°；杂化后每个 C 原子的价电子排布为 $(2sp)^1(2sp)^1(2p_y)^1(2p_z)^1$；每个 C 原子提供一个 $(2sp)^1$ 以"头碰头"方式互相重叠和电子配对，形成 C—C σ 键；每个 C 原子用另一个 $(2sp)^1$ 与 H 原子的 1s 轨道重叠和电子配对，形成 C—H σ 键；每个 C 原子还有两个未参与杂化的、夹角为 90°的 $(2p_y)^1$ 和 $(2p_z)^1$，其与 (2sp) 杂化轨道的夹角也为 90°；两个 C 原子的 $(2p_y)^1$ 和 $(2p_z)^1$ 分别以"肩并肩"的方式互相重叠和电子配对，形成两个互相垂直的 C—C π 键。乙炔分子是直线形，1 个 σ 键和 2 个 π 键共轴（C—C 键轴）。由于 π 键的稳定性不如 σ 键，因而在有机化学反应中容易发生加成反应。

② sp^2 杂化：中心原子的 1 个 ns 轨道与 2 个 np 轨道杂化，生成 3 个 sp^2 杂化轨道，在空间呈平面三角形伸展，夹角为 120°（见图 9.10）。在每个 sp^2 杂化轨道中 s 轨道成分占 1/3，p 轨道成分占 2/3。

以乙烯分子为例，图 9.11 为 $CH_2=CH_2$ 的成键过程示意图。在形成乙烯分子时，激发过程和乙炔的相同，即 2s 轨道上的 1 个电子激发到空的 $2p_z$ 轨道上；与乙炔不同的是，激发的同时 2s 轨道与 2 个 p 轨道（$2p_x$ 和 $2p_y$）进行杂化，得到 3 个 sp^2 杂化轨道，在空间呈平面三角形伸展，夹角为 120°。杂化后每个 C 原子的价电子排布为 $(2sp^2)^1(2sp^2)^1(2sp^2)^1(2p_z)^1$，未参与杂化的 $(2p_z)^1$ 与 3 个 $(2sp^2)^1$ 杂化轨道构成的平面的夹角为 90°。每个 C 原子提供

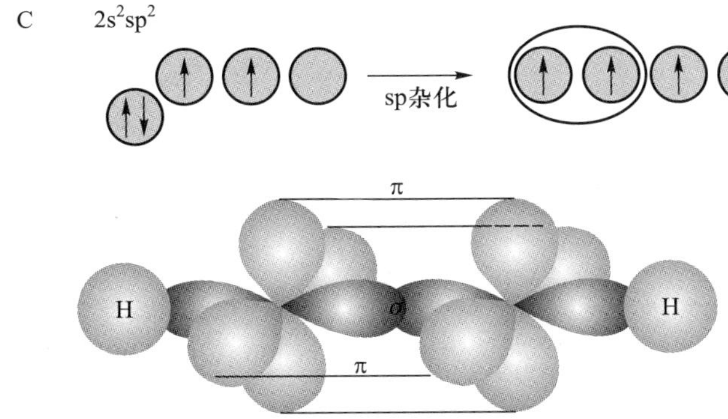

图 9.9 CH≡CH 的成键过程示意图

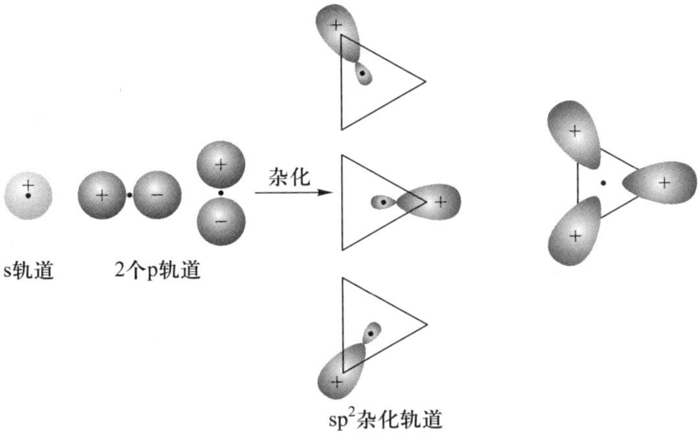

图 9.10 sp^2 杂化轨道的生成和空间伸展方向

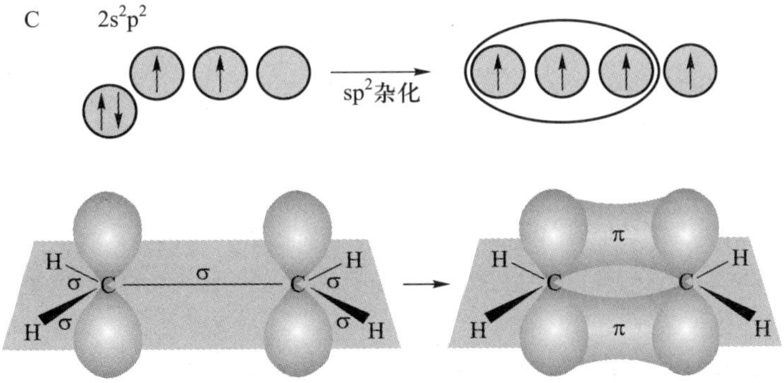

图 9.11 $CH_2=CH_2$ 的成键过程示意图

1 个 $(2sp^2)^1$ 杂化轨道以“头碰头”方式与另一个 C 原子的 1 个 $(2sp^2)^1$ 杂化轨道进行重叠和电子配对，形成 C—C σ 键；同时另外两个杂化轨道分别与两个 H 原子的 1s 轨道发生重叠和电子配对，形成两个 C—H σ 键；余下未参与杂化的 $(2p_z)^1$ 以“肩并肩”方式与另一个 C 原子的 $(2p_z)^1$ 进行轨道重叠和电子配对形成 1 个 C—C π 键。需要注意的是，乙烯分子中的四个 H 原子和两个 C 原子都在一个平面内，1 个 σ 键和 1 个 π 键共轴（C—C 键轴）。由于 C—C π 键的存在，$=CH_2$ 基团不能像乙烷分子中的$—CH_3$ 基团那样能绕 σ 键轴任意转动。

③ sp^3 杂化：中心原子的 1 个 ns 轨道与 3 个 np 轨道杂化，生成 4 个 sp^3 杂化轨道，在空间呈 109.5°伸展，呈正四面体构型（见图 9.12）。在每个 sp^3 杂化轨道中，s 轨道成分占 1/4，p 轨道成分占 3/4。

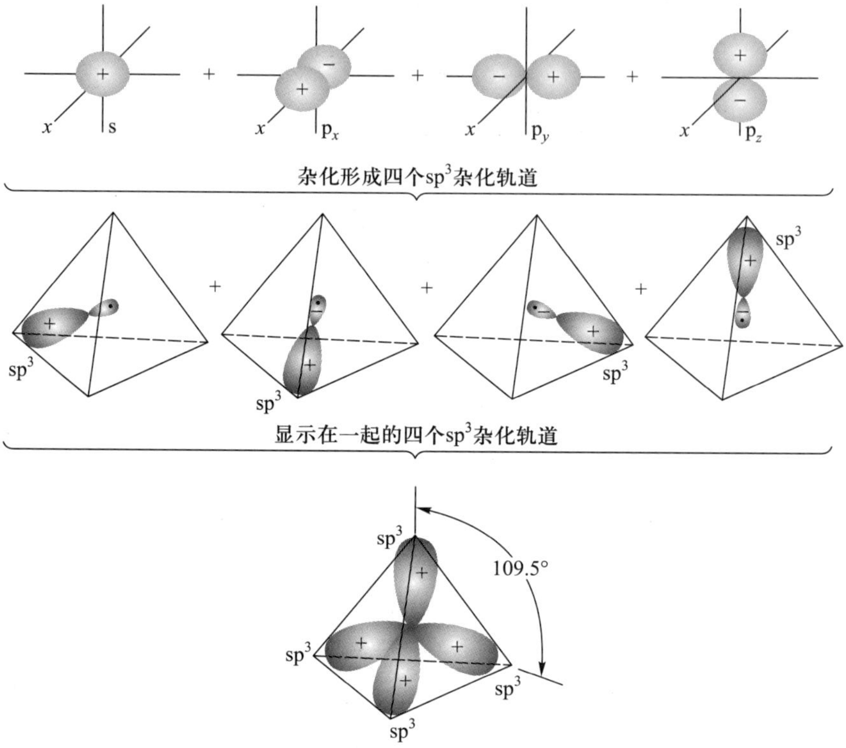

图 9.12 sp^3 杂化轨道的生成和空间伸展方向（仅显示大波瓣）

以甲烷分子为例，图 9.13 为 CH_4 的成键过程示意图。在形成甲烷分子时，与前面两例一样，2s 轨道上的 1 个电子激发到空的 $2p_z$ 轨道上；不同的是，激发的同时 2s 轨道与 3 个 p 轨道进行杂化，得到 4 个 sp^3 杂化轨道，在空间呈四面体形伸展，夹角为 109.5°；杂化后每个 C 原子的价电子排布为 $(2sp^3)^1(2sp^3)^1(2sp^3)^1(2sp^3)^1$。4 个 $(2sp^3)^1$ 杂化轨道以“头碰头”方式与 4 个 H 原子的 1s 轨道进行重叠和电子配对，形成 4 个 C—H σ 键，因而甲烷分子是正四面体结构。

（2）s、p、d 三种轨道之间的杂化　中心原子的 s、p、d 三种原子轨道共同参与的杂化通常分为两类：$(n-1)$d 轨道与 ns、np 轨道进行的杂化，书写时 d 轨道在先，如 d^2sp^3 杂化，这类杂化方式通常发生在过渡金属配合物中；nd 轨道与 ns、np 轨道进行的杂化，书写时 d 轨道在后，如 sp^3d^2 杂化。共价分子中通常采用 ns、np、nd 轨道参与的杂化。

① sp^3d 杂化：中心原子的 1 个 ns 轨道、3 个 np 轨道、1 个 nd 轨道共同参与的杂化，称为 sp^3d 杂化，形成 5 个 sp^3d 杂化轨道，呈三角双锥构型（见图 9.14）。以 PCl_5 分子为例，中心 P 原子 3s 轨道的一个电子激发到空的 3d 轨道，电子排布由基态 $(3s^23p^33d^0)$ 变到激发态 $(3s^13p^33d^1)$，激发的同时进行 sp^3d 杂化，5 个 sp^3d 杂化轨道与 5 个 Cl 原子的 p_x 轨道头碰头重叠，形成 5 个 P—Cl σ 键，呈三角双锥构型。

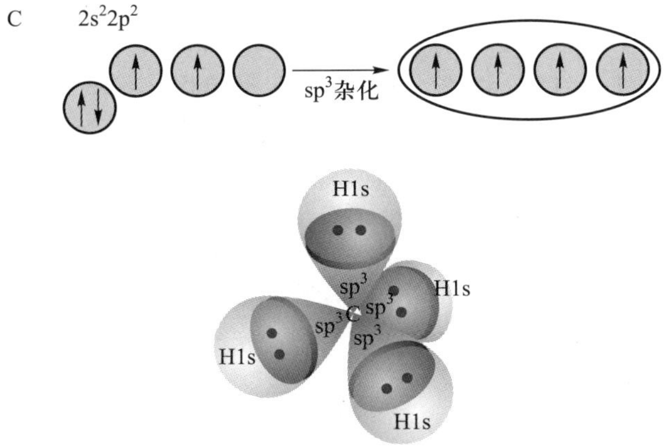

图 9.13 CH_4 的成键过程示意图

② sp^3d^2 杂化：中心原子的 1 个 ns 轨道、3 个 np 轨道、2 个 nd 轨道共同参与的杂化，称为 sp^3d^2 杂化，形成 6 个 sp^3d^2 杂化轨道，呈正八面体构型（见图 9.15）。以 SF_6 分子为例，中心 S 原子的基态电子排布为（$3s^23p^43d^0$），3s 轨道的 1 个电子和充有两个电子的 3p 轨道上的 1 个电子激发到 2 个空的 3d 轨道，电子由基态排布变到激发态排布（$3s^13p^33d^2$），激发的同时进行 sp^3d^2 杂化，形成 6 个杂化轨道；6 个 sp^3d^2 杂化轨道与 6 个 F 原子的 p_x 轨道重叠，形成 6 个 S—F σ 键，呈正八面体构型。

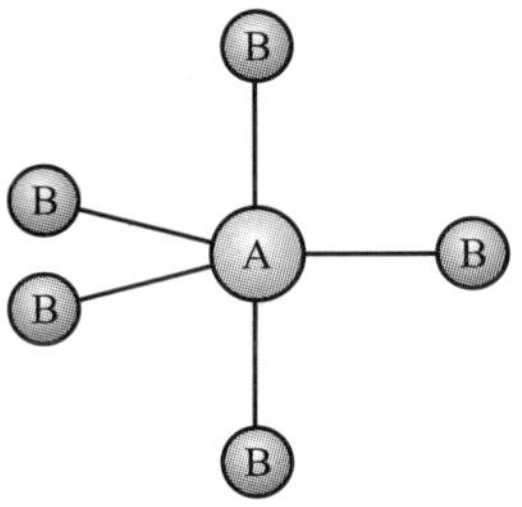

图 9.14 杂化类型为 sp^3d 的 AB_5 型分子的三角双锥构型

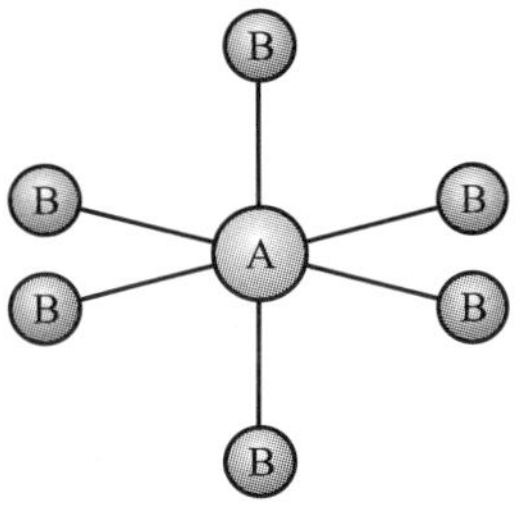

图 9.15 杂化类型为 sp^3d^2 的 AB_6 型分子的正八面体构型

3. 等性杂化和不等性杂化

前面所提到杂化成键的例子，有一个共同点是一组杂化轨道的成分一致、能量相等，这种杂化称为等性杂化。例如，CH_4 分子的 4 个 sp^3 杂化轨道中所含的 s 成分均为 1/4、p 成分均为 3/4；每个 sp^3 杂化轨道有 1 个单电子，与 H 原子的 1s 轨道电子配对成键；4 个 C—H 键键长相同，键强度相同。

若一组杂化轨道中所含的 s、p、d 等轨道成分不一致，杂化轨道的能量不相等，这种杂化称为不等性杂化。通常，一组杂化轨道中，若各轨道中既包含成键电子对，也包含未成对电子或未参与成键的孤电子对，则该杂化通常为不等性杂化。

例如，NH_3 分子中，中心原子 N 为 sp^3 不等性杂化，与成键的杂化轨道相比，孤电子对占据的杂化轨道不参与成键，且含有的 s 成分大一些、p 成分小一些，轨道能量较低，4 个杂化轨道的能量不相等（见图 9.16）。在 NH_3 分子中，中心原子 N 用 3 个单电子占据的 sp^3 不等性杂化轨道与 H 原子的 1s 轨道形成 3 个 N—H σ 键,余下的 1 个 sp^3 不等性杂化轨道被孤电子对占据,由于中心原子对孤电子对有较大的吸引力,孤电子对与成键电子对的排斥作用比成键电子对之间的排斥作用大,致使∠H—N—H 键角比正四面体的 109.5°要小 2.5°,即∠H—N—H 键角为 107°。在具有 2 对孤电子对的 H_2O 分子中,由于同样的原因,∠H—O—H 键角减小至 104.5°(见图 9.17)。

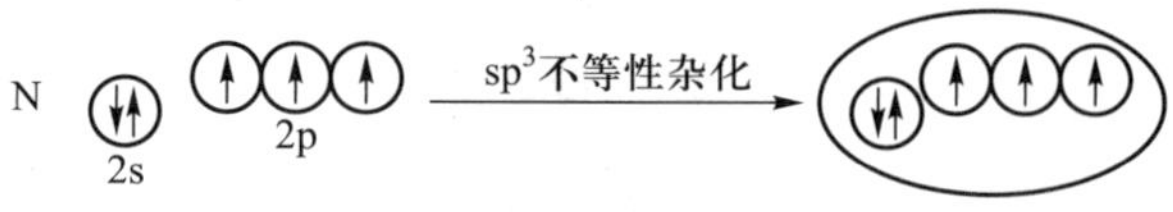

图 9.16 NH_3 分子中的中心原子 N 的 sp^3 不等性杂化

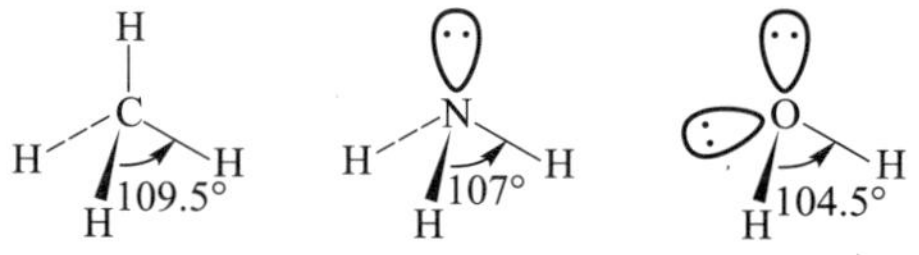

图 9.17 CH_4、NH_3 和 H_2O 分子的几何构型和键角

另外,即使各杂化轨道中的电子数相同,若配体不同,亦会导致各杂化轨道的成分比例不同,这种杂化也应视为不等性杂化,如 $CHCl_3$ 分子。

4. 配位键和配合物的价键理论

现代价键理论中,共价键是由两个原子各提供一个未成对电子,以自旋相反的方式相互配对而形成的。还有一种共价键,是由称作配位原子的一方提供一对电子给另一个原子(中心原子)的空轨道而形成的,称为配位键或共价配键,用→表示,箭头所指原子为电子对接受体。例如,CO 分子中 C 和 O 之间形成三重键,其中有一个是 σ 键,一个是 π 键,还有一个是共价配键。共价配键是由 O 提供 2p 轨道中的一对孤电子对给 C 原子的空的 2p 轨道而形成的,如图 9.18 所示,分子结构式可表示为 C$\overset{\leftarrow}{=}$O。需要指出的是,这种结构式仅是为了表示共价分子在成键过程中共用电子对的来源不同,在成键后,其配位键与正常共价键并不存在差别。例如,NH_4^+ 中的 4 个 N—H 键是完全等同的。

把杂化轨道理论应用于配合物的结构与成键研究,就形成了配合物的价键理论,其实质是配体中配位原子的孤电子对向中心原子(或离子)的空杂化轨道配位形成配位键。中心原子(或离子)和几个配体分子(或离子)以配位键相结合而形成的复杂分子或离子,通常称为配位单元,含有配位单元的化合物称为配位化合物,简称配合物。例如,用于制作银镜的 $[Ag(NH_3)_2]^+$ 配离子中,Ag^+ 提供空的 sp 杂化轨道,与能提供孤电子对的 NH_3 结合形成配位键。配合物的种类繁多,如生物体中以 Mg^{2+} 为中心的复杂配合物叶绿素、Fe^{2+} 为中心的复杂配合物血红素等。人们熟悉的抗癌药物顺铂,也是一种 Pt 的配合物 $[Pt(NH_3)_2Cl_2]$。配合物在医药、冶金、工业催化和纳米材料制备等诸多领域有着重要的应用。

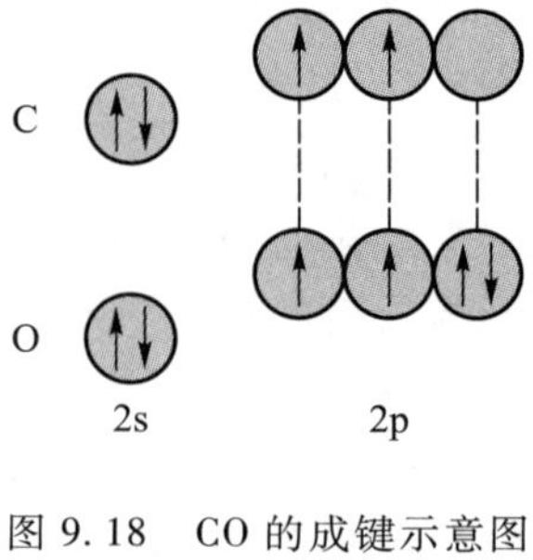

图 9.18 CO 的成键示意图

(1) 配合物的构型　配位单元的构型由中心原子(或离子)空轨道的杂化类型决定。常见配位单元的构型有直线形、三角形、四面体形、正方形、三角双锥和正八面体形(见表9.1)。

表 9.1　常见配位单元及其构型

配位数	中心原子(或离子)空轨道杂化类型	配位单元构型	实例
2	sp	直线形	$[Ag(NH_3)_2]^+$
3	sp^2	三角形	$[Cu(CN)_3]^{2-}$
4	sp^3	四面体形	$[Zn(NH_3)_4]^{2+}$
4	dsp^2	正方形	$[Ni(CN)_4]^{2-}$
5	sp^3d	三角双锥	$[Fe(SCN)_5]^{2-}$
5	dsp^3	三角双锥	$Fe(CO)_5$
6	sp^3d^2	正八面体形	$[Co(NH_3)_6]^{2+}$
6	d^2sp^3	正八面体形	$[Co(NH_3)_6]^{3+}$

(2) 中心原子(或离子)价层轨道的杂化　若中心原子(或离子)参与杂化的价层轨道属同一电子层,即中心原子(或离子)采取 $ns\ np\ nd$ 杂化,所形成的配合物称为外轨型配合物;若中心原子(或离子)参与杂化的价层轨道属于不同主层,即中心原子(或离子)采取 $(n-1)d\ ns\ np$ 杂化,所形成的配合物称为内轨型配合物。

下面以铁(Ⅲ)配合物为例,讨论外轨型配合物和内轨型配合物的成键情况。在 $[Fe^{III}(H_2O)_6]^{3+}$ 配位阳离子中,Fe^{3+}(电子构型 $[Ar]3d^5$)的 1 个 4s、3 个 4p 和 2 个 4d 轨道采取 sp^3d^2 杂化,形成 6 个空的 sp^3d^2 杂化轨道;6 个 H_2O 分子作为配体,每个 H_2O 分子中的 O 原子提供 1 对孤电子对给 Fe^{3+} 的 1 个 sp^3d^2 杂化轨道,形成外轨型 $[Fe^{III}(H_2O)_6]^{3+}$ 配位阳离子。而在 $[Fe^{III}(CN)_6]^{3-}$ 配位阴离子中,Fe^{3+}(电子构型 $[Ar]3d^5$)的 3d 轨道电子在 CN^- 的强的静电力作用下发生重排,致使 5 个自旋平行分占 3d 轨道的价电子被压缩成对,从而空出两个 3d 轨道,这两个空的 3d 轨道与 1 个 4s 和 3 个 4p 轨道采取 d^2sp^3 杂化,形成 6 个空的 d^2sp^3 杂化轨道(见图 9.19);6 个 CN^- 作为配体,由 C 提供一对孤电子对给 Fe^{3+} 的 1 个 d^2sp^3 杂化轨道,形成内轨型 $[Fe^{III}(CN)_6]^{3-}$ 配位阴离子。

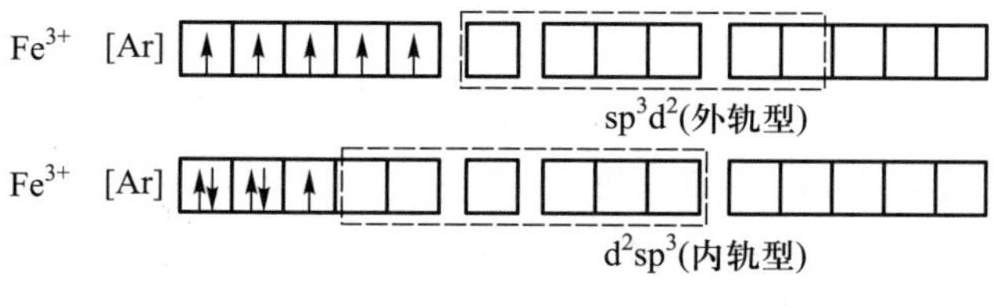

图 9.19　Fe^{3+} 的内轨型和外轨型电子构型

在配位化学中，能使中心原子（或离子）的价电子重排的配体称为强场配体或强配体，如 CO、CN^-、NO_2^- 等；不能使中心原子（或离子）的价电子重排的配体称为弱场配体或弱配体。大多数配体都为弱配体，如 F^-、Cl^-、H_2O、$C_2O_4^{2-}$ 等。NH_3、en（乙二胺）等为中强配体。配体的强度是相对的，对于不同的中心原子（或离子），相同配体的强度也是不同的。

一般内轨型配合物比外轨型配合物稳定，这与实验测得的内轨型配合物键长较短的结果一致。

5. 大 π 键

在一个平面形的多原子分子中，如果相邻原子中有垂直于分子平面的、对称性一致的、未参与杂化的原子轨道，那么这些轨道可以"肩并肩"互相重叠，形成多中心 π 键，又称为共轭 π 键或非定域（离域）π 键，简称大 π 键。

以苯为例，C_6H_6 是由 6 个 C 原子构成的 6 元环状分子，6 个 C—C 键键长相等。图 9.20 为 C_6H_6 的成键过程示意图。每个 C 原子采取 sp^2 杂化，得到的 3 个 sp^2 杂化轨道中，有 2 个与相邻的 C 原子中的 1 个 sp^2 杂化轨道"头碰头"重叠，形成 2 个 C—C σ 键；余下的 1 个与 H 原子的 1s 轨道重叠，形成 C—H σ 键；由于每个 C 原子的 3 个 σ 键在一个平面上，6 个 C 原子形成 1 个同面 C_6 环；由于每个 C 原子余有 1 个未参与杂化的 p 轨道垂直于 C_6 环平面，6 个 p 轨道相互平行，以"肩并肩"方式重叠形成 6 电子大 π 键。之所以称为大 π 键，是因为实验结果表明 C_6H_6 分子的 C—C 键长介于单键和双键之间，也就是说，既不是单纯的 σ 键，也不是普通的 π 键，而是 6 个电子在 6 个 p 轨道上均匀分布而形成的大 π 键。C_6H_6 分子的大 π 键用 Π_6^6 表示，Π_6^6 的右上角是参与大 π 键的电子数目、右下角是参与大 π 键的原子数目，称作 6 中心 6 电子大 π 键。

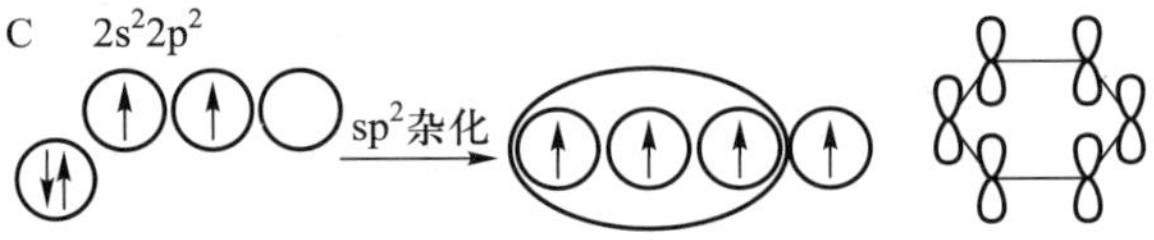

图 9.20 C_6H_6 的成键过程示意图

还有一些烯烃和炔烃及一些三原子组成的小分子，都具有离域 π 键。如 CO_2 分子，中心 C 原子采取 sp 杂化，两个 sp 杂化轨道上的单电子与两个 O 原子形成两个 σ 键，3 个原子形成 O—C—O 直线，两个未参与杂化的相互垂直的 p 轨道分别与两端 O 原子上的相互垂直的 p 轨道"肩并肩"重叠，形成两个相互垂直的 3 中心 4 电子大 π 键 Π_3^4（见图 9.21）。

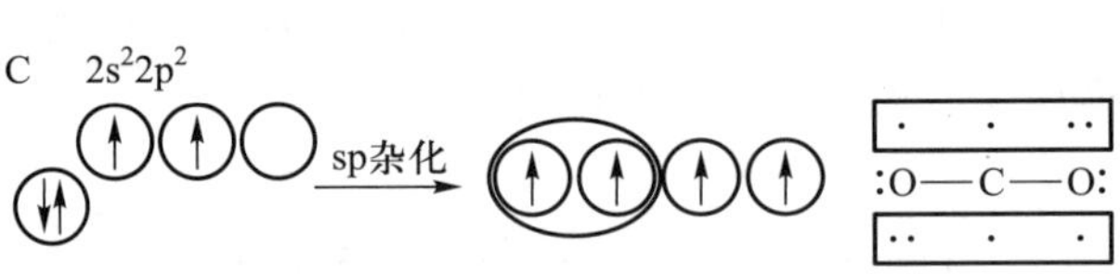

图 9.21 CO_2 的成键过程示意图

碳酸根离子 CO_3^{2-} 的中心 C 原子和苯分子中的 C 原子一样，采取等性 sp^2 杂化，3 个 sp^2 杂化轨道上的单电子与 3 个 O 原子形成 σ 键，呈平面三角形。余下的 p 轨道垂直于三角形平面，与 3 个 O 原子的 p 轨道形成"肩并肩"重叠，4 个 p 轨道上的 4 个电子加上 2 个负电荷共 6 个电子，形成 4 中心 6 电子大 π 键 Π_4^6（见图 9.22）。

BF_3 分子是空的 p 轨道参与形成大 π 键的例子。BF_3 分子的中心 B 原子采取等性 sp^2 杂化，3 个 sp^2 杂化轨道上的单电子与 3 个 F 原子形成共面的 σ 键，未参与杂化的空 p 轨道垂直于三角平面，与每个 F 原子的一个 p 轨道“肩并肩”重叠，F 原子的 p 轨道提供一对电子，形成 4 中心 6 电子大 π 键 Π_4^6（见图 9.23）。

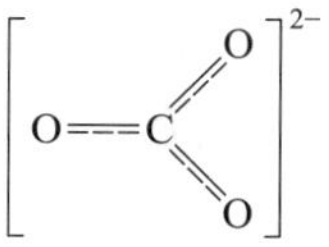

图 9.22 碳酸根离子 CO_3^{2-} 的大 π 键 Π_4^6 示意图

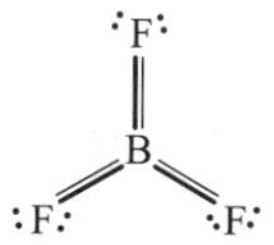

图 9.23 BF_3 的大 π 键 Π_4^6 示意图

1985 年发现的球笼形大分子 C_{60}（[60]fullerene）也存在大 π 键。C_{60} 球面由互不相邻的 12 个正五边形和 20 个正六边形构成，具有 60 个顶点。处于顶点的碳原子与相邻顶点的碳原子各用近似于 sp^2 杂化的轨道重叠形成 σ 键，每个碳原子的 3 个 σ 键构成不是共平面的一个五边形的边和两个六边形的边。碳原子杂化轨道理论计算值为 $sp^{2.28}$，每个碳原子的 3 个 σ 键键角为 108°或 120°。每个碳原子用剩下的一个 p 轨道互相重叠形成 60 个中心（C 原子）60 个电子的大 π 键 Π_{60}^{60} 闭壳层电子结构（见图 9.24）。

图 9.24 C_{60} 分子的大 π 键 Π_{60}^{60}

9.1.4 价层电子对互斥理论

分子的形状（几何构型）会影响物质的物理和化学性质，如熔点、沸点和反应活性等。分子的形状在生物体系中尤为重要，在酶催化的反应中，分子的形状必须完全符合酶的活性部位。例如，蔗糖水解成单糖为人体提供能量，但是如果没有蔗糖酶的催化，这个过程需要十年乃至上百年。1940 年，西奇威克（N. Sidgwick）和鲍威尔（M. Powell）在路易斯电子对理论的基础上，提出了价层电子对互斥（VSEPR）理论，用于讨论共价分子的几何构型。价层电子对互斥理论认为，在一个共价分子中，中心原子周围电子对排布的几何形状，主要取决于中心原子的价电子层中的电子对的排斥作用，电子对包括成键的电子对和未成键的孤电子对。电子对的位置倾向于分离得尽可能远一些，以使彼此间的排斥力最小，结构最稳定。分子的构型总是采取电子对互斥作用最小的结构。一般来说，电子对排列使体系能量最低的几何构型是，2 对电子，直线形；3 对电子，正三角形；4 对电子，正四面体；5 对电子，三角双锥；6 对电子，正八面体（见表 9.2）。

1. 中心原子价电子的总数与价电子对数

应用 VSEPR 理论判断共价分子构型的一般规则如下：

确定中心原子的价电子总数和价电子对数。中心原子价电子数与配位原子（离子）提供的电子数之和等于中心原子价电子总数。中心原子价电子总数除以 2 得价电子对数。

以下情况的计算规则是

（1）氧原子和硫原子作中心原子时，如在 H_2O 和 H_2S 分子中，O 和 S 的价电子数为 6；在作端基配原子时，如在 CO_2 分子中，O 和 S 的价电子数为 0。

表 9.2 体系能量最低的电子对排列几何构型

电子对数目	2	3	4	5	6
几何构型	直线形 	正三角形 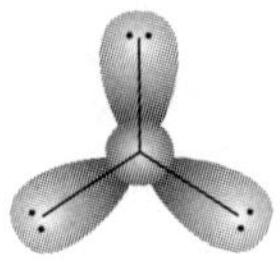	正四面体 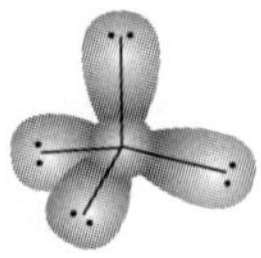	三角双锥形 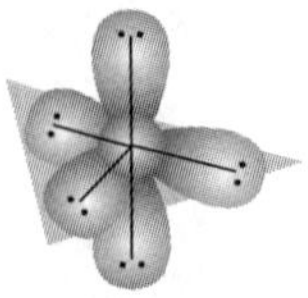	正八面体 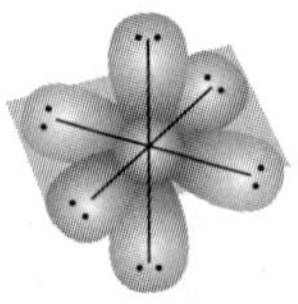
电子对间夹角°	180	120	109.5	120 和 90	90 和 180

(2) 氮原子作中心原子时价电子数为 5,作配原子时提供给中心原子的价电子数为 -1(如 SCN^-)。

(3) 卤素原子作中心原子时价电子数为 7,作配原子时为 1。

(4) 处理离子体系时,正离子要减去正电荷数,负离子要加上负电荷数。

(5) 计算价电子对数时不分键的种类,即单键、双键和三键都当作一个电子对的单键来对待。

2. 中心原子价电子对排布方式和分子构型

根据中心原子的价电子对数,依照能量最低原则,将配位原子排布在中心原子周围,每一个电子对连接一个配位原子,画出分子结构图。通常,用 AB_nL_m 表示一个共价分子(离子):A 代表中心原子;B 代表配位原子;L 代表未参与成键的孤电子对。表 9.3 列出 AB_nL_m 型分子的中心价电子对排布方式和分子的几何构型。

表 9.3 AB_nL_m 型分子的中心价电子对排布方式和分子的几何构型

中心价电子对数	中心杂化类型	分子类型	中心价电子对排布方式	分子的几何构型	实例
2	sp	AB_2		直线形	CO_2
3	sp^2	AB_3	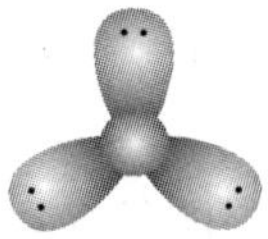	正三角形	BF_3
		AB_2L	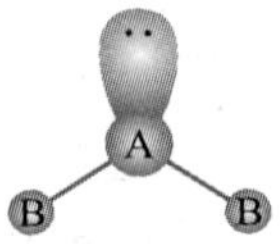	V 形	NO_2^-

续表

中心价电子对数	中心杂化类型	分子类型	中心价电子对排布方式	分子的几何构型	实例
4	sp^3	AB_4		正四面体	CH_4
		AB_3L	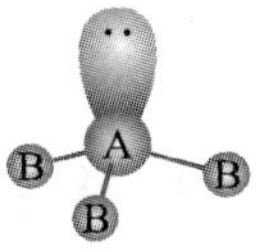	三角锥形	NH_3
		AB_2L_2	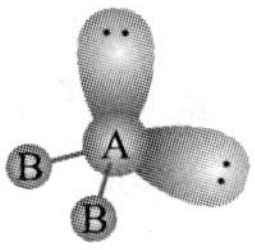	V 形	H_2O
5	sp^3d 或 dsp^3	AB_5		三角双锥	PCl_5
		AB_4L	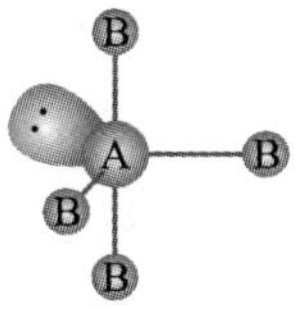	跷跷板形	SF_4
		AB_3L_2	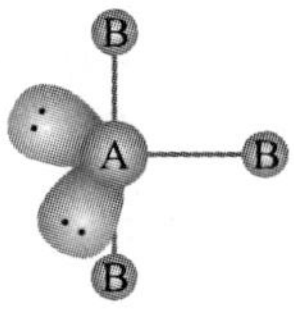	T 形	ClF_3
		AB_2L_3	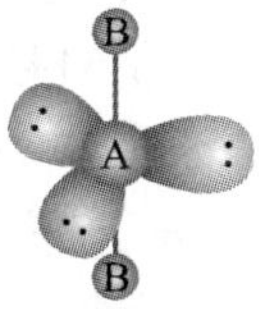	直线形	XeF_2
6	sp^3d^2 或 d^2sp^3	AB_6		正八面体	SF_6
		AB_5L	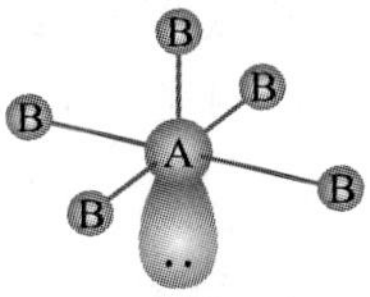	四方锥形	BrF_5
		AB_4L_2	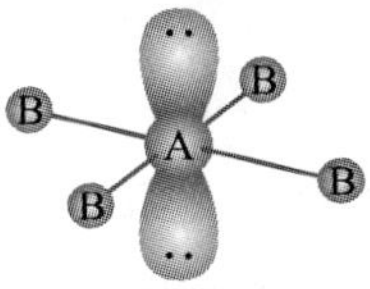	平面正方形	XeF_4

（1）无孤电子对存在的情况　对于没有孤电子对存在的 AB_n 型分子（离子），其分子构型与价电子对空间构型相同。

（2）有孤电子对存在的情况　对于有孤电子对存在的 AB_nL_m 型分子（离子），其分子构型和价电子对空间构型不相同。首先，确定 AB_nL_m 的成键电子对数 n 和孤电子对数 m。成键电子对数 n 等于配位原子（离子）B 的数目；孤电子对数 m 等于中心原子总价电子对数减去成键电子对数。然后，绘出 AB_nL_m 构型图，将配位原子排布在中心原子周围，每一个电子对连接一个配位原子，剩余的电子对称为孤电子对，依照能量最低原则，排布在几何构型的一定位置上。

（3）价电子对数≥5 的情况　当价电子对数≥5 时，AB_nL_m 型分子（离子）中的孤电子对会出现多种不同排布方式。这种情况下，需要确定孤电子对的位置，以使排斥力最小。判断电子对间排斥作用的大小需要考虑电子对的类型和电子对间夹角：

① 中心原子价电子对的类型。成键电子因受两个原子核吸引，比孤电子对有较小的空间分布，电子云较紧缩，对其相邻电子对的斥力弱于仅受一个原子核吸引的孤电子对对其相邻电子对的斥力。故成键电子对与成键电子对（成-成）之间的斥力最小，孤电子对与孤电子对（孤-孤）之间的斥力最大，孤电子对与成键电子对（孤-成）之间的斥力居中，即电子对之间的排斥力大小的顺序为

孤-孤>孤-成>成-成

② 中心原子价电子对间夹角。电子对间的角度越小则斥力越大，一般来说，90°是常见夹角中最小的，故斥力最大的情况发生在（孤-孤）电子对夹角为 90°的几何构型。

因此，若存在两个及以上孤-电子对，首先要尽量避免夹角为 90°的（孤-孤）电子对分布。其次要避免夹角为 90°的（孤-成）电子对分布。

以 AB_nL_m（$n+m=5$）型分子（离子）为例，当中心原子的价电子对数＝5 时，5 个电子对按三角双锥形排列。表 9.4 列出 AB_nL_m（$n+m=5$）型分子的中心原子价电子对构型和稳定性。对于 AB_4L 型分子（离子），仅有的一对孤电子对有两种排列方式：一种是位于轴向，按此种方式排列，有 3 个呈 90°的（孤-成）电子对排斥作用；另一种是位于三角平面上，也称三角双锥的赤道位，按此种方式排列，有 2 个呈 90°的（孤-成）电子对排斥作用，这种排列方式的电子对互斥作用相对较小，故 AB_4L 型分子（离子）的孤电子对优先排列在三角平面上，其分子（离子）的几何构型为跷跷板形，如 SF_4 分子。

对于 AB_3L_2 型分子（离子），两个孤电子对有 3 种排列方式：第一种是一个孤电子对位于轴向而另一个孤电子对位于三角平面上，按此种方式排列，有 1 个呈 90°的（孤-孤）电子对排斥作用；第二种是两个孤电子对都位于轴向，按此种方式排列，有 6 个呈 90°的（孤-成）电子对排斥作用；第三种是两个孤电子对都位于三角平面上，有 4 个呈 90°的（孤-成）电子对排斥作用。比较这三种价电子对构型，第一种的排斥力最大，第三种的排斥力最小。所以，AB_3L_2 型分子（离子）的两个孤电子对优先排列在三角平面上，其分子（离子）的几何构型是 T 形，如 ClF_3 分子。

3. 影响键角的因素

配体、孤电子对、多重键和原子的电负性等因素，可以影响具有相同类型几何结构的 AB_nL_m 型分子（离子），使之键角增大或缩小，分子几何结构发生变化。

表 9.4 AB_nL_m($n+m=5$)型分子的中心原子价电子对构型和稳定性

分子类型	价电子对构型图像	90°排斥作用数目	价电子对构型的稳定性	分子构型及实例
AB_4L	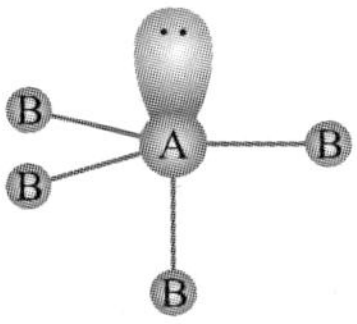	孤-孤 0 孤-成 3 成-成 3	不稳定	—
	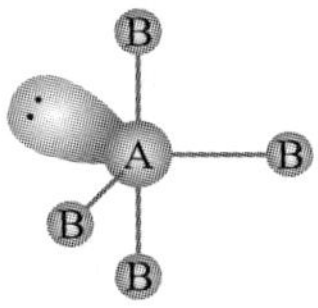	孤-孤 0 孤-成 2 成-成 4	稳定	跷跷板形 SF_4
AB_3L_2	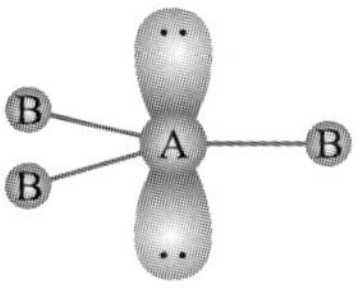	孤-孤 0 孤-成 6 成-成 0	不稳定	—
	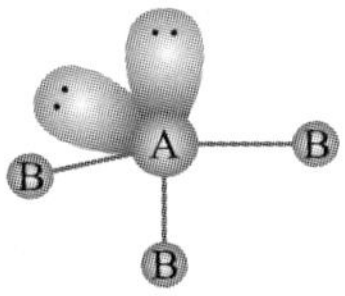	孤-孤 1 孤-成 3 成-成 2	不稳定	—
	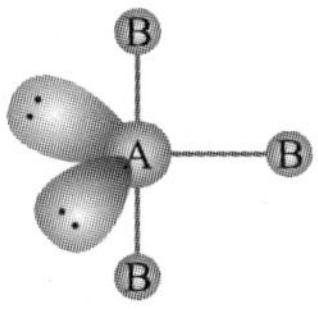	孤-孤 0 孤-成 4 成-成 2	稳定	T 形 ClF_3
AB_2L_3	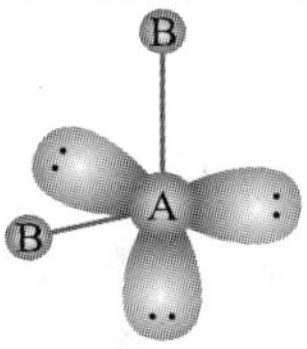	孤-孤 2 孤-成 3 成-成 1	不稳定	—
	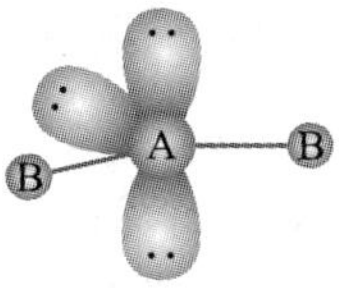	孤-孤 2 孤-成 4 成-成 0	不稳定	—
	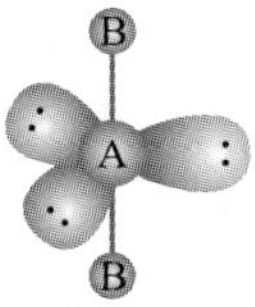	孤-孤 0 孤-成 6 成-成 0	稳定	直线形 XeF_2

中心原子孤电子对数目不同会使分子的几何结构发生改变,键角发生变化。以在前面杂化轨道理论一节中提到的等性杂化的分子 CH_4 和不等性杂化的分子 NH_3 和 H_2O 为例。CH_4 分子是正四面体构型,∠H—C—H 键角为 109.5°;NH_3 分子有 3 个 N—H 键和一个孤电子对,由于成键电子对受到孤电子对的排斥作用较大,致使∠H—N—H 键角减小 2.5°;H_2O 分子具有 2 个孤电子对,成键电子对受到更大的排斥作用,致使∠H—O—H 键角减小 5°(见图 9.17)。

中心原子和配位原子的电负性大小,是影响键角的另一个因素。键角变化的一般规律是,当配体一致中心原子不同时,中心原子的电负性越大,越吸引成键电子对向中心原子靠近,密集的电子云分布使成键电子对之间产生较大的斥力,键角从而增大。例如,NH_3 分子中的∠H—N—H 大于 PH_3 分子中的∠H—P—H。当中心原子一致配体不同时,配体的电负性越大,越吸引成键电子对向配位原子靠近,成键电子对之间的斥力减小、键角从而减小。例如,三卤化磷分子中,配位原子 F、Cl、Br 的电负性依次减小,X—P—X 键角依次增大:PF_3,97°48′;PCl_3,100°16′;PBr_3,101°。

另外,三键和双键为多重键,与单键相比,由于电子数目多,负电荷集中,排斥力比单键大。三键、双键和单键斥力大小的顺序为

三键>双键>单键

一般键角大小的顺序为

多重键-多重键>多重键-单键>单键-单键

三键-三键>三键-双键>双键-双键

4. 具有多重键的分子构型

包含多重键的分子构型,在计算中心原子的价电子对数时,其计算规则是将一个多重键(双键和三键)按一个电子对处理。以乙烯分子 $CH_2=CH_2$ 为例,两个 C 原子之间是双键,每个 C 原子看作中心原子,两个 C—H 键共计 2 对价电子,双键计为 1 对电子,总计 3 对电子,构成平面三角形,两个平面三角形的—CH_2 同在一个平面内,形成“肩并肩”π 键(见图 9.25)。因为双键的斥力大于单键的斥力,故 C—H 单键之间的键角∠H—C—H 小于 120°,C—H 单键和 C=C 双键的∠H—C—C 键角大于 120°。

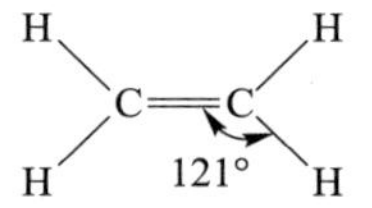

图 9.25 $CH_2=CH_2$ 分子结构图

现代价键理论相当成功地解释了共价键的形成、本质和特点,能够方便地预测中心原子(离子)的杂化类型和直观、准确地描述共价分子的空间构型。但是,由于现代价键理论不是以量子化学为基础的,因而对于许多分子的结构和性质不能给予正确和合理的解释。例如,氢分子离子 H_2^+,由一个单电子形成化学键,却有明显的键能($269\ kJ\cdot mol^{-1}$)。又如,按照 VB 理论,O_2 和 B_2 中电子皆配对成键,而不存在单电子,故应显示抗磁性。而磁性测定实验结果表明,O_2 和 B_2 是顺磁性物质,即有未成对电子,在外加磁场作用下沿磁场方向排列而显示顺磁性(见图 9.26)。分子轨道理论的发展为合理地解释这些问题提供了可能。

分子在磁场中表现出不同的磁性质,包含顺磁性、抗磁性、铁磁性等。含有未成对电子的分子具有顺磁性。顺磁性分子中的成单电子具有自旋磁矩和绕核运动而产生的轨道磁矩,称为分子的永久磁矩。通常用古埃(Gouy)磁天平测得物质的磁化率 χ,进而求得永久磁

矩 μ(单位是 Bohr 磁子 μ_B,即单个自由电子自旋而产生的磁矩)和未成对电子。磁矩 μ 越大,组成该物质的分子中未成对电子越多,未成对电子在外磁场作用下平行自旋排列产生附加磁场,能被磁体轻微吸引。若分子中电子均配对,由于成对电子自旋方向相反,不存在磁矩,在外磁场中产生抵消磁场强度的作用,这类分子称为抗磁性分子。铁磁性分子含有大量未成对电子,在外加磁场中平行自旋排列产生强的附加磁场而呈现强磁性,能被磁体强烈吸引。

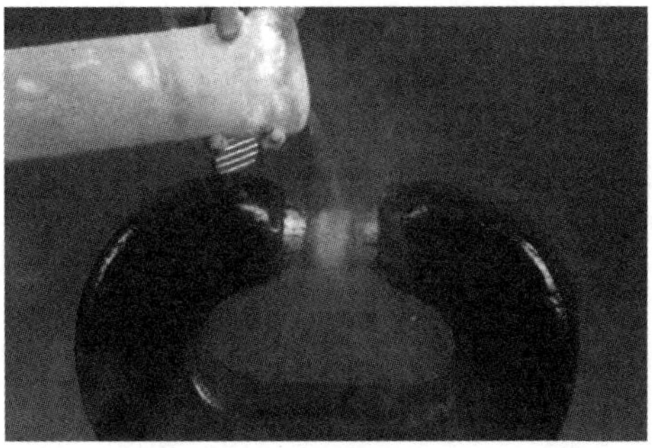

图 9.26 液态氧注入磁铁两极之间形成氧桥

9.1.5 分子轨道理论

1932 年,美国化学家马利肯和德国化学家洪特提出分子轨道法。分子轨道理论是建立在量子化学基础上描述共价键的方法,它与现代价键理论的重要区别在于,现代价键理论的核心是原子轨道,讨论共价分子中的电子在原子轨道中的运动;而分子轨道理论的核心是分子轨道,讨论电子在整个分子中的运动。电子以允许的能量状态存在于原子中,这种空间运动状态称为原子轨道。类似地,电子以允许的能量状态存在于分子中,这种空间运动状态称为分子轨道。

1. 分子轨道理论要点

(1) 当原子组成分子后,把分子作为一个整体。描述电子在分子中运动状态的波函数 Ψ 称为分子轨道,分子中的每个电子都处在一定的分子轨道上;Ψ^2为分子中电子在空间分布的概率密度。

(2) 分子轨道由原子轨道线性组合而成,组合前后轨道数目相等。若原子轨道相加组合,即为相长干涉,形成的分子轨道比参与组合的原子轨道的能量低,称为成键轨道;若原子轨道相减组合,即为相消干涉,形成的分子轨道比参与组合的原子轨道的能量高,称为反键轨道;组合后能量不变的分子轨道,称为非键轨道。电子进入成键轨道,可以使整个体系能量降低,分子稳定化,这就形成了化学键。电子进入反键轨道则使整个体系能量升高,分子分解的趋向增大。

以 a 和 b 两个原子的 1s 原子轨道线性组合成分子轨道为例。当 a 原子的原子轨道 $\psi_{1s,a}$ 与 b 原子的原子轨道 $\psi_{1s,b}$ 相加组合,得到 σ_{1s} 分子轨道:

$$c_1\psi_{1s,a}+c_2\psi_{1s,b}=\sigma_{1s}$$

式中,c_1 和 c_2 为组合系数。

$(\sigma_{1s})^2$ 的物理意义是 σ_{1s} 电子在空间分布的概率密度,用下式表达:

$$\begin{aligned}(\sigma_{1s})^2&=(c_1\psi_{1s,a}+c_2\psi_{1s,b})^2\\&=(c_1\psi_{1s,a})^2+(c_2\psi_{1s,b})^2+2(c_1\psi_{1s,a})(c_2\psi_{1s,b})\end{aligned}$$

图 9.27(a)显示,两个 ψ_{1s} 相互重叠,产生相长干涉,形成成键分子轨道 σ_{1s}。图 9.27(b)显示电子概率密度。

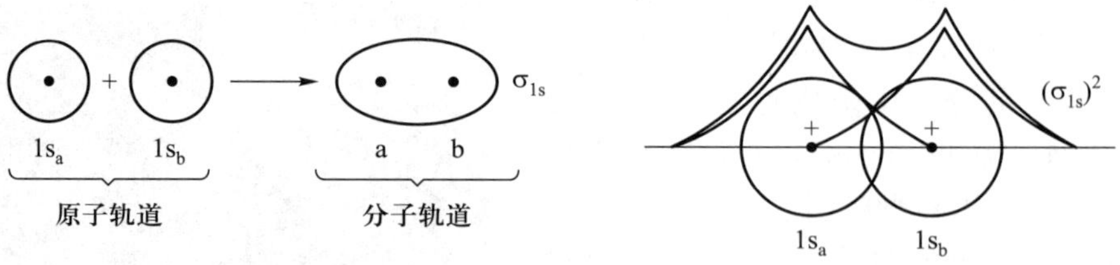

(a) 分子轨道图像 (b) 电子概率密度

图 9.27 σ_{1s} 分子轨道示意图

当 $\psi_{1s,a}$ 与 $\psi_{1s,b}$ 相减组合,得到反键分子轨道 σ_{1s}^*:

$$c_1\psi_{1s,a}-c_2\psi_{1s,b}=\sigma_{1s}^*$$

式中,c_1 和 c_2 为组合系数。

$(\sigma_{1s}^*)^2$ 的物理意义用下式表达:

$$(\sigma_{1s}^*)^2=(c_1\psi_{1s,a}-c_2\psi_{1s,b})^2=(c_1\psi_{1s,a})^2+(c_2\psi_{1s,b})^2-2(c_1\psi_{1s,a})(c_2\psi_{1s,b})$$

图 9.28(a)显示,两个 ψ_{1s} 相互重叠,产生相消干涉,形成反键分子轨道 σ_{1s}^*。图 9.28(b)显示在两个原子核之间电子的概率密度几乎为 0。

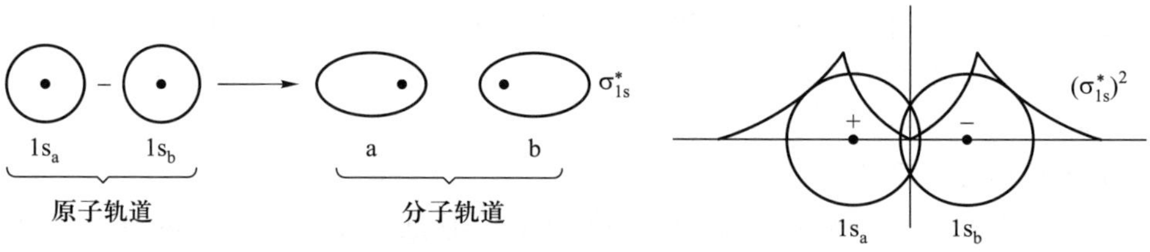

(a) 分子轨道图像 (b) 电子概率密度

图 9.28 σ_{1s}^* 分子轨道示意图

形成的 σ_{1s} 分子轨道由于在两核间有较大的电子概率密度,增加了对两个原子核的静电引力,使其能量较之原子轨道的能量降低;反之,形成的 σ_{1s}^* 分子轨道由于在两个原子核间有节面,原子核之间的斥力增加,其能量较之原子轨道的能量升高。同核双原子分子的成键轨道降低的能量与反键轨道升高的能量相等(见图 9.29)。

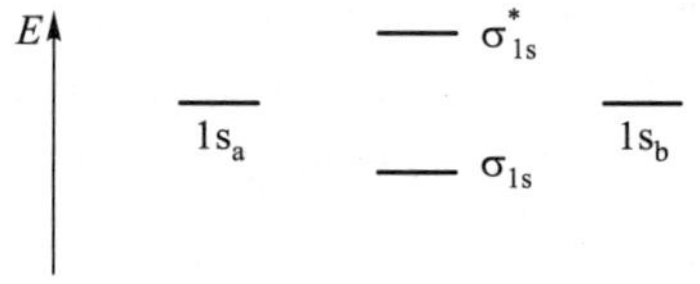

图 9.29 两原子 a 和 b 的 1s 原子轨道线性组合成分子轨道的能级图

(3) 原子轨道线性组合成分子轨道,需要符合对称性匹配、能量相近、轨道最大重叠三条原则,才能有效地生成分子轨道。

① 原子轨道对称性匹配是组成分子轨道的必要条件。对称性是否匹配,可根据两个原子轨道的角度分布图中波瓣的正、负号对于键轴或对于含键轴的节面的对称性决定。若两个原子轨道对于键轴均呈圆柱形对称,或对于含键轴的节面均呈反对称性,则这两个原子轨道对称性匹配,可以组合成一个成键分子轨道和一个反键分子轨道(见图 9.30)。

对称性不匹配的情况是,两个原子轨道对于键轴呈不同的对称性。例如,一个原子轨道对于键轴呈圆柱形对称,而另一原子轨道对于含键轴的节面呈反对称,则这两个原子轨道对称性不匹配,不能形成成键分子轨道(见图 9.31)。

② 只有能量相近的原子轨道才能有效地组合成分子轨道。此原则对于异核分子或多核分子十分重要,往往决定哪些原子轨道可以有效地线性组合成分子轨道。

③ 在对称性匹配和能量相近的基础上,原子轨道重叠越大,越易形成分子轨道,或说共价键越强。

(4) 原子轨道线性组合的类型:

① s-s 原子轨道线性组合。两个 s 原子轨道线性组合成两个分子轨道,其中一个是成键分子轨道,用 σ_{ns} 表示,另一个是反键分子轨道,用 σ_{ns}^* 表示。成键分子轨道绕键轴呈圆柱形对称,两个原子核之间没有节面,而反键分子轨道在两原子核间有节面(见图 9.32)。

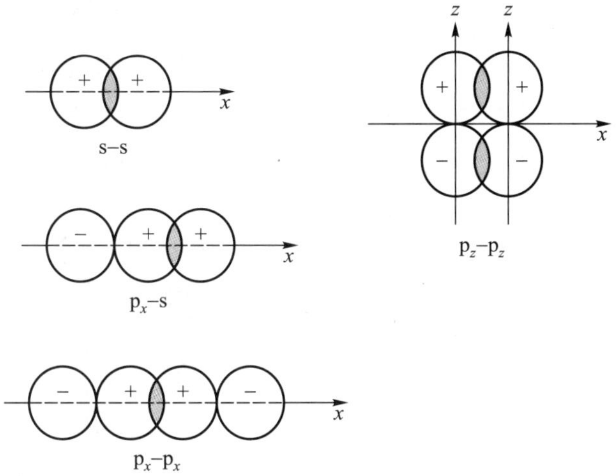

图 9.30 原子轨道对称性匹配的组合

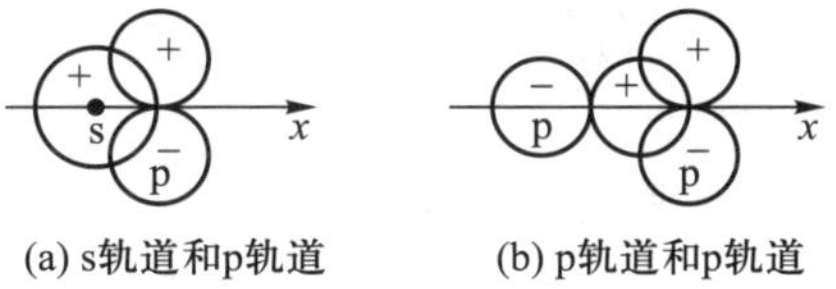

图 9.31 对称性不匹配的情况

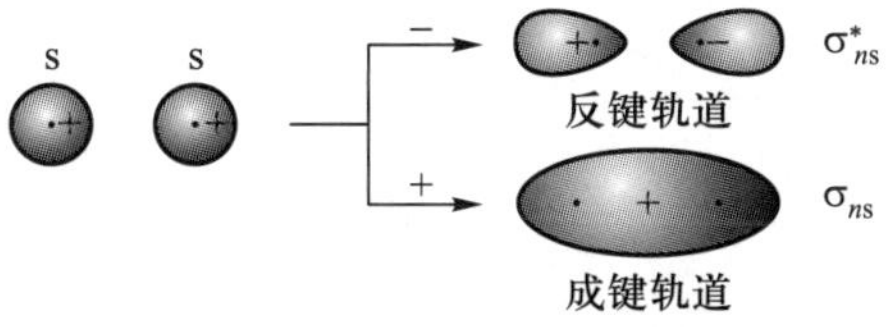

图 9.32 s-s 原子轨道线性组合成分子轨道

② s-p 原子轨道线性组合。一个 s 原子轨道和一个 p 原子轨道线性组合成两个分子轨道,其中一个是成键分子轨道,用 σ_{sp} 表示,另一个是反键分子轨道,用 σ_{sp}^* 表示。两者间的区别是成键分子轨道绕键轴呈圆柱形对称,两个原子核之间没有节面,而反键分子轨道在两核间有节面(见图 9.33)。

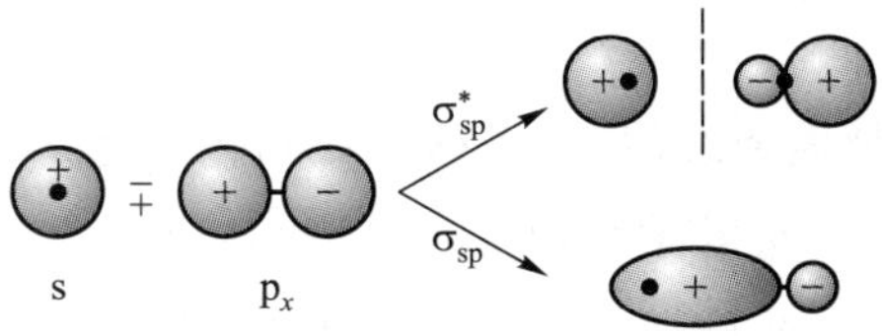

图 9.33 s-p 原子轨道线性组合成分子轨道

③ p-p 原子轨道线性组合。两个 p 原子轨道之间线性组合成分子轨道，有两种重叠方式：一种是“头碰头”组合成两个 σ 分子轨道，其中一个是成键分子轨道，用 σ_{p_x} 表示，另一个是反键分子轨道，用 $\sigma_{p_x}^*$ 表示。与 s-s 组合和 s-p 组合相同，成键轨道绕键轴呈圆柱形对称，两原子核之间没有节面，而反键轨道在两原子核之间有节面（见图 9.34）。

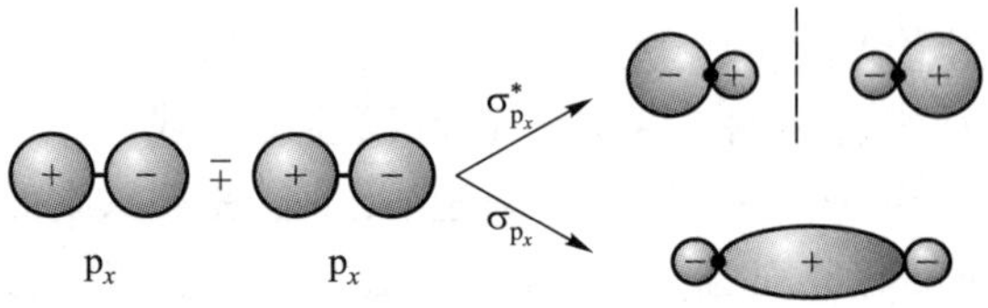

图 9.34 p_x-p_x 原子轨道线性组合成 σ 分子轨道

另一种是“肩并肩”组合成两个 π 分子轨道，其中一个是成键分子轨道，用 π_{np_z} 或者 π_{np_y} 表示，另一个是反键分子轨道，用 $\pi_{np_z}^*$ 或者 $\pi_{np_y}^*$ 表示。成键轨道有含键轴的节面，而反键轨道不仅有含键轴的节面，还有与之垂直的节面（见图 9.35）。一般地，由于 σ 分子轨道的重叠程度比 π 分子轨道大，因而能级比 π 分子轨道的低一些。

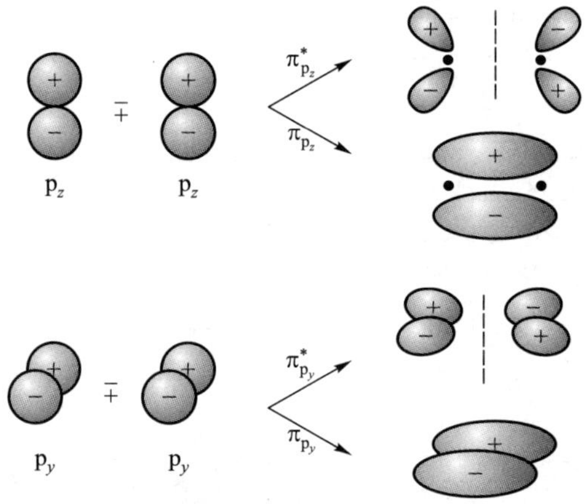

图 9.35 p_z-p_z 或 p_y-p_y 原子轨道线性组合成 π 分子轨道

（5）电子在分子轨道中填充需要遵守的规则和在原子轨道中填充一样，即遵守能量最低原理、泡利不相容原理和洪特规则。

（6）两原子间有效的成键电子对的数目用键级表示：

$$键级=\frac{成键电子数-反键电子数}{2}$$

一般来说，同一周期和同一区（s 区或 p 区）内元素组成的双原子分子中，键级越高，则键强度越大、键长越短，分子越稳定。价键理论中的单键、双键和三键分别对应于分子轨道理论中的键级 1、2 和 3。

2. 双原子分子的分子轨道能级图、分子轨道式和化学键

（1）同核双原子分子　决定分子轨道能级的因素包括组合成分子轨道的原子轨道类型和重叠方式两个方面。参与组合的原子轨道的能量低，组合成的成键分子轨道的能量也低。故能量最低的 1s 原子轨道组合成能量最低的 σ_{1s} 和 σ_{1s}^* 分子轨道，其次是 2s 原子轨道组合

成的 σ_{2s} 和 σ_{2s}^* 分子轨道。再次是 2p 原子轨道组合成的 3 对分子轨道，而这 3 对分子轨道的能量顺序会出现两种情况：

第一种情况是，当两原子的 2s 和 2p 轨道之间能级差大时，p_x 轨道以"头碰头"方式重叠形成的成键分子轨道 σ_{2p_x} 和反键分子轨道 $\sigma_{2p_x}^*$ 之间的能级差，要比 p_y（或 p_z）轨道以"肩并肩"方式重叠形成的成键分子轨道 π_{2p_y} 和反键分子轨道 $\pi_{2p_y}^*$（或成键分子轨道 π_{2p_z} 和反键分子轨道 $\pi_{2p_z}^*$）之间的能级差大。位于第二周期后面的元素 O 和 F 属于这种情况，其 2s 和 2p 轨道能级差大于 15 eV（见图 9.36）。

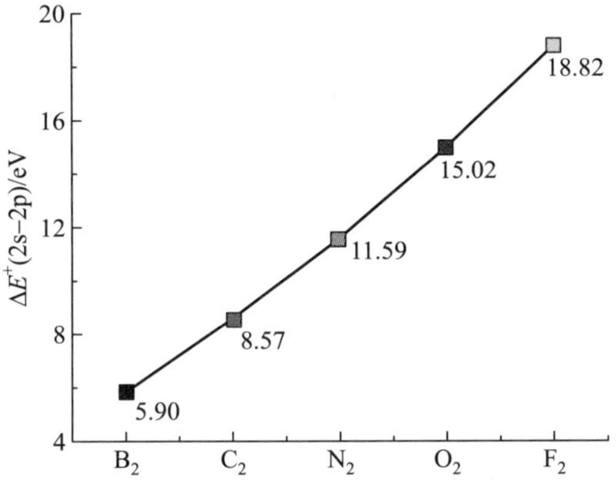

图 9.36 第二周期元素的 2s 和 2p 原子轨道能量差

这种情况下，同核双原子分子的轨道能级顺序为

$$\sigma_{1s}<\sigma_{1s}^*<\sigma_{2s}<\sigma_{2s}^*<\sigma_{2p_x}<\pi_{2p_y}=\pi_{2p_z}<\pi_{2p_y}^*=\pi_{2p_z}^*<\sigma_{2p_x}^*$$

第二种情况是，当两原子的 2s 和 2p 轨道能级相差不大时，一个原子的 2s 轨道和另一个原子的 $2p_x$ 轨道因能量相近且对称性相同而产生相互作用（s-p 混杂），导致电子概率密度更集中于核间轴，使 σ_{2s} 和 σ_{2s}^* 分子轨道能量下降，同时 σ_{2p_x} 和 $\sigma_{2p_x}^*$ 能量升高，以至于改变了能级顺序，使 σ_{2p_x} 的能量高过 π_{2p_z} 和 π_{2p_y} 的能量。这种情况下，同核双原子分子的轨道能级顺序为

$$\sigma_{1s}<\sigma_{1s}^*<\sigma_{2s}<\sigma_{2s}^*<\pi_{2p_y}=\pi_{2p_z}<\sigma_{2p_x}<\pi_{2p_y}^*=\pi_{2p_z}^*<\sigma_{2p_x}^*$$

第二周期中位于前面的元素，即从原子序数 3 的 Li 到原子序数 7 的 N，其 2s 和 2p 轨道能级差小于 15 eV，存在这种 2s 和 2p 轨道之间的相互作用，它们的同核双原子分子的分子轨道能级遵循这种能级顺序。

也就是说，第二周期元素同核双原子分子有两套轨道能级图（见图 9.37）。这种能级顺序的交错，在判断第二周期元素同核双原子分子的化学键时需要特别注意。

B_2 的分子轨道式：根据 B_2 的分子轨道能级图填充电子，得到 B_2 的分子轨道排布为

$$(\sigma_{1s})^2(\sigma_{1s}^*)^2(\sigma_{2s})^2(\sigma_{2s}^*)^2(\pi_{2p_y})^1(\pi_{2p_z})^1$$

通常在书写分子轨道式时将充满电子的内层分子轨道 $(\sigma_{1s})^2$ $(\sigma_{1s}^*)^2$ 用 KK 代替，表示填满内层分子轨道的两对电子基本保持了 K 层原子轨道的状态，不参与化学键的形成。B_2 的分子轨道式可简写为

$$B_2\quad [KK(\sigma_{2s})^2(\sigma_{2s}^*)^2(\pi_{2p_y})^1(\pi_{2p_z})^1]$$

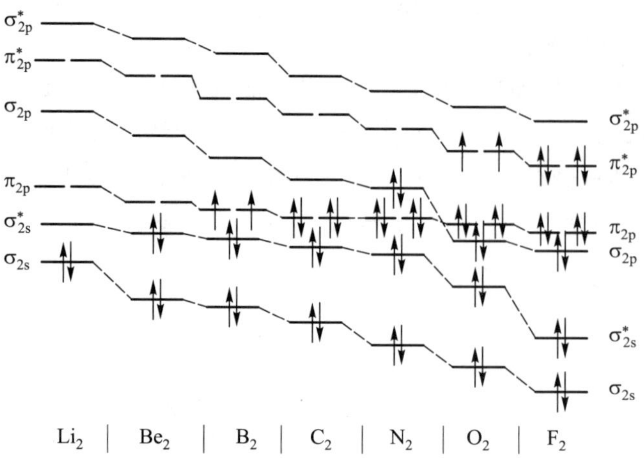

图 9.37 第二周期元素同核双原子分子的分子轨道能级图

B_2 分子只存在 π 键，一般认为键级为 1，有两个单电子，是顺磁性分子。实验测得 B_2 具有顺磁性，这也是 π_{2p} 能量低于 σ_{2p} 能量的有力证据。

按照价键理论，B_2 分子是由 2 个 B 原子各提供 1 个单电子形成一个 σ 键，由于无成单电子而不具有顺磁性，这与事实不符。另外，按照价键理论，π 键不能脱离 σ 键而独立存在，而按照分子轨道理论，B_2 分子只存在键级为 1 的 π 键。有一种解释是，B_2 的分子轨道$(\sigma_{2s}^*)^2$ 是一个弱反键轨道，导致$(\sigma_{2s}^2-\sigma_{2s}^{*2})$的净键级不为零而存在一个弱的 σ 键。

O_2 的分子轨道式：根据 O_2 的分子轨道能级图填充电子，得到 O_2 的分子轨道式为

$$O_2 \quad [KK(\sigma_{2s})^2(\sigma_{2s}^*)^2(\sigma_{2p_x})^2(\pi_{2p_y})^2(\pi_{2p_z})^2(\pi_{2p_y}^*)^1(\pi_{2p_z}^*)^1]$$

O_2 分子有 1 个 σ 键和 2 个三电子 π 键，每个三电子 π 键的键级为 0.5，故总键级为 2。从键能和键长来看，相当于 O ═O 双键。O_2 分子有两个单电子，与实验得到 O_2 具有顺磁性的结果一致，可见分子轨道理论能够合理地解释 B_2 分子和 O_2 分子的顺磁性质。

（2）异核双原子分子　异核双原子分子的分子轨道能级顺序根据等电子体的同核双原子分子轨道能级确定，其分子轨道按能量升高的顺序书写为 1σ、2σ、3σ、…、1π、2π、3π、…

CO 的分子轨道式：CO 是与 N_2 原子总数相同、价电子总数相同的分子（即等电子体），与 N_2 分子轨道能级图相似，故根据 N_2 的分子轨道能级图填充电子，得到 CO 分子的分子轨道式为

$$CO \quad [KK(3\sigma)^2(4\sigma)^2(1\pi)^4(5\sigma)^2]$$

值得注意的是，O 比 C 多两个电子，O 提供一对电子形成 π 配键，则 CO 的化学键由 1 个 σ 键、1 个 π 键和 1 个 π 配键构成，键级为 3。CO 分子轨道能级图如图 9.38 所示。

HF 的分子轨道式：由于 H 和 F 的原子序数不是很接近，H 的 1s 轨道比 F 的 1s 轨道的能量高很多，而与 F 的 2p 轨道能量相近。若 H 的 1s 轨道和 F 的 $2p_z$ 轨道线性组合，形成一个成键轨道 3σ 和一个反键轨道 4σ；而 F 的 $2p_x$ 和 $2p_y$ 与 H 的 1s 轨道对称性不一致，不能组合成分子轨道，故 F 原子的 1s、2s、$2p_x$ 和 $2p_y$ 轨道组成 HF 分子的非键轨道 1σ、2σ 和 1π，对 HF 分子中化学键的形成无显著贡献（见图 9.39）。HF 分子键级为 1，仅有一个 σ 键（3σ），占据 2σ、1π 轨道的 3 对电子则为孤电子对。

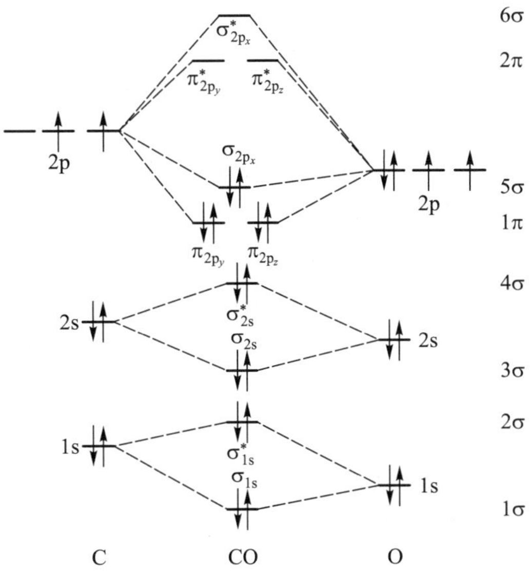

图 9.38 CO 分子轨道能级图

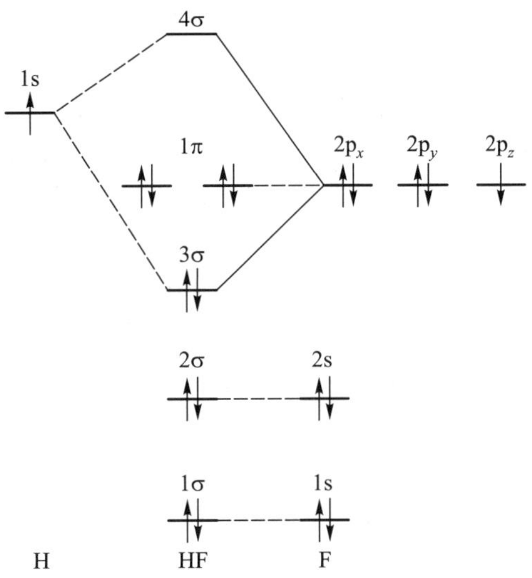

图 9.39 HF 分子轨道能级图

9.2 金属键理论

一般地,把电负性小于2.0的元素界定为金属元素,在周期表中约80%的元素是金属元素。目前,关于金属键有两种理论:改性共价键理论和能带理论。

9.2.1 改性共价键理论

改性共价键理论又称自由电子理论,该理论认为金属原子的外层价电子游离在金属晶格中,或者说金属离子(也可以认为是金属原子实)浸没在这些"自由电子形成的海洋"中,自由电子与金属阳离子的互相吸引作用把金属原子黏合在一起,这种作用力称为金属键。金属键可看成由许多原子共用许多电子的一种特殊形式的共价键,但不具有方向性和饱和性。改性共价键理论能很好地解释金属的一些特性,如高密度,由于金属原子总是以最紧密的方式堆积,形成了金属的高密度特性;高导电性和导热性,是由于自由电子的运动;可延展性,当金属变形时,金属晶格的错位仅使电子重新分布,而金属键不会被破坏,赋予了金属的可延展性;金属的光泽,金属中自由电子可吸收波长范围极广的光,并重新反射出来。

根据改性共价键理论,金属键的强弱与自由电子数的多少有关,也与离子半径、电子层结构、密堆积方式等复杂因素相关联。改性共价键理论可以定性地解释金属晶体的光泽、较大的密度、导电性和导热性等,后来发展的能带理论进一步揭示了金属键的本质。

9.2.2 能带理论

金属键的能带理论是在分子轨道理论基础上发展起来的,是金属键的量子力学模型。能带理论认为,电子不属于某个原子,而为整个金属所共有,即电子是离域的。金属键的实质是电子填充在低能量的能级中,使金属晶体的能量低于金属原子单独存在时的能量。

1. 能带的结构

金属固体以紧密堆积的形式存在,在金属固体中原子紧密堆积,原子之间十分靠近,它们的原子轨道可以线性组合形成分子轨道。在形成分子轨道的过程中,若每个金属原子提供一个原子轨道,则 n 个金属原子提供 n 个原子轨道,形成由 n 个能级组成的分子轨道。金属原子的数目越多,即 n 值越大,所形成的分子轨道能级越多、能量之差越小,这些小能级连成一片,形成能带(energy band)。或者说,能量相近的分子轨道的集合称为能带。不同电子层的原子轨道组合形成不同能带的分子轨道,这些能带之间存在带隙。

按照能带理论的观点,一般固体都具有能带结构。能带结构一般由满带、禁带和导带组成。习惯上把充满电子的能带称作满带;未充满电子的能带称作导带;满带和导带之间的区域,即从满带顶到导带底的能量间隔,称作禁带或带隙(见图 9.40)。

如图 9.40 所示,金属锂的 1s 原子轨道形成的 1s 分子轨道为满带、2s 原子轨道形成的 2s 分子轨道为导带,在满带顶和导带底之间存在能量间隔,即禁带。金属锂的电子按分子轨道理论的基本原理填充在这些能带中。填充价电子的能带也称作价带。

通常由价带中电子填充的情况和禁带宽度来区分固体材料是导体、半导体或绝缘体。半导体的禁带宽度一般小于 3 eV,绝缘体的禁带宽度大于 5 eV(见图 9.41)。

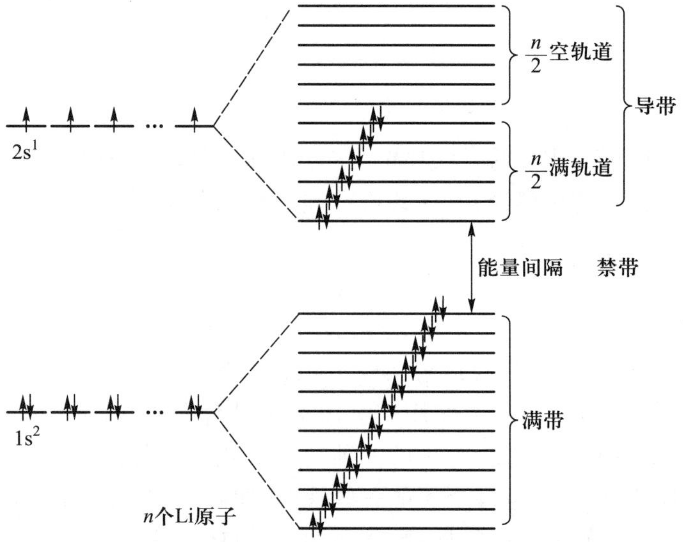

图 9.40 金属锂的能带结构示意图

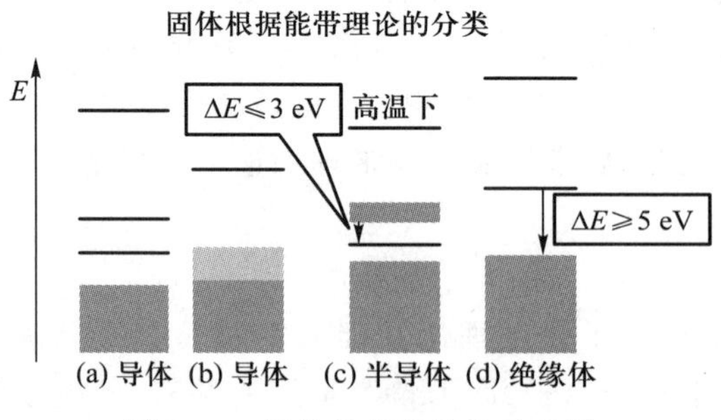

图 9.41 固体的能带结构示意图

金属的价带结构中有两种情况。一种是价带处于未充满状态,即价带为导带。例如,金属锂中锂原子的价电子结构为 $2s^1$,金属锂的价带分子轨道是由 2s 原子轨道组合而成的。由于 2s 原子轨道仅有一个价电子,故所形成的能带处于半充满状态,为导带。在外电场作用下,导带中的电子受激发从较低能级跃迁到较高能级,从而产生电流。具有这种价带结构的金属是优良的电导体。

另一种是价带处于充满状态,即价带为满带,但是满带和空带的能量相近、产生部分重叠而无能量间隔,形成所谓的叠带(见图 9.41)。例如,金属铍中铍原子的价电子结构为 $2s^2$, 2s 原子轨道为全充满状态。金属铍的价带分子轨道是由 2s 原子轨道组合而成的,所形成的 2s 能带为满带;Be 的 2p 原子轨道为全空状态,所形成的 2p 能带为空带;2s 满带和 2p 空带能级差不大、能带间部分重叠形成叠带。由于有能量重叠,在外电场作用下,满带电子可以跃迁到空带中而形成导带,使金属铍固体导电。

2. 能带理论的应用

能带理论对金属的导电性、导热性的解释是,所形成的能带不能被参加成键的电子充满,由于能级差小,电子容易跃迁,从而具有良好的导电性、导热性。金属导电性随温度升高而下降,这是由于温度升高使金属晶格中的金属原子(离子)振动加剧,使导带中自由电子运动受阻。

半导体导电性随温度升高而增强,这是由于半导体禁带较窄,在温度升高时,由于满带中的电子容易被激发越过禁带、跃迁到空带上形成导带,从而起到增强导电能力的作用,这种作用远远超过半导体晶格中质点的热运动使电阻增大的作用。

绝缘体的禁带宽度太大,电子即使受到高能量激发,仍难以跃迁到空带,因而不能导电。

9.3 离子键理论

1916 年,德国科学家科塞尔(W. Kossel)提出离子键理论。他认为,不同元素的原子在相互结合时,有形成 8 电子稳定结构的倾向。当电离能很小的金属元素的原子与电子亲和能很大的非金属元素的原子相互接触时,发生电子从金属原子向非金属原子的转移,形成稀有气体电子构型的正、负离子,正、负离子之间通过静电吸引作用形成离子化合物。这种由于原子间发生电子转移,生成正、负离子,并通过库仑静电力作用而形成的化学键,称为离子键。离子化合物的水溶液或熔融态具有导电性,其导电机理是通过离子的定向迁移导电,而不是通过电子流动而导电。

9.3.1 离子键的形成和性质

正、负离子之间相互作用形成离子键时,体系的势能将大大降低,必然以放热的形式释放出较大的能量。根据库仑定律,正、负离子之间的势能($V_{总}$)是吸引能($V_{吸引}$)和排斥能($V_{排斥}$)的总和:

$$V_{总} = V_{吸引} + V_{排斥} = -\frac{q^+ \cdot q^-}{4\pi\varepsilon_0 r} + A\mathrm{e}^{-r/\rho} \qquad (9.1)$$

式中,q^+ 和 q^- 是正、负离子所带的电荷量,ε_0 是真空介电常数,r 是正、负离子的核间距,A 和

ρ 为常数。

根据式(9.1),可以得到正、负离子相互接近时的势能 V 随 r 值变化的曲线。图 9.42 是 NaCl 形成过程中的势能曲线。从图中可以看出,当正、负离子相互接近时,随着 r 值的减小,静电吸引作用增强,体系势能下降,在 $r=r_0$ 时势能达到最低;当 r 小于 r_0 时,排斥作用占优势,体系势能陡然增加,这是由于正、负离子非常靠近时电子之间及原子核之间的排斥作用增大;r_0 即为正、负离子的平衡距离,此时势能最低,正、负离子之间形成稳定的离子键。

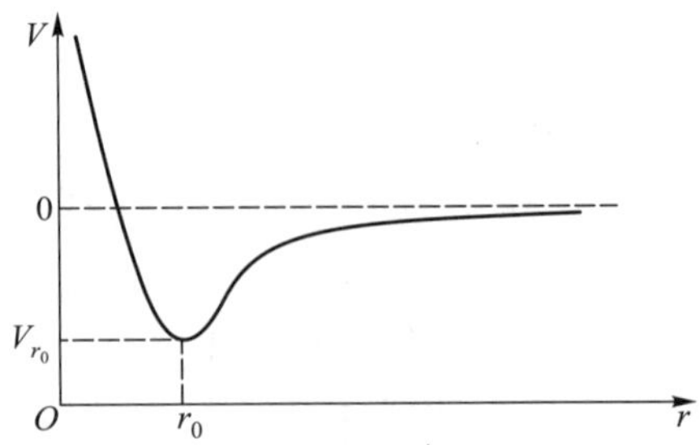

图 9.42 NaCl 形成过程中的势能曲线

形成离子键的元素之间的电负性差要比较大。通常认为,电负性差值 $\Delta\chi>1.7$ 的原子之间,倾向于发生电子转移而形成离子键。电负性差值越大,形成的离子键的极性就越强。电负性差值小于 1.7 的原子之间不容易发生电子转移,它们之间通过共用电子对而达到稀有气体稳定结构,形成共价化合物。以 NaCl 为例,Cl 原子的电负性值为 3.16,Na 原子的电负性值为 0.93,差值 2.23,它们之间通过转移 1 个电子形成 8 电子稳定结构的 Na^+Cl^- 离子化合物(见图 9.43)。

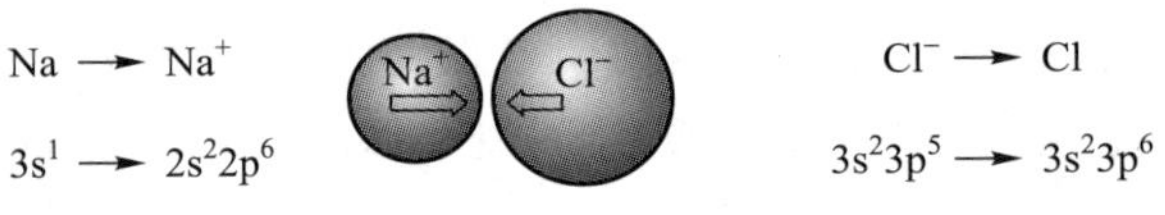

图 9.43 Na 原子和 Cl 原子通过转移 1 个电子形成 8 电子稳定结构的 NaCl

能够形成离子键的一般都是具有稀有气体电子结构的稳定离子。仍以 NaCl 为例,Na 原子失去 1 个电子变成 Na^+,由其 $3s^1$ 的价电子构型变为 $2s^22p^6$ 的 8 电子稳定结构;同样的,Cl 原子得到 1 个电子变成 Cl^-,其价电子构型由 $3s^23p^5$ 变为 $3s^23p^6$ 的 8 电子稳定结构。而 C 原子和 Si 原子,因为其价电子构型为 ns^2np^2,要失去全部的 4 个价电子或者得到 4 个电子达到 8 电子结构比较困难,则不易形成离子型化合物,它们的化合物多为共价化合物,如 CCl_4、SiF_4等。

但离子键和共价键之间,并非截然区分的,可将离子键视为极性共价键的一个极端,而另一极端为非极性共价键。化合物中不存在完全的离子键。表 9.5 列出单键的离子性百分数与电负性差值 $\Delta\chi$ 之间的关系。当 $\Delta\chi=1.7$ 时,实际上化学键的离子性成分仅约为 51%。$\Delta\chi=2.23$ 的氯化钠中,其化学键的离子性百分数约为 71%。周期表中电负性最大的元素 F 和电负性最小的元素 Cs 的电负性差值 $\Delta\chi=3.19$,实验证明,二者所形成的化合物 CsF,其化学键的离子性百分数为 92%,仍有 8%的共价性。

表 9.5 单键的离子性百分数与电负性差值 $\Delta\chi$ 之间的关系

$\Delta\chi$	0.2	1.0	1.8	2.6	3.2
单键的离子性百分数/%	1	22	55	82	92

离子晶体通常被视为由正离子和负离子的刚性球体采取紧密堆积的方式而形成的。由于离子键是异荷离子之间的静电引力作用，只要空间条件和电场力允许，每个球形离子会在空间的各个方向上尽量多地吸引电荷相反的离子，所以离子键既无方向性也无饱和性（离子晶体的特性将在后续课程中论述）。

离子晶体因离子键强度大，一般具有高熔点、硬而脆的特点，延展性差，不能像金属那样经受碾压，因为外力会使离子晶体中离子的排列错位，这种错位会发生同号电荷离子相切的情况而使排斥力增加，导致离子键被破坏（见图 9.44）。

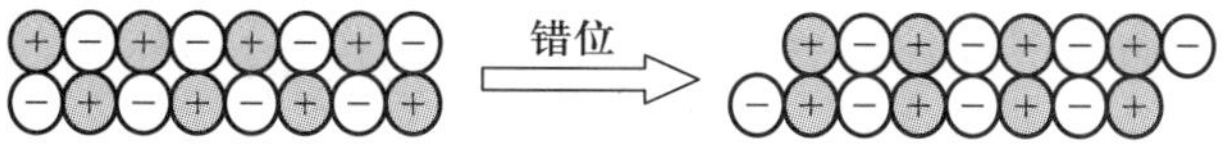

图 9.44 离子晶体经受外力作用发生离子排列的错位示意图

9.3.2 离子键的强度

可以用键能来判断离子键的强度，离子化合物的键能越大，说明离子键越强。根据键能（bond energy）的定义，离子键的键能，通常是指在 100 kPa 和 298.15 K 下，将 1 mol 气态离子化合物拆开成气态原子时，每个键所需能量的平均值，用 E_i 表示。键能与键焓近似相等，实验中经常测得的是键焓数据。对于 A^+B^- 型离子化合物，其键能 E_i 的反应方程式为

$$A^+B^-(g) \rightarrow A(g) + B(g) \quad \Delta_b H_m^\ominus(A^+B^-) = E_i$$

以氯化钠为例，将 1 mol 气态氯化钠分子解离为气态中性原子 Na(g) 和 Cl(g) 时需要吸收的能量为

$$NaCl(g) \rightarrow Na(g) + Cl(g) \quad \Delta_b H_m^\ominus(NaCl) = E_i = 398 \text{ kJ} \cdot \text{mol}^{-1}$$

故氯化钠分子的键能为 398 $kJ \cdot mol^{-1}$。

由于离子型化合物中的正、负离子通常采取紧密堆积的方式沿三维空间无限排列，形成超大分子而不是孤立的小分子，离子键的强度用晶格能的大小来衡量，更能体现离子型晶体内的整个结合力。晶格能的定义是，在标准状态下，1 mol 离子型晶体拆散为气态正离子和气态负离子所需要的能量，用符号 U 表示，单位为 $kJ \cdot mol^{-1}$。

$$A^+B^-(s) \rightarrow A^+(g) + B^-(g) \quad \Delta_r H_m^\ominus(A^+B^-) = U$$

晶格能是影响离子型化合物的硬度、熔点、溶解度等物理性质的重要因素。晶格能越大，晶体的熔点、硬度越高。玻恩（M. Born）和兰德（A. Landé）推导出计算晶格能的玻恩-兰德（Born-Landé）方程：

$$U = \frac{138\ 490 z^+ z^- A}{r}\left(1 - \frac{1}{n}\right) \tag{9.2}$$

式中，z 是离子的电荷数，A 为与晶格的类型有关的马德隆（Madelung）常数，n 为与电子构型有关的 Born 指数，r 为正、负离子半径之和（单位为 pm）。

目前晶格能还不能用实验的方法直接得到，但是可以通过设计玻恩-哈伯（Born-Haber）循环，由热化学方法计算得到。仍以氯化钠为例，计算氯化钠晶体的晶格能 U。将反应

$$NaCl(s) \rightarrow Na^+(g) + Cl^-(g) \quad \Delta_r H_m^\ominus = U$$

设计成如下的玻恩-哈伯循环,并根据盖斯定律由已知的热化学数据计算得到晶格能 U:

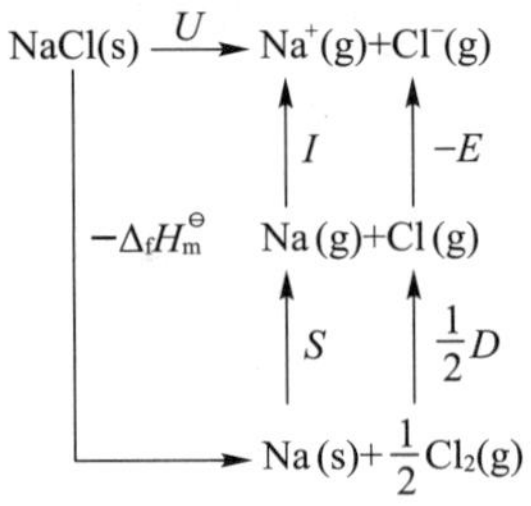

此玻恩-哈伯循环涉及的热力学参数及其对应的物理变化和化学变化如下:

$\Delta_f H_m^\ominus$ 为固体氯化钠的生成热:$Na(s)+\frac{1}{2}Cl_2(g) \rightarrow NaCl(s)$

S 为钠的升华热:$Na(s) \rightarrow Na(g)$

I 为钠的电离能:$Na(g) \rightarrow Na^+(g)$

D 为氯气分子的解离能:$Cl_2(g) \rightarrow 2Cl(g)$

E 为氯原子的电子亲和能:$Cl(g) \rightarrow Cl^-(g)$

根据盖斯定律,$U=(-\Delta_f H_m^\ominus)+S+I+\frac{1}{2}D+(-E)$

$$=411\ kJ\cdot mol^{-1}+108\ kJ\cdot mol^{-1}+496\ kJ\cdot mol^{-1}+121\ kJ\cdot mol^{-1}+(-349\ kJ\cdot mol^{-1})=787\ kJ\cdot mol^{-1}$$

9.3.3 影响离子键强度和离子晶体性质的因素

从玻恩-兰德方程[式(9.2)]可以看出,离子电荷、离子半径、晶格类型和电子构型这些因素都会影响晶格能的大小和离子键的强度。

1. 离子电荷

离子所带电荷越高,则静电引力越大、晶格能越大、离子键越强。例如,MgO 的晶格能为 3 916.2 $kJ\cdot mol^{-1}$,远高于 NaCl 的晶格能 786.7 $kJ\cdot mol^{-1}$。离子化合物的晶格能越大,熔点越高,MgO 的熔点(2 800 ℃)远高于 NaCl 的熔点(801 ℃)。

2. 离子半径

离子半径与原子半径类似,没有明确界线,因而得不到绝对数值。现在已知的各类离子半径的数值,是通过光折射法、X 射线衍射法等物理测试方法而间接取得的相对数值。例如,1920 年 Lande 分析 NaCl 型晶体 MgO 和 MnO、MgS 和 MnS、MgSe 和 MnSe 等几对晶体的晶胞参数,由 MgO 和 MnO 的晶胞参数差值得到正离子 Mg^{2+} 和 Mn^{2+} 的半径差值为 14 pm。而 MgS 和 MnS、MgSe 和 MnSe 具有几乎分别相等的晶胞参数,不受阳离子大小不同的影响。他考虑到晶体中是负离子与负离子直接接触(见图 9.45),由几何计算得出负离子 S^{2-} 和 Se^{2-} 的半径。随着量子化学理论的发展和物理测试仪器分辨度的提高,已经得到较完整的离子半径数据。书后附录 8 给出离子半径。需要注意的是,在使用这些数据进行研究时,各套离子半径数据不能混用。

若将离子晶体中的正、负离子看成相切的球体,则正、负离子的平衡核间距 d 是 r^+ 和 r^- 之和(见图 9.46)。d 值可由晶体的 X 射线衍射实验测得。

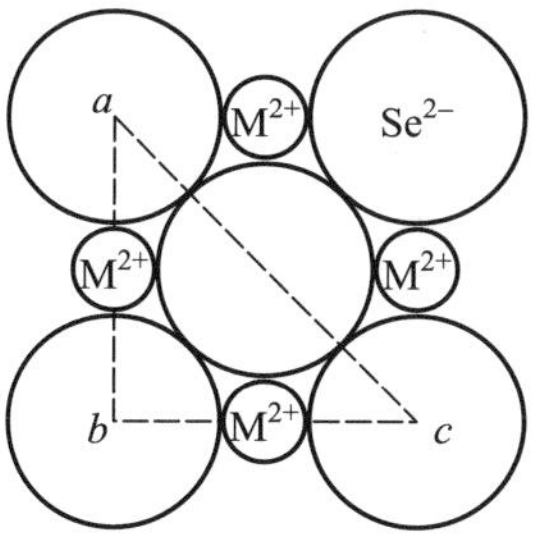

图 9.45 MgSe 和 MnSe 的负离子-负离子直接接触示意图

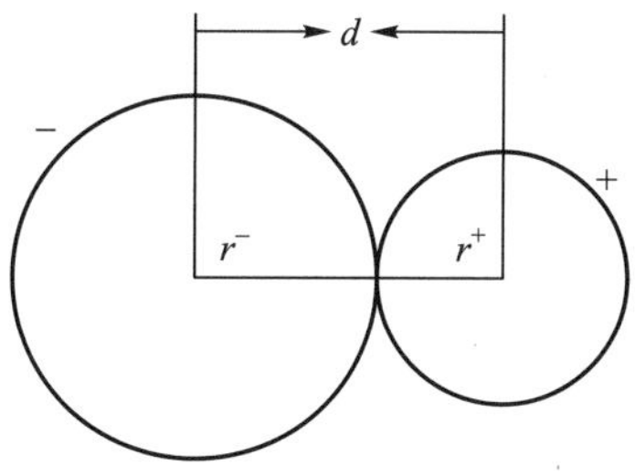

图 9.46 离子半径示意图

离子半径的大小对离子化合物的结构和稳定性起重要作用，离子半径越大，则离子间静电引力越小、晶格能越小、离子键越弱。例如，I^-的半径大于 Cl^-的半径，NaI 的晶格能为 686.2 kJ · mol^{-1}，小于 NaCl 的晶格能（787 kJ · mol^{-1}），NaI 的熔点（660 ℃）也小于 NaCl 的熔点（801 ℃）。

决定离子半径大小的因素有核电荷数、离子电荷数、价轨道类型和配位数等。一般地，原子失去电子变成正离子时其半径减小，这是因为失去电子使价轨道成为空轨道，电子间斥力减弱；原子得到电子变成负离子时其半径增大，因为得到电子后电子间的斥力增加，使电子运动空间扩大。

离子半径变化的一般规律：

① 同一种离子，配位数大时其半径大，配位数小时其半径小。例如，四配位的 Cu^{2+}的半径是 57 pm，六配位的 Cu^{2+}的半径是 73pm，见附录 8。

② 由于电子间斥力减弱和有效核电荷数增大的双重原因，同一元素的高价正离子的半径小于低价正离子的半径，如 $r(Fe^{3+})<r(Fe^{2+})$。同一周期主族元素电子数目相同的正离子（等电子离子），核电荷数越大半径越小，如离子半径 $Na^+>Mg^{2+}>Al^{3+}$。表 9.6 列出部分 10 电子系列离子的半径数据。

③ 阴离子得到电子，增加的电子间斥力，使电子运动空间扩大，同一元素的负离子比原子的半径大：$r(A^{n-})>r(A)$。同一周期主族元素电子数目相同的负离子（等电子离子），核电荷数越大半径越小，如负离子半径 $O^{2-}>F^-$（见表 9.6）。

④ 同一主族，从上到下，电子层增加，具有相同电荷数的离子半径增加，如 Ⅰ A 族离子半径大小顺序为 $Li^+<Na^+<K^+<Ru^+<Cs^+$。

⑤ 周期表对角线上，左上元素和右下元素的离子半径相似，如 Li^+（76 pm）和 Mg^{2+}（72 pm）、Sc^{3+}（75 pm）和 Zr^{4+}（72 pm）等。

表 9.6 部分 10 电子系列离子的半径数据（配位数均为 6）

Z	8	9	11	12	13
离子	O^{2-}	F^-	Na^+	Mg^{2+}	Al^{3+}
半径 r/pm	140	133	102	72	54

3. 离子的电子构型

离子的电子构型对离子键强度及离子化合物的性质的影响比较复杂（详见离子极化学

说)。一般地,离子的电子构型不同,会导致离子键的成分不同,从而影响晶格能的大小和离子键的强弱。简单离子的常见电子构型有6种(见表9.7)。

表9.7 简单离子的常见电子构型

电子构型类型	最外层电子	例子
0电子构型	无	H^+
2电子构型	$1s^2$	Li^+, Be^{2+}
8电子构型	ns^2np^6	Na^+, Cl^-, O^{2-}
9~17电子构型	$ns^2np^6\ nd^{1\sim9}$	Fe^{2+}, Cr^{3+}
18电子构型	$ns^2np^6\ nd^{10}$	Zn^{2+}, Hg^{2+}, Ag^+, Cu^+
(18+2)电子构型	$(n-1)s^2(n-1)p^6(n-1)d^{10}ns^2$	Pb^{2+}, Sn^{2+}, Bi^{3+}

例如,NaCl和AgCl,两种正离子的配位数都是6,半径差别不大,但是正离子的电子构型分别属于8电子构型和18电子构型,其化学键属于不同的类型,NaCl为典型的离子键,AgCl为极性共价键,致使它们的物理性质差别显著(见表9.8)。

表9.8 NaCl和AgCl的物理性质对比

化合物	正离子半径/pm	正离子电子构型	熔点/℃	溶解性
NaCl	102	8电子构型	801	易溶于水
AgCl	115	18电子构型	455	难溶于水

9.4 分子间作用力

前面所述的离子键、共价键和金属键,其键能约为一百到几百千焦每摩尔,这是存在于原子或离子之间的比较强的相互作用,统称为化学键。而在分子或原子团簇之间也存在相互作用,其能量只有几到几十千焦每摩尔,是一种弱的相互作用,这种相互作用称为分子间作用力。

19世纪末,荷兰物理学家范德华(J. D. van der Waals)在研究造成实际气体偏离理想气体方程的原因时,发现实际气体分子的自身体积和分子之间的作用力是不容忽视的,进而考虑这两方面的因素对理想气体方程进行了修正。后人把分子间作用力称为范德华力(van der Waals force)。

随着科学的发展,人们把分子间作用力扩展到不仅仅包括范德华力,还包括介于化学键与范德华力之间的弱相互作用,称之为次级键,如氢键、芳香环 π 键间的相互作用等。次级键可根据原子间的距离(介于化学键和范德华力之间)、核磁共振谱等实验数据来确定。化学反应过程中形成的过渡态,正是以次级键为特征的中间体或活化配合物。次级键在物质的结构和性质的研究及生物体系和超分子化学中发挥着重大作用,随着科学技术的发展,这类分子间的弱相互作用不断被发现。

分子间作用力的产生,本质上源于分子的极性所产生的静电作用。

9.4.1 分子的极性

1. 化学键的极性

若成键原子的电负性差值 $\Delta\chi=0$,则化学键的正、负电荷重心重合,称为“非极性键”,如 H_2、F_2、N_2 中的共价键和金刚石中的 C—C 键。反之,成键原子的电负性差值 $\Delta\chi\neq0$,化学键的正、负电荷重心不重合,称为“极性键”,如 HF、CO、H_2O 和 CH_4 中的共价键。

2. 分子极性的判断

分子的极性由组成分子的键的极性和分子的空间构型确定。对于双原子分子,键的极性等于分子的极性。同种元素组成的双原子分子一定是非极性分子,如 H_2;不同元素组成的双原子分子则一定是极性分子,如 HF。

但是同种元素原子组成的多原子分子的极性判断既要考虑键的极性又要考虑每个原子的电子分布状态是否相同,详见后面臭氧分子 O_3 的例子。

多原子分子的极性不但取决于键的极性,而且取决于分子的几何形状。若空间构型完全对称,正、负电荷重心重合,则为非极性分子;若空间构型不完全对称,正、负电荷重心不重合,则为极性分子。例如,BF_3 和 CCl_4 中,B—F 键和 C—Cl 键都是极性键,但却是非极性分子。

偶极矩是衡量分子极性大小的物理量。物理学中,把大小相等、符号相反、彼此相距为 d 的两个点电荷($+q$ 和 $-q$)组成的体系称为偶极子,其电荷量与距离之积,就是分子偶极矩(μ):

$$\mu=q\cdot d \tag{9.3}$$

式中,q 是偶极电荷量,d 是偶极长度,偶极矩单位是德拜(D,1 D=3.34×10^{-30} C·m)。

分子偶极矩是一个矢量(向量),其方向是从正极到负极,即从正电荷重心到负电荷重心(与物理学中电偶极矩的方向相反)。双原子分子的偶极矩就是键的偶极矩(键矩);多原子分子的偶极矩是各键偶极矩的矢量和。非极性分子 $\mu=0$,极性分子 $\mu>0$。μ 越大,分子的极性越强。

例 9.1 已知 H_2O 分子的偶极矩 $\mu=1.85$ D,键角 $\theta=104.5°$,H_2O 分子的 H—O 键矩是多少?

解:

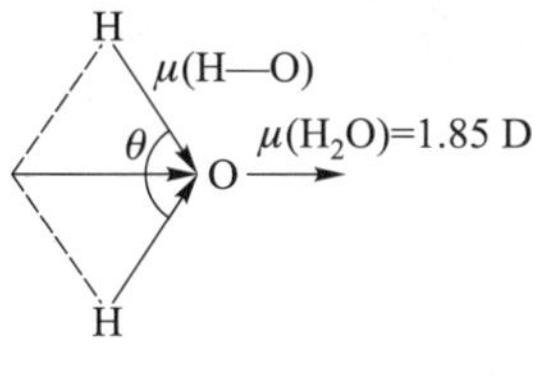

$$\mu(H_2O)=2\mu(H—O)\cos\frac{\theta}{2}$$

$$1.85\ D=2\mu(H—O)\cos\frac{104.5°}{2}$$

$$\mu(H—O)=1.51\ D$$

所示 H_2O 分子的 H—O 键矩为 1.51 D。

孤电子对的存在有时也影响分子的偶极矩，如 NH_3 分子的偶极矩较大，而 NF_3 分子的偶极矩较小。NH_3 分子中成键电子对偏向电负性较大的 N 原子，即孤电子对与 N—H 键矩对偶极矩的贡献方向相同，使偶极矩增大。NF_3 分子中成键电子对偏向电负性大的 F 原子，N 的孤电子对与 N—F 键矩对偶极矩的贡献方向相反，使偶极矩减小(见图 9.47)。

臭氧(O_3)是由同种元素原子组成的分子，但 3 个氧原子的孤电子对分布不一致。如图 9.48 所示，在 O_3 分子中，中心氧原子以 2 个被单电子占据的 sp^2 杂化轨道与两端氧原子形成两个 σ 键，第三个 sp^2 杂化轨道被孤电子对占据，使 O_3 分子呈 V 形。中心原子的未参与杂化的 p_z 轨道上有一对电子，两端氧原子与此 p_z 轨道平行的 p_z 轨道上各有 1 个电子，它们之间“肩并肩”重叠形成垂直于分子平面的 Π_3^4 大 π 键。由于 Π_3^4 具有离域性而分散到整个分子中，致使三个氧原子化学环境不同。中心氧原子略显正电性，两端氧原子略显负电性，因此 O—O 键为极性键。与 NF_3 分子类似，O_3 分子的中心氧原子的杂化轨道上的孤电子对对分子偶极矩的贡献与键矩的贡献方向相反，使分子偶极矩减小，实测偶极矩为 0.54 D。

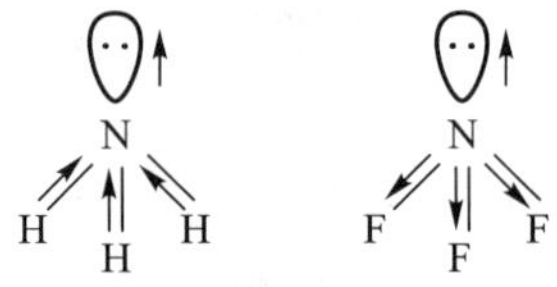

图 9.47 NH_3 和 NF_3 分子的偶极矩示意图

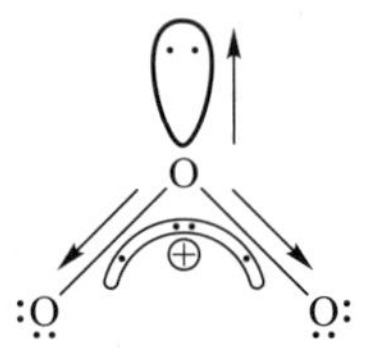

图 9.48 O_3 分子偶极矩示意图

在分子中偶极主要有三种类型：① 极性分子固有的偶极是永久偶极，称作固有偶极，固有偶极的大小与分子的极性有关；② 非极性分子在外电场诱导下产生的偶极称为诱导偶极；③ 任何一个分子，由于不断运动的电子和不停振动的原子核在某一瞬间的相对位移，而造成分子正、负电荷重心在瞬间分离，此时产生的偶极称为瞬间偶极。图 9.49 以 He 为例示意相邻 He 原子之间形成的瞬间偶极。诱导偶极和瞬间偶极的大小与电场强度成正比，也和分子的变形性成正比。所谓分子的变形性，是指在外电场作用下分子的正、负电荷重心的可分程度。分子的体积越大、电子越多，变形性就越大。

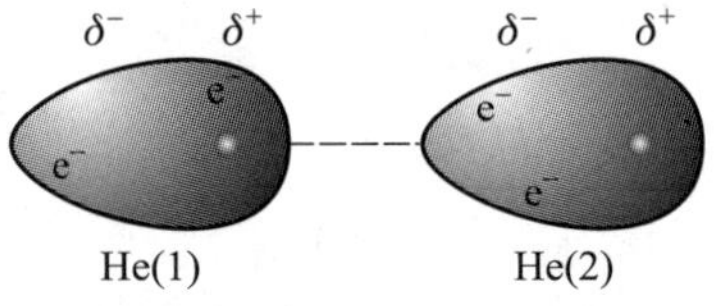

图 9.49 相邻 He 原子之间的瞬间偶极示意图

9.4.2 分子间作用力

分子间作用力的本质是静电力，根据不同来源分为三种：取向力、诱导力和色散力。

当两个极性分子相互靠近时，由于同极互相排斥，异极互相吸引，极性分子按一定方向排列，形成异极相邻的状态(见图 9.50)。极性分子与极性分子之间，由静电引力而产生极性分子的定向排列，称为取向力。分子电偶极矩越大，取向力越大。

当极性分子与非极性分子充分靠近时，极性分子的固有偶极诱导非极性分子变形，非极性分子中原来重合的正、负电荷重心发生分离，从而产生诱导偶极，两个分子保持着异极相邻的状态（见图 9.51）。这种诱导偶极与极性分子的固有偶极之间的静电引力，称为诱导力。诱导力发生于极性分子与极性分子之间或极性分子与非极性分子之间。诱导力的强弱，与极性分子的偶极矩和被诱导分子的变形性相关。

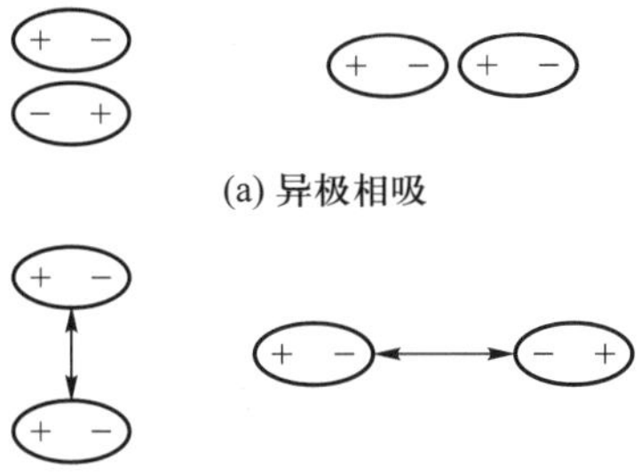
(a) 异极相吸
(b) 同极相斥

图 9.50　极性分子之间取向力示意图

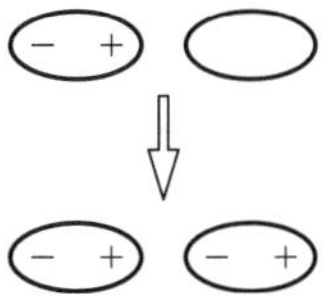

图 9.51　极性分子与非极性分子之间诱导力示意图

一个非极性分子，由于电子的运动和原子核的振动可导致其电荷重心瞬间分离，从而产生瞬间偶极。瞬间偶极又使邻近的另一个非极性分子产生瞬间诱导偶极，两个瞬间偶极必然是处于异极相邻的状态而相互吸引，这种瞬间偶极与瞬间偶极之间的相互作用，称为色散力。色散力普遍存在于各种分子之间，包括极性分子和极性分子、极性分子和非极性分子、非极性分子和非极性分子之间。色散力与分子的变形性有关，分子的体积越大，电子越多，越容易变形，色散力就越大。

分子形状也影响色散力的大小。以正戊烷和季戊烷为例（见图 9.52），正戊烷是直链结构，分子之间接触的面积大一些，因而色散力大些。而季戊烷有四个取代基，分子近乎球形，相互接触的分子少些，色散力要小些。色散力使沸点升高，正戊烷的沸点（309.4 K）高于季戊烷（282.7 K）。

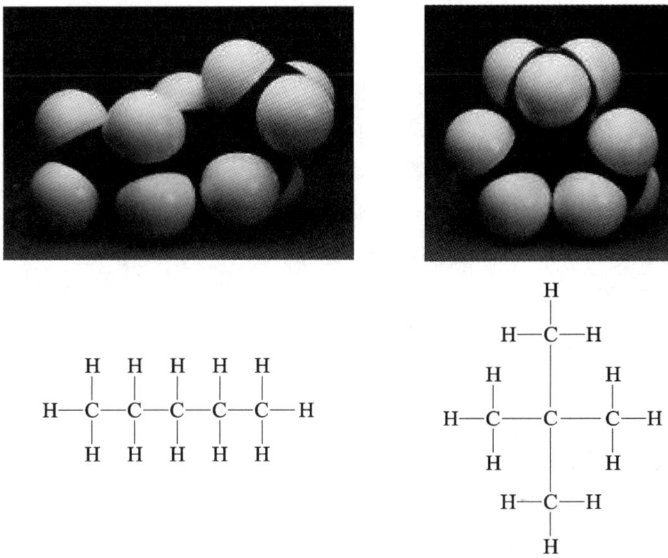

(a) 正戊烷　(b) 季戊烷

图 9.52　正戊烷和季戊烷分子结构示意图

表9.9列出 HCl、NH_3 和 H_2O 分子间作用力的组成。一般情况下，色散力是主要的分子间作用力；只有极性相当强的分子如 H_2O，取向力才占较大比例；而诱导力通常都很小。

表9.9 HCl、NH_3 和 H_2O 分子间作用力的组成

分子	取向力/%	诱导力/%	色散力/%
HCl	15.66	4.73	79.61
NH_3	44.65	5.20	50.15
H_2O	76.90	4.08	19.02

分子间作用力对物质性质有着重要的影响。一般来说，结构相似的同系列物质，相对分子质量越大、分子变形性越大，分子间作用力越强，熔点、沸点越高(见表9.10)。稀有气体从 He 到 Xe 在水中溶解度依次增加，原因是水分子与稀有气体分子间的诱导力依次加大。

表9.10 卤素和稀有气体的沸点

卤素	沸点/℃	稀有气体	沸点/℃
F_2	85.1	Ne	27.3
Cl_2	238.6	Ar	87.5
Br_2	332.0	Kr	120.9
I_2	457.6	Xe	166.1

9.4.3 氢键

氢键的概念是在1920年前后提出的，1931年鲍林第一次使用“氢键”一词。当电负性大的原子 X 与氢原子结合形成 X—H 共价键后，由于 H 原子的电子云强烈偏向 X 原子，使 H 原子几乎成为裸露的质子。这个带部分正电荷的 H 原子，与另一分子中电负性大的、含有孤电子对、带部分负电荷的 Y 原子充分靠近而产生相互吸引，这种特殊的分子间作用力，称为氢键。氢键的本质是一种长距离静电相互作用。氢键可表示为 X—H---Y，如 HF 分子间的氢键可表示为 F—H---F(见图9.53)。

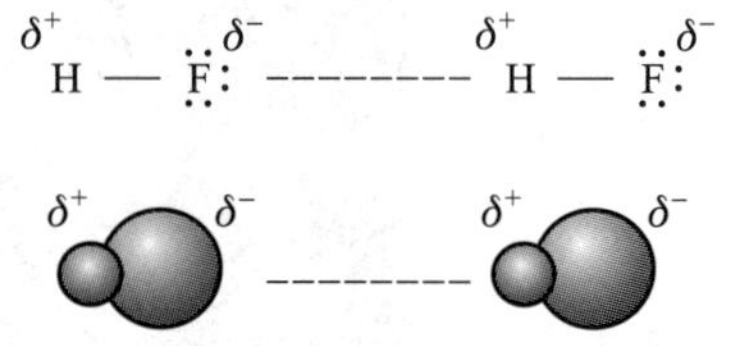

图9.53 F—H---F 氢键形成示意图

X—H---Y 氢键的形成条件：

① H 原子必须与电负性非常大且原子半径很小的原子 X(X 通常为 F、O、N)形成 X—H 共价键，以保证键的强极性和偶极电荷。

② 在上述 H 原子附近有电负性非常大、半径很小且具有孤电子对的原子 Y，以保证 H---Y 距离近到足够发生作用。符合此条件的一般是 F、O、N 三种元素。

氢键具有方向性。由于 H 原子两侧的电负性极大的原子 X 和 Y 的负电排斥，X 和 Y 两个原子在 H 两侧以尽量大的角度排列，这样可使 X 和 Y 两原子距离最远，斥力最小，从而使

X—H---Y 氢键体系趋于稳定。

氢键具有饱和性。每一个 X—H 只能与一个 Y 原子形成氢键,因为 X、Y 原子的电子云斥力大,使得另一个极性分子 Y′很难靠近。

氢键的强弱与 X 和 Y 的电负性及原子半径有关,二者的电负性越大、原子半径越小,形成的氢键越强。常见的氢键强度顺序为

$$F—H---F>O—H---O>N—H---N>Cl—H---Cl>C—H---X$$

氢键的键能与分子间作用力相近,比共价键的键能小得多,如 O—H 键的键能为 464.8 $kJ \cdot mol^{-1}$,而 O—H---O 氢键的键能为 18.8 $kJ \cdot mol^{-1}$。

氢键可以存在于分子之间,也可以存在于分子内部。分子间氢键是指与氢形成共价键的原子和与氢形成氢键的原子不属于同一个分子,如 H_2O 分子间形成的氢键(见图 9.54)、NH_3 分子间形成的氢键或者 NH_3 分子与 H_2O 分子间形成的氢键等。若同一分子中 H 原子与两侧电负性大的元素的原子形成氢键,这种氢键则为分子内氢键。不同类型的氢键对物质性质的影响也不同。

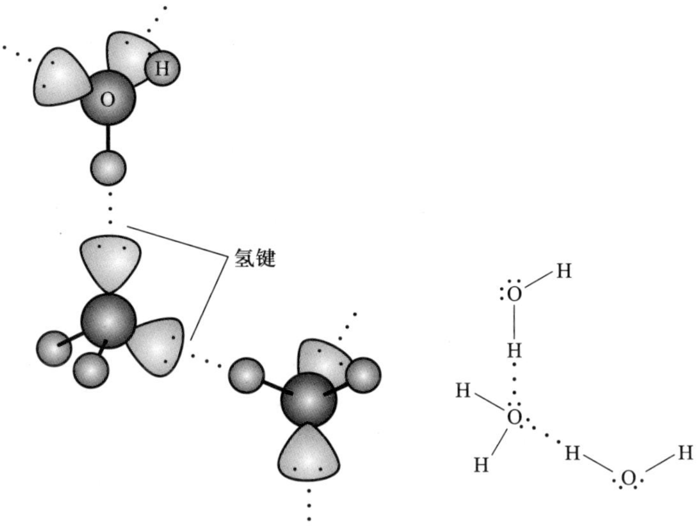

图 9.54 H_2O 分子间的氢键

分子间形成氢键时,使分子间产生了较强的结合力,因而使化合物的沸点和熔点显著升高,这是由于要使含有氢键的液体或固体汽化或熔化,必须给予额外的能量去破坏分子间的氢键。例如,ⅣA 族氢化物的沸点随相对分子质量增大而逐渐升高:$CH_4<SiH_4<GeH_4<SnH_4$,而ⅥA 族氢化物中,由于 H_2O 分子间有较强的氢键,其沸点特殊的高,之后从 S 到 Te,沸点依然是随相对分子质量增大而逐渐升高(见图 9.55)。

强的分子间氢键可使得 H_2O、HF、甲酸、醋酸等形成缔合物。例如,H_2O 分子间有很强的氢键,当水在 0 ℃以下结冰时,每个 H 都参与形成氢键,使 H_2O 分子形成具有四面体中空网络结构的巨大的缔合分子,即疏松空旷的冰晶体,故体积膨胀,密度变小。升温至 0 ℃以上时,部分氢键被破坏,冰骨架塌陷,形成多种不同聚合度的水分子$(H_2O)_n$,体积收缩,密度变大。在 4 ℃ 时,水的摩尔体积最小,密度最大(1.000 $g \cdot cm^{-3}$)。当温度高于 4 ℃时,分子热运动造成的体积膨胀占主导地位,水的密度又减小了。

溶质与溶剂间形成氢键可使溶解度增大，如丙酮、乙醇与水均可形成氢键，故丙酮、乙醇易溶于水。液体分子间若有氢键形成，强的氢键作用使液体黏性增大，如甘油（丙三醇）、硫酸等。

邻硝基苯酚分子中存在分子内氢键（见图 9.56），熔点为 45 ℃，而间位硝基苯酚和对位硝基苯酚只存在分子间氢键，熔点分别为 96 ℃和 114 ℃。分子内氢键由于受环状结构的限制，X—H ⋯ Y 往往不在同一直线上。

可形成分子内氢键的分子，也具备形成分子间氢键的条件。但分子内氢键的存在，削弱了分子间氢键的形成，故化合物的熔点和沸点不是很高。例如，HNO_3 分子存在分子内氢键，硝酸的沸点较低，是挥发性的无机强酸，而硫酸是高沸点的无机强酸。

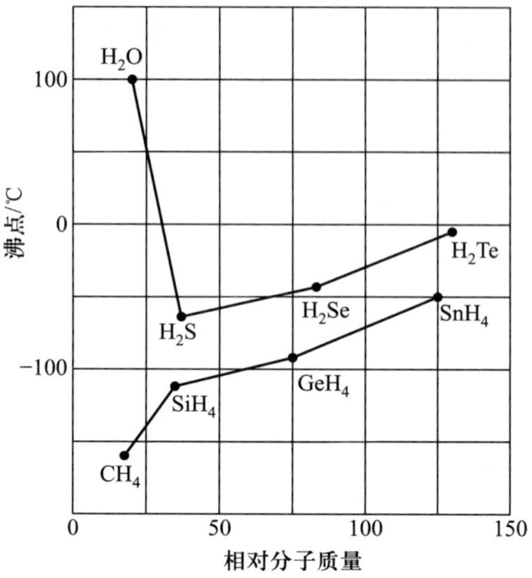

图 9.55 ⅣA 族和ⅥA 族氢化物沸点随相对分子质量的变化

氢键广泛存在于生物分子中。例如，蛋白质的单螺旋结构（见图 9.57）和 DNA 的双螺旋结构，均通过氢键而形成。氢键的方向性和饱和性使 DNA 双螺旋的碱基配对具有专一性，碱基 A 和 T 配对、C 与 G 配对，这是遗传密码（基因）复制机理的化学基础之一。

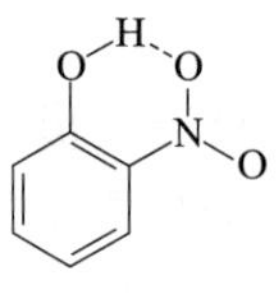

图 9.56 邻硝基苯酚的分子内氢键

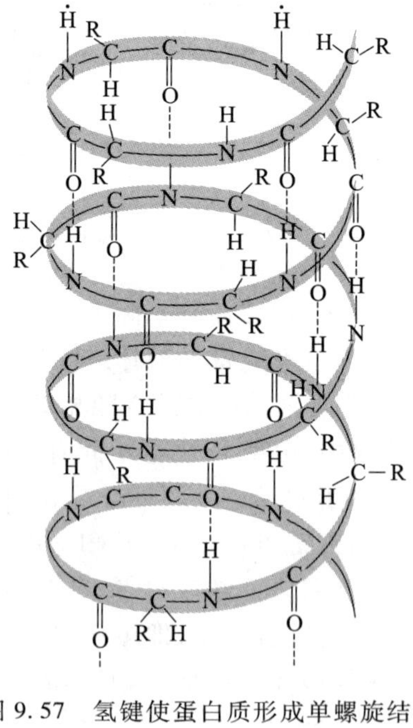

图 9.57 氢键使蛋白质形成单螺旋结构

思 考 题

1. 简述路易斯电子对理论的要点和局限性。
2. 路易斯结构是如何处理成键电子少于“八隅体”的分子的?
3. 海特勒和伦敦用量子力学处理 H_2 分子，对 H_2 分子共价键的形成是如何解释的?
4. 为什么说价键理论是以路易斯电子对理论为基础的原子轨道理论?
5. 简述共价键的类型和特点。
6. 简述 σ 键与 π 键的区别。为什么 σ 键强度比 π 键的大?
7. 简述价键理论的局限性。
8. 列举鲍林提出的杂化轨道理论解决了哪些价键理论不能解释的问题。
9. 简述外轨型配合物和内轨型配合物的差别。
10. VSEPR 理论判断共价键分子构型的一般规则是什么?
11. 如何确定 $AB_nL_m(n+m=5)$ 型分子(离子)的稳定几何构型?
12. ClO_4^- 的 Cl—O 键键长介于单键和双键之间,如何从杂化轨道理论解释这一现象?
13. 原子轨道线性组合成分子轨道,需要符合哪些原则?
14. O 和 N 属于同一周期,为什么 O_2 和 N_2 的分子轨道能级图却不相同?
15. 能带理论是如何解释半导体的导电性质的?
16. 简述氢键形成所需要的条件。

习 题

9.1 书写亚硫酰氯 $SOCl_2$ 的路易斯结构式。

9.2 BN、$POCl_3$、OF_6、SiF_4 这四种化合物中哪一种并不存在?

(OF_6)

9.3 $BeCl_2$、BF_3、NF_3、CO_2 这四种化合物中哪一种偶极矩不等于零?

(NF_3)

9.4 反应的焓变可代表 KCl 晶格能的是(　　)。

A. $KCl(s) = K^+(g) + Cl^-(g)$　　B. $K(g) + Cl(g) = KCl(s)$

C. $K(s) + Cl(s) = KCl(s)$　　D. $K(s) + \frac{1}{2}Cl_2(g) = KCl(s)$

(A)

9.5 指出 SO_3^{2-}、ClF_3、ClO_3F、NO_3^- 的中心价电子对构型和分子(或离子)的几何形状。

(正四面体/三角锥形;三角双锥/T 形;正四面体/四面体;平面三角形/平面三角形)

9.6 形成下列分子时是由两原子的哪些原子轨道重叠而成(形成 σ 键时原子轨道的重叠均沿 x 轴)?

(1) Cl_2　　(2) N_2(π 分子轨道)　　(3) CO(σ 分子轨道)　　(4) HCl

9.7 下列物质熔点高低顺序正确的是(　　)。

A. He>Kr　　B. Na<Rb　　C. HF<HCl　　D. MgO>CaO

(D)

9.8 比较 F_2O 分子和 H_2O 分子的偶极矩的大小。

($F_2O<H_2O$)

9.9 KCl、CO、Na_2SO_4、NH_4^+ 这四种化合物中哪一种既有离子键又有共价键?

(Na_2SO_4)

9.10 根据分子轨道理论判断 N_2、N_2^-、N_2^{2-} 的稳定性大小的顺序。

($N_2>N_2^->N_2^{2-}$)

9.11 下列说法中正确的是(　　)。

A. 色散力仅存在于非极性分子之间

B. 极性分子之间的作用力称为取向力

C. 诱导力仅存在于极性分子与非极性分子之间

D. 相对分子质量小的物质,其熔点、沸点可能会高于相对分子质量大的物质

(D)

9.12 用分子轨道理论、判断 N_2^+、CO^+、N_2^- 和 O_2^+ 的键级。

(2.5;2.5;2.5;2.5)

9.13 化学键 H—F、H—O、O—F、C—F 中极性最弱的是哪个?

(O—F)

9.14 指出 CO_2 和 CH_3Br 分子的中心原子杂化类型、分子几何构型、分子有无极性和分子间作用力各有哪几种。

9.15 按从大到小的顺序(用符号>)排列 BaO,CaO,NaI,MgO 和 NaBr 的晶格能。

(MgO>CaO>BaO>NaBr>NaI)

9.16 写出 Ge^{4+}、S^{2-}、Ag^+、Pd^{2+}、Mn^{3+}基态的电子构型。

9.17 已知一种半导体材料的带隙是 3.6 eV,若用一束光照射使电子由价带跃迁到导带,需要多大频率的入射光?

(>2.9×10^4 cm^{-1})

9.18 下列各分子中存在分子内氢键的是(　　)。

A. NH_3　　B. C_6H_8　　C. 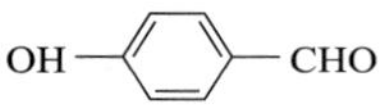

　　D. 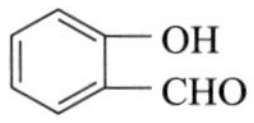

(D)

第 10 章

晶体与晶体结构

10.1 晶体与非晶体

固态、液态与气态被称为物质常见的三态。固态物质简称为固体。在固体中,组成固体的粒子(原子、分子、离子或原子基团)被限制在固定的位置周围振动,因此固体具有一定的体积和形状,以及一定程度的刚性,很难被压缩。从微观结构讲,固体按照粒子排列是否有序可分为晶体(crystalline solid)和非晶体(amorphous solid)。晶体是由粒子在空间按一定的规律周期性重复排列构成的固态物质。

10.1.1 晶体的特征

宏观上,人们常常从以下三方面区别晶体和非晶体。

(1) 规则的几何外形　虽然很多晶体非常微小,很难用人眼判断其几何外形,但自然结晶的晶体一般都具有规则的几何外形。例如立方体的 NaCl,棱柱状的 $CuSO_4 \cdot 5H_2O$,六角柱状的石英 SiO_2 等。晶体的外形不仅与晶体的结构有关,而且与生成晶体的物理与化学条件有关。尽管如此,像沥青、玻璃、石蜡等非晶体在冷却时是绝不会自发形成多面体几何外形的,所以又称它们无定形体。

(2) 固定的熔点　在一定压强下,将晶体加热到一定温度,在固态晶体全部转化为液态物质过程中,由于所吸收的热量全部用来熔化晶体而温度会暂时保持恒定,此时的转化温度被称为晶体的熔点。当晶体完全熔化后,温度会继续上升。而非晶体由于不具备长程有序的结构,因此不具有固定的熔点。

(3) 各向异性　晶体与非晶体在宏观性质上的一个明显区别就是晶体的某些物理性质具有各向异性(anisotropy)。所谓各向异性是指晶体在不同方向上具有不同的物理性质,而非晶体只具有各向同性(isotropy)。例如,在晶体石英表面涂抹一层石蜡,加热使石蜡熔化时,呈现椭圆形液态区域。而当利用玻璃作为基底加热石蜡时,熔化的液态区域呈现圆形状态。这就说明石蜡在晶体石英表面受热不均匀,而在玻璃表面均匀受热。这也反映出晶体石英在不同方向上导热率的不同,而玻璃的不同方向具有相同的导热率。这些宏观现象说明晶体内部的粒子是规则有序均匀排列的,称为晶体结构的周期性,也是晶体的最基本特征。

10.1.2 晶体结构的周期性

晶体与非晶体内部结构的不同,反映了其本质的区别。随着 X 射线技术的发展,人们不断揭示出晶体内部的粒子(原子、分子与离子等)是按一定的顺序排列的。虽然它们排列的方式多种多样,但是这些粒子在空间上明显是按周期性排列的。

法国科学家布拉维(A. Bravais)在结晶学方面做出了巨大的贡献。他提出结点(lattice point)的概念使晶体结构的分析与描述得到了简化。**结点**就是把晶体中规则排列的微粒抽象为几何学中的点,间距相等的点排成一行,形成一维点阵,相互平行排列且间隔相等的一维点阵组成二维点阵;而许多平面的二维点阵平行排列,就形成了三维的**空间点阵**(space lattice),如图 10.1 所示。在三维空间把点阵中相邻的点遵循一定的规则连接起来形成的空间格子称为**晶格**(crystal lattice)。晶格是一种几何概念,是从实际晶体中抽象出来对晶体周期性结构的一种数学描述。

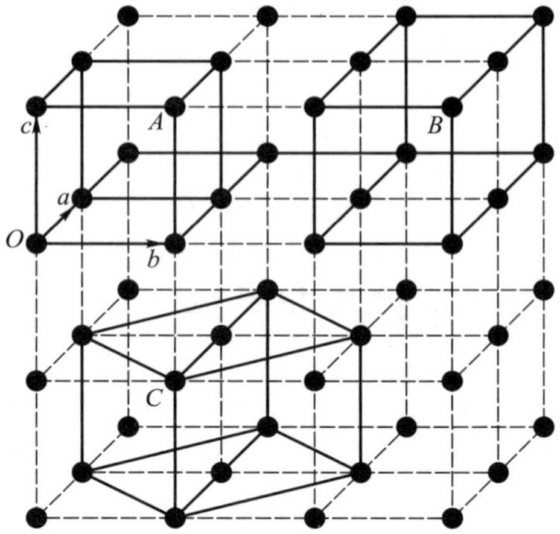

图 10.1 空间点阵

根据晶体结构的周期性,在晶格中可以划分出形状与大小完全相同的平行六面体作为晶格中的最小单位,这种最小单位叫作**晶胞**(unit cell)。晶胞是晶体的基本重复单位,它意味着晶格单位的大小、形状,也包括顶角、边、面,内部的粒子种类、个数,几何排列都是相同的。晶胞在空间平移无隙并置①,可完美地堆砌成三维晶体结构。晶胞的形状与大小可以由六个参数来描述:三边 a、b、c 及它们之间的夹角 α、β、γ,这六个参数称为晶胞参数。它们之间的关系由晶体结构的对称性决定。根据对称性的不同,晶体分为七个晶系:立方晶系、四方晶系、正交晶系、三方晶系、六方晶系、单斜晶系与三斜晶系。七个晶系的具体特征如表 10.1 所示。

表 10.1 七个晶系特征

晶系	晶轴特征	晶轴夹角	实例
三斜晶系	$a \neq b \neq c$	$\alpha \neq \beta \neq \gamma \neq 90°$	$CuSO_4 \cdot 5H_2O$
单斜晶系	$a \neq b \neq c$	$\alpha = \gamma = 90°, \beta \neq 90°$	$KClO_3$, CuO
正交晶系	$a \neq b \neq c$	$\alpha = \beta = \gamma = 90°$	K_2SO_4, $HgCl_2$, I_2
四方晶系	$a = b \neq c$	$\alpha = \beta = \gamma = 90°$	Sn, TiO_2
六方晶系	$a = b \neq c$	$\alpha = \beta = 90°, \gamma = 120°$	SiO_2,石墨,CuS
三方晶系	$a = b = c$	$\alpha = \beta = \gamma \neq 90°$	Al_2O_3, Bi, $CaCO_3$
立方晶系	$a = b = c$	$\alpha = \beta = \gamma = 90°$	金刚石,$NaCl$, CaF_2, ZnS

① 无隙并置:无隙,指相邻晶胞之间无任何间隙;并置,指所有晶胞都是平行排列的,取向相同。

立方晶系包括简单立方、体心立方、面心立方 3 种点阵形式；正交晶系有 4 种形式；四方和单斜晶系各有 2 种形式；六方晶系和三斜晶系各有 1 种形式；三方晶系为菱面体形式（与 R 心六方的形式等价）。因此，晶体共有 14 种空间点阵形式（见图 10.2）。在此基础上，还衍生出 230 个空间群，在结构化学中将陆续学习到。

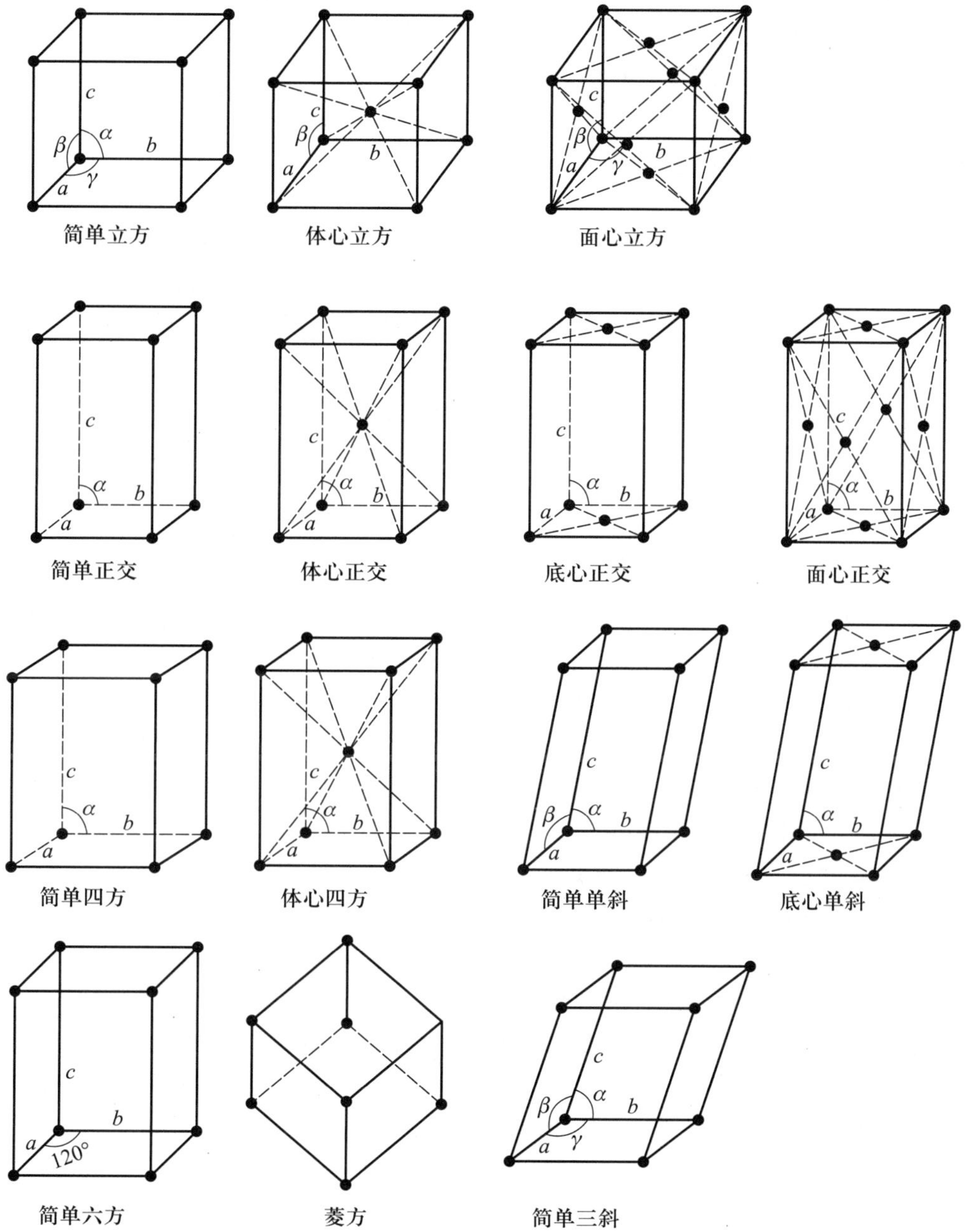

图 10.2 14 种空间点阵形式

晶体结构的确定是晶体学研究的一个重要方面，在过去几十年中得到了长足的发展。人们分别采用 X 射线衍射法、中子衍射法和电子衍射法等多种方法确定晶体的结构。其中,X射线衍射法是最普遍的且最重要的研究方法,已经被广泛应用于晶体结构分析、晶粒大小与分布分析,以及颗粒度分析等。到目前为止,成千上万的晶体结构已经被测试与分析确定。为了便于查询结构与晶体数据,目前国际上已经建立起了许多晶体学相关的网站和数据库。常用的有剑桥结构数据库(CSD),收录了金属有机化合物及有机化合物的晶体数据;粉末衍射文件数据库(PDF),收集了纯物质的粉末衍射数据;无机晶体结构数据库(ICSD),收集了无机化合物的结构数据。这些数据库大多可以免费提供晶体数据信息,大大方便了晶体学结构的存储与查询。

10.2 晶体的基本类型

晶体中粒子的种类、粒子之间的排列关系及作用力的实质与晶体的结构和性质都有着密切的联系。晶体中粒子之间作用力可分为化学键(离子键、共价键、金属键)和分子间相互作用(范德华力和氢键)。依据键型不同,可将晶体分为金属晶体、离子晶体、原子晶体和分子晶体四种基本类型。但是根据键型来分类不能涵盖晶体的全部,这是因为有的晶体结构中虽然以离子键为主,但离子键也含有一定的共价键成分;有的以共价键为主,但其中也有一定的离子键成分;还有一些化学键则处于中间的过渡状态,使晶体的类型不易准确定义。

10.2.1 金属晶体

金属晶体是指金属原子之间依靠金属键结合而形成的晶体。为使体系能量最低,金属原子应以最紧密的方式进行堆积。金属晶体中的金属原子有三种最常见的密堆积方式:面心立方密堆积(fcc,又称A1型)、体心立方堆积(bcc,又称A2型)和六方密堆积(hcp,又称A3型)。此外,还有一种较为少见的简单立方堆积(scp)。其中,A1型和A3型是最密堆积,也是理论上空间利用率最大的堆积方式;A2型的空间利用率小于A1型和A3型,简单立方堆积则是一种非密置层堆积。

1. 面心立方密堆积和六方密堆积

A1型和A3型最密堆积都是由刚性球形粒子以相切的方式排列成一个二维平面,再由平面有规律的层叠层堆积组合成三维的晶体。A1型和A3型的差别在于A1型中存在三种二维平面,而A3型中仅存在两种二维平面。

通过分层解析可知这两种堆积形式的差别。假设A1型和A3型的第一层原子排列完全相同[见图10.3(a)],每3个粒子可形成一个空隙,每个粒子周围有6个空隙如1、2、3、4、5、6。第二层的粒子可堆积在第一层的3个粒子所形成的空隙当中,形成一个由四个粒子组成的四面体,但第二层的粒子只能占有空隙1~6中的三个空隙,空隙1、3、5或空隙2、4、6,并且不可两者都占,也不可混合占据[见图10.3(b)]。如此看来,A1型和A3型的第二层也可以采取同样的堆积形式。堆积第三层时,A1型和A3型就出现了明显的差异,A3型的第三层和第一层完全相同,而A1型的第三层则与第一层、第二层都不相同,若第二层选择堆积在第一层的空隙1、3、5上,那么第三层的投影就在第一层的空隙2、4、6上。图10.4展示了A1型和A3型最密堆积的立体示意图。

(a) 密堆积的第一密置层 (b) 密堆积的第一与第二密置层位置关系

图 10.3 密置层的结构

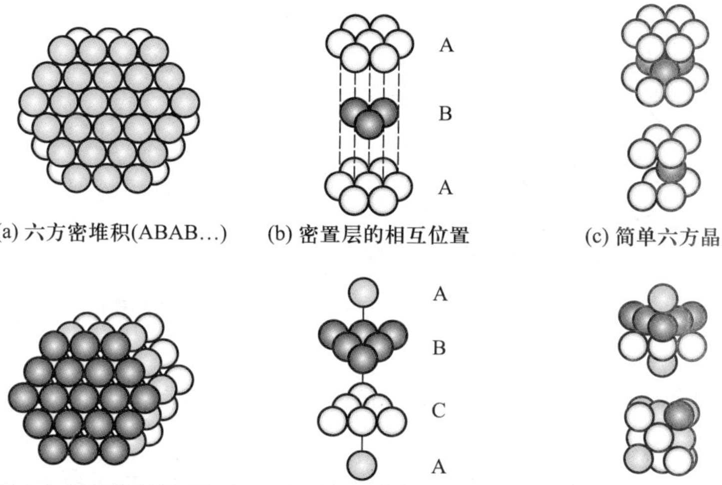

(a) 六方密堆积(ABAB…) (b) 密置层的相互位置 (c) 简单六方晶胞

(d) 面心立方密堆积(ABCA…) (e) 密置层的相互位置 (f) 面心立方晶胞

图 10.4 六方密堆积(A3)和面心立方密堆积(A1)

2. 简单立方堆积和体心立方堆积

简单立方堆积和体心立方堆积(A2 型)的第一层如图 10.5(a)所示。与 A1 型和 A3 型的第一层相比,其中所含的空隙较大,称为非密置层。从第二层开始,非密置层之间如果以球对球方式垂直地相互连接在一起,则形成简单立方堆积。从这种结构中取出的晶胞称为简单立方晶胞,见图 10.5(b)。若将图 10.5(a)中的非密置层中的小球拉开适当距离,再将这种非密置层间相互错开放置,则形成体心立方堆积,见图 10.5(c)。从这种结构中取出的体心立方晶胞,每个圆球的配位数是 8,并且晶胞各顶点的圆球彼此不接触,但都与体心位置的圆球相切,如图 10.5(d)所示。

3. 三种常见堆积形式的空间利用率

由于 A1 型和 A3 型密堆积的晶格相同,都是四面体,所以 A1 型和 A3 型的利用率相同。A3 型的晶胞中的空间利用率计算较为烦琐,可以选择 A1 型晶胞计算空间利用率。在 A1 型晶胞中,设晶胞边长为 a,则粒子半径为 $r=\sqrt{\dfrac{a^2+a^2}{16}}=\dfrac{\sqrt{2}a}{4}$。晶胞总体积 $V_{总}=a^3$,一个 A1 型晶胞中含有 4 个完整的粒子,所以粒子所占体积 $V_{粒}=4\times\dfrac{4}{3}\times\pi\times\left(\dfrac{\sqrt{2}a}{4}\right)^3=\dfrac{\sqrt{2}\pi a^3}{6}$,空间利用率为

$$\frac{V_{粒}}{V_{总}}\times100\%=\frac{\dfrac{\sqrt{2}\pi a^3}{6}}{a^3}\times100\%\approx74.05\%$$

所以 A1 型和 A3 型密堆积的空间利用率都为 74.05%。

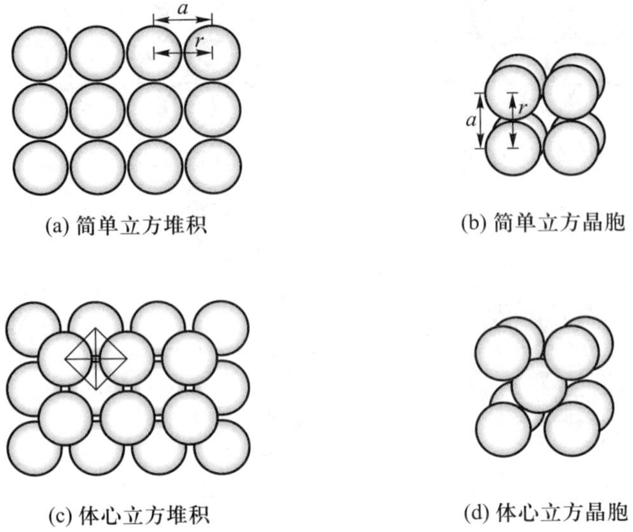

图 10.5 简单立方堆积和体心立方堆积(A2 型)

A2 型密堆积的空间利用率计算较为简单。同样设晶胞边长为 a,则粒子半径为$\frac{\sqrt{3}}{4}a$,晶胞总体积 $V_{总}=a^3$,一个 A2 型晶胞中含有 2 个完整的粒子,所以粒子所占体积 $V_{粒}=2\times\frac{4}{3}\times\pi\times\left(\frac{\sqrt{3}}{4}a\right)^3=\frac{\sqrt{3}\pi}{8}a^3$,空间利用率为$\frac{\sqrt{3}\pi}{8}a^3\div a^3\times100\%\approx68.02\%$。

常见金属晶体的晶格类型如下:

体心立方堆积:K、Li、Na、Mo、Fe、W 等;

面心立方密堆积:Ca、Sr、Pd、Ag、Au、Al、Cu、Ni 等;

六方密堆积:La、Y、Mg、Be、Cd、Co、Ti、Zr 等。

利用金属晶体的空间堆积结构可以理解金属晶体的一些物理化学性质,如稀土金属熔点的差异;又如 A、B 两种堆积方式、原子半径和电负性均相似的金属可形成合金。但是,预测金属晶体性质不能简单地仅从密堆积方式进行,还要考虑金属原子自身的性质及电子结构。

10.2.2 原子晶体

原子间以共价键结合而成的晶体称为原子晶体,如金刚石、石英(SiO_2)、金刚砂(SiC)、氮化硼(BN)等。在原子晶体中,由于原子间的共价键具有方向性和饱和性,所以中原子空间利用率很低。

金刚石是最典型的原子晶体,在金刚石中,C 原子是 sp^3 杂化的,它与周围的 4 个 C 原子以 C—C 共价键结合形成正四面体结构[见图 10.6(a)],是一种正四面体的空间网状结构。金刚石中微粒之间的结合力就是 C 原子与 C 原子之间的共价键。如图 10.6 所示,每个 C 原子以共价键与 4 个 C 原子紧邻,因而整个晶体中无单个分子存在。由于金刚石晶体中的每个碳原子的价层电子都参与了共价键的形成，晶体内没有离域 π 电子，所以金刚石不导电。

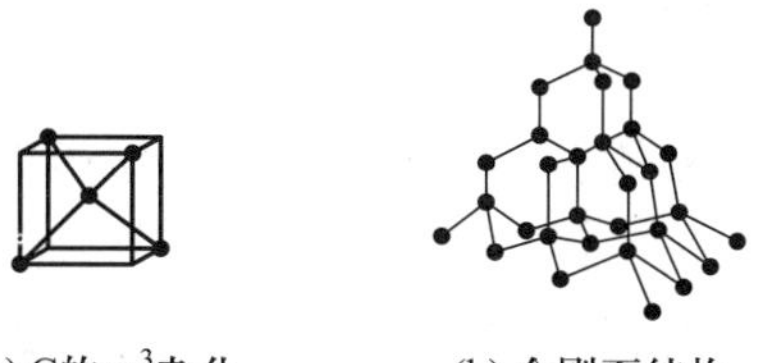

图 10.6 金刚石原子晶体结构示意图

石英晶体也是一种典型的原子晶体，它的结构如图 10.7 所示。它是由简单的硅氧四面体构成的。硅原子是 sp^3 杂化的，位于四面体的中心，与周围的四个氧原子相连形成硅氧四面体。在石英晶体中，硅和氧的配位数分别是 4 和 2。

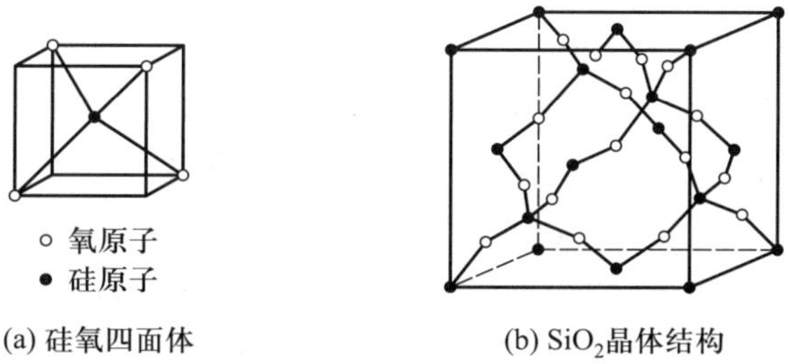

图 10.7 石英晶体的结构示意图

原子晶体中存在的作用力是共价键，它使原子间结合得很牢固，想要破坏它需要消耗很大的能量，所以原子晶体的化学稳定性很好，具有高的熔点、沸点和硬度。例如，金刚石的熔点可以达到 3 550 ℃，而且是自然界硬度最大的单质。原子晶体不溶于一般溶剂，在通常状况下不导电，大多数原子晶体是绝缘体，但某些原子晶体如硅、锗等为半导体。

10.2.3 分子晶体

分子以分子间作用力结合形成的晶体称为分子晶体。在分子晶体中，组成晶格的质点是分子，质点之间的作用力是分子间作用力（取向力、色散力、诱导力和氢键等）。而分子内部原子之间是以共价键结合的。分子晶体可以由单质分子（如 O_2），也可以由化合物分子（如 CO_2）形成。CO_2 固体，俗称干冰，是一种典型的分子晶体。如图 10.8 所示，虽然 CO_2 分子占据立方体的八个顶点及六个面的中心，但由于只有立方体 8 个顶角上的 CO_2 分子取向相同，而位于平面中心的分子取向不同，所以 CO_2 分子晶体不是面心立方晶胞，而是简单立方晶胞。

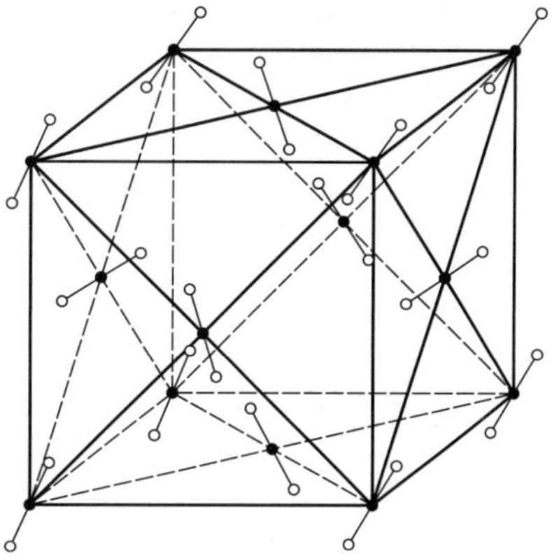

图 10.8 CO_2 晶体结构示意图

分子晶体中很特殊的一类就是稀有气体晶体。在稀有气体晶体中虽然占据晶格的是原子，但这些原子之间并不存在化学键,而是以色散力结合的,所以它们是单原子分子晶体。由于分子之间的作用力很弱,要破坏分子晶体只需要提供较少的能量,所以分子晶体的硬度较小,熔沸点都较低。大多数分子晶体在常温下是气态或是液态,如 O_2 和 CO_2 都是气体,乙醇和冰醋酸都是液态。但有的分子晶体也是固态,如 I_2 单质、红磷、白磷等。由于分子晶体的结点上是电中性的分子,是以独立分子形式存在的,所以分子晶体在固态或熔融状态下都不导电,是非常好的绝缘体,如 SF_6 是工业上极好的气体绝缘材料。已经发现的富勒烯(C_{60})分子晶体,由于球体之间作用力弱,可以作为极好的润滑剂,其衍生物有可能在超导、半导体、催化剂等许多领域得到应用。

10.2.4 离子晶体

离子晶体是指由正、负离子按一定比例通过离子键结合而形成的晶体。例如,KCl 晶体中存在 K^+和 Cl^-,K^+和 Cl^-之间以离子键这一强相互作用结合在一起。离子晶体一般硬而脆,具有较高的熔沸点,熔融状态或溶解时都可以导电。

1. 常见离子晶体的结构类型

在离子晶体中,组成晶体的正、负离子在空间的排布情况不同,导致离子晶体的空间结构也不同。由于负离子的体积一般比正离子的体积大得多,而且负离子间的斥力较弱(因各自原子核可吸引负电荷),它们可以相距很近,甚至相互接触,故可从负离子的堆积方式出发来描述离子晶体的结构,而较小的正离子则选择性地占据负离子堆积所形成的空隙。因为晶胞是晶体结构的基本重复单元,所以了解晶胞的组成、大小和状态,也就能够知道对应晶体的空间结构。下面就以最简单的 AB 型离子化合物为例对几种典型的离子晶体结构和配位数等相关内容进行介绍。

(1) CsCl 型　CsCl 型晶体中负离子按简单立方堆积排列,正离子则占据由负离子所构成的立方体空隙,见图 10.9(a)。每个正离子周围有 8 个负离子,每个负离子周围同样也有 8 个正离子,所以正、负离子的配位数均为 8,晶胞中正、负离子数均为 1,常见的具有 CsCl 型结构的晶体有 CsBr、TlCl、CsI 等。

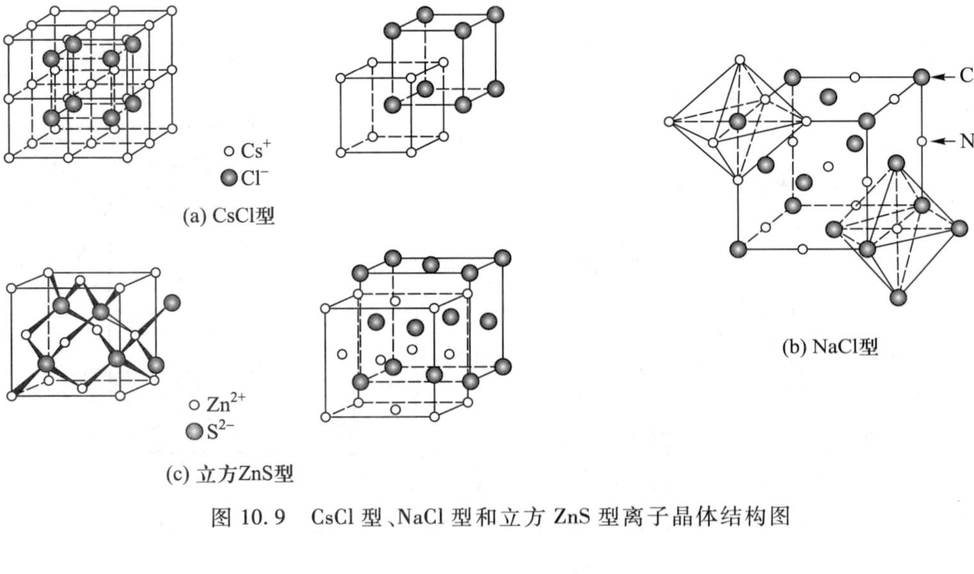

图 10.9　CsCl 型、NaCl 型和立方 ZnS 型离子晶体结构图

（2）NaCl 型 NaCl 型晶体中的负离子按面心立方密堆积分布，正离子占据负离子围成的所有八面体空隙。如图 10.9(b)所示，它是 AB 型离子化合物中最常见的晶体类型。其中每个正离子周围有 6 个负离子，每个负离子周围同样也有 6 个正离子，所以正、负离子的配位数为 6∶6，晶胞中正、负离子数均为 4，常见的具有此类晶体构型的离子晶体有 KI、NaBr、MgO、LiF 等。

（3）立方 ZnS 型 立方 ZnS 型晶体中负离子也采用面心立方密堆积的排列方式，但由于正离子半径较小，正离子均匀地填充在半数的四面体空隙中。如图 10.9(c)所示，每个正离子周围有 4 个负离子，每个负离子周围同样也有 4 个正离子，所以正、负离子的配位数为 4，晶胞中正、负离子数各为 4，常见的立方 ZnS 型晶体有 ZnSe、BeO 等。

2. 离子半径比与配位数的关系

对于 CsCl、NaCl 和 ZnS 这种 AB 型的离子晶体来说，正、负离子的比例都是 1∶1，但却形成了配位数分别为 8、6 和 4 的三种不同的晶体构型。这是因为在某种结构下，该离子化合物的晶体最稳定，体系的能量最低。通常情况下影响离子晶体构型的主要因素有正、负离子的半径比和电子层构型等。下面以配位数为 6 的 NaCl 型晶体中的半径比与正、负离子的接触情况为例，详细地说明正、负离子的半径比与晶体构型和配位数之间的关系。

在配位数为 6 的 NaCl 型晶体中，离子的接触情况主要有三种：负、负离子间接触，而正、负离子间不接触，这种状态是不稳定的，如图 10.10(a)所示；正、负离子间接触，而负、负离子间也互相接触，这是一种介稳的状态，如图 10.10(b)所示；异号离子互相接触，而同号离子间不接触，这种状态是稳定的，如图 10.10(c)所示。如图 10.11 所示，第二种情况中，如果设负离子半径为 1，则 $ac=4$，$ab=bc=2r^{+}+2$。所以在直角三角形 abc 中，通过勾股定理可以解出 $r^{+}=0.414$，进而可以求出 $r^{+}/r^{-}=0.414$。由此可知，当 $r^{+}/r^{-}<0.414$ 时，如图 10.10(a)所示，此时静电斥力较大，而吸引力较小，晶体不稳定。所以，这种情况下，离子将重新排列，使配位数降低为 4。当 $r^{+}/r^{-}>0.414$ 时，如图 10.10(c)所示，此时静电吸引力大，排斥力小，晶体较稳定。为了使晶体达到更稳定的结构，最优条件是正、负离子都接触，且配位数尽可能高，所以配位数为 6 的条件是 $r^{+}/r^{-}\geqslant 0.414$。但是当 $r^{+}/r^{-}\geqslant 0.732$ 时，正离子相对较大，有

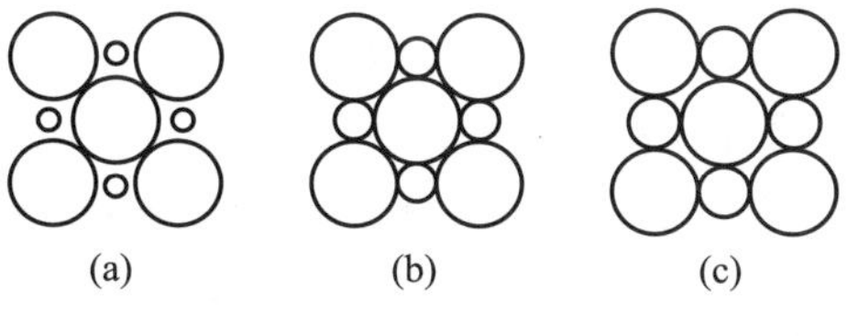

图 10.10 NaCl 型晶体中正、负离子的接触情况
（大球代表负离子，小球代表正离子）

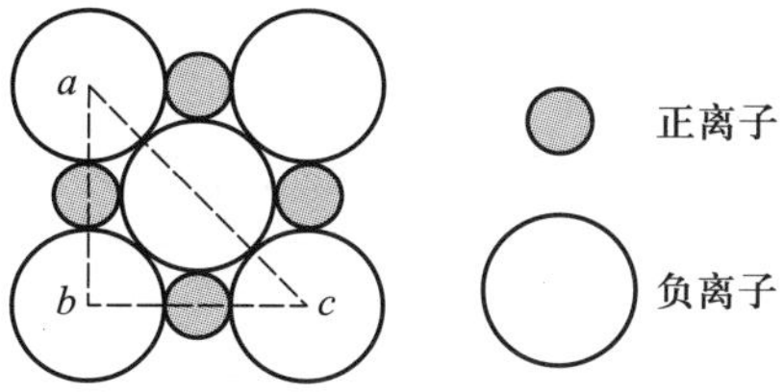

图 10.11 NaCl 型晶体

可能吸引更多的负离子,因而可能使配位数增加到 8。同理,可以根据正、负离子间接触,而负、负离子间也互相接触的 4 配位和 8 配位的图形,分别计算出配位数为 4 和 8 的离子晶体的正、负离子半径之比为 0.225 和 0.732。

综上所述,AB 型离子晶体 CsCl、NaCl 和 ZnS 虽然同属于立方晶系,但由于 r^+/r^- 的差异,使它们的配位数不同,进而导致晶格类型也不一样。此类型化合物的离子半径比与配位数的关系总结在表 10.2 中,这一关系称为"半径比规则"。

表 10.2 AB 型离子晶体的半径比与配位数的关系

r^+/r^-	离子晶体构型	正、负离子配位数
0.732~1	CsCl 型	8
0.414~0.732	NaCl 型	6
0.225~0.414	ZnS 型	4

在大多数情况下,离子晶体结构遵守半径比规则,可以通过计算半径比数值预测某些离子化合物的结构和配位数。但是,由于离子半径数据不十分精确,同时由于离子极化作用的影响,根据半径比规则推测的结果有时与实际晶体类型有出入;而晶体到底采取哪种类型,应由实验来确定。

3. 离子极化作用

从晶格能的学习可知,晶格能正比于正、负离子所带电荷,反比于核间距。然而碱土金属碳酸盐的热分解温度却随碱土金属离子半径的增大而升高,从 $BeCO_3$ 的 100 ℃升高到 $BaCO_3$ 的 1 360 ℃,与玻恩-兰德公式预测相反。产生此现象的原因是,在上述讨论中,假定离子是刚性的球体,没有考虑正、负离子间电子云的叠加。美国化学家法扬斯(K. Fajans)提出离子极化理论来解释这种变化规律。他认为离子在电场中会发生变形,使离子的正、负电荷重心不重合而产生诱导偶极,这一现象称为**离子的极化**。离子因自身电场作用而导致周围异号离子的电子云发生变形的能力称为离子的极化能力。离子被其他异号离子极化而自身发生电子云变形的能力,称为**变形性**或**可极化性**。

离子极化作用的实质,就是正离子把负离子的电子拉向自己,这样电子云就较多地分布在正、负离子之间,使得离子键所含的共价性成分增加(见图 10.12)。随着离子极化程度增大,离子键就逐渐向共价键过渡。在强烈极化的情况下,离子键实际上已转化为共价键了。第 8 章已经讨论过,实际上并不存在理想的完全的离子键,通常所说的离子键,只意味着其键型基本上是离子键,均包含不同程度的共价键成分。

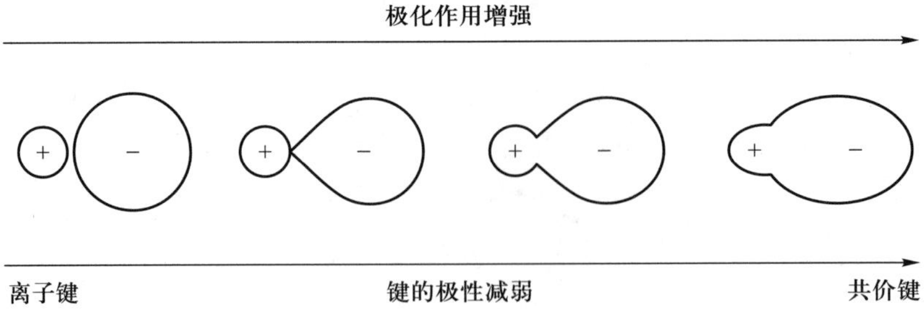

图 10.12 正、负离子之间的极化作用

离子极化作用的大小取决于离子的极化能力和离子的变形性。无论是正离子或负离子都有极化能力和变形性两个方面，但是正离子半径一般比负离子小、电场强，所以正离子的极化能力大，而负离子则变形性大。因此，在考虑离子极化作用时，一般情况下主要着眼于正离子的极化能力和负离子的变形性。

（1）离子的极化能力　离子极化能力的实质是该离子作为电场时电场强度的体现，与离子电荷、离子半径和离子的电子构型有关。正离子电荷越高、半径越小，则极化能力越强。例如，极化能力顺序为 $Si^{4+}>Al^{3+}>Mg^{2+}>Na^{+}$，$Mg^{2+}>Ca^{2+}>Sr^{2+}>Ba^{2+}$；相同离子电荷和半径相近的正离子，极化作用的大小与其电子构型的关系为 8 电子构型<9～17 电子构型<(18，18+2)电子构型。

（2）离子的变形性　离子中的外层电子数目越多，被原子核吸引得越不牢，则离子的变形性越大。对负离子来说，电荷数越高、半径越大，变形性越大。例如，常见负离子的变形性顺序为 $F^-<Cl^-<Br^-<I^-$；$O^{2-}<S^{2-}$；$OH^-<SH^-$。

值得注意的是复杂负离子一方面有较大的离子半径，所引起的极化作用较小；另一方面，由于组成原子间相互作用大，导致结构紧密、对称性强，故变形性通常不大。复杂负离子的中心原子氧化数越高，吸引电子能力越强，变形性越小，如 $SiO_4^{4-}>PO_4^{3-}>SO_4^{2-}>ClO_4^-$。

最外层含 d 电子(18 电子构型和 9～17 电子构型)的正离子的变形性，比电荷相同、半径相近的 8 电子构型的正离子大得多，如 $Ag^+>K^+$；$Hg^{2+}>Ca^{2+}$。这是因为上述两种构型离子的外层电子数较多，且 d 电子的电子云在空间分布离原子核较远，本身易变形。

从以上几点可归纳如下：最容易变形的是体积大的阴离子和 18 或(18+2)电子构型及 9～17 电子构型的少电荷正离子，如 Ag^+、Pb^{2+}、Hg^{2+}等；最不易变形的是半径小、电荷高、外层电子少的正离子，如 Be^{2+}、Al^{3+}、Si^{4+}等，以及含氧酸根等复杂负离子。

（3）相互极化作用　每个离子一方面作为带电体使临近离子发生变形，另一方面在周围离子的作用下，本身发生变形。前文已述，通常考虑离子间相互作用时，一般总是考虑正离子对负离子的极化作用。但当正离子也容易变形时，尤其是 18 或(18+2)电子构型的正离子，则已变形的负离子也能引起正离子变形，即正、负离子可互相极化，此时必须考虑正、负离子的相互极化作用。正离子变形后产生诱导偶极，反过来又加强了对负离子的极化能力，增加的这部分极化作用称为附加极化作用。每个离子的总极化作用应该是它原来的极化作用和附加极化作用之和。一般正离子所含 d 电子数越多，电子层数越多，这种附加极化作用越大。

（4）反极化作用　在 NO_3^- 中，中心的 N(Ⅴ)原子电荷很高，极化作用很强，使氧原子的电子云变形，靠近 N(Ⅴ)原子的部分显“-”电性[见图 10.13(a)]。

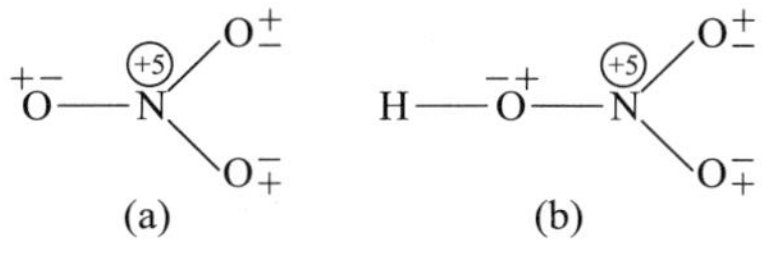

(a)　　(b)

图 10.13　HNO_3 中 H^+的反极化作用

但是在 HNO_3 分子中，由于 H^+的半径极小，极化能力极强，它与其邻近的氧原子的极化作用与 N(Ⅴ)原子对该氧原子的极化作用相反，因此称 H^+的极化作用为反极化作用。H^+

的反极化作用使得氧原子靠近它的部分显“-”电性，而氧原子靠近 N(Ⅴ)原子的部分则显“+”电性[见图 10.13(b)]，因此削弱了 O—N 键。

反极化作用导致 O—N 键结合力减弱，所以硝酸在较低的温度下将分解，生成 NO_2，反应方程式为 $4HNO_3 \xlongequal{} 4NO_2\uparrow + 2H_2O + O_2\uparrow$。

反极化作用一般常见于含氧酸和含氧酸盐中。正离子的极化能力(反极化作用)越强，越容易从含氧酸根中夺取氧生成氧化物，而含氧酸根则越易发生分解反应。具体表现：① 一般含氧酸盐比含氧酸稳定(因 H^+ 反极化作用极强)，热稳定性顺序为 $H_2CO_3 < Li_2CO_3 < Na_2CO_3$；又如 H_2SO_3、$H_2S_2O_3$ 等得不到纯品，但其盐是比较稳定的。② 含氧酸的酸式盐的热稳定性一般差于正盐，如热稳定性顺序为 $NaHCO_3 < Na_2CO_3$。③ 酸性介质中，含氧酸氧化性增强，如酸性高锰酸钾溶液具有很强的氧化性。以上均是由于正离子(尤其是 H^+)的反极化作用削弱了酸和酸根中氧原子与中心原子之间的共价键，导致此共价键更容易断裂。

若正离子和含氧酸根的中心原子相同，则高价含氧酸及其盐比低价含氧酸及其盐稳定。例如，热稳定性顺序为 $HNO_3 > HNO_2$，$AgNO_3$(444 ℃分解)$>AgNO_2$(140 ℃分解)。原因是此时化合物的稳定性取决于含氧酸根中心原子的极化能力或说抵抗反极化的能力。中心原子的氧化数越高，其对氧原子的极化能力越强，即含氧酸根抵抗正离子反极化的能力越强，化合物稳定性越高。

(5) 离子极化对化合物结构与性质的影响　离子极化对离子化合物的晶体结构与性质有很大的影响。

① 离子极化作用使化学键的性质由离子键向共价键过渡，造成相应晶体结构的转变。例如，第三周期元素的最高价态氧化物 Na_2O、MgO、Al_2O_3、SiO_2、P_2O_5、SO_3、Cl_2O_7，前三者为典型的离子晶体，SiO_2 过渡为具有共价键的原子晶体，后三者已属于有限小分子，靠分子间作用力形成分子晶体。

又如，CdS 晶体离子半径比为 0.53，满足 6 配位 NaCl 型晶体结构，但实际上由于 Cd^{2+} 部分钻入 S^{2-} 的电子云中，犹如减小了离子半径，使正、负离子的半径比的实际值减小到 <0.414，实际上 CdS 晶体是 4 配位的 ZnS 型晶体，配位数降低，这是由于离子极化、电子云重叠而使离子半径比值变小的缘故。

② 一般离子化合物易溶于水，离子极化作用造成离子化合物的溶解度下降。例如，卤化银的溶解度从 AgF 到 AgI 依次递减，是由于从 F^- 到 I^- 变形性增大，而且受到 Ag^+ 的强极化作用，导致键型向共价键过渡。F^- 半径最小，变形性最小，故 AgF 是离子化合物，可溶于水；而后三者卤化物都具有较大的共价性，故溶解度依次降低。在 AgI 晶体中，正、负离子间的键型已经基本上是共价键了。

③ 离子极化作用使离子键向共价键过渡，还使得离子化合物的熔、沸点降低。例如，AgCl 和 NaCl 的晶型相同，但极化能力 $Ag^+ > Na^+$，导致 AgCl 的键型中含有较多的共价成分，熔点 AgCl(455 ℃)$<$NaCl(801 ℃)。

④ 离子极化作用加强，也可以导致化合物颜色的加深。例如，卤化银由 AgCl 时的白色变为浅黄色的 AgBr，又变为黄色的 AgI；卤化汞由白色的 $HgCl_2$，变为红色的 HgI_2。Hg^{2+} 为 18 电子构型的正离子，既有较强的极化能力，又有较大的变形性，它与半径大的 I^- 之间的相互极化作用较强，HgI_2 吸收蓝绿光即可实现电子从 I^- 向 Hg^{2+} 迁移，因而 HgI_2 显红色。这种显色机理源于电子由负离子向正离子的迁移，故称为电荷迁移。若电荷迁移

容易发生，则化合物可能有颜色，如 AgI 常温下为黄色（吸收蓝色可见光），高温下 AgI 为红色。这是由于高温下极化作用更强，电荷迁移更容易发生，AgI 吸收能量更低的蓝绿光即可。

此外，离子极化作用还可以解释二元化合物的热稳定性（如 CuI_2 不存在，因为正、负离子强烈极化导致发生氧化还原反应）、含氧酸及其盐的热稳定性（见前文）及无机化合物的其他一些性质（如 ZnS 具有半导体性质）。

虽然离子极化理论在无机化学的许多方面都有应用，是离子键理论的重要补充，但其具有很大的局限性，如离子的极化能力没有明确的标度等。因此在应用时会遇到许多例外甚至矛盾的现象，故离子极化理论一般只适用于对同系列化合物进行定性比较。

金属晶体、原子晶体、分子晶体和离子晶体四种晶体的基本类型和性质比较见表 10.3。

表 10.3 四种晶体的基本类型和性质

晶体类型	晶体中的质点	质点间作用力	质点在晶体中堆积情况	熔沸点	硬度	导电性
金属晶体	金属原子和正离子	金属键	多数密堆积，配位数≥6	一般较高，部分低	一般较大，部分低	良
离子晶体	正、负离子	离子键	多数负离子是密堆积构型，但受 r^+/r^- 限制，正离子填入大小不同的空隙中	较高	较大	绝缘体（熔融态或多数水溶液导电）
分子晶体	分子	分子间作用力或氢键	多数是密堆积（氢键结合除外）	低	小	绝缘体（许多极性分子水溶液能导电）
原子晶体	原子	共价键	空间利用率和配位数最低	高	大	绝缘体（半导体）

10.2.5 混合型晶体

除了分子晶体、离子晶体、金属晶体和原子晶体四种基本类型的晶体外，还有一些晶体内部可能同时存在若干不同的作用力，形成一系列过渡键型，从而产生一系列混合型晶体，又称过渡型晶体。常见的混合型晶体包括具有层状结构的石墨、滑石、云母、黑磷等，以及具有链状结构的天然硅酸盐和石棉等。

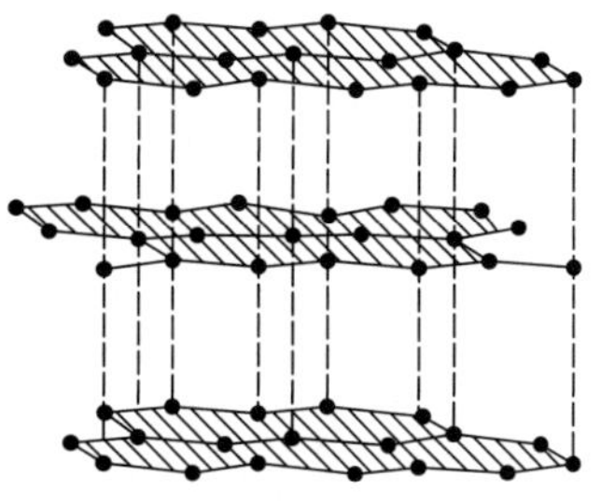
图 10.14 石墨晶体结构示意图

石墨是典型的混合型晶体，具有层状结构（见图 10.14）。在每一层内有无数个正六边形，同层 C 原子间以共价键结合，晶体中 C—C 键的夹角为 120°，层与层之间的作用力为范德华力。每个 C 原子通过 sp^2 杂化轨道与相邻的三个 C 原子相连形成 σ 键，构成一个又一个相连接的正六边形结构,类似蜂巢,因而石墨晶体具有类似原子晶体的性质,如高熔点。同时,每个 C 原子还有一个没有参与杂化的 2p 轨道,这些 2p 轨道都垂直于 sp^2 杂化轨道的平面,而且相互平行,它们相互重叠形成一个可以覆盖整个平面的大 π 键 π_n^n(离域 π 键)。因此,石墨中同一层的 C—C 键键长(142 pm)比通常的 C—C 单键(154 pm)略短,比 C ═C 双键(134 pm)略长。大 π 键中的电子是非定域的,可以在整个 C 原子平面层中运动,这就类似于金属中的自由电子,因而石墨晶体在晶体层平面具有类似金属晶体的性质,如良好的导电性、传热性和光泽,可用于电极材料。同时,层与层之间以分子间作用力相结合,因此层与层之间距离较远(340 pm),结合力较弱,使得石墨晶体具有类似分子晶体的性质,如当受到与石墨层相互平行的力时容易滑动,可用于笔芯、润滑剂等。总之,石墨晶体中既有共价键,又有与金属键类似的大 π 键及分子间作用力,因此石墨是一种典型的混合键型单质晶体。天然硅酸盐(如钪硅石、石棉、云母、沸石等)也是一大类常见的混合型晶体。在这类硅酸盐中,Si 与 O 以共价键结合可形成多种多样的构型,如零维的岛型簇(钪硅石)、一维链(石棉)、二维波浪形层(云母),以及更为常见的三维空旷网络(沸石)。在这些结构单元堆积形成的缝隙中,填充着半径较小的正离子,正离子与硅酸盐骨架间依靠静电作用结合,结合力不及链内共价键强,故为混合型晶体。

10.3 晶体的缺陷

10.3.1 点缺陷

实际晶体并非完美无缺,在高于 0 K 的任何温度下,晶体中都多多少少存在着结构缺陷,即晶体中粒子的排列并不都是规则和完整的,而是在某些区域存在着紊乱和不规则的排列。晶体中一切偏离理想的晶格结构都称为晶体的缺陷。少量缺陷对晶体的性质会有较大影响,如机械强度、导电性、耐腐蚀性等。

按照缺陷的形成和结构分类,晶体缺陷可分为本征缺陷和杂质缺陷。本征缺陷是由于晶体结构本身偏离晶格而形成的,常见的有离子双离位缺陷和正离子单离位缺陷,又常称为**点缺陷**。当晶体中同时有一个正离子和一个负离子脱离而出现一对空穴,就会形成离子双离位点缺陷。为了保持电中性,晶体内部和表面的负离子和正离子空位数都相等。此类缺陷的空位既可以无序地分布在晶体中,也可以成对地存在。NaCl 晶体中的离子双离位点缺陷如图 10.15 所示。

Cl	Na	Cl	Na	Cl	Na	Cl	Na	Cl
Na	Cl	Na	Cl	Na	Cl	Na	Cl	Na
Cl	Na	Cl	Na	Cl	Na	Cl	Na	Cl
Na	Cl	●	Cl	Na	Cl	Na	Cl	Na
Cl	Na	Cl	Na	Cl	Na	●	Na	Cl
Na	Cl	Na	Cl	Na	Cl	Na	Cl	Na
Cl	Na	Cl	Na	Cl	Na	Cl	Na	Cl
Na	Cl	Na	Cl	Na	Cl	Na	Cl	Na

图 10.15 NaCl 晶体中的离子双离位点缺陷

若晶体内部的一个离子脱离阵点后，跑到间隙位置，同时形成填隙原子和空位，称为单离位点缺陷。正离子与负离子半径差别较大时容易形成这种点缺陷，一般正离子半径小于负离子，所以常见的是正离子逃离到间隙位置。一般来说，低配位化合物容易生成正离子单离位点缺陷。如图 10.16 所示，AgCl 是这类点缺陷的典型代表。

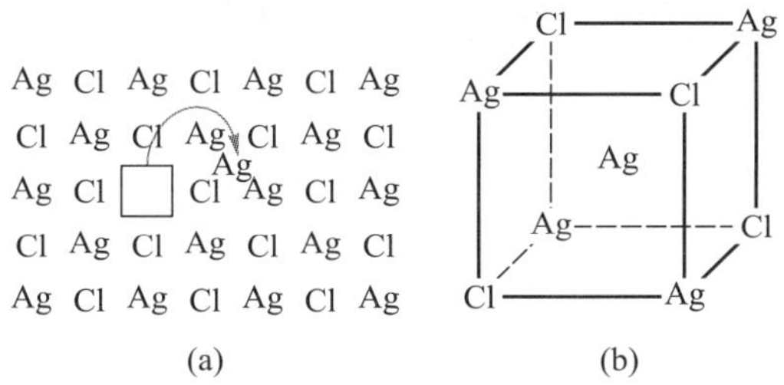

图 10.16 AgCl 间隙位置的基本状态

杂质缺陷是由于外来杂原子或离子进入基质晶体中而产生的缺陷。例如，当晶体硅中掺入少量的 P 原子时，P 取代了 Si 的位置，成键后就有了多余的可自由活动的电子，从而形成 N 型半导体材料（N：negative，表示负电）；而当晶体硅中掺入少量的 B 原子时，成键后就有了空轨道，即产生了正电荷空穴，从而形成 P 型半导体材料（P：positive，表示正电）。

10.3.2 非整比化合物

非整比化合物是指其组成中各元素原子的相对数目不能用整数比表示的化合物，也称非化学计量化合物。例如，方铁矿的理想化学式为 FeO，实际上铁和氧元素的比例会发生变化，组成范围从 $Fe_{0.89}O$ 到 $Fe_{0.96}O$。这是由于方铁矿中存在少量 Fe^{3+}，只需 2 个 Fe^{3+} 即可代替 3 个 Fe^{2+}，因此产生一个 Fe^{2+} 的空位，从而形成了晶体缺陷。非整比化合物与相同组成的整比化合物在结构的主要特征上无太大差异，但在光学性质、导电性、磁性及催化性能方面有明显差别。非整比化合物作为一类新型的无机功能材料，将产生巨大的科技价值。

思考题

1. 石墨与金刚石都是由碳元素组成，它们的晶体结构与性质有何特点？
2. 晶体中的原子或离子都是有序排列的，它们都是整比化合物吗？为什么？
3. 晶体的基本特征有哪些？
4. 同一种晶体是否具有相同的外形？相应的晶面夹角是否相同？
5. 试说明 CO_2 分子晶体的晶胞类型。
6. 离子的极化能力和变形性与其电荷、半径及电子构型有何关系？

习题

10.1 指出下列晶体固化时可以结晶成何种类型的晶体：

（1）O_2 （2）Pt （3）O_3 （4）CaF_2 （5）Fe （6）C_{60} （7）石墨烯 （8）金刚石

10.2 解释下列现象：

（1）为什么 CO_2 与 SiO_2 的物理性质差得那么远？

（2）为什么 KCl 与 AgCl 中的阳离子都是+1 价，但是 KCl 易溶于水，AgCl 不易溶于水？

10.3 根据所学知识填写下表。

晶体类型	晶体中的质点	质点间作用力	熔沸点	导电性
金属晶体				
离子晶体				
分子晶体				
原子晶体				

10.4 灰锡是面心立方结构金刚石结构，晶胞参数 $a=648.9$ pm。

（1）算出原子半径；

（2）灰锡的密度为 5.77×10^3 $kg\cdot m^{-3}$，求锡的相对原子质量；

（3）其同素异形体白锡为四方晶系，$a=583.1$ pm，$c=318.2$ pm，晶胞中含 4 个锡原子，请通过计算说明白锡变灰锡，体积是膨胀还是收缩。

（140.5 pm；119；膨胀）

10.5 CsI 晶体结构类型与 CsCl 相同，相邻的 Cs^+ 和 I^- 彼此接触，$r(Cs^+)=174$ pm，$r(I^-)=224$ pm，计算 CsI 晶胞参数 a 和晶体密度。

（460 pm；4.44 $g\cdot cm^{-3}$）

10.6 指出下列说法的错误：

（1）氯化氢溶于水后形成 H^+和 Cl^-，所以氯化氢固体是离子晶体。

（2）四氯化碳的熔点、沸点都低，所以分子不稳定。

10.7 MgSe 和 MnSe 的离子间距离都是 0.273 pm，但是 Mg^{2+}和 Mn^{2+}的离子半径不同，试解释此现象。

10.8 说明导致下列各组化合物之间熔点差别的原因：

（1）BeO（2 530 ℃），MgO（2 800 ℃），CaO（2 570 ℃），SrO（2 430 ℃），BaO（1 923 ℃）

（2）$CaCl_2$（782 ℃），$ZnCl_2$（215 ℃）

（3）$FeCl_2$（672 ℃），$FeCl_3$（282 ℃）

10.9 比较下列物质的热稳定性大小：

（1）Ag_2O 与 Cu_2O （2）AgF 与 AgI （3）ZnS 与 ZnO （4）K_2CO_3 与 $KHCO_3$ （5）KNO_3 与 KNO_2

（$Ag_2O<Cu_2O$，AgF>AgI，ZnS<ZnO，$K_2CO_3>KHCO_3$，$KNO_3>KNO_2$）

10.10 比较下列物质的溶解性大小：

（1）AgCl 与 AgI （2）CaF_2 与 BaF_2 （3）CaO 与 CaS （4）$CaSO_4$ 与 $BaSO_4$

（AgCl>AgI，$CaF_2<BaF_2$，CaO>CaS，$CaSO_4>BaSO_4$）

附录

附录 1　常用物理化学常数

常数	符号和数值
阿伏加德罗常数	$N_A = 6.022\ 141\ 29(27) \times 10^{23}\ mol^{-1}$
元电荷	$e = 1.602\ 176\ 565(35) \times 10^{-19}\ C$
电子[静]质量	$m_e = 9.109\ 382\ 91(40) \times 10^{-31}\ kg$
法拉第常数	$F = 96\ 485.336\ 5(21)\ C \cdot mol^{-1}$
普朗克常量	$h = 6.626\ 069\ 57(29) \times 10^{-34}\ J \cdot s$
玻耳兹曼常量	$k = 1.380\ 648\ 8(13) \times 10^{-23}\ J \cdot K^{-1}$
摩尔气体常数	$R = 8.314\ 462\ 1(75)\ J \cdot mol^{-1} \cdot K^{-1}$
玻尔半径	$a_0 = 5.291\ 772\ 109\ 2(17) \times 10^{-11}\ m$
玻尔磁子	$\mu_B = 9.274\ 009\ 68(20) \times 10^{-24}\ J \cdot T^{-1}$
真空介电常数	$\varepsilon_0 = 8.854\ 187\ 817 \times 10^{-12}\ F \cdot m^{-1}$
里德伯常量	$R_\infty = 1.097\ 373\ 156\ 853\ 9(55) \times 10^{7}\ m^{-1}$
标准大气压	$1\ atm = 101.325\ kPa$
真空中的光速	$c_0 = 299\ 792\ 458\ m \cdot s^{-1}$
原子质量单位	$u = 1.660\ 538\ 921(73) \times 10^{-27}\ kg$

注：摘自 CRC Handbook of Chemistry and Physics. 95th ed. 2014—2015，1-1～1-9.

附录 2　常用换算关系

物理量	换算关系
长度	$1\text{Å}=1\times10^{-10}$ m $=100$ pm $=0.1$ nm
	1 inch = 2.54 cm
质量	1 lb(磅) = 0.454 kg
	1 oz(盎司) = 28.3 g
能量	1 cal = 4.184 J
	1 eV $=1.602\times10^{-19}$ J
	1 erg $=10^{-7}$ J
压强	1 Pa = 1 N · m^{-2}
	1 atm = 760 mmHg = 101.325 kPa
	1 mmHg = 1 torr = 133.322 Pa
	1 bar $=10^{5}$ Pa
温度	$\frac{T}{\text{K}}=\frac{t}{^\circ\text{C}}+273.15$
	$\frac{t}{^\circ\text{F}}=\frac{9}{5}\frac{T}{\text{K}}-459.67=\frac{9}{5}\frac{t}{^\circ\text{C}}+32$
电荷量	1 esu(静电单位库仑) $=3.335\times10^{-10}$ C
偶极矩	1 D(Debye,德拜) $=3.335\ 641\times10^{-30}$ C · m
其他	R(摩尔气体常数) = 1.986 cal · mol^{-1} · K^{-1}
	= 0.082 06 atm · dm^{3} · mol^{-1} · K^{-1}
	= 8.314 J · mol^{-1} · K^{-1}
	= 8.314 kPa · dm^{3} · mol^{-1} · K^{-1}
	1 eV 相当于 96.485 3 kJ · mol^{-1}

附录 3 常见物质的热力学数据(298.15 K,100 kPa)

物质	$\Delta_f H_m^\ominus/(kJ \cdot mol^{-1})$	$\Delta_f G_m^\ominus/(kJ \cdot mol^{-1})$	$S_m^\ominus/(J \cdot mol^{-1} \cdot K^{-1})$
Ag(s)	0.0	0.0	42.6
Ag(g)	284.9	246.0	173.0
AgBr(s)	-100.4	-96.9	107.1
$AgBrO_3$(s)	-10.5	71.3	151.9
AgCl(s)	-127.0	-109.8	96.3
$AgClO_3$(s)	-30.3	64.5	142.0
AgI(s)	-61.8	-66.2	115.5
$AgIO_3$(s)	-171.1	-93.7	149.4
$AgNO_3$(s)	-124.4	-33.4	140.9
Ag_2CO_3(s)	-505.8	-436.8	167.4
Ag_2CrO_4(s)	-731.7	-641.8	217.6
Ag_2O(s)	-31.1	-11.2	121.3
Ag_2S(s)	-32.6	-40.7	144.0
Ag_2SO_4(s)	-715.9	-618.4	200.4
Al(s)	0.0	0.0	28.3
$AlCl_3$(s)	-704.2	-628.8	109.3
AlF_3(s)	-1 510.4	-1 431.1	66.5
Al_2(g)	485.9	433.3	233.2
Al_2Cl_6(g)	-1 290.8	-1 220.4	490.0
Al_2O_3(s,刚玉)	-1 675.7	-1 582.3	50.9
Ar(g)	0.0	0.0	154.8
As(s,灰砷)	0.0	0.0	35.1
As(g,灰砷)	302.5	261.0	174.2
AsH_3(g)	66.4	68.9	222.8
As_2O_5(s)	-924.9	-782.3	105.4
As_2S_3(s)	-169.0	-168.6	163.6
Au(s)	0.0	0.0	47.4
B(s,菱形)	0.0	0.0	5.9
BBr_3(l)	-239.7	-238.5	229.7
BBr_3(g)	-205.6	-232.5	324.2
BCl_3(l)	-427.2	-387.4	206.3
BCl_3(g)	-403.8	-388.7	290.1
BF_3(g)	-1 136.0	-1 119.4	254.4
BH_3(g)	89.2	93.3	188.2

续表

物质	$\Delta_f H_m^\ominus$/(kJ·mol^{-1})	$\Delta_f G_m^\ominus$/(kJ·mol^{-1})	$S_m^\ominus$/(J·mol^{-1}·K^{-1})
BI_3(g)	71.1	20.7	349.2
BN(s)	-254.4	-228.4	14.8
B_2H_6(g)	36.4	87.6	232.1
B_2O_3(s)	-1 273.5	-1 194.3	54.0
B_2O_3(g)	-843.8	-832.0	279.8
$B_3H_6N_3$(l)	-541.0	-392.7	199.6
B_4H_{10}(g)	66.1	184.3	280.3
$B_{10}H_{14}$(g)	47.3	232.8	350.7
Ba(s)	0.0	0.0	62.5
Ba(g)	180.0	146.0	170.2
$BaCO_3$(s)	-1 213.0	-1 134.4	112.1
$BaCl_2$(s)	-855.0	-806.7	123.7
$Ba(OH)_2$(s)	-944.7		
$Ba(NO_3)_2$(s)	-988.0	-792.6	214.0
BaO(s)	-548.0	-520.3	72.1
$BaSO_4$(s)	-1 473.2	-1 362.2	132.2
BaS(s)	-460.0	-456.0	78.2
Be(s)	0.0	0.0	9.5
$BeCl_2$(s)	-490.4	-445.6	75.8
BeO(s)	-609.4	-580.1	13.8
$BeSO_4$(s)	-1 205.2	-1 093.8	77.9
Bi(s)	0.0	0.0	56.7
BiClO(s)	-366.9	-322.1	120.5
$BiCl_3$(s)	-379.1	-315.0	177.0
$BiCl_3$(g)	-265.7	-256.0	358.9
$Bi(OH)_3$(s)	-711.3		
Bi_2O_3(s)	-573.9	-493.7	151.5
Bi_2S_3(s)	-143.1	-140.6	200.4
Br_2(l)	0.0	0.0	152.2
Br_2(g)	30.9	3.1	245.5
C(s,石墨)	0.0	0.0	5.7
C(g,石墨)	716.7	671.3	158.1
C(s,金刚石)	1.9	2.9	2.4
CBr_4(s)	29.4	47.7	212.5
CBr_4(g)	83.9	67.0	358.1

续表

物质	$\Delta_f H_m^\ominus$/(kJ·mol^{-1})	$\Delta_f G_m^\ominus$/(kJ·mol^{-1})	$S_m^\ominus$/(J·mol^{-1}·K^{-1})
$CHCl_3$(l)	-134.1	-73.7	201.7
$CHCl_3$(g)	-102.7	6.0	295.7
CO(g)	-110.5	-137.2	197.7
CO_2(g)	-393.5	-394.4	213.8
HCHO(g)	-108.6	-102.5	218.8
HCOOH(l)	-425.0	-361.4	129.0
CH_3OH(l)	-239.2	-166.6	126.8
CH_3OH(g)	-201.0	-162.3	239.9
C_2H_5OH(l)	-277.6	-174.8	160.7
C_2H_5OH(g)	-234.8	-167.9	281.6
CH_3COOH(l)	-484.3	-389.9	159.8
CH_4(g)	-74.6	-50.5	186.3
C_2H_2(g)	227.4	209.9	200.9
C_2H_4(g)	52.4	68.4	219.3
C_2H_6(g)	-84.0	-32.0	229.2
C_3H_8(g)	-103.8	-23.4	270.3
C_6H_6(l,苯)	49.1	124.5	173.4
C_6H_6(g,苯)	82.9	129.7	269.2
C_{60}(s)	2 327.0	2 302.0	426.0
C_{60}(g)	2 502.0	2 442.0	544.0
Ca(s)	0.0	0.0	41.6
CaC_2(s)	-59.8	-64.9	70.0
$CaCO_3$(s,calcite 方解石)	-1 207.6	-1 129.1	91.7
$CaCO_3$(s,aragonite 霰石)	-1 207.8	-1 128.2	88.0
$CaCl_2$(s)	-795.4	-748.8	108.4
CaF_2(s)	-1 228.0	-1 175.6	68.5
CaH_2(s)	-181.5	-142.5	41.4
$Ca(OH)_2$(s)	-985.2	-897.5	83.4
$Ca(NO_3)_2$(s)	-938.2	-742.8	193.2
CaO(s)	-634.9	-603.3	38.1
CaS(s)	-482.4	-477.4	56.5
$CaSO_4$(s)	-1 434.5	-1 322.0	106.5
$Ca_3(PO_4)_2$(s)	-4 120.8	-3 884.7	236.0
Cd(s)	0.0	0.0	51.8
$CdCl_2$(s)	-391.5	-343.9	115.3

续表

物质	$\Delta_f H_m^\ominus$/(kJ · mol^{-1})	$\Delta_f G_m^\ominus$/(kJ · mol^{-1})	$S_m^\ominus$/(J · mol^{-1} · K^{-1})
$CdCO_3$(s)	-750.6	-669.4	92.5
CdO(s)	-258.4	-228.7	54.8
$CdSO_4$(s)	-933.3	-822.7	123.0
CdS(s)	-161.9	-156.5	64.9
Ce(s,γ,fcc)	0.0	0.0	72.0
Ce_2O_3(s)	-1 796.2	-1 706.2	150.6
Cl(g)	121.3	105.3	165.2
Cl_2(g)	0.0	0.0	223.1
Co(s)	0.0	0.0	30.0
$CoCl_2$(s)	-312.5	-269.8	109.2
$Co(OH)_2$(s)	-539.7	-454.3	79.0
CoO(s)	-237.9	-214.2	53.0
$CoSO_4$(s)	-888.3	-782.3	118.0
Cr(s)	0.0	0.0	23.8
Cr_2O_3(s)	-1 139.7	-1 058.1	81.2
Cs(s)	0.0	0.0	85.2
CsF(s)	-553.5	-525.5	92.8
CsOH(s)	-416.2	-371.8	104.2
$CsNO_3$(s)	-506.0	-406.5	155.2
Cs_2O(s)	-345.8	-308.1	146.9
Cu(s)	0.0	0.0	33.2
CuCl(s)	-137.2	-119.9	86.2
CuI(s)	-67.8	-69.5	96.7
$CuCl_2$(s)	-220.1	-175.7	108.1
CuO(s)	-157.3	-129.7	42.6
$CuSO_4$(s)	-771.4	-662.2	109.2
$CuSO_4 \cdot 5H_2O$(s)*	-2 279.7	-1 880.0	300.4
CuS(s)	-53.1	-53.6	66.5
Eu(s)	0.0	0.0	77.8
F_2(g)	0.0	0.0	202.8
F_2O(g)	24.5	41.8	247.5
Fe(s)	0.0	0.0	27.3
$FeCO_3$(s)	-740.6	-666.7	92.9
$FeCl_2$(s)	-341.8	-302.3	118.0
FeS(s)	-100.0	-100.4	60.3

续表

物质	$\Delta_f H_m^\ominus/(kJ \cdot mol^{-1})$	$\Delta_f G_m^\ominus/(kJ \cdot mol^{-1})$	$S_m^\ominus/(J \cdot mol^{-1} \cdot K^{-1})$
$FeSO_4(s)$	-928.4	-820.8	107.5
$FeCl_3(s)$	-399.5	-334.0	142.3
$Fe_2O_3(s)$	-824.2	-742.2	87.4
$Fe_3O_4(s)$	-1 118.4	-1 015.4	146.4
$Ga(s)$	0.0	0.0	40.8
$Ga(OH)_3(s)$	-964.4	-831.3	100.0
$GaSb(s)$	-41.8	-38.9	76.1
$Ga_2O_3(s)$	-1 089.1	-998.3	85.0
$Ge(s)$	0.0	0.0	31.1
$GeH_4(g)$	90.8	113.4	217.1
$GeI_4(s)$	-141.8	-144.3	271.1
$GeI_4(g)$	-56.9	-106.3	428.9
$GeO_2(s)$	-580.0	-521.4	39.7
$H_2(g)$	0.0	0.0	130.7
$HBr(g)$	-36.3	-53.4	198.7
$HCl(g)$	-92.3	-95.3	186.9
$HF(l)$	-299.8		
$HF(g)$	-273.3	-275.4	173.8
$HI(g)$	26.5	1.7	206.6
$HCN(l)$	108.9	125.0	112.8
$HCN(g)$	135.1	124.7	201.8
$HNO_2(g)$	-79.5	-46.0	254.1
$HNO_3(l)$	-174.1	-80.7	155.6
$HNO_3(g)$	-133.9	-73.5	266.9
$H_2O(l)$	-285.8	-237.1	70.0
$H_2O(g)$	-241.8	-228.6	188.8
$H_2O_2(l)$	-187.8	-120.4	109.6
$H_2S(g)$	-20.6	-33.4	205.8
$H_2Se(s)$	29.7	15.9	219.0
$H_2SiO_3(s)$	-1 188.7	-1 092.4	134.0
$H_2SO_4(l)$	-814.0	-690.0	156.9
$H_3BO_3(s)$	-1 094.3	-968.9	90.0
$H_3PO_4(s)$	-1 284.4	-1 124.3	110.5
$H_3PO_4(l)$	-1 271.7	-1 123.6	150.8
$H_4SiO_4(s)$	-1 481.1	-1 332.9	192.0

续表

物质	$\Delta_f H_m^\ominus/(kJ \cdot mol^{-1})$	$\Delta_f G_m^\ominus/(kJ \cdot mol^{-1})$	$S_m^\ominus/(J \cdot mol^{-1} \cdot K^{-1})$
He(g)	0.0	0.0	126.2
Hg(l)	0.0	0.0	75.9
Hg(g)	61.4	31.8	175.0
Hg_2Cl_2(s)	-265.4	-210.7	191.6
$HgCl_2$(s)	-224.3	178.6	146.0
HgO(s)	-90.8	-58.5	70.3
HgS(s)	-58.2	-50.6	82.4
I_2(s)	0.0	0.0	116.1
I_2(g)	62.4	19.3	260.7
IF_5(g)	-822.5	-751.7	327.7
In(s)	0.0	0.0	57.8
In_2O_3(s)	-925.8	-830.7	104.2
Ir(s)	0.0	0.0	35.5
IrF_6(s)	-579.7	-461.6	247.7
IrF_6(g)	-544.0	-460.0	357.8
K(s)	0.0	0.0	64.7
KBH_4(s)	-227.4	-160.3	106.3
KBr(s)	-393.8	-380.7	95.9
$KBrO_3$(s)	-360.2	-271.2	149.2
$KBrO_4$(s)	-287.9	-174.4	170.1
$KHCO_3$(s)	-963.2	-863.5	115.5
K_2CO_3	-1 151.0	-1 063.5	155.5
KCN(s)	-113.0	-101.9	128.5
KCl(s)	-436.5	-408.5	82.6
$KClO_3$(s)	-397.7	-296.3	143.1
$KClO_4$(s)	-432.8	-303.1	151.0
KF(s)	-567.3	-537.8	66.6
KH_2PO_4(s)	-1 568.3	-1 415.9	134.9
KI(s)	-327.9	-324.9	106.3
KIO_3(s)	-501.4	-418.4	151.5
KIO_4(s)	-467.2	-361.4	175.7
$KMnO_4$(s)	-837.2	-737.6	171.7
KNO_2(s)	-369.8	-306.6	152.1
KNO_3(s)	-494.6	-394.9	133.1
KO_2(s)	-284.9	-239.4	116.7

续表

物质	$\Delta_f H_m^\ominus/(kJ\cdot mol^{-1})$	$\Delta_f G_m^\ominus/(kJ\cdot mol^{-1})$	$S_m^\ominus/(J\cdot mol^{-1}\cdot K^{-1})$
KOH(s)	−424.6	−379.4	81.2
K_2O_2(s)	−494.1	−425.1	102.1
K_2SO_4(s)	−1 437.8	−1 321.4	175.6
Kr(g)	0.0	0.0	164.1
La(s)	0.0	0.0	56.9
La_2O_3(s)	−1 793.7	−1 705.8	127.3
Li(s)	0.0	0.0	29.1
Li(g)	159.3	126.6	138.8
$LiAlH_4$(s)	−116.3	−44.7	78.7
$LiBH_4$(s)	−190.8	−125.0	75.9
Li_2CO_3(s)	−1 215.9	−1 132.1	90.4
LiOH(s)	−487.5	−441.5	42.8
LiOH(g)	−229.0	−234.2	214.4
$LiNO_2$(s)	−372.4	−302.0	96.0
$LiNO_3$(s)	−483.1	−381.1	90.0
Li_2O(s)	−597.9	−561.2	37.6
Li_2SO_4(s)	−1 436.5	−1 321.7	115.1
Mg(s)	0.0	0.0	32.7
$MgCO_3$(s)	−1 095.8	−1 012.1	65.7
$MgCl_2$(s)	−641.3	−591.8	89.6
$Mg(OH)_2$(s)	−924.5	−833.5	63.2
$Mg(NO_3)_2$(s)	−790.7	−589.4	164.0
MgO(s)	−601.6	−569.3	27.0
$MgSO_4$(s)	−1 284.9	−1 170.6	91.6
Mn(s)	0.0	0.0	32.0
$MnCl_2$(s)	−481.3	−440.5	118.2
MnO(s)	−385.2	−362.9	59.7
MnO_2(s)	−520.0	−465.1	53.1
Mo(s)	0.0	0.0	28.7
MoO_3(s)	−745.1	−668.0	77.7
N_2(g)	0.0	0.0	191.6
NH_3(g)	−45.9	−16.4	192.8
NH_4Cl(s)	−314.4	−202.9	94.6
NH_4NO_3(s)	−365.6	−183.9	151.1
$(NH_4)_2SO_4$(s)	−1 180.9	−901.7	220.1

续表

物质	$\Delta_f H_m^\ominus/(kJ\cdot mol^{-1})$	$\Delta_f G_m^\ominus/(kJ\cdot mol^{-1})$	$S_m^\ominus/(J\cdot mol^{-1}\cdot K^{-1})$
$N_2H_4(l)$	50.6	149.3	121.2
$N_2H_4(g)$	95.4	159.4	238.5
$NO(g)$	91.3	87.6	210.8
$NO_2(g)$	33.2	51.3	240.1
$N_2O(g)$	81.6	103.7	220.0
$N_2O_4(l)$	-19.5	97.5	209.2
$N_2O_4(g)$	11.1	99.8	304.4
$N_2O_5(s)$	-43.1	113.9	178.2
$N_2O_5(g)$	13.3	117.1	355.7
$Na(s)$	0.0	0.0	51.3
$Na(g)$	107.5	77.0	153.7
$NaBH_4(s)$	-188.6	-123.9	101.3
$NaBr(s)$	-361.1	-349.0	86.8
$NaCN(s)$	-87.5	-76.4	115.6
$NaC_2H_3O_2(s)$	-708.8	-607.2	123.0
$NaCl(s)$	-411.2	-384.1	72.1
$NaClO_3(s)$	-365.8	-262.3	123.4
$NaClO_4(s)$	-383.3	-254.9	142.3
$NaH(s)$	-56.3	-33.5	40.0
$NaHCO_3$	-950.8	-851.0	101.7
$NaHSO_4(s)$	-1 125.5	-992.8	113.0
$NaI(s)$	-287.8	-286.1	98.5
$NaOH(s)$	-425.8	-379.7	64.4
$NaNO_3(s)$	-467.9	-367.0	116.5
$NaO_2(s)$	-260.2	-218.4	115.9
$Na_2B_4O_7(s)$	-3 291.1	-3 096.0	189.5
$Na_2CO_3(s)$	-1 130.7	-1 044.4	135.0
$Na_2HPO_4(s)$	-1 748.1	-1 608.2	150.5
$Na_2O(s)$	-414.2	-375.5	75.1
$Na_2O_2(s)$	-510.9	-447.7	95.0
$Na_2SiO_3(s)$	-1 554.9	-1 462.8	113.9
$Na_2S(s)$	-364.8	-349.8	83.7
$Na_2SO_3(s)$	-1 100.8	-1 012.5	145.9
$Na_2SO_4(s)$	-1 387.1	-1 270.2	149.6
$Nb(s)$	0.0	0.0	36.4

续表

物质	$\Delta_f H_m^\ominus/(kJ\cdot mol^{-1})$	$\Delta_f G_m^\ominus/(kJ\cdot mol^{-1})$	$S_m^\ominus/(J\cdot mol^{-1}\cdot K^{-1})$
Ni(s)	0.0	0.0	29.9
NiO(s)*	-240.6	-211.7	38.0
NiS(s)	-82.0	-79.5	53.0
$NiSO_4$(s)	-872.9	-759.7	92.0
O_2(g)	0.0	0.0	205.2
O_3(g)	142.7	163.2	238.9
Os(s)	0.0	0.0	32.6
OsO_4(s)	-394.1	-304.9	143.9
P(s,白)	0.0	0.0	41.1
P(g,白)	316.5	280.1	163.2
P(s,红)	-17.6		22.8
P(s,黑)	-39.3		
P_4(g)	58.9	24.4	280.0
PCl_3(l)	-319.7	-272.3	217.1
PCl_3(g)	-287.0	-267.8	311.8
PCl_5(g)	-374.9	-305.0	364.6
PF_5(g)	-1 594.4	-1 520.7	300.8
PH_3(g)	5.4	13.5	210.2
Pb(s)	0.0	0.0	64.8
$PbCl_2$(s)	-359.4	-314.1	136.0
PbI_2(s)	-175.5	-173.6	174.9
PbO(s,黄)	-217.3	-187.9	68.7
PbO(s,红)	-219.0	-188.9	66.5
PbO_2(s)	-277.4	-217.3	68.6
PbS(s)	-100.4	-98.7	91.2
$PbSO_4$(s)	-920.0	-813.0	148.5
Pb_3O_4(s)	-718.4	-601.2	211.3
Pd(s)	0.0	0.0	37.6
Pt(s)	0.0	0.0	41.6
Ra(s)	0.0	0.0	71.0
Rb(s)	0.0	0.0	76.8
RbCl(s)	-435.4	-407.8	95.9
$RbClO_4$(s)	-437.2	-306.9	161.1
RbOH(s)	-418.8	-373.9	94.0
$RbNO_3$(s)	-495.1	-395.8	147.3

续表

物质	$\Delta_f H_m^\ominus$/(kJ · mol^{-1})	$\Delta_f G_m^\ominus$/(kJ · mol^{-1})	$S_m^\ominus$/(J · mol^{-1} · K^{-1})
Rb_2CO_3(s)	-1 136.0	-1 051.0	181.3
Re(s)	0.0	0.0	36.9
Re_2O_7(s)	-1 240.1	-1 066.0	207.1
Rh(s)	0.0	0.0	31.5
Rn(g)	0.0	0.0	176.2
Ru(s)	0.0	0.0	28.5
RuO_4(s)	-239.3	-152.2	146.4
S(s,正交晶系)	0.0	0.0	32.1
S(g)	277.2	236.7	167.8
SO_2(g)	-296.8	-300.1	248.2
SO_3(g)	-395.7	-371.1	256.8
Sb(s)	0.0	0.0	45.7
Sc(s)	0.0	0.0	34.6
Se(s,灰)	0.0	0.0	42.4
Si(s)	0.0	0.0	18.8
SiC(s,立方)	-65.3	-62.8	16.6
SiC(s,六方)	-62.8	-60.2	16.5
$SiCl_4$(l)	-687.0	-619.8	239.7
$SiCl_4$(g)	-657.0	-617.0	330.7
SiF_4(g)	-1 615.0	-1 572.8	282.8
SiH_4(g)	34.3	56.9	204.6
SiO_2(s,α 石英)	-910.7	-856.3	41.5
Sn(s,白)	0.0	0.0	51.2
Sn(s,灰)	-2.1	0.1	44.1
$SnCl_4$(l)	-511.3	-440.1	258.6
SnO(s)	-280.7	-251.9	57.2
SnO_2(s)	-577.6	-515.8	49.0
SnS(s)	-100.0	-98.3	77.0
Sr(s)	0.0	0.0	55.0
$SrCO_3$(s)	-1 220.1	-1 140.1	97.1
SrO(s)	-592.0	-561.9	54.4
SrS(s)	-472.4	-467.8	68.2
$SrSO_4$(s)	-1 453.1	-1 340.9	117.0
Ta(s)	0.0	0.0	41.5
Te(s)	0.0	0.0	49.7

续表

物质	$\Delta_f H_m^{\ominus}/(kJ \cdot mol^{-1})$	$\Delta_f G_m^{\ominus}/(kJ \cdot mol^{-1})$	$S_m^{\ominus}/(J \cdot mol^{-1} \cdot K^{-1})$
$TeO_2(s)$	-322.6	-270.3	79.5
Ti(s)	0.0	0.0	30.7
$TiCl_4(l)$	-804.2	-737.2	252.2
$TiCl_4(g)$	-763.2	-726.3	353.2
$TiO_2(s)$	-944.0	-888.8	50.6
Tl(s)	0.0	0.0	64.2
V(s)	0.0	0.0	28.9
$V_2O_5(s)$	-1 550.6	-1 419.5	131.0
W(s)	0.0	0.0	32.6
$WO_3(s)$	-842.9	-764.0	75.9
Xe(g)	0.0	0.0	169.7
Y(s)	0.0	0.0	44.4
Zn(s)	0.0	0.0	41.6
$ZnCl_2(s)$	-415.1	-369.4	111.5
$Zn(OH)_2(s)$	-641.9	-553.5	81.2
ZnO(s)	-350.5	-320.5	43.7
ZnS(s,闪锌矿)	-206.0	-201.3	57.7
$ZnSO_4(s)$	-982.8	-871.5	110.5
Zr(s)	0.0	0.0	39.0
$ZrF_4(s)$	-1 911.3	-1 809.9	104.6
$ZrO_2(s)$	-1 100.6	-1 042.8	50.4
$Ag^+(aq)$	105.6	77.1	72.7
$Al^{3+}(aq)$	-531.0	-485.0	-321.7
$Ba^{2+}(aq)$	-537.6	-560.8	9.6
$Be^{2+}(aq)$	-382.8	-379.7	-129.7
$Ca^{2+}(aq)$	-542.8	-553.6	-53.1
$Cd^{2+}(aq)$	-75.9	-77.6	-73.2
$Co^{2+}(aq)$	-58.2	-54.4	-113.0
$Co^{3+}(aq)$	92.0	134.0	-305.0
$Cs^+(aq)$	-258.3	-292.0	133.1
$Cu^+(aq)$	71.7	50.0	40.6
$Cu^{2+}(aq)$	64.8	65.5	-99.6
$Fe^{2+}(aq)$	-89.1	-78.9	-137.7
$Fe^{3+}(aq)$	-48.5	-4.7	-315.9
$Ga^{3+}(aq)$	-211.7	-159.0	-331.0

续表

物质	$\Delta_f H_m^\ominus/(kJ \cdot mol^{-1})$	$\Delta_f G_m^\ominus/(kJ \cdot mol^{-1})$	$S_m^\ominus/(J \cdot mol^{-1} \cdot K^{-1})$
$H^+(aq)$	0.0	0.0	0.0
$Hg^{2+}(aq)$	171.1	164.4	-32.2
$Hg_2^{2+}(aq)$	172.4	153.5	84.5
$In^{3+}(aq)$	-105.0	-98.0	-151.0
$K^+(aq)$	-252.4	-283.3	102.5
$Li^+(aq)$	-278.5	-293.3	13.4
$Mg^{2+}(aq)$	-466.9	-454.8	-138.1
$Mn^{2+}(aq)$	-220.8	-228.1	-73.6
$NH_4^+(aq)$	-132.5	-79.3	113.4
$Na^+(aq)$	-240.1	-261.9	59.0
$Ni^{2+}(aq)$	-54.0	-45.6	-128.9
$Pb^{2+}(aq)$	-1.7	-24.4	10.5
$Pd^{2+}(aq)$	149.0	176.5	-184.0
$Rb^+(aq)$	-251.2	-284.0	121.5
$Sc^{3+}(aq)$	-614.2	-586.6	-255.0
$Sn^{2+}(aq)$	-8.8	-27.2	-17.0
$Sr^{2+}(aq)$	-545.8	-559.5	-32.6
$Tl^+(aq)$	5.4	-32.4	125.5
$Tl^{3+}(aq)$	196.6	214.6	-192.0
$Zn^{2+}(aq)$	-153.9	-147.1	-112.1
$AlO_2^-(aq)$	-930.9	-830.9	-36.8
$Al(OH)_4^-(aq)$	-1 502.5	-1 305.3	102.9
$AsO_4^{3-}(aq)$	-888.1	-648.4	-162.8
$BH_4^-(aq)$	48.2	114.4	110.5
$Br^-(aq)$	-121.6	-104.0	82.4
$BrO_3^-(aq)$	-67.1	18.6	161.7
$BrO_4^-(aq)$	13.0	118.1	199.6
$CH_3COO^-(aq)$	-486.0	-369.3	86.6
$C_2O_4^{2-}(aq)$	-825.1	-673.9	45.6
$Cl^-(aq)$	-167.2	-131.2	56.5
$ClO^-(aq)$	-107.1	-36.8	42.0
$ClO_3^-(aq)$	-104.0	-8.0	162.3
$ClO_4^-(aq)$	-129.3	-8.5	182.0
$CN^-(aq)$	150.6	172.4	94.1

续表

物质	$\Delta_f H_m^{\ominus}/(kJ \cdot mol^{-1})$	$\Delta_f G_m^{\ominus}/(kJ \cdot mol^{-1})$	$S_m^{\ominus}/(J \cdot mol^{-1} \cdot K^{-1})$
CO_3^{2-}(aq)	-677.1	-527.8	-56.9
CrO_4^{2-}(aq)	-881.2	-727.8	50.2
$Cr_2O_7^{2-}$(aq)	-1 490.3	-1 301.1	261.9
F^-(aq)	-332.6	-278.8	-13.8
HCO_3^-(aq)	-692.0	-586.8	91.2
HPO_4^{2-}(aq)	-1 292.1	-1 089.2	-33.5
HS^-(aq)	-17.6	12.1	62.8
HSO_4^-(aq)	-887.3	-755.9	131.8
$H_2PO_4^-$(aq)	-1 296.3	-1 130.2	90.4
I^-(aq)	-55.2	-51.6	111.3
IO_3^-(aq)	-221.3	-128.0	118.4
IO_4^-(aq)	-151.5	-58.5	222.0
MnO_4^-(aq)	-541.4	-447.2	191.2
MnO_4^{2-}(aq)	-653.0	-500.7	59.0
NO_2^-(aq)	-104.6	-32.2	123.0
NO_3^-(aq)	-207.4	-111.3	146.4
OH^-(aq)	-230.0	-157.2	-10.8
PO_4^{3-}(aq)	-1 277.4	-1 018.7	-220.5
S^{2-}(aq)	33.1	85.8	-14.6
SO_4^{2-}(aq)	-909.3	-744.5	20.1
HBr(aq)*	-121.55	-103.97	82.4
HCN(aq,非解离)*	107.11	119.66	124.7
HCl(aq)*	-167.15	-131.25	56.5
HClO(aq,非解离)*	-120.9	-79.9	142
HF(aq)*	-320.08	-296.86	88.7
HI(aq)*	-55.19	-51.59	111.3
H_2CO_3(aq)*	-699.65	-623.16	187.4
H_2O_2(aq,非解离)*	-191.17	-134.10	143.9
H_2S(aq,非解离)*	-38.6(15)	-27.87	126.(5)
H_3PO_4(aq,非解离)*	-1 288.34	-1 142.65	158.2
NH_3(aq,非解离)*	-80.29	-26.57	111.3
$NH_3 \cdot H_2O$(aq,非解离)*	-361.2	-254.0	165.5

注:摘自 CRC Handbook of Chemistry and Physics. 95th ed. 2014—2015,5-4~5-42;5-66~5-67.

* 摘自 Lange's Handbook of Chemistry. 16th ed. 2005,1.237~1.279(Table 1.56).

附录 4 原子半径

（单位：pm）

1	H 30																	He 140
2	Li 152	Be 111.3											B 88	C 77.2	N 70	O 66	F 64	Ne 154
3	Na 186	Mg 160											Al 143.1	Si 117	P 110	S 104	Cl 99	Ar 188
4	K 232	Ca 197	Sc 162	Ti 147	V 134	Cr 128	Mn 127	Fe 126	Co 125	Ni 124	Cu 128	Zn 134	Ga 135	Ge 128	As 121	Se 116	Br 114	Kr 202
5	Rb 248	Sr 215	Y 180	Zr 160	Nb 146	Mo 139	Tc 136	Ru 134	Rh 134	Pd 137	Ag 144	Cd 148.9	In 167	Sn 151	Sb 145	Te 137	I 133	Xe 216
6	Cs 265	Ba 217.3	La 183	Hf 159	Ta 146	W 139	Re 137	Os 135	Ir 135.5	Pt 138.5	Au 144	Hg 151	Tl 170	Pb 175	Bi 154.7	Po 164	At 148*	Rn 220*
7	Fr 270	Ra (220)	Ac 187.8	Rf 157*	Db 149*	Sg 143*	Bh 141*	Hs 134*	Mt 129*	Ds 128*	Rg 121*	Cn 122*	Nh	Fl	Mc	Lv	Ts	Og

La 183	Ce 181.8	Pr 182.4	Nd 181.4	Pm 183.4	Sm 180.4	Eu 208.4	Gd 180.4	Tb 177.3	Dy 178.1	Ho 176.2	Er 176.1	Tm 175.9	Yb 193.3	Lu 173.8
Ac 187.8	Th 179	Pa 163	U 156	Np 155	Pu 159	Am 173	Cm 174	Bk 168*	Cf 186	Es 186	Fm 167*	Md 173*	No 176*	Lr 161*

注：表中金属半径数据摘自 Lange's Handbook of Chemistry. 16th ed. 2005，1.151～1.156（Table 1.31）；共价半径数据摘自 Lange's Handbook of Chemistry. 16th ed. 2005，1.158（Table 1.33）；最后一列的范德华半径为 Bondi 数据。

* 数据摘自 CRC Handbook of Chemistry and Physics. 95th ed.（2014—2015），9-49～9-50，为原子共价半径（Rn 为范德华半径）。

附录 5 元素的第一电离能 I_1

（单位：kJ · mol^{-1}）

1	H 1312.05																	He 2372.32
2	Li 520.22	Be 899.50											B 800.64	C 1086.45	N 1402.33	O 1313.94	F 1681.04	Ne 2080.66
3	Na 495.85	Mg 737.75											Al 577.54	Si 786.52	P 1011.81	S 999.59	Cl 1251.19	Ar 1520.57
4	K 418.81	Ca 589.83	Sc 633.09	Ti 658.81	V 650.91	Cr 652.87	Mn 717.27	Fe 762.47	Co 760.40	Ni 737.13	Cu 745.48	Zn 906.40	Ga 578.84	Ge 762.18	As 944.46	Se 940.96	Br 1139.86	Kr 1350.76
5	Rb 403.03	Sr 549.47	Y 599.88	Zr 640.07	Nb 652.13	Mo 684.32	Tc 702.41	Ru 710.18	Rh 719.67	Pd 804.39	Ag 730.99	Cd 867.77	In 558.30	Sn 708.58	Sb 830.58	Te 869.29	I 1008.39	Xe 1170.35
6	Cs 375.70	Ba 502.85	La 538.09	Hf 658.52	Ta 728.42	W 758.76	Re 755.82	Os 814.17	Ir 865.19	Pt 864.39	Au 890.13	Hg 1007.07	Tl 589.35	Pb 715.60	Bi 702.94	Po 811.83	At	Rn 1037.07
7	Fr 392.96	Ra 509.29	Ac 498.83	Rf 578.91														

La 538.09	Ce 534.40	Pr 528.06	Nd 533.08	Pm 538.58	Sm 544.53	Eu 547.11	Gd 593.37	Tb 565.77	Dy 573.02	Ho 580.99	Er 589.30	Tm 596.70	Yb 603.43	Lu 523.52
Ac 498.83	Th 608.50	Pa 568.30	U 597.64	Np 604.55	Pu 581.42	Am 576.38	Cm 578.08	Bk 598.01	Cf 606.09	Es 619.44	Fm 627.15	Md 634.87	No 641.63	Lr 472.78

注：摘自 CRC Handbook of Chemistry and Physics. 95th ed. 2014—2015，10-197～10-198；原表中数据单位为 eV，本表数据单位为 kJ · mol^{-1}。

附录 6 元素的第一电子亲和能 E_1

（单位：kJ · mol^{-1}）

1	H 72.77																	He —
2	Li 59.63	Be —											B 26.99	C 121.78	N —	O 140.98	F 328.16	Ne —
3	Na 52.87	Mg —											Al 41.76	Si 134.07	P 72.04	S 200.41	Cl 348.57	Ar —
4	K 48.38	Ca 2.37	Sc 18.14	Ti 7.62	V 50.65	Cr 64.26	Mn —	Fe 14.57	Co 63.87	Ni 111.54	Cu 119.16	Zn —	Ga 41.49	Ge 118.94	As 77.57	Se 194.96	Br 324.54	Kr —
5	Rb 46.88	Sr 4.63	Y 29.62	Zr 41.10	Nb 88.38	Mo 72.17	Tc (53.07)	Ru (101.31)	Rh 109.70	Pd 54.22	Ag 125.62	Cd —	In 28.95	Sn 107.30	Sb 100.92	Te 190.16	I 295.15	Xe —
6	Cs 45.50	Ba 13.95	La 45.35	Hf (1.35)	Ta 31.07	W 78.76	Re (14.47)	Os (106.13)	Ir 150.88	Pt 205.32	Au 222.75	Hg —	Tl 36.37	Pb 35.12	Bi 90.92	Po (183.32)	At (270.16)	Rn —
7	Fr (46.89)	Ra (9.65)	Ac (33.77)															

注：摘自 CRC Handbook of Chemistry and Physics. 95th ed. 2014—2015，10—147～10—149；表中原表中数据单位为 eV，本表数据单位为 kJ · mol^{-1}。表中未加括号的数据为实验值，加括号的为理论值，—为不稳定（not stable）。

附录 7 元素的电负性 χ

1	H 2.20																	He —
2	Li 0.98	Be 1.57											B 2.04	C 2.55	N 3.04	O 3.44	F 3.98	Ne —
3	Na 0.93	Mg 1.31											Al 1.61	Si 1.90	P 2.19	S 2.58	Cl 3.16	Ar —
4	K 0.82	Ca 1.00	Sc 1.36	Ti 1.54	V 1.63	Cr 1.66	Mn 1.55	Fe 1.83	Co 1.88	Ni 1.91	Cu 1.90	Zn 1.65	Ga 1.81	Ge 2.01	As 2.18	Se 2.55	Br 2.96	Kr —
5	Rb 0.82	Sr 0.95	Y 1.22	Zr 1.33	Nb 1.6	Mo 2.16	Tc 2.10	Ru 2.2	Rh 2.28	Pd 2.20	Ag 1.93	Cd 1.69	In 1.78	Sn 1.96	Sb 2.05	Te 2.1	I 2.66	Xe 2.60
6	Cs 0.79	Ba 0.89	La 1.10	Hf 1.3	Ta 1.5	W 1.7	Re 1.9	Os 2.2	Ir 2.2	Pt 2.2	Au 2.4	Hg 1.9	Tl 1.8	Pb 1.8	Bi 1.9	Po 2.0	At 2.2	Rn —
7	Fr 0.7	Ra 0.9	Ac 1.1															

La 1.10	Ce 1.12	Pr 1.13	Nd 1.14	Pm —	Sm 1.17	Eu —	Gd 1.20	Tb —	Dy 1.22	Ho 1.23	Er 1.24	Tm 1.25	Yb —	Lu 1.0
Ac 1.1	Th 1.3	Pa 1.5	U 1.7	Np 1.3	Pu 1.3	Am	Cm	Bk	Cf	Es	Fm	Md	No	Lr

注：本表数据为 L. Pauling 电负性标度，摘自 CRC Handbook of Chemistry and Physics. 95th ed. 2014—2015，9-97.

附录8 离子半径

元素英文名称	元素符号	离子电荷	离子半径/pm 配位数 4	6	8	12
Actinium	Ac	3+		111		
Aluminum	Al	3+	39	53.5		
Americium	Am	2+			126	
		3+		97.5	109	
		4+		89	95	
		5+		86		
		6+		80		
Antimony	Sb	3−		245		
		1+		89		
		3+	76	76		
		5+		60		
Arsenic	As	3−		222		
		3+		58		
		5+	33.5	46		
Astatine	At	1−		227		
		5+		57		
		7+		62		
Barium	Ba	2+		136	142	160
Berkelium	Bk	2+		118		
		3+		98		
		4+		87	93	
Beryllium	Be	1−	195			
		2+	27	45		
Bismuth	Bi	3−		213		
		3+		103	111	
		5+		76		
Boron	B	1+	35			
		3+	11	27		
Bromine	Br	1−		196		
		3+	59			
		5+	31[a]	47		
		7+		25		
Cadmium	Cd	2+	78	95	110	131

续表

元素英文名称	元素符号	离子电荷	离子半径/pm 配位数 4	6	8	12
Calcium	Ca	2+		100	112	135
Californium	Cf	2+		117		
		3+		95		
		4+		82.1		
Carbon	C	4−	260			
		4+	15	16		
Cerium	Ce	3+		102	114.3	134
		4+		87	97	114
Cesium	Cs	1+		167	174	188
Chlorine	Cl	1−		181		
		5+	34			
		7+	8	27		
Chromium	Cr	1+	81			
		2+		73LS		
				80HS		
		3+		61.5		
		4+	41	55		
		5+	34.5	49	57	
		6+	26	44		
Cobalt	Co	2+	38	65LS	90	
				74.5HS		
		3+		54.5LS		
				61HS		
		4+	40	53HS		
Copper	Cu	1+	60	77		
		2+	57	73		
		3+		54LS		
Curium	Cm	3+		97		
		4+		85	95	
Dysprosium	Dy	2+		107	119	
		3+		91.2	102.7	
Einsteinium	Es	3+		98		
Erbium	Er	3+		89.0	100.4	

续表

元素英文名称	元素符号	离子电荷	离子半径/pm 配位数 4	6	8	12
Europium	Eu	2+		117	125	135
		3+		94.7	106.6	
Fluorine	F	1−	131	133		
		7+		8		
Francium	Fr	1+		180		
Gadolinium	Gd	3+		93.8	105.3	
Gallium	Ga	2+		120		
		3+	47	62.0		
Germanium	Ge	2+		73		
		4+	39.0	53.0		
Gold	Au	1+		137		
		3+	68	85		
Hafnium	Hf	4+	58	71	83	
Holmium	Ho	3+		90.1	101.5[b]	112
Hydrogen	H	1−		154		
Indium	In	1+		140		
		3+	62	80.0	92	
Iodine	I	1−		220		
		5+		95		
		7+	42	53		
Iridium	Ir	3+		68		
		4+		62.5		
		5+		57		
Iron	Fe	2+		61LS		
			63HS	78HS	92HS	
		3+		55LS		
			49HS	64.5HS	78HS	
		4+		58.5		
		6+	25			
Lanthanum	La	3+		103.2	116.0	136
Lead	Pb	2+	98	119	129	149
		4+		78	94	
Lithium	Li	1+	59	76		

续表

元素英文名称	元素符号	离子电荷	离子半径/pm 配位数 4	6	8	12
Lutetium	Lu	3+		86.1	97.7	
Magnesium	Mg	2+	57	72.0	89	
Manganese	Mn	2+	66HS	67LS	96	
				83HS		
		3+		58LS		
				64.5HS		
		4+	39	53		
		5+	33			
		6+	25.5			
		7+	25	46		
Mercury	Hg	1+	111[a]	119		
		2+	96	102	114	
Molybdenum	Mo	3+		69		
		4+		65.0		
		5+	46	61		
		6+	41	59	73[c]	
Neodymium	Nd	2+			129	
		3+		98.3	110.9	127
Neptunium	Np	2+		110		
		3+		101		
		4+		87	98	
		5+		75		
		6+		72		
		7+		71		
Nickel	Ni	2+	55	69.0		
		3+		56LS		
				60HS		
		4+		48LS		
Niobium	Nb	3+		72		
		4+		68	79	
		5+	48	64	74	
Nitrogen	N	3−	146			
		1+	25			

续表

元素英文名称	元素符号	离子电荷	离子半径/pm 配位数 4	6	8	12
		3+		16		
		5+		13		
Nobelium	No	2+		110		
Osmium	Os	4+		63.0		
		5+		57.5		
		6+		54.5		
		7+		52.5		
		8+	39			
Oxygen	O	2−	138	140	142	
Palladium	Pd	2+	64	86		
		3+		76		
		4+		61.5		
Phosphorus	P	3−		212		
		3+		44		
		5+	17	38		
Platinum	Pt	2+		80		
		4+		62.5		
		5+		57		
Plutonium	Pu	3+		100		
		4+		86	96	
		5+		74		
		6+		71		
Polonium	Po	2−		(230)		
		4+		94	108	
		6+		67		
Potassium	K	1+	137	138	151	164
Praseodymium	Pr	3+		99	112.6	
		4+		85	96	
Promethium	Pm	3+		97	109.3	
Protactinium	Pa	3+		104		
		4+		90	101	
		5+		78	91	
Radium	Ra	2+			148	170

续表

元素 英文名称	元素 符号	离子电荷	离子半径/pm 配位数 4	 6	 8	 12
Rhenium	Re	4+		63		
		5+		58		
		6+		55		
		7+	38	53		
Rhodium	Rh	3+		66.5		
		4+		60		
		5+		55		
Rubidium	Rb	1+		152	161	172
Ruthenium	Ru	3+		68		
		4+		62.0		
		5+		56.5		
		7+	38			
		8+	36			
Samarium	Sm	2+			127	
		3+		95.8	107.9	124
Scandium	Sc	3+		74.5	87.0	
Selenium	Se	2−		198		
		4+		50		
		6+		42		
Silicon	Si	4+	26	40.0		
Silver	Ag	1+	100	115	130	
		2+	79	94		
		3+	67	75		
Sodium	Na	1+	99	102	118	139
Strontium	Sr	2+		118	126	144
Sulfur	S	2−		184		
		4+		37		
		6+	12	29		
Tantalum	Ta	3+		72		
		4+		68		
		5+		64	74	
Technetium	Tc	4+		64.5		
		5+		60		
		7+	37	56		

续表

元素英文名称	元素符号	离子电荷	离子半径/pm 配位数 4	6	8	12
Tellurium	Te	2-		221		
		4+	66	97		
		6+	43	56		
Terbium	Tb	3+		92.3	104.0	
		4+		76	88	
Thallium	Tl	1+		150	159	170
		3+	75	88.5	98	
Thorium	Th	4+		94	105	121
Thulium	Tm	2+		103		
		3+		88.0	99.4	105[d]
Tin	Sn	2+		118		
		4+	55	69.0	81	
Titanium	Ti	2+		86		
		3+		67.0		
		4+	42	60.5	74	
Tungsten	W	4+		66		
		5+		62		
		6+	42	60		
Uranium	U	3+		102.5		
		4+		89	100	117
		5+		76		
		6+	52	73	86	
Vanadium	V	2+		79		
		3+		64.0		
		4+		58	72	
		5+	35.5	54		
Xenon	Xe	8+	40	48		
Ytterbium	Yb	2+		102	114	
		3+		86.8	98.5	104[d]
Yttrium	Y	3+		90.0	101.9	108[d]
Zinc	Zn	2+	60	74.0	90	
Zirconium	Zr	4+	59	72	84	89[d]

注：摘自 Lange's Handbook of Chemistry. 16th ed. 2005, 1.151 ~ 1.156 (Table 1.31)，以 $r(O^{2-})$ = 140 pm (CN = 6)、$r(F^-)$ = 133 pm (CN=6) 为参照标准。表中 HS 为高自旋 (high spin)，LS 为低自旋 (low spin)，[a] CN = 3，[b] CN = 10，[c] CN = 7，[d] CN = 11，CN 为配位数 (coordination number)。

附录 9　一些弱酸和弱碱的解离常数(298.15 K)

中文名称	分子式	级数	解离常数	$pK_{I}^{\ominus}$
弱酸			$K_{a}^{\ominus}$	$pK_{a}^{\ominus}$
砷酸*	H_3AsO_4	1	5.50×10^{-3}	2.26
		2	1.74×10^{-7}	6.76
		3	5.13×10^{-12}	11.29
四氟硼酸	HBF_4		3.16×10^{-1}	0.5
硼酸	H_3BO_3		5.81×10^{-10}	9.236
次溴酸	HBrO		2.82×10^{-9}	8.55
氢氰酸	HCN		6.17×10^{-10}	9.21
氰酸	HCNO		3.47×10^{-4}	3.46
碳酸	H_2CO_3	1	4.45×10^{-7}	6.352
		2	4.69×10^{-11}	10.329
次氯酸	HClO		2.90×10^{-8}	7.537
亚氯酸	$HClO_2$		1.15×10^{-2}	1.94
铬酸	H_2CrO_4	1	1.82×10^{-1}	0.74
		2	3.25×10^{-7}	6.488
氢氟酸	HF		6.31×10^{-4}	3.20
次碘酸	HIO		3.16×10^{-11}	10.5
碘酸	HIO_3		1.57×10^{-1}	0.804
高碘酸	HIO_4		2.29×10^{-2}	1.64
叠氮酸	HN_3		2.40×10^{-5}	4.62
亚硝酸	HNO_2		7.24×10^{-4}	3.14
过氧化氢	H_2O_2	1	2.29×10^{-12}	11.64
次磷酸	H_3PO_2		5.89×10^{-2}	1.23
亚磷酸	H_3PO_3	1	3.72×10^{-2}(293.15 K)	1.43
		2	2.09×10^{-7}(293.15 K)	6.68
磷酸	H_3PO_4	1	7.11×10^{-3}	2.148
		2	6.34×10^{-8}	7.198
		3	4.79×10^{-13}	12.32
焦磷酸	$H_4P_2O_7$	1	1.23×10^{-1}	0.91

续表

中文名称	分子式	级数	解离常数	$pK_1^\ominus$
		2	7.94×10^{-3}	2.10
		3	2.00×10^{-7}	6.70
		4	4.47×10^{-10}	9.35
硫化氢	H_2S	1	1.07×10^{-7}	6.97
		2	1.26×10^{-13}	12.90
亚硫酸	H_2SO_3	1	1.29×10^{-2}	1.89
		2	6.24×10^{-8}	7.205
硫酸	H_2SO_4	2	1.02×10^{-2}	1.99
硒化氢	H_2Se	1	1.29×10^{-4}	3.89
		2	1.00×10^{-11}	11.0
亚硒酸	H_2SeO_3	1	2.40×10^{-3}	2.62
		2	5.01×10^{-9}	8.30
硒酸	H_2SeO_4	2	2.19×10^{-2}	1.66
偏硅酸	H_2SiO_3	1	1.26×10^{-10}	9.9
		2	1.26×10^{-12}	11.9
硅酸	H_4SiO_4	1	2.51×10^{-10}	9.60
		2	1.58×10^{-12}	11.8
碲化氢	H_2Te	1	2.29×10^{-3}(291.15 K)	2.64
		2	$10^{-11}\sim10^{-12}$(291.15 K)	11~12
亚碲酸	H_2TeO_3	1	5.37×10^{-7}(293.15 K)	6.27
		2	3.72×10^{-9}(293.15 K)	8.43
碲酸	H_6TeO_6	1	2.24×10^{-8}	7.65
		2	1.00×10^{-11}	11.00
甲酸	HCOOH		1.77×10^{-4}	3.751
乙酸	CH_3COOH		1.75×10^{-5}	4.756
氯乙酸	$CH_2ClCOOH$		1.36×10^{-3}	2.867
二氯代乙酸	$CHCl_2COOH$		5.50×10^{-2}	1.26
草酸	$H_2C_2O_4$	1	5.36×10^{-2}	1.271
		2	5.35×10^{-5}	4.272

续表

中文名称	分子式	级数	解离常数	$pK_i^{\ominus}$
乳酸	$C_3H_6O_3$		1.39×10^{-4}	3.858
α-酒石酸	$C_4H_6O_6$	1	9.20×10^{-4}	3.036
		2	4.31×10^{-5}	4.366
柠檬酸	$C_6H_8O_7$	1	7.45×10^{-4}	3.128
		2	1.73×10^{-5}	4.761
		3	4.02×10^{-7}	6.396
乙二胺四乙酸	$C_{10}H_{16}N_2O_8$	1	1.02×10^{-2}	1.99
		2	2.14×10^{-3}	2.67
		3	6.92×10^{-7}	6.16
		4	5.50×10^{-11}	10.26
苯酚	C_6H_5OH		1.02×10^{-10}	9.99
弱碱			$K_b^{\ominus}$	$pK_b^{\ominus}$
氨	NH_3		1.76×10^{-5}	4.754
甲胺	CH_3NH_2		4.17×10^{-4}	3.38
乙胺	$C_2H_5NH_2$		4.27×10^{-4}	3.37
二甲胺	$(CH_3)_2NH$		5.89×10^{-4}	3.23
二乙胺	$(C_2H_5)_2NH$		6.31×10^{-4}	3.20
苯胺	$C_6H_5NH_2$		3.98×10^{-10}	9.40
吡啶	C_5H_5N		1.48×10^{-9}	8.83
1,4-丁二胺	$C_4H_{12}N_2$	1	6.61×10^{-4}	3.18
		2	2.24×10^{-5}	4.65
1,6-己二胺	$C_6H_{16}N_2$	1	8.51×10^{-4}	3.070
		2	6.76×10^{-5}	4.170
肼	N_2H_4	1	8.71×10^{-7}	6.06
		2	1.86×10^{-14}	13.73
羟胺*	NH_2OH		8.71×10^{-9}	8.06

注：摘自 Lange's Handbook of Chemistry. 16th ed. 2005, 1.330(Table 1.69); 1.352~1.356(Table 1.74); 2.620~2.669 (Table 2.59)。弱碱的 $K_b^{\ominus}$ 数据是根据表中相应的质子化了的化合物的解离常数 $pK_a^{\ominus}$ 数据计算而得的。

* 摘自 CRC Handbook of Chemistry and Physics. 95th ed. 2014—2015, 5-92.

附录 10 常见难溶电解质的溶度积(298.15 K)

化学式	$K_{sp}^{\ominus}$	化学式	$K_{sp}^{\ominus}$
AgBr	5.35×10^{-13}	BiO(OH)	4×10^{-10}
AgCl	1.77×10^{-10}	$BiO(NO_2)$	4.9×10^{-7}
AgCN	5.97×10^{-17}	$BiO(NO_3)$	2.82×10^{-3}
AgI	8.52×10^{-17}	$BiPO_4$	1.3×10^{-23}
$AgNO_2$	6.0×10^{-4}	Bi_2S_3	1×10^{-97}
AgN_3	2.8×10^{-9}	$Ca_3(AsO_4)_2$	6.8×10^{-19}
Ag_2CO_3	8.46×10^{-12}	$CaCO_3$	2.8×10^{-9}
$Ag_2C_2O_4$	5.40×10^{-12}	$CaC_2O_4\cdot H_2O$	2.32×10^{-9}
Ag_2CrO_4	1.12×10^{-12}	$CaCrO_4$	7.1×10^{-4}
Ag_2S	6.30×10^{-50}	CaF_2	5.3×10^{-9}
Ag_2SO_3	1.50×10^{-14}	$Ca[SiF_6]$	8.1×10^{-4}
Ag_2SO_4	1.20×10^{-5}	$Ca(OH)_2$	5.5×10^{-6}
Ag_3AsO_4	1.03×10^{-22}	$Ca(IO_3)_2\cdot 6H_2O$	7.10×10^{-7}
Ag_3PO_4	8.89×10^{-17}	$CaSO_3$	6.8×10^{-8}
$Al(OH)_3$	1.3×10^{-33}	$CaSO_3\cdot 0.5H_2O$	3.1×10^{-7}
$AlPO_4$	9.84×10^{-21}	$CaSO_4$	4.93×10^{-5}
Al_2S_3	2×10^{-7}	$CaSO_4\cdot 2H_2O$	3.14×10^{-4}
As_2S_3	2.1×10^{-22}	$CaSiO_3$	2.5×10^{-8}
$AuCl_3$	3.2×10^{-25}	$Ca_3(PO_4)_2$	2.07×10^{-29}
AuI_3	1×10^{-46}	$CdCO_3$	1.0×10^{-12}
$Au(OH)_3$	5.5×10^{-46}	$Cd(CN)_2$	1.0×10^{-8}
$Ba_3(AsO_4)_2$	8.0×10^{-51}	CdF_2	6.44×10^{-3}
$Ba(BrO_3)_2$	2.43×10^{-4}	$Cd(OH)_2$(新生成)	7.2×10^{-15}
$BaCO_3$	2.58×10^{-9}	$Cd(IO_3)_2$	2.5×10^{-8}
$BaCrO_4$	1.17×10^{-10}	$CdC_2O_4\cdot 3H_2O$	1.42×10^{-8}
BaF_2	1.84×10^{-7}	CdS	8.0×10^{-27}
$BaSiF_6$	1×10^{-6}	$Cd_3(PO_4)_2$	2.53×10^{-33}
$Ba(OH)_2\cdot 8H_2O$	2.55×10^{-4}	CeF_3	8×10^{-16}
$Ba(IO_3)_2\cdot H_2O$	4.01×10^{-9}	$Ce(OH)_3$	1.6×10^{-20}
$BaC_2O_4\cdot H_2O$	2.3×10^{-8}	$Ce(OH)_4$	2×10^{-48}
$Ba_3(PO_4)_2$	3.4×10^{-23}	$CePO_4$	1×10^{-23}
$Ba_2P_2O_7$	3.2×10^{-11}	Ce_2S_3	6.0×10^{-11}
$BaSO_3$	5.0×10^{-10}	$Co_3(AsO_4)_2$	6.80×10^{-29}
$BaSO_4$	1.08×10^{-10}	$CoCO_3$	1.4×10^{-13}
$Ba_2S_2O_3$	1.6×10^{-5}	$Co(OH)_2$(新生成)	5.92×10^{-15}
$BeCO_3\cdot 4H_2O$	1×10^{-3}	$Co(OH)_3$	1.6×10^{-44}
$Be(OH)_2$	6.92×10^{-22}	$Co_3(PO_4)_2$	2.05×10^{-35}
$BiAsO_4$	4.43×10^{-10}	α-CoS	4.0×10^{-21}
$Bi(OH)_3$	6.0×10^{-31}	β-CoS	2.0×10^{-25}
BiI_3	7.71×10^{-19}	$Cr(OH)_2$	2×10^{-16}
BiOBr	3.0×10^{-7}	$CrAsO_4$	7.7×10^{-21}
BiOCl	1.8×10^{-31}	CrF_3	6.6×10^{-11}

续表

化学式	$K_{sp}^{\ominus}$	化学式	$K_{sp}^{\ominus}$
$Cr(OH)_3$	6.3×10^{-31}	Hg_2Cl_2	1.43×10^{-18}
$CrPO_4\cdot4H_2O$(绿色)	2.4×10^{-23}	Hg_2F_2	3.10×10^{-6}
(紫罗兰色)	1.0×10^{-17}	Hg_2I_2	5.2×10^{-29}
$Cs_3[Co(NO_2)_6]$	5.7×10^{-16}	$Hg_2(N_3)_2$	7.1×10^{-10}
$Cs_2[PtCl_6]$	3.2×10^{-8}	$Hg_2(OH)_2$	2.0×10^{-24}
$Cs_2[PtF_6]$	2.4×10^{-6}	Hg_2S	1.0×10^{-47}
$Cs_2[SiF_6]$	1.3×10^{-5}	Hg_2SO_4	6.5×10^{-7}
$CsClO_4$	3.95×10^{-3}	$HgBr_2$	6.2×10^{-20}
$CsIO_4$	5.16×10^{-6}	HgI_2	2.9×10^{-29}
$CsMnO_4$	8.2×10^{-5}	$Hg(IO_3)_2$	3.2×10^{-13}
$CsReO_4$	4.0×10^{-4}	HgS(红)	4×10^{-53}
$Cs[BF_4]$	5×10^{-5}	HgS(黑)	1.6×10^{-52}
$CuBr$	6.27×10^{-9}	$In(OH)_3$	6.3×10^{-34}
$CuCl$	1.72×10^{-7}	In_2S_3	5.7×10^{-74}
$CuCN$	3.47×10^{-20}	$K_2[PdCl_6]$	6.0×10^{-6}
CuI	1.27×10^{-12}	$K_2[PtBr_6]$	6.3×10^{-5}
CuN_3	4.9×10^{-9}	$K_2[PtCl_6]$	7.48×10^{-6}
$CuOH$	1×10^{-14}	$K_2[PtF_6]$	2.9×10^{-5}
Cu_2S	2.50×10^{-48}	$K_2[SiF_6]$	8.7×10^{-7}
$CuSCN$	1.77×10^{-13}	$KClO_4$	1.05×10^{-2}
$Cu_3(AsO_4)_2$	7.95×10^{-36}	KIO_4	3.74×10^{-4}
$CuCO_3$	1.4×10^{-10}	$K_2Na[Co(NO_2)_6]\cdot H_2O$	2.2×10^{-11}
CuC_2O_4	4.43×10^{-10}	$La(OH)_3$	2.0×10^{-19}
$CuCrO_4$	3.6×10^{-6}	$LaPO_4$	3.7×10^{-23}
$Cu(IO_3)_2$	6.94×10^{-8}	La_2S_3	2.0×10^{-13}
$Cu(N_3)_2$	6.3×10^{-10}	$LiCO_3$	2.5×10^{-2}
$Cu(OH)_2$	2.2×10^{-20}	LiF	1.84×10^{-3}
$Cu_3(PO_4)_2$	1.40×10^{-37}	Li_3PO_4	2.37×10^{-11}
CuS	6.3×10^{-36}	$MgCO_3$	6.82×10^{-6}
$FeCO_3$	3.13×10^{-11}	MgF_2	5.16×10^{-11}
FeF_2	2.36×10^{-6}	$MgNH_4PO_4$	2.5×10^{-13}
$Fe(OH)_2$	4.87×10^{-17}	$Mg(OH)_2$	5.61×10^{-12}
FeS	6.30×10^{-18}	$MgC_2O_4\cdot2H_2O$	4.83×10^{-6}
$FeAsO_4$	5.7×10^{-21}	$Mg_3(PO_4)_2$	1.04×10^{-24}
$Fe(OH)_3$	2.79×10^{-39}	$MnCO_3$	2.34×10^{-11}
$FePO_4\cdot2H_2O$	9.91×10^{-16}	$MnC_2O_4\cdot2H_2O$	1.70×10^{-7}
$Ga(OH)_3$	7.28×10^{-36}	$Mn(OH)_2$	1.9×10^{-13}
GeO_2	1.0×10^{-57}	MnS(无定形)	2.50×10^{-10}
$Hf(OH)_3$	4.0×10^{-26}	MnS(晶体)	2.50×10^{-13}
Hg_2Br_2	6.40×10^{-23}	$Na[Sb(OH)_6]$	4×10^{-8}
Hg_2CO_3	3.6×10^{-17}	$Na_2[AlF_6]$	4.0×10^{-10}
$Hg_2(CN)_2$	5×10^{-40}	$Nd_2(CO_3)_3$	1.08×10^{-33}

续表

化学式	$K_{sp}^{\ominus}$	化学式	$K_{sp}^{\ominus}$
$Nd(OH)_3$	3.2×10^{-22}	SnS	1.0×10^{-25}
$Ni_3(AsO_4)_2$	3.1×10^{-26}	$Sn(OH)_4$	1×10^{-56}
$NiCO_3$	1.42×10^{-7}	$Sr_3(AsO_4)_2$	4.29×10^{-19}
NiC_2O_4	4×10^{-10}	$SrCO_3$	5.60×10^{-10}
$Ni(OH)_2$(新生成)	5.48×10^{-16}	$SrC_2O_4\cdot H_2O$	1.6×10^{-7}
$Ni_3(PO_4)_2$	4.74×10^{-32}	$SrCrO_4$	2.2×10^{-5}
α-NiS	3.2×10^{-19}	SrF_2	4.33×10^{-9}
β-NiS	1.0×10^{-24}	$Sr_3(PO_4)_2$	4.0×10^{-28}
$PbBr_2$	6.60×10^{-6}	$SrSO_3$	4×10^{-8}
$PbCO_3$	7.4×10^{-14}	$SrSO_4$	3.44×10^{-7}
$Pb(CH_3COO)_2$	1.8×10^{-3}	$Ti(OH)_3$	1×10^{-40}
PbC_2O_4	4.8×10^{-10}	$TiO(OH)_2$	1×10^{-29}
$PbCl_2$	1.70×10^{-5}	TlBr	3.71×10^{-6}
$PbCrO_4$	2.8×10^{-13}	$TlBrO_3$	1.10×10^{-5}
PbF_2	3.30×10^{-8}	$Tl_2C_2O_4$	2×10^{-4}
PbI_2	9.8×10^{-9}	TlCl	1.86×10^{-4}
$Pb(IO_3)_2$	3.69×10^{-13}	Tl_2CrO_4	8.67×10^{-13}
$Pb(OH)_2$	1.43×10^{-15}	TlI	5.54×10^{-8}
$Pb_3(PO_4)_2$	8.0×10^{-43}	$TlIO_3$	3.12×10^{-6}
PbS	8.0×10^{-28}	TlN_3	2.2×10^{-4}
$PbSO_4$	2.53×10^{-8}	Tl_2S	5.0×10^{-21}
PbS_2O_3	4.0×10^{-7}	$Tl(OH)_3$	1.68×10^{-44}
$PbWO_4$	4.5×10^{-7}	$Tm(OH)_3$	3.3×10^{-24}
$Pb(OH)_4$	3.2×10^{-66}	$VO(OH)_2$	5.9×10^{-23}
$Pd(OH)_2$	1.0×10^{-31}	$(VO_2)_3PO_4$	8×10^{-25}
$Pd(OH)_4$	6.3×10^{-71}	$Y_2(CO_3)_3$	1.03×10^{-3}
$Pt(OH)_2$	1×10^{-35}	$Y_2(C_2O_4)_3$	5.3×10^{-29}
$PtBr_4$	3.2×10^{-41}	YF_3	8.62×10^{-21}
$Pr(OH)_3$	3.39×10^{-24}	$Y(IO_3)_3$	1.12×10^{-10}
$RbClO_4$	3.0×10^{-3}	$Y(OH)_3$	1.00×10^{-22}
$RbIO_4$	5.5×10^{-4}	$Yb(OH)_3$	2.5×10^{-24}
$Rb_3[Co(NO_2)_6]$	1.5×10^{-15}	$Zn_3(AsO_4)_2$	2.8×10^{-28}
$Rb_2[PtCl_6]$	6.3×10^{-8}	$ZnCO_3$	1.46×10^{-10}
$Rb_2[PtF_6]$	7.7×10^{-7}	$ZnC_2O_4\cdot 2H_2O$	1.38×10^{-9}
$Rb_2[SiF_6]$	5.0×10^{-7}	ZnF_2	3.04×10^{-2}
$Rh(OH)_3$	1×10^{-23}	$Zn(OH)_2$	3×10^{-17}
$Ru(OH)_3$	1×10^{-36}	$Zn_3(PO_4)_2$	9.0×10^{-33}
ScF_3	5.81×10^{-24}	α-ZnS	1.6×10^{-24}
$Sc(OH)_3$	2.22×10^{-31}	β-ZnS	2.5×10^{-22}
$Sm(OH)_3$	8.3×10^{-23}	$ZrO(OH)_2$	6.3×10^{-49}
$Sn(OH)_2$	5.45×10^{-28}	$Zr_3(PO_4)_4$	1×10^{-132}

注：摘自 Lange's Handbook of Chemistry. 16th ed. 2005，1.331～1.342(Table 1.71).

附录 11 酸性溶液中的标准电极电势(101.325 kPa,298.15 K)

电对符号	电极反应 氧化型+ne^- ⇌ 还原型	$E^\ominus$/V
N_2/HN_3	$3N_2+2H^++2e^- \rightleftharpoons 2HN_3$	-3.09
Li^+/Li	$Li^++e^- \rightleftharpoons Li$	-3.040 1
Cs^+/Cs	$Cs^++e^- \rightleftharpoons Cs$	-3.026
Rb^+/Rb	$Rb^++e^- \rightleftharpoons Rb$	-2.98
K^+/K	$K^++e^- \rightleftharpoons K$	-2.931
Ba^{2+}/Ba	$Ba^{2+}+2e^- \rightleftharpoons Ba$	-2.912
Sr^{2+}/Sr	$Sr^{2+}+2e^- \rightleftharpoons Sr$	-2.899
Ca^{2+}/Ca	$Ca^{2+}+2e^- \rightleftharpoons Ca$	-2.868
Na^+/Na	$Na^++e^- \rightleftharpoons Na$	-2.71
La^{3+}/La	$La^{3+}+3e^- \rightleftharpoons La$	-2.379
Y^{3+}/Y	$Y^{3+}+3e^- \rightleftharpoons Y$	-2.372
Mg^{2+}/Mg	$Mg^{2+}+2e^- \rightleftharpoons Mg$	-2.372
Ce^{3+}/Ce	$Ce^{3+}+3e^- \rightleftharpoons Ce$	-2.336
N_2/NH_3OH^+	$N_2+2H_2O+4H^++2e^- \rightleftharpoons 2NH_3OH^+$	-1.87*
Be^{2+}/Be	$Be^{2+}+2e^- \rightleftharpoons Be$	-1.847
Al^{3+}/Al	$Al^{3+}+3e^- \rightleftharpoons Al$	-1.676
U^{3+}/U	$U^{3+}+3e^- \rightleftharpoons U$	-1.66
Ti^{2+}/Ti	$Ti^{2+}+2e^- \rightleftharpoons Ti$	-1.628
ZrO_2/Zr	$ZrO_2+4H^++4e^- \rightleftharpoons Zr+2H_2O$	-1.553
Hf^{4+}/Hf	$Hf^{4+}+4e^- \rightleftharpoons Hf$	-1.55
Zr^{4+}/Zr	$Zr^{4+}+4e^- \rightleftharpoons Zr$	-1.45
Ti^{3+}/Ti	$Ti^{3+}+3e^- \rightleftharpoons Ti$	-1.209
Mn^{2+}/Mn	$Mn^{2+}+2e^- \rightleftharpoons Mn$	-1.185
V^{2+}/V	$V^{2+}+2e^- \rightleftharpoons V$	-1.175
Nb^{3+}/Nb	$Nb^{3+}+3e^- \rightleftharpoons Nb$	-1.099
Cr^{2+}/Cr	$Cr^{2+}+2e^- \rightleftharpoons Cr$	-0.913
H_3BO_3/B	$H_3BO_3+3H^++3e^- \rightleftharpoons B+3H_2O$	-0.869 8
Bi/BiH_3	$Bi+3H^++3e^- \rightleftharpoons BiH_3$	-0.8
Te/H_2Te	$Te+2H^++2e^- \rightleftharpoons H_2Te$	-0.793
$Zn^{2+}/Zn(Hg)$	$Zn^{2+}+2e^- \rightleftharpoons Zn(Hg)$	-0.762 8
$Zn^{2+}Zn$	$Zn^{2+}+2e^- \rightleftharpoons Zn$	-0.761 8

续表

电对符号	电极反应 氧化型+ne^-⇌还原型	$E^{\ominus}$/V
TlI/Tl	$TlI+e^- \rightleftharpoons Tl+I^-$	−0.752
Cr^{3+}/Cr	$Cr^{3+}+3e^- \rightleftharpoons Cr$	−0.744
TlBr/Tl	$TlBr+e^- \rightleftharpoons Tl+Br^-$	−0.658
Nb_2O_5/Nb	$Nb_2O_5+10H^++10e^- \rightleftharpoons 2Nb+5H_2O$	−0.644
As/AsH_3	$As+3H^++3e^- \rightleftharpoons AsH_3$	−0.608
Ta^{3+}/Ta	$Ta^{3+}+3e^- \rightleftharpoons Ta$	−0.6
TlCl/Cl	$TlCl+e^- \rightleftharpoons Tl+Cl^-$	−0.556 8
Ga^{3+}/Ga	$Ga^{3+}+3e^- \rightleftharpoons Ga$	−0.549
U^{4+}/U^{3+}	$U^{4+}+e^- \rightleftharpoons U^{3+}$	−0.52
Sb/SbH_3	$Sb+3H^++3e^- \rightleftharpoons SbH_3$	−0.510
H_3PO_2/P	$H_3PO_2+H^++e^- \rightleftharpoons P+2H_2O$	−0.508
TiO_2/Ti^{2+}	$TiO_2+4H^++2e^- \rightleftharpoons Ti^{2+}+2H_2O$	−0.502
H_3PO_3/H_3PO_2	$H_3PO_3+2H^++2e^- \rightleftharpoons H_3PO_2+H_2O$	−0.499
H_3PO_3/P	$H_3PO_3+3H^++3e^- \rightleftharpoons P+3H_2O$	−0.454
Fe^{2+}/Fe	$Fe^{2+}+2e^- \rightleftharpoons Fe$	−0.447
Tl_2SO_4/Tl	$Tl_2SO_4+2e^- \rightleftharpoons Tl+SO_4^{2-}$	−0.436 0
Cr^{3+}/Cr^{2+}	$Cr^{3+}+e^- \rightleftharpoons Cr^{2+}$	−0.407
Cd^{2+}/Cd	$Cd^{2+}+2e^- \rightleftharpoons Cd$	−0.403 0
In^{2+}/In^+	$In^{2+}+e^- \rightleftharpoons In^+$	−0.40
$Se/H_2Se(aq)$	$Se+2H^++2e^- \rightleftharpoons H_2Se(aq)$	−0.399
Ti^{3+}/Ti^{2+}	$Ti^{3+}+e^- \rightleftharpoons Ti^{2+}$	−0.369
PbI_2/Pb	$PbI_2+2e^- \rightleftharpoons Pb+2I^-$	−0.365
$PbSO_4/Pb$	$PbSO_4+2e^- \rightleftharpoons Pb+SO_4^{2-}$	−0.358 8
$Cd^{2+}/Cd(Hg)$	$Cd^{2+}+2e^- \rightleftharpoons Cd(Hg)$	−0.352 1
PbF_2/Pb	$PbF_2+2e^- \rightleftharpoons Pb+2F^-$	−0.344 4
In^{3+}/In	$In^{3+}+3e^- \rightleftharpoons In$	−0.338 2
Tl^+/Tl	$Tl^++e^- \rightleftharpoons Tl$	−0.336
$Tl^+/Tl(Hg)$	$Tl^++e^- \rightleftharpoons Tl(Hg)$	−0.333 8
$PbBr_2/Pb$	$PbBr_2+2e^- \rightleftharpoons Pb+2Br^-$	−0.284
Co^{2+}/Co	$Co^{2+}+2e^- \rightleftharpoons Co$	−0.28

续表

电对符号	电极反应 氧化型+ne^-⇌还原型	$E^\ominus$/V
H_3PO_4/H_3PO_3	$H_3PO_4+2H^++2e^- \rightleftharpoons H_3PO_3+H_2O$	-0.276
$PbCl_2/Pb$	$PbCl_2+2e^- \rightleftharpoons Pb+2Cl^-$	-0.267 5
Ni^{2+}/Ni	$Ni^{2+}+2e^- \rightleftharpoons Ni$	-0.257
V^{3+}/V^{2+}	$V^{3+}+e^- \rightleftharpoons V^{2+}$	-0.255
V_2O_5/V	$V_2O_5+10H^++10e^- \rightleftharpoons 2V+5H_2O$	-0.242
$N_2/N_2H_5^+$	$N_2+5H^++4e^- \rightleftharpoons N_2H_5^+$	-0.23*
$SO_4^{2-}/S_2O_6^{2-}$	$2SO_4^{2-}+4H^++4e^- \rightleftharpoons S_2O_6^{2-}+2H_2O$	-0.22
Ga^+/Ga	$Ga^++e^- \rightleftharpoons Ga$	-0.2
Mo^{3+}/Mo	$Mo^{3+}+3e^- \rightleftharpoons Mo$	-0.200
$CO_2/HCOOH$	$CO_2+2H^++2e^- \rightleftharpoons HCOOH$	-0.199
H_2GeO_3/Ge	$H_2GeO_3+4H^++4e^- \rightleftharpoons Ge+3H_2O$	-0.182
AgI/Ag	$AgI+e^- \rightleftharpoons Ag+I^-$	-0.152 24
MoO_2/Mo	$MoO_2+4H^++4e^- \rightleftharpoons Mo+4H_2O$	-0.152
In^+/In	$In^++e^- \rightleftharpoons In$	-0.14
Sn^{2+}/Sn	$Sn^{2+}+2e^- \rightleftharpoons Sn$	-0.137 5
Pb^{2+}/Pb	$Pb^{2+}+2e^- \rightleftharpoons Pb$	-0.126 2
$Pb^{2+}/Pb(Hg)$	$Pb^{2+}+2e^- \rightleftharpoons Pb(Hg)$	-0.120 5
WO_2/W	$WO_2+4H^++4e^- \rightleftharpoons W+2H_2O$	-0.119
GeO_2/GeO	$GeO_2+2H^++2e^- \rightleftharpoons GeO+H_2O$	-0.118
SnO_2/Sn	$SnO_2+4H^++4e^- \rightleftharpoons Sn+2H_2O$	-0.117
$P(red)/PH_3(g)$	$P(red)+3H^++3e^- \rightleftharpoons PH_3(g)$	-0.111
SnO_2/Sn^{2+}	$SnO_2+4H^++2e^- \rightleftharpoons Sn^{2+}+2H_2O$	-0.094
WO_3/W	$WO_3+6H^++6e^- \rightleftharpoons W+3H_2O$	-0.090
Se/H_2Se	$Se+2H^++2e^- \rightleftharpoons H_2Se$	-0.082
$P(white)/PH_3(g)$	$P(white)+3H^++3e^- \rightleftharpoons PH_3(g)$	-0.063
$H_2SO_3/HS_2O_4^-$	$2H_2SO_3+H^++2e^- \rightleftharpoons HS_2O_4^-+2H_2O$	-0.056
Hg_2I_2/Hg	$Hg_2I_2+2e^- \rightleftharpoons 2Hg+2I^-$	-0.040 5
Fe^{3+}/Fe	$Fe^{3+}+3e^- \rightleftharpoons Fe$	-0.037
Ag_2S/Ag	$Ag_2S+2H^++2e^- \rightleftharpoons 2Ag+H_2S$	-0.036 6
W_2O_5/WO_2	$W_2O_5+2H^++2e^- \rightleftharpoons 2WO_2+H_2O$	-0.031

续表

电对符号	电极反应 氧化型$+ne^- \rightleftharpoons$还原型	$E^\ominus$/V
WO_3/W_2O_5	$2WO_3+2H^++2e^- \rightleftharpoons W_2O_5+H_2O$	-0.029
H^+/H_2	$2H^++2e^- \rightleftharpoons H_2$	0.000 00
CuI_2^-/Cu	$CuI_2^-+e^- \rightleftharpoons Cu+2I^-$	0.00
Ge^{4+}/Ge^{2+}	$Ge^{4+}+2e^- \rightleftharpoons Ge^{2+}$	0.00
WO_3/WO_2	$WO_3+2H^++2e^- \rightleftharpoons WO_2+H_2O$	0.036
AgBr/Ag	$AgBr+e^- \rightleftharpoons Ag+Br^-$	0.071 33
MoO_3/Mo	$MoO_3+6H^++6e^- \rightleftharpoons Mo+3H_2O$	0.075
$H_3Mo_7O_{24}^{3-}/Mo$	$H_3Mo_7O_{24}^{3-}+45H^++42e^- \rightleftharpoons 7Mo+24H_2O$	0.082
W^{3+}/W	$W^{3+}+3e^- \rightleftharpoons W$	0.1
Ge^{4+}/Ge	$Ge^{4+}+4e^- \rightleftharpoons Ge$	0.124
Hg_2Br_2/Hg	$Hg_2Br_2+2e^- \rightleftharpoons 2Hg+2Br^-$	0.139 23
$S/H_2S(aq)$	$S+2H^++2e^- \rightleftharpoons H_2S(aq)$	0.142
Sn^{4+}/Sn^{2+}	$Sn^{4+}+4e^- \rightleftharpoons Sn^{2+}$	0.151
Sb_2O_3/Sb	$Sb_2O_3+6H^++6e^- \rightleftharpoons 2Sb+3H_2O$	0.152
Cu^{2+}/Cu^+	$Cu^{2+}+e^- \rightleftharpoons Cu^+$	0.153
BiOCl/Bi	$BiOCl+2H^++3e^- \rightleftharpoons Bi+Cl^-+H_2O$	0.158 3
SO_4^{2-}/H_2SO_3	$SO_4^{2-}+4H^++2e^- \rightleftharpoons H_2SO_3+H_2O$	0.172
Bi^{3+}/Bi^+	$Bi^{3+}+2e^- \rightleftharpoons Bi^+$	0.2
SbO^+/Sb	$SbO^++2H^++3e^- \rightleftharpoons Sb+H_2O$	0.212
AgCl/Ag	$AgCl+e^- \rightleftharpoons Ag+Cl^-$	0.222 33
As_2O_3/As	$As_2O_3+6H^++6e^- \rightleftharpoons 2As+3H_2O$	0.234
Ge^{2+}/Ge	$Ge^{2+}+2e^- \rightleftharpoons Ge$	0.24
$HAsO_2/As$	$HAsO_2+3H^++3e^- \rightleftharpoons As+2H_2O$	0.248
Ru^{3+}/Ru^{2+}	$Ru^{3+}+e^- \rightleftharpoons Ru^{2+}$	0.248 7
ReO_2/Re	$ReO_2+4H^++4e^- \rightleftharpoons Re+2H_2O$	0.251 3
Hg_2Cl_2/Hg	$Hg_2Cl_2+2e^- \rightleftharpoons 2Hg+2Cl^-$	0.268 08
normal calomel electrode （标准甘汞电极，NCE）	$Hg_2Cl_2+2e^- \rightleftharpoons 2Hg+2Cl^-$ （1.0 mol·dm^{-3} KCl aq）	0.280 1
Re^{3+}/Re	$Re^{3+}+3e^- \rightleftharpoons Re$	0.300
Tc^{3+}/Tc^{2+}	$Tc^{3+}+e^- \rightleftharpoons Tc^{2+}$	0.3

续表

电对符号	电极反应 氧化型$+ne^- \rightleftharpoons$还原型	$E^{\ominus}$/V
Bi^{3+}/Bi	$Bi^{3+}+3e^- \rightleftharpoons Bi$	0.308
BiO^+/Bi	$BiO^++2H^++3e^- \rightleftharpoons Bi+H_2O$	0.320
$HCNO/(CN)_2$	$2HCNO+2H^++2e^- \rightleftharpoons (CN)_2+2H_2O$	0.330
VO^{2+}/V^{3+}	$VO^{2+}+2H^++e^- \rightleftharpoons V^{3+}+H_2O$	0.337
ReO_4^-/Re	$ReO_4^-+8H^++7e^- \rightleftharpoons Re+4H_2O$	0.34
Cu^{2+}/Cu	$Cu^{2+}+2e^- \rightleftharpoons Cu$	0.341 9
Cu^{2+}/Cu	$Cu^{2+}+2e^- \rightleftharpoons Cu(Hg)$	0.345
$AgIO_3/Ag$	$AgIO_3+e^- \rightleftharpoons Ag+IO_3^-$	0.354
$(CN)_2/HCN$	$(CN)_2+2H^++2e^- \rightleftharpoons 2HCN$	0.373
Tc^{2+}/Tc	$Tc^{2+}+2e^- \rightleftharpoons Tc$	0.400
Ag_2CrO_4/Ag	$Ag_2CrO_4+2e^- \rightleftharpoons 2Ag+CrO_4^{2-}$	0.447 0
H_2SO_3/S	$H_2SO_3+4H^++4e^- \rightleftharpoons S+3H_2O$	0.449
Ru^{2+}/Ru	$Ru^{2+}+2e^- \rightleftharpoons Ru$	0.455
$Ag_2C_2O_4/Ag$	$Ag_2C_2O_4+2e^- \rightleftharpoons 2Ag+C_2O_4^{2-}$	0.464 7
TcO_4^-/Tc	$TcO_4^-+8H^++7e^- \rightleftharpoons Tc+4H_2O$	0.472
Bi^+/Bi	$Bi^++e^- \rightleftharpoons Bi$	0.5
ReO_4^-/ReO_2	$ReO_4^-+4H^++3e^- \rightleftharpoons ReO_2+2H_2O$	0.510
Cu^+/Cu	$Cu^++e^- \rightleftharpoons Cu$	0.521
I_2/I^-	$I_2+2e^- \rightleftharpoons 2I^-$	0.535 5
I_3^-/I^-	$I_3^-+2e^- \rightleftharpoons 3I^-$	0.536
$AgBrO_3/Ag$	$AgBrO_3+e^- \rightleftharpoons Ag+BrO_3^-$	0.546
MnO_4^-/MnO_4^{2-}	$MnO_4^-+e^- \rightleftharpoons MnO_4^{2-}$	0.558
$H_3AsO_4/HAsO_2$	$H_3AsO_4+2H^++2e^- \rightleftharpoons HAsO_2+2H_2O$	0.560
$S_2O_6^{2-}/H_2SO_3$	$S_2O_6^{2-}+4H^++2e^- \rightleftharpoons 2H_2SO_3$	0.564
$AgNO_2/Ag$	$AgNO_2+e^- \rightleftharpoons Ag+NO_2^-$	0.564
Te^{4+}/Te	$Te^{4+}+4e^- \rightleftharpoons Te$	0.568
Sb_2O_5/SbO^+	$Sb_2O_5+6H^++4e^- \rightleftharpoons 2SbO^++3H_2O$	0.581
$[PdCl_4]^{2-}/Pd$	$[PdCl_4]^{2-}+2e^- \rightleftharpoons Pd+4Cl^-$	0.591
TeO_2/Te	$TeO_2+4H^++4e^- \rightleftharpoons Te+2H_2O$	0.593

续表

电对符号	电极反应 氧化型$+ne^- \rightleftharpoons$还原型	$E^\ominus$/V
Rh^{2+}/Rh	$Rh^{2+}+2e^- \rightleftharpoons Rh$	0.600
Rh^+/Rh	$Rh^++e^- \rightleftharpoons Rh$	0.600
Hg_2SO_4/Hg	$Hg_2SO_4+2e^- \rightleftharpoons 2Hg+SO_4^{2-}$	0.612 5
$Ag(ac)/Ag$	$Ag(ac)+e^- \rightleftharpoons Ag+(ac)^-$　$(ac=CH_3COO)$	0.643
Sb_2O_5/Sb_2O_3	$Sb_2O_5+4H^++4e^- \rightleftharpoons Sb_2O_3+2H_2O$	0.649
Ag_2SO_4/Ag	$Ag_2SO_4+2e^- \rightleftharpoons 2Ag+SO_4^{2-}$	0.654
$[PtCl_6]^{2-}/[PtCl_4]^{2-}$	$[PtCl_6]^{2-}+2e^- \rightleftharpoons [PtCl_4]^{2-}+2Cl^-$	0.68
O_2/H_2O_2	$O_2+2H^++2e^- \rightleftharpoons H_2O_2$	0.695
H_2SeO_3/Se	$H_2SeO_3+4H^++4e^- \rightleftharpoons Se+3H_2O$	0.74
Tl^{3+}/Tl	$Tl^{3+}+3e^- \rightleftharpoons Tl$	0.741
$[PtCl_4]^{2-}/Pt$	$[PtCl_4]^{2-}+2e^- \rightleftharpoons Pt+4Cl^-$	0.755
Rh^{3+}/Rh	$Rh^{3+}+3e^- \rightleftharpoons Rh$	0.758
ReO_4^-/ReO_3	$ReO_4^-+2H^++e^- \rightleftharpoons ReO_3+H_2O$	0.768
$(CNS)_2/CNS^-$	$(CNS)_2+2e^- \rightleftharpoons 2CNS^-$	0.77
Fe^{3+}/Fe^{2+}	$Fe^{3+}+e^- \rightleftharpoons Fe^{2+}$	0.771
Hg_2^{2+}/Hg	$Hg_2^{2+}+2e^- \rightleftharpoons 2Hg$	0.797 3
Ag^+/Ag	$Ag^++e^- \rightleftharpoons Ag$	0.799 6
NO_3^-/N_2O_4	$2NO_3^-+4H^++2e^- \rightleftharpoons N_2O_4+2H_2O$	0.803
OsO_4/Os	$OsO_4+8H^++8e^- \rightleftharpoons Os+4H_2O$	0.838
Hg^{2+}/Hg	$Hg^{2+}+2e^- \rightleftharpoons Hg$	0.851
$AuBr_4^-/Au$	$AuBr_4^-+3e^- \rightleftharpoons Au+4Br^-$	0.854
SiO_2/Si	$SiO_2+4H^++4e^- \rightleftharpoons Si+2H_2O$	0.857
Hg^{2+}/Hg_2^{2+}	$2Hg^{2+}+2e^- \rightleftharpoons Hg_2^{2+}$	0.920
NO_3^-/HNO_2	$NO_3^-+3H^++2e^- \rightleftharpoons HNO_2+H_2O$	0.934
Pd^{2+}/Pd	$Pd^{2+}+2e^- \rightleftharpoons Pd$	0.951
V_2O_5/VO^{2+}	$V_2O_5+6H^++2e^- \rightleftharpoons 2VO^{2+}+3H_2O$	0.957
NO_3^-/NO	$NO_3^-+4H^++3e^- \rightleftharpoons NO+2H_2O$	0.957
HNO_2/NO	$HNO_2+H^++e^- \rightleftharpoons NO+H_2O$	0.983
HIO/I^-	$HIO+H^++2e^- \rightleftharpoons I^-+H_2O$	0.987
VO_2^+/VO^{2+}	$VO_2^++2H^++e^- \rightleftharpoons VO^{2+}+H_2O$	0.991

续表

电对符号	电极反应 氧化型+ne^- ⇌ 还原型	$E^\ominus$/V
PtO_2/Pt	$PtO_2+4H^++4e^- \rightleftharpoons Pt+2H_2O$	1.00
$AuCl_4^-/Au$	$AuCl_4^-+3e^- \rightleftharpoons Au+4Cl^-$	1.002
OsO_4/OsO_2	$OsO_4+4H^++4e^- \rightleftharpoons OsO_2+2H_2O$	1.02
H_6TeO_6/TeO_2	$H_6TeO_6+2H^++2e^- \rightleftharpoons TeO_2+4H_2O$	1.02
$Hg(OH)_2/Hg$	$Hg(OH)_2+2H^++2e^- \rightleftharpoons Hg+2H_2O$	1.034
N_2O_4/NO	$N_2O_4+4H^++4e^- \rightleftharpoons 2NO+2H_2O$	1.035
RuO_4/Ru	$RuO_4+8H^++8e^- \rightleftharpoons Ru+4H_2O$	1.038
N_2O_4/HNO_2	$N_2O_4+2H^++2e^- \rightleftharpoons 2HNO_2$	1.065
$Br_2(l)/Br^-$	$Br_2(l)+2e^- \rightleftharpoons 2Br^-$	1.066
IO_3^-/I^-	$IO_3^-+6H^++6e^- \rightleftharpoons I^-+3H_2O$	1.085
$Br_2(aq)/Br^-$	$Br_2(aq)+2e^- \rightleftharpoons 2Br^-$	1.087 3
$Cu^{2+}/[Cu(CN)_2]^-$	$Cu^{2+}+2CN^-+e^- \rightleftharpoons [Cu(CN)_2]^-$	1.103
$[Fe(phen)_3]^{3+}/[Fe(phen)_3]^{2+}$	$[Fe(phen)_3]^{3+}+e^- \rightleftharpoons [Fe(phen)_3]^{2+}$ (phen=1,10-phenanthroline)	1.147
SeO_4^{2-}/H_2SeO_3	$SeO_4^{2-}+4H^++2e^- \rightleftharpoons H_2SeO_3+H_2O$	1.151
ClO_3^-/ClO_2	$ClO_3^-+2H^++e^- \rightleftharpoons ClO_2+H_2O$	1.152
Ir^{3+}/Ir	$Ir^{3+}+3e^- \rightleftharpoons Ir$	1.156
Pt^{2+}/Pt	$Pt^{2+}+2e^- \rightleftharpoons Pt$	1.18
ClO_4^-/ClO_3^-	$ClO_4^-+2H^++2e^- \rightleftharpoons ClO_3^-+H_2O$	1.189
IO_3^-/I_2	$IO_3^-+6H^++5e^- \rightleftharpoons 1/2I_2+3H_2O$	1.195
$ClO_3^-/HClO_2$	$ClO_3^-+3H^++2e^- \rightleftharpoons HClO_2+H_2O$	1.214
MnO_2/Mn^{2+}	$MnO_2+4H^++2e^- \rightleftharpoons Mn^{2+}+2H_2O$	1.224
O_2/H_2O	$O_2+4H^++4e^- \rightleftharpoons 2H_2O$	1.229
Tl^{3+}/Tl^+	$Tl^{3+}+2e^- \rightleftharpoons Tl^+$	1.252
$N_2H_5^+/NH_4^+$	$N_2H_5^++3H^++2e^- \rightleftharpoons 2NH_4^+$	1.275
$ClO_2/HClO_2$	$ClO_2+H^++e^- \rightleftharpoons HClO_2$	1.277
$[PdCl_6]^{2-}/[PdCl_4]^{2-}$	$[PdCl_6]^{2-}+2e^- \rightleftharpoons [PdCl_4]^{2-}+2Cl^-$	1.288
HNO_2/N_2O	$2HNO_2+4H^++4e^- \rightleftharpoons N_2O+3H_2O$	1.297
$HBrO/Br^-$	$HBrO+H^++2e^- \rightleftharpoons Br^-+H_2O$	1.331
$HCrO_4^-/Cr^{3+}$	$HCrO_4^-+7H^++3e^- \rightleftharpoons Cr^{3+}+4H_2O$	1.350

续表

电对符号	电极反应 氧化型+ne^- $\rightleftharpoons$ 还原型	$E^\ominus$/V
NH_3OH^+/NH_4^+	$NH_3OH^+ + 2H^+ + 2e^- \rightleftharpoons NH_4^+ + H_2O$	1.35*
Cl_2/Cl^-	$Cl_2 + 2e^- \rightleftharpoons 2Cl^-$	1.358 27
$Cr_2O_7^{2-}/Cr^{3+}$	$Cr_2O_7^{2-} + 14H^+ + 6e^- \rightleftharpoons 2Cr^{3+} + 7H_2O$	1.36
ClO_4^-/Cl^-	$ClO_4^- + 8H^+ + 8e^- \rightleftharpoons Cl^- + 4H_2O$	1.389
ClO_4^-/Cl_2	$ClO_4^- + 8H^+ + 7e^- \rightleftharpoons 1/2Cl_2 + 4H_2O$	1.39
Au^{3+}/Au^+	$Au^{3+} + 2e^- \rightleftharpoons Au^+$	1.401
$NH_3OH^+/N_2H_5^+$	$2NH_3OH^+ + H^+ + 2e^- \rightleftharpoons N_2H_5^+ + 2H_2O$	1.42
BrO_3^-/Br^-	$BrO_3^- + 6H^+ + 6e^- \rightleftharpoons Br^- + 3H_2O$	1.423
HIO/I_2	$2HIO + 2H^+ + e^- \rightleftharpoons I_2 + 2H_2O$	1.439
ClO_3^-/Cl^-	$ClO_3^- + 6H^+ + 6e^- \rightleftharpoons Cl^- + 3H_2O$	1.451
PbO_2/Pb^{2+}	$PbO_2 + 4H^+ + 2e^- \rightleftharpoons Pb^{2+} + 2H_2O$	1.455
ClO_3^-/Cl_2	$ClO_3^- + 6H^+ + 5e^- \rightleftharpoons 1/2Cl_2 + 3H_2O$	1.47
CrO_2/Cr^{3+}	$CrO_2 + 4H^+ + e^- \rightleftharpoons Cr^{3+} + 2H_2O$	1.48
BrO_3^-/Br_2	$BrO_3^- + 6H^+ + 5e^- \rightleftharpoons 1/2Br_2 + 3H_2O$	1.482
$HClO/Cl^-$	$HClO + H^+ + 2e^- \rightleftharpoons Cl^- + H_2O$	1.482
Mn_2O_3/Mn^{2+}	$Mn_2O_3 + 6H^+ + 2e^- \rightleftharpoons 2Mn^{2+} + 3H_2O$	1.485
Au^{3+}/Au	$Au^{3+} + 3e^- \rightleftharpoons Au$	1.498
MnO_4^-/Mn^{2+}	$MnO_4^- + 8H^+ + 5e^- \rightleftharpoons Mn^{2+} + 4H_2O$	1.507
Mn^{3+}/Mn^{2+}	$Mn^{3+} + e^- \rightleftharpoons Mn^{2+}$	1.541 5
$HClO_2/Cl^-$	$HClO_2 + 3H^+ + 4e^- \rightleftharpoons Cl^- + 2H_2O$	1.570
$HBrO/Br_2(aq)$	$HBrO + H^+ + e^- \rightleftharpoons 1/2Br_2(aq) + H_2O$	1.574
NO/N_2O	$2NO + 2H^+ + 2e^- \rightleftharpoons N_2O + H_2O$	1.591
Bi_2O_4/BiO^+	$Bi_2O_4 + 4H^+ + 2e^- \rightleftharpoons 2BiO^+ + 2H_2O$	1.593
$HBrO/Br_2(l)$	$HBrO + H^+ + e^- \rightleftharpoons 1/2Br_2(l) + H_2O$	1.596
H_5IO_6/IO_3^-	$H_5IO_6 + H^+ + 2e^- \rightleftharpoons IO_3^- + 3H_2O$	1.601
$HClO/Cl_2$	$HClO + H^+ + e^- \rightleftharpoons 1/2Cl_2 + H_2O$	1.611
$HClO_2/Cl_2$	$HClO_2 + 3H^+ + 3e^- \rightleftharpoons 1/2Cl_2 + 2H_2O$	1.628
$HClO_2/HClO$	$HClO_2 + 2H^+ + 2e^- \rightleftharpoons HClO + H_2O$	1.645
NiO_2/Ni^{2+}	$NiO_2 + 4H^+ + 2e^- \rightleftharpoons Ni^{2+} + 2H_2O$	1.678

续表

电对符号	电极反应 氧化型+ne^- ⇌ 还原型	$E^\ominus$/V
MnO_4^-/MnO_2	$MnO_4^- + 4H^+ + 3e^- \rightleftharpoons MnO_2 + 2H_2O$	1.679
$PbO_2/PbSO_4$	$PbO_2 + SO_4^{2-} + 4H^+ + 2e^- \rightleftharpoons PbSO_4 + 2H_2O$	1.691 3
Au^+/Au	$Au^+ + e^- \rightleftharpoons Au$	1.692
PtO_3/PtO_2	$PtO_3 + 2H^+ + 2e^- \rightleftharpoons PtO_2 + H_2O$	1.7
Ce^{4+}/Ce^{3+}	$Ce^{4+} + e^- \rightleftharpoons Ce^{3+}$	1.72
N_2O/N_2	$N_2O + 2H^+ + 2e^- \rightleftharpoons N_2 + H_2O$	1.766
H_2O_2/H_2O	$H_2O_2 + 2H^+ + 2e^- \rightleftharpoons 2H_2O$	1.776
Ag^{3+}/Ag^{2+}	$Ag^{3+} + e^- \rightleftharpoons Ag^{2+}$	1.8
Au^{2+}/Au^+	$Au^{2+} + e^- \rightleftharpoons Au^+$	1.8
Ag^{3+}/Ag^+	$Ag^{3+} + 2e^- \rightleftharpoons Ag^+$	1.9
Co^{3+}/Co^{2+}	$Co^{3+} + e^- \rightleftharpoons Co^{2+}$	1.92
Ag^{2+}/Ag^+	$Ag^{2+} + e^- \rightleftharpoons Ag^+$	1.980
Cu_2O_3/Cu^{2+}	$Cu_2O_3 + 6H^+ + 2e^- \rightleftharpoons 2Cu^{2+} + 3H_2O$	2.0
$S_2O_8^{2-}/SO_4^{2-}$	$S_2O_8^{2-} + 2e^- \rightleftharpoons 2SO_4^{2-}$	2.010
$HFeO_4^-/Fe^{3+}$	$HFeO_4^- + 7H^+ + 3e^- \rightleftharpoons Fe^{3+} + 4H_2O$	2.07
O_3/H_2O	$O_3 + 2H^+ + 2e^- \rightleftharpoons O_2 + H_2O$	2.076
$HFeO_4^-/FeOOH$	$HFeO_4^- + 4H^+ + 3e^- \rightleftharpoons FeOOH + 2H_2O$	2.08
$HFeO_4^-/Fe_2O_3$	$2HFeO_4^- + 8H^+ + 6e^- \rightleftharpoons Fe_2O_3 + 5H_2O$	2.09
XeO_3/Xe	$XeO_3 + 6H^+ + 6e^- \rightleftharpoons Xe + 3H_2O$	2.10
$S_2O_8^{2-}/HSO_4^-$	$S_2O_8^{2-} + 2H^+ + 2e^- \rightleftharpoons 2HSO_4^-$	2.123
F_2O/F^-	$F_2O + 2H^+ + 4e^- \rightleftharpoons H_2O + 2F^-$	2.153
FeO_4^{2-}/Fe^{3+}	$FeO_4^{2-} + 8H^+ + 3e^- \rightleftharpoons Fe^{3+} + 4H_2O$	2.20
Cu^{3+}/Cu^{2+}	$Cu^{3+} + e^- \rightleftharpoons Cu^{2+}$	2.4
H_4XeO_6/XeO_3	$H_4XeO_6 + 2H^+ + 2e^- \rightleftharpoons XeO_3 + 3H_2O$	2.42
$O(g)/H_2O$	$O(g) + 2H^+ + 2e^- \rightleftharpoons H_2O$	2.421
F_2/HF	$F_2 + 2H^+ + 2e^- \rightleftharpoons 2HF$	3.053

注:摘自 CRC Handbook of Chemistry and Physics. 95th ed. 2014—2015,5-80~5-89.

* 数据摘自 Lange's Handbook of Chemistry. 16th ed. 2005,1.380~1.393(Table 1.77);饱和甘汞电极(saturated calomel electrode,SCE,含饱和 KCl 溶液),E=0.241 2 V。

附录 12 碱性溶液中的标准电极电势(101.325 kPa,298.15 K)

电对符号	电极反应 氧化型$+ne^- \rightleftharpoons$还原型	$E^\ominus$/V
$Ca(OH)_2/Ca$	$Ca(OH)_2+2e^- \rightleftharpoons Ca+2OH^-$	-3.02
$Ba(OH)_2/Ba$	$Ba(OH)_2+2e^- \rightleftharpoons Ba+2OH^-$	-2.99
$La(OH)_3/Ba$	$La(OH)_3+3e^- \rightleftharpoons La+3OH^-$	-2.90
$Sr(OH)_2/Sr$	$Sr(OH)_2+2e^- \rightleftharpoons Sr+2OH^-$	-2.88
$Mg(OH)_2/Mg$	$Mg(OH)_2+2e^- \rightleftharpoons Mg+2OH^-$	-2.690
$Be_2O_3^{2-}/Be$	$Be_2O_3^{2-}+3H_2O+4e^- \rightleftharpoons 2Be+6OH^-$	-2.63
$ZrO(OH)_2/Zr$	$ZrO(OH)_2+H_2O+4e^- \rightleftharpoons Zr+4OH^-$	-2.36
$H_2AlO_3^-/Al$	$H_2AlO_3^-+H_2O+3e^- \rightleftharpoons Al+4OH^-$	-2.33
$Al(OH)_4^-/Al$	$Al(OH)_4^-+3e^- \rightleftharpoons Al+4OH^-$	-2.310
$Al(OH)_3/Al$	$Al(OH)_3+3e^- \rightleftharpoons Al+3OH^-$	-2.30
$H_2PO_2^-/P$	$H_2PO_2^-+e^- \rightleftharpoons P+2OH^-$	-1.82
$H_2BO_3^-/B$	$H_2BO_3^-+H_2O+3e^- \rightleftharpoons B+4OH^-$	-1.79
HPO_3^{2-}/P	$HPO_3^{2-}+2H_2O+3e^- \rightleftharpoons P+5OH^-$	-1.71
SiO_3^{2-}/Si	$SiO_3^{2-}+3H_2O+4e^- \rightleftharpoons Si+6OH^-$	-1.697
$HPO_3^{2-}/H_2PO_2^-$	$HPO_3^{2-}+2H_2O+2e^- \rightleftharpoons H_2PO_2^-+3OH^-$	-1.65
$Mn(OH)_2/Mn$	$Mn(OH)_2+2e^- \rightleftharpoons Mn+2OH^-$	-1.56
$Cr(OH)_3/Cr$	$Cr(OH)_3+3e^- \rightleftharpoons Cr+3OH^-$	-1.48
ZnO/Zn	$ZnO+H_2O+2e^- \rightleftharpoons Zn+2OH^-$	-1.260
$Zn(OH)_2/Zn$	$Zn(OH)_2+2e^- \rightleftharpoons Zn+2OH^-$	-1.249
SiF_6^{2-}/Si	$SiF_6^{2-}+4e^- \rightleftharpoons Si+6F^-$	-1.24
ZnO_2^{2-}/Zn	$ZnO_2^{2-}+2H_2O+2e^- \rightleftharpoons Zn+4OH^-$	-1.215
CrO_2^-/Cr	$CrO_2^-+2H_2O+3e^- \rightleftharpoons Cr+4OH^-$	-1.2
$Zn(OH)_4^{2-}/Zn$	$Zn(OH)_4^{2-}+2e^- \rightleftharpoons Zn+4OH^-$	-1.199
$SO_3^{2-}/S_2O_4^{2-}$	$2SO_3^{2-}+2H_2O+2e^- \rightleftharpoons S_2O_4^{2-}+4OH^-$	-1.12
PO_4^{3-}/HPO_3^{2-}	$PO_4^{3-}+2H_2O+2e^- \rightleftharpoons HPO_3^{2-}+3OH^-$	-1.05
In_2O_3/In	$In_2O_3+3H_2O+6e^- \rightleftharpoons 2In+6OH^-$	-1.034
$In(OH)_4^-/In$	$In(OH)_4^-+3e^- \rightleftharpoons In+4OH^-$	-1.007
$In(OH)_3/In$	$In(OH)_3+3e^- \rightleftharpoons In+3OH^-$	-0.99

续表

电对符号	电极反应 氧化型+ne^- ⇌ 还原型	$E^\ominus$/V
SnO_2/Sn	$SnO_2+2H_2O+4e^- \rightleftharpoons Sn+4OH^-$	-0.945
$Sn(OH)_6^{2-}/HSnO_2^-$	$Sn(OH)_6^{2-}+2e^- \rightleftharpoons HSnO_2^-+3OH^-+H_2O$	-0.93
SO_4^{2-}/SO_3^{2-}	$SO_4^{2-}+H_2O+2e^- \rightleftharpoons SO_3^{2-}+2OH^-$	-0.93
$HSnO_2^-/Sn$	$HSnO_2^-+H_2O+2e^- \rightleftharpoons Sn+3OH^-$	-0.909
$P/PH_3(g)$	$P+3H_2O+3e^- \rightleftharpoons PH_3(g)+3OH^-$	-0.87
NO_3^-/N_2O_4	$2NO_3^-+2H_2O+2e^- \rightleftharpoons N_2O_4+4OH^-$	-0.85
H_2O/H_2	$2H_2O+2e^- \rightleftharpoons H_2+2OH^-$	-0.827 7
$Cd(OH)_2/Cd(Hg)$	$Cd(OH)_2+2e^- \rightleftharpoons Cd+2OH^-$	-0.809
CdO/Cd	$CdO+H_2O+2e^- \rightleftharpoons Cd+2OH^-$	-0.783
$Co(OH)_2/Co$	$Co(OH)_2+2e^- \rightleftharpoons Co+2OH^-$	-0.73
$Ni(OH)_2/Ni$	$Ni(OH)_2+2e^- \rightleftharpoons Ni+2OH^-$	-0.72
AsO_4^{3-}/AsO_2^-	$AsO_4^{3-}+2H_2O+2e^- \rightleftharpoons AsO_2^-+4OH^-$	-0.71
Ag_2S/Ag	$Ag_2S+2e^- \rightleftharpoons 2Ag+S^{2-}$	-0.691
AsO_2^-/As	$AsO_2^-+2H_2O+3e^- \rightleftharpoons As+4OH^-$	-0.68
Se/Se^{2-}	$Se+2e^- \rightleftharpoons Se^{2-}$	-0.670
SbO_2^-/Sb	$SbO_2^-+2H_2O+3e^- \rightleftharpoons Sb+4OH^-$	-0.66
$Cd(OH)_4^{2-}/Cd$	$Cd(OH)_4^{2-}+2e^- \rightleftharpoons Cd+4OH^-$	-0.658
ReO_4^-/Re	$ReO_4^-+4H_2O+7e^- \rightleftharpoons Re+8OH^-$	-0.604
SbO_3^-/SbO_2^-	$SbO_3^-+H_2O+2e^- \rightleftharpoons SbO_2^-+2OH^-$	-0.59
SO_3^{2-}/S	$SO_3^{2-}+3H_2O+4e^- \rightleftharpoons S+6OH^-$	-0.59*
PbO/Pb	$PbO+H_2O+2e^- \rightleftharpoons Pb+2OH^-$	-0.580
$SO_3^{2-}/S_2O_3^{2-}$	$2SO_3^{2-}+3H_2O+4e^- \rightleftharpoons S_2O_3^{2-}+6OH^-$	-0.571
TeO_3^{2-}/Te	$TeO_3^{2-}+3H_2O+4e^- \rightleftharpoons Te+6OH^-$	-0.57
$Fe(OH)_3/Fe(OH)_2$	$Fe(OH)_3+e^- \rightleftharpoons Fe(OH)_2+OH^-$	-0.56
$HPbO_2^-/Pb$	$HPbO_2^-+H_2O+2e^- \rightleftharpoons Pb+3OH^-$	-0.537
$NiO_2/Ni(OH)_2$	$NiO_2+2H_2O+2e^- \rightleftharpoons Ni(OH)_2+2OH^-$	-0.490
S/HS^-	$S+H_2O+2e^- \rightleftharpoons HS^-+OH^-$	-0.478
S/S^{2-}	$S+2e^- \rightleftharpoons S^{2-}$	-0.476 27
NO_2^-/NO	$NO_2^-+H_2O+e^- \rightleftharpoons NO+2OH^-$	-0.46

续表

电对符号	电极反应 氧化型+ne^-⇌还原型	$E^{\ominus}$/V
Bi_2O_3/Bi	$Bi_2O_3+3H_2O+6e^- \rightleftharpoons 2Bi+6OH^-$	-0.46
SeO_3^{2-}/Se	$SeO_3^{2-}+3H_2O+4e^- \rightleftharpoons Se+6OH^-$	-0.366
Cu_2O/Cu	$Cu_2O+H_2O+2e^- \rightleftharpoons 2Cu+2OH^-$	-0.360
TlOH/Tl	$TlOH+e^- \rightleftharpoons Tl+OH^-$	-0.34
$Cu(OH)_2/Cu$	$Cu(OH)_2+2e^- \rightleftharpoons Cu+2OH^-$	-0.222
$NO_2^-/N_2O_2^{2-}$	$2NO_2^-+2H_2O+4e^- \rightleftharpoons N_2O_2^{2-}+4OH^-$	-0.18
O_2/H_2O_2	$O_2+2H_2O+2e^- \rightleftharpoons H_2O_2+2OH^-$	-0.146
$CrO_4^{2-}/Cr(OH)_3$	$CrO_4^{2-}+4H_2O+3e^- \rightleftharpoons Cr(OH)_3+5OH^-$	-0.13
$Cu(OH)_2/Cu_2O$	$2Cu(OH)_2+2e^- \rightleftharpoons Cu_2O+2OH^-+H_2O$	-0.080
O_2/HO_2^-	$O_2+H_2O+2e^- \rightleftharpoons HO_2^-+OH^-$	-0.076
$Tl(OH)_3/TlOH$	$Tl(OH)_3+2e^- \rightleftharpoons TlOH+2OH^-$	-0.05
AgCN/Ag	$AgCN+e^- \rightleftharpoons Ag+CN^-$	-0.017
NO_3^-/NO_2^-	$NO_3^-+H_2O+2e^- \rightleftharpoons NO_2^-+2OH^-$	0.01
Tl_2O_3/Tl^+	$Tl_2O_3+3H_2O+4e^- \rightleftharpoons 2Tl^++6OH^-$	0.02
SeO_4^{2-}/SeO_3^{2-}	$SeO_4^{2-}+H_2O+2e^- \rightleftharpoons SeO_3^{2-}+2OH^-$	0.05
$Pd(OH)_2/Pd$	$Pd(OH)_2+2e^- \rightleftharpoons Pd+2OH^-$	0.07
$S_4O_6^{2-}/S_2O_3^{2-}$	$S_4O_6^{2-}+2e^- \rightleftharpoons 2S_2O_3^{2-}$	0.08
HgO/Hg	$HgO+H_2O+2e^- \rightleftharpoons Hg+2OH^-$	0.097 7
Ir_2O_3/Ir	$Ir_2O_3+3H_2O+6e^- \rightleftharpoons 2Ir+6OH^-$	0.098
$[Co(NH_3)_6]^{3+}/[Co(NH_3)_6]^{2+}$	$[Co(NH_3)_6]^{3+}+e^- \rightleftharpoons [Co(NH_3)_6]^{2+}$	0.108
Hg_2O/Hg	$Hg_2O+H_2O+2e^- \rightleftharpoons 2Hg+2OH^-$	0.123
$Pt(OH)_2/Pt$	$Pt(OH)_2+2e^- \rightleftharpoons Pt+2OH^-$	0.14
IO_3^-/IO^-	$IO_3^-+2H_2O+4e^- \rightleftharpoons IO^-+4OH^-$	0.15
$Mn(OH)_3/Mn(OH)_2$	$Mn(OH)_3+e^- \rightleftharpoons Mn(OH)_2+OH^-$	0.15
NO_2^-/N_2O	$2NO_2^-+3H_2O+4e^- \rightleftharpoons N_2O+6OH^-$	0.15
$Co(OH)_3/Co(OH)_2$	$Co(OH)_3+e^- \rightleftharpoons Co(OH)_2+OH^-$	0.17
PbO_2/PbO	$PbO_2+H_2O+2e^- \rightleftharpoons PbO+2OH^-$	0.247
IO_3^-/I^-	$IO_3^-+3H_2O+6e^- \rightleftharpoons I^-+6OH^-$	0.26
ClO_3^-/ClO_2^-	$ClO_3^-+H_2O+2e^- \rightleftharpoons ClO_2^-+2OH^-$	0.33

续表

电对符号	电极反应 氧化型+ne^- $\rightleftharpoons$ 还原型	$E^{\ominus}$/V
$MnO_4^-/Mn(OH)_2$	$MnO_4^- + 4H_2O + 5e^- \rightleftharpoons Mn(OH)_2 + 6OH^-$	0.34
Ag_2O/Ag	$Ag_2O + H_2O + 2e^- \rightleftharpoons 2Ag + 2OH^-$	0.342
$[Fe(CN)_6]^{3-}/[Fe(CN)_6]^{2-}$	$[Fe(CN)_6]^{3-} + e^- \rightleftharpoons [Fe(CN)_6]^{2-}$	0.358
ClO_4^-/ClO_3^-	$ClO_4^- + H_2O + 2e^- \rightleftharpoons ClO_3^- + 2OH^-$	0.36
O_2/OH^-	$O_2 + 2H_2O + 4e^- \rightleftharpoons 4OH^-$	0.401
Ag_2CO_3/Ag	$Ag_2CO_3 + 2e^- \rightleftharpoons 2Ag + CO_3^{2-}$	0.47
IO^-/I^-	$IO^- + H_2O + 2e^- \rightleftharpoons I^- + 2OH^-$	0.485
$NiO_2/Ni(OH)_2$	$NiO_2 + 2H_2O + 2e^- \rightleftharpoons Ni(OH)_2 + 2OH^-$	0.490
MnO_4^-/MnO_2	$MnO_4^- + 2H_2O + 3e^- \rightleftharpoons MnO_2 + 4OH^-$	0.595
MnO_4^{2-}/MnO_2	$MnO_4^{2-} + 2H_2O + 2e^- \rightleftharpoons MnO_2 + 4OH^-$	0.60
AgO/Ag_2O	$2AgO + H_2O + 2e^- \rightleftharpoons Ag_2O + 2OH^-$	0.607
BrO_3^-/Br^-	$BrO_3^- + 3H_2O + 6e^- \rightleftharpoons Br^- + 6OH^-$	0.61
ClO_3^-/Cl^-	$ClO_3^- + 3H_2O + 6e^- \rightleftharpoons Cl^- + 6OH^-$	0.62
ClO_2^-/ClO^-	$ClO_2^- + H_2O + 2e^- \rightleftharpoons ClO^- + 2OH^-$	0.66
$H_3IO_6^{2-}/IO_3^-$	$H_3IO_6^{2-} + 2e^- \rightleftharpoons IO_3^- + 3OH^-$	0.7
Ag_2O_3/Ag	$Ag_2O_3 + H_2O + 2e^- \rightleftharpoons 2AgO + 2OH^-$	0.739
ClO_2^-/Cl^-	$ClO_2^- + 2H_2O + 4e^- \rightleftharpoons Cl^- + 4OH^-$	0.76
NO/N_2O	$2NO + H_2O + 2e^- \rightleftharpoons N_2O + 2OH^-$	0.76
BrO^-/Br^-	$BrO^- + H_2O + 2e^- \rightleftharpoons Br^- + 2OH^-$	0.761
AgF/Ag	$AgF + e^- \rightleftharpoons Ag + F^-$	0.779
ClO^-/Cl^-	$ClO^- + H_2O + 2e^- \rightleftharpoons Cl^- + 2OH^-$	0.841
N_2O_4/NO_2^-	$N_2O_4 + 2e^- \rightleftharpoons 2NO_2^-$	0.867
HO_2^-/OH^-	$HO_2^- + H_2O + 2e^- \rightleftharpoons 3OH^-$	0.878
$ClO_2(aq)/ClO_2^-$	$ClO_2(aq) + e^- \rightleftharpoons ClO_2^-$	0.954
RuO_4/RuO_4^-	$RuO_4 + e^- \rightleftharpoons RuO_4^-$	1.00
O_3/O_2	$O_3 + H_2O + 2e^- \rightleftharpoons O_2 + 2OH^-$	1.24
F_2/F^-	$F_2 + 2e^- \rightleftharpoons 2F^-$	2.866

注：摘自 CRC Handbook of Chemistry and Physics. 95th ed. 2014—2015, 5-80~5-89.

* 摘自 Lange's Handbook of Chemistry. 16th ed. 2005, 1.380~1.393(Table 1.77).

参考书目

郑重声明

族 / 周期	1 Ⅰ A	2 Ⅱ A	6 A	17 Ⅶ A	18 0	电子层	18族电子数
1	1 H 氢 1 2 3 $1s^1$ 1.008				2 He 氦 3 4 $1s^2$ 4.0026	K	2
2	3 Li 锂 6 7 $2s^1$ 6.94	4 Be 铍 9 $2s^2$ 9.0122	16 17 18 $2s^22p^4$	9 F 氟 19 $2s^22p^5$ 18.998	10 Ne 氖 20 21 22 $2s^22p^6$ 20.180	L K	8 2
3	11 Na 钠 23 $3s^1$ 22.990	12 Mg 镁 24 25 26 $3s^2$ 24.305	32 33 34 36 $3s^23p^4$	17 Cl 氯 35 37 $3s^23p^5$ 35.45	18 Ar 氩 36 38 40 $3s^23p^6$ 39.95	M L K	8 8 2
4	19 K 钾 39 40 41 $4s^1$ 39.098	20 Ca 钙 40 42 43 44 46 48 $4s^2$ 40.078(4)	74 76 77 78 80 82 $4s^24p^4$ 44(8)	35 Br 溴 79 81 $4s^24p^5$ 79.904	36 Kr 氪 78 80 82 83 84 86 $4s^24p^6$ 83.798(2)	N M L K	8 18 8 2
5	37 Rb 铷 85 87 $5s^1$ 85.468	38 Sr 锶 84 86 87 88 $5s^2$ 87.62	120 122 123 124 125 126 128 130 $5s^25p^4$ 88(3)	53 I 碘 127 $5s^25p^5$ 126.90	54 Xe 氙 124 126 128 129 130 131 132 134 136 $5s^25p^6$ 131.29	O N M L K	8 18 18 8 2
6	55 Cs 铯 133 $6s^1$ 132.91	56 Ba 钡 130 132 134 135 136 137 138 $6s^2$ 137.33	208 209 210 $6s^26p^4$	85 At 砹 210 211 $6s^26p^5$ (210)	86 Rn 氡 211 220 222 $6s^26p^6$ (222)	P O N M L K	8 18 32 18 8 2
7	87 Fr 钫 212 222 223 $7s^1$ (223)	88 Ra 镭 223 224 226 228 $7s^2$ (226)	291 292 293 $7s^27p^4$	117 Ts 鿬* 293 294 (293)	118 Og 鿫* 294 (294)	Q P O N M L K	8 18 32 32 18 8 2

镧系	57 La 镧 138 139 5(138.91	71 Lu 镥 175 176 $5d^16s^2$ 174.97
锕系	89 Ac 锕 225 227 6((227)	103 Lr 铹* 261 262 $6d^17s^2$ (262)

扫码或访问网站，获取更多元素信息

2d.hep.com.cn/pte

高等教育出版社印制
(2020)